宜红简史

五峰土家族自治县万里茶道申报世界文化遗产领导小组
政协五峰土家族自治县委员会 编

中国文史出版社

《宜红简史》编委会

顾　问　陈　华　李伦华　万　红　邓红静　覃业成

主　任　文　牧　周志蓉

副主任　张永凤　唐纯清　邹　刚　李新华　陈厚权　柳国望
李奉君　吴林祝　张廷瑜　王义国　谢云江

委　员　周启顺　李　胜　叶厚全　祁云阶　唐会国　吴玉乔
高先智　熊昌培　郭春雁　何剑锋　陈思亦　胡其玲

《宜红简史》编撰组

主　编　周启顺

副主编　李诗选　廖从刚

编　务　张　静　全　聪　唐　韵　周诗泉　邓南婧　周　俨
肖艳妮　刘　涛　邱建军　万晓波　文学威

宜红简史

陳宗懋

甲辰年戊辰月

陈宗懋题

陈宗懋，中国工程院首位茶学院士，中国农业科学研究院茶叶研究所原所长、研究员

重要交通节点　交通节点

背运　驮运　水运

主干水运道路

主干陆运道路

支干陆运道路

延伸道路

清末至民国“宜红区古茶道”路网图（葛政委制作并提供）

宜红之父钧大福。道光年间，有广东茶商携大批江西制茶技工，到长乐县渔洋关设号精制红茶，是为宜红区红茶精制出口之始。该区第一个设厂精制红茶的是钧大福。塑像存于湖北茶博馆（李奉君摄影）

授予：中国渔洋关

Awarding to Yuyangguan, China

世界茶旅古镇

International Ancient Town of Tea and Tourism

国际茶叶委员会

International Tea Committee

2018.5

May. 2018

2018年5月9日，国际茶叶委员会主席伊恩·吉布斯授予五峰渔洋关“世界茶旅古镇”。授牌仪式在宜昌桃花岭饭店隆重举行（李新华摄影）

中国宜昌茶叶种植（约1870年）（来源：美国GoAntiques，李明义提供）

宜昌茶叶种植园（约 1880 年）（来源：美国 GoAntiques，李明义提供）

中国宜昌附近的茶园村（约 1880 年）（来源：美国 GoAntiques，李明义提供）

宜昌茶农拣茶（约 1880 年）（来源：美国 GoAntiques，李明义提供）

宜昌茶农（1896 年）
（来源：美国 GoAntigues，李明义提供）

1883 年“长乐县背茶图”。长乐县茶叶用帆布袋包装，用板条箱运送（Tea packed in canvas bags and carried in crates, Chang lo district）。在宜昌地区，“背子”或篮子背在背上，带着凳子，搬运工用来休息和歇担子（“pei tzu” or basket carried on the back, Ichang district, with stool to rest porter and burden）。来源于英国驻宜昌领事馆领事嘉托玛的报告，李明义先生提供并翻译。

该地区各地都有少量茶叶生产。在许多地方，农民种有自己的茶园，就像我们的农民种土豆一样。优良品质的茶叶生长在扬子江峡谷及其支流地区。长乐地区种有大面积的茶园，为准备出口到英国市场的茶叶烘焙作坊建在渔洋关（距宜昌 80 英里）。出口到英国市场的茶叶数量很小，但卖价很好，但是烘焙作坊没有付钱，搬到了湖南境内的泥沙河。现在，这里的茶叶经洞庭湖运往汉口。长乐最大的茶叶种植园在南坪河……在长乐，运送到外地的茶叶装在帆布包里，并将帆布包放进方箱内，搬运工人用篾制的竹缆绳背运。

TEA PACKED IN CANVAS BAGS AND CARRIED IN CRATES, CHANG LO DISTRICT.

"PEI TZU," OR BASKET CARRIED ON THE BACK, ICHANG DISTRICT, WITH STOOL TO REST PORTER AND BURDEN.

251. Tea is produced in small quantities all over this district. In many parts the peasants grow their own tea, as our peasants grow their own potatoes. Tea of a fine quality grows in the gorges of the Yang-tsze and tributary rivers. There are large tea plantations in the Changlo district. A tea-firing establishment was set up at Yu-yang-kwan (80 miles from there) to prepare this tea for the English market. A small quantity was sent to England, and realized a good price, but the firing establishment did not pay, and was moved to Ni Sha-ho, just within the Hunan border. The tea is now sent to Hankow by way of the Tonting Lake. The largest tea plantations of Changlo are at Nan p'ing-ho. A very fine tea is produced in Yunnan called Pu-urh-ch'a. It is not exported to England. It is made up into small bricks, about half-a-pound each, and packed in baskets made of the leaves of a *Bambusa*. Eight bricks go to the basket.

In Changlo tea is carried in canvas bags placed in square crates, whinh are attached to the porters' backs with bamboo thongs; while in Kweichow the tea is packed in oval crates (lined with oak-leaves), which are carried on a bamboo.

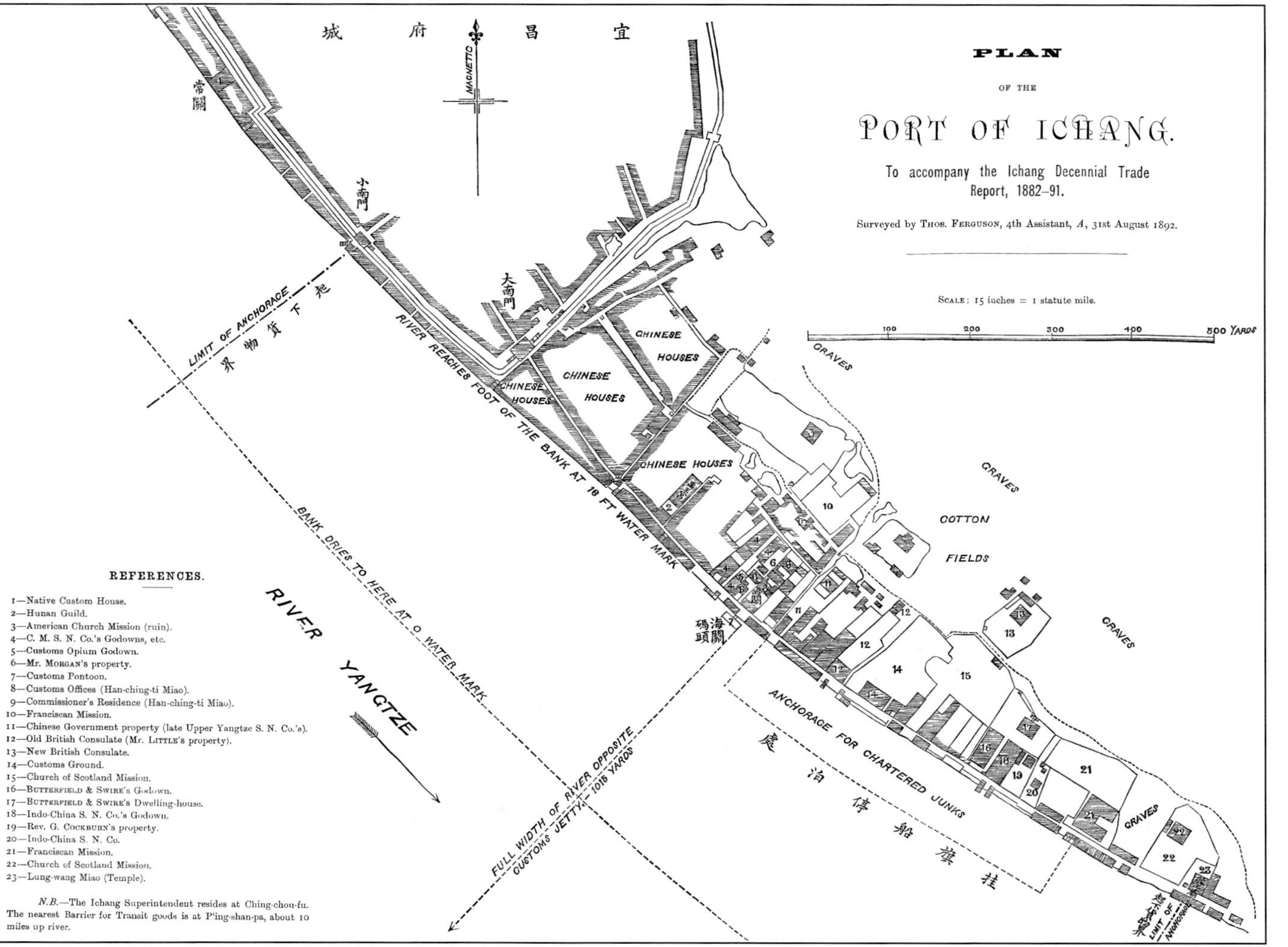

宜昌埠详图（1882—1891）（李明义提供）

1938年春摄，照片名“故人春泛”，船头为一武汉茶商，船尾李九皋，地点为渔洋关洋古潭（郑定文藏品）

“风雨归帆”，1938年春拍摄于渔洋关石龙过江处，左岸即王爷庙（镇江宫），且有系船石（郑定文藏品）

“野渡舟横”，1938 年春拍摄于渔洋关洋古潭畔（郑定文藏品）

渔洋河中码头系船石（李胜摄影）

1978 年 8 月，武汉军区司令员、湖北省革委会主任杨得志将军视察五峰精制茶厂

未設檢驗機關之商埠出口，因此不特不能絕禁劣質茶葉之輸出，抑且使外人有同一華茶，而生證書有無之感，今後此項出口檢驗，必須盡量促其普及。

二、產地檢驗之亟須進行　出口茶檢驗，皆在商人包裝待運時執行，商人每以窒礙難行，引爲遺憾，如遇禁止出口茶葉，又須遭受莫大之損失。他方面，就出口檢驗本身而論，實施時亦常感極大困難，蓋茶葉之製造、着色、包裝類多集中內地，商品檢驗局實有鞭長莫及之感。全國品檢驗之實行程序，列舉出口檢驗、進口檢驗及內地檢驗三端，並規定分別緩急，依次進行。目前出口檢驗，早經施行，自宜亟須施行產地檢驗，使上述出口檢驗、所發生之困難得能解決。

施行產地檢驗，應先從事於劃分產區工作，蓋我國茶葉產地遼闊，勢不能在短時期內，一就而成，故在辦理之初，應先劃分產區，然後按區實施。關於產區之分劃，我國茶葉已有自然界限：例如出口高級紅茶，計分兩區：一爲湖北之宜昌，二爲安徽之祁門、至德，及江西之浮梁三縣。中級紅茶爲湖南之安化及江西之修水、武甯兩縣。低級紅茶則散處於兩湖各縣及浙江之溫州等地。綠茶高級者集中於新安江流域一帶，其次爲浙江之紹屬及湖屬各處。內銷茶方面，如福建安溪所產之「鐵觀

第七章　茶葉檢驗問題　二九七

宜昌为自然分界的高级红茶区之一。吴觉农、范和钧著《中国茶业问题》（来源于《中国茶文献集成》）

光绪初年，宝顺洋行在采花周家岭设立英商宝顺合茶庄（藏于湖北茶博馆，尹杰摄影）

广东忠信昌红茶庄（藏于鹤峰县博物馆，田学江摄影）

渔关源泰红茶庄（藏于鹤峰县博物馆，田学江摄影）

汉阳桥，位于五峰渔洋关曹家坪八组的汉阳河段，始建于清乾隆年间（约 1785 年）。河呈南北流向，桥东西向横跨汉阳河，三拱。桥长 24.70 米，宽 3.80 米，主拱桥面距水面 6 米。桥墩呈三角形分水状伸出两侧，宽 2.90 米，伸出长 1.70 米。汉阳桥原为长乐县主要通道之一，是连接鹤峰及五峰西部茶叶主产区的重要桥梁之一。汉阳桥是万里茶道（湖北段）五峰茶源地重要遗存，设计风格独特，建筑水平精湛，具有较高的艺术研究价值和保护利用价值（闫京东摄影）

百顺桥，位于五峰湾潭锁金山村与鹤峰燕子乡百顺桥村的界河白水河。桥长 32 米，宽 4.5 米，通高 11.7 米。1690 年桥落成，田舜年命名“百顺桥”，并撰写百顺桥碑文，碑位于锁金山村（李志钢摄影）

裕安桥，位于五峰采花乡星岩坪村一组，横跨泗洋河。1890 年，广东商人林子臣捐出巨金，由王润堂、褚铭三、褚克恭、褚辅臣等，建修大桥，命名“裕安桥”。桥长五丈余，宽一丈余，上覆瓦屋，屋高丈余，通长五间，两旁装齿栏，约高一丈，桥距水面四丈余。后经 1921 年、1935 年等多次维修，1990 年改建为水泥桥，2022 年，再次维修，恢复为“屋桥”（陈许健摄影）

左为 1935 年“重修星岩坪裕安桥”碑文，右为“裕安桥”三个大字（李奉君摄影）

宣统三年（1911）修筑渔关中埠碑，碑高 142 厘米，宽 62 厘米。碑记众人集资修筑渔洋关中码头事，有义成生、志成公司、仁华公司及龙云峰、宫福泰、张同兴等茶号、茶商捐资实数记载（李胜摄影）

五峰渔洋关汉阳桥至茶店子段古茶道（李胜摄影）

湖南石门泥沙泰和合茶号，始建于 1892 年，是宜红茶区内最具实力的大茶号之一，经营红茶 30 余年（唐平波摄影）

江西会馆遗址，位于五峰渔洋关正街。宜红师承宁红，众多江西修水茶叶技工在渔洋关制茶，绝大多数技工茶季来渔，茶季结束返乡，也有极少数定居渔洋关。会馆为技工集会议事场所（李胜摄影）

五峰制茶所暨五鹤茶厂旧址，位于五峰镇水浕司高栗岭。1942 年，湖北省银行辅导鄂西茶叶产制运销处在水浕司伍家台设五峰制茶所。1943 年 11 月，在高栗岭兴建新厂房。1945 年 12 月 7 日，五峰制茶所、鹤峰制茶所改组为民生茶叶公司五鹤茶厂（李胜摄影）

“中茶”砖，1940 年，中国茶叶公司在五峰渔洋关王家冲设立五峰精制茶厂，1941 年，迁桥河，使用“中茶”砖兴建新厂房。1974 年，在原址重修五峰精制茶厂，茶砖得以保存了一部分（李胜摄影）

古茶树，位于五峰采花乡黄家台村白水自然村，占地约30平方米，树高4米（李新华摄影）

白水古茶树（李胜摄影）

五峰采花乡采花台三组黄家坪沙坡栽培茶树，围粗约60厘米，树高约1.3米（李奉君摄影）

漁關華明茶廠

漁關成記茶廠

漁關源泰茶廠

漁關民生茶廠

宜都陸峰紅茶廠

宜都恒慎紅茶廠

漁關恒信茶廠

漁關裕隆茶廠

1940 年，各厂与湖北省茶叶管理处签订茶叶贷款合同所有条章。渔关裕隆茶厂、渔关恒信茶厂、宜都恒慎红茶厂、宜都陆峰红茶厂、渔关民生茶厂、渔关源泰茶厂、渔关成记茶厂、渔关华明茶厂

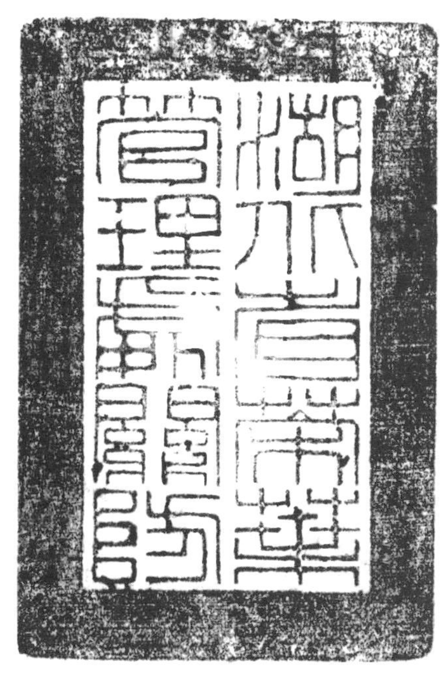

湖北省茶叶管理处关防

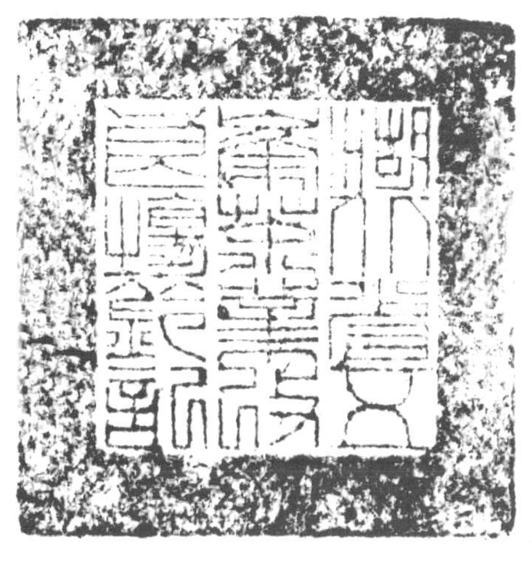

湖北省五峰茶业改良场钤记

恒信茶厰

恒信茶厂流水账，约为 1939—1940 年

中国茶叶公司湖北办事处五峰精制茶厂

湖北五峰县渔关商会钤记

民生茶叶股份有限公司五鹤茶厂

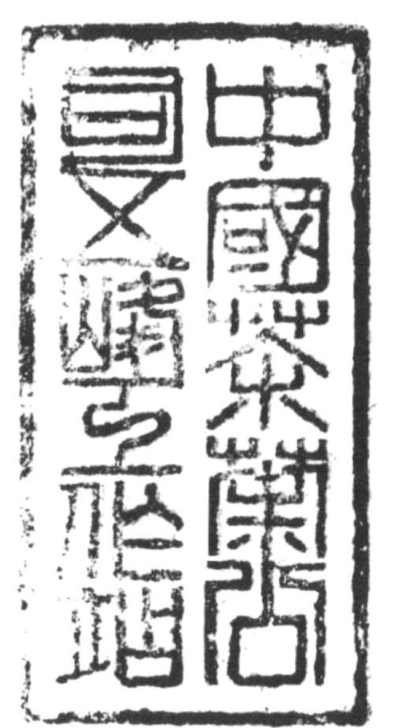

中国茶叶公司五峰工作站

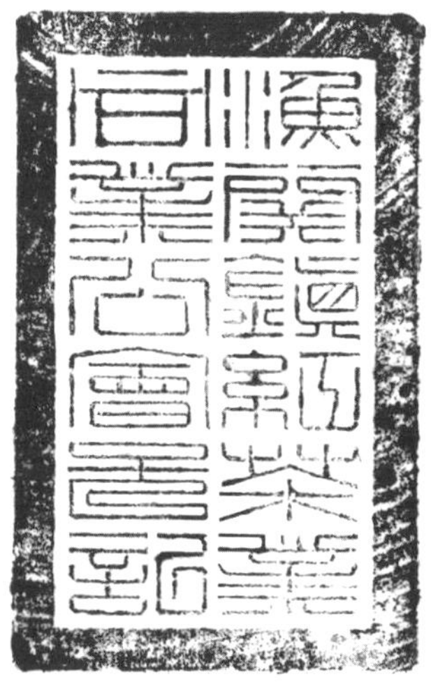

渔关镇红茶业同业公会图记

湖北省银行渔洋关办事处

湖北省银行辅导鄂西茶叶产制运销处五峰茶叶生产合作社制茶所

《申报》1874 年 8 月 11 日，六月二十六日沽出各茶行情列左：宜珍，二五工，455 箱，25 两

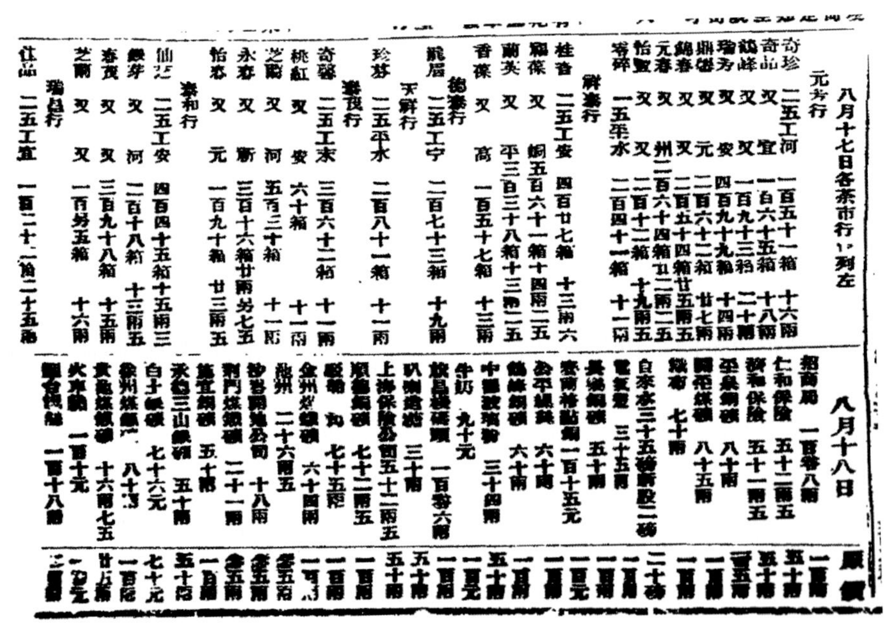

1883 年 9 月 19 日《申报》，八月十七日各茶市行情列左：元芳行，奇品，二五工宜，165 箱，18 两；鹤峰，又，又，193 箱，20 两；瑞昌行，佳品，二五工宜，122 箱，25 两

1876 年 7 月 1 日（光绪二年闰五月初十），《万国公报》04 期，总第 394 卷。《总办湖北通省牙厘总局示》原文

光绪二十五年五月二十一日，《湖北商务报》第 7 册《商务表——汉口茶市价目表》（四月中旬），案表中所有地名除前表已发凡外，河为河口，吉为吉安，宜为宜昌

光绪二十五年五月二十一日，《湖北商务报》第 7 册《商务表——汉口茶市价目表》（四月中旬），四月十三日（英五月二十二号），怡和行，和记，宜，696 件，包；仙品，宜，837 件，包

《商务官报》一九〇八年四月初五日，1906 年华茶出口情形（译英外部蓝皮书附表）“宜昌所出，其品质为最优”原文

2024 年 1 月 9 日，武汉大学教授刘礼堂等 8 人组成专家组，市、县有关单位领导、专家共 30 余人参加，在五峰国际大酒店举行《宜红简史》评审会（李胜摄影）

序　拂去“宜红”的历史尘埃

宜红茶是一个世界级话题，也是一项人类文化遗产，以宜红茶为大宗贸易的中俄蒙万里茶道申报世界文化遗产走在路上。陆羽在《茶经》里说：“山南，以峡州上。”1914 年以前，五峰为长乐县，位于古峡州南岸，正是陆羽盛赞出好茶的核心区域。宜红茶发轫，最早源于道光年间，广东茶商钧大福带领江西修水技工来渔洋关传授红茶精制技术。继起者有林志成、卢次伦等广东和汉阳茶商。光绪初年，还有英国宝顺洋行深入鄂西的鹤峰及五峰采花，设立“英商宝顺合茶庄”，长途贩运，远销外洋。从 19 世纪中叶开始，以五峰渔洋关为初始集散地的宜红茶远征万里茶道，输入英、美、俄等国。宜红茶手工制作技艺分为萎凋、揉捻、发酵、干燥等过程。宜红茶外形条索紧秀，色泽乌润，叶底柔软，汤色红亮，茶香浓郁，口感纯正，与“滇红”“祁红”并称为中国三大工夫红茶，“宜红”尤以清冽蜜香著称。宜红茶属量小质优的“高品”，较之于一般红茶更耐冲泡，富含氨基酸，还具有独特的“冷后浑”现象。

然而，关于宜红茶的缘起源头、沿革流变、发展鼎盛、式微衰落等，一般人或止于道听途说，或照搬某些现存说法，很少追问这些说法是否持之有据。比如，宜红茶诞生的时间，宜红茶鼎盛时期对外输出的数量问题等等。这些问题并不在于宜红茶发展历程本身多么复杂，而在于很少有人就此展开系统性深入研究。因为这种“层层剥笋”的穷根究底，是从故纸堆里扒出历史真相，好比戈壁寻沙、大海捞针。似是而非、模棱两可、笼而统之的说法，对宜红茶这一世界级商业通道上的主要贸易品种来说既不太敬畏，也不够公平。

流言止于求证。现在，五峰作为宜红茶发源地、宜红茶主要产区之一，不但开启这一具有划时代意义的工作，而且捧出令人惊艳的成果。《宜红简史》犹如一杯成色鲜润的新沏“宜红”，澄澈剔透，汤瀹如晶，浸润着主人说事与待客的真挚，让人目睹秀润，鼻闻浓香，这是一件值得欣幸的事情。

自治县两任县委书记、县长对编撰《宜红简史》工作高度重视，且一以贯之。指定文史集成经验丰富的县政协牵头，由文史方志专家组成强大阵容。历时五年，淘宝浩如烟海的档案，检阅数以亿计的资料，整理成型数百万字的原始记录，经过遴选、印证、重构、撰写、打磨等程序，《宜红简史》煌煌出炉，不仅使得过去关于宜红茶那些零碎的、散乱的、模糊的说法变得条理清晰，线条明澈，有理有据，也避免了标签化、概念化的人云亦云，以讹传讹。

2016—2018年，县委、县政府统筹安排，组建五峰古茶道申报世界文化遗产领导小组，由县政协牵头组织茶道史料搜集整理工作，田野调查侧重于茶道遗存的广泛性。2019年，为弄清茶道遗存的诸多关联，转入重点调查阶段；是年4—7月，由自治县政协牵头组成田野调查组，完成渔洋关镇15个村（居）委会的走访调查工作。

从2020年起，启动资料搜集攻坚行动。编撰组赴广东珠海等地，寻访到散居在南屏镇的林朝登后人，并得到珠海市历史名人研究会会员郑少交先生帮助，从其收藏的《容氏谱牒》中，发现林志成适容氏第五女的记载；在珠海唐家湾镇上栅村村史馆，找到《卢氏族谱》关于卢次伦、卢月池父子的记载；辗转奔赴中国第一历史档案馆、中国第二历史档案馆、湖北省档案馆、武汉市档案馆、恩施州档案馆、恩施市档案馆、五峰土家族自治县档案馆、县人民法院档案室等单位，拉网式查阅。

然而，众多档案记录的宜红茶依然集中在民国这一时段，民国之前晚清时期的宜红茶发展轨迹仍旧不多。仅有档案是不够的，必须寻找新的方向。此时，旧报纸与期刊跃入编撰组视野。查阅上海《申报》，几张《申报》偶尔闪蹦出来的信息，让编撰组眼前一亮。《申报》虽发行于上海，却是一份全国性报纸，较为系统地记载了上海茶市贸易成交情形，武汉茶市成交情形也偶有记载。成交的每一支茶，都标明牌号和买进洋行、成交价格与数量。对《申报》的掘金式解读，为编撰组撕开一道缺口，撩亮一扇窗户。从《申报》发端，《大公报》《万国公报》《新闻报》《湖北商务报》《武汉日报》《上海商报》《商务官报》《汉口商业月刊》……空间越来越广，视角逐步拓展，从南京市图书馆查找到1859—1948年上海、汉口、宜昌、沙市海关贸易报告及数据。编撰组马不停蹄，分头阅读亿万级资料文库，搜集整理资料笔记200多万字，为撰写通稿奠定坚实基础。

陈述这段过往，并不是为了彰显编撰组为此书面世付出多少心血，只为旁证本书的许多说法，既是第一次新鲜出炉，为过去的宜红茶研究者所未道及，或者说是本书编撰者的新发现、新理据、新表述，更具备难能可贵的“信史”特质。

通览全书，《宜红简史》及宜红茶具有以下几个方面的特点。

《宜红简史》具有宽广的视野。编撰组并未拘囿于一个县域的狭隘空间，而是跳出五峰看宜红茶，将宜红茶置入世界茶叶品牌序列中展开整体性、全域性观照，从世界茶叶贸易的广阔背景上，来审视宜红茶的起源、发展、鼎盛和衰落。全书65万多字，正文十八章。前三章从中国茶叶历史沿革及产地、产额，中国茶叶对外贸易及汉口茶市，茶叶关税、厘税与交易手续，梳理中国茶叶贸易的历史概况，便于从整体上认识宜红茶。第四至九章，从宜红茶诞生及宜红名称由来、宜红茶的产区、宜红区的茶号、宜红茶的对外贸易、宜红茶的品质与价格、宜红制造、包装与运销等方面，梳理宜红茶从清道光年间诞生至新中国成立前的发展脉络。第十章至十五章，梳理国家、省营改良及生产管理机构在宜红茶区的发展史；第十六章，从金融支撑角度来梳理湖北省银行渔洋关办事处的发展史；第十七章，介绍五峰商会组织概况；第十八章，介绍宜红各个方面的代表性人物。

宜红茶史的纵向跃进和世界茶叶贸易的横向生发相互交织，为宜红茶应运而生及渐进发展提供前所未有的大纵深。空间视野的宽泛性，足见编撰组的气度与胸襟，志在为宜红茶这样一个弥足珍贵的公共品牌张目。

宜昌属于中国高级红茶区。宜红茶一开始就是以红茶界一颗不同凡响的亮眼明星冉冉升起，其突出特点为“量小而质优”。吴觉农、范和钧著《中国茶业问题》一书中记述：“关于产区之分划，我国茶叶已有自然界限。如出口高级红茶计分两区，一为湖北之宜昌，二为安徽之祁门、至德及江西之浮梁三县。”

从清朝至20世纪30年代，宜红、祁红、宁红并称为中国三大工夫红茶。1939年，滇红崛起，与宜红、祁红鼎足而三，宜红茶始终保持良好的品牌美誉度，它紧追祁红，自成一格。

宜红茶之所以如此受到世界消费者推崇，主要原因有三：其一，茶叶产地独特的高山云雾漫射光气候；其二，纵横沟壑两旁的溜沙坡砂质土壤；其三，始终坚持在初制毛茶基础上的精制工艺，其精制过程是对工夫茶品牌的坚持与固守。

抗战时期，宜红茶曾一度被划入中级红茶区，主要由于抗战全面爆发，尤其是武汉沦陷后，茶叶对外贸易举步维艰，北向运输极其艰难，与苏联签订的许多茶叶供销合同无法履行，拖欠茶叶售卖款常态化。出于压低收购成本方面的考量，宜红茶在评级中被人为压价，作为红茶“统制”采购方的中国茶叶公司才出此下策。

厘清宜红茶外销年度最大量。宜红茶鼎盛时期，年出口达到15万担之多，数据是否可靠？据1899年的《湖北商务报》记载，当年汉口茶市全年成交宜昌红茶9893件，即使再加上海茶市成交估算量，也不会超过2万～3万箱。1910年，汉口茶市成交宜昌红茶19854箱，即使再加上海茶市成交估算量，也不会超过4万～5万箱。陆溁在《我国茶业衰败情形致实业部呈》（1931年8月17日）中记述：“两湖红茶，宜昌品质高而产额少。”较为可靠的记载，鼎盛时期，宜红茶年出口不过3万～4万担，一担红茶约100斤，年出口宜红茶数量也就在400万斤左右。

渔洋关为宜红茶诞生地。1950年11月，江荻君在《宜红区毛红茶产销调查》中记述：“在前清道光年间，有广东茶商携大批江西制茶技工，到五峰渔洋关设号精制红茶，是为宜红区红茶精制出口之始。该区第一个设厂精制红茶的是钧大福。”为考究此种说法是否值得采信，编撰者列出多项证据予以支撑：2023年5月26日，《浔阳晚报》登载《宁红——中国工夫红茶之母本》；枝城市畜特局的陈章华撰写的《宜红茶史考》；1941年6月24

日，吴嵩撰写的《五峰名产——茶叶》；杨福煌（1793—1847）撰写的《渔洋沿革考》等，多个文本的记载和表述，指向相同，互为印证，是渔洋关作为宜红茶诞辰地的有力佐证。

为宜红茶独特的优良品质确立信度。宜红茶自问世起，就以其香高味醇的品质特点，在两湖红茶中一枝独秀，享誉世界。因优良的品质，在贸易中获得较高的成交价格，营业者多有获利。

《英国商务情形——1906年华茶出口情形》记述：“是年春，天寒料峭，茶之生机不能畅达，而又以茶商改订新章，须俟各牌号之茶样尽出，方准列市（旧例新芽甫出即以货样列市，迨至交货主客每致相争）。因此二端，故茶产之登场较历年为迟。汉口、九江出货颇少，最上等之货较1905年为昂贵，宜昌所出，其品质为最优。”

《武汉之工商业——茶叶出口业》记述：“湖北之产地为宜昌、羊楼洞、崇阳、通城、蒲圻等县，其中以宜昌产之品质为最佳。”

这些黑纸白字的文字记载，为宜红茶的品质确立信度：它坚持特立独行的工夫茶制作，获得世界各国消费者青睐，也赢得世界级声誉。

本书最大成果在于，为昨天、为今天、为后人，轻轻拂去那些蒙在宜红品牌上的历史尘埃，让我们看到一支“清水出芙蓉”的宜红茶。

习近平总书记妙解“茶”字，说它是“人在草木间”。在视察武夷山春茶长势时，习近平总书记指出：“过去茶产业是你们这里脱贫攻坚的支柱产业，今后要成为乡村振兴的支柱产业。”《宜红简史》无疑地为宜红茶做了一件“寻根找魂”的工作。

挖掘万里茶道文化资源，营造茶文化产业链，振兴宜昌红茶产业，打造湖北地域茶叶品牌，增强茶业强市定力，主动融入“一带一路”“长江经济带”和“乡村振兴”等发展大潮。我衷心祝愿宜红茶重振雄风，焕发新的光芒。

值本书付梓之际，写下这点感言，是为序。

陈宗懋

2024年4月15日

目　录

第一章

中国茶叶历史沿革及产地、产额

第一节　茶史源流

神农传说。华夏历史的神话传说中，茶为野生植物，产于我国上古。西汉刘安《淮南子·修务训》曰："古者，民茹草饮水，采树木之实，食蠃蛖之肉，时多疾病毒伤之害。于是神农乃始教民播种五谷，相土地宜，燥湿肥饶高下，尝百草之滋味，水泉之甘苦，令民知所辟（通'避'）就。当此之时，一日而遇七十毒。"《本草宿义》曰："神农尝百草，一日遇七十毒，得茶而解之。"威廉·乌克斯在《茶叶全书》中亦称："推定茶叶起源于神农时代，当非凭空之判断。"

土家族是个伴茶而居的民族，历史由来已久，周康王（前1020—前996）时，巴族即以虎为图腾，向周王朝进贡香茗（茶叶）。公元前477年，巴人南迁期间，引出廪君及容米部落，即后来的容美土司（今鹤峰、五峰一带），为土家语意译"妹妹居住的地方"，传说苡禾娘娘在泗洋河流域（今五峰采花乡）授茶。

华茶历史。茶叶最初有药材之效，为祭祀珍品。顾炎武《日知录》提出，我国饮茶始于战国时期的巴蜀。

秦汉（前221—220）以后，上流社会渐次用茶作饮料，视为高尚奢侈品。陆羽称："茶之为饮，发乎神农氏，闻于鲁周公，齐有晏婴，汉有扬雄、司马相如，吴有韦曜，晋有刘琨、张载、远祖纳、谢安、左思之徒，皆饮焉。”

汉以后茶业的发展，遂有史可据。西汉（前206—25）时，四川已盛行饮茶风气，成为日常商品，且由进贡渠道，传至京城长安。有王褒《僮约》所载“牵犬贩鹅，武阳买茶”和“烹茶尽具，已而盖藏”的叙述，即关于饮茶、买茶史实，在巴蜀地区有相当发展的记录。

魏晋（220—265）后，饮茶之风渐及长江流域一带。张揖著《广雅》称:“荆巴间采叶做饼，叶老者，饼成以米膏出之。”

郭璞（267—324）注解《尔雅》，始予“茶”字以确切定义，并以“槚”或“苦荼”名之，且说明为“一种煎叶而成之饮料”。谓早采为“荼”，晚采为“茗”，为采茶之可靠记录。

南齐世祖武皇帝萧赜“以茶倡廉”，遗诏:“我灵座上，慎勿以牲为祭，但设饼果、茶饮、干饭、酒脯而已。”南朝鲍令晖刊行《香茗赋集》。诗人张益扬（557—589）《登成都楼》即以茶为清凉饮料，有“芳茶冠六情，溢味播九区”之句。

六朝打破以茶为奢侈品的观念，茶叶由药用、祭品转为平民社会大众饮品。

唐初，大多数人需要饮茶，故茶之种植，几遍全国。中唐时，茶饮风靡，成为举国之饮。陆羽著《茶经》，被奉为“茶神”，且讲究或指导茶饮用水:“其水，用山水上，江水中，井水下。其山水，拣乳泉石地漫流者上。”左思《娇女诗》:“心为茶荈剧，吹嘘对鼎鑉。”茶既为国民日常生活饮品，亦为政府财政重要收入。《唐书·王涯传》:“涯拜司空，始变茶法，益其税以济用度。”《宋史·食货志》:“自唐建中时，始有茶禁，上下规利，垂二百年。”茶法三制，贡茶、税茶、榷茶，颇称完善。贡茶为定额实物税，唐朝贡茶区有河北道、山南道、淮南道、江南道、剑南道等。其中山南道包括峡州夷陵郡（宜昌）、归州巴东郡、夔州云安郡、金州汉阴郡、梁州汉中郡。茶叶成为重要商品，贩于“塞外”边地，即蒙古、西藏、青海等处。唐太和年间（827—835），始与塞外进行茶马交换贸易，由国家经营，贸易价额甚大，茶叶成为控制外族的唯一武器。李肇《唐国史补》（卷下）载:“常鲁公使西番，烹茶帐中，吐蕃王赞普曰，我此亦有，遂命出之，以指曰:‘此寿州者、此舒州者、此顾渚者、此蕲门者、此昌明者、此浥湖者’”，可知唐时输往茶类，已为数不少。

6世纪中叶，茗饮之风，渐传日本。公元805年，日本僧人最澄来我国学佛，带茶籽回国传播。嗣后数百年间，中国茶叶先后传到印尼、印度、锡兰、俄国等地，成为世界上“茶的祖国”。

两宋时代，政府统制茶业，盛况超前。随着人口增加，茶的消费量愈大。西人（西域人）嗜茶，中国尚马，茶马交换，必成事实。西北是华茶的最大销场，与北方契丹、金等贸易亦以茶为突出，所有边境贸易均以茶易马。1071年，章惇克复，湖南梅山，安置化县，设立茶场，每届春令，采制茶者络绎于途，政府置专官戍守。1068—1077年（宋熙宁）以后，在泰州、凤州、燕河等边疆地方，都设置茶马司，管理茶马交换，实为我国国营贸易的先例。1174—1189年（淳熙年间），到此贸易者，多为庐甘番马、洮州番马、叠州番马等，茶马互市，得马多达12900余匹。

1205年，《金史·食货志四》茶部载：“尚书省奏茶，比岁上下竞啜，农民尤甚，商旅多以丝绸易茶，岁贾不下百万。”

元代，茶之生产额达4000万斤以上，始行茶引、茶由，为贩卖茶之特许状，无此状者，不得私贩。

明洪武初年（1368），即订茶法引，茶以50斤为一包，2包为一引。1389年规定：上等马每匹120斤，中等马每匹70斤，下等马每匹50斤。除西夷设茶马司以外，四川置茶马司一，陕西置茶马司四。根据《明朝会典》的记载，内地所产茶叶，分为官茶、商茶、贡茶。其中，官茶用来贮边易马；商茶给卖，储放有茶仓，巡茶有御史，分理有茶马司、茶课司，验茶有批验所，设立在关津要害；贡茶定期，仅容美及麾下诸司，洪武、嘉靖年间，贡茶等方物达50余次。

明代，政府力谋出产增加，免除茶户徭役。无主茶园，不许荒芜，令军队栽培。茶课或纳茶，谓之本色，或以银绢代之，谓之折色，茶税收入可观。凡纳茶课后可以自由销售，惟边境以茶易马，则为政府所独占。

1540年，欧商泛海至粤，携茶种归，此为中国茶流至欧洲之始，不数十年，遂为世界各地均有产物，及至后来居上，反被印、锡、日、爪等所挤占市场，中国渐次没落。

清初沿明制，差茶马御史一员，辖陕西五茶马司。上马给茶12篦，每篦10斤，合计120斤，中马给茶9篦即90斤，下马给茶7篦即70斤。康熙以后，茶马交易不及以前之盛。

1704年二月至七月，无锡顾彩游历容美土司，并撰《容美纪游》，所记茶事："二月初八，晴。早行，路滑几坠不测之崖，时有云气来袭，人辄如入棉絮中，更不辨足底高下，最为危栗。饭两崖间古松下，有茶客数人驱驴至，亦坐憩松间，云此处距宜沙不过百里，分两程可到，因登坡上，指数峰外一峰，尌屴瘦如芝盖，即宜沙也""二月二十三日，君以新茶、葛粉、竹鼬、野猪腊、青鱼鲊、虎头脯饷余寓中""三月十一日……客司中者，江、浙、秦、鲁人俱有，或以贸易至，或以技艺来""改火法依古行之，春取桑柘之火，则以新火煮新茶敬客""六月初五……诸山产茶，利最溥，统名'洞茶'，上品者每斤钱一贯，中品者楚省之所通用，亦曰'湘潭茶'，故茶客往来无虚日。茶客至，官给衣食，以客礼待，去则给引""七月初一，晴。乃行，路平坦，连冈舒缓，流水琮琤，多茶客。抵尤溪（属石梁司）""七月初六，行平冈，无复山险，至白马溪，乃更起群峰，一潭澄三泓，民居环之。茶客二十余人，放驴满山，余杂之共宿一店。"

茶名茶书。茶字由"荼"演变而来，始于806—820年（唐宪宗元和）前后。茶之学名Thea Sinensis，又曰Camellia Thea，在中国历史悠久，其名称多经变迁。古来所用茶之名辞多而且杂，总其要者有槚、蔎、茗、荼、茆、荈、皐芦、苦菜等。

《方言》："蜀西南人谓茶曰葭。"

《本草·菜部》："苦荼，一名荼，一名选，一名游冬。生益州川谷山陵道傍，凌冬不死。三月三日采干。"

《诗经》："谁谓荼苦，堇荼如饴"，皆苦菜也。

世界诸国随华茶输入而将茶字演变接纳。世界各国现代语中的"茶"字，均来自中国"茶"字的广东音或厦门音之转音，即英之Tea、法之The、德之Thee、俄之Tscha。最为美妙的是，拉丁译文中希腊文与厦门茶字同音的原意为"女神"或"灵草"。日本称茶为"知也"，亦为中国茶字之转音。

茶书是专门论述茶的图书。780年（唐德宗建中元年），陆羽应湖北商人之邀而著《茶经》，开创茶书之宗。全书分为"一之源""二之具""三之造""四之器""五之煮""六之饮""七之事""八之出""九之略""十之图”，亦为后来逾百种中国古籍茶书，俗成一个大体著述范围。

唐朝陆羽的《茶经》与 1191 年日本荣西和尚的《吃茶养生记》、美国威廉・乌克斯的《茶叶全书》，并称为世界三大茶书经典。

第二节　茶树培育与采制演进

茶树本株。茶树为显花植物，隶属双子叶门离瓣花区二重花冠系，金丝桃部山茶科山茶属，本系野生常绿乔木，后经人工栽培，渐变为常绿灌木，经冬不落叶。

陆羽《茶经・一之源》载：“茶者，南方之嘉木也，一尺、二尺，乃至数十尺。其巴山、峡川有两人合抱者，伐而掇之。其树如瓜芦，叶如栀子，花如白蔷薇，实如栟榈，蒂如丁香，根如胡桃。”

考巴山者，隋唐时县名。巴山故城，在长阳县西，县治在今资丘一带，辖境包括今五峰。唐・杜佑《通典》载：“峡州巴山县北有山，曲折如巴字，因以为名。”巴东县南亦有“巴山，产茶，即所谓真香茗也。”据李延寿《南史》载：“峡川，孝武大明中，建平蛮向光侯寇暴峡川，巴东太守王济、荆州刺史朱修之遣军讨之。光侯走清江，清江去巴东千余里。”因此，陆羽此处所指应是县名或山名，不是川鄂边境的大巴山。

《茶经・七之事》引述《夷陵图经》：“黄牛、荆门、女观、望州等山，茶茗出焉。”

《夷陵图经》为 645 年唐魏王李泰命肖德言等所著《括地志》一部分，为陆羽所简写。黄牛山今在宜昌市西陵峡上段长江南岸，山下称黄牛滩；荆门山在宜昌市东南 30 里，宜都县东北 50 里，长江西南岸，两县界山；女观山在宜都县西北，望州山即今西陵山，在宜昌市南津关附近。

南宋范成大有“东瞰夷陵西秭归”句，意为登山顶可以望见峡、归两州，故名。今宜昌市有望州岗。

1937年，戴啸洲在《鄂西茶业调查报告》中称：“五鹤茶区茶树，多为丛播，即点播。株距行距，有间隔五六尺以上者，亦有高丈余者，树干生育极佳。”

华茶品质。色泽、香气、滋味，是茶的基本品质。色泽美观与否，根据肥培及制造的处理而判定；华茶香气高烈清醇，即便是中下品物，亦非他国上品所能比及；滋味醇正亦称独步，这全是自然天惠，并非偶然。

华茶品质优良，早为各国研究茶叶者所公认，茶叶甘芳而不苦涩，品质居世界第一。英人伊伯孙著《茶叶》一书，曾力言华茶优点：“华茶质地纯和，胃弱之人常饮而不伤；华茶独具香芬，涤烦清心，欲知奥妙者，非饮之有素不可；华茶含单宁较少，虽经久泡制，犹可饮而无害。”

华茶味颇浓厚，性亦平和，其于香甜一点，尤为各国之茶所不及。据学者俾来尔氏研究分析，谓华茶与印度、爪哇茶相比较，则华茶为优。爪哇茶含单宁9.704%，印度茶含单宁9.436%，惟华茶所含单宁仅8.07%。且爪、印茶收敛性强于华茶，故华茶胜之。

产茶因土地不同，茶之性质，亦因之而异。印茶性质极烈，较中国茶味为浓，烈亦倍之。论叶之嫩及味之香，则华茶又胜印茶一倍。总之，印茶烈而浓，华茶香而美。故美俄及欧洲各国上流社会之善品茶者，皆嗜中国茶叶。

1917年9月20日，《申报》刊载《汉口茶业公所对于俄员调查之答复》：“我国造茶向来全赖天气、人力而成，前十年间，安化地方有用机器仿印度新法制造，出售价格较低，不如人力所造。故该处办茶者多以用新法式为戒。”

种类及功用。以制造程序分为红茶、绿茶、乌龙茶、砖茶；以摘制期分春茶（谷雨前为头春茶，谷雨后10日内为二春茶）、夏茶（三春，谷雨20日后摘制）。

茶叶有促进生长与脂肪消化，甚至延长生命功能，有解毒防疫、防治坏血病之效，能减轻糖尿病症况，对贫血与肺结核病患者有裨益，其芳香油成分可消除恶臭及口臭。

种植培育。茶树种植，在唐朝以前，如陆羽《茶经》所记："凡艺而不实，植而罕茂，法如种瓜，三岁可采。"如种瓜一样，采取丛直播办法。我国历来种茶多是种子繁殖，所以很早就重视茶籽的采集和保存。

唐以后始有茶树栽培论述，茶树喜温暖湿润，避直射而耐阴，宜于土肥疏松通透，排水良好之地种植。过冷过热之地，均不适宜。我国茶区首推长江流域各省，亦因气候优良之故。

种植茶树，以山地为良，因其地势高耸，受雾露浸润多，受大水淹没及强日射照机会少。所有茶树大都凭借山地，蔚然成林。中国名茶多产诸名山，如闽之武夷、浙之天目、皖之黄山，茶产品质均甚优。盖以高山雨量较多，并有浓雾，故能育成清香柔嫩之茶叶。惟以高山气候较寒，发育不旺，因之茶树大多繁殖于斜坡山地。

以土壤而言，凡砾土、砂土、黏土，均能使茶树生长，而以砂质壤土与黏质壤土较为适宜，含有适量腐殖质土壤，尤称优良。排水适中，殊关重要，土壤过松，排水过甚，易受旱灾。土壤过于黏重，则通气不良，足以影响根部发育。

对茶树生物学特性的认识，宋朝记载更多。如苏东坡诗句"细雨足时茶户喜"，《东溪试茶录》"茶宜高山之阴，而喜日阳之早"，《大观茶论》有"植茶之地崖必阳，圃必阴"和"今圃家植木，以资茶之阴"的记载。

明朝时，茶园管理达到相当精细程度，明朝后期萌发台刈技术。茶树修剪的记载则出现于清朝初年。

采制演进。日常所饮之茶，系采取茶树之叶，加以蒸炊、揉搓、烘焙等手续而成。采茶，最早的情况已无法查考，据《茶经》记载："凡采茶，在二月、三月、四月之间。"说明唐朝可能还只采春茶、夏茶，不采秋茶。

据《茶经》载，唐时制茶分蒸、捣、拍、焙、穿、封等几道工序。制茶以团饼为主。

宋朝所制团茶和饼茶尤为精巧。尤其在"饰面"上，其贡茶的茶面，龙腾凤翔，栩栩如生，制作技术精湛绝伦。适于民间用茶需要的散茶，亦应运而起。宋朝后期，散茶替代片茶（即团茶和饼茶），而取得生产主导地位。

唐宋两朝，绿茶手工制造已有深切研究和精妙技术，其使用方法在各地虽略有不同，但皆遵循短时间内用高温杀死变化酵素，阻止其发酵，而保存其固有天然绿色，发挥其特有香气的原理。

所用炒青方法，概用釜蒸法，陆羽所著《茶经》谓：“晴采之、蒸之、捣之、拍之、焙之、穿之、封之，茶之干矣。”

北宋黄道辅撰《品茶要录》云：“蒸有不熟之病，有过熟之病，蒸不熟，则虽精芽，折损已多；试时色黄而粟纹大者，过熟之病也。然过熟愈与不熟，甘香之味尽也。故君谟论色则以青白胜黄白，而论味则以黄白胜青白。”

南宋赵汝砺所撰《北苑别录》谓：“茶芽再四洗涤，求令洁净，然后入甑，俟汤沸蒸之，然有过熟之患，有不熟之患，过熟则色黄而味淡，不熟则色青易沉，而有草木之气味，在得中为当也。”

《宋史·食货志》曰：“茶有二类，曰片茶，曰散茶。”

元朝时，我国绿茶生产工艺已趋定型。出现类似近代蒸青生产流程，即将采摘鲜叶在釜中微蒸后，放到筐箔上摊凉，乘湿用手揉捻，最后入焙烘干。

明代，茶叶制造已多不用釜蒸，而代以釜炒。黄宗羲《余姚瀑布茶》诗云：“檐溜松风方扫尽，轻阴正是采茶天。相邀直上孤峰顶，出市都争谷雨前。两筥东西分梗叶，一灯儿女共团圆。炒青已到更阑后，犹试新分瀑布泉。”

明洪武初年（1368），正式诏罢贡茶，停止团饼生产。杀青普遍由蒸改为炒，饮茶逐渐由煮饮改为开水冲泡，末茶生产不断减缩，从而出现散茶（也称叶茶）的独盛和全面发展时期。同时新兴的还有黑茶、熏花茶、乌龙茶和红茶等。红茶记载始见《多能鄙事》，但其制作具体方法，迟至清初的《武夷山志》才有所记。

红茶和乌龙茶一样，起于明盛于清，除福建外，生产红茶的还有江西、浙江、安徽、湖南、湖北和四川等省，当时有名的红茶品种有工夫、小种、白毫、紫毫、选芽、漳芽、兰香、清香等。

砖茶制造系由团饼衍化而来，其质坚耐久，尤宜输运远方，真味不变。晚清以后，应俄国需求，大量生产制作。

砖茶有两种，一红砖茶（即米砖），一青砖茶（即老砖茶）。

红砖茶系用花香制成，其原料以鹤峰花香为第一，祁门、宁州次之，羊楼洞各口又次之。先称就茶末斤两，装入布袋，盛蒸锅热，每锅盛两袋，趁热放入砖模，压以木板，再加大压力；压成之砖，须趁热昼夜架空，使之干透；三星期方可装篓，每块包纸两层，装入竹篓，内夹笋壳，使勿泄气，外用麻布包裹，再加细绳捆扎。

青砖茶系用秋后老茶叶制成，原料多用两湖茶。其制法，先揉后晒，再用机器捶成极碎，称斤装袋，上蒸锅，其他与红砖茶同。

第三节 中国茶区分布、面积及产额

一、中国茶区分布、面积及产额

我国土壤、气候均适于茶树栽培，中部及南部无处不有茶树。产茶地区有山东、江苏、安徽、湖北、湖南、江西、福建、浙江、四川、贵州、云南、广东、广西、陕西、河南、河北、甘肃、台湾等18省。其中，湖北、湖南、江西、安徽、福建、浙江、四川等7省，为诸省中最著者。

1915年，《农商公报》第19期发表农商部之中国茶叶统计，我国制茶最盛地方为安徽、广西、湖北、湖南、江苏、福建、云南、广东等8省，全国一年内产额约达200万担，其价额达4000万元。全国制茶场合计2300所，经营茶叶者则有6000万人以上。

农商部第八次统计，1919年我国茶园面积314511亩，收获量88707194斤，但有数省产茶区尚未列入，而列入省区其产额未必精确。

1914—1919年全国茶叶产额、茶园面积

年次	收获量（市斤）						茶园面积（亩）
	绿茶	红茶	茶末	茶籽	茶芽	共计	
1914	313783453	235002461	45583497	28914737	22215901	726770049	3882045
1915	94242926	251871233	41703215	45483257	26135489	469437120	3314336
1916	63579461	82826514	10244906	33169265	9781398	199601544	3102153
1917	52151492	67209014	9440618	4177195	8186705	141165024	1625545
1918	63771246	45133785	9242670	5084107	9629626	132861434	1191964
1919	48138303	27320405	4924556	4415789	3908141	88707194	314511

农商部历年发表的全国茶园统计，一是面积，为实知数；一是约计面积，当是茶丛的估计。从事茶叶生产的人，最多的是栽培者，通常称茶户。民国初元，农商部年年类有统计。

1914—1920 年全国茶园面积、制茶数量、茶户数量

年　别	茶园面积			制茶数量（担）	茶户数量（户）
	面积（亩）	约计面积（亩）	共计（亩）		
1914	3882045	1471122	5353167	7267700	935337
1915	3314336	1447434	4761770	4694371	1487576
1916	3102152	871657	3973810	1996015	971714
1917	1625545	1497277	3122822	1411650	868319
1918	1191964	1375702	2567666	1328614	654853
1919	314511	316420	630931	887072	449662
1920	269720	277213	546933	363528	176790

1929 年，农商部第三次报告，我国全部茶田面积 5353355 亩，产额 5519574 担。

1929 年各省茶产额表

省　别	面积（亩）	产额（市担）	省　别	面积（亩）	产额（市担）
安　徽	750119	499288	广　东	77228	167045
江　西	1267935	208872	广　西	77898	302174
浙　江	624060	256144	陕　西	2529	906
江　苏	885977	327770	贵　州	1645	278594
湖　北	521775	417698	云　南	—	158086
湖　南	694527	2219917	河　南	—	84
福　建	122475	680000	总　计	5353355	5519574
四　川	327188	2996	—	—	—

据威廉·乌克斯《茶叶全书》记载，中国产红茶、绿茶、乌龙茶、窨花茶、砖茶、小京砖茶、珠茶以及束茶等，种类繁多，大体而论，可依出产

地、季节性以及贸易上之名称等分类。红茶可分为两大类，即华北工夫茶与华南工夫茶。华北工夫茶俗称英国早餐茶，主要产于湖北、湖南、江西及安徽，堪为代表者，为祁红、宁红及宜红三种，以前曾通称为中国茶之巨擘，因其具有拔群之芳香，宜红身骨颇佳，水色、香味亦佳。

1943年7月，农林部《战时农业生产与农村经济建设概况报告》，将全国各省毛茶估计产额列表于后。

中国各省毛茶产量估计表

省　别	产量（市担）	省　别	产量（市担）
江　苏	493000	福　建	816000
浙　江	589000	广　东	635000
安　徽	604000	广　西	362000
江　西	251000	云　南	210000
湖　北	499000	贵　州	100000
湖　南	1800000	总　计	6616000
四　川	257000	—	—

受抗战影响，到1947年，全国茶叶年产额不足200万市担。农林部估计，1947年各茶区各种茶产额如下表：

我国茶叶常年产量估计表

单位：市担

产　区	红　茶	绿　茶	砖　茶	其　他	合　计
皖浙赣区	148000	463000	—	—	611000
两湖区	45000	23000	406000	—	474000
闽粤区	89900	194000	—	45700	329600
川康滇区	9900	21800	—	139500	171200
台湾区	32022	439	—	164851	197312
其他各区	—	80000	—	—	80000
总　计	324822	782239	406000	350051	1863112

注：上表系农林部统计室据中央农业实验所估计及《台湾茶叶》统计资料编制。

以茶区而言，产量之多，首推皖浙赣茶区，为我国茶叶生产中心，红绿茶兼而有之，占全国产量30%以上，不仅以量多称霸，且以品高驰誉。本区祁门红茶和杭州龙井，遐迩皆知。

两湖茶区产量次之，砖茶为其特产，往者畅销于苏联与外蒙古，且为我国西北游牧民族主要饮料。本区亦产红绿茶叶，宜昌与安化红茶，恩施绿茶，在我国茶市均有相当地位。

台湾茶区与川康滇茶区产量相差无多，前者以红茶与乌龙茶为主产，后者以普洱茶与边茶占大宗，一盛销海外，一畅行于边区。

以茶叶种类而言，绿茶产量最丰，占全部茶产额40%以上，国人每多嗜饮绿茶，故产区甚为普遍，产量亦特多。次为砖茶与红茶。至于其他各类茶叶，大致包括福建青茶与白茶，台湾乌龙茶与包种茶，以及云南普洱茶等，其数量亦不少，总量且稍多于红茶。

二、湖北茶区面积及产额

产区。湖北茶区可分鄂东、鄂西、鄂南三区。

鄂东区为武汉下游一带，包括黄冈、浠水、黄梅、广济、蕲春、罗田、英山、大冶等县，所产之茶，以青茶为主，多供内销。

鄂南区包括咸宁、蒲圻、通山、崇阳、通城、阳新等县，全区以产老青茶，供压制砖茶原料为主，红茶次之。

鄂西区包括宜昌、宜都、长阳、五峰、鹤峰、兴山、秭归、利川、宣恩、咸丰、建始、当阳、恩施等县，全区以产红茶为主。蜚声中外之红茶产量最多，品质最佳者为五鹤两县。

1935年，吴觉农、胡浩川在《中国茶业复兴计划》中，统计湖北全省产茶县有42个：蒲圻、鹤峰、崇阳、应山、咸宁、嘉鱼、宜都、兴山、长阳、通城、秭归、利川、郧县、黄梅、浠水、谷城、竹溪、宜昌、南漳、广济、竹山、大冶、黄冈、罗田、长乐（1914年改为五峰）、麻城、蕲春、安陆、应城、远安、汉阳、宣恩、枝江、当阳、建始、均县、保康、房县、阳新、巴东、通山、施南。

1938年8月，羊楼洞茶业改良场场长徐方干在《发展鄂西茶业生产工作计划书》中记述："全省茶区，以地域之不同，分为东、南、西三路。东路为武汉下游一带，如黄冈、浠水、罗田、蕲春、广济、大冶、阳新等县，南路与湘赣相界幕阜山脉，如通山、通城、蒲圻、崇阳、咸宁等县，西路川湘边界之武陵山脉，如宜都、宜昌、长阳、施南、鹤峰、五峰等县。至三路集散地，东路近汉口，以汉为中心。南路在羊楼洞制造后，转至汉口，西路多由渔洋关运至宜昌转汉口。更因习惯上，东南两路红茶与湖南产红茶合称为两湖红茶。西路红茶以其香、色、味俱优，可与祁门茶匹敌，为宜昌附近所产，故单独为宜红，在昔国际贸易上颇负盛名。”

西路红茶，实际包括清江流域和澧水流域的湘鄂西山地，其茶园分布于五峰、鹤峰、长阳、宜昌、宜都、秭归、兴山、巴东、恩施、宣恩、咸丰、来凤、利川、建始、竹溪、郧县、竹山、谷城、均县和石门、大庸、慈利等县，其中以鹤峰、五峰与恩施茶园面积最广，产量亦最多。惟恩施则以绿茶为主，红茶仅占少数，宜昌之罗田溪虽亦产茶，然为数不多。

王乃赓在《湖北茶叶之研究》（《西南实业通讯》1944 年第 9 卷第 3 期）中记述：“我国外销茶区，多溯长江，因气候适宜，交通便利，故特别发达。如鄂西之五峰、鹤峰、长阳及石门一带，鄂南之羊楼洞、羊楼司一带，鄂东之蕲春、黄冈一带。”

1946 年 3 月，庄晚芳在《中国茶区产茶概况》论及鄂省茶区可分为二，一为鄂南羊楼洞老青茶区，一为鄂西宜红茶区。

羊楼洞老青茶区包括蒲圻、崇阳、通山、通城、咸宁等县，昔年盛产中下级红茶，即“湖红”，年产数十万担，自外销不振后，茶农多数改制老青茶，运汉销售转运西北及苏联，或在本地压制青砖后运销汉口，然仅占总量十分之二三，全区年产量 20 万担左右。

鄂西宜红区，包括五峰、鹤峰、长阳、宜昌、宜都、恩施、宣恩、来凤、咸丰等县，旧日产次级红茶颇多，多在渔洋关集中，东运汉口，在市场上有“宜红”之称。“宜红”为新兴红茶区，品质颇优。

面积与产额。据农商部《民国三年第三次农商统计》（1916 年 12 月），湖北全省茶田 1116469 亩，茶户 56899 户。全省茶产额 459093 担，其中红茶 289792 担，绿茶 80488.69 担，茶末 4982.71 担，茶籽 52925.40 担，茶芽 30903.92 担。

据《中国茶业之研究（七）》（《银行月刊》1925 年第 5 卷第 12 号）记

述："湖北所产之茶有湖北、宜昌之别。"

湖北茶出产于旧襄阳、黄州、武昌、施南、陨阳五府各县，每年产额约4万担。就中武昌产茶额最多，实占湖北茶之过半，出产以浦圻之羊楼司、羊楼洞，崇阳之大沙坪、白霓桥，通山之杨芳林，咸宁之柏墩、马桥铺，嘉鱼之岛口、兴国、龙港，以及通城县属各地方为最多。羊楼洞、羊楼司为以上各地集散之中心，其集散额占湖北茶之过半数。

宜昌茶者出产于宜昌府属及上游施南、陨阳府各地方茶之总称也，其品质较湖北茶为优，因地势上由各地运往汉口市场，宜昌为必经之地，故有斯名。以宜都、兴山、东湖、长乐、长阳、归州、鹤峰、施南、恩施、利川、郢、竹溪等县出产为多，年产额达4万担。就中，鹤峰之花香茶，可供汉口砖茶制造之原料，需要颇多；宜都制茶之地，在去宜都六七十里之汉阳埠及横积埠，产额3000余担，其中内红茶2000余担、绿茶1000余担；长阳茶年产额6000～6500担，其内红茶约5000担，余为绿茶；兴山年产7000担；鹤峰年产25000担以上，内红茶20000担，绿茶约5000担；施南多绿茶，年产10000担以上。

1929年工商部调查，湖北全省主产茶区有28个县，茶田面积合计579200亩。

湖北省各县产茶面积统计表

单位：亩

县名	面积	县名	面积	县名	面积
当阳	10300	谷城	20300	利川	16900
广济	10600	恩施	21000	黄梅	18600
均县	10700	宜都	28500	咸丰	19300
秭归	12100	咸宁	37300	兴山	20100
五峰	12500	宣恩	10500	宜昌	20300
圻水	13200	竹山	11100	阳新	26700
鹤峰	15000	郧县	10700	通城	35600
南漳	17000	远安	11200	通山	37400
长阳	19300	建始	13000	—	—
崇阳	20000	蒲圻	79000	—	—

1934年，国民政府主计处统计局调查，湖北省产茶县茶叶产量列表于后：

县别	茶叶产量（担）		县别	茶叶产量（担）	
	1932年	1933年		1932年	1933年
蒲圻	200000	207000	蕲春	200	200
咸宁	30000	30000	罗田	15	15
崇阳	101500	101500	应城	100	100
通山	15000	15000	谷城	35	45
通城	1000	1000	竹山	35	100
远安	450	550	宜都	150	200
郧县	56	56	巴东	100	140
宜昌	120	100	恩施	2000	1650
兴山	100	100	建始	500	560
五峰	800	500	咸丰	1000	2000
大冶	4250	4000	利川	50	100
黄梅	500	500	总计	360561	366502

1934年4月12日，《武汉日报》第2张第3版刊载："总计全省茶田有50余万亩，各县茶田面积——蒲圻79000亩，通山37400亩，咸宁37300亩，通城35600亩，宜都28500亩，阳新26700亩，恩施21000亩，宜昌20300亩，谷城20300亩，兴山20100亩，崇阳20000亩，咸丰19300亩，长阳19300亩，黄梅18600亩，南漳17000亩，利川16900亩，鹤峰15000亩，蕲水13200亩，建始13000亩，五峰12500亩，秭归12100亩，远安11200亩，竹山11100亩，沮县10700亩，均县10700亩，广济10600亩，宣恩10500亩，当阳10300亩，合计579200亩。"

1940年3月，湖北省政府《抗战期间湖北概况统计》，全省茶田817656亩，年产额287074担。其中：咸宁8500亩，28000担；蒲圻12000亩，45000担；崇阳1000亩，3000担；通城3200亩，5800担；通山3000

亩，970 担；阳新 1500 亩，1000 担；浠水 9800 亩，15200 担；广济 4500 亩，6800 担；黄梅 8800 亩，9450 担；公安 900 亩，8400 担；谷城 18000 亩，20000 担；均县 8000 亩，12000 担；竹山 10000 亩，13000 担；竹溪 320 亩，200 担；远安 170 亩，8 担；当阳 9400 亩，16000 担；宜都 259 亩，119 担；宜昌 18716 亩，22000 担；兴山 600 亩，340 担；秭归 300 亩，250 担；长阳 17700 亩，19000 担；五峰 7000 亩，4380 担；鹤峰 18000 亩，11000 担；宣恩 1000 亩，550 担；来凤 1000 亩，500 担；咸丰 300 亩，145 担；利川 3200 亩，1600 担；恩施 8000 亩，4000 担；建始 3000 亩，14000 担；巴东 2800 亩，1300 担。

张博经撰《抗战五年来湖北的茶叶》记载："全省产茶面积，四万余亩。宜红区以五峰最广，鹤峰次之；羊楼洞茶区以老青茶名，茶树散布在咸宁、崇阳、通城、蒲圻，暨湖南临湘各县，产量以蒲圻、通山、通城为最多。"

1946 年 3 月，庄晚芳在《中国茶区产茶概况》中，记述湖北茶区产茶统计（如下表，据 1939—1940 年调查）：

湖北茶区产茶统计

产地及种类	产量（市担）	主要销场
羊楼洞老青茶区	180000	苏、西北
宜红区	4000	苏、英
宜绿及其他	215000	内　销

据《湖北省建设概况》（湖北省建设厅 1948 年编）记述，1947 年茶叶产量：恩施 2800 担、宣恩 700 担、建始 2500 担、利川 600 担、咸丰 100 担、宜昌 200 担、巴东 200 担、兴山 60 担、长阳 3500 担、鹤峰 6000 担、蒲圻 80000 担、崇阳 50000 担、通城 30000 担、黄冈 300 担、广济 100 担、五峰 200 担、宜都 150 担、咸宁 300 担、通山 20000 担、阳新 400 担、黄梅 200 担、蕲春 150 担，合计 198460 担。与 1937 年全省茶叶产量 427923 市担相较，可知战后产量锐减。

第四节　方志中湖北主要名茶记述

择记清代中晚期和民国初年湖北地方志载各地主要传统名茶于后。

观音茶:《崇阳县志》记，草决明俗呼观音茶，用以代茗。《兴国州志》记述草决明俗名“六安茶”。

峡茶:《茶经》记，峡茶生宜都、彝陵山谷。《茶谱》云:“峡州小江园、碧涧簝、明月簝、芳蕊簝、茱萸簝，皆茶之极品，是峡茶旧以擅称。故《通典》《元和志》《唐书地理志》皆言峡州贡茶”;《寰宇记》亦言峡州土产茶;《宋史·食货志》言:“归、峡二州皆置场，采造隶于官。”此并唐宋时峡州出茶之证也。

碧涧茶:《东湖县志》(旧县名，今夷陵区)乾隆二十八年(1763)林有席、严思浚纂修，记载明刘升《碧涧采茶》:“俗不善制茶，自先父请告归里，辟园数亩，名曰碧涧，适陶孝廉、孝若自祁门秉铎归，日相讲求，采焙得法，不异阳羡、虎丘也。”

雀舌、龙团：1817年，苏益馨、梅峰纂修《石门县志》记载:“自晋唐迄今，而茶法无闻，非缺也。盖邑人所饮，半仰给于鹤峰各溪洞，而雀舌、龙团，其足备七碗而生风两腋者，悉购自他乡。”

真香茶：巴东真香茶，旧名“海内”，仍茶之野生者；东湖县西二十里，有明月峡，“天中记”茶生其间，为绝品。

容美茶:《鹤峰州志》记:“容美贡茗，遍地生植，惟州署后数株所产最佳。署前有七井，相去半里许，汲一井而诸井皆动。其水清冽，甘美异常。距城五十里，土司分守留驾司、神仙茶园。二处所产，味亦清腴。取井水烹服，驱火除瘴，散气止烦，并解一切杂症，现生产更饶。咸丰时州人公议，请示设栈，多方经营。由是远客鳞集，城乡有食其利者也。”

云岩茶、仙洞茶:《来凤志》记:“茶最佳者造在社前，其次则雨前。邑属种植不多，然间亦有佳者。”《施州卫志》言:“卫境皆出茶。然求如所谓云岩、仙洞者，不可多得矣。”

白毛尖、茸勾:《长乐县志·工艺(女红附)》(清咸丰版)载:“邑属水洑、石梁、白溢等处俱产茶。每于三月，有茶之家妇女大小俱出采茶。清明前采者为雨前细茶，谷雨节采者为谷雨细茶，并有白毛尖、萌勾亦曰茸勾等名，其余为粗茶。”李焕春《竹枝词》：“深山春暖吐萌芽，姊妹雨前试采茶；细叶莫争多与少，筐携落日共还家。”

乌东茶：1865 年，何蕙馨纂修《利川县志》记载：“乌东坡，土人遍种茶树，其叶清香、坚实，最经久泡，迥异他处，名乌东茶，亦地气使然也。”

襄阳红茶：1866 年《襄阳县志》记载，知县宗景藩《种茶说》记述：“县内做红茶，雨前摘取茶叶，用晒垫铺晒，晒软合成一堆，用脚揉踩，去其苦水。踩后，又晒至手捻不粘，再加布袋盛贮，筑紧，需三时之久，待其发烧变色，则谓之上汗。汗后仍晒，以干为度。”

鹤峰红茶：1885 年，徐澍楷、雷春诏纂修《鹤峰州志续》记载：“红茶，邑自丙子年广商林紫宸来州采办红茶，泰和合、谦顺安两号设庄本城、五里坪，办运红茶，载运汉口，兑易洋人，称为高品，州中瘠土，赖此为生计焉。”

王家岭茶：1901 年，黄世崇纂修《归州志》记载：“物产可纪者则茶，州南四十里王家岭产者良，烹贮碗中，经宿色不变。”

汉阳茶：《汉阳府志》记：“茶名旧无称。《宋食货志》言，榷茶之地：汉阳军、夏州皆置务，则当时府属亦产茶，特非佳品耳。”

松萝茶：蕲州、蕲春土贡茶。

蕲门团黄：有一旗一枪之号，言一叶一芽也；《文献通考》称其“茶之极品”。

紫云茶：黄梅县北，紫云山顶平旷，僧人植茶。

乾茶：《寰宇记》记，安州土产；《宋史》载：“初置茶务，后废。”

骞林茶：均州太和山产骞林叶，初泡极苦涩，至三四泡，清香特异，人以为茶宝。

仙人掌茶：一般认为鄂北为数无多，仅当阳间亦产茶。荆州当阳玉泉寺近清溪，茗草特异，清香滑熟，真公采饮，八十色如桃花。此即荆州玉泉寺之仙人掌茶，昔经青莲居士李太白作《答族侄僧中孚赠玉泉仙人掌茶》，在其茶诗序中赞赏为“还童振枯扶人寿”之茶。

远安茶：县西鹿溪山寺所产鹿苑茶为绝品，每年所采，不足一斤，反不如凤山之著名，然凤山亦无茶，外间所卖，皆出董家畈、马家畈等处，以其近凤山，故曰凤山茶。

民国十年（1921），杨承禧纂修《湖北通志·物品册》所载："各县之茶，鄂城有毛尖，嘉鱼有茶砖，咸宁有青茶、红茶、米茶，亦能为砖，蒲圻有黑茶、红茶、熟茶，崇阳有红茶、白毛尖，大冶有白雉山烟雨、云雾二种，广济有甜茶，黄梅有雨前，宜城有山茶，郧县有香桃茶，房县有太和、家园二种，远安仍有鹿苑茶，宜昌有银芽红茶、春华红茶，兴山有溪茶，长阳、五峰有红茶，长阳又有白茶，建始有绿茶。其羊楼洞茶有物华、松华、精华、月华、春华、天华、天馨、花香、夺魁、赛春、一品、谷芽、谷蕊、仙掌、如桅、永芳、宝蕙、二五、龙须、凤尾、奇峰、乌龙、华宝、蕙兰等名。皆因美洲赛会征集于各处者，今汇录之，俾留心茶政者得考焉。"

本章资料来源

1. 和珅等:《大清一统志·宜昌府》卷 273—274，清乾隆二十九年（1764）刊本。

2. 高剑农:《茶》(六),《申报》1941 年 12 月 10 日。

3. 侯厚培:《华茶贸易史》(上),《国际贸易导报》第 1 卷第 2 号，1930 年 5 月工商部上海商品检验局出版。

4. 吴觉农、胡浩川:《中国茶业复兴计划》(商务印书馆 1935 年印行)，许嘉璐主编《中国茶文献集成》26 册，文物出版社 2016 年版，第 3—192 页。

5. 张剑萍:《中国茶叶之生产》,《新农村》1936 年第 2 卷第 1 期。

6.［美］威廉·乌克斯:《茶叶全书》(中国茶业研究社社员集体翻译，1949 年出版)，许嘉璐主编《中国茶文献集成》22 册，文物出版社 2016 年版，第 1—551 页。

7.《古籍中湖北茶叶史料辑注》，曾兆祥主编《湖北近代经济贸易史料选辑》(1840—1949)第二辑，湖北省志贸易志编辑室 1984 年版，第 1—4 页。

8.《容闳自述》，1910 年。

9. 张鹏飞:《中国茶叶之概况》(1916)，中国第二历史档案馆编《中华民国史档案资料汇编》第三辑农商(二)，江苏古籍出版社 1991 年版，第 1190—1237 页。

10.［南北朝］李延寿:《南史》卷七十九·列传第六十九·夷貊(下)。

11. 袁鹤:《历史上之绿茶初制法》,《武汉日报》1942 年 12 月 25 日。

12. 赵競南:《中国茶业之研究》(四),《银行月刊》1925 年第 5 卷第 7 号。

13. 行政院新闻局:《茶叶产销》(1947年11月印行),许嘉璐主编《中国茶文献集成》44册,文物出版社2016年版,第130—175页。

14. 朱美予:《中国茶业》(1937年铅印本),许嘉璐主编《中国茶文献集成》29册,文物出版社2016年版,第206—418页。

15. 吴觉农:《中国地方志茶叶历史资料选辑》,农业出版社1990年版。

16. 王乃赓:《湖北茶叶之研究》,《西南实业通讯》1944年第9卷第3—6期。

17. 五峰茶业改良场呈《茶叶产销调查要点》,湖北省档案馆(LS031-003-0782-019),1945年5月。

18. 张博经:《抗战五年来湖北的茶叶》,《西南实业通讯》1943年第7卷第1期。

19. 赵烈:《中国茶业问题》(1931年铅印本),许嘉璐主编《中国茶文献集成》24册,文物出版社2016年版,第76—327页。

第二章

中国茶叶对外贸易及汉口茶市

第一节　华茶对外贸易概略

华茶输出贸易以 1516 年为时期界限，前为少量陆路贸易时期，后为海陆并盛时期。

1559 年，意大利威尼斯人滕摩沃著书记茶，开欧人论茶之先声。

1567 年，俄国人彼得洛夫等把茶叶介绍到俄国，此为华茶最早输入欧洲之旁证。

1602 年，荷兰设立东印度公司以从事东洋贸易。越四年，继从爪哇来我国澳门贩茶销欧洲。

1615 年，英国东印度公司代办威克汉的报告书提到茶的名目。嗣后，欧洲尤其是荷兰和英国饮茶风气渐盛。

1637 年，饮茶习尚风靡荷兰，成为海牙社会时髦饮料。

1657 年，英伦咖啡店始售茶叶，浪漫的法国人亦称茶为“神圣的菜草”。

由于饮茶很快变成欧洲各国人尤其是英国人的嗜好，于是纷纷来华大批购买，我国也拿着茶和丝为平衡外贸输入的最利武器。

渐渐地，西方世界对茶的嗜好、依赖、赞美，到了无以复加的地步。法国小说家巴尔扎克（1799—1850）藏有少量优质茶叶，价格昂贵无比。美国诗人亨利 · W. 龙弗罗（1807—1882）由衷赞美：“茶促进灵魂的平静。”

一、欧人东渐以后的华茶贸易

（一）海路贸易

华茶海路贸易，尚在清初开海禁以前。

华茶输入英国始于1664年，为华茶直接输往英国之最初见诸史籍者。

1666年，又有20磅12翁士华茶输入英国，值英金56镑17先令6便士，由荷兰方面而来。此项华茶输英，当不能谓为正式贸易。

第一次贸易由东印度公司输往者，为1669年输往143磅，次年又输往79磅，均由爪哇班塔姆出口。华茶乃购自中国往贸易之沙船（或购自澳门出口之葡萄牙船）。

1689年，厦门有大批茶叶出口，输往英国。始开中国内地与英国茶叶直接贸易新纪元，是年出口华茶约150担，均为茶箱装置。

1697年，伦敦、厦门间有船舶直接往来。是年，有船名“那骚”号者，装出茶叶600桶，3月以后，有屈兰波耳号者出口，亦输出500桶。

1698年，输往300桶。

1699年，输往上好茶叶160担，价格为每担25两，均由厦门出口。

1700年，由广州输出上好茶叶160担，共值银4109两，又茶砖300套箱，值银300两。

1702年，清朝廷派遣官员（或称“皇商”），办理广州对外贸易。

1704年，有康特号者，驶往广州，采购茶叶117吨，合计105000磅。其中，每磅值1先令者75000磅，值2先令者30000磅。是时，茶叶已引起外商相当之注意，而输出亦逐渐增多。

1713年，英船来广东者有3艘，共输出茶叶304700磅以上。

1717年，由伦敦来广州之船有2艘，均满载茶叶出口。

1719年，由广州输出者，有茶叶2281箱、110桶及202包。

1721年，由广州出口2209箱及200桶。在此时期中，输往英国货品，常以茶叶居第一位。

1722年，各种茶叶由广东出口输往英国者，共计4500担，共值银119750两（占此次出口品中55%以上）。

1723—1724年，英国船采购华茶者共计10400担，值银266255两。

1727年，广东贸易情形，转为进步，而英船来华者，亦日益增多。是时，华茶装箱方法略有改良，颇为适中，每箱内装茶叶 74～78 磅，价格亦有增高，绿茶约 24 两，红茶 26 两，以前则 19～20 两。

1730 年，由舟山、厦门、广州、澳门，用 20 余艘沙船输往欧洲者约计 19500 担。同时，东印度公司船舶由广东订购绿茶 9200 担、值 216000 两，红茶 2300 担、值 50600 两。

1732 年冬季，又订购绿茶 6000 担，价格为 16 两及 15 两；红茶 5000 担，价格 17 两及 15 两。

1734 年，东印度公司船舶由伦敦开至厦门、广州二地，采购茶叶 4427 担，值银 88536 两。

1736 年，欧洲船舶之广东者日益增多。

1737 年，茶叶输往法国 8500 担，输往荷兰 8330 担，输往波特维亚 402 担，输往瑞典哥森堡 5000 担。

1739 年，由东印度公司输往伦敦 6994 担。

1740 年，由回船输往伦敦 14019 担。

自是以后，华茶贸易在欧洲市场中占极其重要地位。大略情形如下表：

1741—1833 年茶叶出口贸易统计表

单位：担

年份	英国		法国	丹麦	荷兰	瑞典	美国	普鲁士	西班牙	汉堡	俄国	士司康	总计
	公司	国家											
1741	13345	—	9450	6400	—	8550	—	—	—	—	—	—	—
1750	21543	—	14944	2304	9422	12629	—	—	—	—	—	—	—
1775	26918	2143	18662	21353	36829	19220	—	—	—	—	—	—	125125
1776	41820	731	42853	18370	36427	22268	—	—	—	—	—	—	162469
1777	49911	949	27332	15737	35218	21434	—	—	—	—	—	—	150581
1778	40245	2740	15776	10414	34152	24437	—	—	—	—	—	—	127764
1779	23621	1583	—	29877	35159	29968	—	—	—	—	—	—	120208
1780	69445	1639	—	17560	37182	30817	—	—	—	—	—	—	156643
1781	63489	597	—	30889	—	24504	—	—	—	—	—	—	119479
1782	21342	—	—	—	—	—	—	—	—	—	—	—	—
1783	92130	614	31375	24030	—	63572	—	24074	—	—	—	—	235795

续表

年份	英国		法国	丹麦	荷兰	瑞典	美国	普鲁士	西班牙	汉堡	俄国	土司康	总计
	公司	国家											
1784	86383	4351	37206	23690	40011	—	3024	—	—	—	—	—	194665
1785	103834	5113	3500	34336	23441	46593	—	5213	—	—	—	—	222030
1786	157116	175	2867	15190	44774	13110	8864	—	—	—	—	—	242096
1787	161204	423	12967	19980	41162	21682	5632	3845	—	—	—	—	266895
1788	141218	3687	2191	18726	31347	19407	8916	—	2388	—	—	—	227880
1789	129847	728	2207	13297	38302	—	23199		—	—	—	—	207580
1790	159595	2519	3316	3905	9964	—	5575	—	2	—	—	—	184876
1791	94754	474	5880	—	15385	11935	13974	38	—	—	—	—	142440
1792	112293	1078	11555	6395	22039	11698	11138	—	3	—	—	4379	180578
1793	148250	681	—	—	17130	5671	14115	—	—	—	—	2171	188018
1794	167672	1797	—	185	30726	—	10787	—	—	—	—	131	211298
1795	112840	1814	—	—	—	20699	21147	—	—	—	—	—	156500
1796	212422	1202	—	18793	—	—	25848	—	83	—	—	—	258348
1797	184653	1296	—	9848	—	10508	23356	—	—	—	—	—	229661
1798	93771	2284	—	21833	—	10562	42555	—	—	—	—	—	171005
1799	157526	4023	—	8492	—	3336	42488	—	—	—	—	—	215865
1800	223495	6965	—	7226	—	16818	35620	6016	—	—	—	—	296140
1801	221355	782	—	1291	—	—	40879	—	—	—	—	—	264307
1802	201921	1083	2652	6466	2290	10303	34132	18170	—	4425	—	—	281442
1803	244664	2245	—	7942	—	—	17788	8053	4	—	—	—	280696
1804	213800	5942	—	7246	—	17645	54902	—	—	—	—	—	299535
1805	179040	3454	—	13049	—	50	87771	—	—	—	522	—	283886
1806	183364	4019	—	8209	—	—	65779	—	—	—	—	—	261371
1807	138368	1830	—	—	—	—	58770	—	—	—	—	—	198968
1808	152313	5080	—	—	—	—	8128	—	—	—	—	—	165521

续表

年份	英国		法国	丹麦	荷兰	瑞典	美国	普鲁士	西班牙	汉堡	俄国	土司康	总计
	公司	国家											
1809	185258	3265	—	—	—	—	73028	—	—	—	—	—	261551
1810	203723	6021	—	—	—	—	21643	—	—	—	—	—	231387
1811	256361	3635	—	—	—	—	26778	—	—	—	—	—	286774
1812	274175	972	—	—	—	—	10556	—	—	—	—	—	285703
1813	238774	3187	—	—	—	—	—	—	—	—	—	—	241961
1814	249199	2408	—	—	—	—	7133	—	—	—	—	—	258740
1815	303874	10138	—	—	5131	10711	53040	—	—	—	—	—	382894
1816	274914	2177	—	—	—	—	—	—	—	—	—	—	
1817	160692	18696	—	—	—	—	169143	—	—	—	—	—	348531
1818	158141	13156	—	—	—	—	—	—	—	—	—	—	171297
1819	213882	12249	—	—	—	—	76447	—	—	—	—	—	302578
1820	204095	30388	—	—	—	—	40153	—	—	—	—	—	274636
1821	208192	9220	—	—	—	—	63159	—	—	—	—	—	280571
1822	218327	15913	—	—	—	—	84778	—	—	—	—	—	319018
1823	223213	17588	—	—	—	—	76142	—	—	—	—	—	316943
1824	215229	17489	—	—	—	—	103061	—	—	—	—	—	335779
1825	209780	19229	—	—	—	—	96162	—	—	—	—	—	325171
1826	307088	22434	—	—	—	—	64321	—	—	—	—	—	393843
1827	249905	16070	—	—	—	—	78807	—	—	—	—	—	344782
1828	226697	24968	—	—	—	—	73893	—	—	—	—	—	325558
1829	230061	22298	—	7960	—	—	66204	—	—	—	—	—	326523
1830	228573	20614	—	4000	—	—	54386	—	—	—	—	—	307573
1831	237517	23971	—	—	—	—	83876	—	—	—	—	—	345364
1832	248000	21863	—	—	12000	122457	—	—	—	—	—	—	404320
1833	229270	29031	—	—	—	—	—	—	—	—	—	—	258301

（二）陆路贸易

自清初至五口通商时止，除海道出洋外，陆路交易亦极兴盛，其最大销场则为俄国。中俄正式通商虽始于《尼布楚条约》（1689 年），然以国境毗连关系，通商早已有之，逮无可考。

1640 年，有使臣由中国携茶叶 4 普特（约合 1 担以上）至莫斯科发售。《尼布楚条约》以后，华茶始有规则的输往，始由俄政府商人队由蒙古输出，继由私人组织商人队输出。

1727 年，俄女皇加柴林遣使臣来华，于恰克图订立边界条约。自是以后，恰克图为中俄贸易重要市场，亦即华茶出口主要地点，直至海参崴等海路运输开通后，始声势衰退。

18 世纪初期，华茶输俄者，每年尚不及 1 万普特（约 2700 担），至 18 世纪末，增加已及 6 倍，每年输俄 56000 普特，约合 15500 担。

1820 年时，俄国输入华茶每年达 10 万普特以上（约合 27700 担）。

二、五口通商以后的华茶贸易

在 18 世纪及 19 世纪初叶，中国沿海茶叶出口贸易均集中广州市场，广东省茶叶全由此输出。此后，外商因欲购买优良茶叶，而渐注目于湖南、湖北、福建、江西及安徽等省。

1821 年，上海始有绿茶贸易。1842 年，第一次鸦片战争后，与英签订《南京条约》，上海、广州、福州、厦门、宁波等处开埠，史称“五口通商”。

1859 年 3—9 月，在上海宝顺洋行就职的容闳（广东香山人，中国第一个耶鲁大学毕业生）对中国产茶区域初次调查后称：“湘潭亦中国内地商埠巨者。凡中国丝、茶运往外国者，必先在湘潭装箱，再运广东放洋。故两湖产区茶叶须先运至长沙、湘潭。湘潭及广州间，商务异常繁盛，劳动工人肩货往来于南风岭者，不下十万，孔道旁居民，咸藉肩挑背负为生。”

1860 年 10 月，第二次鸦片战争清政府战败后，随着《天津条约》的签订，汉口于 1861 年开埠，成为华茶出口口岸，原陆路运俄砖茶亦改由汉口出海。

1880—1888 年，华茶输出每年达 200 万担左右，价值 9000 万元，居中国对外贸易首位，独占世界市场，此时可谓中国茶叶全盛时期。

惜国人种植墨守旧法，清廷懦弱无为，坐视良好茶品之销场，予外人勃发机会。英国、荷兰等国商人，为茶的销路及巨大利益驱动，伺机收买华茶种子，在其殖民地大肆栽培。18 世纪末，茶传到大西洋的马得拉和亚速尔群岛，1812 年传到巴西，1840 年左右传至印度阿兰密省，1880 年前后在锡兰岛栽培，短短几十年工夫，茶田达到 16 万公亩。然后通过广告鼓吹和对华茶反宣传，且借政府提倡力量及免厘、免税鼓励，把华茶的世界销场掠夺殆尽。

从 1900 年起，华茶输出渐呈螺旋式低落，在世界茶市永远退居第二位。1912 年维持 148 万担，1918 年落至 40 万担，1920 年竟落至 30 万担。其后虽有起伏，多在六七十万担。

1912—1932 年，华茶输出仅占世界输出总额平均数的 4.96%，居第三、四位间。

华茶对外贸易总体情形如下各表：1. 1866—1910 年华茶输出数量统计；2. 1911—1925 年中国径往外洋之茶类按年担数表；3. 1926—1931 年中国直接运往外洋之茶类按年担数表；4. 1932—1933 年海关径往外洋之各种茶担数表；5. 1933—1934 年土货出口净数表；6. 1935—1940 年茶叶出口净数表；7. 1941—1947 年茶叶出口净数表；8. 1912—1941 年华茶输出量值统计表。

表 1　1866—1910 年华茶输出数量统计　　单位：担

年　份	红　茶	绿　茶	砖　茶	毛　茶	他种茶	总　计
1866	—	—	—	—	—	1192138
1867	1265207	456	—	—	65311	1330974
1868	—	—	—	—	—	1475210
1869	1214631	213945	73521	679	8373	1511149
1870	1087121	227481	62896	1	3499	1380998
1871	1362634	232617	83790	146	456	1679643
1872	1420170	256464	96994	85	950	1774663
1873	1274232	235413	107330	372	416	1617763
1874	1444249	212834	74792	—	3504	1735379

续表

年份	红茶	绿茶	砖茶	毛茶	他种茶	总计
1875	1438611	210282	166900	—	2594	1818387
1876	1415349	189714	150951	74	6799	1762887
1877	1552450	197410	147810	36	11382	1909088
1878	1517617	172826	194277	—	14236	1898956
1879	1523419	183234	275540	—	5270	1987463
1880	1661325	188623	232969	—	14201	2097118
1881	1636724	238064	207498	40000	15186	2137472
1882	1611917	178839	219027	—	7368	2017151
1883	1571092	191116	218744	74	6298	1987324
1884	1564450	202556	244996	4004	212	2016218
1885	1618404	214693	280112	37	15505	2128751
1886	1654058	192930	361492	95	8720	2217295
1887	1629881	184681	331281	67	7127	2153037
1888	1542210	209378	412642	89	3233	2167552
1889	1356554	192326	310178	30	18273	1877361
1890	1151092	199504	297168	33	17632	1665429
1891	1203641	206760	328861	168	10772	1750202
1892	1101229	188440	323113	46	9900	1622728
1893	1190206	236237	382361	153	12027	1820984
1894	1217215	233465	395506	—	16126	1862312
1895	1123952	244202	481392	—	16134	1865680
1896	912417	216999	566899	—	16526	1712841
1897	764915	185306	498425	75735	7777	1532158
1898	847133	185306	498425	—	7736	1538600
1899	935578	213798	474026	—	7393	1630795
1900	863374	200425	316923	—	3602	1384324
1901	665499	189430	293523	—	9541	1157993

续表

年　份	红　茶	绿　茶	砖　茶	毛　茶	他种茶	总　计
1902	687289	253757	570037	—	8128	1519211
1903	749116	301620	618458	—	8336	1677530
1904	749002	241146	447695	—	13406	1451249
1905	597045	242128	518498	—	11627	1369298
1906	600907	206925	586727	—	11928	1406487
1907	708273	264802	604226	—	32824	1610125
1908	685408	284085	590815	—	15828	1576136
1909	619632	281679	584976	—	12156	1498443
1910	633525	296083	616540	—	14652	1560800

表 2　1911—1925 年中国径往外洋之茶类按年担数表　　单位：担

年　份	红　茶	绿　茶	砖　茶	毛　茶	小京砖茶	茶　末	总　计
1911	734180	299237	416656	—	9073	3657	1462803
1912	648544	310157	506461	—	8499	8039	1481700
1913	542105	277343	606020	5603	9843	1195	1442109
1914	613295	266738	583883	7325	12145	12412	1495798
1915	771141	306324	641318	1563	30712	31295	1782353
1916	648228	298728	560185	1229	26669	7594	1542633
1917	472272	196093	443636	145	7917	5472	1125535
1918	174962	150710	75160	201	63	3121	404217
1919	288798	249711	143394	278	1440	6534	690155
1920	127832	163984	11695	516	—	1879	305906
1921	136578	267616	23546	2399	46	143	430328
1922	267039	282988	22616	818	12	2600	576073
1923	450686	284630	8613	2264	—	55224	801417
1924	402776	282314	19382	2110	2	59351	765935
1925	335583	324564	141917	14501	—	16443	833008

表 3　1926—1931 年中国直接运往外洋之茶类按年担数表　单位：担

年　份	红茶	绿茶	砖茶	毛茶	花熏茶	茶片	茶末	茶梗	未列名茶	总　计
1926	292527	329197	141872	39641	2338	5317	20847	7426	152	839317
1927	248858	333216	173148	88884	1189	3985	12296	10512	88	872176
1928	269615	306765	256712	74974	1558	694	2397	13285	22	926022
1929	294563	350055	242677	45297	1269	930	5016	7769	154	947730
1930	215079	249779	182386	27985	1445	934	8866	7451	123	694048
1931	171466	293526	166643	53370	1717	394	8776	6905	409	703206

表 4　1932—1933 年海关径往外洋之各种茶担数表　单位：担

年　份	工夫茶	其他红茶	绿茶	红砖茶	绿砖茶	毛茶	花熏茶	茶片	茶末	茶梗	未列名茶	总　计
1932	39800	107267	274707	55475	156201	6407	2253	330	4547	6345	224	653556
1933	90243	72103	288496	35364	149777	4727	5867	4493	26312	6373	1749	685504

表 5　1933—1934 年土货出口净数表　单位：公担

年　份	工夫茶	其他红茶	红砖茶	绿砖茶	小京砖茶	绿茶	茶末	毛茶	花熏茶	茶片	茶梗	未列名茶	总　计
1933	54578	43607	21388	90584	4992	174480	15913	2859	3548	2717	3854	1058	419578
1934	82761	66969	11048	118586	2973	151789	17045	4066	3501	6360	4884	510	470492

表 6　1935—1940 年茶叶出口净数表　单位：公担

年　份	工夫红茶	其他红茶	绿　茶	砖　茶	其他茶	总　计
1935	62032	42720	154008	96912	25732	381404
1936	47780	48250	155931	90876	30006	372843
1937	68342	47316	153998	86955	49961	406572
1938	48758	60144	231146	18754	57444	416246
1939	32390	19255	139125	2089	32719	225578
1940	38246	56368	227976	10937	11398	344925

表 7 1941—1947 年茶叶出口净数表

单位：公吨

年 份	数 量	年 份	数 量
1941	9118	1945	482
1942	79	1946	6899
1943	—	1947	5947
1944	249	—	—

表 8 1912—1941 年华茶输出量值统计

年 份	各种红茶		各种绿茶		红绿砖茶		其他茶		合 计	
	量（公担）	值（银圆）	量（公担）	值（银圆）	量（公担）	值（银圆）	量（公担）	值（银圆）	量（公担）	值（银圆）
1912	392110	24614797	187521	17194697	306210	10491667	9999	324210	895840	52625371
1913	331144	22416300	167681	16966100	366400	13160585	6674	330501	871899	52873486
1914	370798	25245126	161270	16803940	353016	14075405	19275	675632	904359	56800103
1915	466232	42995800	185203	23760636	387741	18181648	38435	1628321	1077611	86566405
1916	391915	29556806	180609	22172376	338685	15142537	21458	995411	932667	67867130
1917	285536	19312691	118558	13969202	268222	11697610	8182	370273	680498	45349776
1918	105782	8929344	91119	10974526	45442	1966888	2047	45429	244390	21916187
1919	174608	13705614	150975	17224640	86696	3823369	4989	143140	417268	34896763
1920	77287	4966581	99145	8350191	7071	468405	1448	39167	184951	13824344
1921	82575	5714610	161801	13334547	14236	535368	1564	55293	260176	19639818
1922	161452	10828907	171095	15067720	13674	486818	2073	49700	348294	26433145
1923	272485	21798849	172087	13026045	5208	247216	34757	614411	484537	35686521
1924	243518	18735808	170687	13030099	11718	429611	37161	722250	463084	32917768
1925	202893	15112644	196232	14946394	85803	3922664	18709	521280	503637	34502982
1926	176862	14546703	199032	19226649	85776	5547137	45781	1444997	507451	40765486
1927	150460	14609905	201463	23907244	104685	7629034	70710	3113024	527318	49259207
1928	163009	18180139	185470	22561197	155208	14793163	56186	2320044	559873	57854543
1929	178093	19206812	211643	29387833	146723	14530953	36539	1145685	572998	64271283

续表

年份	各种红茶		各种绿茶		红绿砖茶		其他茶		合计	
	量（公担）	值（银圆）	量（公担）	值（银圆）	量（公担）	值（银圆）	量（公担）	值（银圆）	量（公担）	值（银圆）
1930	130037	17103191	151016	18790719	110270	4104317	28298	952125	419621	40950352
1931	103668	14211590	177466	28806844	100752	7318158	43272	1471828	425158	51808420
1932	88917	12292628	166088	21005721	127979	4675964	12156	604191	395140	38578504
1933	98185	9416749	174480	20332962	111972	3261896	34941	1198430	419578	34210037
1934	149730	12164226	151789	18501929	129634	3859384	39339	1573010	470492	36098549
1935	104752	7854170	154008	18045507	96912	2715087	25732	1009420	381404	29624184
1936	96030	7968396	155931	19192267	90876	2305565	30006	1195483	372843	30661711
1937	115658	10085558	153998	16422669	86955	2251068	49961	2027979	406572	30787274
1938	108902	8808782	231146	21598431	18754	638367	57444	2008505	416246	33054085
1939	51645	9043507	139125	19762234	2089	91724	32719	1488366	225578	30385831
1940	94614	31824720	221792	69091772	10937	1215156	17582	2439547	344925	104571195
1941	35856	27143808	20938	9431622	10236	1447500	14326	2738387	81356	40761317

注：1. 1912—1936年数据摘录《实业部月刊》1937年第2卷第6期，实业部统计处编印；1937—1938年数据摘自财政部贸易委员会《1938年统制茶叶购销的工作报告》（1939年2月）；1939—1941年数据摘录《主计处关于战时农产品输出概况统计表》（1943）。2. 1914年数据16830940排版有误，更正为16803940。3. 1941年数据仅为1—10月。

第二节　华茶输出的主要品类及海关统计

一、华茶输出的主要品类

出口华茶有红茶、绿茶、砖茶、小京砖茶、毛茶、茶末六种。红茶又分工夫、乌龙、小种、包种、白毫、花香、珠兰等类，绿茶分雨前、熙春、元珠、小珠等类。

出口华茶以红茶、绿茶为最。红茶出口，又以工夫茶为多，工夫茶出口数量约当全红茶十分之六。绿茶出口，以小珠为最多，小珠茶出口数量约当全绿茶十分之四。红绿茶大都输往英、美、法、俄等国，尤以俄国为销行红茶最巨，砖茶及小京砖则几乎全输俄国、德国，而需要茶末者，当推英、美。

红茶输出。1869—1886 年，为红茶对外贸易兴旺时期。1880 年为红茶输出最多年份，达 1661325 担，1886 年为 1654058 担。

1896 年以降，不复有 100 万担的数目，1917 年降至 50 万担以下，1918—1933 年红茶输出激减，1920 年只有 127832 担。其在国外市场之惨落，成为华茶对外贸易致命伤。

陈舜年所撰《1946 年的中国茶业》记述："1938—1941 年，受战事影响，运输困难，专赖香港出口茶叶数量亦减退。"

1942 年以后，海运中断，外销茶完全停顿。

茶砖输出。茶砖系对俄输出主要品种。砖之底面须用上等花香，筛至极细而用。中国花香味淡，不及印锡茶末浓厚，且颜色元黑，作底面尤佳，故印锡茶末收买甚多，且进口中国无税，故海关贸易册内亦无实数可稽。

清末，俄商在汉口开设顺丰、阜昌、新泰三家茶砖厂，资本金都在百数十万两至 200 万两，年制砖茶十数万担。俄国革命后，相继停业。惟新泰茶行停开数年后，由英商太平洋行继续营业。

华商办茶砖厂有 2 家，兴商公司约设立于 1907 年，广东巨商黄唐诸氏集资 50 万元，建厂于硚口。当苏俄革命之际，该厂获利颇丰。另有福州政和茶砖厂，规模较小。

茶砖厂家一览表

名称	国籍	所在地	设立期	资本金	机器（台）	劳动者	日制造额	年制造额（担）	备　注
顺丰	俄	汉英租界大码头及九江	1863 年	100 余万两	6	1000 人	汉口 768 担	九江 15000 汉口 276480	1918 年歇业
新泰	俄	汉俄租界大码头	1866 年	100 余万两	6	700 人	384 担	138240	初设羊楼洞
阜昌	俄	汉英租界三码头及九江	1874 年	200 万两	5	400 人	汉口 256 担	九江 26000 汉口 92160	1918 年歇业
兴商	华	汉口玉带门	1907 年	60 万两	4	700 人	256 担	92160	—
政和	华	福州南台	1910 年	25 万两	2	未详	800 枚	12000	—

二、华茶输出的海关统计

1868年，中国海关始有茶叶输出统计。

根据《通商海关华洋贸易全年总册》，红绿茶及砖茶等各类茶叶对外输出如下列各表：1. 1913—1948年《海关径往外洋之各种茶按国担数表》；2. 1915—1923年各关原货出口册——红茶；3. 1924—1933年各关原货出口册——工夫红茶，1934—1946年各关原货出口册——工夫红茶；4. 1924—1933年各关原货出口册——他类红茶，1934—1946年各关原货出口册——他类红茶。

表1—1　1913年《海关径往外洋之各种茶按国担数表》　单位：担

运往何处	工夫红茶	其他红茶	绿茶	红砖茶	绿砖茶	小京砖	毛茶	茶末	总　计
中国香港	26237	71473	4790	78	—	—	—	799	103377
英　国	67076	6551	2459	—	—	—	—	—	76086
俄　国	201425	19420	69356	430740	175198	9828	—	—	905967
美　国	40639	8423	94652	—	—	1	—	120	143835
其他各国	53371	53093	106086	1	3	14	—	276	212844
小　计	388748	158960	277343	430819	175201	9843	—	1195	1442109

表1—2　1914年《海关径往外洋之各种茶按国担数表》　单位：担

运往何处	工夫红茶	其他红茶	绿茶	红砖茶	绿砖茶	小京砖	毛茶	茶末	总　计
中国香港	28240	51110	3372	6	128	—	2859	1267	86982
英　国	103915	11164	14939	—	—	—	109	10668	140795
俄　国	215458	25379	62681	346774	236974	12145	3035	270	902716
美　国	59939	10562	98889	—	—	—	1131	—	170521
其他各国	62129	45399	86857	1	—	—	191	207	194784
小　计	469681	143614	266738	346781	237102	12145	7325	12412	1495798

表 1—3　1915 年《海关径往外洋之各种茶按国担数表》　单位：担

运往地	工夫红茶	其他红茶	绿茶	红砖茶	绿砖茶	小京砖	毛茶	茶末	总　计
中国香港	49629	62444	4974	—	—	—	793	817	118657
英　国	115368	18818	10570	—	—	—	—	25243	169999
俄　国	364354	37572	88323	390074	251036	30712	770	1	1162842
美　国	47339	2586	87747	—	—	—	—	—	137672
其他各国	38533	34498	114710	—	208	—	—	5234	193183
小　计	615223	155918	306324	390074	251244	30712	1563	31295	1782353

表 1—4　1916 年《海关径往外洋之各种茶按国担数表》　单位：担

运往何处	工夫红茶	其他红茶	绿茶	红砖茶	绿砖茶	小京砖	毛茶	茶末	总　计
中国香港	48142	75571	4394	1	1	—	498	1029	129636
英　国	67917	5470	46488	—	—	—	—	315	120190
俄　国	290763	39930	131652	396368	163804	26669	713	34	1049933
美　国	65445	10019	64066	—	—	—	—	6004	145534
其他各国	18236	26735	52128	—	11	—	18	212	97340
小　计	490503	157725	298728	396369	163816	26669	1229	7594	1542633

表 1—5　1917 年《海关径往外洋之各种茶按国担数表》　单位：担

运往何处	工夫红茶	其他红茶	绿茶	红砖茶	绿砖茶	小京砖	毛茶	茶末	总　计
中国香港	21531	52371	4316	2	—	—	19	194	78433
英　国	20291	902	12377	—	—	—	—	1384	34954
俄　国	233693	22958	25727	223041	220309	7917	—	4	733653
美　国	77591	1310	90445	—	—	—	—	2254	171600
其他各国	19864	21761	63228	284	—	—	126	1636	106895
小　计	372970	99302	196093	223327	220309	7917	145	5472	1125535

表 1—6 1918 年《海关径往外洋之各种茶按国担数表》 单位：担

运往何处	工夫红茶	其他红茶	绿茶	红砖茶	绿砖茶	小京砖	毛茶	茶末	总 计
中国香港	25931	57568	5175	11	—	—	172	15	88872
英 国	19818	—	17515	—	—	—	—	—	37333
俄 国	13179	5478	2327	65223	9418	60	20	—	95705
美 国	14015	1619	54964	72	—	—	—	1728	72398
其他各国	18654	18700	70729	436	—	3	9	1378	109909
小 计	91597	83365	150710	65742	9418	63	201	3121	404217

表 1—7 1919 年《海关径往外洋之各种茶按国担数表》 单位：担

运往何处	工夫红茶	其他红茶	绿茶	红砖茶	绿砖茶	小京砖	毛茶	茶末	总 计
中国香港	41386	36131	19498	2	—	—	246	15	97278
英 国	130307	7377	69401	3	—	—	—	6300	213388
俄 国	11609	11485	171	131824	8803	1440	2	—	165334
美 国	10292	222	72931	137	—	—	—	—	83582
其他各国	18384	21605	87710	2606	19	—	30	219	130573
小 计	211978	76820	249711	134572	8822	1440	278	6534	690155

表 1—8 1920 年《海关径往外洋之各种茶按国担数表》 单位：担

运往何处	工夫红茶	其他红茶	绿茶	红砖茶	绿砖茶	小京砖	毛茶	茶末	总 计
中国香港	24722	34813	35551	1	3	—	479	38	95607
英 国	13800	4104	16786	—	—	—	—	1597	36287
俄 国	283	2921	101	8340	—	—	—	—	11645
美 国	20361	236	50677	69	—	—	—	—	71343
其他各国	8597	17995	60869	3282	—	—	37	244	91024
小 计	67763	60069	163984	11692	3	—	516	1879	305906

表 1—9　1921 年《海关径往外洋之各种茶按国担数表》 单位：担

运往何处	工夫红茶	其他红茶	绿茶	红砖茶	绿砖茶	小京砖	毛茶	茶末	总　计
中国香港	30885	33766	53645	9	—	—	2267	103	120675
英　国	24676	1933	4898	—	—	1	6	—	31514
俄　国	48	1186	76	12724	10635	45	1	—	24715
美　国	8446	593	118372	136	—	—	—	—	127547
其他各国	10701	24344	90625	42	—	—	125	40	125877
小　计	74756	61822	267616	12911	10635	46	2399	143	430328

表 1—10　1922 年《海关径往外洋之各种茶按国担数表》 单位：担

运往何处	工夫红茶	其他红茶	绿茶	红砖茶	绿砖茶	小京砖	毛茶	茶末	总　计
中国香港	29009	31885	47465	385	1	—	581	77	109403
英　国	56817	6614	9965	—	—	—	—	2515	75911
俄　国	438	4893	342	20209	1712	—	—	—	27594
美　国	52624	1074	67173	306	—	—	84	—	121261
其他各国	46423	37262	158043	2	1	12	153	8	241904
小　计	185311	81728	282988	20902	1714	12	818	2600	576073

表 1—11　1923 年《海关径往外洋之各种茶按国担数表》 单位：担

运往何处	工夫红茶	其他红茶	绿茶	红砖茶	绿砖茶	小京砖	毛茶	茶末	总　计
中国香港	35775	36156	53842	892	370	—	2214	2430	131679
英　国	111861	23045	9958	—	—	—	—	22678	167542
俄　国	4961	549	104	6425	25	—	—	—	12064
美　国	66854	8773	64973	—	—	—	—	353	140953
其他各国	105282	57430	155753	562	339	—	50	29763	349179
小　计	324733	125953	284630	7879	734	—	2264	55224	801417

表 1—12　1924 年《海关径往外洋之各种茶按国担数表》　单位：担

运往何处	工夫红茶	其他红茶	绿茶	红砖茶	绿砖茶	小京砖	毛茶	茶末	总　计
中国香港	34553	31968	49785	146	—	—	1875	6027	124354
英　国	111706	52692	6333	3840	—	—	64	30840	205475
俄　国	31197	213	6910	10809	4323	—	3	—	53455
美　国	17305	5219	55443	—	—	—	—	1506	79473
其他各国	77427	40496	163843	253	11	2	168	20978	303178
小　计	272188	130588	282314	15048	4334	2	2110	59351	765935

表 1—13　1925 年《海关径往外洋之各种茶按国担数表》　单位：担

运往何处	工夫红茶	其他红茶	绿茶	红砖茶	绿砖茶	小京砖	毛茶	茶末	总　计
中国香港	19945	22279	49129	433	125	—	812	1026	93749
英　国	31630	6463	4736	460	—	—	—	4663	47952
俄　国	63866	51672	18371	102881	37727	—	—	—	274517
美　国	25106	34347	45665	—	—	—	1692	2094	108904
其他各国	53862	26413	206663	—	291	—	11997	8660	307886
小　计	194409	141174	324564	103774	38143	—	14501	16443	833008

表 1—14　1926 年《海关径往外洋之各种茶按国担数表》　单位：担

运往何处	工夫红茶	其他红茶	绿茶	红砖茶	绿砖茶	毛茶	花熏茶	茶片	茶末	茶梗	未列名茶	总　计
中国香港	14619	20274	45240	72	—	5402	360	468	998	7346	1	94780
英　国	59300	19044	6149	6847	—	761	86	2140	13001	—	—	107328
俄　国	34289	13966	44011	83314	51064	—	315	—	31	—	—	226990
美　国	13500	7194	63781	316	—	6562	47	1081	2318	—	—	94799
其他各国	69335	41006	170016	259	—	26916	1530	1628	4499	80	151	315420
小　计	191043	101484	329197	90808	51064	39641	2338	5317	20847	7426	152	839317

表 1—15　1927 年《海关径往外洋之各种茶按国担数表》　单位：担

运往何处	工夫红茶	其他红茶	绿茶	红砖茶	绿砖茶	毛茶	花熏茶	茶片	茶末	茶梗	未列名茶	总　计
中国香港	23608	24035	47331	107	1	10629	281	575	661	10358	—	117586
英　国	32030	29594	3301	—	—	15932	63	1626	6059	—	—	88605
俄　国	33070	24831	66079	95448	75270	6294	—	—	—	—	—	300992
美　国	6199	5330	60327	—	—	12663	394	1237	2473	—	—	88623
其他各国	36208	33953	156178	2322	—	43366	451	547	3103	154	88	276370
小　计	131115	117743	333216	97877	75271	88884	1189	3985	12296	10512	88	872176

表 1—16　1928 年《海关径往外洋之各种茶按国担数表》　单位：担

运往何处	工夫红茶	其他红茶	绿茶	红砖茶	绿砖茶	毛茶	花熏茶	茶片	茶末	茶梗	未列名茶	总　计
中国香港	30293	27705	47441	—	—	5527	129	252	148	11675	—	123170
英　国	23541	30490	1931	—	—	3827	51	202	67	25	—	60134
俄　国	20213	32474	40155	143316	112966	7623	—	—	—	—	—	356747
美　国	12145	10265	46155	—	—	5283	165	—	1688	393	—	76094
其他各国	35370	47119	171083	429	1	52714	1213	240	494	1192	22	309877
小　计	121562	148053	306765	143745	112967	74974	1558	694	2397	13285	22	926022

表 1—17　1929 年《海关径往外洋之各种茶按国担数表》　单位：担

运往何处	工夫红茶	其他红茶	绿茶	红砖茶	绿砖茶	毛茶	花熏茶	茶片	茶末	茶梗	未列名茶	总　计
中国香港	25329	27201	47515	—	—	6191	309	37	393	7414	—	114389
英　国	24063	31203	1988	—	1	424	164	706	4277	—	—	62826
俄　国	11323	54557	61351	137654	104924	3471	552	—	—	—	—	373832
美　国	10921	8911	37800	95	—	—	107	—	54	—	—	57888
其他各国	54806	46249	201401	1	2	35211	137	187	292	355	154	338795
小　计	126442	168121	350055	137750	104927	45297	1269	930	5016	7769	154	947730

表 1—18　1930 年《海关径往外洋之各种茶按国担数表》　单位：担

运往何处	工夫红茶	其他红茶	绿茶	红砖茶	绿砖茶	毛茶	花熏茶	茶片	茶末	茶梗	未列名茶	总　计
中国香港	26668	17468	35625	—	53	4534	272	94	821	7201	—	92736
英　国	24633	28597	3694	—	—	2154	136	295	6415	—	—	65924
俄　国	7355	9832	23039	45750	135263	—	—	—	942	—	—	222181
美　国	11976	9218	36644	1317	—	3844	86	—	—	—	—	63085
其他各国	44767	34565	150777	3	—	17453	951	545	688	250	123	250122
小　计	115399	99680	249779	47070	135316	27985	1445	934	8866	7451	123	694048

表 1—19　1931 年《海关径往外洋之各种茶按国担数表》　单位：担

运往何处	工夫红茶	其他红茶	绿茶	红砖茶	绿砖茶	毛茶	花熏茶	茶片	茶末	茶梗	未列名茶	总　计
中国香港	17541	19050	32304	1498	—	12427	517	11	110	6801	20	90279
英　国	11904	36441	2451	—	—	1885	78	333	3331	14	—	56437
俄　国	14848	14801	29524	58790	106351	10982	—	—	5145	—	383	240824
美　国	10148	7131	45984	—	—	2562	132	—	—	—	—	65957
其他各国	16129	23473	183263	—	4	25514	990	50	190	90	6	249709
小　计	70570	100896	293526	60288	106355	53370	1717	394	8776	6905	409	703206

表 1—20　1932 年《海关径往外洋之各种茶按国担数表》　单位：担

运往何处	工夫红茶	其他红茶	绿茶	红砖茶	绿砖茶	毛茶	花熏茶	茶片	茶末	茶梗	未列名茶	总　计
中国香港	4866	40607	—	—	42	—	—	—	—	—	—	—
英　国	5811	27175	—	122	—	—	—	—	—	—	—	—
俄　国	848	1142	16837	55279	156156	—	—	—	—	—	—	—
美　国	11426	8270	—	—	—	—	—	—	—	—	—	—
其他各国	17027	30073	—	74	3	—	—	—	—	—	—	—
小　计	39881	107267	274707	55475	156201	6407	2253	330	4547	6345	224	653637

注：工夫红茶 39881 担，其中进口复出口 81 担，净出口 39800 担。总计 653637 担，含进口复出口 81 担，净出口 653556 担。

表 1—21　1933 年《海关径往外洋之各种茶按国担数表》　　单位：担

运往何处	工夫红茶	其他红茶	绿茶	红砖茶	绿砖茶	毛茶	花熏茶	茶片	茶末	茶梗	未列名茶	总　计
中国香港	6959	15384	—	—	17	—	—	—	—	—	—	—
英　国	19217	26266	—	—	—	—	—	—	—	—	—	—
俄　国	17717	5838	16822	34059	149758	—	—	—	—	—	—	—
美　国	19481	7685	—	—	—	—	—	—	—	—	—	—
其他各国	26869	16930	—	1311	2	—	—	—	—	—	—	—
小　计	90243	72103	288496	35370	149777	4727	5867	4493	26312	6373	1749	685504

注：红砖茶 35370 担，其中进口复出口 6 担，净出口 35364 担。总计 685504 担，其中进口复出口 6 担，净出口 685498 担。

表 1—22　1934 年《海关径往外洋之各种茶按国担数表》　　单位：公担

运往何处	工夫红茶	其他红茶	绿茶	红砖茶	绿砖茶	小京砖	毛茶	花熏茶	茶片	茶末	茶梗	未列名茶	总　计
中国香港	2074	10689	—	—	24	—	—	—	—	—	—	—	—
英　国	32026	30314	—	—	—	—	—	—	—	—	—	—	—
俄　国	16462	2337	—	10961	118561	—	—	—	—	—	—	—	—
美　国	10974	7362	—	—	—	—	—	—	—	—	—	—	—
其他各国	21303	16392	—	87	1	—	—	—	—	—	—	—	—
小　计	82839	67094	151789	11048	118586	2973	4066	3501	6360	17045	4884	510	470695

注：工夫红茶 82839 公担，其中进口复出口 78 公担，净出口 82761 公担；其他红茶 67094 公担，其中进口复出口 125 公担，净出口 66969 公担。总计 470695 公担，其中进口复出口 203 公担，净出口 470492 公担。

表 1—23　1935—1939 年《海关径往外洋之各种茶按国担数表》　单位：公担

运往何处	1935 年		1936 年		1937 年		1938 年		1939 年	
	工夫红茶	其他红茶	工夫红茶	其他红茶	工夫红茶	其他红茶	工夫红茶	其他红茶	工夫红茶	其他红茶
中国香港	1254	8558	2273	9926	3475	11331	36030	47652	28324	9702
英　国	10219	15908	10978	14869	25018	19845	2658	3802	248	1823
俄　国	13685	1790	4037	1041	4946	547	—	—	—	1

续表

运往何处	1935年		1936年		1937年		1938年		1939年	
	工夫红茶	其他红茶	工夫红茶	其他红茶	工夫红茶	其他红茶	工夫红茶	其他红茶	工夫红茶	其他红茶
美　国	12094	5960	6354	3353	9050	5008	4851	2078	3009	3303
其他各国	24786	10601	24138	19081	25857	11015	5219	6740	809	4497
小　计	62038	42817	47780	48270	68346	47746	48758	60272	32390	19326

注：1. 1935年工夫红茶62038公担，其中进口复出口6公担，净出口红茶62032公担；其他红茶42817公担，其中进口复出口97公担，净出口42720公担。2. 1936年工夫红茶47780公担，其中进口复出口27公担，净出口47753公担；其他红茶48270公担，其中进口复出口20公担，净出口48250公担。3. 1937年工夫红茶68346公担，其中进口复出口4公担，净出口68342公担；其他红茶47746公担，其中进口复出口430公担，净出口47316公担。4. 1938年其他红茶60272公担，其中进口复出口128公担，净出口60144公担；其他红茶19326公担，其中进口复出口71公担，净出口19255公担。

表1—24　1940—1948年《海关径往外洋之各种茶按国担数表》 单位：公担

运往何处	1940年		1941年		1942年	1946年		1947年		1948年	
	工夫红茶	其他红茶	工夫红茶	其他红茶	工夫红茶	工夫红茶	其他红茶	工夫红茶	其他红茶	工夫红茶	其他红茶
中国香港	22033	32716	4938	6482	33	132	2406	2631	16166	1252	12403
英　国	7834	500	—	—	—	3661	3904	1922	3427	3105	4045
俄　国	—	—	1562	—	—	—	—	—	—	288	—
美　国	1405	—	5056	—	—	1190	1268	3416	—	1775	—
其他各国	6974	—	5454	—	2298	18871	12698	5105	—	4598	—
小　计	38246	56368	17010	22987	2331	23854	20276	13074	40405	11018	47267

注：1941年工夫红茶17010公担，其中进口复出口1公担，净出口17009公担。

表2　1915—1923年各关原货出口册——红茶 单位：担

海关名称	1915年	1916年	1917年	1918年	1919年	1920年	1921年	1922年	1923年
宜　昌	1	—	—	—	—	—	1	—	2
汉　口	346225	228239	202876	51959	88732	16647	27727	123276	222737
上　海	5089	464	1809	410	688	2026	3053	16142	8202
其他各关	365466	365659	248600	183387	220850	142565	108529	168229	282834
总　计	716781	594362	453285	235756	310270	161238	139310	307647	513775

表 3—1　1924—1933 年各关原货出口册——工夫红茶　　单位：担

海关名称	1924 年	1925 年	1926 年	1927 年	1928 年	1929 年	1930 年	1931 年	1932 年	1933 年
汉　口	173741	199285	108434	90940	109574	99046	69175	47396	5746	1150
上　海	3501	3961	1894	3665	3141	4704	1246	3930	14065	67763
其他各关	87015	81921	73374	66754	66916	63298	63005	52171	19989	21330
总　计	264257	285167	183702	161359	179631	167048	133426	103497	39800	90243

表 3—2　1934—1946 年各关原货出口册——工夫红茶　　单位：公担

海关名称	1934 年	1935 年	1936 年	1937 年	1938 年	1939 年	1940 年	1941 年	1942 年	1946 年
汉　口	3282	782	1356	190	—	—	—	—	—	—
上　海	66840	45728	31813	48789	3950	3950	8797	15468	2274	10432
其他各关	12717	15528	14638	19367	40454	28440	29449	1542	57	13422
总　计	828239	62038	47807	68346	48758	32390	38246	17010	2331	23854

表 4—1　1924—1933 年各关原货出口册——他类红茶　　单位：担

海关名称	1924 年	1925 年	1926 年	1927 年	1928 年	1929 年	1930 年	1931 年	1932 年	1933 年
汉　口	56	93	13889	17986	8149	2435	39	25002	957	—
上　海	325	—	1503	11161	9788	4598	4137	6393	60873	51514
宜　昌	6	542	154	140	354	177	1111	1433	—	—
沙　市	—	—	3512	758	1863	1671	—	—	—	—
其他各关	174777	171984	171729	116325	130517	134953	102286	91900	45437	20589
总　计	175164	172619	190787	146370	150671	143834	107573	124728	107267	72103

表 4—2　1934—1946 年各关原货出口册——他类红茶　　单位：公担

海关名称	1934 年	1935 年	1936 年	1937 年	1938 年	1939 年	1946 年
汉　口	—	—	—	—	—	—	—
上　海	50681	26689	26528	28369	10300	7117	18122
其他各关	16413	16128	21742	19377	49972	12209	2154
总　计	67094	42817	48270	47746	60272	19326	20276

注：1934 年他类红茶 67094 公担，其中进口复出口 125 公担，净出口 66969 公担；1935 年他类红茶 42817 公担，其中进口复出口 97 公担，净出口 42720 公担；1936 年他类红茶 48270 公担，其中进口复出口 20 公担，净出口 48250 公担；1937 年他类红茶 47746 公担，其中进口复出口 430 公担，净出口 47316 公担；1939 年他类红茶 19326 公担，其中进口复出口 71 公担，净出口 19255 公担。

三、华茶海关出口价格

中国茶叶出口平均价格及其涨落情形，在《海关贸易总册》及其他资料中有所记载。

1862—1933年华茶海关出口价格表　　单位：海关两/担

年份	红茶	绿茶	砖茶
1862	22.00	29.00	—
1863	24.00	30.00	8.00
1864	26.49	38.50	—
1865	27.42	36.81	6.20
1866	26.00	33.00	8.01
1867	30.53	33.95	10.99
1868	24.84	36.91	10.00
1869	23.05	34.78	12.45
1870	20.61	35.26	8.01
1871	22.39	39.04	9.00
1872	24.62	40.07	10.00
1873	25.59	24.42	9.75
1874	21.60	22.20	11.92
1875	20.67	23.61	11.82
1876	21.31	24.47	11.82
1877	17.49	21.96	11.90
1878	17.88	19.80	6.97
1879	18.07	23.52	5.05
1880	17.64	22.25	9.15
1881	16.01	21.45	5.93
1882	16.05	22.87	5.95
1883	17.15	20.42	6.86

续表

年份	红茶	绿茶	砖茶
1884	14.80	21.75	6.05
1885	16.39	19.41	5.40
1886	16.74	18.41	6.41
1887	15.13	16.49	6.98
1888	15.39	19.52	5.95
1889	16.23	19.85	7.12
1890	17.88	18.55	7.19
1891	20.75	17.15	7.08
1892	17.15	28.43	7.16
1893	18.43	24.15	7.00
1894	18.85	24.88	7.08
1895	20.56	20.04	8.51
1896	21.27	25.94	8.38
1897	22.41	29.84	10.57
1898	22.95	24.02	9.59
1899	23.33	22.60	9.68
1900	20.38	23.54	9.71
1901	17.14	23.22	8.73
1902	17.62	25.84	7.08
1903	17.53	27.72	7.56
1904	22.12	39.27	8.90
1905	21.31	34.15	8.20
1906	20.90	36.95	11.04
1907	21.79	34.66	11.20
1908	22.24	34.21	13.08
1909	25.30	34.56	13.52

续表

年 份	红 茶	绿 茶	砖 茶
1910	28.25	32.69	13.20
1911	29.15	36.07	14.21
1912	20.24	35.64	14.81
1913	27.55	40.56	15.79
1914	27.80	41.42	19.32
1915	41.31	51.96	22.72
1916	33.95	49.90	20.29
1917	32.54	47.08	22.24
1918	32.11	46.74	17.35
1919	30.41	44.27	17.42
1920	24.93	32.68	25.71
1921	26.85	31.98	14.60
1922	26.03	34.17	13.82
1923	30.80	29.37	18.42
1924	29.85	29.62	14.22
1925	28.90	29.55	17.74
1926	31.91	37.48	25.09
1927	37.68	46.05	28.28
1928	43.29	47.20	36.98
1929	41.84	53.88	38.43
1930	51.04	48.28	14.44
1931	53.20	63.08	28.19
1932	53.65	49.08	14.18
1933	37.22	45.50	11.30

注：1. 1862—1921 年数据摘自程天绶译《过去数十年间之华茶出口价格》，1930 年《国际贸易导报》第 1 卷第 5 号，8 月工商部上海商品检验局出版。2. 1922—1933 年数据摘自朱美予著《中国茶业》，1937 年铅印本。

第三节 华茶输出的主要国家

华茶输出的国家和地区有英国、俄国、美国、法国、德国、丹麦、荷兰、挪威、瑞典、普鲁士、西班牙、意大利、比利时、汉堡、土耳其、波斯、澳洲、南非、暹罗、安南、中国香港、中国澳门等。其中，英、俄、美为主要销场。

1880—1930 年华茶外销国别比较表 单位：担

年 份	俄 国	英 国	美 国	其他各国	总 数
1880	357325	1456747	269740	13306	2097118
1881	380714	1402199	337942	16617	2137472
1882	386914	1350654	261284	18299	2017151
1883	404478	1308361	254079	20406	1987324
1884	—	1002406	—	—	2016218
1885	432315	1388244	286744	21448	2128751
1886	599177	1279501	304464	34153	2217295
1887	607376	1203900	274113	67648	2153037
1888	675177	1109942	302071	80362	2167552
1889	536494	974088	296148	70601	1877331
1890	585349	754958	268141	56948	1665396
1891	636407	768424	275697	69506	1750034
1892	541519	709372	209876	161914	1622681
1893	683744	683744	342293	111050	1820831
1894	757293	618192	403503	83324	1862312
1895	919760	550055	311500	84365	1865680
1896	922003	494866	226301	60671	1703841
1897	876251	367697	208376	79834	1532158

续表

年　份	俄　国	英　国	美　国	其他各国	总　数
1898	941167	350780	157160	89493	1538600
1899	931110	377862	218641	103182	1630795
1900	665686	350763	255283	112592	1384324
1901	593734	282780	183895	97584	1157993
1902	882893	251046	294874	90398	1519211
1903	787274	311592	246068	332596	1677530
1904	424156	518259	226260	282574	1451249
1905	600599	468942	182266	117491	1369298
1906	939181	205457	152228	107262	1404128
1907	988711	285099	201878	134437	1610125
1908	965032	251221	208813	151070	1576136
1909	917317	224697	212218	144211	1498443
1910	974295	289754	147452	149299	1560800
1911	826841	326355	131255	178352	1462803
1912	839689	243605	158022	240384	1481700
1913	905967	255238	144064	136840	1442109
1914	902716	273334	170799	148950	1495799
1915	1162842	350204	138087	131220	1782353
1916	1049933	281158	145878	65664	1542633
1917	733653	162281	171641	57960	1125535
1918	95705	162754	72446	73312	404217
1919	165334	343992	83644	97185	690155
1920	11566	154327	71595	68418	305906
1921	24699	182768	127866	94995	430328
1922	27594	257840	117286	173353	576073
1923	22064	415807	143360	220186	801417

续表

年 份	俄 国	英 国	美 国	其他各国	总 数
1924	53410	403440	79473	229612	765935
1925	274517	206221	109004	243266	833008
1926	226990	288538	94799	228990	839317
1927	299992	263186	88623	220375	872176
1928	356747	238664	76094	254517	926022
1929	373280	235379	57888	281183	947730
1930	222181	207229	63085	201589	694084

注：资料来源于吴觉农撰《华茶销俄问题》,《国际贸易导报》1931 年第 2 卷第 10 期，10 月工商部上海商品检验局出版。

一、英国

世界饮茶最甚莫如英国，英人视茶几与面包相等，中国茶在英国有“医生茶”的通称。英国本不产茶，其所需全部仰给于华茶，平均每人年用茶 6 磅有奇（每磅当中国 12 两，年用茶 4 斤半），消费颇巨。然东印度公司独占经营，年获厚利。迨 18 世纪末，东印度公司成为办茶机关，一家独揽。为供本国消费和转售他国获利，英国向中国购茶数量颇巨，掌握此项利润丰厚贸易垂 200 年。

1615 年，英人设东印度公司以经营远东政治及商业霸权，初期订货，总公司均函其代购中国上等茶一罐，价值异常昂贵，时谚谓“掷去三银块，饮茶一盅!”

华茶输入英国始于 1664 年，有英国东印度公司经理人携带茶叶 2 磅 1 盎司，价值 4 镑 5 先令往英国，赠予英皇，每磅获奖 50 先令，成为华茶直接输往英国最初见诸史籍者。此后，英人争先恐后以饮茶为第一荣事，报纸传为奇闻。

1668 年，英政府为东印度公司注册，特准其运茶入境，由是茶务发达，销路日广。至 1678 年，茶进口英国达 4713 磅。

1784 年起，东印度公司每年拍卖 4 次茶叶，拍卖价格低落，仅照原价加水脚一成。一方面可酿成嗜者，使其需要量增加；每年只拍卖 4 次，又得限制进口。颠倒之间，茶价腾贵，获利益厚，惟同时颇招众怨，受公民反对，茶业专制得以解除。

1856年，华茶输英占其总额97%，印度茶仅占3%。

据1921年7月17日《申报》记载，1866年有9艘轮专为运茶用，同时在福州开航，其中3船行驶较速，99日能到英国。至1868年，茶船增至40余艘，运费每吨约5镑，而先抵伦敦者，每吨另加奖金1镑，故轮船各尽其力，以寻最短捷水程而冀奖赏。

华茶输出英国的全盛时期在1880—1889年间，此时往来船只，多以中英之间专运茶为业。嗣后，日渐衰败，英商目光转注印锡茶叶，渐弃中国市场。

1879—1935年华茶输英数量

单位：担

年份	红茶	绿茶	他种茶	合计	全国出口总数	占百分比（%）
1879	934217	47366	5270	986853	1987463	49.65
1880	1051892	47537	13445	1112874	2097118	53.07
1881	1001132	67769	15127	1084028	2137472	50.72
1882	950373	57531	7343	1015247	2017151	50.33
1883	941164	62646	5633	1009443	1987324	50.79
1884	922899	75510	3997	1002406	2016218	49.72
1885	904634	88375	15408	1008417	2128751	47.37
1886	884213	56825	8499	949537	2217295	42.82
1887	729023	59585	5106	793714	2153037	36.86
1888	631383	55306	1527	688216	2167552	31.75
1889	537805	50545	5388	593738	1877361	31.63
1890	378340	49511	6113	433964	1665429	26.06
1891	359081	50268	1821	411170	1750202	23.49
1892	313978	47193	287	361458	1622728	22.27
1893	322331	43811	1076	367218	1820984	20.17

续表

年　份	红　茶	绿　茶	他种茶	合　计	全国出口总数	占百分比（%）
1894	259269	45428	2808	307505	1862312	16.51
1895	203785	46660	69	250514	1865680	13.43
1896	171113	42170	92	213375	1712841	12.46
1897	141946	38666	1127	181739	1532158	11.86
1898	121977	35407	845	158229	1538600	10.28
1899	155091	25519	570	181180	1630795	11.11
1900	109422	25716	1	135139	1384324	9.76
1901	108383	26468	367	135218	1157993	11.68
1902	84609	31618	90	116317	1519211	7.66
1903	116237	38912	43	155192	1677530	9.25
1904	251905	29807	4772	286484	1451249	19.74
1905	252841	34524	1185	288550	1369298	21.07
1906	57966	29304	—	87270	1406487	6.20
1907	117988	18214	21082	157284	1610125	9.77
1908	95312	15988	6921	118221	1576136	7.50
1909	76767	9902	570	87239	1498443	5.82
1910	112256	16980	33	129269	1560800	8.28
1911	137925	9497	320	147742	1462803	10.10
1912	89832	6215	1585	97632	1481700	6.59
1913	73627	2459	—	76086	1442109	5.28
1914	115079	14939	10777	140795	1495798	9.41
1915	134186	10570	25243	169999	1782353	9.54
1916	73387	46488	315	120190	1542633	7.79
1917	21193	12377	1384	34954	1125535	3.11
1918	19818	17515	—	37333	404217	9.24
1919	137684	69401	6303	213388	690155	30.92

续表

年　份	红　茶	绿　茶	他种茶	合　计	全国出口总数	占百分比（%）
1920	17904	16786	1597	36287	305906	11.86
1921	26609	4898	7	31514	430328	7.32
1922	63431	9965	2515	75911	576073	13.18
1923	134906	9958	22678	167542	801417	20.91
1924	164398	6333	34744	205475	765935	26.83
1925	38093	4736	5123	47952	833008	5.76
1926	78344	6149	22835	107328	839317	12.79
1927	61624	3301	23680	88605	872176	10.16
1928	54031	1931	4172	60134	926002	6.49
1929	55266	1988	5572	62826	947730	6.63
1930	53230	3694	9000	65924	694048	9.50
1931	48345	2451	5641	56437	703206	8.03
1932	32986	6545	1054	40585	653556	6.21
1933	45483	1882	11581	58946	685504	8.60
1934	62340	4847	13306	80493	470492	17.11
1935	26127	1791	5194	33112	381404	8.68

注：1. 数据来源于海关统计；2. 1934—1935 年数量单位为公担。

1913—1916 年英国输入茶叶国别比较

国别＼年份	1913		1914		1915		1916	
	数量（磅）	百分比（%）	数量（磅）	百分比（%）	数量（磅）	百分比（%）	数量（磅）	百分比（%）
印　度	70415239	56.2	203243221	54.6	227106545	52.6	215254071	56.9
锡　兰	91319126	30.1	109897589	29.3	123249775	28.6	107594136	28.5
爪　哇	—	—	24248071	6.5	30239164	7.0	30403840	7.6
中　国	8777493	2.9	21573197	5.8	36181092	8.4	19328281	5.1
总　计	303087641	100	371932596	100	431220602	100	377666422	100

二、俄国

俄人素以“食茶虫”称于世。15 世纪之顷，西伯利亚已有砖茶施用。

1517 年，葡萄牙人与中国通商，最早把华茶运至西欧；1567 年，中国饮茶消息由两个哥萨克人传入俄国；1610 年，荷兰东印度公司将中国绿茶运至欧洲，有学者认为，其中部分华茶流入俄国市场。

1618 年，我国钦差出使俄国，以小量茶叶作礼物馈赠俄皇，是茶已用于对外交际。

1638 年，俄国使团出使蒙古，阿勒坦汗用中国茶叶款待俄国公使瓦西里·斯塔尔科夫和斯捷潘·聂韦罗夫，并赠送俄国沙皇 4 普特茶叶（约合 1 担以上）。使团收下并带回宫廷，受到王室贵族喜爱。这是茶叶传到俄国的最早文字记载。

1689 年，中俄签订《尼布楚条约》后正式通商。此后，华茶始有规则地输往。

1727 年，俄女皇加柴林遣使臣来华，签订《中俄恰克图条约》，由此开始“茶叶贸易的恰克图时代”达 140 余年。

1735 年，伊丽莎白女皇建立私人商队，来往中俄之间，但不能作大量运输。

18 世纪末 19 世纪初，茶叶贸易成为中俄两国贸易的主要货物，两国从茶叶贸易中获得巨大利润，茶叶成为俄罗斯中产阶级的消费品，也成为西伯利亚农牧民的日常饮品，形成一个巨大的市场。俄国政府利用茶叶贸易的税收保证了国家的财政收入，茶叶贸易成为西伯利亚地区商人最初资本积累的主要来源，推动了西伯利亚地区的经济与社会发展。茶叶贸易成为俄国制造业的引擎，它迫使商家增加采购商品，促使资本家开设新的工厂，茶叶使得新的工业部门出现。根据科尔萨克的统计，19 世纪中叶俄国运到中国的商品价值 400 万卢布。茶叶贸易使中国成为俄国工业产品最大的销售市场。

1850 年，俄国极东舰队航路开始，西伯利亚铁道亦次第通行，华茶运俄日益便利，乃增至 62.8 万磅，俄国在中国市场树立单独关系，且印、锡、日、爪茶尚在襁褓中，故俄国消费茶量之供给为我国所独占。

由于太平天国起义（1851—1864）的战乱，中断了武夷山的茶路，恰克图出口茶叶锐减。晋商改采买两湖茶，汉口遂取代武夷山成为茶叶的最大集散地。

1861 年，汉口开埠，俄国茶商的运茶路线改走长江的黄金水道北上天津，再从大运河的通州上岸，运到张家口，走张库大道，再到恰克图。

1880 年以降，英国转向锡兰茶而渐弃华茶市场，而俄国营业机关已有稳固基础，自然接替英国所遗地位。嗣后 30 年来，俄国稳居华茶市场领袖地位，大战前数年，华茶输俄，占华茶出口总额 60% 以上。

1882 年，俄商在福州、汉口、九江三埠自行购茶，未几更在汉口设厂制砖茶，每年出口约计 40 万担，华茶商人直接输俄者受其打击，此后对俄输出逐渐下降。

1894 年，俄商继英国之后控制中国市场，迄至 1917 年，俄国常居华茶输出第一位。

1900 年，海参崴至俄国铁路完成时，商队绝迹，因从前商队运茶需时 16 个月，而铁路则 7 周足矣。

1905 年，西伯利亚铁路通车，海上运茶路线淡出。汉沪茶叶直达大连港，通过中东铁路连接海参崴的西伯利亚铁路成为主要运输通道。

1916 年，因战时黑海闭锁，向由敖得萨入俄之印锡茶，不得已绕道海参崴，华茶处于有利地位，故得稍复旧观。然嗣后俄国政局分裂，国际商务，大都停滞，华茶入俄大减。

1918 年，因俄国革命，俄人购买茶叶完全停顿。加以中国内战，其影响波及汉口，少数外商茶叶公司退回上海，上海再次成为茶叶对外贸易中心。

十月革命后，俄国政府对于采购茶叶及国内消费分配事务，设有茶叶托拉斯之国营机关专司其事。1927 年，中俄绝交之前，上海亦设有茶叶托拉斯支部，管理华茶购买及运输事务。绝交后，苏联协助会为全俄中央消费合作社驻华代理，受海参崴茶叶托拉斯支部管理。协助会在上海及汉口均有营业所，在汉口聘用忠信昌茶栈经理为买办，直接向我国产地茶商采购原料，委托太平洋行茶砖厂压制茶砖。

1929 年，中东路事件对俄用兵，给予华茶对俄贸易上一大打击，且苏联五年计划中注意于茶叶的栽培，企图根本脱离我国茶叶的供给，所以华茶销俄的数量，竟跌落至最底下限度。

1879—1935 年华茶输往俄国数量统计

单位：担

年份＼种类	红 茶	绿 茶	砖 茶	小 计	全国出口总数	占比（%）
1879	149387	450	274779	424616	1987463	21.36
1880	124135	—	232330	356465	2097118	17.00
1881	246161	129	246821	493111	2137472	23.07
1882	168188	200	218526	386914	2017151	19.18
1883	185652	2	218652	404306	1987324	20.34
1884	168839	523	244895	414257	2016218	20.55
1885	152026	1045	679243	832314	2128751	39.10
1886	223343	684	360091	584118	2217295	26.34
1887	278056	2	329311	607369	2153037	28.21
1888	267674	663	406834	675171	2167552	31.15
1889	224129	7	304474	528610	1877361	28.16
1890	282921	6	292147	575074	1665429	34.53
1891	302294	13	326859	629166	1750202	35.95
1892	209342	20	317411	526773	1622728	32.46
1893	292460	804	379784	673048	1820984	36.96
1894	347830	964	395506	744300	1862312	39.97
1895	402386	2168	478784	883338	1865680	47.35
1896	334262	4608	560865	899735	1712841	52.53
1897	690644	21200	495541	1207385	1532158	78.80
1898	394422	41203	448219	883844	1538600	57.44
1899	416251	34728	412754	863733	1630795	52.96
1900	310968	34768	316532	662268	1384324	47.84
1901	251817	50118	283262	585197	1157993	50.54
1902	246861	64337	564511	875709	1519211	57.64
1903	318602	74849	390769	784220	1677530	46.75
1904	54661	53312	310027	418000	1451249	28.80
1905	84974	59580	445964	590518	1369298	43.13
1906	285529	59972	584385	929886	1406487	66.11
1907	305820	71903	600267	977990	1610125	60.74

续表

年份 \ 种类	红　茶	绿　茶	砖　茶	小　计	全国出口总数	占比（%）
1908	263269	104941	590534	958744	1576136	60.83
1909	245992	76871	564510	887373	1498443	59.22
1910	233614	113309	615275	962198	1560800	61.65
1911	254361	146795	416390	817546	1462803	55.89
1912	256422	68259	506426	831107	1481700	56.09
1913	220845	69356	605938	896139	1442109	62.14
1914	240837	62681	583748	887266	1495798	59.32
1915	401926	88323	641110	1131359	1782353	63.48
1916	330693	131652	560172	1022517	1542633	66.28
1917	256651	25727	443350	725728	1125535	64.48
1918	18657	2327	74641	95625	404217	23.66
1919	23094	171	140627	163892	690155	23.75
1920	3204	101	8340	11645	305906	3.81
1921	1234	76	23359	24669	430328	5.73
1922	5331	342	21921	27594	576073	4.79
1923	5510	104	6450	12064	801417	1.51
1924	31410	6910	15132	53452	765935	6.98
1925	115538	18371	140608	274517	833008	32.95
1926	48255	44011	134378	226644	839317	27.00
1927	57901	66079	170718	294698	872176	33.79
1928	52687	40155	256282	349124	926002	37.70
1929	65880	61351	242578	369809	947730	39.02
1930	17187	23039	181013	221233	694048	31.88
1931	29649	29524	165141	224314	703206	31.90
1932	1990	16837	211435	230262	653556	35.23
1933	23555	16822	183817	224194	685504	32.70
1934	18799	—	—	155718	470492	33.10
1935	15475	—	—	115591	381404	30.31

注：1. 数据来源于海关统计。未统计小京砖、毛茶、茶梗、茶末等，也不含汉口经樊城往蒙古、苏俄各类茶叶。2. 1934—1935 年数量单位为公担。

此外，有一种相当数量之茶叶，即所谓“陆路茶叶”，自汉口循汉水运至樊城，再由樊城从陆路运往西伯利亚及蒙古，其中部分输出情况如下表：

1871—1925 年汉口经樊城对俄国、蒙古输出情况　　单位：担

年　份	茶叶、茶砖、茶末、茶梗	年　份	茶叶、茶砖、茶末、茶梗
1871	202184	1893	53541
1872	148964	1894	76877
1873	192311	1895	58756
1874	60246	1897	71938
1875	147019	1898	81282
1876	183363	1900	89138
1877	128520	1901	58031
1878	55148	1903	5631
1879	92246	1904	2706
1880	107636	1905	2728
1881	127295	1913	708
1882	42182	1914	42
1883	34612	1915	1152
1884	55394	1916	5854
1885	164363	1917	2288
1886	169680	1918	2601
1887	174922	1919	6924
1888	245433	1920	400
1889	59008	1921	567
1890	56843	1923	146
1891	53788	1924	24
1892	35659	1925	35

注：1. 依据《通商各关与东西洋各国茶叶贸易总数表》附注整理。本数据未列入海关输出总数统计；2. 1896、1899、1902、1906—1912 年无数据；3. 1913 年后均为茶叶。

三、美国

美国华茶贸易，仅次于俄、英，为我国绿茶大主顾。茶叶传入美洲甚早，约在17世纪中叶，荷兰人携茶至新亚摩士特丹，即今纽约。华茶最初入美，在1711年由英转入。创立合众国之后，中美最先直接通商之品即茶叶。

1784年，美船“中国皇后”者来广东购买茶叶3024担，翌年则满载茶归，经商者获利不鲜。逾年又有商船两艘，载茶88万磅。

1786—1787年间，更有商船5艘，每船运茶100万磅有奇。1794年后，美政府赶制运茶快船，每船减轻其载重，只求增加速率，故美至中两周行程，平均减少20～30日。1805—1815年，美国运至广东之现金值2270余万元，大部用作购茶（是时，行使西班牙银元，每元合银两7钱2分。其贸易规定比率，在1619—1814年间同为每元合5先令）。1844年7月3日，中美签订商约，中美茶叶贸易渐渐发展。

华茶独占美国市场垂五六十年。印度茶自1840年，日本茶自1850年，锡兰茶自1893年，均先后输入美国，华茶市场渐失，遂为日本茶所替代。《1902年汉口华洋贸易情形论略》记载：“1902年，美国免抽茶税，故装运赴美者甚多。”

1879—1935年红（绿）茶输美数量表　　单位：担

年份	红茶	绿茶	小计	全国出口总数	占比（%）
1879	144934	122019	266953	1987463	13.43
1880	150743	118743	269486	2097118	12.85
1881	150817	143793	294610	2137472	13.78
1882	150891	110393	261284	2017151	12.95
1883	142983	110994	253977	1987324	12.78
1884	160969	109391	270360	2016218	13.41
1885	178955	107789	286744	2128751	13.47
1886	189335	115129	304464	2217295	13.73
1887	175143	98958	274101	2153037	12.73

续表

年　份	红　茶	绿　茶	小　计	全国出口总数	占比（%）
1888	187302	114769	302071	2167552	13.94
1889	188773	107375	296148	1877361	15.77
1890	164855	103286	268141	1665429	16.10
1891	168923	106774	275697	1750202	15.75
1892	209603	98302	307905	1622728	18.97
1893	202797	139490	342287	1820984	18.80
1894	258884	144313	403197	1862312	21.65
1895	163569	147548	311117	1865680	16.68
1896	115053	111042	226095	1712841	13.20
1897	96589	111299	207888	1532158	13.57
1898	79395	77500	156895	1538600	10.20
1899	99322	119184	218506	1630795	13.40
1900	153714	101442	255156	1384324	18.43
1901	96820	86747	183567	1157993	15.85
1902	168501	126196	294697	1519211	19.40
1903	101813	143907	245720	1677530	14.65
1904	100634	126844	227478	1451249	15.67
1905	62672	116884	179556	1369298	13.11
1906	70315	81307	151622	1406487	10.78
1907	72115	129625	201740	1610125	12.53
1908	108461	100102	208563	1576136	13.23
1909	91086	120225	211311	1498443	14.10
1910	53141	92550	145691	1560800	9.33
1911	89273	41872	131145	1462803	8.97
1912	52835	100747	153582	1481700	10.37
1913	49062	94652	143714	1442109	9.97

续表

年份	红茶	绿茶	小计	全国出口总数	占比（%）
1914	70501	98889	169390	1495798	11.32
1915	49925	87747	137672	1782353	7.72
1916	75464	64466	139930	1542633	9.07
1917	78901	90445	169346	1125535	15.05
1918	15634	54964	70598	404217	17.47
1919	10514	72931	83445	690155	12.09
1920	20597	50677	71274	305906	23.30
1921	9039	118372	127411	430328	29.61
1922	53698	67173	120871	576073	20.98
1923	75627	64973	140600	801417	17.54
1924	22524	55443	77967	765935	10.18
1925	59453	45665	105118	833008	12.62
1926	20694	63781	84475	839317	10.06
1927	11529	60327	71856	872176	8.24
1928	22410	46155	68565	926002	7.40
1929	19832	37800	57632	947730	6.08
1930	21194	36644	57838	694048	8.33
1931	17279	45984	63263	703206	9.00
1932	19587	31005	50592	653556	7.74
1933	27075	36441	63516	685504	9.27
1934	18320	14260	32580	470492	6.92
1935	18054	15327	33381	381404	8.75

注：1. 数据来源于海关统计，未统计砖茶、茶末、茶梗、毛茶等，因其数额不大。2. 1934—1935 年数量单位为公担。

第四节　汉口茶市概略

自唐宋以来，汉口居长江中心，交通便利，商贾辐辏，渐成华夏商业中心，是中国最重要商埠之一。至明末清初，被誉为“四大镇”之首，远在佛山、景德、朱仙镇之上。然时为交通尚未发达之闭关自守时代，故贸易仅限于内地。

1861 年《中英天津条约》签订。3 月 7 日，英中校威司利即护送上海宝顺洋行董事长韦伯及随员迫不及待地把军舰开到汉口。3 月 11 日，英国驻华海军司令贺布、驻华使馆参赞巴夏礼，再率 4 艘军舰和数百名水兵组成的舰队到汉，于翌年 1 月开埠。嗣后，列强在汉口租地划界，设关通商。

汉口地处产茶最多之湖北、湖南及江西三省中心，扼长江之腹，九省通衢，与四川、安徽、陕西及江苏等省水道贯通。湖北全省产茶，除兴国州茶集于九江外，湖南茶溯湘江、沅江、澧江，陕甘茶循汉水，江西宁州茶及安徽祁门茶溯江而上，四川茶顺江而下，咸集于汉口。此外，尚有印、锡及爪哇输入粉茶为砖茶原料。

汉口沿江一带，重新构筑，货栈林立，居屋栉比，类皆西式，大有欧西景象，故谓汉口殆如美国芝加哥及圣鲁意二城，一跃而为国际重要商埠，其贸易记录一度几与上海并驾齐驱，遂成为中国最大茶叶市场达 60 年之久。

驻海参崴总领事陆是元在《汉口茶商制茶情形及销俄状况・六年秋季报告》中介绍，汉口茶市，茶商萃集，每年输出甚丰。但茶区不在本境，植茶之地大抵在湘鄂皖赣四省乡间。湘鄂之茶，运经汉河（扬子江支流），名为“汉口茶”；皖赣之茶，取道九江，名曰“九江茶”。此外，自何地运来，即以何地名之。

汉口茶市每年自旧历三四月起，至七八月止。红茶输出以六七月为最多，砖茶以三、四、五月为最盛，普通茶则以五至八月为贸易之期。每年贸易额多则逾百万担，少亦七八十万担。

汉口开埠以后，茶市操纵于外商之手，英俄两国先后称霸。1894 年，《上海口华洋贸易情形论略》称：“茶叶一项销路向推英国为最，俄国次之。

近来英国在汉口办运者年少一年，业茶之商皆转移至汉口，盖因俄人办茶汇聚于彼处故也。”汉口茶市初为英人把持，1890 年以后英国全力推销其殖民地之印锡茶叶，在汉办茶数量锐减，俄商势力乃乘机膨胀，掌控汉市茶叶贸易权威。

1911 年 10 月，迫于武昌起义，扬子江一带贸易暂停。

1915 年，茶叶出口高达 2300 万两。

1918 年，俄国革命后改变对外贸易方针，继因中东路事件，中俄绝交，茶叶贸易受阻。

1922 年，汉口与九江茶市相继衰落，祁宁产均改运上海，仅两湖产集中汉市，出口锐减，不复往日辉煌。

1931 年，汉市水灾，损失奇重，继以抵制日货，市面消沉。

1938 年 10 月，武汉三镇沦陷，汉市茶叶贸易停滞。

抗战胜利后，1945 年 9 月 26 日恢复海关及汉市贸易。

汉口茶商组织

出口洋行。汉市茶叶出口，几为外商洋行所独占。宝顺洋行在 1893—1902 年中通报汉市茶情 8 年。据武汉大学教授 T. H. CHU 撰《汉口之茶业市场》1932—1935 年统计，汉市 12 家洋行营业额占 94.58%，11 家华商仅占 5.42%。

外商借凭不平等条约，行使特权，租地划界。1861 年，英国取得汉口的永久租界地。随后，德国在 1895 年，俄国、法国在 1896 年取得租界地。

外商洋行为收买商家茶叶，经营出口贸易者，势力雄厚。洋行与茶栈间因债权关系发生联系，洋行大班（经理）大都兼充茶栈管理人。

1894 年以后，汉口茶市多为俄商操纵，主要有若库士念次、帕帕夫、李太文诺夫、马尔昌、未沙次、那克伐辛等公司。

1905 年，在汉口外商洋行 34 家，其中营茶者 21 家。

民国时期，汉口经营茶叶洋行有协和、怡和、天裕、柯化威、履泰、杜德、美时、顺丰、阜昌、百昌、源泰［Yuen.tai，那克伐申（Nakvasin）与华欣宁（Wershinin）］、新泰、天祥、宝顺、公兴、立兴、美最时、顺昌、锦隆、禅臣、同孚、苏联协助会、太平、安利英等。

1932 年 7 月 14 日出版的《武汉之工商业》(《商埠经济调查丛刊》，实业部国际贸易局编）称：“外商洋行，设立有数十年以上者，如怡和洋行创立迄今 50 余年，源泰洋行亦有 35 年之久。” 1937 年，朱美予著《中国茶业》称：“英商之怡和，开办已达 50 余年，俄商之源泰亦达 37 年之久。”

英商宝顺洋行（Pao shun），最早可追溯到 1807 年的大卫森洋行，其间改过不少名称，最后取一讨巧的中国名字“宝顺洋行”，寓意“宝贵和顺”，其目的是为了更好开拓中国市场。

鸦片战争后，宝顺洋行将总部从广州迁往香港，1843 年上海开埠后，宝顺洋行迁到上海。为应对鸦片贸易衰退的影响，转行经营航运、保险、通商口岸设施以及银行业，成为非常有实力的大洋行。汉口主要洋行如下：

汉口洋行

行　名	国　籍	地　址	买办姓名
顺丰洋行	俄　国	沿江大道穗丰打包厂	韦应南
新泰洋行	俄　国	沿江大道兰陵路口	刘辅堂
阜昌洋行	俄　国	沿江大道南京路口	刘子敬等
源泰洋行	俄　国	沿江大道黎黄陂路	—
宝隆洋行	丹　麦	—	—
百昌洋行	俄　国	洞庭街上海路口	—
协助会	苏　联	特三区江边	邓以诚
巨昌洋行	俄　国	英租界	—
太平洋行	英　国	沿江大道上海路	—
协和洋行	英　国	鄱阳街上海路粮店址	—
宝顺洋行	英　国	江岸区天津路 5 号	盛恒山（世丰，又名黄恒山）、唐亦坪等
天祥洋行	英　国	洞庭街江汉路口	—
杜德洋行	英　国	英租界	—
柯化威洋行	英　国	英租界	—
履泰洋行	英　国	英租界	—

续表

行　名	国　籍	地　址	买办姓名
天禄洋行	英　国	英租界	—
天裕洋行	英　国	由协顺祥茶栈代理	—
锦隆洋行	英　国	英租界	—
隆泰洋行	英　国	英租界	—
安利英洋行	英　国	特三区洞庭街	王鹰臣
怡和洋行	英　国	特三区江边	黄浩之
太古洋行	英　国	—	韦子丰（紫封）
嘉乐洋行	英　国	英租界	—
祥泰洋行	英　国	英租界	—
麦加利洋行	英　国	—	唐寿勋、唐朗山
慎昌洋行	美　国	—	—
美时洋行	美　国	—	—
公兴洋行	法　国	法租界	—
立兴洋行	法　国	法租界	刘歆生等
新和顺洋行	澳大利亚	英租界	—
禅臣洋行	德　国	英租界	蔡某
元亨洋行	德　国	英租界	—
礼和洋行	德　国	英租界	—
美最时洋行	德　国	—	王伯年
顺昌洋行	英　国	—	—
同孚洋行	美　国	—	—

买办。即外商雇佣的承包经营人，外商视买办为耳目、手足及业务上联系客户的桥梁，并借此扩张业务范围，甚至将半数业务委托给买办。

买办资历深厚，例如麦加利支行首任买办唐寿勋，是汉口早年有名的粤商，当该行买办 20 多年，死后由族侄唐朗山继任。唐朗山在汉口开设惠昌花香栈和厚生祥茶庄，后与人合股开设兴商砖茶厂，持有麦加利股票 3000 英镑。他以买办身份，当过汉口商务总会二至八届的会议董。

外商在买办的商业运作下，所获利益大打折扣。实际上，对外商而言，他们无法完全控制买办的商业行为，因为买办属于极为自由的被雇人，有很多买办在受雇外商银行的同时，将外商银行的名号冠在自己头上，将资金流于他用，实难禁止。

外商雇佣买办基于两个原因：外商不通晓自己所从事的商务及本地的商业习俗；难于理解商用的各种衡定器具，为此不借助买办很难进行大的交易。

外商经营进出口贸易历史较久的汉口洋行及所雇买办名录

国　籍	洋行名称	买办姓名	主要业务范围	歇业年份
英	怡　和	黄浩之	航运兼出口桐油、牛皮、猪鬃、茶等	1938
德	礼　和	胡岂永	疋品、牛羊皮、桐油、芝麻、茶等	1938
	美最时	王伯年	牛羊皮、五倍子、桐油、茶麻类等	1938
法	永　兴	姜德英	牛羊皮、猪鬃、茶、杂货等	1938
	立　新	刘歆生、范锦堂	牛羊皮、猪鬃、茶、杂货等	1931
英	和　记	黄厚师、闵绍千、杨坤山、韩永清	屠宰猪、羊、鸡、鸭及冰藏蛋品等	1938
	沙　逊	李	桐油、五倍子、皮油、蚕豆、芝麻、茶等	1938
俄	阜　昌	刘辅堂、刘子敬等	收购茶叶、自办制茶砖厂	1914
	新　泰	刘辅堂	收购茶叶、自办制茶砖厂	1914
德	嘉　利	潘恕庵	自设蛋厂，收购茶、桐油、猪鬃等	1938
	禅　臣	蔡	牛皮、猪鬃、杂粮等	1918
	福来德	陈庚堂	牛皮、猪鬃、茶、杂粮等	1918
日	三　井	—	以进口为主，兼收购棉花、杂粮	1945
	三　菱	胡敬之、王森甫	以进口为主，兼收购棉花、杂粮	1945
英	安利英	王鹰臣	桐油、牛羊皮、茶、猪鬃	1949

茶栈。为出口洋行与茶商之居间者，亦称茶行。凡各地运汉之茶，必由茶栈经手出售，茶商不与洋行直接交易。茶栈实为茶叶贸易介绍人，一方面贷借资本于茶商收取利息（所购之茶作担保），另一方面则媒介茶商与洋行交易而收取佣金。

茶栈依交易对象而别，直接与外商交易者称“洋庄”，与蒙古交易者为“口庄”。据水野幸吉《中国中部事情·汉口》记述：“在汉口同时从事洋庄和口庄生意的主要有德巨生、三德玉、谦益盛、锦丰泰、德生瑞、天顺长、沅生利、兴泰隆、大昌玉、天表和、宝表隆、长盛川这 12 家；单独从事口庄业务的有巨贞和、大泉玉、大升玉、独慎玉、祥发永这 5 家。以上 17 家山西茶栈，每年与蒙古地区的茶叶交易量约 8 万箱，价额在百万两内外。此外，每年向张家口地区输入四五万箱。经营两湖茶的有熙泰昌、厚生祥、利贞乾、永昌隆、恒生泰这 5 家，每年茶叶的交易量大约在 50 万箱。经营祁门、宁州的有祥泰昌、天宝祥、永泰源、公慎安、和兴安、公慎祥、公顺祥、鸿源永这 8 家，每年茶叶的交易量在 15 万箱内外。”

陆溁《关于安徽、汉口茶业调查报告》（1910 年）记载：“汉口售鄂茶兼售湘茶（所谓两湖茶）之茶栈有 6 家。”

栈　号	经理人	帮口组织
谦顺安	唐吉轩	广　帮
厚德（生）祥	唐朗山	广　帮
熙泰昌	韦颖三	广　帮
永昌隆	韦颖三	广　帮
协泰兴	陈月秋	广　帮
同顺隆	项念晖	广　帮

张鹏飞著《汉口贸易志》（1918 年）对汉口茶栈记述：“经营红茶的茶栈有谦顺安、洪昌隆、新盛昌、万和隆、熙泰昌、忠信昌、洪源永、厚生祥、永昌隆等。”

1932 年 7 月，实业部国际贸易局编《武汉之工商业》记述：“吾国茶栈中以忠信昌新记为最著，1929 年上海著名茶栈忠信昌总号陈翊周与汉口邓以诚合办忠信昌新记，资本 6000 两，在小关帝庙设栈，每年营业额逾百万两，营茶七八十万箱、老茶 10 万担、老茶砖 5 万箱及花香 20 万担。”

1937 年 6 月，《茶叶出口业》（《汉口商业月刊》新第 1 卷第 6 期）记载：“汉口茶栈有忠信昌新记、永兴隆、协顺祥、泰隆永共 4 家。”

茶业公所。1868 年，汉口成立茶业公所，以广东香山盛恒山、番禺张寅宾为主要负责人（《徐愚斋自叙年谱》，同治七年条目）。亦有设于 1883 年之说。

据《湖南职商蒋泽湘条陈两湖茶务十二事》（《湖北商务报》，1900 年四月二十一日版）记述：“六帮茶商，于光绪九年（1883）创设茶业公所，凡各帮茶箱到汉，每二五箱，抽费一分，每年共约收银一万余两。至戊子十四年（1888），只收 8 厘，每年共约收银数千两。”据《江西奉新县职商闵澄清条陈义宁州茶务六事》（《湖北商务报》，1900 年四月二十一日版）记述：“汉镇六帮茶商，当时抽费，设立茶叶公所，系每箱抽费银 6 厘，以充公用，至今遵行。原意因与洋人交涉生意，恐遇有不通达情理之事，概由茶叶公所，持平公论，不得欺压。现在茶叶公所，颇觉虚设，并无实济。”

1929 年，实业部颁布新《工商同业公会法》。随即，汉口相继成立茶叶出口业同业公会、茶叶贩运业同业公会、茶叶行业同业公会等组织。

第五节　汉口茶市对外贸易

一、1889—1919 年《汉口华洋贸易情形论略》记述

1862 年，长江通商，汉口开埠，各国商贾竞来此土从事茶叶贸易。

1889 年，秋遭大水，英租界水淹 3 尺。各栈恐存茶被浸，装船赶送上海。茶市不旺，亏本者甚多，一是印度茶在英有喜用者，与华茶销售有碍；二来茶客运钱进山买茶，受天气影响，货色不佳；三为制茶用松木柴烘焙，多烟熏气味及茶质软湿。

1890 年，溯前俄国买茶，必到英国转办，近有俄商径向中国采买，如遇合意之货，几欲搜罗殆尽。只因金价甚低，好茶可沾利益，故不惜资本买好货。

1891 年，茶市价值之昂，人所未见，缘俄国行市极贵，人皆购运赴俄。

近年俄商生理兴盛，遇有好货，不惜重资争相购买。由沪来关平银 400 余万两，多为买茶用。

1892 年，茶市滞销，价值大跌，出口红茶仅 190200 余担。运俄国之茶亦大为不然，据言系钱荒所致。

1893 年，宝顺洋行通报：初因茶价太昂，英商不急于购办，交易者惟俄商。先是茶贩求价太奢，相持兼旬，各钱庄与茶客不能久行迁就，贩茶者无不大受亏折（约亏银 300 万）。茶运上海增多，茶砖亦增。

1894 年，中西茶商无不大获厥利，创利 3 倍，冠绝一时。20 余年来，西商业茶利益当以今岁为巨擘。华商去年大受亏折，故今年入山办茶皆有定额。据宝顺洋行茶务函：粗茶将减，因内地厘金、山价等费竟重达银 8 两，运销汉市亦不过沽银 8 两。

1895 年，宝顺行茶务函：华商进山采办踊跃，惟内地山价高于往昔，山户垄断居奇，高抬价值。头茶尽为俄商所购，开盘三礼拜告竣。茶之佳胜于历年，正投俄人所好。然俄商购上等茶后良莠混淆而无鉴别，货之高低及价格，概归一辙，茶务甚形练手。且俄国新岁后重订纳税章程甚苛，他日汉口茶价必因之低贱。英京茶市之头茶颇得善价，工夫茶至英甚多，销路颇稀，前所未有。英京税重而载脚亦昂，嗣后华茶输入有江河日下之势。

1897 年，据宝顺行茶务函：头茶后始有交易，其中大半往俄，而往英、美各国者无几。华人虽有知机器制茶，然迄今无人仿行。

1898 年，宝顺洋行茶报：近年茶叶贸易几全归俄商独办，订货较往年尤多。英商所需之货，俄行乘机囤积，幸本年所产较去年多 11000 余箱（此等小箱，市面皆呼为半箱）。

1900 年，宝顺洋行茶报：四月初九开盘，茶样有祁门 81 种、宁州 2 种。次日，羊楼洞、聂家市、通山等处之茶亦即开盘，祁门、宁州高等字之茶均随即到齐。祁门头茶几悉为俄商所购，价高者 50 两，其货较去年为佳，足推出类拔萃之选；宁州多枯脊欠润，然检其佳者数种，价亦至 41 两；湖北茶颇佳，销售甚易，羊楼洞者价 27 两 5 钱，聂家市者 22 两，通山者 25 两，其头茶均美好，无煤气及霉坏等味。除宁州外，今年各路来茶均全盘畅销。二茶于五月十八日始到，祁门、宁州所销不过数字，湖南、湖北多寡与去年相仿，各茶均佳，而尤以安化为最，其销与美商甚畅。三茶到者甚少，盖天时久旱，且北氛甚恶，银根太紧故也。

1901年，宝顺洋行茶报：两湖半箱茶531389箱，成交479587箱；九江茶成交180620箱。

1902年，各茶户于茶事绝不变计，殊可太息，各山于25年之内逐年减色，实可骇异。除宜昌外，均较前大坏，直可断为折半之数。

1903年，出口红茶172485担，较上年减3500担。其销场以俄为最，共售去159000担，其中由水道运98000担，赴敖得萨47000担，赴丹里（即大连湾）再由铁路转运，其前往英国者只12000担。今年茶事格外畅盛，因印度、锡兰所产之茶欲求美好而不能如愿，以致茶价甚高，华人获利。

1904年，出口茶叶，连九江茶209200箱在内，共售出844756箱，较上年多50018箱。其中，红茶256013担，较上年多76000担。茶末久无出口者，本年有2865担前往伦敦，为近年茶末出口第一次。

1905年，本口所售之茶以二五箱计，共696690箱，内有九江茶182365箱，比上年少148000箱。

1906年，延至四月二十二日开盘，此为1881年以来最迟者。鄂茶价稳，货数与上年同，上等茶较佳；宁州除上等字制法尚留意外，余均较次；九江别项茶亦不佳，货较上年短7%，初因大雨，恐有损坏，而观之尚好；宜昌茶极佳。

1907年，出口砖茶、小京砖茶虽略减，而红茶增58600担。四月初四，茶市开盘，九江茶到者约48字，售价每担50～58两；两湖茶开盘后至初六，价议妥始行交易。此后，各路茶价均涨，市情平稳，俄商随意，皆有利可获。

1908年，茶叶公所订立章程，须俟全字到齐方肯送样，以便样货相符。华茶之佳在英力加揄扬，登之报纸，群欲复尝贵重之茶，特既为人所贵重，价即大涨。汉口茶只在汉可得，无论收成丰歉，其价常昂。

1909年，10年前本口只称茶埠。年来种植不能改良，积货甚多，欧洲销路逐渐萧索。

1910年，茶商备尝艰阻，4年前定章各字茶非到齐不能看样，故此后无争执，货质有把握，生意亦有进步。向来茶之抛盘合同不过数日为限，并须存样。

1911年，茶季之最可记者，买进极早，运俄极早，预备径行往来外洋之轮船较速，而多能使茶在伦敦交易较早。现在各文明国用茶不但日渐加增，且为日用不可少之物，德国更作为军用品，并据报告较咖啡尤为有益。本年英国商部所记运英之茶：印度18728.2万磅、锡兰10961.8万磅、爪哇2635.2万磅，华茶唯质好及可靠者，方能占生意较好之成分，只2481.7万磅。

1912年，太平洋行报本年茶业情形：本年5月11日开盘，祁门茶每担52两，上年60两，然本年银价太高，折合金镑亦相等；宁州茶只为中等，因裁厘改税所征之数不减，致起争执，在山耽延所致；九江、武宁茶较上年色美价高；安化茶因山主只求货之多，不顾色之美，在众茶中确为常品。12月7日，顺丰洋行茶砖厂被焚，损失值银60余万两。

1915年，华商各字，悉获盈余，出口112.9万担，值2927.7万两。杜德洋行茶报：茶市特异，贸易史上当永久纪念，最耀眼者，为平常次等茶，价与美而可饮者同。

1916年，茶叶出口共998486担。杜德洋行茶报：本年唯祁门茶稍得微利，此外损失之大，中国茶商历久不忘。因头茶亏折，茶业公所议定停办二茶，违者售茶1担罚银6两。俄政府将高级茶税加重，俾俄人下季不出重价购买。

1917年，顺丰洋行及杜德洋行茶报：英政府不准他茶进口，故无运英之茶，华茶大受影响。赴美者，受汇兑高、水脚重所限，多为平常货。俄国政变，兼以财政紊乱，卢布日跌，华茶遂阻。中国政府与俄断交，贸易停顿。

天祥洋行茶报：茶市之初，全归俄庄，所购大批中下等茶，售为俄政府军用。11月初，俄国二次革命，各项贸易悉阻止，至月底，俄庄买主得信停运，是时红茶几已全行运去，惟砖茶正开始购办，遂致全停。

1918年，出口茶418419担。顺丰洋行及杜德洋行茶报：中国禁茶出口往俄，至8月始弛禁令，然俄地不靖，运输艰难，卢布大跌，终未大恢复。英政府只准300万磅进口，数甚微。湘鄂两省不宁，华商多不持现金赴产区，惟茶贩自行制茶，然成本不足，其出货不过上年1/3。闻宜昌情形最坏，制茶作坊全毁，只出1829半箱。

1919年，英政府每磅外茶征税2便士，俄国大局不佳，他国购茶多在上海，不复再来本口。各掮客见生意大半在上海，即不复再来本口。年底，中国政府因奖励茶业起见，将各种出洋茶税悉行豁免。

二、俄国十月革命后汉口茶市交易情形

1923 年，华商要求在汉口开市，以资便利，而俄商阜昌、顺丰等行，亦有在汉开办动议，英商怡和、锦隆、杜德等行，迎顺趋势，分庄采办。本年两湖红茶在汉口成交 30 余万箱。而忠信昌、谦顺安、安华、厚生祥等茶栈经营两湖红茶，获利丰厚。

1927 年四五月间，两湖茶区不靖，兼之湖南各乡农会次第成立，茶商皆不敢进山。虽经当局饬令地方保护，仍裹足不前，进山者半。近三年，红茶由产地运销到汉者，逐年递减，渐呈衰颓之象。

1929 年 6 月，中俄交涉发生，俄商协助会告停，价亦自此低落，洋商因资本大小关系，持松不一，每况愈下，至 12 月止，一无振作情况，价亦松去 20 两。

1922—1931 年间，茶叶贸易寥寥无几，昔曾执全国牛耳之汉口茶市何以至此，厥有二端：欧战以还，俄国销路，遽告断绝，比来本埠砖茶商行，虽与苏联国营贸易机关恢复交易，但成交数量，殊属微渺；锡兰、印度、爪哇等处产茶日盛，且其产品香味强烈，欧人嗜之，争相购买，遂为华茶之劲敌。反顾前十年间，湖北每年产茶在 75000～80000 担之间，本期详确数字，则因种茶小农散居各处，殊难确查，第推其数量，或不减于当年，只以价格奇廉，无利可图，以致茶农弃之如遗，一任牺牲。

据《武汉日报》报道，嗣后的红茶产销情形如下：

1934 年，两湖红茶运达汉口 283457 箱，销 270684 箱，存 12773 箱。

1935 年，两湖红茶运汉 139808 箱，销 137088 箱，存 2720 箱。

1936 年，两湖红茶运汉 188425 箱，销 141382 箱，存 47043 箱。

1937 年，箱茶 6 月 11 日始开盘成交，市价疲滞不振，虽品质较上年优良，仍无法挽回低落命运。至 11 月，两湖存茶 65000 箱。

三、湘鄂皖赣四省茶叶到销情形

1899—1930 年，两湖、宁州、祁门茶由汉出口交易数额等见下列各表：

1. 1899—1930年两湖运汉“二五箱茶”；2. 1901—1905年汉口外商茶叶交易量；3. 1907—1909年两湖、宁州、祁门茶由汉出口之数；4. 1910—1911年集于汉口之茶统计；5. 1925—1927年8月到汉茶叶数量；6. 1925—1927年8月汉市洋商购进数量；7. 1929年两湖红茶出口之统计。

表1 1899—1930年两湖运汉“二五箱茶” 单位：箱

年份	数量	年份	数量	年份	数量	年份	数量
1899	75万	1907	54.5万	1915	70.2万	1923	45万
1900	70万	1908	64.5万	1916	44万	1924	36.8万
1901	53万	1909	47.2万	1917	39.5万	1925	35.5万
1902	50.7万	1910	55.5万	1918	17.6万	1926	24.8万
1903	59.5万	1911	66万	1919	14.8万	1927	18.1万
1904	63万	1912	65万	1920	2.8万	1928	26万
1905	52万	1913	69.5万	1921	1.4万	1929	18万
1906	49万	1914	57.6万	1922	14.3万	1930	11万

注：资料来源于《国际贸易导报》第8卷第11期，1936年。

表2 1901—1905年汉口外商茶叶交易量 单位：箱

洋行名称	国籍	交易额				
		1901年	1902年	1903年	1904年	1905年
新泰	俄国	54788	57172	110541	78364	106378
阜昌	俄国	122110	76135	96200	108732	97760
顺丰	俄国	98449	85979	69805	73889	80322
百昌	俄国	52201	51507	52279	57839	16483
源泰	俄国	8188	15064	20474	15810	3504
巨昌	俄国	14424	18270	10495	—	—
协和	英国	41738	45493	51833	67216	102847
天祥	英国	84736	96716	110637	102574	81518

续表

洋行名称	国　籍	交　易　额				
		1901 年	1902 年	1903 年	1904 年	1905 年
杜　德	英　国	17013	9698	14324	34456	25861
天　裕	英　国	26700	35129	34381	33196	21916
宝顺慎昌	英　国	45398	36793	39909	37303	20204
吕　泰	英　国	6300	7681	42864	57110	12126
怡　和	英　国	14290	19564	13815	29661	10676
祥　泰	英　国	7522	8412	8955	5323	5358
美　昌	英　国	—	—	—	—	3875
嘉　乐	英　国	23057	46821	12244	46407	2084
公　信	法　国	270	3308	3782	5070	1521
柯化威	英　国	51255	47170	40584	47878	45315
合　计		668539	660912	743121	800827	638470

注：资料来源于水野幸吉（1873—1914）著《中国中部事情·汉口》。

表 3　1907—1909 年两湖、宁州、祁门茶由汉出口之数

名　称		1907 年		1908 年		1909 年	
		箱数（箱）	价格（两钱分）	箱数（箱）	价格（两钱分）	箱数（箱）	价格（两钱分）
安化茶	头春	143583	36.0 ~ 17.5	159492	36 ~ 14.5	155815	36.0 ~ 11.5
	二春	44273	18.6 ~ 13.0	59378	16.75 ~ 12.25	12686	12.5 ~ 9.3
	三春	20221	16.0 ~ 12.5	5351	13.5 ~ 11.5	2820	12.0 ~ 11.25
桃源茶	头春	8437	28.0 ~ 18.5	12191	28.0 ~ 18.5	8993	27.5 ~ 16.0
	二春	946	16.0 ~ 13.6	5017	18.0 ~ 13.5	697	12.5 ~ 9.75
	三春	—	—	—	—	—	—
崇阳茶	头春	21897	24.0 ~ 16.0	25205	26.0 ~ 15.5	20802	24.0 ~ 13.0
	二春	1914	18.0 ~ 14.5	9601	17.5 ~ 11.5	1571	11.0 ~ 10.5
	三春	1799	15.5 ~ 12.65	402	13.0	377	11.5 ~ 10.0

续表

名称		1907年		1908年		1909年	
		箱数（箱）	价格（两钱分）	箱数（箱）	价格（两钱分）	箱数（箱）	价格（两钱分）
通山茶	头春	14233	23.2～14.0	29350	22.5～13.5	16990	21.25～9.5
	二春	16460	16.0～12.75	1647	14.3～11.5	139	8.75
	三春	—	—	—	—	—	—
长寿街茶	头春	25873	26.0～17.25	34836	27.0～15.5	34347	25.0～12.5
	二春	11706	20.5～13.0	14594	17.5～14.0	6762	14.5～10.8
	三春	28360	17.0～13.5	2856	13.75～12.0	—	—
云溪茶	头春	8599	19.5～15.0	9523	21.5～15.0	7377	15.8～9.6
	二春	7509	16.25～11.75	5719	14.2～11.0	414	9.5～9.0
	三春	1936	14.0～13.0	240	9.0	962	11.0～9.9
羊楼洞茶	头春	23154	27.0～15.5	23123	25.5～15.25	22101	25.0～12.0
	二春	919	16.5～13.5	414	14.5～13.5	—	—
	三春	402	14.0～13.5	100	11.0	—	—
羊楼司茶	头春	3674	20.5～15.0	5825	23.0～17.5	2999	17.75～10.3
	二春	426	15.25～13.0	721	14.0～13.5	223	9.25
	三春	314	13.8～13.75	—	—	250	11.25
高桥茶	头春	3674	20.5～15.0	24438	21.0～14.5	31015	18.5～9.0
	二春	6813	16.0～13.0	11029	14.0～10.0	2585	14.0～8.5
	三春	1467	14.0～12.5	442	9.0	1889	11.25～9.1
浏阳茶	头春	18236	19.25～12.6	23992	21.0～14.5	16809	17.25～9.25
	二春	8859	17.0～12.0	12242	15.5～10.0	2543	10.5～8.5
	三春	1841	14.25～12.3	122	9.0	—	—
聂家市茶	头春	16632	19.0～12.25	26874	20.5～14.0	26892	17.0～9.0
	二春	8961	16.0～12.0	12798	14.75～9.0	2278	9.25～8.25
	三春	4517	13.6～12.0	2551	8.2～8.0	3281	11.75～10.5

续表

名　称		1907年		1908年		1909年	
		箱数（箱）	价格（两钱分）	箱数（箱）	价格（两钱分）	箱数（箱）	价格（两钱分）
平江茶	头春	18552	22.75～14.0	24680	20.6～14.0	20202	17.5～9.25
	二春	2661	16.0～13.0	5314	15.75～11.25	1359	10.0～9.25
	三春	161	14.5	300	12.5～11.0	—	—
双潭茶	头春	30061	17.3～13.0	39517	18.5～12.5	32004	12.0～8.0
	二春	7884	14.5～11.8	26035	15.0～8.6	3119	8.25～7.5
	三春	6980	13.4～11.4	11240	11.0～7.25	5778	9.1～8.5
醴陵茶	头春	10531	17.0～14.0	9166	21.0～14.25	20243	15.0～10.0
	二春	2419	16.25～12.0	3998	14.65～10.5	—	—
	三春	1764	13.85～11.75	346	9.0	—	—
沩山茶	头春	2277	20.0～13.0	2144	21.0～17.0	1922	13.0～8.5
	二春	1423	14.5	2301	15.0～13.5	—	—
	三春	—	—	898	16.0	—	—
宜昌茶	头春	8638	63.5～26.0	9230	65.0～27.0	9549	61.5～30.0
	二春	1721	27.0～26.0	1392	31.0～28.0	2781	26.0～23.0
	三春	1448	27.0～25.5	2407	20.0	—	—
宁州茶	头春	94900	68.0～20.0	103375	65.0～29.0	92358	68.0～16.0
	二春	10362	27.0～17.0	10444	24.0～16.5	4366	23.5～17.0
	三春	—	—	—	—	—	—
祁门茶	头春	85104	71.0～25.0	81137	67.0～26.0	94668	80.0～23.5
	二春	—	—	—	—	—	—
	三春	—	—	—	—	—	—

注：1. 1907年两湖头、二、三春茶统计540278箱（应为554155），江西宁州头、二春茶统计105262箱，安徽祁门头春茶统计85104箱。2. 1908年两湖头、二、三春茶统计645443箱（应为659041），江西宁州头、二、三春茶统计113819箱，安徽祁门头春茶统计81137箱。

表4　1910—1911年集于汉口之茶统计　单位：箱，约贮45～48斤

产地	头春		二春		三春	
	1910年	1911年	1910年	1911年	1910年	1911年
安化	175455	172043	98927	38490	22245	3777
湘潭	29987	16399	11890	7249	4507	1647
高桥	32429	15196	14493	5866	4797	500
湘阴	9783	1316	2585	—	—	—
浏阳	15290	15234	5803	3386	2465	—
湘乡	2120	1564	1210	593	1160	—
醴陵	11608	6550	6668	1576	714	159
平江	24086	5054	8142	3773	487	—
长寿街	35548	18357	8773	1746	1396	—
云溪	16837	5240	3603	2932	1686	563
聂家市	37824	24079	9078	3080	2482	—
桃源	11515	10273	5962	1444	2423	—
石门	8312	—	2785	—	—	—
崇阳	24548	2868	5461	2737	2386	240
通山	14164	7240	5214	645	—	—
咸宁	9219	—	1010	—	—	—
羊楼洞	35938	20025	4142	236	1171	—
羊楼司	5596	816	677	319	—	—
宜昌	6031	3175	2726	983	—	—
宁州	69753	42735	42185	23087	2164	—
祁门	115231	103070	—	—	—	—

注：资料来源于张鹏飞撰《中国茶叶之概况稿》（1916年），《中华民国史档案资料汇编》第三辑（农商），江苏古籍出版社。

表5　1925—1927年8月到汉茶叶数量　单位：箱

年份	头春茶	二、三春茶	合计
1925	231237	131783	363020
1926	175899	58976	234875
1927年8月止	105011	13760	118771

注：资料来源于《汉口之红茶贸易》，《经济半月刊》1927年第1卷第2期。

表6　1925—1927年8月汉市洋商购进数量　　单位：箱

洋行名称	买进箱数		
	1925年	1926年	1927年8月止
天　裕	19389	39172	11888
太　平	56920	35043	7526
协　和	4387	7489	3771
同　孚	2168	100	908
天　祥	5537	250	511
杜　德	2618	2731	469
怡　和	9889	17407	—
新　泰	175481	25759	—
源　泰	—	1488	1271
协助会	—	—	54550
阜　昌	—	1622	—
合　计	276389	131061	80894

注：资料来源于《汉口之红茶贸易》,《经济半月刊》1927年第1卷第2期。

表7　1929年两湖红茶出口之统计

国　别	买　主	箱数（箱）	国　别	买　主	箱数（箱）
俄　国	协助会	30542	英　国	天　祥	822
英　国	太　平	30121	英　国	杜　德	634
英　国	怡　和	14622	俄　国	源　泰	969
英　国	天　裕	10081	德　国	兴　诚	4253
中　国	汉　口	8211	中　国	上　海	7060
英　国	协　和	8793	中　国	天　津	220
共计：116328箱					

注：资料来源于《两湖红茶出口之统计》,《农业周报》1930年第18期。

四、汉口茶输出运销

汉口之茶，在昔皆溯汉水自甘肃、陕西，经青海、蒙古而出恰克图。恰克图实汉口茶之一大市场，唯以陆路运输不便，俄国需茶益增，迨1861年，假道英、德渡海以往者，渐次加多。

汉口开埠后，除陆路运输外，运往俄国的茶叶多经汉口、上海、天津、张家口、恰克图路线。茶叶从汉口经上海，海运至天津，然后转装帆船，溯白河而至通州，从通州改用驼运至张家口及恰克图。嗣后，输俄茶叶系由海道径运敖得萨，或先运至海参崴而由西伯利亚铁道装运。

1869 年，苏伊士运河通航，从汉口到敖得萨的船航时间由 50～60 天缩短到 35～40 天。

1870 年以后，汉口茶近半走海路到俄国南部敖得萨。

1871 年 2 月，第一艘俄运茶船“奇哈乔夫号”从敖得萨出发，8 月 9 日该船从汉口运回茶叶已在下诺夫哥罗德市场出售。

1873 年，俄之义勇舰队，经营定期航路于汉口、敖得萨之间，而恰克图之贸易，遂以遽衰。

1880 年，俄船“莫斯科号”直接从汉口运茶 2800 吨往敖得萨。

1881 年，有 11 艘外轮来汉口参加茶叶拍卖，其中有俄国船“俄罗斯号”和“圣彼得堡号”，从汉口运往敖得萨茶叶 82 万俄担，价值 4700 万卢布。海运费用低廉且安全，常年有 5～8 艘轮船在这条航线运茶。

1889 年，前数年每年来汉装茶船 14 只，本年只有 6 只。因水脚跌价无利，恐日后茶船更难到汉装茶。从前俄商办运宁州茶，自汉口至天津陆路运恰克图等处，再转运至特克斯丹。近因印度茶亦至该处销售，故宁州茶多亏本不能销售。

1892 年，往来于外国轮船 14 艘，其中 10 艘系向来装茶之船。5 月 3 日，往英京装茶 24716 担，每担水脚英金 4 镑，合关平银 12 两。复有俄船 2 艘往俄之敖得萨海口；5 月 8 日有英船 1 艘往英京，每吨水脚英金 2.5 镑，合关平银 7 两 5 钱；5 月 14 日有英船 1 艘往英京，水脚英金 2.25 镑，合关平银 6 两 7 钱 5 分；6 月 2 日有英船 1 艘往英京，装茶甚少，尚有俄船 4 艘运茶至敖得萨，水脚极其便宜。

1893 年，运茶往俄国者，较去岁多 33%。出口茶船当以婺源一艘为冠，满载头茶于 4 月 12 日开往英京，载资每吨英金 4 镑。继之者派力任，亦满载于 4 月 22 日启轮，载资仅英金 2.75 镑。厥后有格连加利等 3 船鱼贯而来，往英茶少，不足满载。茶运俄国者有俄船 6 艘，厥后又雇英船其连福祥装茶往敖得萨，载资每吨英金 30 先令，是为运茶最后一船，直运外洋者，至此告竣。

1894 年，茶船出口当以婺源为冠，于 4 月 22 日开往英京，而载资每吨较去年减去英金先令 10 枚，惟未能满载。波利飞马一艘，不久亦继之而往，惟所载亦不甚足。以上两艘皆往吴淞添载草帽鞭，然后再行就道。厥后惟便罗亚一艘装茶出口，亦因船不满载，故绕道上海、福州，然后再赴英京。至于茶之运往俄国者，统由该国平日往来之船及续添达姆埔一船到汉承载出口。英国商轮受雇于俄商装茶往俄国之敖得萨埠者，惟其连福禄一船，载资每吨英金 35 先令。

1895 年，茶船出口当以平水一船为冠，于 5 月 10 日满载新茶前往英京，载脚每吨 3 镑 10 先令。怡和行之公和轮船已售与南洋大臣张香帅（之洞）作为官轮，该轮售后虽往来长江，轮舟数内暂缺其一，而该行即于 10 月间专派吉和轮船充补其缺，吉和轮乃由英国新驶来华者。至于轮船之装茶前往天津一处者，为怡和行甘肃、直隶 2 艘，因该行往来长江各轮皆已立有合同，若欲装此多茶，实无位置之故。

1900 年，由天津陆运至张家口转恰克图 2.9 万包砖茶，因北事运兵，直达俄国茶船少于往年。天津陆运为日虽久，而所费较省，自 5 月道阻停运，各商只得由海道运赴力卡莱司克，其装载或由直赴海参崴之船，或运至上海再行转运，迨驶抵黑龙江后始用小轮发载，惟其中又有为难之处，盖该处各船俄廷多用以运兵，故其茶多囤积于海参崴，须俟明春开冻也。

1901 年，由汉口至欧洲水脚每立方吨约 57 元 6 便士。汉口砖茶情形：砖茶一项，因北乱之故，本口三厂均甚减色，而本年则大为复原，所制砖茶 199000 余篓，小京砖茶约 10000 篓。其运道或由天津起岸，经恰克图、蒙古一带陆运赴西比利亚，或由轮船径赴力卡莱司克而溯黑龙江上驶。此两路运载均便宜，恰克图自乱平后其道复通。还有茶叶、茶梗约 4 万担溯汉水而上，陆运赴西比利亚，其茶颇粗。

1902 年，初次由西伯利亚铁路运茶直抵销售市场，较往年大为迅速。往年装茶 300 万磅，绕道敖得萨，租船来华，故必预为购买囤积。现因运道既便，可随买随运，故囤积之累多归华商。4 月 21 日，格兰盖尔轮载新茶绕福州前赴伦敦。本年新开之宝隆洋行，有俄船数艘装茶及砖茶。

1904 年，英船载赴伦敦，每吨水脚 51 先令，有轮船 7 艘载茶 219753 担。以报赴英德为名运往俄国，每吨水脚 26 先令 3 便士～30 先令，有砖茶

79317 担同往。

1905 年，运英京茶皆由上海转船，本口无径往者，每吨水脚 52.5 先令。载茶往俄国者 11 艘，其中运敖得萨 9 船，水脚 24 先令；运俄京 1 船，水脚 37.5 先令；运拔锡候信 1 船，水脚 23.5 先令。

1906 年，载茶及砖茶赴俄太平洋各埠者 7 艘。

1907 年，20 年未见之英国火轮船公司船，今重来载茶赴伦敦。此外，运茶船有挪威旗 21 艘、俄旗 6 艘、德旗 12 艘。高丽旗系初见空船来载茶赴俄。

1919 年，山西商人购茶者颇多，由铁路运往张家口及蒙古。

自 1893 年起，江汉关华茶出口贸易数额及量值统计见下列各表：1. 1893—1905 年江汉关茶叶输出统计；2. 汉口茶叶径往各国出口数额；3. 1906—1931 年江汉关茶叶出口（复出口货不在内）按年各数；4. 1913—1919 年汉口茶叶出口量值统计。

表 1　1893—1905 年江汉关茶叶输出统计　　单位：担，海关两

年　份	英　国	俄　国	其他各国	通商口岸	合　计	总　值
1893	65912	153777	—	265802	485491	9717434
1894	51572	166753	—	284172	502497	9849651
1895	24626	200070	—	350072	574768	11939900
1896	29388	186889	—	251476	467753	10535312
1897	28895	145036	88	260980	434999	7434435
1898	27441	162369	—	287577	477387	9230671
1899	45790	182218	1729	295684	525421	12885951
1900	6	271829	—	196714	468549	10429612
1901	61	183627	4	171024	354716	5998245
1902	10629	165306	9	220819	396763	6053727
1903	12604	166205	1182	244629	424620	6988399
1904	137738	—	121140	190849	449727	8923816
1905	203324	2330	25077	147626	378357	7654005

注：1. 根据水野幸吉（1873—1914）著《中国中部事情·汉口》汉口茶输出额统计（1893—1905）及江汉关贸易报告整理；2. 另 1891 年红茶出口 260583 担，1892 年红茶出口 190243 担。1861 年红茶从广州港出口 247014 担，汉口港出口 80000 担；1862 年红茶从汉口港装船出口往外洋 216351 担，同时广州港减为 199919 担；1863 年汉口港输出为 272922 担，广州港输出减为 133328 担。

表 2　汉口茶叶径往各国出口数额　　单位：担，海关两

国　别	1919 年		1927 年		1928 年		1929 年		1930 年		1931 年	
	数量	金额	数量	金额	数量	金额	数量	金额	数量	金额	数量	金额
俄　国	4665	58406	74529	1953083	8659	309559	—	—	—	—	38027	1215615
土、埃、波	—	—	—	—	152	5433	1086	29841	—	—	1	136
美　国	—	—	—	—	6765	241768	6574	181508	—	—	9630	253661
英　国	189	5972	5585	171198	5043	180287	6464	155920	7489	186004	2045	137283
中国香港	—	—	—	—	—	—	—	—	—	—	17093	313988
其他各国	—	—	3273	101338	9502	339678	7518	207571	2454	60013	2074	68777
总　计	4854	64378	83387	2225619	30121	1076725	21642	574840	9943	246017	68870	1989460

注：资料来源于蔡谦、郑友揆著《中国各通商口岸对各国进出口贸易统计》第四部《茶类》，1936 年。

表 3—1　1906—1912 年汉口茶叶出口按年各数（不含复出口）　　单位：担

货物花色	1906 年	1907 年	1908 年	1909 年	1910 年	1911 年	1912 年
红　茶	260035	348055	329632	254156	281939	334172	327475
绿　茶			13342	11896	2082	3562	41238
红砖茶	317820	309255	276314	279010	172884	78182	73933
红砖茶内掺有锡、印、爪哇茶末	—	—	—	—	150351	128229	220995
绿砖茶	231841	227307	261864	279599	289840	137771	146768
小京砖茶	7641	7333	4433	7989	3709	3066	3639
小京砖茶内掺有锡、印、爪哇茶末	—	—	—	—	3855	613	2756
木根茶	—	—	—	—	15514	17867	15454
茶　末	—	—	—	—	23768	11773	27029
毛茶或未烘茶叶	—	—	—	—	—	—	—
茶　梗	—	—	—	—	—	—	—
合　计	817337	891950	885585	832650	943942	715235	859287

表 3—2　1913—1919 年汉口茶叶出口按年各数（不含复出口）　单位：担

货物花色	1913 年	1914 年	1915 年	1916 年	1917 年	1918 年	1919 年
红　茶	239325	311275	346225	228239	202876	51959	88732
绿　茶	51002	45505	35013	27498	6567	5433	285
红砖茶	60955	50412	88446	56785	29364	79862	85503
红砖茶内掺有锡、印、爪哇茶末	229405	222061	249472	286079	136066	33162	61780
绿砖茶	153233	169285	196225	185104	230562	208853	85494
小京砖茶	5834	10371	16320	11889	520	17	1440
小京砖茶内掺有锡、印、爪哇茶末	2027	896	7469	11406	5258	5	89
木根茶	5291	7530	14616	18064	16849	16743	13164
茶　末	41178	27238	38866	46753	18456	1836	14399
毛茶或未烘茶叶	485	49953	1335	2223	4544	7473	2373
茶　梗	6214	9740	16905	11404	8245	4900	8689
合　计	794949	904266	1010892	885444	659307	410243	361948

表 3—3　1924—1931 年汉口茶叶出口按年各数（不含复出口）　单位：担

品　类	1924 年	1925 年	1926 年	1927 年	1928 年	1929 年	1930 年	1931 年
工夫红茶	173741	199285	108434	90940	109574	99046	69175	47396
其他红茶	56	93	13889	17986	8149	2435	39	25002
小珠绿茶	—	—	2	1	—	—	—	—
熙春绿茶	—	—	810	86	5	291	5	155
雨前绿茶	—	—	2	1	13	—	—	1
其他绿茶	6061	41860	9989	9651	1300	427	298	719
红砖茶	24252	91668	114150	8514	148823	160863	52025	77451
绿砖茶	10473	67359	169788	169061	253065	187613	113524	136252
毛　茶	165	698	71432	100481	86009	86064	62397	74690
花熏茶	—	11	4	—	—	1	—	2
茶　片	—	—	557	—	—	630	55	52
茶　末	27440	8541	6241	5949	857	4800	518	5772
茶　梗	5757	5050	8512	9822	7603	7193	7074	8887

续表

品 类	1924 年	1925 年	1926 年	1927 年	1928 年	1929 年	1930 年	1931 年
木根茶	—	—	4701	18999	4901	3187	9520	1183
帽盒茶	—	—	10045	8367	1326	1717	—	4311
小京砖茶	20	76	—	—	406	—	—	—
合 计	247965	414641	518556	516485	622031	554267	314630	381873

注：1913—1919 年数据来源于《江汉关贸易册》；1924—1927 年数据来源于《华洋贸易统计册》；1928—1931 年数据来源于各关贸易统计册。另 1922 年直接出口 135266 担，1923 年直接出口 283319 担，1932 年直接出口 549272 担，1933 年直接出口 378916 担，1934 年直接出口 33336 公担，1935 年直接出口 37481 公担，1936 年直接出口 38518 公担，1937 年直接出口 41173 公担。1920 年红茶 16647 担，1921 年红茶 27727 担，1922 年红茶 123276 担，1923 年红茶 222737 担。再据《钱业月报》1922 年第 2 卷第 6 期《华茶产地及推销之调查》，1921 年汉口运往国外 423168 担，运往国内各埠 492504 担（含转口）。

表 4—1 1913 年汉口茶叶出口量值统计 单位：担，海关两

货物花色	出口往外洋		出口往中国香港		出口往通商口岸		复往外洋、中国香港及通商口岸之总数		出口总数	
	货数	价值	货数	价值	货数	价值	货数	价值	货数	价值
红 茶	142331	3004466	—	—	96994	2099301	81159	2516942	320484	7620709
绿 茶	—	—	—	—	51002	739206	1382	31302	52384	770508
红砖茶	8650	133124	—	—	52305	804974	440	6600	61395	944698
红砖茶内掺有锡、印、爪哇茶末	36583	784705	—	—	192822	4136031	—	—	229405	4920736
绿砖茶	12194	114136	—	—	141039	1320125	—	—	153233	1434261
茶叶及未烘茶叶	—	—	—	—	485	8585	613	11034	1098	19619
香 茶	—	—	—	—	—	—	51	1519	51	1519
小京砖茶	1340	24133	—	—	4494	80937	242	4477	6076	109547
小京砖茶内掺有锡、印、爪哇茶末	1540	45076	—	—	487	14254	—	—	2027	59330
木根茶	—	—	—	—	5291	32275	—	—	5291	32275
茶 末	—	—	—	—	41178	216185	4129	23535	45307	239720
茶 梗	—	—	—	—	6214	31815	252	870	6466	32685

注：资料来源于《江汉关贸易册》。

表 4—2 1914 年汉口茶叶出口量值统计

单位：担，海关两

货物花色	出口往外洋		出口往中国香港		出口往通商口岸		复往外洋、中国香港及通商口岸之总数		出口总数	
	货数	价值	货数	价值	货数	价值	货数	价值	货数	价值
红　茶	163853	3696099	1	23	147421	3352926	86927	2869143	398202	9918191
绿　茶	22	342	—	—	45483	695860	1262	29169	46767	725371
红砖茶	19566	312078	—	—	30846	491994	1112	23908	51524	827980
红砖茶内掺有锡、印、爪哇茶末	55416	1177590	—	—	166645	3541206	—	—	222061	4718796
绿砖茶	7445	73035	—	—	161840	1587650	—	—	169285	1660685
茶叶及未烘茶叶	—	—	—	—	49953	649389	435	6003	50388	655392
香　茶	—	—	—	—	—	—	37	1104	37	1104
小京砖茶	3412	61996	—	—	6959	126445	161	4508	10532	192949
小京砖茶内掺有锡、印、爪哇茶末	896	24918	—	—	—	—	—	—	896	24918
木根茶	—	—	—	—	7530	40662	—	—	7530	40662
茶　末	1639	9047	—	—	25599	141306	3935	22430	31173	172783
茶　梗	—	—	—	—	9740	49817	294	1714	10034	51531

注：资料来源于《江汉关贸易册》。

表 4—3 1915 年汉口茶叶出口量值统计

单位：担，海关两

货物花色	出口往外洋		出口往中国香港		出口往通商口岸		复往外洋、中国香港及通商口岸之总数		出口总数	
	货数	价值	货数	价值	货数	价值	货数	价值	货数	价值
红　茶	174084	5847844	—	—	172141	5847784	108226	5340524	454451	17036152
绿　茶	—	—	—	—	718	14470	1373	37057	2091	51527
红砖茶	30584	619632	—	—	57862	1172284	1903	40915	90349	1832831
红砖茶内掺有锡、印、爪哇茶末	36754	934654	—	—	212718	5409419	—	—	249472	6344073
绿砖茶	14352	191312	—	—	181873	2424367	—	—	196225	2615679
茶叶及未烘茶叶	—	—	—	—	1335	22161	34	469	1369	22630

续表

货物花色	出口往外洋		出口往中国香港		出口往通商口岸		复往外洋、中国香港及通商口岸之总数		出口总数	
	货数	价值	货数	价值	货数	价值	货数	价值	货数	价值
粗绿茶叶	—	—	—	—	34295	281219	—	—	34295	281219
小京砖茶	1382	32408	—	—	14938	350296	54	1512	16374	384216
小京砖茶内掺有锡、印、爪哇茶末	2217	59859	—	—	5252	141804	—	—	7469	201663
木根茶	—	—	—	—	14616	102312	—	—	14616	102312
茶　末	6477	40870	—	—	32389	204375	5978	48028	44844	293273
茶　梗	—	—	—	—	16905	109038	609	2614	17514	111652

注：资料来源于《江汉关贸易册》。

表 4—4　1916 年汉口茶叶出口量值统计　　单位：担，海关两

货物花色	出口往外洋		出口往中国香港		出口往通商口岸		复往外洋、中国香港及通商口岸之总数		出口总数	
	货数	价值	货数	价值	货数	价值	货数	价值	货数	价值
红　茶	95182	2491038	—	—	133057	3475898	109484	3506665	337723	9473601
绿　茶	—	—	—	—	681	12400	579	12852	1260	25252
红砖茶	11956	203252	—	—	44829	762093	2464	41740	59249	1007085
红砖茶内掺有锡、印、爪哇茶末	49184	1190253	—	—	236895	5732859	—	—	286079	6923112
绿砖茶	5961	71532	—	—	179143	2149716	—	—	185104	2221248
茶叶及未烘茶叶	—	—	—	—	2223	27343	29	435	2252	27778
粗绿茶叶	—	—	—	—	26817	217218	—	—	26817	217218
香　茶	—	—	—	—	—	—	376	8648	376	8648
小京砖茶	36	720	—	—	11853	237060	—	—	11889	237780
小京砖茶内掺有锡、印、爪哇茶末	1833	48575	—	—	9573	253685	—	—	11406	302260
木根茶	—	—	—	—	18064	126448	—	—	18064	126448
茶　末	—	—	—	—	46753	280518	40	248	46793	280766
茶　梗	—	—	—	—	11404	75230	70	274	11474	75504

注：资料来源于《江汉关贸易册》。

表4—5　1917年汉口茶叶出口量值统计　　单位：担，海关两

货物花色	出口往外洋		出口往中国香港		出口往通商口岸		复往外洋、中国香港及通商口岸之总数		出口总数	
	货数	价值	货数	价值	货数	价值	货数	价值	货数	价值
红　茶	105676	2192437	—	—	97200	1892903	92863	2619419	295739	6704759
绿　茶	—	—	—	—	910	14278	2159	44652	3069	58930
红砖茶	7120	123318	—	—	22244	385266	13560	245707	42924	754291
红砖茶内掺有锡、印、爪哇茶末	98055	2486675	—	—	38011	963959	—	—	136066	3450634
绿砖茶	27864	334647	—	—	202698	2434403	1750	21350	232312	2790400
茶叶及未烘茶叶	—	—	—	—	4544	51347	65	748	4609	52095
粗绿茶叶	—	—	—	—	5657	45822	—	—	5657	45822
香　茶	—	—	—	—	—	—	40	960	40	960
小京砖茶	340	7395	—	—	180	3915	—	—	520	11310
小京砖茶内掺有锡、印、爪哇茶末	2023	55835	—	—	3235	89286	—	—	5258	145121
木根茶	—	—	—	—	16849	113731	—	—	16849	113731
茶　末	—	—	—	—	18456	118118	9	57	18465	118175
茶　梗	—	—	—	—	8245	41819	—	—	8245	41819

注：资料来源于《江汉关贸易册》。

表4—6　1918年汉口茶叶出口量值统计　　单位：担，海关两

货物花色	出口往外洋		出口往中国香港		出口往通商口岸		复往外洋、中国香港及通商口岸之总数		出口总数	
	货数	价值	货数	价值	货数	价值	货数	价值	货数	价值
红　茶	—	—	—	—	51959	855020	5030	133777	56989	988797
绿　茶	—	—	—	—	630	6664	2842	49981	3472	56645
红砖茶	—	—	—	—	79862	1106089	78	1131	79940	1107220
红砖茶内掺有锡、印、爪哇茶末	—	—	—	—	33162	774333	—	—	33162	774333

续表

货物花色	出口往外洋		出口往中国香港		出口往通商口岸		复往外洋、中国香港及通商口岸之总数		出口总数	
	货数	价值	货数	价值	货数	价值	货数	价值	货数	价值
绿砖茶	—	—	—	—	208853	2255612	—	—	208853	2255612
茶叶及未烘茶叶	—	—	—	—	7473	67556	218	2507	7691	70063
粗绿茶叶	—	—	—	—	4803	38904	—	—	4803	38904
小京砖茶	—	—	—	—	17	333	—	—	17	333
小京砖茶内掺有锡、印、爪哇茶末	—	—	—	—	5	127	—	—	5	127
木根茶	—	—	—	—	16743	101797	—	—	16743	101797
茶　末	—	—	—	—	1836	9492	8	44	1844	9536
茶　梗	—	—	—	—	4900	25898	—	—	4900	25898

注：资料来源于《江汉关贸易册》。

表 4—7　1919 年汉口茶叶出口量值统计　　单位：担，海关两

货物花色	出口货数			复出口货数	出口总数	
	外洋	中国香港	通商口岸		货数	值关平银
红　茶	—	—	88732	6949	95681	175956
绿　茶	—	—	285	1468	1753	27719
红砖茶	—	—	85503	1921	87424	1523983
红砖茶内掺有锡、印、爪哇茶末	—	—	61780	—	61780	1556856
绿砖茶	4665		80829	—	85494	1070385
茶叶及毛茶	—	—	2373	2758	5131	51902
小京砖茶	—	—	1440	—	1440	28181
小京砖茶内掺有锡、印、爪哇茶末	—	—	89	—	89	2443
木根茶	—	—	13164	—	13164	94912
茶　末	—	—	14399	420	14819	84959
茶　梗	—	—	8689	87	8776	45028

注：资料来源于《江汉关贸易册》。

第六节　汉口茶市贸易价格

1889年，茶市5月初开盘，价值较上年昂贵一成。

1890年，三月十九日开盘，生理尚不兴旺，次日买客踊跃。宁州茶开盘价每担约50两，头次茶价极高，每担66两，销行甚快，所遗数种俄商不办之货，价值极为便宜；二次汉口茶来货不多，较去岁仅七成，价值亦属公道；三茶货色平平，尚无烟熏气味，来货亦不甚多，比上年已减去一半；三次九江茶来汉更形短少，俄商亦不多办。

1891年，三月二十六日安化茶开盘，上等者每担价银60两，次日续来安化茶，每担价银50～58两；高桥茶每担价银48～56两；旋又来宁州头茶，货色甚好，每担价银70～90两，销售亦速。因有人谣传本年宁州头茶出产有限，故卖者索价太高而买者互相争购。

1892年，茶市自四月初九开盘，茶样先至者系安化、高桥二种，继至者为宁州，惟其数太少，其值亦昂，初开盘一礼拜间买卖不甚踊跃。因三月天雨连绵，包装不易，以致迁延时日，向者英商买茶必待俄商定价后乘其大跌始行购买。本年稍得善价者惟宁州茶数种，至于高桥茶，因焙工不善，每担值银不过10两，业茶者亏折不浅。

1893年，茶市自三月二十一日开盘，先至者有安化茶数种，每担37～41两不等。英商不急于购办，交易者惟俄商。宁州头茶色香味佳者甚多，惟安徽祁门茶初到者稍逊一筹，后至者香味颇佳，价亦不大，大半皆售与英商。沽塘茶亦称上品，叶厚气浓，兼之香味极好，为数年来所罕觏；独河口一隅所产甚劣，其价亦贱，向皆运往美国销售。至两湖所出之茶，惟安化为最，其余如羊楼洞及通山所出之茶，间有香味，所惜其叶粗涩，味陈且酸，不足取也。

1894年，茶市自三月二十八日开盘，头茶颇佳，一到即行卖罄，并无迟滞之虞。迨至四月初九，天雨缠绵，头茶之预备由内地出口者，多为淫雨所害，故头茶至汉于四月二十二日告竣。今岁宁州茶殊不甚佳，茶色既恶劣，更加以掺杂之弊，盖由今岁西商购茶出价甚高，华商所办之数不敷西商所买，致将下品茶掺杂其中，以充西商所买之数。且今岁两湖茶皆不甚好，惟安化一隅所出可称差强人意。崇阳茶尚佳，故后西商购买此茶甚形踊跃，二茶、三茶出口甚多，尚可补头茶不足，可谓“失之东隅，收之桑榆”。

1895 年，于中历四月十一日开盘，只有两湖茶六七字号到汉，随又陆续有九江茶 27 字号及两湖茶 177 字号，共 89700 余小箱。茶市之始，并无迟滞之虞，先交易者为安化茶，每百斤沽银 50～62 两。随后到宁州茶，每百斤沽银 62～77 两。

1897 年，于中历四月初七开盘，自始至终静谧异常。头茶较诸往年少十分之八，买者亦不多。两湖及九江茶较上年少 164000 小箱。

1898 年，汉口茶迟至闰三月二十二日始到，样茶则十九日。祁门茶头字价值每担 60～63 两不等，惟俄商售买多于昔日，以致英商所得不能如前。宁州茶 50～55 两一担，至四月望，只 19～25 两。两湖茶颇为畅销，上品羊楼洞售价高至 36 两；极品长寿街茶售价 26～38 两，其次跌至 15～20 两；高桥茶不洁净者多，价售 25 两，粗种低至 15 两及 12 两；安化茶胜于上年，价亦较高，自 40 余两至 13 两；上品湘潭茶味美者售至 22 两；宜昌茶头两字卖价每担 65 两，次等 40 余两，再次者二三十两之谱。

1901 年，新茶样于三月十九日到汉，祁门茶到者 130 包。宁州及湖北茶于二十二日看样，而各茶均于二十一日开盘。祁门茶最可爱者每担价 55 两至 40 两，其次等茶旋亦畅销，以运俄者为多。宁州茶上等字价 57 两。两湖茶以安化为最佳，价 32 两且易售；长寿街茶佳；羊楼洞、通山、聂家市茶销巨而售速。头茶于四月中旬几至全盘成交，九江茶亦如去年，无在九江成交者。

1902 年，茶样于三月二十六日到汉，二十九日开盘。宁州茶每担 31～60 两，祁门茶 38～63 两，货较去年稍佳，较前数年则色样及瀹出之水均每况愈下，安化、长寿街等茶平平可用，较去年略佳，然种茶各户若不急为设法改良，恐茶市将悉为印度、锡兰所夺。

1906 年，延至四月二十二日开盘，此为 1881 年以来最迟者。

1908 年，三月二十二日开盘，头茶增 6 万箱。祁门茶价 50～55 两，宁州茶 55～70 两。二茶五月中旬到汉，因雨货少，沪上销畅价稳，故五月底九江茶不运汉而直运沪。

1909年，祁门茶样三月二十二日到，宁州茶样二十六日到，四月初一开盘，两湖茶亦于是日上市。二茶则为大雨所损，色货与去年不能尽合，次茶在市无喜之者。上等茶以九江、祁门为最，办者甚多，抬价争购。头等价高至82两，次亦44两，俄行争夺购买；两湖茶头等36两、二等22两、三等9两；九江、宁州茶价自68两至18两不等。本年茶市上者可得高价，次者渐无人问。因华人深知上者易于善价而沽，故置次茶于不顾，种植既不能以格致法改良，年来积货甚多。欧洲各市销路渐见萧索，颇有江河日下之势。

1910年，茶市开盘略迟，始为阴雨阻误，继为乍热所催，未及时而生，故货质在平时之下，茶季较往年大为延长。祁门茶质地劣产数多，每担平均估值37两8钱5分，最上等货多被雨大损，其数亦缺少；宁州茶质略为适中，每担平均估值28两8钱；安化茶尚属见佳，每担平均估值27两5钱；湖北茶亦尚称美，每担平均估值22两。

1914年，茶样于5月8日到市，9日开盘，31日头茶售出56万半箱。祁门茶大都较上年叶美，惟瀹出则色较淡而味劣，细茶头字货劣，二字佳，其奇异景象，1900年来此为第二次发现，因俄庄销场旺，茶商故昂其值，买主出价遂不免过重，每担洋例银70～90两，三字货亦美，得价亦高，其收成共99000半箱，上年则89000半箱；宁州茶叶极美，惟瀹出味虽劣而色较向来大浓，收成66000半箱，上年则69000半箱；两湖茶安化收成大不如上年，头茶16万半箱，上年则177000半箱，仍全售俄庄，与上年同；寻常茶尚美，得价亦高，其收成连安化在内共398000半箱，上年则40万半箱；二茶因乡间雨水过多，故瀹出极劣，收成共14万半箱，上年则74000半箱；三茶初照平常情形估之有6万至65000半箱，因欧战发生，经济困难，茶商有信到山，嘱令少办为妙，乃改估约15000半箱；旋有能运出得价极高者，遂尽数到市，其收成卒得27000半箱，上年则4500半箱；宜昌茶虽多数未经烘透，而货色纯正，共计18000半箱，上年则15000半箱。

1915年，祁门茶最美，售价23～78两，上等者多售俄国，英国则不甚欢迎，业者大受折耗，仅有数箱得免亏本，大半因进口税每磅自8便士忽加至1先令，兼以英政府强令民人节省日用，故售价每磅连进口税不能高至2先令6便士，而锡、印等茶连税只1先令8便士即可购得。两湖安化茶特美，头茶为俄商捷足先得，价至 50 两，较上年高 25%。有华商乘此时机居奇，有多次以一字大批，而得利多至万金者。俄庄销路极大，取道海参崴者多被政府收供军用，民间因之缺货，订单接踵而来，遂使茶市延长、茶价高涨；又因俄政府禁酒，茶之销用更无限量。湘潭茶 35 两，与祁门中等茶价同，安化茶 34～49 两，宁州茶 32～115 两，宜昌茶 48～65 两。

1916 年，5 月第三星期开盘，洋商既不能出上年之特别高价，又不能多购。祁门茶历年为高等红茶之巨擘，虽货较往年多 2 万半箱，而其色则劣，到市者 12 万半箱，几全售俄庄，得价 40～55 两。6 月中旬，祁门茶价 26～64 两，上年是时则 41～78 两；安化茶瀹水浓，但较上年劣，价 26～45 两，上年则 34～49 两；宁州茶平平，价 28～80 两，上年则 32～115 两；宜昌茶 37～47 两，上年则 48～65 两；湘潭茶几全运美国，价约 26 两。华商见头茶非大减价不能销售（只有 60 万半箱），于是设法阻止二、三茶来市，致多数茶叶弃置树头，不加采撷，久之始摘取压碎为末，此茶末所以增加也。9 月中旬茶价更跌，祁门 22 两、安化 18.5 两、宁州 18 两、宜昌 26 两。迨 10—11 月，其跌尤甚，全市茶价，英庄受印度、锡兰出产影响，大为阻滞。

1917 年，祁门茶样于 5 月 17 日首先到市，3 日后开盘，每担价 36～47 两不等，二字售价 40～45 两，三字售价 30～35 两，头茶到市 101183 半箱，售出 99932 半箱，赴上海者 1251 半箱，无存货，二茶只备 2925 半箱，全数运售上海；宁州头茶货佳，上市之初，有数字颇得高价，既而价跌，最优之字 55～74 两，其次者 40～54 两，较上年约低 8～10 两，头茶 56670 半箱，售出 52138 半箱，运上海者 4532 半箱，无存货，二茶 9336 半箱，售出 3549 半箱，运上海者 4000 半箱，存 1787 半箱；安化及桃源茶于 7 月 2 日开盘，定价 28～31 两，头茶极佳，二、三茶只备 20965 半箱；湖北茶除长寿街货最劣外，余多远过于上年，开盘价约较低 3～5 两，头、二、三茶共较减 46000 半箱；宜昌茶 7 月内先到，开盘价 32～34 两，货较上年佳，共 16419 半箱，内 541 半箱运上海，余则就地售去。

1918 年，祁门茶样于 5 月 20 日到汉，至 8 月末始行开盘，第一日所见者 28 字，约 3000 半箱，品质不佳，但瀹水尚浓，而味亦平稳，因俄国未来订货，华洋茶商有将祁门、宁州茶市移于上海之议，虽沪汉皆有茶样，然在本口售出者绝少。8月末，祁门茶优者，每担22～25两，过问者仍极少，直至10月，始有为英政府购运伦敦者，其后又有运赴海参崴、哈尔滨及美国者，茶价复大涨，最高之字27～38两不等，本年共来祁门茶9万半箱，其中34000半箱尚未售出，并无二茶；宁州茶不佳，共22000半箱，大半运往上海，每担22～32两，亦无二茶；安化、桃源等茶，品质多低于上年，来汉者共65000半箱，其中29000半箱尚未售出；汉口茶均在中等以下，见于市面者有117000箱，其中54000半箱尚未售出，安化与汉口茶直至10月始见销路，因其时西比利亚消息较佳，故有运赴海参崴及哈尔滨者，汉口茶每担8～24两，桃源茶13～19两，安化茶10两5钱～22两5钱，约有67000半箱为华商所购，其中半应西比利亚之订购，半则纯属囤顿。美国所购汉口下等茶甚少，因汇兑高、水脚重，其价每担12两半至13两；茶砖因西比利亚销路停止，上年大宗存货无法销出，各茶砖厂停止工作，直至9月后始有运赴海参崴及哈尔滨者，数颇不少，闻至今仍存积该处，因俄境销茶之区尚难通过。年底茶市虽较有生气，然欧洲俄境销路仍未开通。

1919年，祁门茶质地不佳，因山户均候有购主再往采取，遂听其老于树上，然所售终属有限，故采后用极省便之法制之，茶多断碎，色亦不匀，瀹水亦较劣，其收成以二五箱计共66083箱，上年则83000箱，最高等茶每担价洋例纹银48至41两，次则34两以下，子茶则最高价22两；宁州茶质亦劣，价自35两至31两，子茶至21两为最高，共出19766箱，上年则22000箱；两湖茶亦不佳，共出14万箱，上年则175000箱，价自25两至10两，山西商人购者颇多，由铁路运往张家口及蒙古，存货尚多，无人过问。

1929年，红茶上市日期，为废历五月。安化茶开盘为37两，又好货45两2钱5分；长寿好货40两，次者37两；湘阴23两、羊楼洞28两、聂家市22两、宜昌73两5钱。

1876年以来，汉口茶市价格统计如下列各表：1. 1876—1887年汉口茶季开始时的茶叶价格；2. 1913—1914年汉口红茶价格；3. 1915—1933年两湖红茶市价；4. 1927年汉市红茶交易之市价；5. 1934—1937年两湖红茶市价。

表 1　1876—1887 年汉口茶季开始时的茶叶价格

年　份	上等茶（两）	普通茶（两）	汇　价
1876—1877	44～47	13～18.5	5 先令 6.25 便士
1877—1878	44～48	12～14.5	5 先令 6 便士
1878—1879	48～54	15～17	5 先令
1879—1880	42～49	12～14	5 先令 2 便士
1880—1881	48～52	14～16	5 先令 2.5 便士
1881—1882	45～52	12～13	5 先令 2.25 便士
1882—1883	48～54	12～14	5 先令 0.875 便士
1883—1884	46～50	13～15	5 先令 1 便士
1884—1885	44～48	14～17	4 先令 11.375 便士
1885—1886	46～50	13～16	4 先令 7.5 便士
1886—1887	47～51	14～17	4 先令 7.5 便士

注：资料来源于《中国近代对外贸易史料》第 2 册。

表 2　1913—1914 年汉口红茶价格　　单位：汉口银两 / 担

各处名称	收集茶叶之期											
	1913 年						1914 年					
	第一期		第二期		第三期		第一期		第二期		第三期	
	最高价	最低价	最高价	最低价	最高价	最低价	最高价	最低价	最高价	最低价	最高价	最低价
宁　州	70.00	17.50	22.75	20.25	—	—	75.00	20.00	30.00	18.00	—	—
Monubro.dop	22.75	16.50	19.00	16.50	—	—	30.00	20.50	21.00	19.25	—	—
祁　门	80.00	23.50	—	—	—	—	90.00	24.00	—	—	—	—
宜　昌	57.00	22.00	—	—	—	—	58.00	30.00	36.00	27.50	—	—
鹤　峰	37.00	13.75	16.00	12.00	13.00	10.00	40.00	15.50	20.25	13.50	14.75	13.75
桃　源	25.50	14.90	16.50	12.75	—	—	25.25	18.50	20.50	18.25	17.00	13.40
Rahwoyran	24.00	12.75	17.50	11.00	—	—	25.25	13.50	19.25	16.30	15.00	—
Nuhkohir	18.25	13.50	12.75	—	—	—	19.50	16.00	17.25	16.40	—	—
羊楼洞	24.10	12.50	14.00	11.80	—	—	23.25	14.75	18.20	15.50	—	—
通山县杨芳林	19.25	13.75	13.00	—	—	—	18.75	14.25	15.75	14.00	11.70	

续表

各处名称	收集茶叶之期											
	1913 年						1914 年					
	第一期		第二期		第三期		第一期		第二期		第三期	
	最高价	最低价	最高价	最低价	最高价	最低价	最高价	最低价	最高价	最低价	最高价	最低价
崇阳县大沙坪	23.60	13.00	15.50	12.60	—	—	24.10	14.30	18.00	12.75	—	—
古　坑	17.25	11.75	12.50	10.40	—	—	17.90	13.50	16.20	14.00	—	—
龙　源	16.50	12.00	12.50	11.75	—	—	18.25	13.75	16.00	14.25	—	—
连　岭	15.25	12.40	12.40	9.10	—	—	17.80	15.25	15.75	14.25	—	—
望　江	16.25	15.00	12.60	11.75	—	—	16.90	14.50	—	—	—	—
叶家集	18.00	12.00	11.00	10.30	—	—	19.50	14.00	16.90	14.00	11.60	11.25
羊楼司	—	—	—	—	—	—	20.00	15.35	—	—	—	—
湘　潭	13.60	11.00	12.25	9.00	9.25	—	17.25	13.40	16.00	12.25	15.00	11.80
黄　山	15.50	12.50	12.25	—	—	—	19.50	14.50	15.50	—	13.50	—

注：资料来源于《汉口商业萧条之悲观》(《大公报》，1917 年 3 月 10 日）及《汉口茶商制茶情形及销俄状况》1917 年秋季报告，驻海参崴总领事陆是元。

表 3　1915—1933 年两湖红茶市价　　单位：银两 / 担，元 / 担

县　别	价别	1915年	1922年	1923年	1924年	1925年	1926年	1927年	1928年	1929年	1930年	1931年	1932年	1933年
安　化	高	44.0	35.0	43.4	65.8	70.0	69.3	84.0	72.8	73.5	91.0	112.0	68.6	80.0
	低	19.0	16.8	21.0	24.5	22.4	23.8	35.7	20.3	22.4	22.4	21.0	18.9	30.0
桃　源	高	28.0	28.7	42.0	58.8	61.6	56.0	63.7	51.1	46.2	51.1	86.8	39.2	56.0
	低	11.0	21.7	26.6	28.7	25.2	26.6	33.6	22.4	22.4	23.8	24.5	22.4	30.5
长寿街	高	28.00	26.6	42.0	51.8	49.7	56.0	58.8	58.8	56.0	67.2	61.6	42.0	41.0
	低	11.50	18.9	28.0	23.8	23.1	31.5	39.9	25.2	20.3	29.4	21.0	21.7	29.0
湘益永	高	18.00	26.6	35.5	39.2	32.9	37.0	35.7	32.8	33.6	30.8	31.5	21.7	56.0
	低	8.10	16.8	18.2	21.7	16.8	22.4	25.9	20.3	18.9	15.8	18.2	18.9	24.0
平　江	高	19.50	25.2	37.8	41.7	41.5	44.8	38.5	36.4	39.2	23.6	—	—	—
	低	9.25	23.8	28.0	28.7	25.9	25.2	35.0	23.8	23.1	25.2	—	—	—
高　桥	高	19.50	24.5	35.0	35.0	34.3	39.2	37.5	39.2	37.1	37.8	35.7	24.5	34.0
	低	8.75	16.8	23.8	24.5	18.2	23.8	27.2	24.5	18.9	19.6	22.4	17.5	26.5

续表

<table>
<tr><th>县　别</th><th>价别</th><th>1915年</th><th>1922年</th><th>1923年</th><th>1924年</th><th>1925年</th><th>1926年</th><th>1927年</th><th>1928年</th><th>1929年</th><th>1930年</th><th>1931年</th><th>1932年</th><th>1933年</th></tr>
<tr><td rowspan="2">浏　阳</td><td>高</td><td>20.75</td><td>—</td><td>36.4</td><td>34.7</td><td>34.7</td><td>33.6</td><td rowspan="2">34.3</td><td>30.5</td><td>21.0</td><td>—</td><td>—</td><td>—</td><td>—</td></tr>
<tr><td>低</td><td>8.75</td><td>—</td><td>25.2</td><td>25.2</td><td>18.9</td><td>24.5</td><td>21.0</td><td>18.3</td><td>—</td><td>—</td><td>—</td><td>—</td></tr>
<tr><td rowspan="2">羊楼司</td><td>高</td><td>19.00</td><td>—</td><td>39.2</td><td>37.8</td><td>39.2</td><td>33.3</td><td rowspan="2">30.8</td><td>31.5</td><td>28.0</td><td>—</td><td>—</td><td>—</td><td>—</td></tr>
<tr><td>低</td><td>8.75</td><td>—</td><td>27.3</td><td>22.4</td><td>21.0</td><td>16.6</td><td>25.2</td><td>—</td><td>—</td><td>—</td><td>—</td><td>—</td></tr>
<tr><td rowspan="2">醴　陵</td><td>高</td><td>28.00</td><td>—</td><td>24.2</td><td>25.2</td><td rowspan="2">25.2</td><td>—</td><td>—</td><td>—</td><td>—</td><td>—</td><td>—</td><td>—</td><td>—</td></tr>
<tr><td>低</td><td>9.25</td><td>—</td><td>29.4</td><td>23.4</td><td>—</td><td>—</td><td>—</td><td>—</td><td>—</td><td>—</td><td>—</td><td>—</td></tr>
<tr><td rowspan="2">沩　山</td><td>高</td><td>19.00</td><td>29.8</td><td>26.6</td><td>29.4</td><td>32.6</td><td>29.4</td><td>—</td><td rowspan="2">32.2</td><td rowspan="2">19.6</td><td>—</td><td>—</td><td>—</td><td>—</td></tr>
<tr><td>低</td><td>11.00</td><td>18.2</td><td>24.2</td><td>21.7</td><td>30.1</td><td>25.2</td><td>—</td><td>—</td><td>—</td><td>—</td><td>—</td></tr>
<tr><td rowspan="2">聂家市</td><td>高</td><td>21.50</td><td>22.4</td><td>36.4</td><td>41.7</td><td>37.5</td><td>42.7</td><td>39.2</td><td>22.4</td><td>29.1</td><td rowspan="2">24.5</td><td>39.2</td><td>—</td><td>29.5</td></tr>
<tr><td>低</td><td>8.50</td><td>16.8</td><td>28.0</td><td>21.4</td><td>21.7</td><td>22.4</td><td>23.1</td><td>19.6</td><td>23.1</td><td>33.2</td><td>—</td><td>29.0</td></tr>
<tr><td rowspan="2">羊楼洞</td><td>高</td><td>27.50</td><td>25.2</td><td>39.9</td><td>49.0</td><td>45.9</td><td>49.7</td><td>50.4</td><td>44.1</td><td>39.2</td><td>39.9</td><td>32.9</td><td>—</td><td>—</td></tr>
<tr><td>低</td><td>10.25</td><td>21.0</td><td>27.3</td><td>25.2</td><td>23.8</td><td>25.9</td><td>30.8</td><td>24.5</td><td>22.4</td><td>30.8</td><td>21.7</td><td>—</td><td>—</td></tr>
<tr><td rowspan="2">崇　阳</td><td>高</td><td>25.00</td><td>23.8</td><td>42.0</td><td>40.6</td><td>39.2</td><td>43.4</td><td>36.6</td><td>42.0</td><td>22.4</td><td>89.9</td><td>—</td><td>—</td><td>—</td></tr>
<tr><td>低</td><td>10.00</td><td>—</td><td>28.0</td><td>24.5</td><td>29.4</td><td>33.6</td><td>37.8</td><td>25.2</td><td>21.7</td><td>30.8</td><td>—</td><td>—</td><td>—</td></tr>
<tr><td rowspan="2">通　山</td><td>高</td><td>21.06</td><td>21.7</td><td>35.4</td><td>26.6</td><td>26.6</td><td>33.8</td><td>30.8</td><td>25.2</td><td>125.2</td><td>—</td><td>—</td><td>—</td><td>—</td></tr>
<tr><td>低</td><td>10.00</td><td>21.5</td><td>23.8</td><td>23.8</td><td>—</td><td>—</td><td>—</td><td>—</td><td>23.8</td><td>—</td><td>—</td><td>—</td><td>—</td></tr>
<tr><td rowspan="2">宜　昌</td><td>高</td><td>69.00</td><td>113.4</td><td>62.2</td><td>88.9</td><td>86.8</td><td>91.0</td><td>126.0</td><td>62.0</td><td>112.0</td><td>175.0</td><td>195.0</td><td>168.4</td><td>114.0</td></tr>
<tr><td>低</td><td>25.00</td><td>100.8</td><td>44.8</td><td>59.5</td><td>51.1</td><td>43.4</td><td>67.2</td><td>44.8</td><td>47.6</td><td>56.0</td><td>28.0</td><td>40.2</td><td>—</td></tr>
</table>

注：资料来源于祁门茶业改良场徐方干撰《中国红茶产销经济状况》,《中华农学会报》1936 年第 144 期。1932 年及以前，货币单位银两，1933 年起改为元。

表 4　1927 年汉市红茶交易之市价

<table>
<tr><th rowspan="2">茶　别</th><th colspan="2">每担价值（规元银两）</th></tr>
<tr><th>最　高</th><th>最　低</th></tr>
<tr><td>宜　昌</td><td>75.00</td><td>55.00</td></tr>
<tr><td>安　化</td><td>56.00</td><td>47.00</td></tr>
<tr><td>羊楼洞</td><td>38.00</td><td>34.00</td></tr>
</table>

注：资料来源于《汉口之红茶贸易》,《经济半月刊》1927 年第 1 卷第 2 期。

表5　1934—1937年两湖红茶市价

单位：元/担

年月	安化	桃源	长寿街	聂家市	羊楼洞	湘潭	高桥	浏阳	平江	大沙坪	醴陵	宜昌	蓝田	湘阴	永丰	沩山
1934年	85.00	45.00	49.00	41.25	46.00	40.00	43.20	18.00	36.50	40.00	38.50	115.00	—	—	—	—
1935年	60.00	32.50	34.00	24.00	22.50	—	23.60	29.00	20.00	—	17.75	47.00	30.50	22.00	16.26	—
6月	60.00	—	34.00	—	—	—	—	—	—	—	—	—	—	—	—	—
7月	46.00	31.50	23.00	—	—	—	—	—	20.00	—	—	47.00	15.20	18.00	—	—
8月	37.00	32.50	22.50	—	21.50	—	23.60	29.00	—	—	—	33.00	20.00	19.00	15.25	—
9月	31.00	31.45	19.20	24.00	22.50	—	22.00	—	—	—	17.75	28.00	22.00	22.00	16.25	—
10月	27.00	27.50	—	24.00	21.60	—	16.00	—	—	—	—	28.00	30.50	18.50	—	—
11月	27.00	25.00	—	23.00	—	—	—	—	—	—	—	—	21.50	18.50	—	—
1936年	82.00	40.00	40.00	35.00	36.25	—	21.50	34.00	—	32.50	21.00	91.00	33.00	27.00	25.50	—
6月	82.00	—	40.00	—	34.75	—	—	—	—	—	—	91.00	—	26.00	—	—
7月	82.00	—	35.00	—	36.25	—	—	—	—	32.50	—	83.00	33.00	25.50	25.50	—
8月	62.50	40.00	36.00	—	35.50	—	—	34.00	—	32.00	—	40.40	31.00	27.00	25.00	—
9月	46.00	35.00	—	35.00	—	—	—	—	—	—	—	43.50	27.50	22.00	—	—
10月	49.00	33.00	—	—	—	—	—	—	—	—	—	—	25.50	22.00	19.50	—
11月	43.00	33.00	—	24.75	—	—	21.50	—	—	—	—	—	22.50	20.00	—	—
12月	60.00	29.50	24.25	26.00	26.00	—	21.40	—	—	—	21.00	—	19.20	20.00	18.00	—
1937年1月	50.00	23.50	—	—	—	—	20.00	—	—	—	—	—	25.00	17.00	18.35	—
2月	49.00	—	—	—	—	—	19.50	—	—	—	24.00	—	23.50	25.00	22.75	—
6月	—	—	—	—	—	—	—	—	—	—	—	86.00	—	30.00	24.85	24.10
7月	82.00	—	40.00	—	32.50	—	31.60	36.00	—	—	—	93.00	27.50	26.65	20.80	—

注：资料来源于《汉口商业月刊》1937年新第2卷第3期。红茶系二五正箱，市价系每月最高价。

本章资料来源

1. 行政院新闻局:《茶叶产销》(1947 年 11 月印行),许嘉璐主编《中国茶文献集成》44 册,文物出版社 2016 年版,第 130—175 页。

2. 高剑农:《茶》,《申报》1941 年 12 月 10 日、12 月 21 日、12 月 24 日。

3. [美]威廉·乌克斯:《茶叶全书》(中国茶业研究社社员集体翻译,1949 年出版),许嘉璐主编《中国茶文献集成》22 册,文物出版社 2016 年版,第 1—551 页。

4. 吴觉农、胡浩川:《中国茶业复兴计划》(商务印书馆 1935 年印行),许嘉璐主编《中国茶文献集成》26 册,文物出版社 2016 年版,第 3—192 页。

5.《容闳自述》,1910 年。

6.《两湖红茶出口之统计》,《农业周报》1930 年第 18 期。

7. 张衣白:《中国之制茶事业》,《申报》1935 年 12 月 27—31 日。

8. 卓君:《华茶出口概略》,《申报》1927 年 7 月 28 日。

9. 陆溁:《调查国内茶务报告书·庚戌七月》(1910),又名《关于安徽、汉口茶业调查报告》,许嘉璐主编《中国茶文献集成》13 册,文物出版社 2016 年版,第 173—219 页。

10. 纪鸿:《华茶衰败之由来及改良之借鉴》,《申报》1921 年 7 月 17 日。

11. 徐方干:《华茶之过去及将来》,《民国日报》1928 年 10 月 10 日《星期评论国庆纪年增刊》。

12. 侯厚培:《华茶贸易史》(上),《国际贸易导报》第 1 卷第 2 号,1930 年 5 月工商部上海商品检验局出版。

13. 张鹏飞:《中国茶叶之概况》(1916),中国第二历史档案馆编《中华民国史档案资料汇编》第三辑农商(二),江苏古籍出版社 1991 年版,第 1190—1237 页。

14. 赵競南:《中国茶业之研究》(1—9),《银行月刊》1924 年第 4—6 卷。

15. 刘再起:《湖北与中俄万里茶道》,人民出版社 2018 年版。

16. 吴觉农:《华茶销俄问题》,《国际贸易导报》第 2 卷第 10 期,1931 年 10 月工商部上海商品检验局出版。

17. 上海商业储蓄银行调查部编:《上海之茶及茶业》(1931 年铅印本),许嘉璐主编《中国茶文献集成》23 册,文物出版社 2016 年版,第 320—424 页。

18.《湖北羊楼洞老青茶之生产制造及运销》(1934 年 10 月),曾兆祥主编《湖北近代经济贸易史料选辑》(1840—1949)第 1 辑,湖北省志贸易志编辑室 1984 年版,第 5—7 页。

19. 赵烈:《中国茶业问题》(1931 年铅印本),许嘉璐主编《中国茶文献集成》24 册,文物出版社 2016 年版,第 76—327 页。

20. 张克明:《汉口历年来进出口贸易之分析》,《汉口商业月刊》1935 年第 2 卷第 2 期。

21.《汉口海关华洋贸易情形论略》(1889—1919),中国第二历史档案馆、中国海关总署办公厅编《中国旧海关史料》(1859—1948),京华出版社2001年版。

22.《武汉之工商业·茶叶出口业》,《汉口商业月刊》1936年新第1卷第6期。

23.《汉口之红茶贸易》,《经济半月刊》1927年第1卷第2期。

24. 陆是元:《汉口茶商制茶情形及销俄状况》,《大公报》1918年5月27日。

25.《汉口之茶业》,译武汉大学教授T·H·CHU《华中茶之贸易》第六章,《统计月报》1937年2月。

26.《去年汉口茶市之概况》,《银行杂志》1924年第1卷第8、9号合刊。

27. 水野幸吉:《中国中部事情·汉口》。

28. 蔡萼英:《汉口英商麦加利银行梗概》,《武汉近代经济史料》,未刊稿,第32页。

29.《1934年度红茶产销一瞥·年关收束期间交易告一段落,出产丰富达283000余箱》,《武汉日报》1934年12月30日;《本年六月来红茶到销总报告·销场虽好但茶商仍亏多盈少,到达总数计139808箱》,《武汉日报》1935年12月1日;《过去一年来两湖红茶产销概况·国际市场被夺外销一蹶不振,市价逐渐低落贩商多遭亏折》,《武汉日报》1937年1月18日;《中外商照常临场,红茶市尚欣荣》,《武汉日报》1937年8月15日。

30. 冯国福:《中国茶与英国贸易沿革史》,《东方杂志》1913年第10卷第3期。

31.《近代史所藏清代名人稿本抄本》第二辑第28册,第185页。

32.《汉口海关十年报告》(1922—1931),中国第二历史档案馆、中国海关总署办公厅编《中国旧海关史料》(1859—1948),京华出版社2001年版。

33.《红茶》,《汉口商业月刊》1937年新第2卷第2期。

34.《中国茶叶公司设立汉分公司》,《中外经济拔萃》1937年第1卷第11期。

第三章

茶叶关税、厘税与交易手续

第一节　茶叶关税

一、茶叶关税概略

1567年，明朝隆庆初年，宣布解除海禁，调整海外贸易政策，允许民间私人远贩东西二洋，在福建月港设立督饷馆，正式对进出口贸易征收关税。清初，政府禁止出海捕鱼和贸易。

康熙二十三年至二十六年（1684—1687），朝廷解除海禁，在福建漳州、广东澳门、江南云台山、浙江宁波设有闽、粤、江、浙四大海关。

乾隆二十一年（1757），再次海禁，只准广州一地海外贸易。进入“一口通商”时期。

1840—1842年，英国发动侵略中国的鸦片战争，清政府战败。1842年8月29日，中英签订《南京条约》，1843年7月26日互换之日发生效力。

条约第二条规定：自今以后，大皇帝恩准英国人民带回所属家眷，寄居沿海之广州、福州、厦门、宁波、上海等五处港口，贸易通商无碍。英国君主派设领事、管事等官，住该五处城邑，专理商贾事宜，与各该地六官公文往来，令英人按照下条开叙之例，清楚交纳货税、钞饷等费。

第十条规定：开辟俾英国商民居住通商之广州等五处，应纳进口、出口货税、饷费，均宜秉公议定则例，由部颁发晓示，以便英商按例交纳。今又议定英国货物自在某港按例纳税后，即准由中国商人遍运天下，而路所经过，关税不得加重，税例只可照估价则例若干，每两加税不过某分。

1843 年 7 月 22 日，英政府公布《五口通商章程 · 海关税则》。10 月 8 日，清朝钦差大臣耆英与英国驻华全权公使璞鼎查，在广东虎门签订《五口通商附粘善后条款》，又称《虎门条约》。《五口通商章程 · 海关税则》作为《虎门条约》的附件，也正式成立。

《五口通商章程 · 海关税则》进出口货纳税条款规定：凡系进口、出口货物，均按新定则例，五口一律纳税，此外各项规费丝毫不能加增。其英国商船运货进口及贩货出口，均须按照则例，将船钞、税银扫数输纳全完，由海关给发完税红单，该商呈送英国管事官验明，方准发还船牌，令行出口。

大关秉公验货条款规定：凡英商运货进口者，即于卸货之日，贩货出口者，即于下货之日，先期通报英官，由英官差自雇通事转报海关，以便公同查验，彼此无亏。英商亦必派人在彼，眼同料理。倘或当时英商无人在场看验，事后另有告诉者，由英国官驳斥，不为查办。至则例内所载按价若干抽税若干各货，倘海关验货人役与英商不能平定其价，即各邀客商二三人前来验货，其客商内有愿出某价买此货者，即以所出最高之价定为此货之价，免致收税有亏。又有连皮过秤除皮核算之货，如茶叶一项，倘海关人役与英商意见或异，即于每百箱内听关役拣出若干箱，英商亦拣出若干箱，先以一箱连皮过秤得若干斤，再秤其皮得若干斤，除皮算之，即可得每箱实在斤数，其余货物但有包皮者，均可准此类推。倘有理论不明者，英商赴管事官报知情由，通知海关酌办，然必于当日禀报，迟则不为准理。凡有此尚须理论之件，海关暂缓填簿，免致填入后碍难更易，须候秉公核断明晰，再为登填。

1858 年，第二次鸦片战争后，清政府再次战败。与俄、英、美、法等国先后签订《天津条约》。

《中英天津条约》第 26 条规定：前在江宁（南京）立约第十条内，定进出口各货税。彼时欲综算税饷多寡，均以价值为率，每值百两征税 5 两，大概核计，以为公当。旋因条内载列各货种式，多有价值渐减而税饷定额不改，以致原定公平税则今已较重，拟将旧则重修允定。此次立约加有印信之后，奏明请派户部大员，即日前赴上海，会同英员，迅速商夺。俾俟本约奉到朱批，即可按照新章迅速措办。

第 27 条规定：此次新定税则并通商各款，日后彼此两国再欲重修，以十年为限。期满须于 6 个月之前，先行知照，酌量更改。若彼此未曾先期声明更改，则税课仍照前章完纳，复俟十年，再行更改。以后均照此限此式办理，永行弗替。

第 28 条规定：前据江宁定约第十条内载，“各货纳税后，即准由中国商人遍运天下，而路所经过税关，不得加重税则，只可按估价则例若干，每两加税不过某分等语”在案。迄今子口课税，实为若干，未得确数。英商每称货物或自某内地赴某口，或自某口进某内地不等，各子口税恒设新章，任其征税，名为抽课，实于贸易有损。现定立约之后，限 4 个月为限，各领事官备文移各关监督，务以路所经处应纳税银实数明晰照复，彼此出示晓布汉英商民，均得通悉。惟有英商已在内地买货，欲运赴口下载，或在口有洋货，欲进售内地，倘愿一次纳税，免各子口征收纷繁，则准照此行一次之课，其内地货则在路上首经之子口输交，洋货则在海口完纳给票，为他子口毫不另征之据。所征若干，综算货价为率，每百两征银 2 两 5 钱。俟在上海彼此派员商酌重修税则时，亦可将各货分别种式应纳之数议定。此仅免子口零星抽课之法，海口关税仍照例完纳。

赵竞南在《中国茶业之研究》中记述：“条约最初规定，华茶每担估价 50 关两，税率为从值 7.5%，即每担纳税 3 两 7 钱 5 分。嗣后茶价日渐下跌，而规定茶价仍无变更，税率则减为从价抽 5%，计每担抽 2 两 5 钱（一担等于 133.5 磅），即按值从价收 5%。惟茶之价值从未达到每担 50 两之数，后因茶价低落，以致出口税增至按值抽 10%。”

1902 年，上海茶叶公所向商税事务大臣盛宣怀呈请减税，经奏请清廷核准，于 7 月不拘品质上下，改订每担 1 两 2 钱 5 分。署理江汉关税务司斌尔钦在《光绪二十八年汉口华洋贸易情形》中称："宝顺洋行开来茶务年报摘录于下，本年茶事最可论者为减税一事，向例茶税每担抽 2 两 5 钱，既而改为值百抽五，然茶商多以为不便，复请核改每担抽 1 两 2 钱 5 分，唯其中尚有不甚平允之处，盖低价之茶亦照此抽收故也。"

陆溁在《调查国内茶务报告书》（1910）中记述："至红茶出口正税向章每担 2 两 5 钱。自光绪二十九年后减收一半，现在每担 1 两 2 钱 5 分，小京茶砖同。红砖茶出口正税每担 6 钱，绿砖茶同。""（江海关册报数）红茶、茶砖税课适中数约 72 万两，加以绿茶税课适中数约 31 万两，共税收 103 万两之谱。"

1906—1910 年江汉关各茶销路及税收数目表 单位：担，两

年份	茶赴外洋	税收	茶赴他口	税收	红砖茶赴外洋	税收	红茶砖赴他口	税收
1906	111064	138830	148971	186213.75	131223	78733.8	186597	111958.2
1907	167225	209031.25	180830	226037.5	110517	66310.2	198738	119242.8
1908	190583	238228.75	152391	190488.75	139208	83524.8	137106	82263.6
1909	141694	177121.25	124355	155443.75	156475	93885	122535	73521
1910	145401	181751.25	77271	96588.75	92395	55437	101131	60678.6

年份	绿茶砖赴外洋	税收	绿茶砖赴他口	税收	小京砖茶赴外洋	税收	小京砖茶赴他口	税收	总计
1906	13048	7828.8	218793	131275.8	2014	2517.5	5627	7033.75	664391.6
1907	22912	13747.2	204395	122637	2351	2938.75	4982	6227.5	766172.2
1908	33854	20312.4	228010	136806	1992	2490	2441	3051.25	757165.55
1909	32767	19660.2	246832	148099.2	4546	5682.5	3443	4303.75	677716.65
1910	26139	15683.4	28175	16905	1368	1710	3013	3766.25	432520.25

资料来源：陆溁《调查国内茶务报告书》，清宣统二年印本。1910 年数据截至 7 月。

1914 年 11 月以后，箱茶出口税曾由税务督办呈请财政部减为 1 两。沧水在《茶税沿革及续准免税之输出如何》（《银行周报》1922 年第 6 卷第 42 期）称："1915 年欧战甫发之际，政府为维持茶业起见，曾将出口茶税酌减 20%。迨及欧战将终，各埠存茶积压，曾为救济茶业并奖助输出起见，又于

1919 年 10 月起，因将出口茶税全免两年，去年续免一年，今年上海茶叶会馆恳请展期三年，现部批准展一年。”

陈兆熹（翊周）在《华茶概略并最近三年出洋状况》(《申报》1928 年 9 月 24 日）中记述:“民国八年（1919）冬，北京政府准熹等请求全免出洋茶税，减内地厘税之半，以两为期，时孙公宝琦为税务督办，以后顺次展限，去年复蒙国民政府财政部长明令援案免税，仍减厘金之半，得以勉强支持于风雨飘摇之中。”

自 1929 年起，凡出口华茶，政府为奖励输出计，全部豁免关税。但如须关员到栈，不论茶之多少，须纳手续费 20 元（合银 13 两零 5 分，指定栈房则可免除，如怡和堆栈等）。

1931 年 6 月 1 日起，海关税一律改两为元。

二、报关

报关需提供商检通关单、报关单、装箱单、发票、合同、代理报关委托书等。私人报关手续，极感困难，习惯上多由报关行代报。例由客家口头或就印就之单据通知，经报关行承诺以后，即行雇觅驳船，将货运至报关行码头，一切由报关行代为报税装船。

商人呈报货物出口，须依出口报单之程式填写署名，先至轮船公司，经轮船公司允许，乃填下货单，连同下货单及商品检验局证书，一并送海关；下货单即商人请求船只装货之文件，分两联，一联系船员收货回单，一联即下货单，未经海关盖印，船只例禁装载；海关根据上项单据，即编号码，签名盖印，并批明在何处码头查验字样，一俟接到验货员验关无误报告，凡出口往外洋者，即制拨验单，换取号收，凡出口入内地通商口岸者，则照批税单分别计算正附税之总额，制发给单；事主领取付税单后即往付税，最后海关发给盖印下货单，即为出口验关已毕之证；事主得盖印下货单后，及至码头将货装船，由船上账房发出取单；最后将收单送至轮船公司，换取提单。

三、商品检验

出口茶叶与其他商品不同，需要通过商检才能报关出口。出口茶叶由产地运到口岸后，贩运商号即将求售之茶取少许至茶栈验其品质优劣。茶栈验定后，即往洋行或其他出口商处送阅。如对方有意购进，即相互磋商，议妥价格，即行交货。洋行方面接收货物后，即送样至实业部商品检验局使用设备检验，一旦品质合格，遂可转运出口。

自 1931 年 11 月起，依据国民政府颁行茶叶检验条例，凡出口茶叶，须经商品检验局之检验而执有验讫证者，方准输出。

1935 年 3 月 26 日，《武汉日报》第 3 张第 3 版刊登告示："新茶上市之际，汉口商品检验局顷奉实业部令，略以近来各国政府对华茶取缔及印度、锡兰茶叶之竞争，致华茶在国外市场一落千丈，经已派员亲赴印度、锡兰等产茶区域，考察其栽种制造方法，并定 5 月 1 日起，凡我茶出口，须严加检验等因，该局奉令后，当一面转饬所属人员切实办理，一面通知各茶商一体知照云。"

1935 年 12 月 19 日，《武汉日报》第 3 张第 3 版・简讯报道："湖北省政府准实业部咨，我国茶产品质，因乏改良技术，以致原在国外占有茶市地位，日就衰落。兹规定取缔办法，毛茶含水量超过 45% 者，绝对禁止买卖，其含水量在 30% 以下者，即予奖励。昨分转各产茶县区遵照，务须依法取缔，勿稍瞻徇。"

1936 年 7 月 31 日，《武汉日报》第 3 张第 3 版告示，商品检验分类统计载明："汉口商品 6 月份检验分类，业经实业部汉口商品检验局事务处统计，制就统计爰志如次。"

物　类	数量（公担）	价值（元）	每公担平均价（元）
红　茶	1662.67	83515.06	最高 82，最低 26
青　茶	71.44	1786	25
茶梗片末	84.47	1919.29	最高 26，最低 15

1936 年 9 月 1 日，《武汉日报》第 3 张第 3 版告示，商品检验分类统计载明："汉口商品 7 月份检验分类，业经实业部汉口商品检验局事务处统计股，制就统计爰志于后。"

物　类	数量（公担）	价值（元）	每公担平均价（元）
红　茶	3423.90	201942.05	最高 160，最低 15
茶梗片末	1054.92	43068.66	最高 70，最低 10

1937年，实业部汉口商品检验局公布汉口市各商号外销茶叶，《民国二十五年检验统计》数额见下表：

1936年检验外销茶叶数量统计　　单位：公担

商　号	红　茶	绿　茶	红砖茶	绿砖茶	梗片末	合　计
太　平	11818.27	—	8857.39	42096.42	454.20	63226.28
德　华	—	—	—	8948.46	—	8948.46
协　和	4952.10	—	—	—	3827.62	8779.72
怡　和	5388.67	—	—	—	481.83	5870.70
协助会	5233.39	1196.38	—	—	1470.54	7900.31
苏联粮协会	233.12	—	—	—	525.86	748.98
义　兴	—	—	—	8228.97	—	8228.97
宏源川记	—	—	—	3230.48	—	3230.48
聚兴顺和记	—	—	—	2321.49	—	2321.49
巨真和祥记	—	—	—	2443.41	—	2443.41
源远长号	—	—	—	688.55	—	688.55
万昌隆	606.23	682.75	—	843.67	—	2132.65
穗和兴	282.50	51.60	—	—	303.31	637.11
广丰隆	12.54	28.80	—	—	118.73	160.07
瑞　记	123.48	—	—	—	—	123.48
永兴隆	203.22	—	—	—	—	203.22
德和兴	10.50	—	—	23	—	33.50
裕丰祥	77.95	57.26	—	73.62	—	208.83
天　祥	133.43	—	—	—	—	133.43
源　泰	2.14	—	—	—	—	2.14
协顺祥	3755.14	—	—	—	—	3755.14
总　计	32822.88	2016.79	8857.39	67957.78	8122.08	119776.92

1938 年 4 月 13 日，《武汉日报》第 4 版登载本埠消息：“经济部汉口商品检验局统计股，发表本年 3 月份检验商品统计，计输出合格商品总值 4138716.19 元，较去年同期减少 15628609.13 元。其中，外销茶类 4634.01 公担，值 224409.10 元。”

检验标准。1937 年，新茶登场时节，实业部商品检验局对茶叶出口商品检验，已加以厘定，对茶箱标准亦作规定，以利国外推销，本年度出口茶最低标准如下：

（一）茶叶品质。绿茶以平水二茶、七号珠茶为标准；红茶分为祁红、宁红、湖红三种标准。温红依据湖红，宜红依据宁红，不及标准者不得出口，其余各种茶叶，有检验细则第七条四、五两项规定之一者，不得出口。

（二）茶叶水分。以 8.5% 为标准，但本年度除绿茶（包括针眉、秀眉）不得超过标准外，及红砖茶暂以 10% 为合格，其他茶叶以 11% 为合格。

（三）茶叶灰分，红茶、绿茶、红砖灰分，以不得超过 7% 为标准，但绿茶、砖茶及其他茶叶暂以 9.5% 为合格。

本年度茶箱取缔办法如下：

（一）出口茶叶除毛茶外，所有精制茶一律应用箱装。

（二）出口之茶箱，须合于下列之规定，否则改装后方得出口：

1. 箱内应加钉干燥木条 12 根，但枫木箱板厚在市尺 3 分以上，或杉木箱板厚在市尺 4 分以上者，得减少箱面及箱底木条各 4 根。

2. 铅箱内壁，须用坚洁纸张，妥为裱糊，使茶叶铅箔完全隔绝。

3. 箱外须注明业类商标（大面名目）、件数、毛重及净重。

检验规程。实业部于 1931 年 6 月 20 日，公布施行《商品检验局茶叶检验规程》。

第一条，本规程依商品检验暂行条例（以下简称本条例）第 2 条及第 21 条制定之。

第二条，凡出口输运国外之茶叶，无论箱装、袋装，应于装运包捆前，依本规程之规定，向所在地商品检验局或其分处填写检验请求单，连同检验费呈请检验。

第三条，茶叶检验种类如左：

（1）绿茶；（2）红茶；（3）花薰茶；（4）红砖茶及绿砖茶；（5）毛茶；（6）茶片、茶末、茶梗等。

第四条，凡包装茶叶之箱笼、袋皮等应受检验。

第五条，检验局或其分处依接到请求单之先后，即日派员采样，其采样办法如左：

1. 不论箱装、袋装，每百件或不及百件采样四筒，每筒一斤（市制），砖茶以块计，百件以上之零数每五十件采样一筒；不满五十件者作五十件论；

2. 扦过样茶之包件，扦样员应逐加印识，并发给采样凭单；

3. 茶叶采取后，应各别装置，并与报验人员眼同封固，加验火漆；

4. 样茶检验合格后，除留存必要之试验品外，余茶概行发还。

第六条，茶叶有左列情事之一者为不合格：

1. 品质低于标准茶者；

2. 着色及利用黏质物制造者；

3. 搀入杂叶、纤维矿质物或粉饰物者；

4. 有黴蒸、烟臭及腐败品者；

5. 绿茶、红茶、花薰茶，用 1 公分具 63 网眼之筛（即 1 英寸具 16 网眼之筛），筛出粉末超过 5% 者；

6. 同号货物品质参差不匀或混有尾箱者；

7. 包装不良或有破损者。

第七条，前条第一款之标准茶，应召集有茶叶学识经验之人员，商拟呈由实业部核定公布之，并得按年改定，逐次提高。

第八条，检验手续限采样后两日内施行完竣，星期日或其他放假日依次延长之，但遇必要时不在此限。

第九条，茶叶检验后，依本条例第十三条发给证书或检验单，由检验局通知报验人持采样凭单换领。

第十条，茶叶合格证书以一年为有效期间。

第十一条，茶叶检验后，检验局应在包装上逐件加盖合格及不合格之标识。

第十二条，茶叶检验费每担收国币一角，其担数以报税时为准；前项检验费无论合格与否，概不发还。

第十三条，原报验人依本条例第十四条请求复验，应于接到检验单后七日内为之，并附缴原检验单。

第十四条，检验合格之茶叶必须改换包装时，应填写改装请求单，连同原领证书送请检验局核办；

检验局接受前项请求后，应派员监视改装，核给证书重加标识。

第十五条，检验合格之标识如有形迹模糊时，应即呈报检验局重行加盖。

第十六条，茶商使用之商标，不得类似检验局所定之标识。

第十七条，本规程自公布之日施行。

第二节　茶叶厘税

一、茶叶厘税概略

1764 年（清乾隆二十九年）始行引厘，由户部颁引于布政使司，分给产茶州县，不另设征税机关。凡产茶州县，于产时给牙行户循环引簿，逐一载明收茶商姓名、籍贯、引茶数目、经由关卡、贩卖地处。市毕，茶商以簿缴官，造册送藩司考核。凡客商入山制茶，不论茶质，每百斤为一引，征税银 3 厘 3 毫。茶贩过常关，由吏接引另行征课。

及至太平天国，地方以茶引助军需，始由刑部侍郎雷以諴创设厘金制度。1853 年（清咸丰三年），雷以諴治军扬州，以保东路里下河各州县门户，因军饷无着，乃于是年 9 月创立抽厘之法。初时，在扬州城附近的仙女庙、邵伯、宜陵等镇试行，至翌年 3 月，始行奏报，并请于江苏省各府州县也仿行劝办。

雷以諴将厘分为两种，活厘与板厘。活厘也叫行厘，板厘也叫坐厘。前者为通过税，抽之于行商，后者为贸易税，抽之于坐贾。所定税率，乃以从价为标准，即值百抽一，但在事实上，也因抽厘的货物多为日用品及必需品，此项物品的数量多而价值少变迁，为省手续起见，故有一大部分货物都改为抽厘，仅一部分价值稍高的物品仍按价抽厘。

雷以諴奏报之折既上，旋奉上谕道：“雷以諴奏试行捐厘助饷业有成效，请推广照办以裕军储并开列章程呈览一折。粤逆窜扰以来，需饷浩繁，势不能不借资民力，历经各路统兵大臣及各直省督抚奏请设局捐输均已允行。兹据雷以諴所奏捐厘章程，系于劝谕捐输之中，设法变通，以冀众擎易举。据称里下河一带办有成效，其余各州县情形，复不甚相远。著怡良、许乃钊、杨以增各就江南北地方情形妥速商酌，若事属可行，即督饬所属劝谕绅耆筹办，其有应行变通之处，亦须悉心斟酌，总期于事有济，亦不致滋扰累，方为妥善。”

1853 年 11 月，钦差大臣胜保较雷以諴更进一层，奏请推行厘金于各省，户部奉旨议复，请旨饬下各省督抚专委道府大员督同州县拣派公正绅董，各就地方情形妥为筹度，所有用兵省份酌量抽厘之处，应由各该督抚筹议具奏。所收钱文，悉数解充兵饷，亦不准地方擅自挪移，启影射侵渔之弊。

各省接户部咨文后，湖南仿行最先，咸丰五年（1855）4 月，由湖南巡抚骆秉章奏办，设立厘金总局于长沙。8 月，曾国藩督师江西，奏请在江西试办厘金，协济军饷。11 月，湖北巡抚胡林翼仿行于湖北。12 月，四川总督黄宗汉创办盐厘于四川。咸丰六年（1856），乌鲁木齐与奉天跟着试办。咸丰七年（1857），吉林、安徽、福建三省也都相继仿行。6 月，胜保复上一疏，请饬各省普律抽厘。户部议复赞同，请旨饬下各该督抚体察情形，慎选廉明之吏，于水陆交冲地方，妥筹酌办。此议一定，厘金制度便渐渐地遍行于全国。

中国茶叶生产者负担内地厘金，至为繁重。茶叶每一移动皆须纳捐，不仅出省有捐，即在同一省内亦处处有捐，全由各地方当局任意规定。惟每担茶叶所缴厘金鲜有少于 1 两者。自产地运至汉口，每担茶叶须纳二两半以上。

1862 年，曾国藩颁布章程，以 120 斤为一引，每引缴正项银 3 钱、公费银 3 分、捐银 8 钱、厘银 9 钱 5 分，发给引票、捐票及厘票为凭。

1866 年，李鸿章改革曾国藩旧制，除引捐厘三票采用落地税票，以简手续外，但于各产区设立分局或分卡，派勇驻扎。每年清明节边，收税吏至产区设局，仲秋茶事一毕，至白露节边撤局而去，故称为“来清去白”。所征税银，计每引完银 2 两 4 钱 8 分。但因茶质有精粗，贩路有远近，商人纳税仍有行厘与引厘之别。凡预计所经关卡可以径达者，用划一税则，称为行厘。

1876年闰五月初十，总办湖北通省牙厘总局谕示："宜昌所属长乐县一带如渔洋关等处，均有开办茶庄，生意颇形畅旺，应由宜昌局仿照羊楼洞茶章办理，一体抽厘，藉济饷需。并在经过沙市局，由该商报明查验，如核对厘局完厘数目相符，即予放行，不再重复抽厘。为此示仰该商人等知悉，尔等赴长乐一带采办茶斤，准即仿照羊楼洞章则，前赴厘局报明完厘领票，仍于经过沙市局听候验票放行。如有愿在汉镇局完纳银钱，票据携往抵交茶庄者，概听其便。"

1900年四月，《湖南职商蒋泽湘条陈两湖茶务十二事》称："两湖茶厘，向章每百斤抽一两二钱五分""此外洋行捆藤钉裱、汉口磅费、茶篓等名目，茶商应出靡用，约三钱有几。"

陆溁《调查国内茶务报告书》（1910年）载："内地茶厘局卡征收产地税每引1两2钱5分，系由业户完纳；茶捐银每引7钱2分，系由运商完纳。"

民国成立，茶叶捐税仍用清制。就内地税而言，常于产地设分局，分局解税厘局，总局则呈缴于财厅，间亦有直接由分局缴解者。

1916年，财政部曾通令免除砖茶输出西北之厘金。

1917年，贾士毅著《民国财政史》，在"第二章　赋税"中记载："鄂省茶箱每两件为一担，合重百斤。宜昌茶在产地完库平银1两2钱5分，加东征2成，共完库平银1两5钱。羊楼洞等埠完库平银6钱2分5厘，加东征2成，共完库平银7钱5分。另外，又完出产税8钱4分，凡箱厘取诸茶商，产税出自地户，分别担荷。"

1919年，由茶商请求，内地厘金减半征收，亦经核准，但以两年为期，嗣因欧战之后，输出数量更见减退，因此继续减半征收。

1926年，《汉口之茶业》（《中外经济周刊》1926年第168期）记述："茶之捐税甚重，除照例完纳茶税外，凡经过税卡，每担缴费数百文乃至1串文。查湖北茶由出产地运至汉口，每担完税为库平银6钱2分半；湖南茶入湖北境内，每担仅完税6角5分，若湖北茶由汉口运输出口，每担为库平银1两2钱5分，但以完茶税者减半征收。"

1928年9月，《湖北省政府公报》（第15期）载明："省财政厅函复省财政委员会，对于'青茶、粗青茶、茶末、茶梗'四种茶税，不得加捐征收。"

自1929年起，凡出口华茶，政府为奖励输出计，常关捐税与厘金相继取消，故谓“无税商品”。华商方面仅担负营业税 1‰，商品检验局检验费每公担 0.16 元，码头捐每担洋 1 分 4 厘。

1931 年，国民政府实行裁厘，举办营业税，出口箱茶照价抽收 0.6%，内销茶为 1.5%。

二、湖北厘税征收机构

咸丰五年十一月，湖北巡抚胡林翼在羊楼洞设立湖北厘金总局。经征通山、蒲圻、崇阳、通城、咸宁、嘉鱼六县茶税，其所隶属者有柏墩、通山、崇阳、岛口、杨芳林等 5 个分局，有马桥、新店、富有、蝦蟆岭、沙坪等 5 个分卡，每年春设冬撤。

1885 年，卞宝第在《体察鄂省加增茶课实碍难行折》中呈报：“鄂省武昌府在蒲圻县属之羊楼洞地方设立茶厘总局，并于各县城镇另设分局，委员办理。每年收茶厘银 20 余万两。该处所出红茶专销外洋及东西各口，从前每百斤售银五六十两，商贩园户获利尚厚。今头茶仅售银二十一二两至十八九两不等，三茶售银十三四两，子茶售银八九两甚或跌至六七两。推原其故，盖因洋商稔知山中售价。开盘之初，抑质压秤，多方挑剔，不使稍有盈余。否则联络各部，摒绝不买。华商成本不充，难于周转，不得不急求出售，是以年年亏折。”

湖广总督张之洞对征税进行改革，以期达到一次性征税之目的，张之洞派员到各地的厘金局调查征税实况，在此基础上公布《统损章程》十条，自 1905 年 6 月 22 日开始实行。主要内容如下：

1. 保留湖北省的厘金征收处鲇鱼套以下 26 局及三查所，保留长江沿线、汉水沿线、内河沿线的大小 21 局。

2. 以往所征收的照票费（纳税书、检查费）、挂号费（申报费用）、灰印费（验证费用）、利子钱（停船费用）、提仓钱（货物检查费用）等一律废止。

3. 宜昌、宝塔州、太平口、老河口、张家湾、武穴被规定为进口货物统损局，并兼管出口货物的统损。

4. 把金口、沌口、江口、南卡、鹅公颈、当池口、蔡甸、清滩口的局作为由内河进入长江的统损局。

5. 把府河口作为内河上下水的过境统损局，以上各局为指定的纳税局，可选择申报，将原来的几个局分别征收的厘金，合为一次缴税，但如果发生逃税等不正行为，将课以5倍以上的罚款。

6. 如果到达指定的地点后，进而再将货物运到其他别处，按规定还须再征厘金税，但不再征收落地税。

7. 在汉口一直对过载货物征收厘金税，当作各局的通过厘金，即相当于征收一半的落地税，今后对通过汉口的货物按新规定一次征收厘金，过载厘金包括在一次征收的厘金里。

湖北省厘金局分布：通省牙厘总局、金口牙厘局、鲇鱼套分局、法泗洲分所、沙口厘金专局、河口专局、樊口牙厘专局、纬源口专局、黄石港分局、羊楼洞茶厘专局、岛口分所、崇阳厘金陆所、通山厘局、柏墩水陆分所、通山杨芳林分所、兴国富池口牙厘专局、宝塔洲厘金专局、汉镇牙厘专局、石码头分局、汉阳南岸嘴稽查分所、鹦鹉洲竹木厘金专局、坪坊厘金专局、蔡甸厘金专局、皇陵矶分局、湖口厘金专局、汉川厘金专局、新堤厘金专局、下巴河专局、武穴牙厘专局、新洲厘金专局、应城岐亭厘金专局、应城膏关随税厘局、长江埠牙厘专局、天门牙厘局、岳口厘金专局、沙洋牙厘专局、河溶牙厘专局、安陆船厘局、荆州府属厘金及荆宜施牙帖沙市专局、太平口分所、江陵郝穴分局、宜都分局、江口分所、宜昌水陆厘金专局、襄阳樊城牙厘专局、辰家湾分局、东洋湾分局、南漳县属武安分所、老河口牙厘专局、郧阳厘金专局、宗关稽查厘金总所、下新河稽查厘金总办、沌口稽查厘金总所、县河口分局、府河口分局、黄花涝厘金专局、黄陂县城分所、孝感厘金专局、黄州府鹅公头厘金专局、河阳仙桃镇牙厘专局。

民国以来仍循旧制，亦虞漏税，遂于民国五年（1916）之春，奉准改组，定为常设机关。裁撤内地之马桥、富有、蝦蟆岭3卡，添设沿江之富池口、金口、武泰闸、宝塔洲、樊口5卡，并将分局名称一律改为分卡。

三、裁厘改税

1928年7月15日，国民政府财政部全国财政会议全体会员主张裁厘。

由财政当局会同工商部门，于同日召集裁厘委员会，讨论裁厘及改办新税方案三项：

1. 先择大宗舶来品及国内出产品，依照列邦成规，改办特种消费税，其零星物品、国货制造之必需原料及民生日用必需之品如木、麦等类，须全部免税。

2. 所有从前物品征税节节设卡之弊习，须绝对避免。

3. 新税开办日期至迟不得过本年10月1日，于进口行栈起卸时、制品出厂时，或货物出产地征税。一税之后，任其所之，总期厘金积弊扫除干净，优良新税次第推行。

随即通电全国："吾国数十年来，外感协定关税之压迫，内受厘金制度之摧残，以致国家财政日益困穷，社会经济日益衰落，自非将不平等之关税问题根本解决、厘金裁撤，不足以谋财政制度之改革与国民经济之发展。"

为弥补裁厘后地方政府财政困窘，在第一次全国财政会议上，财政部还公布了《国民政府财政部裁厘后各省征收营业税办法大纲》(《湖北省政府公报》1928年8月8日第10期)。大纲如下：

第一条　营业税为地方收入，除已向中央缴纳所得税之公司及已由中央征收特种捐税者外，凡在各省境内经营商业、开设店铺，无论新开旧设，均须开具左列事项，请领营业牌照，并遵本大纲规定完纳营业税。

1. 营业种类、字号及其所在地；

2. 营业人姓名、籍贯及其住址；

3. 营业资本额；

4. 全年营业估计数。

前项营业牌照每年换领一次，不取照费。

第二条　营业税应就各省商业分别种类、等级，征收之前项课税种类、等级，由各省按照本地商业状况分别酌定。

第三条　营业税征收标准以照营业收入数目为原则，但对于特种营业得按照资本额，或以其他计算方法为课税标准。

第四条　营业税率应照课税标准用千分法计算征收，至多不得超过2‰，但关于奢侈营业及其他含有应行取缔性质，或妨害国货发展者不在此例。

第五条　各省征收营业税时，应设立营业税审查委员会，其委员以征收官吏与商会代表及指定之会计师充任之。

第六条　各省征收营业税款，应由经手征收机关每月登报通告，每年编制征信录，经营业税审查委员会复核，全体委员署名公布之。

第七条　营业税实行后，凡各省原有牙帖税捐、当帖税捐、屠宰税以及其他与营业税性质相同之捐税均应废止。

第八条　征收营业税条例及施行细则，由各省依据本大纲自行拟定，报由财政部查核备案。

第九条　各省征收营业税俟厘金裁撤完竣后实行之。

因种种因素影响，裁厘因重重阻力而不得不中断。

1930年1月17日，国民政府明令，于本年10月10日裁撤全国厘金及一切类似厘金。

属于内地者：1. 厘金；2. 商埠五十里内外之常关税及附税（海陆边境常关征收国境进出口税者，不在裁撤之列）；3. 统捐；4. 统税；5. 货物税；6. 铁路货捐；7. 邮包厘金；8. 落地税；9. 不问其名目为何，凡含有国内通过税之性质者。

属于海关者：1. 海陆新关之子口税及附税；2. 海陆新关之复进口税及附税；3. 海陆新关由此口到彼口之出口税。

财政部随即提出办理特种消费税方案，但仍然受到各界抵制而告停。财政部遂以“军事尚未结束，请予展缓两月施行”呈行政院。10月11日，行政院令财政部：“准暂行展缓，仍须积极筹备，务于1931年1月1日以前实行。”

贾士毅著《民国续财政史》（商务印书馆，1932年出版）记载了全国各地裁厘的情形。

各地厘金已裁之局卡数及征收人员数一览表

省　别	税　名	已裁局卡数	已裁征收人员数
河　北	统　税	17 税局，又保大火车货捐局 3 分局，3 分卡	员司 216 人
山　东	厘　金	12 税局，13 分卡	员司 78 人，巡役 119 人
山　西	统　税	42 税局	—
河　南	统　税	33 税局	—
陕　西	统　税	36 税局，154 分卡	员司 291 人，巡丁 496 人
甘　肃	统　税	42 税局	员司 271 人，巡丁 449 人
新　疆	统　税	14 税局，98 分卡	委员 14 人，雇员等无定额
江　苏	专税及货物税	专税局 8 所，货物税局 34 所	—
浙　江	统　捐	41 税局，187 分卡	局长及分局主任共 228 人，征收员役无定额
安　徽	厘　金	37 税局	—
福　建	消费税	税局 20 所，分局 12，征收所 2，查验所 4	—
江　西	特　税	总局 4，征收局、分局 10，分征所 7，制验局 1	—
湖　南	厘　金	31 税局	—
湖　北	过境销场税	26 税局，200 分卡及哨	员司 1003 人，巡役 1039 人
广　东	厘　金	51 税局厂	—
广　西	统　捐	30 税局	—
四　川	统　捐	22 税局	—
云　南	厘　金	44 税局	—
贵　州	厘　金	40 税局	—
辽　宁	统　税	31 税局	—
吉　林	产销税	45 税局	局长 45 员，雇员、巡差视各局事务繁简分别设置
黑龙江	产销税	36 税局，234 分卡	员司 451 人，巡役 670 人
绥　远	厘　捐	9 局	员司 67 人，巡役 98 人
察哈尔	厘　捐	9 局	—
热　河	货物税	13 税局，77 分局卡	员司 279 人，巡役 312 人
北　平	火车货捐	1 局	员司 22 人
津浦货捐	火车货捐	12 分局，18 分卡，22 稽征处	员司 247 人，巡役 291 人
总　计	—	778 税局	—

1934年4月23日，鄂省财政厅厅长贾士毅令五峰县县长阮经芗："本厅提议各县营业税，拟扼要设所稽征一案，已经湖北省政府委员会会议议决，照审查意见通过，并令由本厅转饬各县，如有已经设所试办者，应即遵在营业人之营业地点收税，以符定章。其未经试办者，暂缓设所，对于营业税，自应迅速照章举办。营业税系以营业行为为课税之对象，并非对物征收。该县红茶商号，在当地既有营业行为，自应由当地征收机关，照章课以营业税，迨运经他处转售时，则系第二次营业行为，仍应由当地征收机关，照章课税，不得谓之重征。仰即照章征收具报，并向各茶商明白解释，俾免误会。再查该县孙前县长（熙之）在渔关地方，征获营业税款150余元，据称未填税票，嗣后征收税款时，照章填给。再现行《营业税征收章程》，本厅现已重刊就绪，拟即另案颁发，并仰知照。"

1942年3月，财政部公布《茶类统税征收暂行章程》，全文如下：

第一条　凡国内制及国外输入之茶类，除法令别有规定外，均应依本章程完纳茶税。

第二条　征收茶税之茶类分别于次：红茶、绿茶、砖茶、毛茶、花薰茶、茶梗、茶末，其他茶类经财政部核定者。

第三条　国产茶类统税征收时，以其装置之每一容器或包装为课税单位，按照产地附近茶场每六个月之平均批发价格，核定完税价格，征收15%。前项完税价格，应由税务署评价委员会评定之。

第四条　凡国外运入之茶类，除缴纳关税外，应报由当地主管税务机关，按照海关估价折合法币后，征收15%之统税。

第五条　凡以完纳统税之茶类运销各省，不再重征。

第六条　凡国内产制之茶类，均须完纳统税，但运销国外时，应准检齐凭证，送由税务署核明退税。

第七条　国内产制之茶类，应由各省区税务局派员分驻厂栈，或就场征收，其在产地设庄收茶之行号、商贩，事实上不便派员驻征者，应由商人报请该管税务机关照章征收。

第八条　茶类完纳统税后，应由经征机关填发完税照，并在包装上发帖印照，方准销售。

第九条　商人在国内设置制造及存储茶类之厂栈，暨在产区设庄收茶之行号、商贩，概应请该管税务机关核明，转呈税务署登记。

第十条　关于茶类统税之稽征规则另订之。

第十一条　本章程自公布日施行。

第三节　华茶的交易手续

外销华茶由茶商精制成箱后，运往汉口或其他口岸茶市，报请茶栈转售洋行，最终达成华茶成交。其所有商品检验、认付扣息、栈租及押款、回用、汇兑、报关等交易手续约定俗成。

我国茶叶交易手续，依各地情形不同，略有差异。以两湖茶为例，其交易程序大略为：山户→茶庄（号）→茶栈→购茶洋行→国外批发商→零售商（国外卖茶店）→国外消费者。

山户。产地农户为茶叶最初生产者。种茶系农民的一种副业，茶园多系承先人遗业，而积习相沿，殆成风俗，罕有大规模茶园。以种茶为正业者，类皆七零八落。每届谷雨前后采茶时节，多由妇孺，或雇短工，纷纷手工采制，制成毛茶，紧盖封藏，待价而沽。

茶庄。为各帮茶商设于内地之茶号。资本类多二三万元或数千元，独资居多，亦有合伙者。其资本不足者，恒由茶栈垫款。每届春茶上市，则派员分赴各乡村设分庄，向农户收买毛茶，分批运回集中地点之茶号精制，由茶师重行炒焙、拣选、分筛及分配各种等级，包装成箱，每箱重 50 斤，备民船或洋船运汉沪，各投茶栈求售。

行户。陆溁《调查国内茶务报告书》（1910 年）载：

羊楼洞行户以雷、饶两姓为最大，其余产茶之区，昔年均有极大行户，大概行户房屋占地甚广，其大者能容积三四千人，其中有总经理处，有钱房，有秤房，有收买生叶处，有堆存生叶处，有炕焙场，有拣场，有制造木箱场、制造铅皮场，有装箱处，有存储处，其一切器具如桌椅、竹筐、风柜、焙笼等物均备。茶商入山时，除携带银钱、衣服外，无一不仰给于行户趋奉维护，希冀居间买卖扣取行用。自近年来茶务日坏，行户进款日微，多遂不愿经理买卖，现计湖北产茶地方除羊楼洞行户仍经理买卖外，其余崇阳、通山等处行户，皆不经理买卖。茶商入山仅向行户租借房屋、器具，岁出租钱三四千文，收茶皆自行派人与山户直接，故行户对于房屋有任其倒塌不加修理者，有改造作别用者。

茶栈。茶栈熟悉国际贸易，系代茶商与洋行交易之中介机关。凡茶叶必经其出售，茶商不得直接与洋商交易。

汉口茶栈有两种，一种系与茶商合资或垫款办茶者，称本庄茶，由贷款茶栈独家经售，贷款利率为月息 1 分 5 厘。茶栈本身资本多不雄厚，不得不转贷于银行钱庄。一种不贷款给茶商，由茶商分投各茶栈，茶栈只扣取佣金。茶栈雇佣通事即翻译员，专与洋行接洽。

茶商将茶叶运汉沪后，携茶样分投各茶栈，再由茶栈分装小罐样茶，样罐上标明产地、庄名、牌名、箱数及介绍之茶栈，分送各购茶洋商。后由洋行茶司审查，如有购买意向，即与茶栈通事谈判还价。通事将议价情况报告茶栈，茶栈遂告知茶商。如得茶商同意，即将大样一箱发交洋商。若与小样相符即封印，由西人落簿，并由通事签字为凭。或由洋行茶楼之华司事落簿，无须通事签字，然后通事再通知茶客，即可成交过磅。发茶过磅定期，须由洋行认可。

茶叶成交，洋行将茶装船，持提单向外国银行押汇、领款，然后付银。货款约需四五日或三四个星期以后，由洋行发交茶栈转付茶商。茶栈扣取佣金 1%，余款付与茶商，并由茶栈开具清单一纸，发交茶商，随交账目结算，交易即告终。

购茶洋行。洋行有以茶为专业者，有兼营他业者，多受各该国茶商之委托，代为采购，洋行抽取 3% 的佣金。

洋行内最高为大班，系洋行总经理。其下有茶师及总账房，均聘请洋员充任。再次有买办，凡一切与茶商之分设及洋行内所雇佣之华员，概归买办负责。买办入行须出具高额保证金，其他华员则立保单即足。买办之下有栈房主任，下有过磅员及栈司，有茶楼主任，司收发样茶之职，有翻译。此外，有账房、书记、办事员、打字员等。

洋行在汉沪购茶，先由茶栈送来小样若干，由洋行茶楼编列号码，然后交茶师按号看样。看样之法，纯凭经验，首先将茶倾入茶盘，详细观察其色彩与形式，并反复验其是否含有杂质及茶末；其次，将同种茶叶，冲以同量开水，审别其水色；此后再嗅其香气；再次则尝其滋味，是否甘芳可口，然后乃将水滤去，检查茶质之粗嫩，挑剔极严。

洋行看样即毕，乃择其合格者与茶栈通事谈判。买方与卖方经通事之中介，如认为合盘时，即由洋行落簿，以通事签字为凭。然后约期过磅付价。洋行购茶以后，并不必即行装运出口，例须重加烘拣，另行装潢，贴上外商商标，然后运往各国。

中国茶商所受洋行及茶栈之剥削主要有：

1. 水脚，照提单计；

2. 995 洋行息。每 1000 两扣 5 两，先是洋行方面以付现款必打 995 扣，嗣后积习相沿，乃至无论付现与否，995 扣均成定规；

3. 打包。每箱银 8 分，归中国茶商负担；

4. 茶楼磅费。每箱银 5 分，为茶楼看茶手续费和洋行过磅手续费；

5. 钉裱。每箱银 4 分，即钉箱费及裱糊费；

6. 补办。因由大样中提出小样供验看之用，此数须于过磅时补足，依茶价计算；

7. 力驳堆折。即上栈、下栈之苦力费，以及茶叶堆存时之折耗，计每箱银 1 钱 2 分；

8. 出店。即茶栈及洋行栈司收样、发样之手续费，计每箱银 1 分；

9. 叨佣。即茶栈佣金，计每千两 20 两，通事佣金在内，约每箱 7 厘，但亦有额外抽取者；

10. 修箱。即茶箱残破之修理费，每箱洋 6 分；

11. 保火险。每 1000 两，1 日 2 两；

12. 栈租。每箱 3 分；

13. 码头捐；

14. 律师、各堂商务捐。每箱银 6 分；

15. 铅木、桶木盖费。乃茶楼所用之器具，计每箱银 1 分；

16. 息。即茶栈垫款之利息，计 1 分 5 厘。

茶商如认为茶价低廉，无利可图不愿脱手时，可将茶叶堆置于茶栈中，可拿栈单在茶栈酌量押款，待茶售出后结清，按月息 1 分～1 分 2 厘结付押款息金，也可将茶叶存放于其他堆栈，给付栈租。

汉口永兴堆栈存储货物装卸细则表

品　名	单　位	仓储费	汉阳仓储费	进货出货费	期　间	补充说明
茶	1 袋	2 分	2 分	20 文	1 个月	1 袋 =60、70、100 斤
茶	1 箱	1 分半	1 分半	20 文	1 个月	1 箱 =50 斤

输出品的各项开支

品　名	单　位	入库费	出库费	驳船费	船内装卸	1 吨的数和 1 包的工数
叶　茶	1 箱	12 文	12 文	—	6 厘	10 箱 =1 吨，1 吨 =1 工
砖　茶	1 包	48 文	48 文	48 文	未　详	5 包 =1 吨，1 包 =2 工

本章资料来源

1.《南京条约》,《政治月刊》(上海) 1942 年第 4 卷 3 期。

2.《虎门条约》,《宜兴民众》1930 年第 32 期。

3.《天津条约》,《京报副刊》1925 年第 254 期。

4. 赵兢南:《中国茶业之研究》,《银行月刊》1924 年第 4 卷第 9 号。

5. 陆溁:《调查国内茶务报告书·庚戌七月》(1910), 又名《关于安徽、汉口茶业调查报告》, 许嘉璐主编《中国茶文献集成》13 册, 文物出版社 2016 年版, 第 173—219 页。

6.《国民政府准立法院关于今后税率一律改两为元训令》(1931 年 5 月 11 日), 中国第二历史档案馆编《中华民国史档案资料汇编》第五辑第一编财政经济(二), 江苏古籍出版社 1991 年版, 第 44 页。

7. 罗尔纲:《太平天国史纲》, 商务印书馆 1937 年版。

8. 吴觉农、范和钧:《中国茶业问题》(1937 年 3 月铅印本), 许嘉璐主编《中国茶文献集成》30 册, 文物出版社 2016 年版, 第 172—302 页。

9.《总办湖北通省牙厘总局示》,《万国公报》1876 年第 4 期, 总第 394 卷。

10.《湖南职商蒋泽湘条陈两湖茶务十二事》,《湖北商务报》第 37 册，1900 年四月二十一版。

11. 实业部商品检验局:《茶叶检验规程》(1931 年 6 月 20 日)，许嘉璐主编《中国茶文献集成》23 册，文物出版社 2016 年版，第 460—479 页。

12.《新茶登场，茶检标准订定，茶箱取缔办法已规定》,《申报》1937 年 5 月 5 日。

13. 贾士毅:《民国财政史》第二编岁入，上海商务印书馆 1917 年版。

14. 戴啸洲:《两湖之茶业》,《国际贸易导报》第 8 卷第 11 号，1936 年 11 月工商部上海商品检验局出版。

15. 白俊英:《湖北茶叶之近况》,《工商新闻·国庆增刊》1923 年 10 月 10 日。

16. 水野幸吉:《中国中部事情·汉口》。

17.《财政部全国财政会议全体会员主张裁厘之通电》,《湖北省政府公报》公牍第 7 期，1928 年 7 月 16 日。

18.《国民政府财政部裁厘后各省征收营业税办法大纲》,《湖北省政府公报》公牍第 10 期，1928 年 8 月 8 日。

19.《财政厅函复财政委员会对四种茶税不得加捐征收》,《湖北省政府公报》公牍第 15 期，1928 年 9 月 16 日。

20.《财政部为裁撤厘金事致国民政府文官处函》(1930 年 3 月)，中国第二历史档案馆编《中华民国史档案资料汇编》第五辑第一编财政经济（二)，江苏古籍出版社 1991 年版，第 314 页。

21.《财政部赋税司遵嘱拟具整理税制方案裁厘改税事项函》(1930 年 2 月 1 日)，中国第二历史档案馆编《中华民国史档案资料汇编》第五辑第一编财政经济（二)，江苏古籍出版社 1991 年版，第 303—308 页。

22. 贾士毅:《饬照章举办营业税并征收红茶营业税》(亨字第 9340 号令，1934 年 4 月 23 日),《湖北省政府公报》公牍第 44 期，第 83—85 页。

23.《财政部公布茶类统税征收暂行章程》(1942 年 3 月)，中国第二历史档案馆编《中华民国史档案资料汇编》第五辑第二编财政经济（二)，江苏古籍出版社 1997 年版，第 25—26 页。

24. 王乃赓:《湖北茶叶之研究》,《西南实业通讯》1944 年第 9 卷第 3—6 期。

25. 吴觉农、胡浩川:《中国茶业复兴计划》(商务印书馆 1935 年印行)，许嘉璐主编《中国茶文献集成》26 册，文物出版社 2016 年版，第 3—192 页。

26. 张博经:《抗战五年来湖北的茶叶》,《西南实业通讯》1943 年第 7 卷第 1 期。

27. 戴啸洲:《汉口之茶业》,《国际贸易导报》第 6 卷第 6 号，1934 年 6 月工商部上海商品检验局出版。

28. 蒋志澄:《一年来之两湖红茶》,《汉口商业月刊》1937 年新第 1 卷第 9 期。

29. 上海商业储蓄银行调查部编:《上海之茶及茶业》(1931 年铅印本)，许嘉璐主编

《中国茶文献集成》23 册，文物出版社 2016 年版，第 320—424 页。

30. 蔡萼英:《汉口英商麦加利银行梗概》,《武汉近代经济史料》，未刊稿，第 32 页。

31. 迈进篮:《我国茶叶之产销及其振兴策》,《汉口商业月刊》1935 年 12 月第 2 卷第 12 期、1936 年 6 月新第 1 卷第 1 期、1936 年 7 月新第 1 卷第 2 期。

32.《茶叶衰落中两湖茶业现状调查》,《经济旬刊》1934 年第 3 卷第 17 期。

33. [美] 威廉 · 乌克斯:《茶叶全书》(中国茶业研究社社员集体翻译，1949 年出版)，许嘉璐主编《中国茶文献集成》22 册，文物出版社 2016 年版，第 1—551 页。

34. 鲍幼申:《湖北省经济概况》,《汉口商业月刊》1934 年第 1 卷第 8 期。

35. 王维驷:《华茶概况》(续),《交行通信》1932 年第 1 卷第 14 期。

第四章

宜昌红茶诞生及宜红名称由来

宜昌红茶简称“宜红”，为中国传统三大工夫红茶之一。

宜昌红茶诞生于何时，主要有两种观点，一种认为在清道光年间诞生于渔洋关，还有一种认为诞生在光绪年间。本章就宜红诞生及名称由来作一记述。

第一节　宜昌红茶诞生于渔洋关

1950 年 11 月，江荻君在《宜红区毛红茶产销调查》(《中国茶讯》1950 年第 10—11 期）中记述：“在前清道光年间，有广东茶商携大批江西制茶技工到五峰渔洋关设号精制红茶，是为宜红区红茶精制出口之始。该区第一个设厂精制红茶的是钧大福，次为林志成、泰和合，皆为广帮……”

中国茶叶公司中南区公司宜红区收购处在《1950 年宜红区茶业情况总结》中记述：“渔洋关为五峰、鹤峰、长阳、石门等四县茶叶的集散地，产茶之丰，占全省半数，品质之佳，居全国第二位。在前清光绪年间，广东茶商即带来大批江西籍的制茶技术工人到此地开设茶号，精制红茶，第一个设立茶号的为钧大福，次为林志成、泰和合。”

这两段记述唯一的区别在于年代的差异，一为道光年间，一为光绪年间。

中国茶叶公司中南区公司宜红区收购处，采信了《湖北茶叶之研究》中

“宜红区茶产亦甚早，惟红茶制造，不过近66年间事”的判断。

《湖北茶叶之研究》于1944年3月31日、4月30日、5月31日、6月30日，分四期连载于《西南实业通讯》1944年第9卷第3—6期。作者王乃赓，此前为国民政府财政部贸易委员会所辖中国茶叶公司恩施实验茶厂厂长。

王乃赓的依据可能有两个：

一是《总办湖北通省牙厘总局示（汉口来稿）》(《万国公报》1876年7月1日，光绪二年闰五月初十)：“为示谕事，照得本总局访闻，近来宜昌所属之长乐县一带如渔洋关等处，均有开办茶庄，生意颇形畅旺，应由宜昌局仿照羊楼洞茶章办理，一体抽厘，藉济饷需。”

二是光绪十一年（1885)《鹤峰州志续》：“邑自丙子年（1876）广商林紫宸来州采办红茶，泰和合、谦顺安两号设庄本城、五里坪，办运红茶，载运汉口，兑易洋人，称为高品，州中瘠土，赖此为生计焉。”

这都是有准确时间和地点记录宜昌红茶史实的资料，故王乃赓作出了宜昌红茶诞生于光绪年间（1876）的判断。

其实，正如江荻君所述，宜昌红茶的诞生时间更早。

《申报》1874年8月11日记载：“六月二十六日（公历8月8日）沽出各茶行情，英国义记洋行购‘宜珍’牌二五工夫455箱，每担25两。”通过广泛搜寻查找《申报》所有茶市记载，无其他任何一个产地使用过“宜珍”牌名，而“宜珍”正是宜昌红茶使用的牌名。

这个记载，时间就早于王乃赓判断宜红诞生的1876年。

2023年5月26日，《浔阳晚报》登载的《宁红——中国工夫红茶之母本》一文记述：“汉口茶厂曾提供一份19世纪中叶以后的红茶茶商及茶师名单如下，广东茶叶商人均（钧）大福、卢次伦，江西茶人技师樊高升、冷德干、樊彬、樊希璧……”

19世纪中叶（1840—1860年间)，更是远早于1876年，这是钧大福在道光年间来渔洋关传授红茶精制技术最有力的佐证之一。

枝城市畜特局的陈章华在《宜红茶史考》中记述：“1966年，为了研制切碎红茶，笔者跟随全国著名茶叶专家冯绍裘老师，从宜都出发到五峰、鹤峰等县考察。路过渔洋关休息时，我们向老师（湖南人）请教宜红茶史，老师除证实江君史料正确外，还带我们到渔洋关下街参观了一些茶庄旧址。笔者在宜都茶厂工作时，请教许多茶叶老前辈，他们均是宜都茶厂建厂时从渔洋关招聘的技工，他们的门徒师、爷爷辈都在以上茶号工作过，也同样证实道光年间广帮钧大福第一个在渔洋关设庄精制红茶。”

1941 年 6 月 24 日，吴嵩（远柱）在《五峰名产——茶叶》(《新湖北日报》第二版）中记述：“五峰产茶最早，制茶已久，前后行将百年。”这里的“制茶已久”显然指制造红茶，历史上唐宋制造绿茶的技术已经非常成熟。红茶产生之前，鄂西一带所产绿茶，民间称为白茶。

宜昌红茶诞生于渔洋关，杨家河文人杨福煌（1793—1847）在《渔洋沿革考》一文中，间接证实了这一史实：“迨至国朝初，遭吴三桂乱……渔洋一不毛之区耳。康熙年间，王家冲始有开垦住种者，又历数年，而水田街渐有负担贩鬻来自他邑者，披荆斩棘以作田园，驱蛇虫于沮，逐虎豹于山，而流寓者争赴焉。于是设巡检一员、营弁二员、兵丁五十名，所以堵御容美土司者至备。至雍正十三年（1735），容美平定，乃分拨枝江、宜都、松滋、石门、长阳诸属地以益之，而长乐县始建。渔洋者，长阳拨归者也。因新疆甫辟，恐土人复变，乃于咽喉之所设县丞一员，把总一员，驻此以镇之。乾隆十年（1745），移县丞于湾潭，调宜昌府同知移驻此地，嘉庆四年（1799），调驻归州之新滩。盖自是而土地日辟，美利日兴，农桑饶裕，礼教昌明，或粤之东或江之右，持筹而来者，商贾云集，人烟稠密，熙熙皞皞，乐安无事之天者，已历百余载矣。”

广东、江西商人技工大量涌入渔洋关的史实，在咸丰、同治、光绪版的《长乐县志》中也能印证，渔洋关的汉阳河有广东潭。此外，还有广东坡地名存在。

广东茶商在湖北传授红茶精制技术的史实，在湖北崇阳、通山、孝感均有类似记载。如 1991 年版《通山县志》记载：“清道光初年，长江两岸尚未开埠，常有广东茶商进山收购茶叶，多使用每斤为 32 两的大秤，茶叶价格低廉”“清道光四年（1824），广州茶商钧大福在杨芳林收购茶叶，从江西雇师教制红茶，为本县制作红茶之始。”

这里需要说明的是，钧姓是一个稀有姓氏，现广东已无此姓，全部分布于北京市，总人口不到 2000 人，至今我们仍然没有办法找到钧氏后人及族谱，但钧姓在渔洋关通往宜都陆路的路碑出现过。

一是“重修麻林滴水崖等处大路序：领修胡长龄（寿轩）、谢必堃（厚之）、胡大任（仁山），监修张隆鉴（藻亭）、余隆暄（景轩），修方钧德甫、陈天礼，大清光绪九年（1883）岁次癸未八月谷旦立。”此路 1880 年动工，1882 年完工，1883 年立碑志纪。

二是大清光绪四年（1878）季冬月中浣吉日立的肖家岗矶堖碑，疑似有钧姓人捐钱。

综上所述，道光年间宜昌红茶诞生于渔洋关的结论是可靠的，也是符合历史事实的。

第二节　宜昌红茶名称的由来

“宜红”到底是宜昌红茶还是宜市红茶，其名称如何由来，我们得从历史记载上找答案。

陆溁在《关于安徽、汉口茶业调查报告》(《江宁实业杂志》第 3 期，1910 年 9 月 20 日版）中记述：“类以地名名之。”

张鹏飞撰《中国茶叶之概况稿（1916）》[《中华民国史档案资料汇编》第三辑农商（二），江苏古籍出版社］记述：“以产地区别茶之种类。红茶，宜昌，湖北茶之集合于宜昌者。”

驻海参崴总领事陆是元《汉口茶商制茶情形及销俄状况·六年（1917）秋季报告》：“茶叶运至汉口市场者，自何地运来，即以何地名之。”

1917 年 4 月 9 日，《申报》登载《宜昌维茶会书》记述：“宜昌、长阳、五峰等县向来出茶极富，统名为彝陵茶，价值颇高。”

是年，宜昌红茶（Ichang Black Tea）出现在英国著名汉学家库寿龄编纂的《中国百科全书》“红茶”条目中，这本《中国百科全书》曾获得有汉学界“诺贝尔奖”之称的“儒莲奖”，甚至还赢得了巨著的美誉。①

羲农撰《吾国之茶业》(《银行周报》1919 年第 37—39 期）记述：“工夫，压榨、干燥、火焙等，皆以手工为之，故名……茶之名称，多以著名之

---

①　资料来源：S.Couling, *The Encyc lopaedia Sinica*, London: Amkn Comnkn, E.C., Oxford University Press, Humphrey MH, Ford, 1917. 库寿龄：《中国百科全书》，牛津大学出版社 1917 年版，第 551 页。

产地名之……宜昌茶，以集于宜昌者，故名。”

赵競南撰《中国茶业之研究》（七）（《银行月刊》1925 年第 5 卷第 12 期）记述：“湖北所产之茶有湖北、宜昌之别……宜昌茶者出产于宜昌府属及上游施南、郧阳府各地方茶之总称也。其品质较湖北茶为优，因地势上由各地运往汉口市场，宜昌为必经之地，故有斯名。”

上海商业储蓄银行调查部编《上海之茶及茶业》（1931 年铅印本）：“工夫茶，以制造最费工夫得名，叶细，多销英美。”

王文枬撰《中国茶叶之衰落》（《商业月报》1932 年第 12 卷第 7 号）记述：“工夫茶费时多，加以精细之炒法而得名，多销行英美。”

徐方干、刘君豹著《中国茶的分类》（《农声》月刊 1935 年第 187 期）记述：“著名的产地名，均冠于茶字之上”“宜昌茶，即各地贩卖于宜昌的茶。”

财政部贸易委员会《关于外销农产品生产状况的调查报告（1943 年 12 月）》[《中华民国史档案资料汇编》第五辑第二编财政经济（八）] 记述：“宜昌红茶区，湖北西境之宜昌、宜都、长阳、五峰、鹤峰及湘西之石门县等地，出产中级红茶极多，以宜昌为其集中地，因称宜昌红茶区，略称宜红区。近则宜昌沦陷，产区中心西移，恩施、宣恩、五峰、鹤峰等县产制大量红茶，集中恩施内销川黔桂西北等省，现改称恩施茶区，亦无不可，惟恩茶红绿兼有，事实上应称恩施红绿茶区，包括鹤红、五红等区，方为合理。”

上述宜昌红茶名称由来的叙述，赵競南的说法最全面也最准确。宜昌红茶区的范围很广，鄂北、鄂西及湘西石门、慈利、桑植、大庸均属宜昌红茶区。从宜昌、沙市海关的记载看，绝大多数的宜昌红茶直接从宜都上民船运汉口、上海了，故集于宜昌的说法也不够准确。宜昌作为一个大的区域产地，故名宜昌红茶应是准确的。

石门泥沙历史上确曾称过“宜市”，在光绪至民国六年（1917）间有过辉煌的一段历史。泰和合茶号设立的时间不会早于 1883 年。英国驻宜昌领事馆领事克里斯托弗·托马斯·加德纳在《1883 年商务报告》中提道：“长乐地区种有大面积的茶园，为准备出口到英国市场的茶叶烘焙作坊建在渔洋关……但是烘焙作坊没有付钱，搬到了湖南境内的泥沙河。”烘焙作坊是红茶复火精制的标志性设施，但泥沙是否在1883年即设立了泰和合茶号，是难以定论的。而且泰和合的创立者为林志成、唐星衢。林志成因1886年鹤峰九台山铜矿官司牵连，唐星衢以年迈返乡后，茶号才由卢次伦接续经营。

通过众多的史料比对，就能发现《卢次伦传》有较多史实上的错误。如将卢次伦与其长子卢月池混淆一体，创立过程虚构，避提林志成、唐星衢等。这可能是作者因传奇题材励志功能所需，将卢次伦与卢月池二人事迹浓缩为一人的创作设计。

《江门（新会）潮连卢鞭卢氏族谱》记载："卢次伦，名有庸，字万彝，号次伦（约1842年左右出生于广东香山县唐家湾镇上栅村，1910年前去世）。卢次伦父亲卢羽仪，字阜高，号吉士，娶黄氏，子三，卢次伦为长子。卢羽仪与黄氏1841年结婚，1850年卢羽仪病故。卢次伦长子卢清，原名澄翰，字帮华，号月池。"综合分析，《卢次伦传》中"卢次伦生平与人品"实际记的都是卢月池即卢清。卢清生于1858年八月十五，于1929年去世。

湖南茶事试验场关于《湖南主要产茶区茶叶贸易运销调查报告》（《中华民国史档案资料汇编》第五辑第一编财政经济，1935年7月）中记载："清光绪年间，有粤商卢次伦于泥沙经营茶业，设总庄于泥沙，牌名泰和合……卢次伦死后，其子卢月池继承其业，接续经营，仍不改旧观。"

卢月池不迟于1910年即在经营泰和合茶号的史实，还有姚协和个人档案可证。其档案记载："姚协和，1891年六月生，江西省修水县沙湾区人，1910年起在泥沙泰和合茶号帮工10年，证明人卢月池。"

"宜红"不是指宜沙红茶，而是宜昌红茶，除了《申报》有非常多的报道和茶市记载外，还有光绪二十五年（1899）五月二十一日，《湖北商务报》第7册《商务表——汉口茶市价目表》（四月中旬）所记："案表中所有地名除前表已发凡外，河为河口，吉为吉安，宜为宜昌。"

因此，《卢次伦传》中"泰和合精制的米茶，经月池公亲自定名为'宜红'，其意义一为制造地在宜市，用以标明产地，但因石门茶区属于宜昌茶区的缘故，有人认为宜红乃宜昌茶区出产之红茶。同时，湖北五峰的渔洋关也有制造红茶工厂，出产米茶，而五峰也好，石门也好，都不出宜昌茶区范围，统名之曰宜红。其谁谓不然，殊不知以大产区而名其茶，并非月池公本意。另一则有宜乎其红也的意味”的记述，应属作者的画蛇添足，定名“宜红”本身不成立，“宜乎其红”更是想象而已。

要说定名，泰和合茶号使用多少个唛头（商标）或叫牌名，这是茶号老板自己决定而且要符合一定规则的事，茶箱包装上的“宜红”字样，相当于现在的公共品牌而已。

本章资料来源

1. 黄柏权、曾育荣:《万里茶道茶业资料汇编·宜红茶区卷初编》，湖北人民出版社2019年版。

2. 李亚隆:《宜都红茶厂史料选》第一册，中国文史出版社2018年版。

3. 吴恭亮:《卢次伦传》，石门县政协文史委2012年4月20日印刷。

第五章

宜昌红茶的产区

陆羽在《茶经》“一之源”中，对茶树适宜生长的土壤作过描述：“上者生烂石，中者生砾壤，下者生黄土。”意思是说，茶树生长的地方，以岩石风化的土壤最好，其次是沙石砾壤，最差的是黏性黄土。

在“八之出”又对各地适宜产茶的地区作了排列：“山南[①]，以峡州上，襄州、荆州次，衡州下，金州、梁州又下。”说的是山南道中峡州的茶最好。厚重的历史沉淀，优越的自然环境，奠定了宜红茶作为中国自然分界的高级红茶区的底色。特别有趣的是，美国人威廉·哈里森·乌克斯在撰写《茶叶全书》(*All about tea*)，引用陆羽《茶经》八之出“山南，以峡州上”时，特别注明这里的“峡州”是指“湖北宜昌”(Ichang in Hupeh)。[②]

第一节　宜红茶区的自然条件

茶树喜气候温和，雨露调顺，阳光充足的自然环境。作为宜昌红茶主要产区的鄂西及湘西地区，地势高峻，层峰叠嶂。自宜昌（海拔高 50 米）至

① 唐贞观元年（627），划全国为十道，道辖郡州，郡州辖县。开元十五年（727），又划分关内道、河南道、河东道、河北道、山南东道、山南西道、陇右道、淮南道、江南东道、江南西道、黔中道、岭南道、剑南道、京畿道、都畿道等 15 道。峡州又称夷陵郡，属山南东道。

② 资料来源：William Harrison Ukers, *All about tea*, Vol.1, New York the Tea and Coffee Trade Journal Company, 1935. 威廉·哈里森·乌克斯著《茶叶全书》，纽约《茶叶和咖啡贸易杂志》公司出版，1935。

秭归、兴山、恩施、五峰、鹤峰等县一带，万山绵亘，1000～2000米的大山比比皆是。山地垂直气候特征明显，既无酷热又无酷寒，谓为“天惠之茶叶区”。

地势。湘鄂西绝少平原，山岭起伏，35°以上之斜地，随处皆是，不适宜种植其他农作物，开垦利用者甚少，故甚肥沃，常年又有云雾笼罩，植茶最为适宜。

雨量。据王乃赓《湖北茶叶之研究》分析：“1935年鹤峰为1945.5毫米，五峰为1203.4毫米，恩施1940年为1475.5毫米。若以三月至八月之茶季与其他各月相比较而言，则鹤峰区茶季雨量占61.2%，五峰占74.8%，恩施占60.3%，恩施茶季雨量之比例较全年为少，但因云雾几无日无之，故仍不失为优良茶区。宜红全区晴少雨多，云雾滋润，实为茶叶生长最适宜之理想茶区。”

宜红主要茶区之平均雨量

单位：毫米

月　份	鹤峰（1935年）	五峰（1935年）	恩施（1940年）
1	37.0	12.9	28.4
2	40.0	32.5	111.3
3	93.0	91.7	58.7
4	81.0	93.9	79.8
5	206.0	195.7	193.1
6	308.0	158.5	194.5
7	137.5	145.3	228.9
8	366.0	214.5	134.9
9	27.0	82.0	166.3
10	574.0	140.0	188.9
11	42.0	13.9	83.9
12	34.0	22.5	6.8
全　年	1945.5	1203.4	1475.5
雨　季	61.2%	74.8%	60.3%

土壤。湘鄂西地区大都风运积土，地表有森林之腐殖质酸性土堆埋，砂土利于分解，色赤，间有黄色，茶树生长最为相宜。宜红之贵，殆非无因。

第二节　宜昌红茶的产区分布

宜红区位于东经 109°～112°，北纬 29°～32° 之间，所产为上级红茶，与祁宁比美，同驰誉于国外，居湖北省最重要地位。产区有五峰、鹤峰、长阳、石门、宜昌、宜都、秭归、兴山、当阳、远安、恩施、建始、宣恩、巴东、利川、咸丰、来凤、大庸、慈利、竹溪、郧县、均县等。其中核心产区为五峰、鹤峰、长阳、石门四县。就其主要产区分述于下。

一、五峰产区

五峰古多为长阳地，夏禹为荆梁之域；商代《尔雅》载："汉南为荆楚地"；周亦为楚地，是为南土；秦属黔中郡，汉属佷山县，隶武陵郡；东汉隶南郡，建安十五年（210），刘备分南郡为宜都郡，先属刘备，后三国鼎立时属吴。

晋、宋齐属佷山县，隶宜都郡；梁属江州；西魏属佷山县，隶拓州；北周属亭州，隶资田郡（今资丘）。

隋属睦州，隶南郡，开皇十七年（597）州废，大业初改为庸州，统盐水（北周置县，并置资田郡，开皇初，郡废。大业初，置清江郡）。

唐属长阳县，武德二年（619）改江州，四年（621）废清江郡，以长阳县置睦州，并置巴山、盐水两县。八年（625）州废，省盐水，以长阳、巴山隶东松州，州废来属。天宝八年（749）省巴山入长阳，属峡州彝陵郡，隶山南道。峡州领县四（夷陵、宜都、长阳、远安）。

五代属南平峡州；宋属长阳；元属长阳，隶峡州路；元末土司即错处长茅关、菩提隘，西南隶容美，归四川管辖。

明属长阳，隶峡州府，后隶彝陵州，土司归湖广管辖，粮仍完于长阳；天启后，百年关以西属土司隶容美。

清初隶彝陵州，后隶荆州府。雍正十三年（1735）改土归流，升彝陵州为宜昌府，划容美土司所辖五峰、水浕、石梁、长茅关诸司，并划湖南石门县和湖北长阳、巴东、宜都及松滋等县部分区域合而设长乐县，隶宜昌府。

1914 年改名五峰县。1958 年 8 月，长阳县星岩坪划入五峰。1963 年 4 月，长阳县红渔坪、傅家堰划入五峰。1984 年 7 月撤五峰县，设五峰土家族自治县。

五峰一区水浕司，二区长茅司、采花等处，连亘百余里，均有茶园，湾潭等处触目皆是。茶树多为丛播，距离颇疏，株距行距有间隔五六尺以上者，故茶树颇高（高至丈余者有之），树干生育极佳。

沿天池河畔少数为人工栽培，其他乡是天然生长，自然繁殖。采花台、长茅司等地，茶树互生于峰峦起伏之间，鲜有人工栽种。月亮山、小河和深溪河流域，丛山叠嶂，人烟稀少，产茶有限。

采茶时期，约 2 月起至 6 月止。第一期采摘为清明茶，亦名头春。采后过三个礼拜，方可继续摘二、三、四期。每人每日大略可采 4 斤，但经验丰富、手法敏捷的人可采 10 斤左右。取下来的茶叶，以头春茶为最佳，品质亦极优良。

五峰红茶素来销于英、美、法、苏联等国，故五峰出茶，国内颇不有名，人民很少食之。

1933 年 6 月 20 日，《渔洋关一瞥》（《扫荡》1933 年第 11 期）记述："渔洋关，民国十六年（1927）以前，各地货物多集于此，盖一繁盛市镇也。茶之产额，每年约值数十万元，现因匪患，茶商亦多半歇业，产额因之锐减。"

《整理宜昌市实施概况》（《鄂西政治丛刊》，1936 年国民政府军事委员会委员长行辕第三处编印）记载了五峰茶叶产量和运销情形。

国民政府军事委员会委员长宜昌行辕农村生产调查表

（五峰县 1935 年 12 月 25 日）

特产名称	产量（斤）			价值（元 / 百斤）			运销情形
	1933 年	1934 年	1935 年	1933 年	1934 年	1935 年	
茶　叶	18000	23000	18000	40.00	34.00	30.00	由商人购买在渔关制成箱茶，运赴汉沪售销，今年滞顿。

1940年，重庆中央政治学校研究部编《全国乡土教材丛书》（第一辑）记述五峰县物产：“县西北产茶甚盛，制成红茶岁出约20余万斤。”

1942年8月24日，吴嵩在《新潮报》以《恩施前卫的渔洋关》记述：“五峰以茶最为有名，每年出产共有280万斤。”

渔洋关为五峰县重要商镇，东有渔洋河通宜都，南有人行道直达津市，西通宣恩、沙道沟，北至宜昌三斗坪。渔洋关实业素推茶厂为巨擘，所制红茶行销英俄有年，为我国茶叶著名产地，亦为湖北省第二产茶中心，夙负盛名，品质之美，制造之精，环球称誉。过去极繁盛时期，直接从事于制茶工人约3000人，而各项间接为生者，有5万人以上。

自外销茶叶停滞，鄂西五峰一带茶农，僻处深山、交通不便，除在茶季售卖少量鲜叶予附近制茶厂外，余则改制白茶。深山遥远之区，有将茶树砍伐为薪现象。

就现已收集到的资料，五峰境内有前茶园、后茶园、楠木等39处主产地。

二、鹤峰产区

鹤峰古称拓溪、容美，又称容阳。

战国属巫郡；秦时属黔中郡；汉属武陵郡；南北朝称溇中蛮；元属四川。

明清归湖广。清雍正十三年（1735）改土归流，置鹤峰州，属宜昌府；光绪三十年（1904）升直隶厅，隶属施鹤道，直属湖北布政使司。

1912年，废鹤峰厅，设鹤峰县，直隶于湖北省；1915年属荆南道；1926年属施鹤道。

1980年4月，国务院批准成立土家族自治县，仍属恩施行署。

1983年8月19日，设立鄂西土家族苗族自治州，撤销鹤峰土家族自治县，仍称鹤峰县。

《宜昌海关十年报告（1892—1901）》记载：“茶在本省的几个地区都有少量种植。在旅途中，时有见到零星分布的茶树，可以很明显地看出来，茶叶以前在这里种植相当普遍。茶叶消费者和爱好者所称的‘宜昌茶’（Ichang Tea）产自鹤峰地区。产量虽然比较少，但质量公认为和宁州茶不相上下。”

1905年6月7日，《申报》以《茶市现状》为题记述：“本年两湖所产之茶，以鹤峰州最著特色，价值亦优，其余俱属平平，甚亏折者。按——鹤峰所产之茶本称佳品，例须进呈若干，以供御用。”

1914年5月16日，《申报》登载《茶业改良策》记述：“鄂湘鹤峰、浏阳各县，为红茶出产著名之区，惟焙制未能得法，与洋商交易每受盘剥，汉口各茶行栈但知取其扣用，毫无担当。故茶商近年屡受亏耗，视为畏途，业此者遂日渐减少。现实业司长特将商人陈星田条陈改良意见书，交茶叶总会，查究改良方策，以维利权。”

1923—1924年，鹤峰的茶籽曾送安徽茶业试验场，进行种苗培育的分类试验，以比较优劣。试验结果以祁门西乡种最优良，南乡、城乡次之。其他各省以湖北阳新、鹤峰，福建光泽、浦城种为优良，但其生长力不及祁门种，且埋深处不能发芽。

省　名	县　名	芒种前五日检查茶种发育状态	霜降后七日检查茶苗之生长力
湖　北	通　山	苗出土	3.5寸
	鹤　峰	叶出土	4寸

鹤峰境内有留驾司、太平、走马坪等30处茶叶主产地。

三、长阳产区

秦属黔中郡；汉置佷山县，县治州衙坪，为长阳建县之始。

公元前202年，刘邦改黔中郡为武陵郡，佷山县隶武陵郡。

东汉，佷山县隶江陵南郡。建安（196—220）年间，分南郡枝江以西立临江郡，佷山县属临江郡。公元208年，曹操败退出江南，南郡、零陵、武陵以西属刘备，刘备分南郡立宜都郡，佷山县又属宜都郡。

三国鼎立前后，吴蜀争夺荆、湘多年，佷山时而归蜀汉，时而归东吴。

两晋时期，晋平吴，佷山县改为清流县，置宜都郡地隶焉，寻复为佷山。

南北朝时期，佷山改为方山县，寻废，复佷山县。

隋朝开皇八年（588）置长杨县，隶南郡。

唐武德四年（621），以县置睦州，并置巴山、盐水两县。八年（625）州废，省盐水，以长阳、巴山隶东松州。贞观八年（634），废东松州，长阳改隶峡州夷陵郡。天宝八年（749），省巴山入长阳。

五代时，长阳隶江陵府峡州；宋属荆湖北路；元属荆湖北道峡州路；明属湖广行省荆州府夷陵州；清雍正六年（1728）属湖北布政使司直隶之归州。

雍正十三年（1735），改土归流，县属渔洋关等处拨入长乐县管辖。民国初，废除府州建制，湖北分设江汉、襄阳、荆南 3 道，长阳隶荆南道。

1984 年 7 月 13 日，撤销长阳县，建立长阳土家族自治县。

长阳境内有星岩坪、苦竹坪、成五河等 5 处茶叶主产地。

四、石门产区

古为荆楚地，秦隶黔中郡慈姑县，汉属武陵郡零阳县，三国吴永安六年（263）改隶天门郡，晋属天门郡澧阳县。

南北朝时，天门郡治由大庸县境迁石门，陈武帝永安二年（558），后梁肖察罢天门郡，更置石门郡。

隋文帝开皇九年（589），废石门郡，建石门县，划归澧州管辖。此后，虽隶属有变，而县名未易。

民国属第四行政督察区。1949 年属常澧专区，1950 年属常德专区，1980 年属常德地区行政公署，1988 年属常德市。

湖南茶事试验场在《关于湖南主要产茶区茶叶贸易运销调查报告》（1935 年 7 月，《中华民国史档案资料汇编》第五辑第一编财政经济）中记载："石门县红茶贸易，在清光绪年间有粤商卢次伦于泥沙经营茶业，设总庄于泥沙，牌名泰和合，设分庄于罗家坪、五里坪、莲花台、苏市等处，资本雄厚，获利甚丰，于泥沙建筑茶庄多栋，自备船只 60 余艘，并将泥沙至石门县城二百余里之路，悉修辟为石路，以利行人。即石门街道，亦系该商修理，财力充裕，可以想见。卢次伦死后，其子卢月池继承其业，接续经营，仍不改旧观。民元以后，土匪充斥，民不安居，该商收来回粤，停止经业。所有茶庄、器具、船只，悉为本地茶商所有，而泥沙红茶亦已成问题，农村经济遂亦枯竭。近年虽有本地商人集资经营，究以资本甚微，茶亦不多，终无恢复原状之望……石门红茶年约输出 1300 担。"

湖南大庸、石门毛茶山价　　单位：元 / 担

县制	1933 年		1932 年		1931 年		5 年以前		10 年以前		20 年以前	
	最高	最低	最高	最低	最高	最低	最高	最低	最高	最低	最高	最低
大庸	30.00	20.00	32.00	18.00	28.00	17.00	25.00	10.00	36.00	16.00	38.00	15.00
石门	27.00	12.00	20.00	10.00	25.00	15.00	18.00	9.00	20.00	14.00	24.00	10.00

石门境内有罗家坪、细沙溪、马子坪等 15 处茶叶主产地。

五、宜都产区

春秋战国时期，县境属楚地；秦属南郡。

汉高祖十一年（前 196），置夷道县，治所陆城，隶南郡。西汉末年更名为江南县，不久复名夷道县。

东汉建安十三年（208）属临江郡。建安十五年（210），刘备改临江郡为宜都郡，辖夷道、西陵、佷山三县，宜都始得名。建安二十四年（219），吴大将陆逊占领宜都郡，获取夷道、枝江、夷陵、秭归等县，县域属吴。

三国时期，宜都郡属吴荆州，辖秭归、西陵、夷道、佷山四县；晋朝时宜都郡属荆州，辖夷道、佷山、夷陵三县。

东晋太和年间（366—371），夷道改名为西道县，后仍复名夷道。南朝宋武帝永初元年（420），析夷道县置宜昌县，宜都郡辖夷道、佷山、夷陵、宜昌四县。

南朝陈时，后梁与陈划长江为界，将县域分为江北夷道、江南夷道两县。江北夷道县属后梁，江南夷道县属陈。陈天嘉元年（560），江南夷道县改为宜都县。

隋开皇七年（587）废宜都郡，宜都县改为宜昌县，先属东松州，后属南郡。江北夷道仍名夷道县，属峡州。大业三年（607），改峡州为夷陵郡，夷道县改属夷陵郡。

唐初县域仍置宜昌、夷道两县。武德二年（619）改宜昌县为宜都县，属江州。贞观八年（634），夷道县并入宜都县，属荆州府峡州郡。

宋属荆湖北路峡州夷陵郡；元属荆湖北道宣慰司山南江北道峡州路，隶河南行省；明属湖广布政使司荆州府夷陵州。

清顺治四年（1647），隶属荆州府夷陵州。雍正十三年（1735）改属荆州府。

民国初年（1912），宜都县属湖北省荆南道；1922年属荆宜道。

1955年2月，撤销枝江县，将其所辖区域划归宜都县管辖；1962年12月，恢复枝江县制，白洋等6个区和江口镇划归枝江县管辖；1987年11月30日，国务院批准撤销宜都县，设立枝城市；1998年6月，枝城市更名为宜都市。

1922年5月15日，冯养源撰《华茶产地及推销之调查》（《钱业月报》1922年第2卷第4期）记述："荆州府属产茶者只宜都县一处，其产额超出武昌府属之通城全县数倍。每年运往汉口，据关上报告，可得三四万担，能装七万八九千箱之多，因货质稍次，不合洋庄销路，大概供本国各省之需。虽近年俄罗斯亦能稍稍掺和推销，要亦为商人伎俩所致，然杂于他产，则其色味固莫能辨也。"

汤一鹗撰《集中汉口茶业之概况》（《上海总商会月报》1922年6月第2卷第6号）对宜昌红茶的产地、制茶成本和运输情形作了描述。

一、制造及收售之机关	产　地	宜　都
		鹤峰各山
	茶号或茶庄	1917年10余家，1919年7家
	资本额	最多2万两，其次1万两或数千两
	借入资本	至制干茶时始借入，其数不等，1919年借用者少
	自集资本	头茶时多系自集
	借入之店处	钱庄期栈
	借息若干	1分5厘至2分
	几月还本	向来茶售出时还本
	还本之方法	销售券或汇划
	备　注	上列情形，红茶商至1919年均形减少

续表

二、制茶成本	产 地	宜 都
	毛茶价	1917 年每斤银 4 钱 2 分；1919 年每斤银 2 钱 8 分
	运 费	每担计两箱
	税 厘	地方税按售价每串扣 30 文，每担正税银 1 两 5 钱
	工厂费	包工性质，向未设厂
	工 资	包工制成每斤 20 文
	薪 津	每一茶庄 500～1000 两
	茶箱装潢费	每箱合银 1 两
	洋行佣费	洋行、茶栈、翻译每百两各抽 1 两
	备 注	凡茶商入山采茶向例不购茶叶，只购毛茶。每 3 斤可制成红茶 1 斤。湖北宜都因山路崎岖，每百斤需费银 15 两
三、运输情状	地 名	宜 都
	运输方法	山路夫运，水路民船
	至最近水口或铁道车站每箱每里运费	最近水口不一，其费无从查列
	至国内通商口岸每担运费	以两箱合计自 4～5 钱
	近年运费增减情况	比前稍增
	交通状况	旱运不便

宜都境内有横溪、梁山等主要茶叶产区。

六、其他产区

涉及有 8 县 27 处主要产地，均为宜昌红茶产区范畴。

《宜昌海关十年报告（1882—1891）》（李明义译编，李晓舟校订）记述："自从沙市开放为通商口岸之后，与四川接壤的施南府出产一种红茶，据说口感和质量都非常好，但是因为制备工艺粗糙，加之运往汉口路途遥远，使其品质大打折扣。1896 年，一些广东商人开始在产区办厂，在产地炒茶并封装，然后经宜昌装上轮船起运。然而不幸的是，他们初次创业未见成功。如果坚持也许能胜利，可惜他们没有继续下去。"

宜红产区主要产地一览表

产　区	数　量	主要产地名称
五　峰	39	前茶园、后茶园、楠木、大坡、瓦屋场、尤溪、水浕司、马子山、石梁司、长茅司、采花台、楠木桥、中溪、大村、杀头坡、茶垴、龙潭坪、珍珠头、富足溪、大面、湾潭、小茶园、草圩湾、渔池坪、柳林子、沙子垴、百战坡、垴台、偏坡山、沐浴山、大湾、土门子、远望坡、石板沟、三岔口、杜格河、小河、大名山、月亮山
鹤　峰	30	留驾司、太平、走马坪、新地保、五里坪、东乡坪、白果司、容美司、奇峰关、麻旺村、大小溪、县城区、上下坪溪、朱家山、官庄河、老村河、茶园坡、木家台、北佳坪、芭蕉河、岗坪河、大典河、铁炉坪、南渡江两岸、南村、红罗、金家河、向家山、百顺桥、大面
长　阳	5	星岩坪、苦竹坪、成五河、平乐、都镇湾
石　门	15	罗家坪、细沙溪、马子坪、三峰坡、丛茅山、大小京州、深溪河、苦竹洞、清官溪、杨家坪、狮子溪、龙池河、红坪河、黄连河、所市乡
宜　都	2	横溪、梁山
其　他	27	宜昌罗田溪，秭归王家岭，恩施五峰山、芭蕉岭、大鱼龙、黄连溪、纸房溪、硃砂溪、红岩子、凶滩、上下岸口、蒋家坡、古家坡、厚池、花枝山、狮子岩，建始长樑子、阳坡、阴坡，宣恩庆阳坝、石家沟、椒园，巴东羊乳山、长峰乡，利川茅坝、忠路，咸丰大小村
合　计	118	—

第三节　宜昌红茶区的面积及产额

宜红产量虽不算丰富，但品质优良，驰销国外市场。清光绪年间，宜红极盛一时，最高产额曾超过 4 万箱（白茶及恩施、建始、利川、宣恩等处产量尚未计及），可称是踏上了登峰造极的境地。

1920 年，仅五峰、鹤峰及石门、长阳边缘产红茶达 35000 担。自 1921 年以后，欧美帝国主义侵入，茶叶完全操纵在洋商手里，受买办阶级及投机商的层层剥削，产量逐渐萎缩。后因世界产茶国签有茶叶生产限制协定，宜红得沾余惠，才稍稍回增，但不及鼎盛的 1/20。

宜红区究竟有多大面积的茶园，产额有多大？不仅统计数据极少，而且有些数据错讹，这既有原始数据收集难的客观原因，也有排版错误所致。

赵競南认为："宜昌红茶区以宜都、兴山、东湖、长乐、长阳、归州、鹤峰、施南、恩施、利川、郢、竹溪等县出产为多，年产额达 4 万担。就中鹤峰之花香茶，可供汉口砖茶制造之原料，需要颇多。宜都制茶之地，在去宜都六七十里之汉阳埠及横积埠，产额 3000 余担，内红茶 2000 余担，绿茶 1000 余担；长阳茶年产额 6000～6500 担，其内红茶约 5000 担，余为绿茶；兴山年产 7000 担；鹤峰年产 25000 担以上，内红茶 20000 担，绿茶约 5000 担；施南茶多绿茶，年产 10000 担以上。"①

朱美予著《中国茶业》（1937 年铅印本）引国民政府主计处统计局调查，湖北省各县产茶量如下：1932 年，五峰 800 担、宜都 150 担、恩施 2000 担、远安 450 担、宜昌 120 担、兴山 100 担、巴东 100 担、建始 500 担、咸丰 1000 担、利川 50 担、竹山 35 担、谷城 35 担；1933 年，五峰 500 担、宜都 200 担、恩施 1650 担、远安 550 担、宜昌 100 担、兴山 100 担、巴东 140 担、建始 560 担、咸丰 2000 担、利川 100 担、竹山 100 担、谷城 45 担。

吴觉农、胡浩川著《中国茶业复兴计划》（1935 年）认为："宜昌红茶区年出产约 4 万担，这一区的红茶产量虽不多，但其味香各项不亚于祁门红茶，并能以廉价出售，在将来的国际贸易上也可占得重要地位。"

湖南省大庸、石门、慈利 3 县茶产统计（1935 年 7 月）

县 别	植茶面积（亩）	红茶产量（石）	青茶产量（石）	土 质
大 庸	4000	—	2000	黏质壤土
石 门	6630	1000	—	黏质壤土
慈 利	720	—	30	黏质壤土

注：根据 1933 年及两次调查所得统计。

戴啸洲撰《两湖之茶业》（《国际贸易导报》1936 年第 8 卷第 11 号，11 月工商部上海商品检验局出版）记述："宜昌区产红茶约 12000 石。"

1937 年《中国经济年鉴》中《国内茶区概况》记载："鄂省……由海轮

① 《中国茶业之研究》（一），《银行月刊》1924 年第 4 卷第 7 号。

从上海运往英美苏等国的，除砖茶外，还有红茶，如鹤峰红茶年产 6000 担，长阳 3500 担，五峰 800 担，宜都 150 担。”

1937 年 6 月，《湖北省年鉴第一回》记载，湖北各县茶园面积及年产量为：总计 315682 亩，427923 担。其中，五峰 5000 亩，2380 担；鹤峰 8000 亩，5970 担；长阳 17794 亩，21587 担；远安 170 亩，60 担；宜都 150 亩，179 担；秭归 200 亩，310 担；宣恩 9681 亩，12393 担；利川 15581 亩，16059 担；建始 11986 亩，18292 担；竹山 10234 亩，14387 担；兴山 500 亩，238 担；当阳 9496 亩，16322 担；宜昌 18716 亩，24799 担；咸丰 17794 亩，23880 担；恩施 19362 亩，18148 担；均县 9865 亩，16059 担；郧县 9864 亩，23880 担。

1940 年 3 月，湖北省政府根据 1938 年第一、二两次战时调查报告，第七区年鉴及湖北省第一回年鉴编成《抗战期间湖北概况统计》，统计全省茶叶面积 817656 市亩，287074 市担。其中，五峰 7000 市亩，4380 市担；鹤峰 18000 市亩，11000 市担；长阳 17700 市亩，19000 市担；远安 170 亩，8 担；宜都 259 亩，119 担；兴山 600 亩，340 担；来凤 1000 亩，500 担；利川 3200 亩，1600 担；建始 3000 亩，1400 担；均县 8000 亩，12000 担；竹溪 320 亩，200 担；当阳 9400 亩，16000 担；宜昌 18716 亩，22000 担；秭归 300 亩，250 担；宣恩 1000 亩，550 担；咸丰 300 亩，145 担；恩施 8000 亩，4000 担；巴东 2800 亩，1300 担。

1939 年，高光道在《五峰、鹤峰两县茶业调查报告书》中记载，五鹤两县主要产地年产毛茶数量如下表：

县 别	地 名	产茶数量（市斤）
五 峰	水浕司	100000
	采花台	100000
	长茅司	60000
	富足溪	20000
	石梁司	10000
	太平庄	10000
	楠木桥	30000

续表

县　别	地　名	产茶数量（市斤）
鹤　峰	县城区	20000
	留驾司	30000
	东乡坪	20000
	燕子坪	12000
	五里坪	50000
	王家山	20000
	寻梅台	15000
	北佳坪	15000
	百顺桥	20000
合　计	—	632000

1941年春，在重庆举行农产品展览会，茶叶尤为观众所赞美，参展的建国牌绿茶和胜利牌红茶多种，全产湖北恩施、五峰、鹤峰三地。

1943年4月，财政部贸易委员会外销物资增产推销委员会编《外销物资增产推销特辑——茶叶》记述："本省西部宜昌府各县，昔亦产次级红茶颇多，是即国外市场所称'宜红'，其品质在两湖中可算首屈一指，惟近年以出口衰落，年产仅5000担左右而已。"

王乃赓认为："宜红区茶树面积在52000亩以上，年产约26063市担。五峰占26.66%，鹤峰占24.52%，石门占18.14%（石门虽属湘西，但在茶叶分区上应归宜红区），合占66.7%，居全区2/3以上。恩施区系近来所开发，亦属宜红区，其产量为7200余担，约占1/4强，即27.65%。"①

这26063担中，红茶仅5000担，余为白茶。各产区产额如下：

五峰产区6156担，分别为：前后茶园、楠木348担；大坡、小茶园、草圩湾、渔池坪522担；水浕司、马子山、柳林子、长茅司913担；沙子垭、百战坡、瓦屋场、富足溪、石梁司870担；垭台、偏坡山、沐浴山（今

① 《湖北茶叶之研究》,《西南实业通讯》1944年第9卷第3—6期。

采花乡采花台村孟余山）、采花台、大湾、土门子一带1392担；中溪、大村、杀头坡、茶垭、龙潭坪一带1000担；远望坡、石板沟、珍珠头、三叉口（今二岔口）、杜格河1044担；小河、大名山67担。

鹤峰茶区6390担，分别为：麻旺村、大小溪及近城区1043担；上下坪溪、朱家山、官庄河、老村河1045担；留驾司、茶园坡、木家台、北佳坪1392担；芭蕉河、岗坪河、大典河、铁炉坪870担；南渡江两岸、东乡坪、五里坪、南村、红罗1740担；金家河、向家山、百顺桥、大面300担。

石门产区4827担，分别为：罗家坪、细沙溪、马子坪、三峰坡、丛茅山2000担；大小京州709担；深溪河592担；三峰头、苦竹洞174担；清官溪52担；杨家坪、狮子溪、龙池河、红坪河、黄连河700担；所市乡600担。

长阳产区950担，分别为：星岩坪287担，苦竹坪239担，成五河424担。

宜昌罗田溪412担，宜都横溪113担；恩施产区4100担，分别为：五峰山100担；芭蕉岭、大鱼龙、黄连溪、纸房溪2000担；硃砂溪、红岩子、凶滩500担；上下戽口、蒋家坡、古家坡、厚池500担；其他区（花枝山等）1000担。

宜恩庆阳坝、石家沟等区500担；利川毛坝等区1500担；建始长樑子、阳坡、阴坡等区509担；巴东羊乳山、长峰乡等区100担；咸丰大小村等区100担；秭归、兴山、远安、来凤等区406担。

庄晚芳撰《中国茶区产茶概况》（《闽茶》第1卷第4、5期，1946年3月）记载："湖北省可分为二路，一为鄂南之羊楼洞老青茶区，一为鄂西之宜红茶区。鄂西之宜红区，包括五峰、鹤峰、长阳、宜昌、宜都、恩施、宣恩、来凤、咸丰等县，旧日产次级红茶颇多，多在渔洋关集中，东运汉口，在市场上有宜红之称，全年产量据1939、1940年调查，每年仅能产红茶4000余担。"

湖北茶区产茶统计

产地及种类	产量（市担）	主要销场
宜红区	4000	苏、英
宜绿及其他	215000	内　销

秦大衍撰《茶叶在湖北——民生茶叶公司访问记》(《新湖北日报》1946年3月25日）记述:“宜红为新兴之红茶区，品质颇优。恩施等县是绿茶的产区，红茶则产五（峰）鹤（峰）一带。根据统计，本省各县常年产茶量如下：鹤峰22900市担，五峰9000市担，长阳19022市担，宣恩1050市担，恩施3600市担，远安900市担，巴东1600市担，利川1580市担，宜都170市担，建始1800市担，咸丰700市担，宜昌22000市担，当阳16000市担，秭归250市担，竹山250市担，来凤740市担，竹溪100市担。”

《湘鄂茶产内外销情形调查》(1946年5月13日）记述:“鄂西之五峰、鹤峰、长阳、宜都产红茶年3万余担，白茶万余担。恩施、宣恩、建始、巴东、利川产高级绿茶及白茶年约8000担。”

1946年11月,《湖北省银行通讯》新11期记述:“据本市茶叶界人士称，本省茶叶产量虽不多，然在战前交通通畅时期，每年运销省外及世界各地者，数量亦不少，综计各地产量约计：五峰8000担，鹤峰6000担，长阳3500担，恩施2800担，利川600担，建始2500担，咸丰100担，宜昌200担，巴东200担，宜都150担，宣恩700担，兴山60担……白茶、绿茶、青茶多行销渝汉及鄂东、鄂北。”

1947年4月初版《中国经济年鉴》(太平洋经济研究社出版）记载:“鹤峰红茶可年产6000担，长阳3500担，五峰8000担，宜都150担，其中除红茶外，尚有白茶、绿茶，行销于鄂中等地，其他专供内销鄂北的白茶及汉渝的绿茶，为数亦属不少，如建始可年产2500担，恩施2000担，巴东200担，总计鄂省产茶量当在20万担以上。”

陆国庆撰《湖北区鄂西茶产概况》(《税务半月刊》1947年第1卷第4期）载:“抗战期间，重要茶区大半沦陷，鄂西茶业，遂由于需求增加，利润优厚，资金流入与政府之倡导，产量大增，品质亦多改进。胜利后，省府迁复武汉，资金随之回归都市，而浙皖茶叶亦逐渐恢复其原有市场。因之，鄂西之茶，在资金短绌、运输困难、销路滞窄状况之下，产量因以萎缩。施、建、五、鹤等地茶产数量及分布情形，据调查所得年约12600市担。茶树种植多在山地，清明前后，茶农举家动员，逐树采摘，以土法焙制。设厂者现时有鹤峰之大西、民生两厂，五峰之五鹤、天生、民生、县联社四厂，中国茶叶公司、湖北茶叶管理处亦于恩施、五峰两地设厂焙制，惜规模不大，且其产量与过去相较，有减无增。每当茶季，茶农所采之茶由燕商俗呼‘燕儿客’，以其均系本地小茶商，随地收购，有若燕子之时东时西，且茶季适逢燕子飞来时候，故名之曰‘燕儿客’，零星收购，然后再转贩茶商或厂家。其运出路线，鹤峰之燕子坪为往宜昌及新江口孔道，五里坪为往沙市及湖南路线。五峰之渔洋关，为往沙市必经之途。恩施建始茶叶，多经公路运往巴东，然后水运宜昌、沙市转往鄂北，或由建始之长樑子担负往巴东野三关，经兴山再转襄樊，其由公路经来凤车运者，则系销往下川东及湘西北一带。鄂西茶业，于 1942 年 4 月试办，翌年 4 月，前湖北税务管理局，派员分往芭蕉、庆阳坝、渔洋关、水浕司、留驾司、狮子岩等厂地（前三处为中茶公司支厂，后三处为鄂茶管理处分所）。至于其他茶区，则系由茶商贩运出境时代缴税款，当时因地方自治经费，亦多取给于此，故本税恒能与之配合稽征。”

鄂西茶产分布表　　单位：市担

县别	产地	数量
恩施	芭蕉	1800
	五峰山	200
	硃砂溪	500
	狮子岩	500
宣恩	庆阳坝	700
	椒园	300
利川	茅坝	300
	忠路	300
	羊耳山	1010
秭归	王家岭	200
建始	长樑子	1500
巴东	长峰乡	70
兴山	白沙河	100
	南渡河	100

续表

县　别	产　地	数　量
五　峰	水浕司	1400
	长茅司	500
宜　昌	罗田溪	500
鹤　峰	留驾司	500
	太平镇	200
	城　郊	500
	南渡江	300
	北佳坪	200
	走马坪	400

《茶叶产销》（1947 年 11 月行政院新闻局印行）记述宜昌红茶区："本区位于鄂省西南部，属于清江流域，大部分属于高原地带，茶园分布于五峰、鹤峰、长阳、宜昌、恩施、宣恩、咸丰、来凤、利川及建始等县，其中以鹤峰、五峰与恩施茶园面积最广，产量亦最多。本区茶产以红茶为主，惟恩施则以绿茶为主，红茶仅占少数。宜昌之罗田溪虽亦产茶，然为数不多。惟此区红茶，均由宜昌出口外销，宜红之名，由此而来。此外，宜昌府附近之远安、兴山、秭归与巴东等县，亦有少量茶树分布。本区所产红茶，以中级者占大部分。……我国茶叶之集散，上海实为最大中心，次为汉口、福州与九江，以上四地，向有中国四大茶市之称。次如湖北之羊楼洞、宜昌与渔洋关……或为集散重地，或为制造中心，或为出口要港，皆与茶叶运销有密切之关系……而红茶中又以祁门红茶最为畅销，次为宜昌红茶。"

本章资料来源

1. 戴啸洲:《鄂西茶业调查报告》,《实业部月刊》1937 年第 2 卷第 6 期。
2. 王乃赓:《湖北茶叶之研究》,《西南实业通讯》1944 年第 9 卷 3—6 期。
3. 张博经:《抗战五年来湖北的茶叶》,《西南实业通讯》1943 年第 7 卷第 1 期。
4. 张博经:《宜红精制》,《西南实业通讯》1942 年第 5 卷第 2 期。

5. 吴嵩:《五峰名产——茶叶》,《新湖北日报》1941年6月24日。

6. 吴觉农、胡浩川:《中国茶业复兴计划》(商务印书馆1935年印行),许嘉璐主编《中国茶文献集成》26册,文物出版社2016年版,第3—192页。

7.《1950—1952年宜都红茶厂业务概况》,李亚隆主编《宜都红茶厂史料选》,中国文史出版社2018年版。

8. 赵兢南:《中国茶业之研究》(一),《银行月刊》1924年第4卷第7号。

9.《1942年度湖北省各地金融市况——渔洋关金融市况》(1943年1月),湖北省银行经济研究室编印。

10. 吴嵩:《鄂西经济上的堡垒　渔洋关茶叶之今昔》,《新湖北日报》前卫副刊1942年第87期。

11. 胡子安:《鄂茶之产制运销及改进意见》(《湖北省银行通讯》新5期,1946年5月),曾兆祥主编《湖北近代经济贸易史料选辑》(1840—1949)第2辑,湖北省志贸易志编辑室1984年版,第11页。

12.《湖南省茶产统计》(1935年7月),中国第二历史档案馆编《中华民国史档案资料汇编》第五辑第一编财政经济(七),江苏古籍出版社1994年版,第676—679页。

13. 湖南茶事试验场:《关于湖南主要产茶区茶叶贸易运销调查报告》(1935年7月),中国第二历史档案馆编《中华民国史档案资料汇编》第五辑第一编财政经济(八),江苏古籍出版社1994年版,第879—910页。

14. 湖北省政府建设厅:《关于湖北农业改进所检送五峰、鹤峰两县茶叶调查报告书的指令、训令》,湖北省档案馆(LS031-003-0775-0019),1940年1月22日。

第六章

宜红区的茶号

茶号，旧时亦称茶庄，以在茶山收买毛红茶，加工精制装箱运汉沪销售为主要业务。依照资金规模及经营能力，每一茶号均有数个或十几个甚至二十余个分庄，分设于宜红茶区各县乡村。每年三月间，茶庄派人携资上山，收买茶叶集中精制运销。或办或停，常年坚持设庄的茶号不过十余家。

第一节　外国商人开办的茶号

1875 年，英商宝顺洋行自行进山开办茶庄，于鹤峰、五峰采花设庄。五峰、鹤峰均有“英商宝顺合茶庄”牌匾可证。

五峰“英商宝顺合茶庄”设在采花长茅司与白鹤村交界的周家岭。1984 年，由于茶庄老屋年久失修，几近倒塌，白鹤村村委会将住户王家秀安置后，由时任村主任、会计袁东武及肖家坡的小组长袁昌本，清理房屋时发现“英商宝顺合茶庄”牌匾。1987 年交采花中心茶站收藏，现藏于湖北茶博馆。鹤峰“英商宝顺合茶庄”牌匾则藏于鹤峰县博物馆。

张鹏飞在《中国茶叶之概况》(《中华民国史档案资料汇编第三辑》1916 年，江苏古籍出版社）中记述:“茶商之亲往生产地采办者，唯汉口茶有之，其余则否。”在江汉关茶市，汉口茶为两湖茶总称，九江茶系指安徽、江西茶。

《汉口之茶商营业》(《湖北实业月刊》1924 年第 1 卷第 8 期）记述:

“湖北为产茶著名之区……在前清光绪初年，洋商曾直接上山采办茶叶，近者皆集中于汉口，上山者完全均为华商，至现货运到汉口，始有成交生意。”

汉口洋行除早期在宜红茶区开办茶庄外，还于茶季派人入山购茶，绕开茶栈复杂的交易手续，也为购得更好的茶叶。据 1899 年《湖北商务报》的记载，5 月 22 日，英商怡和洋行购买和记 696 件、仙品 837 件；7 月 17 日，英商协和洋行购买品香 463 件、奇芬 517 件、奇岩 520 件；7 月 29 日，俄商阜昌洋行购买芬芳 610 件，俄商顺丰洋行购买春芳 530 件。以上交易售价均为“包”字。“包”系洋商自往茶山采办，名曰“包庄”，其价外人不详。

此外，俄商新泰洋行约于 1912 年后曾在渔洋关开设新泰茶号，制作砖茶。

第二节　茶栈开办的茶号

汉口厚生祥茶栈于 1885、1887、1899、1922 年，曾在宜红茶区设庄制茶。厚生祥茶栈由“茶王”之称的俄国阜昌洋行粤籍买办唐瑞芝（1840—1898）创办。唐瑞芝去世后，唐朗山接办。

1885 年，厚生祥茶庄在宜红区创制和记、仙品两款红茶，由英商祥泰洋行以每担 46 两 5 钱、40 两购买 1248 箱（《申报》1885 年 6 月 5 日）。1887 年，祥泰洋行以每担 30 两 9 钱 5 分的价格，再次购买和记、仙品共 1092 箱（《申报》1887 年 5 月 30 日）。1899 年，英商怡和洋行入山购买和记、仙品 1533 件（《湖北商务报》1899 年 6 月 28 日）。

1914 年，厚生祥以江西宁州小种茶叶制成和记、仙品 1010 克，参加 1915 年巴拿马万国博览会并获大奖章。在其送展茶品上记载：“小种红茶，年份 1914，数量 1 箱，盒盖释文——本栈历在湖北宜昌创办牌名‘和记、仙品’，茶专采高山雨前嫩芽，用手工监制，浓香清洁，迥异寻常，久已驰名中外矣，中国汉口厚生祥茶谨启。”

《中国参与巴拿马太平洋博览会记实》（1917 年商务印书馆出版）详细记载了 1915 年巴拿马万国博览会中国茶共获奖 44 个，其中大奖章 7 个、名誉奖章 6 个、金牌 21 个、银牌 4 个、铜牌 1 个和奖词 5 个。

大奖章：农商部红绿茶两种、雨前茶、乌龙茶、祁门茶、宁州茶、工夫茶及他种茶叶——江西省红绿茶、浙江省红绿茶、福建省红绿茶、安徽省红绿茶、湖北省红绿茶、江苏省红绿茶、湖南省红绿茶。

名誉奖章：上海汪辅仁汪裕泰红茶、湖南宝大隆兴曾昭模红茶、南昌出口协会文虎牌茶、Achre、大总统牌茶、Rice。

金牌：江苏江宁陈雨耕雨前茶、上海茶叶会馆三星牌红茶、上海茶叶协会祁门红茶、福建福安商会茶、湖南浏阳分商会红茶、湖南安化县昆记梁徵辑红茶、上海茶叶会馆红绿茶、四川商会红绿茶、福建周鼎兴茶、上海益芳公司娥媚雨前茶、上海茶叶会馆地球牌红茶、上海茶叶会馆地球牌茶、忠信昌祁门红茶、江西南昌出品协会茶、福州马玉记茶、上海茶叶协会红绿茶、湖南黔阳商会绿茶、江苏宜兴戴长卿（德元隆茶号）雀舌金针茶、江苏 WingYaGin 茶、江宁永大茶栈绿金针茶、上海裕生华绿茶。

银牌：浙江 ChiuKirYing 绿茶、江苏忠信昌绿茶、贵州薛尚铭茶、福州第一峰茶。

铜牌：浙江 HungGang 茶。

奖词：广西商会红茶、山西商会红茶、浙江 FangHing 绿茶、广东商会红茶、云南商会红茶。

评奖揭晓，中华民国参与巴拿马太平洋博览会监督处随即建议农商部："现经审查公评，既以江西、江苏、安徽、浙江、湖南、湖北、福建七省为优，似应由钧部设法提倡，广劝各该省垦辟荒山，多种茶叶。"[①]

1922 年 8 月 1 日，《银行周报》登载的"上海商情——7 月 29 日茶"一文记述："湖北之宜昌牌子货和记、仙品，连年因红茶滞销，停办多年。今者该庄主人，观察市面，尚可有为，重整旗鼓。近该庄有样到沪，各英行一闻风声，不论价值，大相争买，现闻成盘 72 两，度其成本不过 30 余两，获利甚厚。"

① 《中华民国参与巴拿马太平洋博览会监督处事务报告》1915 年第 2 期。

第三节　中国茶商开办的茶号

一、各县茶庄

五峰。自道光年间，广东茶商钧大福带领江西技工来渔洋关设庄精制红茶，开启宜红精制出口之始后，渔洋关的茶号如雨后春笋，日渐增多，形成了与羊楼洞齐名的湖北两大著名茶市。

1876 年 7 月 1 日，总办湖北通省牙厘总局示（《万国公报》第 4 期第 394 卷）："近来宜昌所属之长乐县一带如渔洋关等处，均有开办茶庄，生意颇形畅旺。"

1883 年 10—11 月，嘉托玛对宜昌领事区内的自然资源进行了全面调查，撰写了《中国湖北省宜昌领事区的动物、化石、矿产、植物及蔬菜》调查报告，内容涉及 22 种动物、3 种化石、20 种矿产以及各种植物和蔬菜 282 种。除了作为《1883 年度宜昌贸易报告》的主要内容外，嘉托玛还将这篇调查报告发表在 1884 年《皇家亚细亚学会中国分会会刊》上，其中对茶叶的调查情况如下：

> 这个地区的茶叶产量不大。在许多地方，农民都种有茶树，就像我们的农民种土豆一样。优良品质的茶叶生长在扬子江峡谷及其支流地区。长乐（Changlo）地区种植有大面积的茶园，准备出口茶叶到英国市场，在渔洋关（Yu-yang-kwan，距宜昌 80 英里）建造一间茶叶烘焙坊（1881 年，一位广东人在渔洋关创办了一家公司，为汉口市场烘焙红茶）。出口到英国市场的茶叶数量很少，但是卖价很好。由于烘焙坊没有支付能力，烘焙坊搬到了湖南境内的泥沙河（Ni Sha-ho）。现在，这里的茶叶经洞庭湖（Ton ting Lake）运往汉口（Hankow）。长乐最大的茶叶种植园在南坪河（Nan p'ing-ho）……
>
> 值得一提的是，在浙江和广东，红茶和绿茶是用同一种植物制成的，而宜昌地区有两种茶树，一种是深色的小叶，一种是浅色的大叶，深色小叶用来制作绿茶，浅色大叶用来制作红茶。我认为有些绿茶味道

很好，但价格太高，阻碍了对英国出口。[①]

1899 年，广东郑继庭（霁庭）在渔洋关创办泰和合茶号，1904 年停歇；1904 年，渔洋关广豫益（后改豫丰益）茶号设立；1905 年，龙云峰（良栋，字见田，祖籍汉阳，定居渔洋关）就泰和合旧址设立义成生茶号，1917 年停业。

义成生茶号的设立，打破了广东商人独家精制茶叶的局面。《申报》（1905 年 3 月 11 日）“兴办制茶公司”一文记述：“长乐县、鹤峰州等处向来产茶，多由异人购去，但系本色，不甚获利。现在，该处民人学得制红茶法，拟将茶叶收价成庄，制成上好红茶售与西人，已由渔洋关地方绅耆为首招股兴办，每股钱 100 千，三年之后分红，三年以内不得将股本抽去。前日，绅士龙云峰等来宜，查探西人收茶情形，并劝募股本，即在城内租住，以便办理一切。”

1910 年，渔洋关设立志成公司、仁华公司，均于 1912 年停业；1912 年，渔洋关宫福泰（圣修、敬臣）创办源泰茶号；1913 年，卢次伦堂弟卢秀垣在渔洋关组设泰和祥茶号，1926 年停业；1922 年，广东忠信昌茶号在渔洋关设立，经营 5 年结束。

受第一次世界大战影响，渔洋关的茶市受到冲击。梁慕鸿在《清江流域旅行记》（《新游记汇刊续编》卷二十一，中华书局 1923 年出版）记述：“八月十二日，由栗树垴市经大山坡至渔洋关。渔洋关为一小市集，多汉阳帮。往岁有红茶公司数处，制成后销运汉口，故商业颇为兴盛。近以欧战影响，业此者多亏折，相率歇业，商业遂一落千丈焉。”

自 1924 年起，本地商人与广东茶商开始合股经营，以抗击风险。如广东人卢耀民、卢淑良兄弟经营的泰和祥茶号，与源泰茶号合办同信昌茶号；1925 年，忠信昌与源泰合办忠信福茶号。

1927 年，渔洋关开办恒信、德典、源泰恒三茶号。恒信系萧万盛（明哲、俊川）、龙鹤龄（乐群）等由忠信昌茶号旧址改设，德典、源泰恒均经

---

① 资料来源：Christopher Thomas Gardenr, *Reports on the Trade of Ichangfor the Year 1883*. Animal, Fossil, Mineral & Vegetable Products, Consular District of Ichang in the Province of Hupeh, China, Journal of the China Branch of the Royal Asiatic Society, 1884.

营三年结束。

1928 年，渔洋关开设恒源茶号。

1929 年，渔洋关开办裕民、民孚、民生、成记茶号。

1931 年，渔洋关开设裕隆茶号。

1932 年，周天成、彭森记（彭赞臣）、张子元（生洪、振玉）、孙伟民，在堂上泰和祥原址开设华明茶号；吴寿记（全德，字俊三，祖籍江西金溪）、吴宁记（全达，字尊三）兄弟与张同兴、张佐臣合伙，在王家冲组设同顺昌茶号。

1933 年 7 月 19 日，驻防渔洋关的四十八师政训处撰写的《渔洋关鸟瞰》一文载："渔地为五峰唯一商区，主要贸易为红茶商店，共计四家，资本小者为二三万元，多者十余万元。"①

1934 年，源泰、恒信合办源信茶号；源泰、成记合办源泰成茶号；宫子美由宜都回渔洋关，修建桥河成记茶号厂房。

1935 年，萧万盛开设鼎升茶号。

约 1938 年，吴恒记开办恒记茶号。

1939 年，中国茶叶公司统购统销宜红区茶叶时，仅源泰、恒信、民生、华明、成记五家茶号，与湖北省茶叶管理处签订贷款收茶合约。

1940 年，宫葆初入股裕隆茶号，与张少卿（均三）、张静三等合伙经营，经理张少卿。源泰、恒信、民生、华明、成记、裕隆等 6 家茶号与湖北省茶叶管理处签订贷款收茶合约。

1941 年，财政部贸易委员会未与湖北省签订贷款收茶合约，渔洋关所有茶号均处于半停业状态，仅湖北省茶叶管理处借裕隆茶号厂房自制绿茶。

1943 年，日寇入侵渔洋关，将渔洋关几乎所有茶号付之一炬，仅华明茶号厂房得以幸存。

抗战胜利后，田鹏发起，以 5 万元为一股，组织五峰、宜都、鹤峰、长阳、松滋、枝江商人集股 2000 万元，组建"天生实业股份有限公司"。董事会设宜都，以田鹏（曾任省参议员）为董事长，张宝善为筹备处主任，宫子美为副主任。股东吴尊三、陈叔庸、宫子美、田鹏、张宝善、李荫白、张子

---

① 《革命与战斗》1933 年第 2 卷第 1 期。

元、陈寿轩等，推选吴尊三为经理，陈叔庸、宫子美为副经理。

董事会决定先办渔洋关茶厂，1946 年 3 月渔洋关茶厂在堂上华明茶号开门营业。张宝善为茶厂经理，宫子美、吴尊三为副经理。从江西修水请来 8 名技师精制红茶 685 箱及绿茶 300 余箱，在中码头上船，由焦锡五、赵元卿、谢和尚等 10 条木船，经宜都运武汉出售。天生实业公司仅制茶一年即告结束。

1947 年，源泰、忠信福、成记三家茶号，向中国农民银行宜昌办事处贷款 1 亿 8000 万元，期限 1 个月，月息 5 分，制运红茶 1800 担。但极其严重的通货膨胀，使各茶号面临无法预知的经营风险。1948 年，所有商营茶号不得不全部关门歇业了。

对渔洋关制茶繁盛一时之情况，胡子安在《鄂茶之产制运销及改进意见》(《湖北省银行通讯》新 5 期，1946 年 5 月）中记述:“鄂西商营外销红茶厂，大都散布于鄂西五（峰)、鹤（峰)、宜（都)、长（阳）及石门一带，尤以五峰渔洋关为宜红茶生产之中心。当外销红茶畅销时，渔洋关制造厂达十家以上。所产箱茶总额，最旺时达 4 万余箱，厂商无不利市数倍。各厂所有制茶工具、设备完全，各级制茶职工，亦应有尽有，可称盛极一时。惟抗战后数年，因出口衰落，各厂相继停办，制茶职工多数改业，渔关茶业，一落千丈。1943 年夏，敌寇渡江进犯鄂西，所有渔关各茶厂房屋工具，尽付劫灰，至堪惋惜。外销停滞，鄂茶出路即改向内销发展，尤以恩施新兴茶区，因环境及需要之关系，成为战时后方茶叶供应之来源。”

长阳。星岩坪产茶最多，咸同而后中外通商，始有广东茶商来五峰、长阳茶山办茶。首先来星岩坪者，为广东林子成（朝登、志成、子臣、紫宸、子元、紫垣)，号牌泰和合。林朝登为泰和合总经理，出庄于王润堂（文澡、文早）处。

泰和合年盛一年，虽逐年添来别号茶商，出庄各处，而来林子成处卖茶者独多。但王润堂宅前不远有溪河一条，茶季时正值溪水泛涨，对面山坡一带卖茶之人常为溪河水阻。林子成捐出巨金，商王润堂、褚铭三、褚克恭、褚辅臣等，建修大桥。1890 年桥落成，命名“裕安桥”。桥长五丈余，宽一丈余，上覆瓦屋，屋高丈余，通长五间，两旁装齿栏，约高一丈，桥距水面四丈余。

1904 年，吕忠荩（仲甫）、忠蒉（瑞堂）兄弟在资丘西湾，创办彝新公司，1923 年歇业。1924 年，改为翠亨公司，经理由吕仲甫的儿子吕彤章担任。1926 年，改牌号为豫丰。1927 年，又改为顺昌，经理杨仲文。

1932 年，宜都商人王达五（恒甫）在长阳开设恒昌茶号。1934 年，王达五又在长阳下溪口开设恒慎茶号。

鹤峰。1876 年，林紫宸来鹤峰州采办红茶，泰和合设庄鹤峰州城。

1885 年，谦顺安设庄五里坪。

1909 年，邹济堂在懒板凳开办鹤立公司。

1912 年，五峰渔洋关茶商在鹤峰开设义成生、张同兴、源泰等分庄。

1917 年，容美镇人张佐臣盘得泥沙泰和合茶号，在鹤峰县城开设张永顺记红茶号，1928 年歇业。

1940 年春，孙泽民、覃奉乾等共同组织鹤兴茶号。

1946 年，上海私营大西茶叶公司在鹤峰北佳坪设厂制茶。

石门。约 1883—1886 年间，粤商林朝登（志成、子臣）邀唐星衢（让臣）集资 36 股，在泥沙成立泰和合茶号。以唐星衢任管账，卢次伦（有庸）任副管账。

因 1886 年鹤峰九台山铜矿官司于 1887 年奏报光绪皇帝，矿主李朝觐与鹤峰山羊司巡检刘礼仁等证词不一，铜矿商董林朝登遇上了大麻烦。林朝登约于 1888 年左右到长阳星岩坪制红茶，挂泰和合牌号。唐星衢也以年迈为名返乡归里，泥沙泰和合茶号由卢次伦经理。

卢次伦为人精明干练，开办之初，即请修水技士、技工多人分赴罗家坪、五里坪、莲花台、苏市等茶区，指导红茶制造，亦曾试制龙岩茶，运汉销售，颇获厚利。于是广修桥梁道路，自建木船 50 艘，购基建屋凡三次。

1892 年，泥沙松柏坪泰和合茶号新屋落成。泰和合盛时分庄 24 处，每年成茶 2 万箱左右。

约 1910 年左右，茶号由卢次伦长子卢清（月池）经营，1917 年停业。

《鄂湘赣三省志》（《中华民国省区全志》第五期，白眉初著，中央地学社编，1927 年版）记述："石门县将军山及泥沙市一带产茶地，在县城西北 200 余里，产额甚巨，茶味亦美，即著名之鹤峰茶是也。经营巨商多为广东人，有茶号名泰和合者，拥资以百万计。"

1885 年，江西商人在泥沙组设谦顺安茶号。1886 年，改为谦泰安，不到三年，归并于泰和合。

1898 年，江西商人李双兴合资组设顺记茶号；1899 年，江西商人彭善卿合资组设原记茶号，顺记、原记均不久停业。

1899 年，汉口太古洋行买办韦子丰（紫封）出资，由其侄韦楚善在泥沙设建昌昇茶号，资金雄厚，规模甚大。不料，1903 年茶沉七船，损失过巨停歇。

1903 年冬，和丰厚茶号设立于所市。

1904 年，原建昌昇职员邵鄂南在所市改组建昌昇为和合长，1905 年，出盘于泥沙吴恩丞的蔚华隆茶号。

1908 年，江西吉安商人周稀龄开办有余福茶号于泥沙。

1910 年，邹济堂之弟邹海门在泥市组设永茂公司，田家善设德和祥茶号。

1911 年，鹤亿万、合立公司在泥沙设立。因竞相创设，使毛茶山价暴涨，加之制造不精，两茶号当年即亏本停业。

1912 年，仅存泰和合、和丰厚、蔚华隆、有余福、永茂公司、德和祥等六家茶号。

1913 年，修水人朱丹轩合资组设打包铺一家于泥沙，代小本经营者办理精制成箱业务。

1917 年，正当四月茶忙时，有桑植枭匪赵某，涎泥市茶商殷实，地方富足，率匪抢劫焚烧，损失数百万元。盛极一时之泰和合，遂于当年收歇返里，茶号低价盘给雇员张佐臣。

1918 年，泥沙设立南记茶号。

1920 年，刘万盛设立广益茶号。

1921 年，蔚华隆改称蔚华。

1922—1923 年，蔚华、和丰厚相继停业。

1931 年，张佐臣、涂子白、熊纯臣、刘嘉乃、吴习斋等合伙在所街设立鹤顺昌茶号，仅经营一年因火灾及内部扯皮停业。

1932—1933 年间，涂子白在泥沙设立公益茶号。

1934 年，在泰和合原址设立合荣茶号，1938 年改称荣益。

宜都。1930 年左右，宫葆初与其郎舅敖翠凤在宜都陆城开设天成红茶号。其父宫福泰在宜都还开有杂货布疋号，牌号福泰都庄，并经营红茶。1933年，宫福泰去世后，福泰都庄改为协通长杂货布疋号。

1934年，宜都商人李树春在王家湾开设同福茶厂。

1940年，宜都陆峰茶号经理为隗金山，恒慎茶号已由长阳迁到宜都，经理王少达（孝德），两家茶号均与湖北省茶叶管理处签订贷款收茶合约。

建始。1896年，广东商人在建始长樑子等地收购毛红茶，在大溪口烘焙精制封装，由民船运宜昌海关出口，共172担。这是宜昌开埠以来首次装运红茶（原记有误，1878年宜昌海关有茶叶出口记载）。但遇当年长期天雨，茶叶品质不尽如人意。

对于这次广东商人在施南县的创业失败，1898年1月25日，宜昌关署理税务司巴尔在《1897年度宜昌贸易报告》中记载："1896年度宜昌贸易报告中提到，自本埠开放以来首次装运172担红茶一事，这批红茶是几位富于开创精神的广东商人在施南县烘焙和包装，并准备出口到国外的。"

此外，据《武汉日报》记载，1934—1937年间，汉口的各帮茶商协记（王少槐、杨咏斋，湖南）、和记（李蕊生，湖南湘乡）、信记（罗江亭，通城）、泰和、天顺成、永丰，也曾在宜红茶区设庄制贩红茶。

宜昌红茶区设立的茶号（庄）明细表

茶号名称	开设时间	结束时间	创办人或合伙人	地　址	备　注
钧大福	道光年间	不　详	钧大福	长乐县渔洋关	茶庄名称不详
英商宝顺合茶庄	1875年	不　详	宝顺洋行	鹤峰州，长乐县渔洋关、采花	烘焙精制均在渔洋关
泰和合	1876年	1886年左右	林朝登等粤商	鹤峰州城	烘焙精制在渔洋关或泥沙
泰和合	约1883—1886	1917年	林朝登、唐星衢合股创办，后由卢次伦、卢月池经营	湖南石门泥沙，鹤峰五里坪设分庄	约1888年林朝登在星岩坪设泰和合分庄，林朝登为总经理
谦顺安	1885年	1888年	江西商人	湖南石门泥沙	次年改谦泰安，后出盘于泰和合
厚生祥	1885年	1922年	唐瑞芝	宜红茶区	1898年后唐朗山
不　详	1896年	1896年	广东商人	建始长樑子	大溪口烘焙精制
顺　记	1898年	1899年	李双兴	湖南石门泥沙	

续表

茶号名称	开设时间	结束时间	创办人或合伙人	地　址	备　注
泰和合	1899 年	1904 年	郑继庭	长乐县渔洋关	亦称泰和兴
原　记	1899 年	1899 年	彭善卿等合资	湖南石门泥沙	
建昌昇	1899 年	1903 年	韦楚善	湖南石门泥沙	1904 年，邵鄂南在所市改建昌昇为和合长，1905 年出盘于蔚华隆
和丰厚	1903 年	1923 年	不　详	湖南石门所市	
广豫益	1904 年	1912 年后	不　详	长乐渔洋关	后改豫丰益
彝新公司	1904 年	1923 年	吕瑞堂、吕忠荩	长阳资丘西湾	1924 年改为翠亨公司，经理吕彤章。1926 年改为豫丰，1927 年改为顺昌
义成生	1905 年	1917 年	龙云峰（良栋、见田）	长乐县渔洋关	曾有义和生之称
蔚华隆	1905 年前	1922 年	吴恩丞	湖南石门泥市	1921 年所改称蔚华
宫福泰	光绪末年前	1911 年	宫福泰（敬臣，圣修）	渔洋关水田街	光绪年间，宫福泰为营运红茶，资助修筑渔洋关至鹤峰驮运道
有余福	1908 年	1912 年后	周稀龄	湖南石门泥沙	
鹤立公司	1909 年	1912 年后	邹济堂	鹤峰懒板凳	
志成公司	1910 年	1912 年	林朝登	长乐渔洋关	
仁华公司	1910 年	1912 年	汉阳商人	长乐渔洋关	
永茂公司	1910 年	1912 年后	邹海门	湖南石门泥市	
德和祥	1910 年	1912 年后	田家善	湖南石门泥市	
大生恒	1911 年	不　详	不　详	宜红茶区	
鹤亿万	1911 年	1911 年	不　详	湖南石门泥市	
合立公司	1911 年	1911 年	不　详	湖南石门泥市	
源　泰	1912 年	1947 年	宫福泰	五峰渔洋关水田街	
兴　记	1912 年	不　详	张同兴	五峰渔洋关	
福来成	约 1912 年后	不　详	不　详	五峰渔洋关	
新　泰	约 1912 年后	不　详	俄商新泰洋行买办	五峰渔洋关	

续表

茶号名称	开设时间	结束时间	创办人或合伙人	地　址	备　注
隆　记	约 1912 年后	不　详	张永隆	五峰渔洋关	
泰和祥	1913 年	1926 年	卢秀元（垣）	五峰渔洋关堂上	
张永顺记	1917 年	1928 年	张佐臣	鹤　峰	
南　记	1918 年	不　详	不　详	湖南石门泥沙	
广　益	1920 年	不　详	刘万盛	湖南石门泥沙	
忠信昌	1922 年	1927 年	陈翊周	五峰渔洋关水田街	
同信昌	1924 年	1924 年	泰和祥、源泰合资	五峰渔洋关	
忠信福	1925 年	1947 年	忠信昌、源泰合资	五峰渔洋关	1927 年忠信昌停闭后，由宫子美、宫葆初等经营
德　典	1927 年	1930 年	不　详	五峰渔洋关	
源泰恒	1927 年	1930 年	源泰、恒信龙鹤龄合伙	五峰渔洋关	
恒　信	1927 年	1940 年	龙鹤龄、萧万盛（明哲、俊川）	五峰渔洋关水田街	
恒　源	1928 年	1935 年	不　详	五峰渔洋关	
民　生	1929 年	1940 年	刘鸿卿、易玉振	五峰渔洋关正街	
民　孚	1929 年	1937 年	张永隆、周天成	渔洋关正街城隍庙	余福田曾任副经理
成　记	1929 年	1947 年	宫子美	五峰渔洋关桥河	
裕　民	1929 年	1937 年	不　详	五峰渔洋关	
福泰都庄	不详	1933 年	宫福泰	宜　都	
天　成	1930 年左右	1936 年	宫葆初、敖翠凤、周鼎三	宜都陆城	1935 年改天成福，宫葆初、张少卿、陈寿轩合伙
裕　隆	1931 年	1940 年	不　详	五峰渔洋关	1940 年张少卿（均三）、宫葆初、张静三合资
鹤顺昌	1931 年	1931 年	张佐臣、涂子白、熊纯臣等合资	湖南石门所市	
裕　泰	1931 年后	不　详	不　详	宜　都	
华　明	1932 年	1940 年	周天成、彭赞臣、张子元等	五峰渔洋关堂上	泰和祥原址

续表

茶号名称	开设时间	结束时间	创办人或合伙人	地 址	备 注
同顺昌	1932年	1937年	吴宁记、吴寿记、张佐臣	五峰渔洋关王家冲	吴宁记，全达、尊三；吴寿记，全德、俊三
恒 昌	1932年	1937年	王达五	长 阳	
公 益	1933年	1937年	涂子白	湖南石门泥沙	
源 信	1934年	1934年	源泰、恒信合资	五峰渔洋关	
源泰成	1934年	1934年	源泰、成记合资	五峰渔洋关	
合 荣	1934年	1940年	不 详	湖南石门泥市	1938年改称荣益
协 记	1934年	1934年	湖南杨吟斋	宜红茶区	
和 记	1934年	1939年	湖南湘乡李蕊生	鹤 峰	洪传余（庆安）为鹤峰和记茶工
信 记	1934年	1934年	湖北通城罗江亭	宜红茶区	
陆 峰	约1934年	1940年	李福初	宜都王家湾	1940年经理为隗金山。设立时间1934年存疑
同 福	1934年	1936年	李树春	宜都王家湾	后与张佐臣合资
恒 慎	1934年	1940年	王达五	长阳下溪口，1940年左右迁宜都	1937年王达五死后，由其子王少达经营
鼎 升	1935年	1935年	萧俊川、张少卿	五峰渔洋关	
天顺成	1936年	1936年	不 详	宜红茶区	
泰 和	1937年	1937年	不 详	宜红茶区	
永 丰	1937年	1937年	不 详	宜红茶区	
恒 记	约1938年	约1938年	吴老板，牌号吴恒记	五峰渔洋关水田街	渔洋关正街有布匹号
鹤 兴	1940年春	1941年	孙泽民、覃奉乾	鹤 峰	另名合兴，1940年与中茶恩施茶厂合办联营茶厂
天生公司渔洋关茶厂	1946年3月	1946年12月	经理张宝善，副经理吴尊三、宫子美	渔洋关堂上原华明茶号	
大西茶叶公司	1946年	约1947年	范和钧创办，后私营	鹤峰北佳坪	恩施、重庆、五峰、汉口、南京及上海等地有厂及门市，公司设上海，汉口有分所

宜昌茶庄数量统计

年份	宜昌（家）	两湖（家）	标　题	报刊书稿名称	备　注
1883	2	246	茶庄消息	《申报》1883 年 4 月 29 日	宜都 2 家
1885	1	240	茶讯近闻	《申报》1885 年 5 月 2 日	宜都 1 家；两湖茶庄数次年记载为 256 庄
1886	1	297	茶市述新	《申报》1886 年 4 月 27 日	宜都 1 家；两湖茶庄数次年记载为 299 庄
1887	—	281	茶市纪闻	《申报》1887 年 4 月 19 日	仅有总庄数
1893	1	318	茶市续闻	《申报》1893 年 4 月 26 日	两湖茶庄数次年记载为 320 庄
1894	1	258	茶庄纪数	《申报》1894 年 5 月 6 日	《新闻报》《字林沪报》1894 年 4 月 30 日同载“茶庄计数”
1895	—	232	茶庄计数	《新闻报》1895 年 5 月 2 日	通城、柏墩、马桥、石门共 10 庄；同载《申报》1895 年 4 月 27 日“茶庄计数”
1896	—	242	茶庄加多	《新闻报》1897 年 5 月 9 日	
1897	1	286	茶庄加多	《新闻报》1897 年 5 月 9 日	原稿两湖 285 庄
1901	—	178	汉江茶务	《申报》1902 年 5 月 17 日	
1902	—	189	汉江茶务	《申报》1902 年 5 月 17 日	
1911	12	83	湖北红茶庄一览表	《福建商业公报》1911 年第 22 期	
1912	12	280	茶行（号、庄）数目	张鹏飞:《中国茶叶之概况》	中华民国史档案资料汇编
1913	10	207	茶行（号、庄）数目	张鹏飞:《中国茶叶之概况》	中华民国史档案资料汇编
1914	10	212	茶行（号、庄）数目	张鹏飞:《中国茶叶之概况》	中华民国史档案资料汇编
1915	14	243	茶行（号、庄）数目	张鹏飞:《中国茶叶之概况》	中华民国史档案资料汇编
1917	10余	200	汉口茶商在各山号数	胡焕宗:《楚产一隅录》	
1919	7	187	汉口茶商在各山号数	胡焕宗:《楚产一隅录》	《实业杂志》1931 年第 161 期，汉口市之茶业，宜昌茶庄数十余家
1921	7	199	汉口市之茶业——观成	《实业杂志》1931 年第 161 期	
1923	—	206	茶	《银行周报》1924 年 4 月 22 日	
1924	7	190	两湖本年茶庄统计	《中外经济周刊》1924 年 11 月 1 日	同载《银行杂志》1924 年 12 月 1 日“半月间之汉口市况：红茶”

续表

年份	宜昌（家）	两湖（家）	标　题	报刊书稿名称	备　注
1925	6	194	两湖红茶庄数比较表	《中外经济周刊》1925 年 7 月 25 日	《银行周报》1925 年 5 月 12 日，记两湖庄数 167 家
1926	6	160	半月间汉口市况：红茶	《银行杂志》1926 年 6 月 1 日	
1932	4	56	汉口之茶业	《国际贸易导报》1934 年 6 月 10 日	恒昌、源泰、天成、同顺昌
1934	6	17		葛绥成、范作乘、杨文洵编《中国地理新志》，1935 年出版	17 为湖北省茶庄数。《两湖红茶产额统计》（《新闻报》1934 年 11 月 29 日）载湘鄂茶庄 140 余家
1936	4	57	两湖之茶业	《国际贸易导报》1936 年 11 月	源泰、天成、同顺昌、恒昌。《汉口之茶业》（《统计月报》1937 年 2 月第 28 期）载两湖茶庄 73 家

源泰、成记、忠信福茶号各分庄存毛茶数量表

1947 年 7 月 27 日填　　单位：市担

厂　名	州庄	留庄	寻庄	采庄	楠庄	富庄	朱庄	成庄	涊庄	口庄	荆庄	深庄	总　计
共进数量	151.68	116.70	69.26	276.48	249.30	146.24	73.62	150.34	137.20	164.70	150.48	114.46	1800.46
已运本厂数	7.40	16.98	9.20	11.0	9.60	9.20	73.62	150.34	133.20	164.70	16.80	110.46	712.50
尚存数量	144.28	99.72	60.06	265.48	239.70	137.04	—	—	4.00	—	133.68	4.00	1087.96

民国时期宜红区部分茶号分庄设置明细表

牌　号	运用资金（万元）	生产能力（箱）	收购分庄（家）	地　址
源　泰	10	2866	23	渔洋关
恒　信	6	1408	9	渔洋关
民　生	5	973	8	渔洋关
裕　隆	3	505	8	渔洋关
成　记	6	1130	2	渔洋关桥河
华　明	6	1418	11	渔洋关堂上

续表

牌　号	运用资金（万元）	生产能力（箱）	收购分庄（家）	地　址
陆　峰	2	430	5	宜都王家湾
恒　慎	2	302	5	长阳夏口
同　福	2	400	4	宜都王家湾
蔚　华	3	500	7	石门泥市
荣　益	3	433	5	石门泥市
和顺昌	2	400	4	石门所市
合　计	50	10756	100	

资料来源：王乃赓《湖北茶叶之研究》,《西南实业通讯》1944 年第 9 卷第 3—6 期。

二、行业组织情况

民国时期，各县茶号除参加本县成立的商会外，宜都茶号陆峰、恒慎加入五峰渔洋关红茶业同业公会，还有部分茶号以贩运商身份加入汉口市茶叶出口业同业公会。

宜昌红茶区茶号加入汉口市茶叶同业公会名册

会员牌号	营业主姓名	店员（人）	代表姓名	年龄（岁）	籍　贯	店　址	备　注
公　益	涂子白	3	涂子白	47	湖北汉口	小夹街 97 号	石　门
忠信福	宫子美	4	宫葆初	42	湖北五峰	大董家巷悦来北栈	五　峰
民　生	刘鸿卿	3	易玉振	44	湖北五峰	大董家巷悦来北栈	五　峰
鼎　升	萧俊川	3	张少卿	43	湖北五峰	大董家巷悦来北栈	五　峰
天成福	张少卿	3	陈寿轩	44	湖北宜都	大董家巷悦来北栈	宜　都
同　福	李树春	2	张佐臣	74	湖北鹤峰	大董家巷悦来北栈	宜　都
恒　慎	王达五	3	王达五	50	湖北宜都	大董家巷悦来北栈	长　阳

资料来源：1935 年 8 月 17 日，汉口市茶叶出口业同业公会第二次改选会员名册，武汉市档案馆馆藏茶业档案资料汇编《茶档》。

涂子白、宫葆初新当选候补执委。

第四节　广东茶商办矿始末

康熙年间，容美土司田舜年知本地有铜矿，意欲开采。据《大清圣祖皇帝实录》（卷一〇四，1682年八月）记载："九卿议准土司田舜年请开矿采铜，上曰：'开矿采铜，恐该管地方官员借此苦累土司，扰害百姓，应严行禁饬，以杜弊端'。"

同治年间，粤人盛某善辨五金矿质，于道经彝陵之鹤峰时，得矿炼成铜，遂请开矿务，但以两属绅耆深恐滋事，群起而请封禁。1877年春，鹤峰、长乐两州县绅士动议，以本地人办本地矿务，恳请复开铜矿，获准暂行试办。

于是，鹤峰、长乐两州县集股筹资，准备动工，除了资金额不大外，还面临没有懂技术的矿师、运铜出山难等一系列难题。鹤峰、长乐均在万山之中，至1735年改土归流，始设为鹤峰州、长乐县。因道路崎岖，须人力肩挑背负以运铜出山，自办铜矿遂成为空想。

洋务运动的兴起，特别是1872年李鸿章众筹集股，开办轮船招商局的成功，极大地刺激了在鹤峰、长乐办茶的广东茶商们的神经，集众股开办鹤峰、长乐铜矿成为共识。1881年，鹤峰州矿务局正式成立。1882年初，经禀准招商集股，开采长乐铜矿。广东茶商在上海募集长乐铜矿1000股，每股100两，很快募齐股份10万两。是否同时开办鹤峰铜矿，朱季云（臻祺）与金兰生（鸿葆）产生了分歧。朱季云另欲禀请李傅相（鸿章）给札开办鹤峰铜矿，安排蔡某在上海招徕股份1500股，每股100两，至农历四月股份募集满额，后朱季云又临时增加500股，共募得20万两。

1882年春，矿局开始购买鹤峰、长乐各县山头及挖矿器具，兴修或扩宽道路。仅在长乐一县，1882年购买山峰70余座，花银不到1万两。约自1881年起，林朝登等广东茶商开始修建五峰湾潭经九门、张家垭、鹤峰南北镇至湖南宜沙驮运道。

1882年约十月间，金鸿保在长乐县开采杨家台、界头堡六里溪、湾潭保周家湾等铜矿。

1882年5月，朱季云携蔡某（鹤峰铜矿大股东）抵鹤峰后溪坪保九台山铜矿山局。6月，蔡某赴桂阳州觅雇工匠。冬月，蔡某回鹤峰铜矿山场，见林朝登等人管理的鹤峰铜矿山局各式无章，于腊月力辞出山回里。

1883年5月间，设在上海的鹤峰铜矿局（办事处）函请蔡某来上海。6月，由朱季云邀齐各股东于上海聚丰园，共同推举蔡某任鹤峰铜矿山场总理。8月，蔡某再抵鹤峰铜矿山场。办至九月二十日，接鹤峰州长司马咨照，奉朝廷檄令停止。蔡某于十月收局出山，将山场及津市两矿局存款万余两汇回上海，并有铜斤200余担随带到汉，寄存汉口轮船招商局。此次办矿，上海局（办事处）共汇津市银46000两。

1883年9月，长乐铜矿也同时停止开办，而且铜矿均属鸡窝矿，品质较低，开采价值极低。按蔡某实际开采得知，鹤峰铜矿本来铜苗不旺，也无多大开采价值，但势成骑虎，上海又正经历着1882年底以来的第一次股灾，长乐、鹤峰铜矿在经历大涨后，又在经历大跌。

1885年6月9日（光绪十一年四月二十七），湖北鹤峰矿务局在《申报》刊登启事：

> 启者，本局创办矿务迄今四载，所开之洞均已深入，洞中苗引蔓衍，先后获矿镕炼甚佳，成效已著，惟经费不敷，必须筹划接济。兹将大概情形登报，以供众览。
>
> 查创办之初，商股踊跃。未及数月，沪上银根忽然艰涩，商人须用银两，请将股票存局取回原本，其时，局中尚有存款。因市上累见倒闭，存放可虑，自不如体恤商情，暂准所请。除取去之数不计外，局中实计共收银5万余两。上年曾经禀明傅相（李鸿章），拟请酌令回赎，奉批："不必勉强，仰仍另筹妥法，以广招徕。"当经遵照筹垫款项，派员续办。原望市面稍通，存票仍可作用，不意迄无来赎之人。现在勉力支持，款项无可再垫，若竟遽行停歇，不独商本虚掷，即挪垫之款亦无着落，再四筹划，只得酌拟变通办法，将所有进出账目开折报明，并另拟章程禀请傅相核示。奉批"据禀并图折均悉，鹤峰铜质色均佳，如办理不辍，自可日有起色，现因经费不敷，变通办理，以免停歇，所拟章程数条均尚可行，仰即照议妥办，随时具报查核，勿任商人亏累"等因，兹特节叙大略，暨禀定章程一并登报，即望有股诸君于一月之内到

局候议，所有原禀山图等件存局备览，不复赘叙，此启。

计开章程：鹤矿系已成之局，靡费可省，约计须本五六万两足资开采，盖本少固难周转，本多亦恐搁置，倘将来见红日多，不妨续添股本。

矿务先尽老股中殷实愿办者，听其独认办理，所有矿山、房屋、器具等项作价若干，归该商领用，由该商分年缴还，五年为率，以一半摊还老股，一半归还垫款。此事既归商人自办，其银钱、账目即由该商自行经理，惟铜斤多寡由局督察，老商仍欲附股者，亦听其便。

老股无人认办，当招新股，但目今办理与开创不同，不特根基已立，事半功倍，且开办之日即可得铜，事由实据，费无虚靡，其认缴之款除照第二条章程办理外，似应于逐年余利中酌提一二成，以资贴补老股垫款两项利息。

股份零星招致仍恐不能归一，不如径招殷实巨商一二人专办，官督其成，商理其事，至认缴酌提之款，仍照第二条办理。

以上各节晓示后，仅一月内无论何条可成，即于限年内妥议禀办，老股中如有愿办者，须在限年内来议，如逾限不到，应招新商，以便早议举办。

1886 年，广东香山李朝觐独资接办鹤峰铜矿，于 10 月亲赴鹤峰铜矿山场，安排林朝登任商董，坐局督办。李朝觐回上海继续办理赈灾事宜。11 月 17 日夜，乡民以开挖铜矿有坏地脉，以致年岁荒歉，米价昂贵，众情怨恨，要求停止开采。争斗中，2 名乡民被砂丁戳伤致死，并有乡民三人被矿局扣住关禁。19 日早，乡民聚集多人齐往矿局，林朝登与砂丁等已逃避。鹤峰州札饬山羊隘巡检刘礼仁，会同卫昌营白菜坪外委陈先明，驰至弹压解散。因人多手杂，局屋被烧并延烧陶承科住房。

林朝登报案，开具丢失财物清单及“抢匪”谢加贵等 28 人名单，禀请饬拿讯追究办，湖广总督饬发武昌府审办。但报案所述与鹤峰州地方官及乡民供述大相径庭，无法定案。1887 年十二月十日，湖广总督裕禄、湖北巡抚奎斌奏报光绪皇帝，请旨将江苏试用同知李朝觐交部议处，着令速将林朝登及滋事砂丁一并交出解鄂归案审办，与此案无干之人先行释放。十二月十六日，光绪皇帝朱批：“李朝觐著交部议处，余依议。”

李朝觐随即被降三级，林朝登则“身隐鱼盐”。也许是因投入巨资接办鹤峰铜矿，落此下场，郁愤难已，也许因赈灾积劳成疾，抑或两者兼而有之，李朝觐于1888年二月初七病故。

林朝登在长阳星岩坪办泰和合茶号多年以后，又于1901年受鹤峰人李树馨之邀，再次合办鹤峰九台山铜矿，仍以失败告终。

1882年长乐铜矿股份交易市价变动表

月	日	价格（两）	月	日	价格（两）	月	日	价格（两）
4	23—25	160	7	11	170	10	11	177.5
	27	155		13	167.5		12—13	190
	28	165～170		14	167		14	192.5
	29—30	170		15—22	165		15	188
5	1—2	170		23—25	163		16	185
	4—6	170		26	166		17—18	182
	7—8	175		27—29	168		19	176
	9	175～175.5	8	1—8	168		20	175
	11—12	180～182.5		9—10	169		21—22	174
	16—17	165		11	168		23	172.5
	18	162.5～165		12	168.5		24—26	172
	19—25	160		13—16	168		27—29	174
	26	152.5		17	169	11	1—3	174
	27—30	150		18	175		4—10	174.5
6	2—4	150		19—21	180		11—12	173.5
	5—8	152.5		22	205		13—14	173
	9	152		23	214		15—19	172
	10	150		24	216		20—21	171
	11—12	152		25—28	230		23—24	170
	13	155		29—30	225		25—28	169
	14	157.5	9	1—10	225		29	167.5
	15	170		12—13	223		30	168
	16	180		14—17	220	12	1	167.5
	17	177.5		18—20	215		2	166
	18	175		21—25	210		3—6	165
	19	170		26	205		7	155
	20	173		27—30	200		9—10	155
	21	170	10	1	200		11	152
	22	172.5		2—3	188		12	150
	23	170		4	186		13—15	145
	24	171.25		5	180		16—17	140
	25	170		6	179		18	138.5
	26	172		7	178		19—23	137.5
	27—30	170		8	176		24	142.5
7	1—8	170		9—10	171		25—27	144.25

1883 年长乐铜矿股份交易市价变动表

月	日	价格（两）	月	日	价格（两）
1	13—14	142.5	6	5—17	80
	16—17	142.5		18—19	78
	19	142.5		21—22	75
	21—29	142.5		24—26	75
2	1—2	142.5	7	1—2	77
	3—8	140		4	77
	9—11	138		11—13	77
	13	138		20	55
	14—15	137		22	55
	16—20	136		24—25	50
	21—28	135		29	50
3	3—4	122	8	1—27	50
	5—9	118		30	50
	12	95	9	1—9	50
	13—18	90		13—16	50
	20—21	90		18—20	50
	22	89		26	50
	24	89		28—30	50
	26	89	10	4	50
	28	90		7—9	50
	29	92		13	50
4	1	98.5		15—16	50
	2	102		18	无成交
	3	103		22—25	45
	4—7	100		30	45
	8—9	98	11	1—4	44
	10—11	96		6—12	44
	12—16	94		14—18	44
	17—18	92		20—23	44
	19—21	90		25	44
	22—25	87		26	43
	26—29	85		28—29	43
5	1—12	85	12	1—3	42
	13	83		4—5	40
	16	83		7—8	40
	18	83.25		10—13	40
	19	83		14	41
	21—22	81.5		15	42
	24—29	81.5		17—19	42
6	1—2	81.5		20	41
	3—4	81			

注：1. 表中时间均为农历。2. 长乐铜矿股份 1000 股，每股 100 两，照数收足。3. 资料来源于《申报》1882 年 6 月 9 日（农历四月二十四）至 1884 年 1 月 23 日（农历一八八三年十二月二十六）各期。

1882年鹤峰铜矿股份交易市价变动表

月	日	价格（两）	月	日	价格（两）	月	日	价格（两）
5	16	140	7	13—14	167	9	20—22	170
	17	140～148.5		15—16	165		23	166.5
	18	137.5～140		17—18	164		24	162.5
	19—20	140		19	161.5		25	152.5
	21	141.5		20	161		26—27	150.05
	22	140.5		21—22	161.5		28—30	152.5
	23	142.5		23—27	161	10	1—7	153
	24—25	141.5		28—29	160		8—9	152.5
	26	141	8	1—6	160		10	152
	27—28	140		7	158.5		11—20	151
	29	139		8—10	158		21—23	150
	30	138		11	157.5		24	149
6	2	139		12—13	157		25	148
	3—4	140		14	156		26—29	145
	5	141.25		15—17	155	11	1—2	140
	6	142.5		18	165		3—4	138
	7	143		19—20	171		5—11	139
	8	143.75		21	167		12	138.5
	9	145		22	165.5		13—15	138
	10	147.5		23	162.5		16	137.5
	11	150		24	162		17	136.5
	12	160		25	164		18	136
	13	163		26	170		19	135
	14	166		27	175		20—21	133.5
	15	175		28	177.5		23—30	132
	16—17	177		29	175	12	1—6	132
	18—19	170		30	172.5		7	131
	20	171	9	1	170		9—12	131
	21	175		2	171		13—14	130
	22	174		3—4	170.05		15	129
	23	173.5		5—6	171		16—17	128
	24	172.5		7—8	170.05		18	127
	25—26	172		9	170		19	127.5
	27—30	170		10	171		20—21	126
7	1	168.75		12	182.5		22	125
	2	168		13	180		23	124
	3—6	167.5		14—15	177.5		24	123
	7	167		16	172.5		25—27	124
	8	167.5		17—18	171.5		—	—
	11	167		19	171		—	—

1883 年鹤峰铜矿股份交易市价变动表

月	日	价格（两）	月	日	价格（两）	月	日	价格（两）
1	13	125	4	9	102	8	20—21	58
	14	127		10—11	100		22—27	50
	16—17	128		12—14	98		30	50
	19	128		15—16	97	9	1	45
	21—25	128		17—18	96		2—9	40
	26—27	130		19—21	94		13—16	40
	28—29	129		22—25	90		18—20	40
2	1—11	129		26—29	88		26	40
	13—15	128.5	5	1—2	88		28—30	40
	16—18	128		3—7	85	10	4	40
	19	127		8—12	84		7—9	40
	20—23	125		13	83.5		13	40
	24	124		16	83		15—16	40
	25	122		18—19	83		18	37.5
	26—28	121		21—22	83		22—25	37.5
3	3—9	120		24—29	83		30	37.5
	12—14	115	6	1—19	83	11	1—3	36.5
	15	112		21—22	83		4	36
	16—18	104		24—26	83		6—12	36
	20—22	100	7	1—2	80		14—18	36
	24	96		4	80		20—23	36
	26	97		11—13	80		25—26	36
	28	98		20	60		28—29	36
	29	98.5		22	60	12	1—5	36
4	1	100		24—25	60		7—8	36
	2—3	106		29	60		10—13	36
	4	104	8	1	60		14—15	30
	5—7	105		2—4	58		17—19	30
	8	103		5—19	60		20	27

1884 年鹤峰铜矿股份交易市价变动表

月	日	价格（两）	月	日	价格（两）
1	6	30	5	28—29	24
	10—11	30	闰五	1	24
	13	30		3	24
	15	30		5—6	24
	17	30		9—21	24
	19—20	30		23—24	24
	22—23	30		26	24
	25	30		28—29	24
	30	30	6	1—4	24
2	1—3	31		6	24
	5	30		8—11	24
	7	30		13—18	24
	10—17	30		20—21	24
	20	30		24—25	24
	22	30		28	24
	24	30	7	6	24
	29	28		13	24
3	1—2	28		17—18	24
	6—8	28		23	24
	10—16	28		28	24
	18	28	8	1	24
	21	28		3	24
	23	28		7	24
	25—29	28		10	24
4	3	25		13	24
	6	25		16	24
	8—10	26		20—22	20
	12	26	9	3	20
	16—17	26		7	20
	19—21	26		16	20
	23	26		25—26	20
	28	26		30	20
	30	25	10	2	20
5	7	25	11	21	20
	9—12	25		23—26	20
	14—15	25		28	20
	17	24		1—3	20
	18	25		5	20
	20	25		10—12	20
	22	25		16—17	20
	24—25	25		20	20

注：1. 表中时间均为农历。2. 鹤峰铜矿股份 2000 股，每股 100 两，照数收足。3. 资料来源于《申报》1882 年 7 月 2 日（农历五月十六）至 1885 年 1 月 5 日（农历一八八四年十一月二十）各期。

本章资料来源

1.《试开铜矿》,《申报》1877 年 9 月 12 日（光绪三年八月十一）。

2.《长乐近信》,《万国公报》1882 年 12 月 16 日（光绪八年十一月初七）。

3.《湖广总督裕禄奏为鹤峰州矿局原报重案供情悬殊请将江苏试用同知李朝觐交部议处归审事》，中国第一历史档案馆（04–01–26–0076–082），光绪十三年十二月初十。

4.《矿路汇志》,《外交报》1903 年第 3 卷第 13 期。

5.《益闻录》（光绪八年八月初五），孙毓棠编《中国近代工业史资料》第一辑（1840—1895），科学出版社 1957 年版，第 1155 页。

6.《调查湖北西路矿产报告书》，1915 年。

7.《中国农民银行宜昌办事处函源泰、成记、忠信福茶厂如期清偿借款》，湖北省档案馆档案（LS061–004–0710–0030），1947 年 8 月 4 日。

8. 湖北省政府建设厅:《关于湖北农业改进所检送五峰、鹤峰两县茶叶调查报告书的指令、训令》，湖北省档案馆档案（LS031–003–0775–0019），1940 年 1 月 22 日。

第七章

宜昌红茶的对外贸易

汉口通商以前，宜昌红茶经湖南或武汉运广州出口。因暂未发现这个时期宜昌红茶的对外贸易资料，故本章主要记述汉口通商以后宜昌红茶的对外贸易情形。

宜昌红茶对外贸易主要海关为汉口、上海，宜昌、沙市海关以转口为主。主要贸易国家为英国、俄国（苏联）、美国、德国。

关于宜昌红茶的年贸易量，戴啸洲在《鄂西茶业调查》[①]中记述："据记者实地调查，在欧战前，该地茶商均来自粤省，资本雄厚，每年制茶箱数均在3万～4万石之间，虽无精确数据可考，但询之汉市老茶商，亦皆谓如此。迨欧战既起，茶市阻滞，茶商亏损资本，外帮商人，再不进山采办，只本地商人集资购买，资本既不充分，自不能大量采办，多数茶农之制茶，无法出售，故茶农或置茶园荒芜于不顾，或改制内销绿茶。"中国茶叶公司恩施实验茶厂厂长王乃赓认为，"宜红"鼎盛时期为清光绪中叶，年产约三四万担。万纯心调查，泰和合茶号收购毛茶最高曾达7500担。

第一节　宜昌红茶在汉口的贸易情形

1877年，宜昌有235.30担红茶及茶末（Black tea and dust）经由江汉

① 《实业部月刊》1937年第2卷第6期。

关出口，红茶及茶末价值为 4471 海关两。①

1878 年，英国驻汉口领事馆领事休斯在《1878 年度汉口贸易报告》中记载，宜昌有茶叶 36.43 担出口。②

1881 年 6 月 11 日（光绪七年五月十五），《申报》首次登载汉口《茶市情形》："本年汉口茶市以湖南之桃源茶为第一，安化次之，宜都、宁州又次之，羊楼洞、崇阳、通山为最次。"

1883 年 4 月 29 日（光绪九年三月二十三），《申报》报道汉口《茶庄消息》载，宜都有茶庄二。

1885 年，《申报》开始报道宜昌红茶在江汉关的成交情形，成交 3067 箱。1887 年，成交 1500 箱。

1898 年，《光绪二十四年汉口华洋贸易情形论略》引述宝顺洋行《茶报》："今年茶叶情形，汉口茶迟至闰三月二十二日始行到镇，样茶十九日先来，祁门茶亦于是日开盘，货物甚美，头字价值每担自 60～63 两不等。宁州茶于二十一日初次成交，至佳者售价自 50～55 两得茶一担。汉茶于二十二日到镇之初即成交易。宜昌茶头两字卖价每担 65 两，次等 40 余两，再次者二三十两之谱。"

江汉关税务司穆尔黑德在《1898 年度汉口贸易报告》中记载："宜昌有两种最好品质的茶叶价格卖到了 65 海关两，次等品质的茶叶价格为 40～43 海关两，较低品质的茶叶价格为 21～30 海关两。"③

1899 年，《湖北商务报》较为完整记录了宜昌红茶在汉口的成交情形，全年共成交 9893 件。

水野幸吉（1873—1914）著《中国中部事情·汉口》记载："1905 年 5 月 18 日—12 月 18 日，外国商人购宜昌红茶 7121 箱。"

1908 年，宜昌红茶在汉口共成交 14075 箱，其中石门头春 5164 箱、二春 3278 箱、三春 1196 箱，宜昌头春 3064 箱、二春 1034 箱、三春 339 箱。

1909 年，宜昌红茶在汉口共成交 13168 箱，其中，石门头春 5340 箱、

---

① 资料来源：Francis W. White, *Hankow Trade Reports for the year 1877*. 江汉关税务司怀特《1877 年度汉口贸易报告》。

② 资料来源：P. J. Hughes, *Reports on the Trade of Hankow for 1878*.

③ 资料来源：R.B. Moorhead, *Reports on the Trade of Ichang for the Year 1898*.

二春 2686 箱、三春 517 箱，宜昌头春 3434 箱、二春 1191 箱。

1910 年，宜昌红茶在汉口共成交 17000 箱，其中石门头春 8312 箱、二春 2785 箱，宜昌头春 3177 箱、二春 2726 箱。另据《中国茶叶之概况》（张鹏飞撰，1916 年）记述，宜昌头春为 6031 箱，其他数据完全相同，本年共成交 19854 箱。

1911 年，宜昌红茶在汉口共成交 4158 箱，其中宜昌头春 3175 箱、二春 983 箱。

1913 年，宜昌红茶在汉口共成交 15000 半箱（小箱，约 15～20 斤）。

1914 年，宜昌红茶在汉口共成交 18000 半箱。据《中华民国三年江汉关贸易册》记载："本年宜昌红茶在汉口由英国购 3524 担，俄国购运莫斯科 113 担、海参崴 11 担。"

1915 年，宜昌红茶在汉口，由俄国购运莫斯科 47 担、海参崴 723 担，共 770 担。

1916 年，《中华民国五年汉口华洋贸易情形论略》记载："6 月中旬，宜昌茶 37～47 两，上年则 48～65 两。9 月中旬，茶价更跌，宜昌 26 两"，但没有成交量数据。

1917 年，《中华民国六年汉口华洋贸易情形论略》引述顺丰洋行恩占霖及杜德洋行杜德开来本年茶市节略："宜昌茶 7 月内先到，开盘价自 32～34 两，货较上年佳，共 16419 半箱，内 541 半箱运上海，余则就地售去。"据《中华民国六年江汉关贸易册》统计："1917 年，宜昌红茶在汉口由黑龙江运俄国尼古拉土克 299 担、海参崴 1 担，共 300 担。"另据戴啸洲《鄂西茶业调查》记述，五鹤红茶本年在汉口成交 15806 箱。

1918 年，《中华民国七年汉口华洋贸易情形论略》引述顺丰洋行恩占霖及杜德洋行杜德开来茶市节略："闻宜昌情形最坏，制茶作坊全数被毁，只出 1829 半箱。"据戴啸洲《鄂西茶业调查》记述，五鹤红茶本年在汉口成交 1552 箱。

1919 年，五鹤红茶在汉口成交 2237 箱。《湖北全省实业志》卷四（1920 年版，中亚印书馆，胡焕宗编辑）记述："汉口为茶市唯一内地大市场，由宜昌来者年约 10014 箱。"

戴啸洲在《鄂西茶业调查》中记述：五鹤红茶在汉口成交情形，1920

年 5470 箱，1922 年 964 箱，1923 年 9298 箱，1924 年 8868 箱，1925 年 8128 箱，1926 年 6822 箱，1927 年 2217 箱，1928 年 4058 箱，1929 年 4375 箱，1930 年 1800 箱，1931 年 2263 箱，1932 年 1124 箱，1933 年 2956 箱。

据《民国二十二年汉口市红茶出口统计》（1933 年 8 月汉口市政府统计股调制，《汉口商业月刊》1934 年第 1 卷第 2 期）记载，宜昌红茶成交 2697 箱。

1933 年，宜昌红茶在汉口茶市成交情形，《新闻报》《申报》《武汉日报》均有记述。

《两湖红茶英销发动》（《新闻报》1933 年 7 月 16 日）载："两湖红茶，近来汉口市面尚不寂寞。盖因英伦市场，印度、锡兰茶价均高昂，两湖茶扯价相宜，英庄去胃较往年为大。昨日本市锦隆、天祥两英行，亦均开始购办，全市谈成 200 余箱，宜昌高庄开盘 115 元。"

《两湖红茶渐见走动》（《申报》1933 年 7 月 24 日）载："据汉讯，两湖红茶在五六两月间，走销呆滞，市价不起，上月底以来，驻汉英俄各行，渐敢动办……近日长寿街货由怡和、太平等洋行惯开 40 元，宜昌货开 110 元。"

据《武汉日报》1933 年 7 月 4 日、7 月 14 日、8 月 21 日报道，太平、怡和洋行购鹤香 340 箱，怡和洋行购贡仙 100 箱，广帮购祁珍 94 箱。

1934 年，宜昌红茶到销 4265 箱。据戴啸洲《鄂西茶业调查》记载，五鹤红茶在汉口成交 4190 箱。《武汉日报》对本年宜昌红茶的到销情况有较多报道。

7 月 5 日，宜昌红茶首批到汉，为宜昌产鹤香 480 箱；7 月 10 日，到 1167 箱；7 月 11 日，到 942 箱；7 月 15 日，天津帮上市收买宜昌红茶 521 箱，系宜昌红茶首次开盘，品质优良细嫩，非他货所能及其万一，兼之英俄洋行进胃最力，华方亦有买家吸收，几至各不相让，故市面突趋热闹。

7 月 21 日，协和洋行购鹤香 480 箱；7 月 23 日，到 74 箱；7 月 25 日，到 111 箱；7 月 27 日，怡和洋行购 209 箱，太平洋行购 111 箱；7 月 30 日，协和洋行购 892 箱；7 月 31 日，到 419 箱，协和洋行购进 275 箱。

8 月 1 日，到 113 箱，协助会购 286 箱；8 月 4 日，到 399 箱，协助会

武漢日報

中華民國二十二年七月四日 星期二 第二張 第三版

長江水勢漸退

夏汛危險期已過

席德炯將赴贛皖一帶視察

伏汛將臨仍應防範

朱玖瑩等前已返漢

省會防水會

將組緊急預備隊

呈建廳核准後成立防範伏汛

鄂城第一區

各堤防潰決堪虞

電請省府轉飭江漢局

允分援濟俾設法搶護

黃岡縣公開

江水內灌

(上)武昌居家咀堤搶築情形

(下)市府派工趕築賓陽門山邊閘

新堤防汛費支…元

防汛電報免費…

何成濬電賀

徐源泉就任新職

「馮將軍大樹不言

徐中山前功克紹」

市府取締

高漲米價

黨部紀署

昨晨舉行紀念週

何成濬報告作事應以負責為主

平漢路黨部

武長路黨部

李範一

今日返省

郭汝棟

省府今集會

審查新概算

新任教廳長

程其保今晨接事

賈士毅

意海軍司令

民廳整理

省區救濟院

何競武

省空軍會議決

催繳各分會捐欵

并推員分別前往接洽

王以哲

各縣黨員

重行報到規則

省執委會決議付審查

市黨部省政府

會審新聞紙

善後公債

武漢大學

銀錢收交

紅茶銷場

蠶豆價伸長

債券市況

《武汉日报》1933 年 7 月 4 日，《红茶销场——怡和、太平两洋行进 825 箱》：太平洋行收进宜昌鹤香 50 箱，价 110 元。又 290 箱，分与怡和洋行收进购 286 箱；8 月 5 日，到 155 箱；8 月 9 日，协助会购 155 箱；8 月 10 日，协助会购 399 箱；8 月 15 日，协助会购 532 箱；8 月 16 日，协和洋行购 267 箱。

1935 年，宜昌红茶到销 5654 箱。湖北省茶叶管理处（1939 年成立）调查，1935 年宜昌红茶运抵汉口 5525 箱。据戴啸洲《鄂西茶业调查》记述，五鹤红茶在汉口成交 4059 箱。《武汉日报》报道了大部分到销情形。

6 月 20 日，到鹤贡 326 箱、鹤鸣 136 箱；6 月 24 日，到鹤香 405 箱、赛芳 248 箱、萌芽 240 箱；6 月 29 日，到贡仙 406 箱。

7 月 7 日，宜仙 274 箱运上海销售；7 月 8 日，协和洋行购鹤贡 326 箱；7 月 10 日，太平洋行购鹤尖 104 箱；7 月 11 日，协助会购鹤尖 92 箱，怡和洋行购鹤鸣 136 箱；7 月 14 日，协和洋行购宜品 154 箱；7 月 19 日，到贡品 214 箱，怡和洋行购鹤香 100 箱、赛芳 248 箱；7 月 20 日，协助会购萌芽 240 箱、鹤香 305 箱；7 月 26 日，到宜珍 11 箱、宜品 116 箱；7 月 27 日，到艳梅 25 箱、鹤仙 145 箱，协助会购萌珍 60 箱；7 月 29 日，到宜昌红茶 220 箱；7 月 30 日，到鹤品 45 箱、宜魁 145 箱，协助会购贡品 214 箱。

8 月 2 日，协助会购宝华 126 箱；8 月 6 日，艳梅 25 箱、鹤仙 145 箱运上海销售；8 月 7 日，太平洋行购珍芽 23 箱；8 月 8 日，到香美 47 箱、香蕊 195 箱；8 月 13 日，协助会购宜魁 145 箱、香蕊 195 箱；8 月 15 日，山西帮购香美 47 箱；8 月 18 日，山西帮购鹤品 45 箱；8 月 21 日，琼英 85 箱装申销售。

9 月 21 日，太平洋行购宜昌红茶 77 箱。

1936 年，宜昌红茶在汉口成交 2239 箱（《武汉日报》1937 年 1 月 18 日，过去一年来两湖红茶产销概况）。湖北省茶叶管理处调查，1936 年宜昌红茶运抵汉口 2637 箱。据戴啸洲《鄂西茶业调查》记述，五鹤红茶在汉口成交 4559 箱。《武汉日报》报道了部分到销情形。

6 月 26 日，到 364 箱。

7 月 2 日，到香蕊 87 箱、香艳 208 箱；7 月 10 日，到 127 箱，协助会购鹤贡 206 箱、天成 128 箱，申帮购贡品 21 箱；7 月 18 日，到华宝 33 箱、瀛露 68 箱；7 月 20 日，宜品 110 箱、仙品 17 箱运上海销售；7 月 22 日，太平洋行购瀛露 68 箱、华宝 33 箱；7 月 24 日，太平洋行购鹤鸣 100 箱。

8 月 2 日，到鹤仙（松）159 箱、鹤艳 75 箱；8 月 12 日，怡和洋行购鹤松 159 箱、鹤艳 75 箱；8 月 17 日，到迎仙 311 箱、宜品 24 箱、琼英 134 箱；8 月 25 日，协助会购迎仙 311 箱、宜品 24 箱。至 11 月 8 日，宜昌红茶共到销 2239 箱。

另据蒋志澄《一年来之两湖红茶》(《汉口商业月刊》1937 年新第 1 卷第 9 期）载：“6 月销 343 箱，7 月销 756 箱，8 月销 234 箱（有误，少计 335 箱)，全年成交 1997 箱。”

1937 年，五鹤红茶在汉口成交 6648 箱,《武汉日报》报道了部分成交情形。

6 月 24 日，英商协和洋行邮购赛芳 148 箱、鹤香 214 箱。

7 月 2 日，怡和洋行购鹤贡 355 箱；7 月 3 日，怡和洋行购贡仙 194 箱；7 月 6 日，蓉美 177 箱、品美 80 箱装申销售；7 月 7 日止，到 1841 箱，销 1168 箱，存 673 箱；7 月 10 日，艳贡 200 箱、宜仙 222 箱、华珍 101 箱，茶号自运赴申求售；7 月 22 日，货主永丰、泰和两号，以市场过度沉寂，共运箱茶鹤凤、鹤茗、和记等牌 305 箱赴沪求售；7 月 23 日，太平洋行购天香 21 箱、贡主 56 箱。

8 月 7 日，怡和洋行购宝鹤 145 箱、宝华 23 箱、宜品 163 箱、仙品 56 箱、鹤仙 111 箱、贡仙 39 箱；8 月 8 日，怡和洋行购明珠 138 箱、天宝 26 箱；8 月 11 日，裕民茶号自运春芳、春香两牌 162 箱赴沪；8 月 14 日，协助会购贡品 185 箱、鹤品 98 箱。

1938 年，中国茶叶公司汉口分公司收购五鹤红茶 3445 箱，其中 1600 箱销怡和、协和洋行。

1939 年，中国茶叶公司统购统销宜红区红茶，运香港外销。本年运销宜红箱茶 7787 箱，片末 2884 箱。

1940 年，中国茶叶公司运销宜红箱茶 7012 箱。

1941 年，中国茶叶公司未与湖北省签订贷款收购合约，仅中国茶叶公司五峰精制茶厂精制 460 箱。湖北省茶叶管理处借裕隆茶厂厂房自制茶叶 2 万余斤，后由湖北省银行接收。1942 年 8 月，宜都同裕茶行以 12500 元购得存茶 7600 斤。

《申报》载宜昌红茶在汉口茶市成交明细表

沽出日期	买进洋行	牌名	茶名（产地）	箱额（箱）	售价（担价）	备 注
1885.5.29	祥泰（英）	仙品	二五工宜	837	40 两	1885 年 6 月 5 日
1885.5.29	祥泰（英）	和记	二五工宜	411	46 两 5	1885 年 6 月 5 日
1885.6.5	怡和（英）	蕚香	二五工宜	660	35 两	1885 年 6 月 11 日
1885.6.5	怡和（英）	馥馨	二五工宜	246	42 两 5	1885 年 6 月 11 日
1885.6.13	公信（英）	奇茗	二五工宜	490	24 两	1885 年 6 月 20 日
1885.6.18	祥泰（英）	龙涎	二五工宜	423	11 两	1885 年 6 月 21 日
1887.5.22	怡和（英）	仙茗	二五工宜	408	33 两 25	1887 年 5 月 28 日
1887.5.23	祥泰（英）	仙品	二五工宜	670	30 两 95	1887 年 5 月 30 日
1887.5.23	祥泰（英）	和记	二五工宜	422	30 两 95	1887 年 5 月 30 日
1888.8.7	立发（个人开办）	仙香	二五工宜	213	26 两	1888 年 8 月 13 日
1894.5.28	—	赛蕊	宜昌	—	6 两	1894 年 6 月 7 日

《湖北商务报》载宜昌红茶在汉口茶市成交明细表

成交日期（西历 / 农历）	买进洋行	牌名	产地	数量（件）	售价（两 / 担）	报刊日期
1899.5.22（四月十三）	怡和（英）	和记	宜昌	696	包	1899.6.28 光绪二十五年五月二十一
1899.5.22（四月十三）	怡和（英）	仙品	宜昌	837	包	1899.6.28 光绪二十五年五月二十一
1899.5.25（四月十六）	顺丰（俄）	建兴	宜昌	325	38	1899.6.28 光绪二十五年五月二十一
1899.6.2（四月二十四）	新泰（俄）	馥声	宜昌	302	49	1899.7.8 光绪二十五年六月一日
1899.6.2（四月二十四）	新泰（俄）	蕚香	宜昌	604	49	1899.7.8 光绪二十五年六月一日
1899.6.13（五月初六）	顺丰（俄）	春芽	宜昌	238	25	1899.7.18 光绪二十五年六月十一
1899.6.16（五月初九）	顺丰（俄）	茗香	宜昌	360	42	1899.7.18 光绪二十五年六月十一
1899.6.16（五月初九）	顺丰（俄）	奇馨	宜昌	385	42	1899.7.18 光绪二十五年六月十一

续表

成交日期（西历 / 农历）	买进洋行	牌名	产地	数量（件）	售价（两 / 担）	报刊日期
1899.6.21（五月十四）	顺丰（俄）	桂馥	宜昌	75	20	1899.8.6 光绪二十五年七月初一
1899.6.22（五月十五）	协和（英）	奇声	宜昌	200	42	1899.8.6 光绪二十五年七月初一
1899.6.22（五月十五）	协和（英）	茗声	宜昌	322	32	1899.8.6 光绪二十五年七月初一
1899.6.22（五月十五）	协和（英）	瑞魁	宜昌	109	20	1899.8.6 光绪二十五年七月初一
1899.6.22（五月十五）	协和（英）	茗香	宜昌	200	42	1899.8.6 光绪二十五年七月初一
1899.6.22（五月十五）	协和（英）	春兰	宜昌	321	32	1899.8.6 光绪二十五年七月初一
1899.6.22（五月十五）	顺丰（俄）	春兰	宜昌	392	32	1899.8.6 光绪二十五年七月初一
1899.6.22（五月十五）	顺丰（俄）	茗香	宜昌	393	32	1899.8.6 光绪二十五年七月初一
1899.6.27（五月二十）	顺丰（俄）	奇春	宜昌	606	24.5	1899.8.6 光绪二十五年七月初一
1899.6.27（五月二十）	顺丰（俄）	赛声	宜昌	81	33	1899.8.6 光绪二十五年七月初一
1899.6.27（五月二十）	顺丰（俄）	贡品	宜昌	607	24.5	1899.8.6 光绪二十五年七月初一
1899.7.17（六月初十）	协和（英）	品香	宜昌	463	包	1899.9.15 光绪二十五年八月十一
1899.7.17（六月初十）	协和（英）	奇芬	宜昌	517	包	1899.9.15 光绪二十五年八月十一
1899.7.17（六月初十）	协和（英）	奇岩	宜昌	520	包	1899.9.15 光绪二十五年八月十一
1899.7.18（六月十一）	顺丰（俄）	奇芬	宜昌	200	19	1899.9.25 光绪二十五年八月二十一
1899.7.29（六月二十二）	阜昌（俄）	芬芳	宜昌	610	包	1899.11.3 光绪二十五年十月初一
1899.7.29（六月二十二）	顺丰（俄）	春芳	宜昌	530	包	1899.11.3 光绪二十五年十月初一

注：“包”字者，洋商自往茶山采办，名曰“包庄”，其价外人不详。

《武汉日报》载宜昌红茶在江汉关成交明细表

成交日期	买进洋行	牌名（商标）	产地	数量（箱）	售价（元/担）	茶　号
1933.7.3	太平（英）	鹤香	宜昌	50	110.00	公　益
1933.7.3	怡和（英）	鹤香	宜昌	290	110.00	公　益
1933.7.13	怡和（英）	贡仙	宜昌	100	111.00	源　泰
1933.8.20	广东帮	祁珍	宜昌	94	56.00	—
1934.7.15	天津帮	萌芽	宜昌	110	110.00	协　记
1934.7.15	天津帮	宜贡	宜昌	198	90.00	恒　信
1934.7.15	天津帮	宜仙	宜昌	213	115.00	忠信福
1934.7.21	协和（英）	鹤香	宜昌	480	75.00	公　益
1934.7.27	怡和（英）	宜品	宜昌	135	55.00	恒　源
1934.7.27	怡和（英）	鹤品	宜昌	74	55.00	天　成
1934.7.27	太平（英）	鹤魁	宜昌	111	51.00	和　记
1934.7.30	协和（英）	鹤贡	宜昌	615	59.00	合　荣
1934.7.30	协和（英）	香艳	宜昌	277	58.00	民　生
1934.7.31	协和（英）	贡光	宜昌	275	60.00	和　记
1934.8.1	协助会（苏）	鹤仙	宜昌	286	60.00	信　记
1934.8.9	协助会（苏）	天香	宜昌	108	46.00	公　益
1934.8.9	协助会（苏）	贡香	宜昌	47	46.00	公　益
1934.8.10	协助会（苏）	天仙	宜昌	98	44.50	合　荣
1934.8.10	协助会（苏）	鹤仙	宜昌	301	45.50	合　荣
1934.8.15	协助会（苏）	仙品	宜昌	75	48.00	源　信
1934.8.15	协助会（苏）	宜珍	宜昌	38	48.00	恒　信
1934.8.15	协助会（苏）	贡品	宜昌	111	48.00	源　泰
1934.8.15	协助会（苏）	宜魁	宜昌	177	48.00	源泰成
1934.8.15	协助会（苏）	香美	宜昌	38	48.00	民　生
1934.8.15	协助会（苏）	香蕊	宜昌	93	48.00	民　生
1934.8.16	协和（英）	球珍	宜昌	267	52.00	恒　昌
1935.7.7	运上海	宜仙	宜昌	274	未定	忠信福
1935.7.8	协和（英）	鹤贡	宜昌	326	47.00	合　荣

续表

成交日期	买进洋行	牌名（商标）	产地	数量（箱）	售价（元/担）	茶　号
1935.7.10	太平（英）	鹤尖	宜昌	104	41.00	民　生
1935.7.11	协助会（苏）	鹤尖	宜昌	92	39.00	和　记
1935.7.11	怡和（英）	鹤鸣	宜昌	136	40.00	合　荣
1935.7.15	协和（英）	宜品	宜昌	154	39.00	恒　源
1935.7.19	怡和（英）	鹤香	宜昌	100	45.00	公　益
1935.7.19	怡和（英）	赛芳	宜昌	248	40.00	公　益
1935.7.20	协助会（苏）	萌芽	宜昌	240	40.54	天成福
1935.7.20	协助会（苏）	鹤香	宜昌	305	41.50	公　益
1935.7.27	协助会（苏）	萌珍	宜昌	60	32.00	天成福
1935.7.30	协助会（苏）	贡品	宜昌	214	34.00	天成福
1935.8.2	协助会（苏）	宝华	宜昌	126	32.00	恒　昌
1935.8.6	运上海	艳梅	宜昌	25	未定	同　福
1935.8.6	运上海	鹤仙	宜昌	145	未定	同　福
1935.8.7	太平（英）	珍芽	宜昌	23	24.00	天成福
1935.8.13	协助会（苏）	宜魁	宜昌	145	32.50	源　泰
1935.8.13	协助会（苏）	香蕊	宜昌	195	33.00	民　生
1935.8.15	山西帮	香美	宜昌	47	28.00	民　生
1935.8.18	山西帮	鹤品	宜昌	45	25.50	源　泰
1935.8.21	运上海	琼英	宜昌	85	未定	鼎　升
1935.9.21	太平（英）	—	宜昌	77	28.00	—
1936.7.10	协助会（苏）	鹤贡	宜昌	206	83.00	合　荣
1936.7.10	协助会（苏）	天成	宜昌	128	71.25	天顺成
1936.7.10	上海帮	贡品	宜昌	21	65.00	源　泰
1936.7.20	运上海	宜品	宜昌	110	未定	恒　信
1936.7.20	运上海	仙品	宜昌	17	未定	恒　信
1936.7.22	太平（英）	瀛露	宜昌	68	53.00	恒　慎
1936.7.22	太平（英）	华宝	宜昌	33	53.00	恒　慎
1936.7.24	太平（英）	鹤鸣	宜昌	100	60.00	合　荣

续表

成交日期	买进洋行	牌名（商标）	产地	数量（箱）	售价（元/担）	茶　号
1936.8.12	怡和（英）	鹤松	宜昌	159	40.50	华　明
1936.8.12	怡和（英）	鹤艳	宜昌	75	40.50	华　明
1936.8.25	协助会（苏）	迎仙	宜昌	311	45.00	源　泰
1936.8.25	协助会（苏）	宜品	宜昌	24	45.00	源　泰
1937.6.24	怡和（英）	赛芳	宜昌	148	76.00	公　益
1937.6.24	怡和（英）	鹤香	宜昌	214	86.00	公　益
1937.7.2	怡和（英）	鹤贡	宜昌	355	82.00	合　荣
1937.7.3	怡和（英）	贡仙	宜昌	194	93.00	源　泰
1937.7.6	运上海	蓉美	宜昌	177	未定	—
1937.7.6	运上海	品美	宜昌	80	未定	—
1937.7.10	运上海	艳贡	宜昌	200	未定	恒　信
1937.7.10	运上海	宜仙	宜昌	222	未定	忠信福
1937.7.10	运上海	华珍	宜昌	101	未定	民　孚
1937.7.22	运上海	鹤凤、鹤茗、和记等	宜昌	305	未定	永丰、泰和
1937.7.23	太平（英）	天香	宜昌	21	60.00	公　益
1937.7.23	太平（英）	贡主	宜昌	56	60.00	公　益
1937.8.7	怡和（英）	宝鹤	宜昌	145	43.50	民　孚
1937.8.7	怡和（英）	宝华	宜昌	23	43.50	民　孚
1937.8.7	怡和（英）	宜品	宜昌	163	43.50	恒　信
1937.8.7	怡和（英）	仙品	宜昌	56	43.50	恒　信
1937.8.7	协和（英）	鹤仙	宜昌	111	43.50	合　荣
1937.8.7	协和（英）	贡仙	宜昌	39	40.00	合　荣
1937.8.8	怡和（英）	明珠	宜昌	138	43.50	华　明
1937.8.8	怡和（英）	天宝	宜昌	26	43.50	华　明
1937.8.11	运上海	春芳、春香	宜昌	162	未定	裕　民
1937.8.14	协助会（苏）	贡品	宜昌	185	44.50	源　泰
1937.8.14	协助会（苏）	鹤品	宜昌	98	43.50	源　泰

第二节　宜昌红茶在上海的对外贸易

宜昌红茶在上海对外贸易的首支茶，为1874年8月8日由英国义记洋行购买的宜珍牌二五工夫455箱。此前的1872年,《申报》均用“湖北二茶”名称，不知是否含有宜昌茶。

根据《申报》的报道，宜昌红茶在上海茶市的成交情况如下：1883年3012箱，1884年3490箱，1886年1717箱，1887年1655箱，1888年3307箱，1889年3154箱，1890年2241箱，1891年758箱，1892年1678箱，1893年469箱。

这里需要说明的是，此项数据仅是目前查找的各支牌号的成交加总，并不能完整反映实有成交情况。

1894年6月24日,《申报》之《茶市生色》载:“去年华商之办茶者，大受亏耗，今年遂不甚踊跃，各处茶庄顿形减少，山价亦甚便宜。不意剥极而复困极而中，今年各处所产之茶，汁既浓厚，色香味亦佳，突过上年。西人见之，互相争购，绝不迁延观望，故今岁业茶之华商，获利者多，亏本者少。今头茶业已告竣，最获利者，江西则推宁州、祁门两处，两湖则推安化、宜昌；其次则醴陵、浏阳、湘潭、高桥、云溪、北港、咸宁数处；他若长寿、桃源、通山、羊楼（司）数处，无甚盈亏；其亏本者，不过聂（家）市与羊楼洞二处而已。”

自汉口成为茶市中心后，上海的茶叶对外贸易量减少,《申报》的报道急剧减少，但从仅有的少数报道中仍能发现宜昌红茶在上海的对外贸易痕迹。

1907年4月8日，宜昌泰和合茶庄在《申报》登载《住栈不可不知》:“上海虹口长发客栈地方宽阔，房舍清雅，与西人客栈无异，且房伙各项甚为公道，菜式极美，茶水方便，至其上下人等一切招呼最为周到，诚客栈中之独一无二者也。凡仕商经过此埠者不可不到，并要认明接客仿单内有‘和合’二仙为据，如无‘和合’二仙，俱是假冒，特此申明。宜昌泰和合茶庄谨告。”

据《江汉关贸易册》统计，由汉口运上海的宜昌红茶的数量为：1913

年 2116 担，1914 年 3387 担，1915 年 3732 担，1916 年 2816 担，1917 年 567 担，1919 年 666 担。

1922 年，宜昌红茶在上海成交约 7000 箱。[①]

1923 年 7 月 10 日，《银行周报》“每周商情：茶（7 月 7 日）”载：“红茶市面颇畅……本星期宜昌茶已到，开盘 70～74 两。此路货源不多，市面尤俏。”

1924 年 11 月 11 日，《银行周报》“每周商情——茶（11 月 8 日）”载：“至于红茶市面，本星期宁州、祁门、两湖均有成交，价尚坚定，查其存底，宁州、祁门合存 1500 箱，两湖存 24000 箱。考其盈亏，今春售价虽高，无如成本奇昂，通盘扯算，宁州每担约亏十两，祁门获利者不过一二家，折耗已居多数，两湖以宜昌、桃源、聂家市之处稍有获利，其余全亏。”

1927 年 9 月 20 日，《银行周报》“每周商情——茶（9 月 17 日）”载：“两湖红茶又涨二三两，宜昌首堆红茶样箱抵埠，英商定价 90 两，闻该庄友谈及可沾润 30 两一担，此宗行情令人万想不到。”

12 月 5 日，《申报》“上周茶销益趋疲滞，开价红坚绿跌”载：“本埠洋庄茶销，全周成交，路庄、土庄等路绿茶及宁州、温州、宜昌等路红茶，总计 2681 箱，较前周减销 344 箱。”并表列一周宜昌红茶成交 250 箱。

1928 年 10 月 14 日，《申报》刊载的《洋庄茶销畅价疲》记述：“至红茶市面，更无佳象可言。昨市祁门、宜昌两路货略有零星交易，但售价极低。”

10 月 15 日，《申报》刊载的《上周洋庄茶减销三千余包》记述：“至红茶市面，已无挽回之望，周间祁宁、宜昌之货，英庄购去 1000 箱，市盘除宜昌茶略坚外，其余又跌二三两云。”并表列宜昌红茶成交 420 箱。

1929 年 1 月 1 日，《银行周报》刊载的《每周商情：茶（1928 年 12 月 30 日）》（1929 年第 13 卷第 1 期）记述：“独宜昌红茶，大获厚利，实出产尖嫩，加特别改良制造，兼箱额不多，洋商预先订定，劝业此者留心学法，可操必胜之权。”

8 月 13 日，《银行周报》刊载的《每周商情：茶（8 月 10 日）》记述：“……祁红沽出千余箱，价又跌一二两，宁红无人问津，独宜昌红茶首堆昨

① 《上季红茶成交畅旺之外讯》，《新闻报》1923 年 3 月 29 日。

日到埠，布样即沽价 80 两，与上年相同。”

10 月 1 日，《银行周报》刊载的《每周商情：茶（9 月 28 日）》记述：“两湖安红 20～24 两，独宜昌红茶沽 76 两，闻该路今庚产额不上 5000 箱，兼之各行争办，故售价见硬。”

1930 年 9 月 13 日，《申报》刊载的《路庄珍眉法销畅达》记述：“昨日来……祁宁红茶完全无人问及，惟宜昌红茶天祥洋行买进 200 余箱，价开 70 两。”

1931 年 2 月 1 日，《申报》刊载的《祁宁红茶英销略动》记述：“昨日祁宁、宜昌等路红茶，英庄怡和、协和、天祥、杜德等行均略有进胄，全市成交 600 余箱。”

1932 年 8 月 6 日，《申报》《新闻报》同时报道《宜昌红茶已开盘》：“宜昌新红茶，昨日已由英商天祥洋行开盘，价开 75～100 两，较上年见低二三十两。”共成交 218 箱。

1934 年 7 月 19 日，《申报》刊载的《红茶畅销绿茶呆滞》记述：“昨日祁门、宁州、宜昌等路之红茶，英庄天祥、怡和、协和等行及俄国协助会，进胄均趋浓厚，全市成交 2700 余箱，其中宜昌高庄货，顶盘开出 115 元，宁茶售开 53 元，价均坚挺。”

1935 年 7 月 13 日，《申报》刊载的《红绿茶交易俱旺》记述：“昨日洋庄茶市，形势依然稳定……宜昌、祁门等路红茶，昨市亦由同孚、协和、锦隆等行做开 2300 余箱，交易亦畅。惟红茶市盘，因市面呆滞已久，较前数周挫跌七八元，就现市情形观察，绿茶尚占优势云。”

7 月 24 日，《申报》刊载的《红绿茶交易均淡》记述：“昨日祁门、浮梁等路红茶及路庄、平水、土庄等路绿茶，交易均趋清淡。英庄协和、锦隆各洋行，多因日来国外银价上落不定，汇价涨跌无常，对于货价高大之祁门红茶与珍眉绿茶，非急需不敢多进，因此百元关外之抽芯珍眉，更见无人问及。昨市仅宜昌红茶成交 400 余箱。”

1936 年，《申报》对宜昌红茶交易有了较多报道。7 月 1 日报道：“昨日洋庄红茶交易非常旺盛，祁门、宁州、宜昌等路红茶，英、俄、德、美等庄均有巨量去胄，其中仍以花香一项销路为最佳。”7 月 16 日记述：“宜昌红茶，近来颇有装运来沪销售，昨由怡和洋行与忠信昌茶栈谈成 700 余箱，价开 67～87 元，市盘尚称稳定。”8 月 5 日报道：“红茶销路，尚不十分呆滞，昨市怡和、锦隆等行继续补进宜昌、祁门红茶 600 余箱，价均稳定云。”8 月 22 日记述：“宜昌茶销英亦健。”9 月 10 日报道：“本年各路新茶，因海外需求甚殷，销路旺盛……宜昌产茶销英亦颇多。”

1937 年 7 月 16 日，《申报》刊载的《宜昌红茶大批到沪》记述：“宜昌红茶，其质量夙称优良。近日该路新茶，已有大批到沪。昨由怡和、协和等行，继续办进 700 余箱，价开 67～86 元，市情尚称中等。”

8 月 8 日，《申报》刊载的《针眉绿茶交易旺盛》记述：“红茶昨各行办进宜昌、祁门、宁州等路货共达 2000 余箱。闻英伦来电，尚有巨量销胄云。”

《申报》载宜昌红茶在上海茶市成交明细表

沽出日期	买进洋行	售出茶栈	牌名	茶名（产地）	箱额（箱）	售价（担价）	备　注
1874.8.8	义记（英）	—	宜珍	二五工夫	455	25 两	1874 年 8 月 11 日，5 册第 144 页
1877.7.28	华记（英）	—	宜茗	二五工夫	213	29 两	1877 年 7 月 31 日，11 册第 108 页
1883.7.25	谦泰（美）	—	宜馨	二五工宜	324	25 两	1883 年 7 月 27 日，23 册第 294 页
1883.8.9	元芳（英）	—	宜春	二五工宜	357	21 两 25	1883 年 8 月 12 日，23 册第 488 页
1883.9.4	元芳（英）	—	玉峰	二五工宜	157	18 两	1883 年 9 月 9 日，23 册第 822 页
1883.9.6	谦泰（美）	—	宜岩	二五工宜	301	19 两 5	1883 年 9 月 10 日，23 册第 834 页
1883.9.6	瑞昌（英）	—	妙品	二五工宜	416	21 两	1883 年 9 月 11 日，23 册第 846 页
1883.9.7	天祥（英）	—	赛兰	二五工宜	272	24 两	1883 年 9 月 12 日，23 册第 858 页
1883.9.13	天祥（英）	—	佳品	二五工宜	122	25 两	1883 年 9 月 15 日，23 册第 894 页
1883.9.17	元芳（英）	—	奇品	二五工宜	165	18 两	1883 年 9 月 19 日，23 册第 942 页
1883.9.17	元芳（英）	—	鹤峰	二五工宜	193	20 两	1883 年 9 月 19 日，23 册第 942 页

续表

沽出日期	买进洋行	售出茶栈	牌名	茶名（产地）	箱额（箱）	售价（担价）	备　注
1883.9.17	瑞昌（英）	—	佳品	二五工宜	122	25两	1883年9月19日，23册第942页
1883.9.18	谦泰（美）	—	宜芽	二五工宜	292	21两75	1883年9月20日，23册第954页
1883.9.21	元芳（英）	—	宜香	二五工宜	291	19两5	1883年9月24日，23册第1002页
1884.8.7	元芳（英）	—	萃香	二五工宜	746	21两25	1884年8月9日，25册第426页
1884.8.23	元芳（英）	—	芬芳	二五工宜	616	19两	1884年8月27日，25册第613页
1884.8.23	元芳（英）	—	芳兰	二五工宜	707	20两	1884年8月27日，25册第613页
1884.9.8	元芳（英）	—	腴兰	二五工宜	533	17两25	1884年9月10日，25册第752页
1884.9.13	祥泰（英）	—	春香	二五工宜	579	11两	1884年9月16日，25册第811页
1884.9.13	祥泰（英）	—	奇品	二五工宜	309	11两	1884年9月16日，25册第811页
1886.8.25	公信（英）	—	奇岩	二五工宜	452	19两	1886年8月27日，29册第353页
1886.9.8	泰和（英）	—	赛兰	二五工宜	387	下	1886年9月11日，29册第448页
1886.9.8	泰和（英）	—	仙香	二五工宜	105	下	1886年9月11日，29册第448页
1886.10.25	泰和（英）	—	梅魁	二五工宜	342	16两25	1886年10月28日，29册第739页
1886.11.24	公信（英）	—	峰声	二五工宜	202	26两	1886年11月27日，29册第923页
1886.11.26	天祥（英）	—	奇峰	二五工宜	229	15两25	1886年11月29日，29册第935页
1887.8.5	仁记（英）	—	鹤兰	二五工宜	166	19两22	1887年8月9日，31册第247页
1887.9.6	太古（英）	—	妙品	二五工宜	335	下	1887年9月9日，31册第439页

续表

沽出日期	买进洋行	售出茶栈	牌名	茶名（产地）	箱额（箱）	售价（担价）	备　注
1887.9.6	太古（英）	—	萃春	二五工宜	516	下	1887年9月9日，31册第439页
1887.9.6	太古（英）	—	春声	二五工宜	130	下	1887年9月9日，31册第439页
1887.9.6	太古（英）	—	玉茗	二五工宜	397	下	1887年9月9日，31册第439页
1887.11.17	泰和（英）	—	峰岩	二五工宜	111	18两	1887年11月23日，31册第943页
1888.8.17	泰隆（英）	—	太和	二五工宜	199	29两	1888年8月24日，33册第374页
1888.8.17	泰隆（英）	—	元兰	二五工宜	198	28两	1888年8月24日，33册第374页
1888.8.17	泰隆（英）	—	兰芽	二五工宜	370	22两	1888年8月24日，33册第374页
1888.6.22	泰和（英）	—	玉茗	二五工宜	200	下	1888年8月26日，33册第388页
1888.8.28	天祥（英）	—	桂芬	二五工宜	271	27两	1888年8月31日，33册第420页
1888.9.4	顺发（德）	—	云芽	二五工宜	300	下	1888年9月7日，33册第465页
1888.9.4	美查（英）	—	云仙	二五工宜	355	21两25	1888年9月7日，33册第465页
1888.9.4	美查（英）	—	云芽	二五工宜	350	24两	1888年9月7日，33册第465页
1888.9.11	立发（个人开办）	—	桂馨	二五工宜	202	下	1888年9月13日，33册第504页
1888.9.29	天祥（英）	—	夺锦	二五工宜	452	23两25	1888年10月6日，33册第648页
1888.9.29	泰隆（英）	—	赛芽	二五工宜	278	23两25	1888年10月7日，33册第654页
1888.12.14	顺发（德）	—	仙香	二五工宜	132	下	1888年12月26日，33册第1149页
1889.7.22	公信（英）	—	楚珍	二五工宜	200	19两75	1889年7月28日，35册第179页

续表

沽出日期	买进洋行	售出茶栈	牌名	茶名（产地）	箱额（箱）	售价（担价）	备　注
1889.7.23	泰和（英）	—	奇岩	二五工宜	396	下	1889年7月28日，35册第179页
1889.7.27	太古（英）	—	声香	二五工宜	154	20两	1889年8月3日，35册第217页
1889.8.2	泰和（英）	—	仙蕊	二五工宜	162	21两5	1889年8月6日，35册第235页
1889.9.6	怡和（英）	—	鹤兰	二五工宜	190	18两	1889年9月18日，35册第497页
1889.10.2	泰和（英）	—	云腴	二五工宜	731	19两5	1889年10月14日，35册第657页
1889.10.2	泰和（英）	—	云芽	二五工宜	395	17两5	1889年10月14日，35册第657页
1889.10.30	天祥（英）	—	兰芽	二五工宜	338	下	1889年11月11日，35册第829页
1889.10.30	天祥（英）	—	玉茗	二五工宜	224	下	1889年11月11日，35册第829页
1889.10.30	天祥（英）	—	奇峰	二五工宜	61	下	1889年11月11日，35册第829页
1889.10.30	天祥（英）	—	芳兰	二五工宜	303	下	1889年11月11日，35册第829页
1890.7.24	泰隆（英）	—	丽素	二五工宜	343	21两	1890年8月9日，37册第260页
1890.7.24	泰隆（英）	—	宜品	二五工宜	357	16两	1890年8月9日，37册第260页
1890.7.25	公信（英）	—	丽素	二五工宜	243	21两	1890年8月12日，37册第280页
1890.7.28	公信（英）	—	宜香	二五工宜	365	13两5	1890年8月18日，37册第318页
1890.10.15	顺发（德）	—	瑞香	二五工宜	300	16两5	1890年10月20日，37册第716页
1890.10.20	瑞昌（英）	—	荷香	二五工宜	221	15两	1890年10月27日，37册第759页
1890.10.22	太和（英）	—	宜仁	二五工宜	198	13两75	1890年10月29日，37册第772页

续表

沽出日期	买进洋行	售出茶栈	牌名	茶名（产地）	箱额（箱）	售价（担价）	备　注
1890.12.1	协和（英）	—	龙芽	二五工宜	214	13 两 25	1890 年 12 月 12 日，37 册第 1052 页
1891.8.22	公信（英）	—	惠香	二五工宜	103	15 两	1891 年 8 月 29 日，39 册第 670 页
1891.8.22	公信（英）	—	赛兰	二五工宜	220	15 两	1891 年 8 月 29 日，39 册第 670 页
1891.9.1	华记（英）	—	蕊芽	二五工夫宜	435	15 两	1891 年 9 月 8 日，39 册第 784 页
1892.5.16	履泰（英）	—	贡魁	二五工夫宜	330	31 两	1892 年 5 月 22 日，41 册第 139 页
1892.5.16	履泰（英）	—	惠香	二五工夫宜	458	28 两	1892 年 5 月 22 日，41 册第 139 页
1892.5.16	履泰（英）	—	○生	二五工夫宜	442	下	1892 年 5 月 22 日，41 册第 139 页
1892.8.10	怡和（英）	—	云腴	二五工夫宜	448	下	1892 年 8 月 14 日，41 册第 691 页
1893.8.16	公信（英）	—	仙峰	二五工夫宜	136	下	1893 年 8 月 24 日，44 册第 817 页
1893.8.31	公信（英）	—	云腴	二五工夫宜	123	18 两	1893 年 9 月 9 日，45 册第 58 页
1893.8.31	公信（英）	—	仙蕊	二五工夫宜	49	18 两	1893 年 9 月 9 日，45 册第 58 页
1893.11.1	协隆（美）	—	云腴	二五工夫宜	161	下	1893 年 11 月 14 日，45 册第 508 页
1894.5.28	—	—	仙芽	宜昌	—	61 两	1894 年 6 月 7 日，47 册第 268 页
1919.6.3	怡和（英）	同春	—	宜昌红茶	78	38 两	1919 年 6 月 4 日，158 册第 589 页
1927.12.3	同孚（美）	忠信昌	贡魁	宜红	250	60 两	1927 年 12 月 4 日，241 册第 84 页
1928.10.12	锦隆（英）	忠信昌	贡元	宜红	160	45 两	1928 年 10 月 13 日，251 册第 338 页
1928.10.12	同孚（美）	忠信昌	贡元	宜红	160	45 两	1928 年 10 月 13 日，251 册第 338 页

续表

沽出日期	买进洋行	售出茶栈	牌名	茶名（产地）	箱额（箱）	售价（担价）	备　注
1928.10.13	锦隆（英）	忠信昌	贡珍	宜红	100	35两	1928年10月14日，251册第366页
1929.8.10	天祥（英）	忠信昌	贡仙	宜红	548	80两	1929年8月11日，261册第303页
1929.8.10	天祥（英）	忠信昌	贡尖	宜红	254	74两	1929年8月11日，261册第303页
1929.9.27	协和（英）	忠信昌	宜品	宜红	207	66两	1929年9月28日，262册第835页
1929.9.27	协和（英）	忠信昌	宜仙	宜红	203	76两	1929年9月28日，262册第835页
1929.10.24	协和（英）	忠信昌	赛香	宜红	146	44两	1929年10月25日，263册第727页
1930.8.6	天祥（英）	忠信昌	贡仙	宜红	362	125两	1930年8月7日，273册第154页
1930.9.12	天祥（英）	忠信昌	贡尖	宜红	214	70两	1930年9月13日，274册第328页
1930.9.16	协和（英）	忠信昌	宜仙	宜红	160	117两	1930年9月17日，274册第422页
1930.9.16	协和（英）	忠信昌	宜品	宜红	129	75两	1930年9月17日，274册第422页
1930.9.19	华商（中）	忠信昌	奇香	宜红	22	27两	1930年9月20日，274册第500页
1931.1.31	杜德（英）	忠信昌	春蕊	宜红	63	31两	1931年2月1日，279册第20页
1931.1.31	杜德（英）	忠信昌	鹤香	宜红	67	30两	1931年2月1日，279册第20页
1931.8.27	天祥（英）	忠信昌	贡仙	宜红	416	115两	1931年8月28日，285册第762页
1932.8.5	天祥（英）	忠信昌	贡仙	宜红	161	100两	1932年8月6日，295册第134页
1932.8.5	天祥（英）	忠信昌	贡元	宜红	33	85两	1932年8月6日，295册第134页
1932.8.5	天祥（英）	忠信昌	贡光	宜红	24	75两	1932年8月6日，295册第134页

续表

沽出日期	买进洋行	售出茶栈	牌名	茶名（产地）	箱额（箱）	售价（担价）	备 注
1932.8.11	华茶（中）	忠信昌	宜珍	宜红	105	15 两	1932 年 8 月 12 日，295 册第 286 页
1932.8.11	华茶（中）	忠信昌	贡品	宜红	90	17.5 两	1932 年 8 月 12 日，295 册第 286 页
1932.8.11	华茶（中）	忠信昌	贡品	宜红	20	17.5 两	1932 年 8 月 12 日，295 册第 286 页
1933.7.15	天祥（英）	忠信昌	贡仙	宜红	100	115 元	1933 年 7 月 16 日，306 册第 482 页
1934.7.18	天祥（英）	忠信昌	贡仙	宜红	345	115 元	1934 年 7 月 19 日，318 册第 566 页
1934.7.18	天祥（英）	忠信昌	宜仙	宜红	202	90 元	1934 年 7 月 19 日，318 册第 566 页
1934.7.18	天祥（英）	忠信昌	萌芽	宜红	110	110 元	1934 年 7 月 19 日，318 册第 566 页
1935.7.12	锦隆（英）	忠信昌	荣华	宜红	226	49 元	1935 年 7 月 13 日，330 册第 336 页
1935.7.12	同孚（美）	忠信昌	宜仙	宜红	274	50 元	1935 年 7 月 13 日，330 册第 336 页
1935.7.12	同孚（美）	忠信昌	宜贡	宜红	266	50 元	1935 年 7 月 13 日，330 册第 336 页
1935.7.12	同孚（美）	忠信昌	艳珍	宜红	480	48.5 元	1935 年 7 月 13 日，330 册第 336 页
1935.7.12	同孚（美）	忠信昌	贡仙	宜红	406	50 元	1935 年 7 月 13 日，330 册第 336 页
1935.7.13	同孚（美）	忠信昌	香艳	宜红	269	48 元	1935 年 7 月 14 日，330 册第 365 页
1935.7.23	〇〇	忠信昌	〇〇	宜红	405	50.5 元	1935 年 7 月 24 日，330 册第 619 页
1936.6.30	怡和（英）	忠信昌	贡仙	宜红	302	91 元	1936 年 7 月 1 日，342 册第 19 页
1936.6.30	怡和（英）	忠信昌	宜仙	宜红	102	90 元	1936 年 7 月 1 日，342 册第 19 页
1936.6.30	怡和（英）	忠信昌	宜贡	宜红	107	90 元	1936 年 7 月 1 日，342 册第 19 页

续表

沽出日期	买进洋行	售出茶栈	牌名	茶名（产地）	箱额（箱）	售价（担价）	备 注
1936.7.6	怡和（英）	忠信昌	贡品	宜红	19	65 元	1936 年 7 月 7 日，342 册第 183 页
1936.7.15	怡和（英）	忠信昌	华宝	宜红	124	87 元	1936 年 7 月 16 日，342 册第 426 页
1936.7.15	怡和（英）	忠信昌	香艳	宜红	207	82 元	1936 年 7 月 16 日，342 册第 426 页
1936.7.15	怡和（英）	忠信昌	琼珍	宜红	130	75 元	1936 年 7 月 16 日，342 册第 426 页
1936.7.15	怡和（英）	忠信昌	明珍	宜红	89	72 元	1936 年 7 月 16 日，342 册第 426 页
1936.7.15	怡和（英）	忠信昌	香蕊	宜红	97	67 元	1936 年 7 月 16 日，342 册第 426 页
1936.8.4	怡和（英）	忠信昌	宜魁	宜红	171	50 元	1936 年 8 月 5 日，343 册第 122 页
1936.8.4	怡和（英）	忠信昌	鹤品	宜红	45	40 元	1936 年 8 月 5 日，343 册第 122 页
1937.7.9	怡和（英）	忠信昌	宜贡	红茶	354	86 元	1937 年 7 月 10 日，354 册第 271 页
1937.7.9	怡和（英）	忠信昌	华贡	红茶	410	82 元	1937 年 7 月 10 日，354 册第 271 页
1937.7.14	协和（英）	忠信昌	宜仙	红茶	222	78 元	1937 年 7 月 15 日，354 册第 389 页
1937.7.15	杜德（英）	忠信昌	香蕊	红茶	102	72 元	1937 年 7 月 16 日，354 册第 419 页
1937.7.16	怡和（英）	忠信昌	品美	红茶	80	67 元	1937 年 7 月 17 日，354 册第 443 页
1937.7.16	协和（英）	忠信昌	艳球	红片	55	31 元	1937 年 7 月 17 日，354 册第 443 页
1937.7.16	协和（英）	忠信昌	艳珠	红末	94	31 元	1937 年 7 月 17 日，354 册第 443 页
1937.7.20	协和（英）	忠信昌	香艳	红茶	296	76 元	1937 年 7 月 21 日，354 册第 538 页
1937.7.21	怡和（英）	忠信昌	鹤品	红茶	35	44 元	1937 年 7 月 22 日，354 册第 563 页

注："下"指成交价格未谈妥，推延至下次，但决定成交这批茶叶。

《新闻报》载宜昌红茶在上海茶市成交明细表

成交日期	买进洋行	牌号	茶名	件数（件）	价格（两 / 担）	售出茶栈	报刊日期
1929.8.10	天祥	贡仙	宜红	548	80	忠信昌	1929 年 8 月 11 日，第 21 版
1929.8.10	天祥	贡尖	宜红	254	74	忠信昌	1929 年 8 月 11 日，第 21 版
1929.9.27	协和	宜品	宜红	207	66	忠信昌	1929 年 9 月 28 日，第 12 版
1929.9.27	协和	宜仙	宜红	203	76	忠信昌	1929 年 9 月 28 日，第 12 版
1929.9.30	协和	片子	宜片	87	12.5	忠信昌	1929 年 10 月 1 日，第 17 版
1929.9.30	协和	花香	宜片	40	12.5	忠信昌	1929 年 10 月 1 日，第 17 版
1929.9.30	协和	花香	宜片	72	12.5	忠信昌	1929 年 10 月 1 日，第 17 版
1929.9.30	协和	片子	宜片	58	12.5	忠信昌	1929 年 10 月 1 日，第 17 版
1929.9.30	协和	花香	宜片	106	12.5	忠信昌	1929 年 10 月 1 日，第 17 版
1929.10.24	怡和	赛香	宜红	146	44	忠信昌	1929 年 10 月 25 日，第 17 版
1932.8.5	天祥	贡仙	宜红	161	100	忠信昌	1932 年 8 月 6 日，第 18 版
1932.8.5	天祥	贡元	宜红	33	85	忠信昌	1932 年 8 月 6 日，第 18 版
1932.8.5	天祥	贡光	宜红	24	75	忠信昌	1932 年 8 月 6 日，第 18 版

第三节　宜昌红茶在宜昌、沙市海关的对外贸易

1876 年，宜昌开埠通商；1895 年，沙市开埠通商。宜昌、沙市均是转口贸易性质。

宜昌。1878 年，宜昌关署理税务司克黎在《1878 年度宜昌贸易报告》中记载，征收过境货物费 344.131 海关两，在这项征收费中包括施南府（Shihnan-fu）经巴东（Patung）运来 36.43 担茶叶税款，这是 1878 年度唯一从内地运送到本口过境的土特产品。[①]

英国驻宜昌领事托马斯·沃特斯（中文名叫倭妥玛）在《1878 年度英国驻华领事商务报告》中，明确说明施南府过境宜昌出口的“36.43 担茶叶

① 资料来源：W.Krey, Assistant in Charge, *Ichang Trade Reports for the year 1878.*

为红茶（Black tea），价值159海关两。”[1]

1879年，宜昌关署理税务司埃德加在《1879年度宜昌贸易报告》中记载：“从施南府运来的土货价值为2778海关两（红茶90担）。”[2]

英国驻宜昌领事馆领事倭妥玛在《1879年度英国驻华领事商务报告》中明确记载：“1879年出口红茶91.33担，价值771海关两。”[3]

1880年，宜昌关代理税务司洁来格（匈牙利人）在《1880年度宜昌贸易报告》中，对过境宜昌的货物记载：“本年共有295张通行证的土产品运送到这里，除少数通行证外，所有这些通行证都是1879年签发的。在过去一年中，发放了313张通行证，他们很可能在本年度使用或退还。这些通行证的物品是，黄丝来自绵州和西充，药材、麝香、五倍子来自重庆府，红花来自简州，茶叶来自恩施县。除了位于湖北的恩施县外，所有这些物品的产区都在四川。”[4]

1881年，英国驻宜昌领事唐纳德·斯彭斯在《1881年度宜昌领事商务报告》中记载：“到目前为止，茶叶在宜昌出口产品中未占有一席之地，四川的茶农只关注当地和西藏的市场。宜昌附近出产绿茶，但茶农没有经验，不知道如何制作‘红茶’。该地区乐天溪（Lo Tien chi）村附近每年生产约10000担茶叶。这种植物一年只采摘一次，茶叶在炉子上很快就能烘干，早上采摘的茶叶晚上就能饮用。”[5]

1882年，伦敦E.&F.N.Spon出版商发行了一本《百科全书》，该书专门收录工业艺术，制造和初级商业产品。在谈及宜昌茶叶时，该书将英国驻宜昌领事馆领事倭妥玛在《1979年度商务报告》中关于宜昌茶叶的内容收录其中，内容如下：1878年和1879年，宜昌分别出口红茶36担和91担。宜昌附近的乐天溪生长一种品质不错的茶叶，当地人称之为溪茶（Chi tea），因其种植地而得名。但是，几乎不为外国人所知。鹤峰、施南府和巴东也是产茶区，但很少有茶叶运到本埠。大量被称为茶叶的粗涩树叶，也会有一些

① 资料来源：Thomas Watters, *Reports on the Trade of Ichang for the Year 1878*.

② 资料来源：HY. Edgar, *Ichang Trade Reports for the year 1879*.

③ 资料来源：Thomas Watters, *Reports on the Trade of Ichang for the Year 1879*.

④ 资料来源：Edm.Farago, *Ichang Trade Reports for the year 1880*.

⑤ 资料来源：WM. Donald Spence, *Reports on the Trade of Ichang for the Year 1881*.

野茶被船运到宜昌，然后运送到下游的一些小城镇。这种茶很便宜，只有穷人才会饮用。①

是年，克里斯托弗·托马斯·加德纳（中文名嘉托玛）在《1882 年度宜昌领事商务报告》中认为："这里生产的茶是一种非常普通的绿茶。"②

1891 年 12 月 31 日，宜昌关署理税务司李约德在《十年报告（1882—1891）》中记载："宜昌原产用于出口的土特产品很少，当地最重要的几种出口产品为产自当阳县、荆门（Ching-men）的黄丝，产自宜昌府的植物油，产自施南府的清漆、菌类、汉麻和一些药材，施南府还种植了相当数量的茶叶，经由宜都装上木船运往汉口。施南地区还种植有棉花，但是没在本关区办理通关。"③

1896 年，广东商人在建始长樑子设分庄制茶 172 担，由宜昌海关转运汉口。宜昌关税务司伍德拉夫（中文名吴德禄）在《1896 年度宜昌贸易报告》中记载："这一年，施南茶厂开始向国外出口一种红茶，据说品质极佳。有理由表明，宜昌比沙市更适合出口茶叶。春季持续的阴雨天气破坏了茶叶的收成。不过作为尝试，有 172 担红茶被船运出口。"④

1898 年正月初四，宜昌税务司巴尔呈报《光绪二十三年宜昌口华洋贸易情形论略》记述："今岁茶叶一项，名色竟至关如殊出意料之外，缘去岁茶叶出口计有 172 担，为近年所仅见之事，因有粤商在施南采办烘焙装箱运售外洋，惜值春雨连绵，色香味不无少逊，溯其开办之始，逆料此项生理必可逐年见增，缘以民船运宜，由轮船转运至汉，既可在山焙好装就，且无陆路盘运之难，其中获益良多，人所共喻。讵料今岁粤商裹足，亦无踵行采办之人，是否无利可沾，有亏成本，实难得其颠末，以至本年货色项内茶叶绝无，殊为可惜。"

又据《光绪二十四年宜昌口华洋贸易情形论略》记述："施南府建始县长樑子地方于光绪二十二年间已有粤商前往办茶，风闻目前复有粤人往办。

① 资料来源：Spons, *Encyclopedia of the Industrial Arts, Manufactures, and Raw Commercial Products*, Vol. II. Edited by Charles G. Warnford Lock, F.L.S., London：E. & F. N. Spon, 16, Charing Cross. New York: 44, Mukeay Street, 1882, p2009.

② 资料来源：Christopher Thomas Gardenr, *Reports on the Trade of Ichang for the Year 1882*.

③ 资料来源：Edwin Ludlow, *Decennial Reports, 1882—1891*, Ichang.

④ 资料来源：F. E. Woodruff, *Reports on the Trade of Ichang for the Year 1896*.

该茶系由陆路用骡马运至大溪口，即于该处焙好装箱，由民船装运下驶该口，已有大茶庄开号，其地去夔府 30 里，在河之南岸，长樑子去大溪口计程 150 里。复有村名芭蕉，去该口 250 里，亦产上等之茶，每年于二月中采取，终岁可产 6000 担，堪与宁州茶相为匹敌。”

1899 年正月初六，署理宜昌关税务司包来翎呈报《光绪二十四年宜昌口华洋贸易情形论略》记述：“至出口红茶，去岁仅 4 担，今岁则增至 361 担。该茶产自宜都，即于该处烘焙包裹，运往外洋销售。向由民船装运汉口，因时日不免耽延，色味虑其有变，于是今岁改弦更张，先用民船运至本埠，再由轮船转运汉皋，缘宜都去本埠下游水程仅 90 里，易于行驶故也”“复有去本埠 700 余里之鹤峰州地方亦产佳茗，由该州陆路运经长阳，再由民船运至宜都转运汉口，在汉出售可获高价，每担约 50 两之多；或有谓施茶高于鹤茶者，缘有水路可通宜郡，复有装轮之益，计期约两礼拜，即可由该口运至汉皋，既免耽延时日之虞，自无潮湿霉坏之患；产茶之区复与夔郡为邻，该郡为蜀省名都，电报钱庄莫不具备，茶商得此利便，故在汉可得善价，而较鹤茶为高耳。”

1901 年 12 月 31 日，宜昌关税务司安文在《十年报告（1892—1901）》中记载：自从沙市开放为通商口岸之后，从商品产区占比来看，鄂西包括宜昌地区在内大部分区域的农业物产比较匮乏。与四川接壤的施南府出产一种红茶，据说口感和质量都非常好。但是因为制备工艺粗糙，加之运往汉口路途遥远，使其品质大打折扣。1896 年，一些广东商人开始在产区办厂，在产地炒茶并封装，然后经宜昌装上轮船起运。然而不幸的是，他们初次创业未见成功。如果坚持也许能胜利，可惜他们没有继续下去。①

1900 年，英国维奇苗圃派遣植物猎人威尔逊来宜昌引种珙桐，1901 年底威尔逊在宜昌越冬，安文邀请威尔逊在《十年报告（1892—1901）》中撰写宜昌植物情况，其中关于茶叶的记载如下：

> 茶在本省的几个地区都有少量种植。在旅途中时有见到零星分布的茶树，可以很明显地看出来茶叶以前在这里种植相当普遍。茶叶消费

① 资料来源：F.S. Unwin, *Decennial Reports, 1892—1901*, Ichang.

> 者和爱好者所称的“宜昌茶”（Ichang Tea）产自鹤峰地区。产量虽然比较少，但质量公认为和宁州茶（Ningchow Tea）不相上下。还有各式各样的植物叶子被乡下人用作茶叶的替代品。比起真正的茶叶，宜昌的苦力阶层更偏爱用这些叶子泡水喝。以下植物就是茶叶的主要替代品：山梨、绣球绣线菊、白梨、翠蓝绣线菊、火棘山楂、毛花绣线菊。[①]

1909年二月初一，宜昌关税务司李华达呈报《光绪三十四年宜昌口华洋贸易情形论略》记述："数年前有茶叶经过本口者，是以宜昌茶之名驰于海外。今虽伦敦仍有宜昌茶之名目，然现在本口并无是项茶叶经过，惟宜昌所属之长阳、长乐两县，间有茶叶由宜都装民船至汉口。此外，则惟前属宜昌府，今隶施鹤道之鹤峰厅所产之茶，该茶亦系装民船由宜都运至汉口。现驰名之宜昌茶，未知是该茶否？"

据《民国三年贸易册》《民国四年贸易册》"海关出口大宗土货按年各数（复出口货不在内）"的统计，宜昌关1910—1915年出口红茶数据如下：1910年10担，1911年7担，1912年8担，1913年3担，1914年4担，1915年1担。

据各年《出口土货产销总册》统计，宜昌海关进口、出口茶叶情况如下：

1921年，进口红茶净数152担，值银5153两，原货出口红茶1担，值银34两；1922年，进口红茶净数5担，值银162两；1923年，进口红茶净数49担，值银1323两，原货出口红茶2担，值银56两；1924年，进口其他红茶净数15担，值银486两，原货出口其他红茶6担，值银193两；1925年，进口其他红茶净数15担，值银486两，原货出口其他红茶542担，值银4721两；1926年，进口其他红茶净数4担，值银130两，原货出口其他红茶154担，值银5221两；1927年，原货出口其他红茶140担，值银4746两；1928年，原货出口其他红茶354担，值银12000两；1929年，进口其他红茶净数1担，值银35两，原货出口其他红茶177担，值银6400两；1930年，原货出口其他红茶1111担，值银45195两；1931年，原货出口其他红茶1433担，值银58294两。

---

① 资料来源：F.S.Unwin, *Decennial Reports, 1892—1901,* Ichang.

再据《宜昌海关华洋贸易统计册》统计，宜昌关茶叶运往通商口岸数如下：1914 年，红茶 4 担、绿茶 56 担，共 60 担；1915 年，绿茶 1 担；1916 年，红茶 5 担、绿茶 2 担，共 7 担；1919 年，绿茶 27 担；1926 年，红茶（茶芽在内）159 担、绿茶 4 担、绿砖茶 2 担、茶末 25 担、茶梗 2 担，共 192 担；1927 年，红茶 140 担、绿茶 2 担、茶末 78 担，共 220 担；1928 年，红茶 373 担、绿茶 26 担，共 399 担；1930 年，红茶 1111 担、茶末 279 担，共 1390 担；1931 年，红茶 1433 担、绿茶 2 担、毛茶 13 担、茶末 361 担，共 1809 担。

宜昌红茶在宜昌海关出口明细表（不含复出口） 单位：担

种　类	1878 年	1879 年	1896 年	1897 年	1898 年	1899 年	1900 年	1904 年	1905 年	1906 年
红　茶	36.43	91.33	172	4	361	261	2	9	10	4
种　类	1907 年	1908 年	1909 年	1910 年	1911 年	1912 年	1913 年	1914 年	1915 年	—
红　茶	3	10	5	10	7	8	3	4	1	—

沙市。1897 年，鹤峰州红茶 200 余担，经过沙市海关运汉口，货值 5500 余两。

据《民国三年贸易册》“海关出口大宗土货按年各数（复出口货不在内）”的统计，沙市关 1910—1914 年出口茶数据如下：1910 年 1 担，1911 年 1 担，1912 年 1 担，1914 年 1 担。

据各年《出口土货产销总册》的统计，沙市海关进口、出口茶叶情况如下：

1919 年，进口红茶净数 1 担，值银 25 两；1920 年，进口红茶净数 1 担，值银 24 两；1922 年，进口红茶净数 1 担，值银 13 两；1925 年，进口其他红茶净数 3 担，值银 58 两；1926 年，原货出口其他红茶 3512 担，值银 103358 两；1927 年，原货出口其他红茶 758 担，值银 17434 两；1928 年，原货出口其他红茶 1863 担，值银 37260 两；1929 年，原货出口其他红茶 1671 担，值银 77902 两。

再据《沙市海关华洋贸易统计册》的统计，沙市关茶叶运往通商口岸数如下：

1914年，红茶3担；1926年，其他红茶3512担、毛茶23担、茶末930担、茶梗79担，共4544担；1927年，其他红茶758担；1928年，其他红茶1863担、绿茶14担、毛茶6担、茶末44担、茶梗207担，共2134担；1929年，其他红茶1671担、绿茶26担、茶末594担、茶梗12担，共2303担；1930年，绿茶14担。

宜昌红茶在沙市海关出口明细表（不含复出口）　　单位：担

种　类	1897年	1910年	1911年	1912年	1914年
红　茶	200余	1	1	1	3

附：宜昌花香

制造红茶时茶尖之破碎断截者，以之研为细末，名曰“花香”，为制造砖茶不可或缺之原料。加之俄美商最忌茶末，茶叶中有末掺入者，即贬低价目，若叶子中末子稍多，便无人过问，每受大亏。因此，茶号通过分筛，提取细茶末，以花香单独售卖。

据陆溁《调查国内茶务报告书》（1910年）记述：“每担红茶内不过20斤左右上好花香。宜昌花香以鹤峰为最好，每担约19两以上，祁门、宁州约13两至8两，羊楼洞各地约7两至2两5钱。”

1899年九月二十一日，《湖北商务报》以“花香获利”（7月汉报）报道：“今岁两湖红茶数目较去岁大减，故花香茶亦不见多，盖花香亦外国一大销场。近日，本镇所到花香不多，随到随售，有利可获。想西商因购茶未足，故办此以足数，亦茶客桑榆之补也。”

1929年10月1日，《新闻报》报道了宜昌花香的成交情形。宜昌花香在上海成交三笔共208箱，均由协和洋行购买，每担12.5两。

宜昌花香多作汉口俄商及兴商等四家砖茶厂的原料。《中国茶业问题》（赵烈著，1931年铅印本）记述：“汉口砖茶工场所使用之制造原料，以湖北鹤峰县之花香茶为第一。”

本章资料来源

1.《最近汉口工商业一斑》(1911年8月)，曾兆祥主编《湖北近代经济贸易史料选辑》(1840—1949)第二辑，湖北省志贸易志编辑室1984年版，第28页。

2. 张鹏飞:《中国茶叶之概况》(1916)，中国第二历史档案馆编《中华民国史档案资料汇编》第三辑农商(二)，江苏古籍出版社1991年版，第1190—1237页。

3.《中华民国三年汉口华洋贸易情形论略》《中华民国五年汉口华洋贸易情形论略》。

4.《1934年度红茶产销一瞥》,《武汉日报》1934年12月30日。

5.《红茶——1935年汉口红茶上市运销存底及市价表》,《汉口商业月刊》1935年第2卷第12期。

6. 1913—1919年《江汉关贸易册》。

7. 戴啸洲:《鄂西茶业调查报告》,《实业部月刊》1937年第2卷第6期。

8. 红茶,《汉口商业月刊》1936年新第1卷第3期。

9. 红茶,《汉口商业月刊》1936年新第1卷第4期。

10.《上季红茶成交畅旺之外讯》,《新闻报》1923年3月29日。

11. 1897、1898年《沙市海关华洋贸易情形论略》。

12.《上海谦顺安茶栈茶业改良议》,《东方杂志》1909年第6卷第10期。

第八章

宜昌红茶品质与价格

红茶宜适度干燥，以形状整齐、叶面黑褐色、有芳香者为佳。水色呈美丽的红褐色而多甘味，少苦味、涩味、青臭味，且透明者为最优品。

工夫种与小种茶为同种之茶，细叶者称工夫茶，粗大者称小种茶，在贸易上总称白毫茶。红茶中，工夫茶品质最良。所谓金刚茶就是工夫茶，往时金刚茶只有一种，到东印度会社解散后，该茶屡次改良。太平天国革命后，产茶诸地大受影响。此后运往国外之金刚茶有 8 种，以湖北产为最佳。因易于辨识，其色或黑或紫，汁浓味香。

宜昌红茶自问世起，就以其香高味醇的品质特点在两湖红茶中一枝独秀，享誉世界，并在对外贸易中获得较高的成交价格，营业者多有获利。

第一节　宜昌为高级红茶区

吴觉农、范和钧著《中国茶业问题》（1937 年 3 月初版）记述："施行产地检验应先从事于划分产区工作，盖我国茶叶产地辽阔，势不能在短时期内一蹴而成，故在办理之初，应先划分产区，然后按区实施。关于产区之分划，我国茶叶已有自然界限。如出口高级红茶计分两区，一为湖北之宜昌，二为安徽之祁门、至德及江西之浮梁三县。中级红茶为湖南之安化及江西之修水、武宁两县。低级红茶则散处于两湖各县及浙江之温州等地。绿茶高级者集中于新安江流域一带，其次为浙江之绍（兴）属及湖（州）属各处。内销茶方面，如福建安溪之铁观音，浙江杭州及其附近所产之龙井，安徽霍山及六安之毛峰等，皆有自然分别。”

戴啸洲在《两湖之茶业》(《国际贸易导报》1936 年第 8 卷第 11 号）中记述：“宜昌产区，包括长阳、宜都、五峰、鹤峰，居鄂省西部，为鄂西茶产之转口地点，其种植之茶树，虽有大小叶种未能纯一，然因自然之佳惠，产茶独优，绝非羊楼、平江、安化等处所能抚其背者，故为两湖茶之最优级。加以种茶法仿效祁门，制茶法亦非两湖各地所可比拟。所制之茶，叶条紧固，碎末稍少，几有与祁红并驾齐驱之势。”

第二节　宜昌红茶品质

英国驻宜昌领事馆领事克里斯托弗·托马斯·加德纳在《1883 年商务报告》中即有“优良品质的茶叶生长在扬子江峡谷及其支流地区”的描述。

《1902 年通商各口华洋贸易情形总论》记述：“茶叶较之往年焙制似精，色味故佳，惟据茶师云‘除宜昌外，近二十年中所出茶，味年年较减，即有人劝其速改采制之法，中国谨守成法，仍不愿听’。”

《英国商务情形——1906 年华茶出口情形》(驻英委员周凤岗译英外部蓝皮书,《商务官报》1908 年四月初五）记述：“是年春，天寒料峭，茶之生机不能畅达，而又以茶商改订新章，须俟各牌号之茶样尽出，方准列市（旧例新芽甫出，即以货样列市，迨至交货，主客每致相争）。因此二端，故茶产之登场较历年为迟。汉口、九江出货颇少，最上等之货较 1905 年为昂贵，宜昌所出，其品质为最优。”

江汉关代理税务司克乐思在《1906 年汉口华洋贸易情形论略》中称：“宜昌茶极佳。”

《1908 年九江口华洋贸易情形论略》记述：“何以宜昌茶罕有坏者，以其货仓较胜使然，可为明证矣。”

江汉关税务司柯尔乐在《1914 年汉口华洋贸易情形论略》中，引用英国太平洋行勃勒特开来本年茶市报告：“宜昌茶虽多数未经烘透，而货色纯正，共计 18000 半箱，上年则 15000 半箱。”

汉声在《今年汉口茶市之情形》(《协和报》1916 年 1 月 1 日）中记述：“宜昌茶四年（1915）不惟秀色可餐，而其味尤可口，故销路亦甚旺。其中，有优等者数种，而最高之市价为 65 两。惟四年宜昌茶之收成为数甚微，远非他项茶可比，平均计之，至多不过 3000 箱。”

张鹏飞在《中国茶叶之概况（1916）》中记述：“红茶品质之佳者，首推工夫茶，而产于湖北者为尤著。其叶较大，作黑色或紫色，就中宜昌府鹤峰之物，人皆珍之，唯产额不多，故未闻于世。”

1917 年 9 月 20 日，汉口茶业公所答复俄员调查称：“现在产茶最佳之地固为宁州、安化、宜昌、祁门等处，然将来于制造方法加以改良，各地之茶皆有凌驾日本茶、西伦茶之希望。盖日本茶、西伦茶不过制造得法，外观美善而已，其质地究不及中国茶之佳也。”

《英人属望华茶改良》(《申报》1918 年 2 月 3 日）记述：“华茶中其有出口之价值者惟细茶，而英国所嗜之茶味将可借此保存。夫所谓细茶或自饮之茶者，其解释固有特异，其最著之品，即汉口区各种黑茶之提尖，例如荆门茶、宜昌茶、宁州茶、雾拂茶及福州茶中之少数，世所谓红茶者，与其清荷茶之拣选者，凡此皆可超然于英国茶市。”

《茶业会馆欢宴美新闻家》(《申报》1925 年 1 月 19 日）记述：“红茶以祁门为最优，断非洋茶所可及，宜昌、桃源、安化、长寿街，亦各尽其妙。”

金廷蔚著《中国实业要论》(商务印书馆 1925 年出版）记述：“凡高山所产之茶，其质味所以优于低山或平地者，乃由高山多云雾之故。又中国茶多植于高山或高山之麓。中国茶叶产地住于温带，温带气候温和而多云雾，是又华茶优于印、锡、爪哇之最大原因也。就余曾目见而舌尝之各种茶叶之优劣论之，红茶或工夫红茶中，以华茶中之祁门、浮梁、漫江、宁州、宜昌、安化、建德为上……红茶之佳者，如祁门、宁州、宜昌、安化等处所产，几乎全数悉销国外，仅有少数样茶在上海南京路及虹口等处之洋庄茶店，备外国兵轮购用。此外，虽在京津大埠，亦不易搜求也。”

陈翊周复纽约《茶业月报》函（《申报》1926 年 6 月 4 日）称：“红茶以祁门为最优，宜昌、安化、桃源次之，制造虽属旧法，但屡经改良，已十分洁净，用手搓不用足揉，用炭焙不用薪炙，昔英国著名医士恩都加乐恒向人宣传，推华茶为饮料第一，纯净无杂质，至公无私，可为标准。”

《每周商情：茶（10月13日）》（《银行周报》1928年第12卷第40期）对上海茶市中宜红畅销情况的记述："本周祁红交易虽不畅旺，而售价已涨一二两……宁红仍无人问津，两湖亦然，独宜昌一路随到随沽。该处今岁只有三家出产，尖嫩兼制造特大改良，赛过祁红。总共不满6000箱，英商预先议定评货定价。据闻可沾润10两一担，业此者可称第一。"

《宜昌红茶已开秤》（《申报》1929年5月14日）记述："宜昌红茶，年来出产质地颇称优良，上年经营宜昌红茶者，均获厚利。目下该路红茶，业已采摘完竣，头青新货，每斤开秤800文，与上年无甚高下。惟因收成减色，供不应求，茶价颇有趋涨之势云。"

陆溁就我国茶业衰败情形致实业部呈（1931年8月17日）记述："两湖红茶，宜昌品质高而产额少。"

《红茶前途可乐观》（《武汉日报》1934年5月28日）记述："红茶出口素以英俄购买力为最巨，但现值新货上市之际，俄商反未着手，实因连日所到之货不合销场。盖俄商所最注意者为安化、常德、宜昌等地之红茶，因出产特别丰美，运至外洋易于脱售，须该项货物到达，即将上市收买也。"

戴啸洲撰《汉口之茶业》（《国际贸易导报》1934年第6卷第6号）记述："湖北以宜昌为产红茶名区，品质与祁门、宁州相似，惟香气、滋味稍次耳。"

《两湖红茶产额统计》（《新闻报》1934年11月29日）记述："湘鄂茶叶产量向冠各省，输出海外年达数十万箱。产量以红茶占多数，品质之优，首推宜昌，安化、桃源次之，平江、羊楼洞又次之。其中，除绿茶粗茶制销店庄，红茶、砖茶均运销出口。"

吴觉农、胡浩川著《中国茶业复兴计划》（1935年商务印书馆发行）记述："宜昌红茶区红茶产量虽不多，但其味香各项不亚于祁门红茶，并能以廉价出售，在将来的国际贸易上也可占得重要地位。"

安徽祁门茶业改良场徐方干撰《中国红茶产销经济状况》（《中华农学会报》1936年第144期）记述："宜昌茶虽产量不多，但色香味与上等祁门红茶相仿佛，盖亦属高级茶，易受印、锡等红茶竞争之影响也。"

《武汉之工商业——茶叶出口业》（《汉口商业月刊》新第1卷第6期）记述："湖北之产地为宜昌、羊楼洞、崇阳、通城、蒲圻等县。其中，以宜昌产之品质为最佳。”

《过去一年来两湖红茶产销概况》（《申报》1937年1月25日）记述：“仅宜昌贩商经售之茶，品质特佳，曾售至91元之最高价，各获相当益余。此外，茶片子及花香，初曾售10余元至20元以上，现花香仅售数元而已。据上所述，去年各地茶商，除宜昌帮略获盈余外，余均遭亏蚀。”

朱美予著《中国茶业》（1937年铅印本）记述：“两湖为出产红茶之主要地……湖北之宜昌、羊楼洞等处，尤为著名，上等货专销外洋，下等之老红茶，亦有销于内地茶馆者……湖北之宜昌为红茶名区，品质、香味稍下于祁宁。”

祥（笔名）在《我国茶产调查》（《金融日报》1947年3月28日第5版）之“名茶与产地”中记述：“湖北省主要产地可分二路：一为通山、崇阳、咸宁、通城、蒲圻等县，以羊楼洞为茶市中心；一为宜昌、宜都、长阳、五峰、鹤峰等县，以宜昌为集散中心。前者产砖茶及低级茶，后者产上级红茶，质值可与祁宁二红媲美，每年产量约有40万市担。”

第三节　宜昌红茶贸易价格

宜昌红茶主要贸易地为汉口与上海，以海关成交价格为主，分述于下。

一、汉口

1898年闰三月，宜昌红茶头两字最高价65两，次40余两，再次者二三十两。

1899年，宜昌红茶有包庄不知价目，其余最高价每担49两，最低19两。

1900年六月初六至初八，两湖茶共售出25214件，价最高者宜昌茗香、奇声，均33两。

1908年，宜昌红茶头春最高价65两，最低价27两；二春最高价31两，最低价28两；三春价20两。

1909年，宜昌红茶头春最高价61.5两，最低价30两；二春最高价26

两，最低价 23 两。

1910 年，宜昌红茶头春最高价 69 两，最低价 32 两；二春最高价 34 两，最低价 25.5 两。陆溁在《关于安徽、汉口茶业调查报告》(《江宁实业杂志》1910 年 9 月 20 日）中同记：“鄂茶售价以宜昌为最高，大约最高价至 60 余两，惜每年产额不过万箱。”

1913 年，宜昌红茶最高价 57 两，最低价 22 两。鹤峰第一期最高价 37 两，最低价 13.75 两；第二期最高价 16 两，最低价 12 两；第三期最高价 13 两，最低价 10 两。

1914 年，宜昌红茶第一期最高价 58 两，最低价 30 两；第二期最高价 36 两，最低价 27.50 两。鹤峰红茶第一期最高价 40 两，最低价 15.50 两；第二期最高价 20.25 两，最低价 13.50 两；第三期最高价 14.75 两，最低价 13.75 两。

1915 年，宜昌红茶每担 48～65 两。

1916 年，宜昌红茶每担 37～47 两，9 月中旬跌至 26 两。

1917 年，宜昌红茶 7 月开盘价 32～34 两。

1924 年 12 月下半月，宜昌红茶市价每担 38.5 两。

1925 年 10 月下半月，宜昌红茶每担 43 两；11 月上半月，宜昌红茶每担 40 两。

1926 年 9 月，宜昌红茶每担 47 两。

1927 年 11 月上半月，宜昌红茶最高 75 两，最低 55 两。

1929 年，两湖红茶以宜昌为最佳，产额不过 3000 箱（每箱 50 斤），盖多产外商则取抑价态度，原因多产必多老叶之故。红茶上市日期为农历五月，宜昌红茶每担 73 两 5 钱。

1931 年，宜昌红茶最高 167 两，最低 74 两。

1932 年，宜昌红茶最高 120 余两，少亦五六十两。

1933 年 7 月 15 日，宜昌高庄开盘 115 元。7 月 24 日《申报》报道：“近日宜昌货开 110 元。”

1934 年，宜昌红茶最高价 115 元，最低 44.5 元。

1935 年，宜昌红茶价格：7 月最高 47 元，最低 32 元；8 月最高 33 元，最低 24 元；9 月 28 元；10 月 28 元。

1936年，宜昌红茶价格：6月最高价91元，最低价78元；7月最高83元，最低53元；8月最高45元，最低40.50元；9月43.50元。全年最高价格91元，最低33元。本省除宜昌产见有利润外，其他各地产市价均属不振，归于失败。

1937年，宜昌红茶价格：6月最高价86元，最低价76元；7月3日93元，7月8日90元，7月22日60元，8月53.5元。

1947年6月4日至29日，恩施红茶每担55万元；7月1日至8日，55万元；10月5日至11月9日，160万元。这里特别提示，因严重的通货膨胀，本年红茶价格参考价值十分有限。

二、上海

1874年8月8日，二五工夫宜珍每担25两。

1877—1884年，宜昌红茶每担11～29两。

1885年，宜昌红茶最高价每担46.5两，最低11两。

1886—1894年，宜昌红茶最高价每担61两，最低6两。

1908年9月10日，裕生华茶公司在《申报》刊发“发售中国各省特选名茶”广告，听定价划一为大洋。

> 乌龙红茶：淡水乌龙一元一角整，祁门红茶每听一元整，宁州红茶每听八角整，宜昌红茶一元二角半，安化红茶每听七角整，武宁红茶每听四角半，白琳红茶六角五分，小种红茶每听五角，板洋工夫四角五分，君眉白毫一元二角。
>
> 本色青茶：本山雨前每听七角，婺源毛峰每听六角，家园绿茶每听六角，杭州龙井每听八角，武彝岩茶头号一元、次七角半、三号五角。
>
> 窨花香茶：黄山珠兰一元一角，福建上香每听六角。
>
> 路庄绿茶：麻朱、贡朱、凤眉、绒眉、熙春。
>
> 批发所——英界北京路新隆泰茶栈872；寄售所——英界品物陈列所、法界陈列所。

1922年，宜昌红茶最高价每担113.4两，最低价100.8两。

1923年7月7日，宜昌茶开盘70～74两。全年最高价102.2两，最低价44.8两。

1924年，宜昌红茶最高价88.9两，最低价59.5两。

1925年，宜昌红茶最高价86.8两，最低价51.1两。

1926年，宜昌红茶最高价91两，最低价43.4两。

1927年9月17日，宜昌首堆红茶样箱抵埠，英商定价90两，闻该庄友谈及可沾润30两一担。全年最高价126两，最低价67.2两。

1928年，宜昌红茶最高价112两，最低价44.8两。

1929年8月10日，宜昌红茶首堆昨日到埠，布样即沽价80两，与上年相同。9月28日，宜昌红茶沽76两，该路今庚产额不上5000箱，兼之各行争办，故售价见硬。全年最高价112两，最低价47.6两。

1930年9月12日，宜昌红茶天祥洋行买进200余箱，价开70两。全年最高价175两，最低价56两。

1931年，宜昌红茶最高价196两，最低价21两。

1932年8月5日，宜昌红茶由英商天祥洋行开盘，价开75～100两，较上年见低二三十两。全年最高价168.4两，最低价40.2两。

1933年，宜昌红茶最高价115元。

1934年7月18日，宜昌红茶高庄货顶盘开出115元。

1935年，宜昌红茶最高价50.5元，最低48元。

1936年8月，宜昌红茶高庄货价七十五六元。全年最高价91元，最低40.5元。

1937年7月，宜昌红茶开盘72元。全年最高价86元，最低31元。

《银行周报》刊载上海海关宜昌红茶成交价格

单位：两/担

牌号	茶名	产地	价目	备注
最标	红茶	宜昌	26两	1919年12月9日《银行周报》上海商情：茶（12月6日止）
鹤宝	红茶	宜昌	26两	1919年12月9日《银行周报》上海商情：茶（12月6日止）
兰馨	红茶	宜昌	16两	1922年3月21日《银行周报》上海商情：茶（3月18日）
鹤峰	红茶	宜昌	16两	1922年3月21日《银行周报》上海商情：茶（3月18日）

《新闻报》刊载上海海关宜昌红茶成交价格　单位：元／担

日　期	牌　号	茶　名	产　地	价　目	备　注
1936.7.15	华　宝	宜　红	宜　昌	87	1936年7月16日第16版
1936.7.15	香　艳	宜　红	宜　昌	82	1936年7月16日第16版
1936.7.15	琼　珍	宜　红	宜　昌	75	1936年7月16日第16版
1936.7.15	明　珍	宜　红	宜　昌	72	1936年7月16日第16版
1936.7.15	香　蕊	宜　红	宜　昌	67	1936年7月16日第16版
1937.7.15	宜　贡	宜　红	宜　昌	86	1937年7月16日
1937.7.15	华　贡	宜　红	宜　昌	82	1937年7月16日
1937.7.15	品　美	宜　红	宜　昌	67	1937年7月16日
1937.7.15	宜　仙	宜　红	宜　昌	78	1937年7月16日

本章资料来源

1. 赵兢南:《中国茶业之研究》,《银行月刊》1924年第4卷第7号。

2. 迈进篮:《我国茶叶之产销及其振兴策》,《汉口商业月刊》1935年12月第2卷第12期、1936年6月新第1卷第1期、1936年7月新第1卷第2期。

3. 1898、1916、1917年《汉口华洋贸易情形论略》。

4. 商务表：汉口茶市价目表（七月初旬),《湖北商务报》1899年十月十一版；商局采访：汉茶续单,《湖北商务报》1900年七月十一版。

5. 商业概况：半月间之汉口状况——红茶,《银行杂志》1925年第2卷第5号、1925年第3卷第1号、1925年第3卷第2号；商况：一月间之汉口市况,《银行杂志》1926年第3卷第23期。

6. 红茶,《汉口商业月刊》1935年第2卷1期。

7. 侨务月报：汉口11月份红茶市况,《汉口商业月刊》1936年新第1卷第7期。

8.《汉口所到红茶》(《汉口商业月刊》1937年新第1卷第9期)，曾兆祥主编《湖北近代经济贸易史料选辑》(1840—1949）第二辑，湖北省志贸易志编辑室1984年版，第29页。

9.《汉口7月份红茶市价表》,《汉口商业月刊》1937年新第2卷第3期。

10.《民国23—26年汉口红茶市价》(《汉口商业月刊》1938年新第2卷8期)，曾兆祥主编《湖北近代经济贸易史料选辑》(1840—1949）第二辑，湖北省志贸易志编辑室1984年版，第50页。

11.《最近汉口工商业一斑》(1911年8月),曾兆祥主编《湖北近代经济贸易史料选辑》(1840—1949)第二辑,湖北省志贸易志编辑室1984年版,第48页。

12. 陆是元:《汉口茶商制茶情形及销俄状况》,《大公报》1918年5月27日。

13.《汉口之红茶贸易》,《经济半月刊》1927年第1卷第2期。

14.《两湖红茶出口之统计》,《农业周报》1930年2月16日。

15.《两湖红茶英销发动》,《新闻报》1933年7月16日;《汉红茶疲落》,《新闻报》1937年1月30日。

16.《两湖红茶渐见走动》,《申报》1933年7月24日。

17. 戴啸洲:《汉口之茶业》,《国际贸易导报》1934年6月10日。

18.《武汉商情动态》,《武汉日报》1947年6月5日—11月10日。

19.《每周商情:茶》,《银行周报》1923年第7卷第26期;1924年第8卷第44期;1927年第11卷第36期;1929年第13卷第1期、第31期、第38期。

20.《路庄珍眉法销畅达》,《申报》1930年9月13日;《英商购绿茶颇畅旺》,《申报》1937年7月15日。

21. 吴觉农:《华茶对外贸易之瞻望》(1934年铅印本),许嘉璐主编《中国茶文献集成》25册,文物出版社2016年版,第80—110页。

22.《金融及商品市况——茶》,《商业月报》1932年第12卷第9号。

23.《红茶畅绿茶滞》,《上海商报》1934年7月19日。

24.《两湖红茶英销略旺》,《新闻报》1936年8月4日。

25.《两湖红茶产销概况》,《国际贸易导报》1937年3月15日。

第九章

宜红制造、包装与运销

1881年10月29日,《万国公报》刊载“请问红茶、绿茶如何来历”一文,文中记述:“昨本馆主在洋行叙谈,偶论红茶、绿茶,或云有树出红茶,有树出绿茶;或云非也,或红或绿,人手所制造也。兹特请问红茶、绿茶究竟如何分别,敬望示指为感。”

作为消费者的西洋人,或许真的不知道红茶、绿茶的分别,不在于茶树,而在于制造过程中有无发酵之区别,故有此问。这些故人故事,提示编者,有必要梳理一下宜昌红茶的制造过程、包装方式与运销梗概。

第一节　宜昌红茶制造

宜昌红茶制造分初制与精制两个阶段。茶农将鲜叶采回,初制为毛红茶。精制系将粗放之毛红茶,加工制造,以调整茶叶的形状,汰除劣异,分别品级及增加干燥程度,使茶叶美观。精制为外形上的整筛,对色香味少有促进。

宜红精制多由江西修水茶司担任,其手续繁杂,“工夫茶”名称实非夸张之词。

一、初制

初制有萎凋、揉捻、发酵、干燥等四道手续。

第一道为萎凋。将嫩叶与老叶分别摊放于晒簟，每平方丈约摊放 10 斤。利用日光晾之，使茶质软化，以手触无甚声响，握之而茎不断折时，即行收回。

第二道为揉捻。萎凋好之茶叶，须即时揉捻。使茶叶汁外流，茶叶紧缩成团，方行停止，盛于竹筐或木槽内，以手拨开，置晒簟上略晒之，俟外部水汁已干，握之不致成团时为止，名为“气干”。

第三道为发酵。揉好之叶，盛于竹筐内，上覆湿布，置日光下，任其发酵，俟色变红，略呈酵香时即可。发酵宁嫩，毋使过老。发酵之温度，以 30℃～35℃为佳，湿度以 95% 以上为佳。发酵适度之茶叶，呈铜褐色而油润可爱，嗅之有苹果香气味。发酵时间以 5 小时半为适宜。

第四道为干燥。发酵成功之茶，撒播晒簟上，俟有六七成干，即行出售。遇天雨，须即时上烘笼（炭火须无烟气）。烘焙之温度，起初须高，以后则逐渐降低。随时勤于搅拌，手法须轻，避免坠茶生烟，影响品质。

二、精制

茶农将毛红茶售与茶号分庄，由茶号雇用人力或骡马运回精制集中地，进行精制。

（一）精制工具

宜红精制工具，分筛、拣、烘三类。烘用烘笼，拣有拣盘，筛分基本筛与补充筛。基本筛又分一筛、二筛、三筛、四筛和粗尾、中尾、小尾、芽尾、铁棚、生末等筛，筛具各有不同。

筛　别	筛孔阔度（公厘）	筛篾阔度（公厘）	筛　别	筛孔阔度（公厘）	筛篾阔度（公厘）
一　筛	13.0	3.0	中　尾	3.0	2.0
二　筛	10.0	3.0	小　尾	1.0	2.0
三　筛	8.0	3.0	芽　尾	1.5	1.5
四　筛	5.0	3.0	铁　棚	每吋 8 孔	
粗　尾	4.0	2.0	生　末	每吋 6 孔	3.0

补充筛系为弥补基本筛孔径之不足而预备，称为正副筛。如较芽尾精细者为“正芽尾”，较芽尾稍粗者为“副芽尾”，筛之直径约为32吋，框高1.6吋，状如米筛，所异者筛底无六角形之壳耳。

（二）精制过程

复火。茶号收买之毛茶，只有六七成干，需再次炭火烘焙，名曰“打老火”。将地面掘成行列之穴，盛以炭火，俟火势稍缓，将茶叶置于焙笼内，移置于穴上，焙之少顷，轮流取下，连焙笼置于小匾内，以手抄翻，复置火上焙之，待干取下，以待筛分。

筛分。茶以形状齐整为佳，故筛分手续，至为繁杂，技术亦须熟练。筛茶分为多部，各有定名如下。

大厂：即橙茶厂，将毛茶置筛内，双手捧筛，略向前倾斜，上下前后震动之。

楂头厂：专做筛面之茶用，且橙且楂，使其细小通过筛孔。

橙头厂：专做复橙厂筛面之茶用。

尾子厂：筛风车第二口之茶。

珠子厂：制楂头厂筛面之茶。

片子厂：筛尾子厂筛面之茶。

芽茶厂：将铁栅筛之下，生末筛之上，凡夹有芽茶者另筛之，提取芽茶，以免混入花香。

筛厂附设各种风车，如上身车、中身车、楂头车、复拣茶车、橙头车、尾子车、片子车、珠子车、芽茶车，分别过风各种茶叶。此外，尚有捞拣茶、捞中身、播子口、做地茶、做茶梗等部，分工合作，毫不混乱。

筛茶主要步骤及方法：

第一步（大厂），将茶条较细者橙下，其筛底之茶，以自一筛（粗茶用自花筛起）至生末筛，分为多种。其一筛或花筛专做捞梗工作，筛面即为茶梗，筛底则用一筛筛之，以后依次接下，至生末筛之筛底，即为花香；自二筛至生末各筛筛面，均用风车风过发交拣厂。惟自二筛至四筛交上身车，自粗尾至生末交中身车。

第二步（楂头厂），将大厂筛面之茶用中尾筛，且橙且楂，使茶之相连者分门，粗大者细小，俾便橙至筛下，其筛底用自二筛至生末等筛分开之，自二筛至四筛用上身车风过发拣，粗尾至铁栅，用中身车风过发拣。

第三步（珠子厂），将楂头厂筛面卷结之茶，先交焙房焙干使胞，以木砻砻碎，用粗尾至生末等筛分开之，自粗尾至小尾之筛面，用芽尾筛橙之，其筛面再砻之，筛底则交珠子车，风过发拣，惟其中若无梗者，则不必发拣。

第四步（复橙厂），将大厂筛底各号风拣以后之茶用芽筛复橙之，使分别更为清晰。

第五步（橙头厂），将复橙厂筛面之茶用芽尾筛，且橙且楂，其筛面复入珠子厂（亦须加焙），以木砻砻碎，其筛底用自四筛至生末等筛分开之，以橙头车风过发拣。

第六步（尾子厂），因风车计分二口，第一口为正茶，可直接发拣，车尾则为极轻飘之片末，即为花香，无庸再筛。惟流入第二口者，乃半飘半实之茶，故须复加筛分，故以上各种风车第二口所出之茶叶须交尾子厂用芽筛橙之，其筛底用二筛至生末分开，各号之筛面，用尾子车风过发拣。

第七步（片子厂），尾子厂筛面之茶用芽尾筛，且橙且楂，其片子车风过发拣。至于筛面，则交焙房焙燥，以细长之布袋盛之，执袋口在木板或地面之凸处，击之使碎，然后用生末筛筛之，其筛底即成花香，筛面复入袋击之，至尽成花香为止。

至于芽茶厂，限于有芽茶者，始另行分筛。

以上各厂，设管厂工头一名，专管该厂一切支配事宜；另设总厂包头一名，掌理雇工及指挥各厂一切工作。工人分上手、中手、下手三等。上手每日铜圆一百枚，中手五六十枚，下手二三十枚。总包头每季（自开工日起至收庄止）约四五十元，若庄内盈余，得分红利。且全厂工人，由其经手代雇，有进退工人之权，故除正薪外，尚在工人工资内扣除佣金。全厂工人均编有号码，每日开工时，发给筹码，至收工时按筹点工，由工头报告账房。工人之伙食概由厂方供给，自到厂起至收厂止，无论开工与否，伙食须照常供给，惟其膳菜甚菲薄，足以充饥而已。

拣茶。条索以细长匀整者为佳，坏茶、黄片及茶梗等杂物，须尽量拣去。拣茶均用女工，每人于每晨开工时由看工头发给茶叶一箱（或数人拼拣一箱或数箱），竹筐二只，小凳一只，筐盛茶置茶箱上拣之。每日发茶时，附带纸条一张，书明茶之等级及拣茶者姓名。及至收工时，则由看拣员审查，如认为合格者，则秤过落簿（不及格者须复拣），并在条上注明斤数、工资，凭条领款。

官堆。茶庄对于拼堆，以为大功告成，则非常重视，故特美其名曰“官堆”。官堆场，铺有精密地板，四壁均密封，使毫无孔隙。将各号筛分之茶，层叠倒于场上，作高数尺之方堆。堆颇整齐，乃在向外方之侧，以铁耙自上而下，徐徐梳耙，使各层茶叶混合流下。其耙下者，即以撮箕撮入箱内暂囤。撮后地板所存浅茶，须扫至堆上，继续梳耙，及至完毕秤之，记其分量，以便计算箱数，此名为“小堆”。然后将各箱茶叶复倾入场上，掺入芽茶、珠子等，再作方堆，名为“大堆”，如前法梳耙，则所有茶叶拌搅均匀，庶无粗细优劣不同之弊。

第二节　宜昌红茶的包装

包装指宜昌红茶完成精制各个环节后，对官堆的各级茶叶装箱的过程。宜昌红茶一般使用二五茶箱，故俗称“二五工夫红茶”。“二五”指茶箱的长度为 25 英寸（约 50 厘米）。

英国驻宜昌领事馆领事克里斯托弗·托马斯·加德纳在《1883 年商务报告》里对长乐地区的茶箱有过记述：“在长乐，运送到外地的茶叶装在帆布包里，并将帆布包放进方箱内，搬运工人用篾制缆绳背运。”说明宜红诞生后的几十年里，内包装材料主要是帆布，外包装为木箱。

1910 年，陆溁在《安徽、汉口茶业调查报告》中则详细记述了湖北茶的包装：“红茶箱以薄板造之，中夹铅板，外饰红绿花纸。至木板失之薄而易于损伤，尤为缺点。所用者以二五箱为主，其重量合司马秤约 63 斤，除箱板、铅罐 13 斤，净茶为 50 斤，此头茶之重量也。子茶、夏茶及秋茶为四十二三斤。”

1934 年 6 月，戴啸洲在《汉口之茶业》（《国际贸易导报》1934 年第 6 卷第 6 号）中记述：“汉口箱茶均以二五箱为主，内分大、中、小三等。”宜昌红茶多用二五中箱。

汉口茶箱规格表

种别	容积				容量	材料			备注
	长（吋）	高（吋）	阔（吋）	立方吋		里	中	外	
						铅罐	枫箱	席包	
二五大箱	22	26	16	151	90 磅	铅罐	枫箱	席包	外用捆箱铅皮 4 条合 1 磅
二五中箱	21	19	16	105	70 磅	铅罐	枫箱	席包	
二五小箱	20	19	16	100	67 磅	铅罐	枫箱	席包	

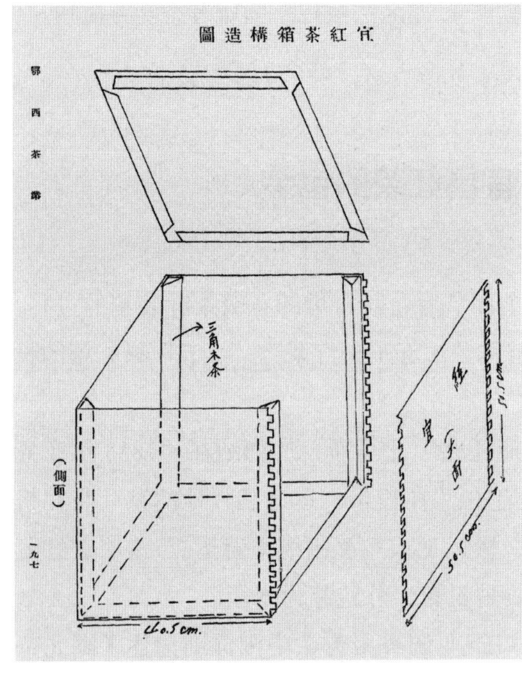

宜红茶箱构造图

1935 年，汉口商品检验局严令茶商，切实改良茶箱。1936 年拟订《茶箱取缔办法》六条：“1. 两湖所用茶箱，以二五箱为准则；2. 箱板木料必须干透，方可使用，并不得使旧烂茶箱；3. 箱内及上下缘边，须加钉木条 12 根，以增茶箱支持力；4. 箱缘必须用含口缝合拢，加钉铁钉外，并须加以蚂蟥钉，每一边缘七八枚；5. 箱内铅箔必须完整无隙，其内壁须用湖南桃源产之官袋纸裱糊，使茶叶与铅箔完全隔绝；6. 箱外须用中文注明茶类、商标、件数、毛重及净重、采制时期及制造庄号。”

《实业部派员考察两湖茶叶——吴觉农技正谈改进方法》（《工商通讯·南昌》1937 年第 1 卷第 5 期）记述：“两湖茶叶之包装，最初所采用之枫木箱，装作尚佳，故输往外国之茶叶，并无走潮或木箱破坏之现象。嗣因茶商贪图薄利，茶箱之品质因之减低，每年输往外国之茶叶，茶箱每多破坏，最多时约占30%。自去年实业部规定，茶箱四角加钉12根木条后，破坏现象已渐减少，明年度更将派员分赴各地指导。”

1937年，戴啸洲在《鄂西茶业调查报告》(《实业部月刊》1937年第2卷第6期）中记述：“五鹤茶箱素不完善，自前实业部颁布《茶箱取缔办法》后，茶商多能遵照实行，茶箱箱板为枫木，板厚约四分，箱内加钉角条12根，内罐亦裱糊妥洽，惟茶箱外面，应行标注各项，尚付缺如，此次调查时，曾详为指导，本年该地茶箱当较为完善矣。”

第三节　宜昌红茶的运销

茶农制成毛茶，大都装以麻布袋，或白粗布袋，自行挑售，或骡马驮运于就近茶号所设之分庄，也有少量茶贩向茶农买去后挑售于分庄。通水道地区，则利用舟楫，如泥沙、宜都等地，每件30～50斤不等。

毛茶之集散市场，在石门为大小京州、深溪河、杨家坪、罗家坪、细沙溪、马子坪及所市；在鹤峰为乡坪、大小溪、茶园坡、五里坪、留驾司、北佳坪、南渡江两岸等地；在五峰为水浕司、坧台、采花台、中溪、远望坡、大坡、前茶园、后茶园等地；在恩施为五峰山、芭蕉、硃砂溪及宣恩庆阳坝。

各分庄收购毛红茶后，则运回集中精制地精制。1883年前，宜红茶区毛红茶均集中于渔洋关精制。泥沙泰和合茶号设立后，精制地扩大为两处。长阳彝新公司成立后，精制地扩大为三处。鹤峰毛红茶，初运渔洋关，精制成箱后运宜都，下汉口、上海。后增加为两线，或运渔洋关精制运宜都下汉口，或运石门泥沙精制，转津市入汉口。石门毛红由泥沙精制后，民船由水道下津市，然后转装轮船驶汉口。1917年，泰和合茶号出盘于张佐臣后，有部分石门茶亦运渔洋关精制出口。此外，利川毛坝箱茶之集散市场，则为石门泥沙、五峰渔洋关、宜都及恩施城区四地。

戴啸洲在《鄂西茶业调查报告》中对宜红集中地有过记述：“其集中地可分为三处：一为五峰县之渔洋关；一为长阳县之资丘；一为湘省石门县之泥沙塘。该石门县之大荆（京）州、小荆（京）州所产之茶，皆集中于泥沙塘，精制装箱然后运出。五鹤两地之茶则以长阳之资丘或渔洋关为精制地点，惟均以渔洋关为运销集中地，每年由渔洋关转运出口者，占全数三分之二。”

1938年12月6日，羊楼洞茶业改良场呈报的《调查鄂西、鄂南茶叶销售及存留情形》记述：“五峰、鹤峰、长阳三县，实为鄂西外销茶之主产地，而均以五峰之渔洋关为汇集之所，1937年由渔关输出者计7600箱，1938年减至3600箱。”

此外，1896年、1898年广东茶商曾在瞿塘峡附近的大溪口设过精制点，精制建始长樑子的毛红茶。

1934—1936年，渔洋关精制成箱数如下。

1934—1936年五鹤二县红茶成箱数

单位：箱

牌号	1934年	1935年	1936年
源泰号	1100	1200	1150
恒信号	400	450	420
民生号	350	400	330
华明号	550	550	550
同福号	305	310	310
合荣号	400	420	390
恒慎号	360	350	380
合计	3415	3680	3530

在渔洋关精制的宜红茶，运宜都上民船下汉口。1883年前，主要依靠人力或骡马驮运，经马勒坡、凉水井、栗树垴、潘家湾、熊渡、聂家河、庙滩子、大麻岭、和尚岩、香客岩、过路滩，到陆城。后随着产量的增大，主要由小木船沿渔洋河运宜都陆城。渔洋河上，宜都、渔洋关沿线最多时曾有木船200余只。

本章资料来源

1. 张博经:《宜红精制》,《西南实业通讯》1942 年第 5 卷第 2 期。

2. 王乃赓:《湖北茶叶之研究》,《西南实业通讯》1944 年第 9 卷 3—6 期。

3.《增进红茶出口应改良茶箱包装——汉商品检验局采取有效方法，并派员赴两湖产区广为宣传》,《武汉日报》1936 年 3 月 10 日。

4. 湖北省羊楼洞茶业改良场呈报《遵令调查鄂西、鄂南茶叶销售及存留情形》，湖北省档案馆档案（LS031−003−0794−008），1938 年 12 月 6 日。

第十章

宜昌区茶业改进指导所

第一节　机构设立的背景缘由

“宜红”在昔颇驰誉于欧美市场，嗣因墨守成法，不知改进，未能与印、锡红茶并驾齐驱，致销路日蹙，几有一蹶不振之势。实业部有鉴于两湖红茶品质日渐低下，尤以宜昌红茶低落最甚，于 1936 年决定每年拨发整顿湖北红茶经费 3500 元，协助鄂省改进红茶事宜。

1936 年冬，实业部为改进两湖茶叶及提高品质，派上海商品检验局茶叶检验组吴觉农技正视察两湖茶叶产销情形，并在汉口商品检验局举行会议。检验局农作物检验组组长江汉罗技士（代表局长王宠佑）及戴啸洲、黎开源、聂成等参加会议，并会商改良办法。

会议将鄂茶分内销绿茶、老青茶、红茶三大区域。红茶区有宜昌、长阳、宜都、五峰、鹤峰等 5 县，该区所产红茶，原来品质并不让祁宁，每年销量亦有三四万箱之多（每箱约 50 斤），但近来因品质降低，销路锐减，每年销量仅有二三千箱，因此实业部特命设法加以改良。上海商品检验局决定，第一步先行改良宜昌区红茶，第二步改良羊楼洞等地的老青茶，第三步改良内销绿茶。会议还讨论了提高茶叶品质、降低砖茶水分、指导包装等问题。

1937 年 2 月 22 日，实业部委派汉口商品检验局茶叶检验组技士戴啸洲，前往宜昌、宜都、长阳、五峰、鹤峰等 5 县，从事红茶产量及运销调查，以制定改良方案。戴啸洲到宜昌时，经初步调查，始悉所谓宜昌红茶者，并非宜昌产品，乃五峰、鹤峰及湖南石门所产，其中尤以五峰为最多，而宜昌、宜都、长阳等县出产，则以绿茶为丰，在湖北本省内销路中占有相当地位。嗣即离宜昌向宜都、长阳等进发，并在红茶集中市场五峰县渔洋关，召集茶商谈话。

该五县生产事业以茶叶等为大宗，而红茶一项，过去每年可产二三万箱，如今每年仅可产三四千箱，相差数目至为巨大。推其原因，乃因过去多系广东人经营，资本较为雄厚，吸取力亦较强大，现在多系本地商人就地买卖，资本甚小，且价格操纵于外商手中，不敢尽量吸收，因此茶农亦不敢多制红茶，倒不如采摘青茶以为内销，较为合算，因此红茶产量日渐减少，而品质益形低下。

不过该处有一种情形，较别处稍好者，即茶农卖茶时所受剥削较少。宜昌等处之茶庄，多于各产茶区遍设分庄，专门收买毛茶，茶农有毛茶，即可直接卖与该分庄，而不必卖与茶贩、茶行，免受剥削。分庄收买茶叶亦多使用大秤，普通概以一斤半作为一斤，亦有以二斤作为一斤者。茶庄买茶后，即以火烤干，俗称“打老火”，打火之后，再运送总庄复火精制。各县茶树生育状况甚为优良，普通高约六七尺，较别处茶树，约高二三尺，土质亦佳，惟因茶农不善栽培，故大好茶树，听其自生自灭，殊为可惜。

戴啸洲迅即拟订治标办法，即在五峰县内觅一地点，立一指导机关，专门指导茶农种茶、制茶方法，以及办理合作运销等事宜。

1937 年 4 月，实业部决定，由汉口商品检验局与湖北建设厅等机构合组宜昌茶业指导所，经费由实业部及鄂省政府分别担负。并拟订《改进办法大纲》如下：

1. 由建设厅会同实业部汉口商品检验局、湖北省农村合作委员会、中国农民银行等机关，聘请茶叶专家，组织宜昌茶叶指导所，统筹宜昌茶叶改进事宜。

2. 由建设厅负行政上责任，商品检验局负技术上责任，农村合作委员会负组织上责任，中国农民银行负金融上责任。

3. 指导所之工作有二：①做部分之研究、调查及统计工作；②指导组织茶叶生产合作社及宜昌茶叶产销联合社，本年先行试验仿制印、锡红茶1000～1500箱，其资本拟请中国农民银行贷放。

4. 宜昌茶叶产销联合社所产茶叶，拟请实业部汉口商品检验局及国际贸易局茶叶组代为免费在沪、汉销售，遇必要时并请其直接向国外推销。

湖北省宜昌区茶业改进指导所1937年度预算表

单位：元

（一）收入（实业部拨）	2450	原拨3500元，按七成发给
（建设厅拨）	2800	原拨3500元，按八成发给
（二）支出	5250	
第一项　事业费	3500	
第一目　推广费	620	
第一节　奖励费	300	择优良茶园及采制优良茶叶生产合作社分别予以奖励，预计如上数
第二节　试验费	320	本所应做一部分之试验工作，约需如上数
第二目　俸给费	2880	
第一节　职工俸给	2880	主任1人月支80元，技术员1人月支50元，事务员1人月支40元，技工3人月各支20元，公役1人月支10元，全年共如上数
第二项　办公费	680	
第一目　文具	80	
第二目　邮电	120	
第三目　房租	200	
第四目　旅费	200	
第五目　消耗	40	
第六目　杂支	40	
第三项　建设及购置费	1070	

第二节　宜昌区茶业改进指导所设立与归并

1937 年 4 月末，宜昌区茶业改进指导所在渔洋关成立。戴啸洲任主任，余景德任副主任兼技士，于鸿达任事务员，王道蕴、姚光甲任技工，另雇公役一人。主要工作：1. 促进茶农嫩采；2. 改良制茶法；3. 取缔毛茶过度水分；4. 改善收买毛茶之习惯；5. 组织茶农、茶商登记。

宜昌区茶业改进指导所的宣传指导，大受当地茶农、茶商信仰。指导所在恩施、五峰两县购买生叶进行茶叶精制，制造改良红茶两千数百十斤，以一部分分赠汉口、上海中外茶商，博得全体茶商赞许，誉足与祁门红茶相颉颃。

1937 年 8 月 12 日，副主任余景德拟具《宜昌区红茶业改进办法大要》，呈请前湖北省农业改进所采纳施行。不料，“七七”之后，省收锐减，于 11 月将农业改进所裁撤，所有各场直隶建设厅，致使宜昌区红茶业改进办法未能继续实施。12 月，为集中人力、财力计，将该所员工全部南调，归并羊楼洞茶业改良场。

本章资料来源

1.《实业部派员考察两湖茶叶——吴觉农技正谈改进方法》,《工商通讯》(南昌)1937 年第 1 卷第 5 期。

2.《实业部决改良湘鄂茶产》,《中国农民银行月刊》1937 年第 2 卷第 2 期。

3.《国内贸易消息：改良两湖红茶决自宜昌着手》，实业部国际贸易局编《国际贸易情报》1937 年第 2 卷第 15 期。

4.《调查及统计：实部调查两湖红茶》,《湖南省国货陈列馆月刊》1937 年 5 月版。

5. 聂成:《产地通讯：宜昌成立茶叶改进指导所》,《茶报》1937 年第 1 卷第 3 期。

6.《宜红茶改进实现，本年可有改良宜红来沪销售》,《申报》1937 年 4 月 29 日。

7.《湖北省二十六年（1937）度茶业改进计划书》，中国第二历史档案馆档案（全宗号 4，案卷号 22358）。

8.《湖北省建设厅据本省羊楼洞茶业改良场呈报鄂西、鄂南茶业危殆情形令知已转函中国茶叶公司提前分赴各该区收买由》，湖北省档案馆档案（LS031-003-0798-001），

1938 年 3 月 15 日。

9.《湖北省政府建设厅据呈拟续派员工赴五峰县改进红茶等情令知已函请中国茶叶公司转饬恩施实验茶厂主持由》，湖北省档案馆档案（LS031–003–0795–001），1938 年 4 月 19 日。

10.《湖北省政府建设厅据五峰茶业改良场呈送职员调查表准予汇转由》，湖北省档案馆档案（LS031–001–0438–007），1939 年 3 月 29 日。

11.《湖北省茶业改良场 1937 年度工作年报》，湖北省档案馆（LS031–003–0802–011），1939 年 10 月 6 日。

第十一章

五峰茶业改良场

1910 年，清政府由劝业道开办茶叶讲习所于蒲圻羊楼洞。辛亥以后，恢复并购置茶地附设试验场，并以当时砖茶边销、外销，均极兴盛，故政府设改良辅导机构于此，以灌输新茶叶知识于当地茶农，改进制茶技术，谋提高茶叶品质和产量。试验场于 1913 年停办，1919 年恢复，租用场地 125 亩，开辟老营盘地 8 亩为苗圃，另购民地 5 亩、茶地百亩。因时局动荡，试验场于 1933 年再度停办。

1937 年 7 月 1 日，湖北省政府为谋改进农业，增加生产，创设农业改进所，统筹全省农业行政，改善技术，辅导生产，分设农、林、棉、茶、畜牧、水利等部组及各种改良场所。七七事变之后，省收锐减，于是年 11 月将省农业改进所裁撤，所有各场直隶省政府建设厅。羊楼洞茶业改良场随即于 12 月成立，建设厅拨建修开办费 999.47 元。为集中人力、财力，将宜昌区茶业改进指导所员工全部南调羊楼洞茶业改良场。

湖北省农业改进所未撤前，曾派员赴羊楼洞勘查游家湾为设立茶场最适地点。因游家湾有文昌阁一所，旧式屋宇三进，加以修葺可作茶场办公室，且与前茶业试验场所置茶地邻近。1938 年 3 月，招商承修，又租用文昌阁附近民房，加以装修作为制茶工厂，4 月初开始制茶。

1938 年 6 月，抗击日寇的武汉会战开始。7 月 16 日，羊楼洞茶业改良场接建设厅 7 月 13 日密令：“奉湖北省政府主席陈诚省秘二字第 33932 号密令，转饬筹办迁移安全地带设置办事处。”7 月 19 日，改良场呈请迁至鄂西茶区五峰县办公。7 月 27 日，湖北省政府委员会第 303 次会议决定，省政府迁宜昌。8 月 10 日，改良场呈请按照前拟计划，迁移五峰县渔洋关设办事处。

当时，羊楼洞茶业改良场办公室及茶地周围已构筑防御工事多处，鄂南产茶各县即将划为重要军事区域。8 月 11 日晚 11 时，改良场又遭匪 10 余人抢劫公款法币 685 元、私款 320 元及首饰、衣物若干，损失公私财物 1800 元，场长徐方干被打伤就地医治。鉴于情势危急，改良场第一批员工于 8 月 22 日出发，派员押运文卷、器物，于 9 月 10 日抵达渔洋关，租赁渔洋关镇正街第 12 号余继唐民房五间，设立办事处，每月房租洋 8 元。场长徐方干留场办妥场屋等保管事宜后，于 9 月 11 日率第二批员工于 10 月 8 日抵达渔洋关。羊楼洞所有不能搬迁之房屋、地亩、器具、文卷，交羊楼洞前茶业试验场保管员游哲栥保管。

搬迁费合计 389.25 元，明细如下表：

湖北省羊楼洞茶业改良场 1938 年迁运费支出单据附属表　　单位：元

类别	摘要	实支数	单据号数
火车费	自赵李桥至武昌三等车票 6 张	13.50	11
轮船费	自新堤至宜昌三等轮船票 8 张	80.00	2
	自宜昌至宜都小轮船票 8 张	3.20	3
	自汉口至宜昌三等轮船票 6 张	90.00	4
	自宜昌至宜都小轮船票 6 张	2.40	5
舟车轿费	自新店至新堤大驳船 2 只	20.00	6
	自宜都至聂家河轿 2 乘	3.60	7
	自聂家河至渔洋关轿 2 乘	6.40	8
	自宜都至渔洋关轿 3 乘	15.00	9
运力费	自羊楼洞挑至新店计 17 担，每担力洋 0.8 元整	13.60	10
	自宜都挑至聂家河计 18 担，每担力洋 0.6 元整	10.80	11
	自聂家河挑至渔洋关计 18 担，每担力洋 1.10 元整	19.80	12
	自羊楼洞挑至赵李桥计 4 担，每担力洋 0.4 元整	1.60	13

续表

类　别	摘　要	实支数	单据号数
运力费	自火车站挑至轮渡、至码头、至怡和轮埠	3.35	14
	自宜都挑至渔洋关计 3 担，每担力洋 2.00 元整	6.00	15
	各地上下挑力	24.00	16
膳宿杂费	膳费 16 客	3.20	17
	新堤迎宾旅栈	8.00	18
	宜昌同兴利旅栈	6.40	19
	宜都悦来号栈	4.00	20
	聂家河黄永泰客栈	14.00	21
	赵李桥交通旅社	3.00	22
	膳费 6 客	1.80	23
	膳费 18 客	7.20	24
	宜昌同兴利旅栈	21.00	25
	宜都悦来号栈	3.00	26
	聂家河宿费	1.80	27
	潘家湾宿费	0.60	28
	由新店至新堤驳船夫酒资	2.00	29

场长　徐方干（印）　　　　1939 年 6 月

此间前后，8 月 15 日，省政府各机关全部迁至宜昌。孰料武汉于 10 月 27 日沦陷，宜昌也非安宁之地，日军飞机经常轰炸宜昌。武汉沦陷当日，省政府委员会第 306 次会议决定，省府再次西迁恩施。1938 年 11 月，省府全部迁恩施。

1939 年 1 月，湖北省农业改进所在恩施恢复设立。2 月 12 日，羊楼洞茶业改良场改称五峰茶业改良场。4 月 1 日起，五峰改良场改隶湖北省农业改进所，全称湖北省农业改进所五峰茶业改良场。

第一节　场址变迁

1938 年 9 月，羊楼洞茶业改良场迁移渔洋关，租赁正街余继唐民房五间办公住宿；租渔洋关小学地 1.5 亩作苗圃，月租金 0.42 元；租关上（赵家坡）15 亩地作改良场茶地，月租金 1.67 元。

1940 年 5 月，选址关上园附近一处公产，平整地面。6 月 5 日，制茶厂屋动工，由王吉成建筑，技佐王道蕴监督修造。11 月，制茶厂一栋 2 间 7.4 平方丈房屋竣工。

1940 年 11 月 28 日，耗资 1600 元，购置五峰县第二区红石板小坪山地 80 亩及瓦屋一栋，与关上园茶地 15 亩，均作示范茶园基础。

1941 年 1 月，改良场迁至关庙办公。7 月，渔洋关小学苗圃及关上园示范茶园租金涨至每月 10 元。

1943 年 5 月 21 日，日军占领渔洋关，五峰茶业改良场人员向五峰县城（现五峰镇）撤退。改良场器具、图书、文具几乎全部为敌焚尽，门窗装备破坏无余，制茶厂西北角被炮弹炸毁，屋瓦被机枪扫射落下，第一茶区炸弹 2 枚，茶苗及所做试验被炸，余均被战马践踏损坏，苗圃竹篱亦被拆除。改良场在渔洋关的基础几乎全部损失，全体员工行李亦遭焚弃。

1944 年 2 月，五峰茶业改良场迁移五峰县城，借南门坡谢家骡马店（房主谢福财）及圆通寺办公、住宿。

1944 年 9 月 23 日，改良场电复仁乡公所："去年鄂西事变，本场惨遭损毁，暂移城区办公，一部分残余家具故仍散置渔关未运。现本场以奉令在城区觅地建筑场房，渔关改设工作站，所有承贵所收存留用之卷柜及办公桌，因开展工作亟需应用，请予归还。再本场附建于关庙右侧之制茶厂一栋，查亦经贵所作为办公室，应请腾让，俾利本场改建。"

10 月，改良场定址石梁司墓坡（仁爱乡第一保）绝嗣民产一契，修建办公室及试验工厂各一栋。11 月中旬，彭匪（西祖）窜扰，当时风声鹤唳，谣传纷起，所有城区机关及居民逃避一空，改良场迁移较为僻幽之窝坑，并督率工友将文卷及应用家具等搬运该地，及后匪改窜湘境，情势稳定，乃于11月20日迁返南门坡，恢复办公。避匪搬家之人甚为拥挤，摩肩攀壁，故于搬运时不暇照顾，物物相撞，损毁玻璃烧瓶一个，牛四锅、中锅各1口。

12月2日，墓坡办公室及试验工厂动工，1945年1月中旬竣工。3月，五峰茶业改良场迁至石梁司墓坡新场址办公，开辟苗圃。

第二节　机构沿革

茶业改良场为省营经济建设事业机关，旨在改进茶业，宣传指导茶农改进栽培、采摘与初制，指导茶厂改进精制技术。

1938年9月至1939年2月初，仍称羊楼洞茶业改良场，渔洋关为办事处。1939年2月12日，羊楼洞茶业改良场改称五峰茶业改良场。4月1日，五峰茶业改良场改隶湖北省农业改进所，全称湖北省农业改进所五峰茶业改良场。

茶业改良场内设推广股和栽培制造技术股。迁移渔洋关初期，有场长1人、技士1人、技佐2人、助理员及公役各1人。制茶期间聘请制茶技工1人，制茶工人3～4人。自1939年11月起，改良场设场长、技士、技佐、助理员及公役各1人。1940年4月，五峰茶业改良场始设练习生1人。

1944年8月12日，省农业改进所拟具《湖北省五峰茶业改良场组织规程》（草案）（以下简称《组织规程》），呈请建设厅转呈省政府。9月15日，省政府建设厅修正后报省政府。9月18日，省政府主席王东原签具“先交法制室核签”。法制室签移第一科、会计处会签，9月21日，王东原签人事处复核。10月12日，人事处签具“该场1944年度分配预算，经核定设场长、技士、技佐、助理员、会计员各1人，合计5员。兹据呈拟组织规程草案，计列场长、会计员各1人，技士、事务员各2人，技佐、助理员各3人，合计12员，较现有员额增加7人，核与中央紧缩原则未合，拟不予增。该场为经济建设事业机关，各级职员依照规定不予规定官等，原赍组织规程草案所有荐任、委任字样，拟予删除。又会计员依国民政府主计处《设置各机关岁计、会计、统计人员条例》第二条规定，固定为委任职，该场组织规程亦不必再定委任字样”的意见，并进一步修正条文后呈王东原主席。

10月17日，王东原签具“交建设厅照办”。11月3日，建设厅训令农业改进所：“湖北省五峰茶业改良场组织规程草案，奉令交人事处核签意见，并奉批交建设厅照办，合行抄发该项修正规程一份，令仰遵照，并转饬遵照办理具报为要。”

11月28日，农业改进所训令五峰茶业改良场遵照办理。《湖北省农业改进所五峰茶业改良场组织规程》全文十条：

第一条，湖北省农业改进所为改良五峰、鹤峰各县茶业，促进生产起见，设置五峰茶业改良场（以下简称本场）。

第二条，本场隶属于湖北省农业改进所。

第三条，本场业务范围：关于茶籽选种及培育良苗事项、关于茶树经营示范及繁殖事项、辅导茶农产制及更新事项、关于茶叶运销之改良事项、关于茶叶品质鉴定及检验事项、关于茶农产制训练事项、举办有关茶叶改良调查统计事项、举办有关茶叶改良研究试验事项。

第四条，本场为便利改良茶业，得择适当地点设立分场及工作站。

第五条，本场设场长一人，承农业改进所所长之命，综理全场事务。

第六条，本场设技士一人、技佐一人、助理员一人，承场长之命，办理各项技术事宜。

第七条，本场设会计员一人，承省政府会计长之命，并依法受场长指挥，办理岁计、会计事务。

第八条，本场视事务需要，得呈请省政府分发见习生1～3人。

第九条，本场办事细则另定。

第十条，本规程自核准之日施行。

1944年9月，红石板庄屋改设渔洋关工作站。11月，奉令核减练习生，改良场不再设练习生。

第三节　场长及职员更变

1938 年 9 月，迁设渔洋关时，场长徐方干，技士余景德，技佐姚光甲、王道蕴，助理员厉菊仪，公役居桂生。

1939 年 4 月底，助理员厉菊仪辞职，5 月 1 日由前羊楼洞茶业改良场钟士模接替任助理员。5 月，湖北省茶叶管理处调用技士余景德兼任指导股主任，协助办理茶叶贷款事宜，保留改良场技士职务，自 5 月 1 日起停给本薪。6 月，省茶叶管理处调用五峰茶业改良场技佐姚光甲、王道蕴兼任指导股股员，保留改良场技佐职务，自 6 月 1 日停给本薪。6 月 27 日，五峰茶业改良场呈请增加技士员额，以技佐姚光甲升充，省政府建设厅以“徐方干现已电准辞职，所请增加技士员额，应候新委场长到场考察办理”悬搁。7 月 9 日，建设厅厅长严立三令五峰茶业改良场场长徐方干：“请辞本兼各职，业经郑（家俊）前厅长宥（6 月 26 日）电照准，并饬另候派员接替。在未派员接替以前，仍应负责积极推进工作，以免贻误，而于咎戾。”

9 月末，助理员钟士模辞职，10 月余威远任助理员。10 月 30 日，湖北省农业改进所以“五峰茶业改良场为改进鄂西茶业唯一实验机关，责任重大，场长徐方干经建设厅令准辞职，急须遴员接替。改进所茶叶调查专员高光道，积年研究茶叶，并曾任羊楼洞茶业试验场技士，正派往鹤峰县调查茶业，兼办本季鹤峰茶农训练班事宜。下月初旬，该两项工作可办理完竣”为由，拟请建设厅核委高光道为五峰茶业改良场场长，建设厅批暂缓办。10 月底，因场长徐方干奉派赴重庆参加茶叶评价，技士余景德代理场务，未随同茶叶管理处人员赴宜都，技佐王道蕴 10 月下旬调回茶业改良场工作。11 月，技佐姚光甲改任省农业改进所技士。

自 1939 年 11 月起，改良场设场长、技士、技佐、助理员、公役各 1 人。12 月 31 日，湖北省农业改进所所长张传琮，再次电请建设厅核定五峰茶业改良场场长，并附徐方干重庆代电：“二批鄂茶在渝评价事宜，迄今犹未办竣，更以风湿旧病复发，亟须求医诊治，一时难于来施，请迅派继任，以资交卸。在未正式交卸以前，所有场务由技士余景德代理。”

1940年2月27日，省政府建设厅指令高光道为五峰茶业改良场场长。3月9日，农业改进所以技士余景德代理场务，办理推广茶种及特约茶园事宜，玩忽职务，藐视功令，呈请建设厅予以停职，调派技士姚光甲接替。3月18日，省建设厅指令农业改进所："准调技士姚光甲接替工作，余景德应由改进所另予调派工作，调职不撤职。"3月23日，改进所呈报建设厅："余景德3月19日电称年衰多病，恳准辞职，已予照准。"4月4日，建设厅指令："余景德辞职，姑准备查，嗣后人员进退，应先报请核准。"后余景德调湖北省茶叶管理处秘书。

1940年3月20日，徐方干与高光道办理交接，助理员余威远、公役居桂生辞职。当月，何昇安任助理员，余世崇任公役。

4月24日，改进所呈建设厅："技士姚光甲以即日回皖为词，坚不就职，请以陆树庠补充。"5月5日，建设厅指令农业改进所"准以陆树庠暂代"。当月，谢传道任练习生。5月23日，建设厅令准陆树庠代理五峰茶业改良场技士。

1941年11月1日，技士陆树庠迭呈体弱多病，坚请辞职照准，调派茶叶管理处股长刘龙章接充。12月29日，省政府建设厅指令刘龙章为湖北省农业改进所五峰茶业改良场技士。

1942年2月底，技士刘龙章辞职，3月余景德接替。4月17日，省政府建设厅指令农业改进所："五峰茶业改良场场长高光道因病辞职照准，遗缺准以余镜湖代理，所有售茶未了手续，仍应责令高场长负责清理。"并附发省建设厅派令："兹派余镜湖代理湖北省农业改进所五峰茶业改良场场长。"

5月，技佐王道蕴升任技士，程国藩任技佐；助理员何昇安离职，陈秉衡接任；练习生谢传道离职，王道厚接替。

7月23日，余镜湖呈农业改进所："王道厚签称因百物高昂，薪资不敷生活用度，恳请准予长假改经商业。业予照准，并于7月10日另派杨恺接充。"

1942年12月，余景德"盗用钤记冒领公粮"事发，虽五峰县政府仍在调查中，为免贻误五峰茶业改良场业务，1943年1月15日农业改进所将余镜湖撤职，遗缺派省农业改进所技士袁鹤接替。1月19日，袁鹤偕同技佐王悦赓、技工吴康寿由恩施步行，经野三关前往渔洋关，雨雪交加，步履艰难，于2月16日到达五峰茶业改良场。2月23日，湖北省政府主席陈诚委令袁鹤为湖北省五峰茶业改良场场长。

1943年1月15日，技佐程国藩未经准假即离职守，1月30日呈请辞职照准，2月1日，技佐由王悦赓充补。1月31日，助理员陈秉衡离职，2月15日徐洁卿任助理员。4月15日，省政府委令王悦赓为五峰茶业改良场技佐。8月31日，练习生杨恺离职，苏万清接替。10月15日，徐洁卿辞职，王碧任助理员。

1944年4月，公役陈新武离职，陈少亭接替。5月，黄佐贤任会计员。6月，助理员王碧、练习生苏万清离职。6月24日，陈宏齐任助理员，进用陈积义为练习生。8月2日，五峰茶业改良场场长袁鹤，迭呈以因旧病复发，难于工作，恳准长假，以便往渝诊治，农业改进所签具“确系实情，拟请准予辞职，遗缺拟派王堃接充”，8月13日，省政府建设厅令准。8月14日，王堃携袁华卿、林锦琦、黄发祥，由恩施启程，经熊家岩、鸦雀水、落水洞、界牌垭、庙坪、大路坡、盐池河、张家坳，于8月22日抵五峰。8月24日，王堃接钤视事，代理五峰茶业改良场场长。9月1日，袁鹤、王堃办理移交。

袁鹤移交王堃文卷：

徐任移交804卷，高任移交370卷，余任移交259卷；袁鹤就职视事卷、交接卷、公购粮食卷、请领经费卷、生活补助费卷、迁移场址卷、公务员役抚法令卷、会计事项卷、布告卷、夏冬服装卷、本场组织规程卷、1943年度经事费预算卷、指导推广卷、森林事项卷、来往征求卷、旅费卷、员工动态卷、整饬官常卷、营缮工程卷、员工待遇卷、各机关首长任免卷、邮电卷、国库事项卷、杂件卷、工作报告卷、捐税事项卷、经费报销卷、人事卷、生活必需品凭证分配卷、未了事项卷，共2050卷。

茶管处文卷：

高副处长到差代理处长卷，奉令查复鹤峰茶农横遭剥削卷，本处由宜迁渔卷，黄国光、南处长来往函电卷，省银行来往函电卷，购买铅锡卷，呈请加薪卷，1940 年度省会合约及组织规程卷，1940 年度经费支出计算书卷，抗战财产损失卷，公务员审查卷，检验标准茶样卷，检验箱茶卷，献债息金卷，工作报告卷，职员连环保结卷，节约建国储蓄卷，请领经费卷，茶厂调查卷，茶厂各项规定及办法卷，征求刊物卷，1940 年度本处事务计划卷，剔除毛茶陋规卷，航空捐款卷，邮电类卷，鄂茶评价卷，修正各种条例及组织法卷，查禁类卷，毛茶月计表卷，贷款合同及保证书卷，省会方贷款卷，会流日报卷，禁制白茶卷，管理内销茶卷，1939 年鄂茶评价旅费卷，查禁书刊卷，县市增设及改名卷，催结衡款卷，增加贷款卷，收购箱茶卷，登记表及货款合约证明书卷，取缔茶行卷，驻厂员报告卷，会议记录卷，结付茶款卷，分庄许可证卷，1939 年经费支出计算书卷，假期移交卷，旅费支给规则卷，公务员交代条例卷，出险箱茶卷，成本调查卷，密码电本卷，职员名册卷，本处布告卷，不动产类卷，1939 年茶叶生产及工作报告卷，请求退保卷，公务员手册卷，受训卷，继续贷款卷，箱茶起运卷，申请登记卷，各厂报告卷，调整待遇卷，茶叶购运数量表卷，1941 年度茶务推进卷，1939 年旧管文卷，茶叶概况调查表卷，公购粮食卷，1941 年度预算书卷，文献卷，杂件卷，成绩调查表卷，附属茶厂卷，结束卷，共 76 卷。

9 月 30 日，陈积义请假，10 月 1 日进用张纯为练习生。

10 月初，助理员陈宏齐辞职，袁华卿于 10 月 7 日到职接充；技佐王悦赓请假，廖斌于 10 月 9 日接充。

1945 年 3 月底，技佐廖斌请长假离职。9 月 17 日，王汉先到职接替，长驻红石板工作站。

1946 年 7 月 15 日，技佐王汉先因病签请长假离职。遗缺由周世胄 8 月 2 日到职接替。

7 月 26 日，省农业改进所呈建设厅："会计处 6 月电，湖北省五峰茶业改良场会计员黄佐贤另有任用，经予免职，遗缺兹遴定彭义沛代理。" 9 月 1 日，彭义沛到职。

自 1938 年 9 月至 1947 年初裁撤，场长、职员变动如下表：

场长、职员、练习生、公役人员变动表

职　务	姓　名	籍　贯	任职期间	备　注
场　长	徐方干	江苏宜兴	1938.9—1940.3.20	1939 年 4 月兼任省茶叶管理处副处长
	高光道	湖北汉阳	1940.3.20—1942.4.17	别号精一，兼省茶管处副处长
	余景德	湖北汉阳	1942.4.17—1943.1.15	别号镜湖
	袁　鹤	浙江诸暨	1943.2.15—1944.8.13	别号炳才
	王　堃	湖南安化	1944.8.24—1946.12	别号琥璠
技　士	余景德	湖北汉阳	1938.9—1940.3 1942.3—1942.4.17	别号镜湖
	陆树庠	浙江青田	1940.4—1941.10	
	刘龙章	湖北建始	1941.11.1—1942.2.28	
	王道蕴	湖北宜昌	1942.5.1—1946.12	
技　佐	姚光甲	安徽望江	1938.9—1939.10	别号辉武
	王道蕴	湖北宜昌	1938.9—1942.4.30	升任技士
	程国藩	不详	1942.5—1943.1.30	
	王悦赓	浙江诸暨	1943.2.15—1944.10	
	廖　斌	湖南安化	1944.10.9—1945.3.31	
	王汉先	湖南安化	1945.9.17—1946.7.15	
	周世胄	湖南安化	1946.8.2—1946.12	
助理员	厉菊仪	浙江东阳	1938.9—1939.4	
	钟士模	浙江金华	1939.5—1939.9	
	余威远	不详	1939.10—1940.3.20	
	何昇安	湖北汉阳	1940.3.21—1942.4	
	陈秉衡	不详	1942.5—1943.1.31	
	徐洁卿	不详	1943.2.15—1943.10.15	
	王　碧	不详	1943.10.16—1944.6	
	陈宏齐	湖北宜都	1944.6.24—1944.10	红花套陈家冲
	袁华卿	湖北鄂城	1944.10.7—1946.12	曾用名向忠华

续表

职　务	姓　名	籍　贯	任职期间	备　注
会计员	黄佐贤	湖北利川	1944.5.1—1946.8	又名黄生记
	彭义沛	湖北利川	1946.9.1—1946.12	原名彭泽生
练习生	谢传道	湖北鹤峰	1940.4—1942.4	
	王道厚	不详	1942.5—1942.6.30	
	杨　恺	湖北五峰	1942.7.10—1943.8.31	
	苏万清	不详	1943.9.1—1944.6	
	陈积义	不详	1944.6.24—1944.9.30	
	张　纯	湖北恩施	1944.10.1—1944.12	别号修俊，定居五峰
公　役	居桂生	不详	1938.9—1940.3.20	
	余世崇	不详	1940.3.21—1942.4	
	陈新武	不详	1943.2.15—1944.3.31	
	陈少亭	湖北五峰	1944.4.1—1944.12	
	潘宗信	湖北五峰	1945.1.1—1946.12	又名潘义安
	陈高清	湖北宜都	1946.1—1946.12	宜都陈家湾人

第四节　长工与技工

长工。1939 年 1—4 月，何文发、何发明、何厚成、安廷荣、江忠信、杜林海、游嘉名、万全法共 8 名；5 月，江忠信、杜林海、游嘉名、万全法 4 名长工辞工，赖荣声、赖金楼、张怀龙、黄新志接替；6—9 月，黄新志请假；10—12 月，黄新志返岗，张怀龙请长假。

1940 年 1 月 1 日—3 月 20 日，长工为何文发、何发明、何厚成、赖荣声、安廷荣、赖金楼、黄新志；3 月 21 日，除赖金楼外，其余 6 人请假辞工，王继恺、王盖湖、陈新禄接替；4 月，黄绂、简国栋、龙莹图补缺；8—12 月，赖金楼辞工，方祠惠接替；年底，陈新禄请假。

1941 年 1—7 月，长工为王继恺、王盖湖、黄绂、简国栋、高永藩、王世喜、龙莹图；8月，王世喜辞工，钟顺兴接替。

1942年1月，王树田做长工1个月辞工。至1943年4月，7名长工未发生变化，分别是王继恺、王盖湖、黄绂、简国栋、高永藩、钟顺兴、龙莹图。5月，7名长工全部离开，更换为陈新禄、韦大昌、董永松、王运才、徐鼎卿；8月1日，徐鼎卿辞工，罗升秀接替；11月，王运才辞工，12月，王运起接替；年底，长工为陈新禄、韦大昌、董永松、王运起、罗升秀共5名。

1944年6月30日，进用长工潘宗信；8月31日，陈新禄再次请假，9月1日，黄发祥接替；9月30日，韦大昌、董永松、罗升秀辞工，10月1日，赵久珍、贺吉美、廖述仁接替。

1945年1月1日，解雇长工王运起、黄发祥、贺吉美、廖述仁，赵久珍改做技工；解雇公役陈少亭，潘宗信改做公役。长工变动如下表：

姓　名	务工时间	备　注
何文发	1939.1—1940.3.20	
何发明	1939.1—1940.3.20	
何厚成	1939.1—1940.3.20	
安廷荣	1939.1—1940.3.20	
江忠信	1939.1—1939.4	
杜林海	1939.1—1939.4	
游嘉名	1939.1—1939.4	
万全法	1939.1—1939.4	
赖荣声	1939.5—1940.3.20	
赖金楼	1939.5—1940.7	
黄新志	1939.5—1940.3.20	1939.6—9月请长假
张怀龙	1939.5—1939.9	
王继恺	1940.3.21—1943.4	
王盖湖	1940.3.21—1943.4	
陈新禄	1940.3.21—1940.12 1943.2.15—1944.8.31	

续表

姓　名	务工时间	备　注
黄　绂	1940.4—1943.4	
简国栋	1940.4—1943.4	
龙莹图	1940.4—1943.4	
方祠惠	1940.8—1940.12	
高永藩	1941.1—1943.4	
王世喜	1941.1—1941.7	
钟顺兴	1941.8—1943.4	
王树田	1942.1.1—1942.1.31	
韦大昌	1943.5—1944.9.30	住场
董永松	1943.5—1944.9.30	
王运才	1943.5—1943.11	红石板庄屋佃户
徐鼎卿	1943.5—1943.7.31	
王运起	1943.12—1944.12	住红石板
罗升秀	1943.8.1—1944.9.30	
潘宗信	1944.6.30—1944.12.31	1945 年 1 月改做公役，住白鹿庄
黄发祥	1944.9.1—1944.12	住水浕司阳湾
赵久珍	1944.10.1—1944.12	五峰民权乡人，1945 年 1 月改做技工
贺吉美	1944.10.1—1944.12	
廖述仁	1944.10.1—1944.12	随王堃至五峰担行李衣物，力资洋 2400 元

技工。1943 年 2 月，何厚成、吴康寿任技工。8 月 1 日，何厚成离职，张喜恭任技工；9 月 1 日，吴康寿离职，石太林任技工。

1944 年 11 月，张喜恭离职，丁守藩接替。

1945 年 1 月，练习生张纯、长工赵久珍改做技工，新进陈高清、黄元、张祥林；3 月，石太林离开，王达三接替。

1946 年 1 月，陈高清改做公役；3 月，张纯任五鹤茶厂技工。技工变动如下表：

姓　名	务工期间	备　注
何厚成	1943.2.16—1943.8.1	
吴康寿	1943.2.16—1943.9.1	
张喜恭	1943.8.1—1944.10	丁守藩 11 月接替
石太林	1943.9.1—1945.2	王达三 3 月接替
丁守藩	1944.11—1946.12	湖南安化人
张　纯	1945.1.1—1946.2	别号张修俊
王达三	1945.3—1946.12	五峰白鹿庄人
陈高清	1945.1.1—1945.12	1946 年 1 月改做公役
黄　元	1945.1.1—1946.12	湖南安化人
赵久珍	1945.1.1—1946.12	
张祥林	1945.1.1—1946.12	湖北五峰石梁司人

湖北省五峰茶业改良场员役薪饷暨眷属查报表（1946 年 12 月）

机关	员役人数（人）				薪饷数额（元）				眷属人口（人）			
	职员	公役			薪俸	工饷			职员		公役	
		共计	差役	技工		共计	差役	技工	大口	小口	大口	小口
五峰茶场	5	9	2	7	940	530	40	490	19	7	16	2

第五节　工资与津贴、补贴

一、场长、职员薪俸与津贴

场长、职员薪俸。1939 年 1—4 月，徐方干核定月薪 180 元，实支 108 元（除生活费 20 元外，余照 55 折发给）；余景德核定月薪 85 元，实支 59 元；姚光甲核定月薪 65 元，实支 47 元；王道蕴核定月薪 50 元，实支 41 元；厉菊仪核定月薪 40 元，实支 35 元；5 月，徐方干核定月薪 180 元，实支 105 元；姚光甲核定月薪 65 元，实支 47 元；王道蕴核定月薪 50 元，实支 41 元；钟士模核定月薪 40 元，实支 35 元。

1941年7—12月，追加薪俸，场长每月80元，技士每月15元，技佐、助理员、练习生每月各5元。1944年6月加发1个月薪饷，即袁鹤240元，王道蕴220元，王悦赓140元，黄佐贤160元，陈宏齐100元，陈积义60元。1939—1946年，场长、职员薪俸如下各表。

1939年场长、职员薪俸明细表

单位：元

姓名＼月份	1	2	3	4	5	6	7	8	9	10	11	12
徐方干	108	108	108	105	105	105	105	105	105	105	105	105
余景德	59	59	59	55	—	—	—	—	—	—	55	55
姚光甲	47	47	47	47	47	—	—	—	—	—	—	—
王道蕴	41	41	41	41	41	—	—	—	—	—	41	41
厉菊仪	35	35	35	35	—	—	—	—	—	—	—	—
钟士模	—	—	—	—	35	35	35	35	35	—	—	—
余威远	—	—	—	—	—	—	—	—		35	35	35
小　计	290	290	290	283	228	140	140	140	140	140	236	236
备　注	余景德、姚光甲、王道蕴调茶叶管理处，不领本薪											

1940年场长、职员、练习生薪俸明细表

单位：元

姓名＼月份	1	2	3	4	5	6	7	8	9	10	11	12
徐方干	105	105	67.74	—	—	—	—	—	—	—	—	—
余景德	55	55	35.48	—	—	—	—	—	—	—	—	—
陆树庠	—	—	—	46.66	75	75	75	75	75	95	95	95
王道蕴	41	41	44.16	50	55	55	55	55	55	70	70	70
余威远	35	35	22.58	—	—	—	—	—	—	—	—	—
何昇安	—	—	12.42	35	40	40	40	40	40	55	55	55
谢传道	—	—	—	20	22	22	22	22	22	37	37	37
小　计	236	236	182.38	151.66	192	192	192	192	192	257	257	257
备　注	高光道在省茶管处领兼薪											

1941 年场长、职员、练习生薪俸明细表

单位：元

姓名＼月份	1	2	3	4	5	6	7	8	9	10	11	12
高光道	140	140	140	140	140	140	220	220	220	220	220	220
陆树庠	95	95	95	95	95	95	110	110	110	110	—	—
刘龙章	—	—	—	—	—	—	—	—	—	—	110	110
王道蕴	70	70	70	70	70	70	75	75	75	75	75	75
何昇安	55	55	55	55	55	55	60	60	60	60	60	60
谢传道	37	37	37	37	37	37	42	42	42	42	42	42
小　计	397	397	397	397	397	397	507	507	507	507	507	507

1942 年场长、职员、练习生薪俸明细表

单位：元

姓名＼月份	1	2	3	4	5	6	7	8	9	10	11	12
高光道	220	220	220	205	—	—	—	—	—	—	—	—
刘龙章	110	110	—	—	—	—	—	—	—	—	—	—
余镜湖	—	—	110	110	—	—	—	—	—	—	—	—
王道蕴	75	75	75	75	—	—	—	—	—	—	—	—
何昇安	60	60	60	60	—	—	—	—	—	—	—	—
谢传道	42	42	42	42	—	—	—	—	—	—	—	—
小　计	507	507	507	492	—	—	—	—	—	—	—	—
备　注	5—12 月薪资不明，因余景德任内未造报、移交会计报表											

1943 年场长、职员、练习生薪俸明细表

单位：元

姓名＼月份	1	2	3	4	5	6	7	8	9	10	11	12
余镜湖	200	100	—	—	—	—	—	—	—	—	—	—
袁　鹤	—	100	200	200	240	240	240	240	240	240	240	240
王道蕴	180	180	180	180	200	200	200	200	200	200	200	200
程国藩	120	—	—	—	—	—	—	—	—	—	—	—

续表

月份 姓名	1	2	3	4	5	6	7	8	9	10	11	12
王悦赓	—	120	120	120	140	140	140	140	140	140	140	140
陈秉衡	80	—	—	—	—	—	—	—	—	—	—	—
徐洁卿	—	40	80	80	90	90	90	90	90	45	—	—
王　碧	—	—	—	—	—	—	—	—	—	45	90	90
杨　恺	60	60	60	60	60	60	60	60	—	—	—	—
苏万清	—	—	—	—	—	—	—	—	70	70	70	70
小　计	640	600	640	640	730	730	730	730	740	740	740	740

1944 年场长、职员、练习生薪俸明细表

单位：元

月份 姓名	1	2	3	4	5	6	7	8	9	10	11	12
袁　鹤	240	240	240	240	240	240	240	160	—	—	—	—
王　堃	—	—	—	—	—	—	—	80	240	240	240	240
王道蕴	220	220	220	220	220	220	220	220	220	220	220	220
王悦赓	140	140	140	140	140	140	140	140	140	—	—	—
廖　斌	—	—	—	—	—	—	—	—	—	140	140	140
王　碧	100	100	100	100	100	100	—	—	—	—	—	—
陈宏齐	—	—	—	—	—	—	100	100	100	—	—	—
袁华卿	—	—	—	—	—	—	—	—	—	100	100	100
黄佐贤	—	—	—	—	160	160	160	160	160	160	160	160
苏万清	60	60	60	60	60	40	—	—	—	—	—	—
陈积义	—	—	—	—		20	60	60	60	—	—	—
张　纯	—	—	—	—	—	—	—	—	—	60	60	60
小　计	760	760	760	760	920	920	920	920	920	920	920	920
备　注	10—12 月，张纯薪俸在复兴事业费内开支。1944 年 6 月，另加发 1 个月薪饷											

1945 年场长、职员薪俸明细表

单位：元

姓名＼月份	1	2	3	4	5	6	7	8	9	10	11	12
王　堃	280	280	280	280	280	280	280	280	280	280	280	280
王道蕴	220	220	220	220	220	220	220	220	220	220	220	220
廖　斌	140	140	140	—	—	—	—	—	—	—	—	—
王汉先	—	—	—	—	—	—	—	—	70	140	140	140
黄佐贤	160	160	160	160	160	160	160	160	160	160	160	160
袁华卿	100	100	100	100	100	100	100	100	100	100	100	100
小　计	900	900	900	760	760	760	760	760	830	900	900	900

1946 年场长、职员薪俸明细表

单位：元

姓名＼月份	1	2	3	4	5	6	7	8	9	10	11	12
王　堃	280	280	280	280	280	280	280	280	280	280	280	280
王道蕴	220	220	220	220	220	220	220	220	220	220	220	220
王汉先	140	140	140	140	140	140	70	—	—	—	—	—
周世胄	—	—	—	—	—	—	—	140	140	140	140	140
黄佐贤	160	160	160	160	160	160	160	160	—	—	—	—
彭义沛	—	—	—	—	—	—	—	—	160	160	160	160
袁华卿	100	100	100	100	100	100	100	100	100	100	100	100
小　计	900	900	900	900	900	900	830	900	900	900	900	900

职员战时加给津贴。1941 年 7 月起，技士、技佐、助理员、练习生每人月给战时津贴 15 元。

地区津贴。1942 年 5 月起，场长、技士、技佐、助理员、练习生每人月给地区津贴 25 元。

公务员紧急支应费。1943 年度，袁鹤、王道蕴、王悦赓、徐洁卿、杨恺各 100 元。

年节费。1944 年，加发王堃 240 元、王道蕴 220 元、廖斌 140 元、黄佐贤 160 元、袁华卿 100 元，乃各人应领底薪一个月作年节费。1945 年，王堃、王道蕴、廖斌、黄佐贤、袁华卿各领 1000 元端午节费。

养廉费、犒赏费。1945 年，王堃、王道蕴、廖斌、黄佐贤、袁华卿各领养廉费 500 元；王堃、王道蕴、王汉先、黄佐贤、袁华卿各领犒赏费 2000 元。

技术人员补助费。1945 年 1 月起，月给技士补助费 100 元，技佐补助费 80 元。

服装费。1943 年度，袁鹤、王道蕴、王悦赓、王碧、苏万清 5 人冬季服装费，每人各 800 元；1945 年，发给王堃、王道蕴、廖斌、黄佐贤、袁华卿、张修俊夏服布料，王堃、王道蕴、王汉先、黄佐贤、袁华卿各领冬服代金 8000 元。

职员眷属不在任所平价米代金及柴煤津贴。1943 年 1 月至 1945 年 9 月止，发给职员眷属不在任所平价米代金。1944 年 1 月至 1945 年 12 月，发给职员眷属不在任所柴煤津贴。

1943—1945 年职员眷属不在任所平价米代金明细表

单位：元

年度	姓名＼月份	1	2	3	4	5	6	7	8	9	10	11	12
1943	余镜湖	100	50	—	—	—	—	—	—	—	—	—	—
	王悦赓	—	100	100	100	100	200	200	200	200	300	300	300
	徐洁卿	—	50	100	100	100	200	200	200	200	150	—	—
1944	王悦赓	400	400	400	400	1000	1000	1000	1000	1000	—	—	—
	廖　斌	—	—	—	—	—	—	—	—	—	1000	1000	1000
1945	廖　斌	1500	1500	1500	—	—	—	—	—	—	—	—	—
	王汉先	—	—	—	—	—	—	—	—	750	—	—	—

1944—1945 年职员柴煤津贴明细表

单位：元

年度	月份 姓名	1	2	3	4	5	6	7	8	9	10	11	12
1944	王悦赓	30	30	30	30	30	30	30	30	30	—	—	—
	廖　斌	—	—	—	—	—	—	—	—	—	30	30	30
1945	廖　斌	90	90	90	—	—	—	—	—	—	—	—	—
	王汉先	—	—	—	—	—	—	—	—	45	90	90	90

生活补助费。1942 年 9 月起，场长、技士、技佐、助理员、练习生每人月给生活补助费 80 元。1943 年 6 月，生活补助费增加为每人每月 228 元，10 月增加为每人每月 400 元。1944—1946 年，生活补助费变动如下表。

1944 年场长、职员生活补助费明细表

单位：元

月份 姓名	1	2	3	4	5	6	7	8	9	10	11	12
袁　鹤	400	400	400	400	800	800	800	800	—	—	—	—
王　堃	—	—	—	—	—	—	—	—	800	800	2200	2200
王道蕴	400	400	400	400	800	800	800	800	800	800	2200	2200
黄佐贤	—				800	800	800	800	800	800	2200	2200
王悦赓	400	400	400	400	800	800	800	800	800	—	—	—
廖　斌	—	—	—	—	—	—	—	—		800	2200	2200
王　碧	400	400	400	400	800	800	—	—	—	—	—	—
陈宏齐	—	—	—	—			800	800	800	—	—	—
袁华卿	—	—	—	—	—	—	—	—		800	2200	2200
苏万清	400	400	400	400	800	800	—	—	—	—	—	—
陈积义	—	—	—	—	—	—	800	800	800	—	—	—
张　纯	—	—	—	—	—	—	—	—	—	800	1500	1500
小　计	2000	2000	2000	2000	4800	4800	4800	4800	4800	4800	12500	12500
备　注	11—12 月，追加生活补助费，每人月增 700 元											

1945年场长、职员生活补助费明细表

单位：元

姓名 \ 月份	1	2	3	4	5	6	7	8	9	10	11	12
王　堃	1500	1500	3000	3000	3000	3000	3000	9000	9000	9000	9000	9000
王道蕴	1500	1500	3000	3000	3000	3000	3000	9000	9000	9000	9000	9000
廖　斌	1500	1500	3000	—	—	—	—	—	—	—	—	—
王汉先	—	—	—	—	—	—	—	—	4500	9000	9000	9000
黄佐贤	1500	1500	3000	3000	3000	3000	3000	9000	9000	9000	9000	9000
袁华卿	1500	1500	3000	3000	3000	3000	3000	9000	9000	9000	9000	9000
小　计	7500	7500	15000	12000	12000	12000	12000	36000	40500	45000	45000	45000

1946年场长、职员生活补助费明细表

单位：元

姓名 \ 月份	1	2	3	4	5	6	7	8	9	10	11	12
王　堃	24000	35000	45000	45000	45000	45000	45000	60000	60000	54000	54000	87000
王道蕴	24000	35000	45000	45000	45000	45000	45000	60000	60000	54000	54000	87000
王汉先	24000	35000	45000	45000	45000	45000	22500	—	—	—	—	—
周世胄	—	—	—	—	—	—	—	60000	60000	54000	54000	87000
黄佐贤	24000	35000	45000	45000	45000	45000	45000	60000	—	—	—	—
彭义沛	—	—	—	—	—	—	—	—	60000	54000	54000	87000
袁华卿	24000	35000	45000	45000	45000	45000	45000	60000	60000	54000	54000	87000
小　计	120000	175000	225000	225000	225000	225000	202500	300000	300000	270000	270000	435000
备　注	10—11月为9折发放											

薪俸加成。1943年10月起，加发场长及职员薪饷，即薪俸加成。1943—1946年，场长、职员薪俸加成明细如下表。

1943 年场长、职员薪俸加成明细表

单位：元

姓名＼月份	10	11	12
袁　鹤	240	240	240
王道蕴	200	200	200
王悦赓	140	140	140
徐洁卿	45	—	—
王　碧	45	90	90
苏万清	70	70	70
小　计	740	740	740

1944 年场长、职员薪俸加成明细表

单位：元

姓名＼月份	1	2	3	4	5	6	7	8	9	10	11	12
袁　鹤	240	240	240	240	600	600	600	600	—	—	—	—
王　堃	—	—	—	—	—				600	600	4200	4200
王道蕴	220	220	220	220	550	550	550	550	550	550	3850	3850
黄佐贤	—	—	—	—	400	400	400	400	400	400	2800	2800
王悦赓	140	140	140	140	350	350	350	350	350	—	—	—
廖　斌	—	—	—	—	—	—	—	—	—	350	2450	2450
王　碧	100	100	100	100	250	250	—	—	—	—	—	—
陈宏齐	—	—	—	—	—	—	250	250	250	—	—	—
袁华卿	—	—	—	—	—	—	—	—	—	250	1750	1750
苏万清	60	60	60	60	—	—	—	—	—	—	—	—
张　纯	—	—	—	—	—	—	—	—	—	150	600	600
小　计	760	760	760	760	2150	2150	2150	2150	2150	2300	15650	15650
备　注	11—12 月，追加薪俸加成											

1945 年场长、职员薪俸加成明细表 单位：元

月份 姓名	1	2	3	4	5	6	7	8	9	10	11	12
王　堃	2800	2800	7000	7000	7000	7000	7000	19600	19600	19600	19600	19600
王道蕴	2200	2200	5500	5500	5500	5500	5500	15400	15400	15400	15400	15400
廖　斌	1400	1400	3500	—	—	—	—	—	—	—	—	—
王汉先	—	—	—	—	—	—	—	—	4900	9800	9800	9800
黄佐贤	1600	1600	4000	4000	4000	4000	4000	11200	11200	11200	11200	11200
袁华卿	1000	1000	2500	2500	2500	2500	2500	7000	7000	7000	7000	7000
小　计	9000	9000	22500	19000	19000	19000	19000	53200	58100	63000	63000	63000

1946 年场长、职员薪俸加成明细表 单位：元

月份 姓名	1	2	3	4	5	6	7	8	9	10	11	12
王　堃	19600	30800	39200	39200	39200	56000	56000	100800	100800	90720	90720	161280
王道蕴	15400	24200	30800	30800	30800	44000	44000	79200	79200	71280	71280	126720
王汉先	9800	15400	19600	19600	19600	28000	14000	—	—	—	—	—
周世胄	—	—	—	—	—	—	—	50400	50400	45360	45360	80640
黄佐贤	11200	17600	22400	22400	22400	32000	32000	57600	—	—	—	—
彭义沛	—	—	—	—	—	—	—	—	57600	51840	51840	92160
袁华卿	7000	11000	14000	14000	14000	20000	20000	36000	36000	32400	32400	57600
小　计	63000	99000	126000	126000	126000	180000	166000	324000	324000	291600	291600	518400
备　注	10—11 月为 9 折发放											

二、公役工资与津贴

公役工资。1939 年，公役每月工资 12 元；1940 年 5 月增加为 14 元，10 月增加为 20 元，一直延续至 1946 年底。1944 年 6 月，加发陈少亭 1 个月薪饷 20 元。

1939—1946 年公役工资明细表

单位：元

年度	月份 姓名	1	2	3	4	5	6	7	8	9	10	11	12
1939	居桂生	12	12	12	12	12	12	12	12	12	12	12	12
1940	居桂生	12	12	7.74	—	—	—	—	—	—	—	—	—
	余世崇	—	—	4.26	12	14	14	14	14	14	20	20	20
1941	余世崇	20	20	20	20	20	20	20	20	20	20	20	20
1942	余世崇	20	20	20	20	—	—	—	—	—	—	—	—
1943	陈新武		20	20	20	20	20	20	20	20	20	20	20
1944	陈新武	20	20	20	—	—	—	—	—	—	—	—	—
	陈少亭	—	—	—	20	20	20	20	20	20	20	20	20
1945	潘宗信	20	20	20	20	20	20	20	20	20	20	20	20
1946	潘宗信	20	20	20	20	20	20	20	20	20	20	20	20
	陈高清	20	20	20	20	20	20	20	20	20	20	20	20

战时加给津贴。1941 年 7—12 月，余世崇战时加给津贴每月 8 元。1942 年 1—4 月，余世崇战时加给津贴每月 8 元。

地区津贴。1942 年 5—12 月，公役地区津贴每月 10 元。

柴煤津贴。1944 年 1—3 月，陈新武柴煤津贴每月 15 元；4—12 月，陈少亭柴煤津贴每月 15 元。1945 年 1—12 月，潘宗信柴煤津贴每月 45 元。

生活津贴。1944 年 1—3 月，陈新武生活津贴每月 40 元；4—8 月，陈少亭每月生活津贴 40 元；9—12 月，陈少亭每月生活津贴 100 元。1945 年 1—12 月，潘宗信每月生活津贴 100 元。

公役津贴。1944 年 9—12 月，陈少亭公役津贴每月 500 元。1945 年 1—2 月，潘宗信公役津贴每月 500 元。

年节费。1944 年，陈少亭 1 个月底饷 20 元；1945 年，潘宗信端午节费 200 元，潘宗信犒赏费 1000 元。

生活补助。1946 年 1 月，潘宗信、陈高清生活补助费各 14400 元；2 月，潘宗信、陈高清生活补助费各 17500 元；3—5 月，潘宗信、陈高清生活补助费每人每月 22500 元；6—7 月，潘宗信、陈高清生活补助费每人每月 27000 元；8—9 月，潘宗信、陈高清生活补助费每人每月 36000 元；10—11 月，潘宗信、陈高清生活补助费每人每月 32400 元；12 月，潘宗信、陈高清生活补助费各 52200 元。

此外，1945 年，潘宗信领取夏服布料。

三、技工、长工工资津贴

长工工资。1939 年，长工 7～8 名，月支 9～12 元不等，每月平均共 84 元。

1940 年 1—4 月，长工何文发等 7 人每人每月 12 元；5—9 月，长工王继恺等 7 人每人每月 14 元；10—12 月，王继恺等 7 人每人每月 20 元。

1941 年 1—7 月，王继恺每月 22 元，王盖湖、黄绂、简国栋、高永藩、王世喜每人月工资 20 元，龙莹图每月 18 元；8—12 月，王继恺每月 22 元，王盖湖、黄绂、简国栋、高永藩、钟顺兴每人月工资 20 元，龙莹图每月 18 元。

1942 年 1 月，王继恺 30 元，王盖湖、黄绂、简国栋、高永藩、钟顺兴每人 28 元，龙莹图 26 元，王树田 21 元；2—4 月，王继恺 30 元，王盖湖、黄绂、简国栋、高永藩、钟顺兴每人各 28 元，龙莹图每月 26 元。

1943 年，王运才、陈新禄、韦大昌、董永松、徐鼎卿每人月工资 45 元。

1944 年 1—12 月，王运起、陈新禄、韦大昌、罗升秀、董永松、潘宗信每人月工资 100 元。

1944 年 6 月，各加发王运起、陈新禄、韦大昌、罗升秀、董永松、潘宗信 1 个月薪饷 100 元。

战时加给津贴。1941 年 7—12 月，王继恺、王盖湖、黄绂、简国栋、高永藩、钟顺兴、龙莹图每人每月 8 元。1942 年 1—4 月，7 名长工每人每月 8 元。

地区津贴。1942 年 5—12 月，长工 7 名每人每月 10 元。

年节费。1944 年，以 1 个月底饷发给王运起、赵久珍、黄发祥、贺吉美、潘宗信每人 70 元。

技工工资。1939 年 4—7 月，制茶技工华镜清每月 21 元；1940 年 4—7

月，制茶技工华镜清每月 21 元；1941 年 4—8 月，制茶技工华镜清每月 35 元；1942 年 4 月，制茶技工华镜清工资 55 元。

1943 年，技工何厚成、吴康寿月工资 100 元。1944 年，技工石太林、张喜恭月工资 100 元。1944 年 6 月，加发石太林、张喜恭各 1 个月薪饷 100 元。

年节费。1944 年，以 1 个月底饷发给石太林、丁守藩各 70 元。1945 年，发给张纯、丁守藩、王达三、陈高清、黄元、赵久珍、张祥林端午节费各 200 元，发给张纯、丁守藩、陈高清、王达三犒赏费各 1000 元。

柴煤津贴。1945 年，发给技工柴煤津贴作改善生活待遇临时费，标准为每人每月 45 元。

1945 年技工柴煤津贴明细表　　单位：元

姓名＼月份	1	2	3	4	5	6	7	8	9	10	11	12
张　纯	45	45	45	45	45	45	45	45	45	45	45	45
丁守藩	45	45	45	45	45	45	45	45	45	45	45	45
石太林	45	45	—	—	—	—	—	—	—	—	—	—
王达三	—	—	45	45	45	45	45	45	45	45	45	45
陈高清	45	45	45	45	45	45	45	45	45	45	45	45
黄　元	45	45	45	45	45	45	45	45	45	45	45	—
赵久珍	45	45	45	45	45	45	45	45	45	45	45	—
张祥林	45	45	45	45	45	45	45	45	45	45	45	—

1945 年，丁守藩、黄元、陈高清、赵久珍、王达三、张祥林领得夏服布料。

生活费。1946 年，追加技工生活费 70000 元，每人各 10000 元。

四、短工工资

1939 年，短工每天工资为 0.3～0.4 元；1940 年，短工每天工资为 0.5～1 元；1941 年，短工每天工资为 1.5～3 元；1942 年，短工每天工资为 4 元；1944 年，短工每天工资为 40～60 元；1945 年，短工每天工资为 60 元。1939—1945 年，改良场使用短工情况如下表。

1939—1945 年五峰茶业改良场使用短工情况表

年度	月份 项目	1	2	3	4	5	6	7	8	9	10	11	12
1939	短工（工）	69	68	70	69	70	74	68	79	60	59	64	66
	工资（元）	20.7	20.4	21	20.7	21	21	20.4	26.7	24	23.6	26	26
1940	短工（工）	46	70	40	40	27	61	68	84	54	20	76	76
	工资（元）	23	35	20	26.5	17.4	24.4	34	44.4	32.4	16	76	76
1941	短工（工）	24	—	52	9	10	9	—	—	30	3	4	6
	工资（元）	36	—	52	18	20	18.5	—	—	32.5	9	12	18
1942	短工（工）	—	11	7	—	—	—	—	—	—	—	—	—
	工资（元）	—	44	28	—	—	—	—	—	—	—	—	—
1944	短工（工）	—	—	—	—	—	—	—	—	4	5	2	—
	工资（元）	—	—	—	—	—	—	—	—	240	300	120	—
1945	短工（工）	—	—	6	6	6	6	6	6	6	6	6	3
	工资（元）	—	—	360	360	360	360	360	360	360	360	360	180
备注	1. 1941 年 4—6 月，制茶工人工资每天 2 元； 2. 1944 年 10—12 月，邓介三、赵必成、张德恒、陈绍祥、向正国、谢福财、肃国良、张喜恭、陈复兴、涂焕绪务工 1～3 个月不等，每日工资 40 元，用工 425 个，工资 17000 元，表内未统计												

五、员役自办食油补贴

1943 年 12 月起，依照省颁《自办凭证分配亏耗计算标准》，改良场员役个人自办食油，由改良场按月造具预算书表，呈省政府核转省平价物品供应处，补助员役市价与平价差额部分。12 月，省颁市场限价每斤 36 元，平价每斤 6 元，每斤应补助 30 元。自 1944 年 9 月起，规定省级机关公役列报眷属以 2 人为限。1944 年 12 月起，由省平供处五峰支处供应现品食油。

1943 年 12 月五峰茶业改良场自办食油补贴明细表　　单位：元

姓　名	眷属人口（人）		月需数量	平　价	市　价	补　贴
	大口	小口				
袁　鹤	1	1	3 斤 2 两	18.75	112.5	93.75
王道蕴	2	2	5 斤	30	180	150
王悦赓	—	—	1 斤 4 两	8.5	45	36.5
王　碧	2	—	3 斤 12 两	14.5	135	120.5
苏万清	3	—	5 斤	30	180	150
石太林	2	2	5 斤	30	180	150
张喜恭	—	—	1 斤 4 两	8.5	45	36.5
王运起	2	—	3 斤 12 两	14.5	135	120.5
陈新禄	2	—	3 斤 12 两	14.5	135	120.5
韦大昌	—	—	1 斤 4 两	8.5	45	36.5
罗升秀	—	—	1 斤 4 两	8.5	45	36.5
董永松	—	—	1 斤 4 两	8.5	45	36.5
陈新武	—	—	1 斤 4 两	8.5	45	36.5
小　计	14	5	36 斤 14 两	203.25	1327.5	1124.25

1944 年 1—3 月五峰茶业改良场自办食油补贴明细表　　单位：元

姓　名	1 月		2 月		3 月	
	月需食油	补　贴	月需食油	补　贴	月需食油	补　贴
袁　鹤	3 斤 2 两	84.38	3 斤 2 两	84.38	3 斤 2 两	109.38
王道蕴	5 斤	135	5 斤	135	5 斤	175
王悦赓	1 斤 4 两	33.75	1 斤 4 两	33.75	1 斤 4 两	43.76
王　碧	3 斤 12 两	101.25	3 斤 12 两	101.25	3 斤 12 两	131.25
苏万清	5 斤	135	5 斤	135	5 斤	175
石太林	5 斤	135	5 斤	135	5 斤	175
张喜恭	1 斤 4 两	33.75	1 斤 4 两	33.75	1 斤 4 两	43.76
王运起	3 斤 12 两	101.25	3 斤 12 两	101.25	3 斤 12 两	131.25
陈新禄	3 斤 12 两	101.25	3 斤 12 两	101.25	3 斤 12 两	131.25

续表

姓　名	1月		2月		3月	
	月需食油	补　贴	月需食油	补　贴	月需食油	补　贴
韦大昌	1斤4两	33.75	1斤4两	33.75	1斤4两	43.76
罗升秀	1斤4两	33.75	1斤4两	33.75	1斤4两	43.76
董永松	1斤4两	33.75	1斤4两	33.75	1斤4两	43.76
陈新武	1斤4两	33.75	1斤4两	33.75	1斤4两	43.76
小　计	36斤14两	995.63	36斤14两	995.63	36斤14两	1290.69
备　注	1—2月，省颁限价每斤36元，平价9元，补贴27元；3月，省颁限价44元，平价9元，补贴35元					

1944年4—6月五峰茶业改良场自办食油补贴明细表

单位：元

姓　名	4月		5月		6月	
	月需食油	补　贴	月需食油	补　贴	月需食油	补　贴
袁　鹤	3斤2两	146.88	3斤2两	146.88	3斤2两	165.62
王道蕴	5斤	235	5斤	235	5斤	265
王悦赓	1斤4两	58.76	1斤4两	58.76	1斤4两	66.25
黄佐贤	—	—	6斤4两	293.76	6斤4两	331.25
王　碧	3斤12两	176.25	3斤12两	176.25	3斤12两	198.75
苏万清	5斤	235	5斤	235	5斤	265
石太林	5斤	235	5斤	235	5斤	265
张喜恭	1斤4两	58.76	1斤4两	58.76	1斤4两	66.25
王运起	3斤12两	176.25	3斤12两	176.25	3斤12两	198.75
陈新禄	3斤12两	176.25	3斤12两	176.25	3斤12两	198.75
韦大昌	1斤4两	58.76	1斤4两	58.76	1斤4两	66.25
罗升秀	1斤4两	58.76	1斤4两	58.76	1斤4两	66.25
董永松	1斤4两	58.76	1斤4两	58.76	1斤4两	66.25
陈少亭	3斤12两	176.25	3斤12两	176.25	3斤12两	198.75
小　计	39斤6两	1850.68	45斤10两	2144.4	45斤10两	2418.13
备　注	4—5月，省颁限价56元，平价9元，补贴47元；6月，省颁限价62元，平价9元，补贴53元					

1944 年 9—11 月自办食油补贴明细表

单位：元

姓　名	9 月		10 月		11 月	
	月需食油	补　贴	月需食油	补　贴	月需食油	补　贴
王　堃	6 斤 4 两	331.25	6 斤 4 两	331.25	6 斤 4 两	331.25
王道蕴	5 斤	265	5 斤	265	5 斤	265
王悦赓	1 斤 4 两	66.25	1 斤 4 两	66.25	—	—
廖　斌	—	—	—	—	1 斤 4 两	66.25
黄佐贤	6 斤 4 两	331.25	6 斤 4 两	331.25	6 斤 4 两	331.25
陈宏齐	5 斤 10 两	298.13	5 斤 10 两	298.13	—	—
袁华卿	—	—	—	—	5 斤 10 两	298.13
陈积义	5 斤 10 两	298.13	—	—	—	—
张　纯	—	—	5 斤 10 两	298.12	5 斤 10 两	298.12
石太林	3 斤 12 两	198.75	3 斤 12 两	198.75	3 斤 12 两	198.75
张喜恭	1 斤 4 两	66.25	1 斤 4 两	66.25	—	—
丁守藩	—	—	—	—	3 斤 12 两	198.75
王运起	3 斤 12 两	198.75	3 斤 12 两	198.75	3 斤 12 两	198.75
黄发祥	3 斤 12 两	198.75	3 斤 12 两	198.75	3 斤 12 两	198.75
韦大昌	1 斤 4 两	66.25	—	—	—	—
赵久珍	—	—	3 斤 12 两	198.75	3 斤 2 两	165.62
罗升秀	1 斤 4 两	66.25	—	—	—	—
贺吉美	—	—	3 斤 12 两	198.75	3 斤 12 两	198.75
董永松	1 斤 4 两	66.25	—	—	—	—
廖述仁	—	—	3 斤 12 两	198.75	3 斤 2 两	165.63
潘宗信	3 斤 12 两	198.75	3 斤 12 两	198.75	3 斤 12 两	198.75
陈少亭	2 斤 8 两	132.5	2 斤 8 两	132.5	3 斤 2 两	165.63
小　计	52 斤 8 两	2782.50	60 斤	3180	61 斤 14 两	3279.38
备　注	9—11 月，省颁限价 62 元，平价 9 元，补贴 53 元					

六、粮食供应及平价购粮

1941 年起，经五峰县田赋粮食管理处填发粮食供应凭单，由县粮食仓库供给食粮。如 1941 年，田粮处长方公鲁填发鲁省字第 328、329、330、331 号粮食支付凭单，由钟岭粮食仓库拨苞谷 3762 斤 10 两，城关仓库拨苞谷 447 斤 8 两、540 斤、453 斤。

1942 年 7 月，湖北省平价物品供应处成立，粮食进入平价供应时期。购领粮食照法定程序造具补助粮食清册，呈主管机关转送财政厅核发价字粮食支付证后，再备具价款、领据，连同支付证送由县政府核拨。

改良场自 1943 年 3 月起即未领到食粮，员工生活无法维持。4 月 19 日，农业改进所转呈五峰茶业改良场员工及眷属集团购粮月报清册，请求建设厅迅转财政厅核发支付证以便购粮。4 月 24 日，建设厅转湖北省社会处查照购粮清册核转财政厅。4 月 27 日，社会处将原册发交五峰县政府查复凭办。5 月 6 日，改良场造具补助 3—5 月粮食清册恳请核转，并电请五峰县政府暂借拨以济粮荒。5 月 15 日，省政府建设厅电湖北省社会处查照核转财政厅，并先行电五峰县政府借拨粮食。5 月 18 日，社会处将清册发交五峰县政府查复凭办。6 月 29 日，支付证仍未发，3—5 月食粮经五峰县政府予以通融，暂准具保借拨，再次恳请核转财政厅发给支付证。7 月 30 日，财政厅电饬五峰县政府查实人数先行价拨。此后，粮食领购虽偶有迟延，但供应整体平稳。

1944 年 9 月—1945 年 9 月五峰茶业改良场向县田粮管理处领购粮食明细表

时间	员役眷粮（苞谷）			免费工役主粮（苞谷）
	数量	单价（元 / 斤）	金额（元）	数量
1944.09	2260 斤 14 两	0.25	565.22	441 斤 14 两
1944.10	2739 斤 15 两	0.25	684.98	456 斤 5 两
1944.11	2846 斤 4 两	0.25	711.56	441 斤 14 两
1944.12	2941 斤 9 两	0.25	735.39	456 斤 5 两
1945.01	2212 斤 3 两	0.40	884.88	521 斤 8 两
1945.02	1997 斤 15 两	0.40	799.18	471 斤 8 两
1945.03	2188 斤 8 两	0.40	875.40	521 斤 8 两

续表

时　间	员役眷粮（苞谷）			免费工役主粮（苞谷）
	数　量	单价（元/斤）	金额（元）	数　量
1945.04	2117 斤 5 两	0.40	846.93	505 斤
1945.05	2188 斤 8 两	0.40	875.40	521 斤 8 两
1945.06	2117 斤 5 两	0.40	846.93	505 斤
1945.07	2188 斤 8 两	0.40	875.40	521 斤 8 两
1945.08	2188 斤 8 两	0.40	875.40	521 斤 8 两
1945.09	2117 斤 5 两	0.40	846.93	505 斤

1945 年 10 月，田赋豁免，省级公粮改发代金。10—12 月，省财政厅共拨入省级公粮代金 234628 元，实支 219348 元，结余 15280 元缴还。

湖北省五峰茶业改良场 1945 年 10 月公粮费领取明细表

职　别	姓　名	年龄（岁）	在职日期	粮　额	代金（元）
场　长	王　堃	40	全月	1 石	9000
技　士	王道蕴	40	全月	1 石	9000
技　佐	王汉先	25	全月	6 斗	5400
会计员	黄佐贤	26	全月	8 斗	7200
助理员	袁华卿	27	全月	8 斗	7200
技　工	丁守藩	31	全月	6 斗	5400
	张　纯	28	全月	6 斗	5400
	王达三	46	全月	6 斗	5400
	陈高清	38	全月	6 斗	5400
	黄　元	31	全月	6 斗	5400
	赵久珍	32	全月	6 斗	5400
	张祥林	30	全月	6 斗	5400
公　役	潘宗信	26	全月	6 斗	5400
总　计				9 石	81000

湖北省五峰茶业改良场 1945 年 11 月公粮费领取明细表

职　别	姓　名	年龄（岁）	在职日期	粮　额	代金（元）
场　长	王　堃	40	全月	1 石	8300
技　士	王道蕴	40	全月	1 石	8300
技　佐	王汉先	25	全月	6 斗	4980
会计员	黄佐贤	26	全月	8 斗	6640
助理员	袁华卿	27	全月	8 斗	6640
技　工	丁守藩	31	全月	6 斗	4980
	张　纯	28	全月	6 斗	4980
	王达三	46	全月	6 斗	4980
	陈高清	38	全月	6 斗	4980
	黄　元	31	全月	6 斗	4980
	赵久珍	32	全月	6 斗	4980
	张祥林	30	全月	6 斗	4980
公　役	潘宗信	26	全月	6 斗	4980
总　计				9 石	74700

湖北省五峰茶业改良场 1945 年 12 月公粮费领取明细表

职　别	姓　名	年龄（岁）	在职日期	粮　额	代金（元）	备　注
场　长	王　堃	40	全月	1 石	8840	黄元、赵久珍、张祥林 3 人请假未归，故未列报
技　士	王道蕴	40	全月	1 石	8840	
技　佐	王汉先	25	全月	6 斗	5304	
会计员	黄佐贤	26	全月	8 斗	7072	
助理员	袁华卿	27	全月	8 斗	7072	
技　工	丁守藩	31	全月	6 斗	5304	
	张　纯	28	全月	6 斗	5304	
	王达三	46	全月	6 斗	5304	
	陈高清	38	全月	6 斗	5304	
公　役	潘宗信	26	全月	6 斗	5304	
总　计				7 石 2 斗	63648	

第六节 羊楼洞茶业改良场主要业务情形

羊楼洞茶业改良场自1937年12月成立伊始，即注重栽培、制造、宣传等改良示范工作。因茶树荒废过久，改良场分施寒肥、春肥，以谋树势恢复，并提前置备制茶用具，以备制茶示范。

整理茶园。湖北省茶业试验场成立于民国初年，其间以政局变迁，屡兴屡废，至1933年停办。试验场原有茶地二三十亩，地段零碎，茶林摧残，荒芜不堪。改良场接收以后，招工除草、中耕，开辟沟渠，施用大量厩肥，播种绿肥，以轻松土壤；兼施各种氮肥，以恢复树势；铲除枯萎茶树并补植，更新树龄过老茶树，并在夏茶采摘后全园加以修剪。不数月间，荒芜茶园焕然一新，附近茶农诸多效仿。

添置设备。湖北省茶业试验场原有农茶具及家具多腐朽不堪，羊楼洞改良场成立后，因受抗战影响，省库收入减少，经费来源支绌，既无较多开办费，而各月经事费不及千元，所有办公及一切杂用家具，均在各月经常费中分别添置；分批置备锹锄耙铲、制茶所需种种竹木器具暨精制茶筛及包装材料，择要添置测候应用仪器和参考图书。

制茶试验。鄂南产茶以蒲圻、咸宁为最，羊楼洞又为湘鄂赣边境集散地，所产茶类虽以老茶、砖茶为主，但在每年春茶期中，青红茶产量为数亦多，所产红茶大都为中级湖红，在国际贸易上占相当地位。在昔茶厂林立，商贾往来，嗣后外销不振，茶价低落，于是茶农摧残茶林，茶商倒闭，茶厂衰落惨象与日俱增。1938年春季，为灌输各种制茶技能于茶农，改良场分别制造浙皖赣内外销各式红绿茶，召集附近茶农参观见习。试制绿茶运至汉口后，闻者互相争购，红茶价格为羊楼洞开一新纪录。1938年，生产红茶92斤，出售收入55.20元；生产绿茶86斤，出售收入60.80元。

辅导农商。改良场以改良鄂茶为主旨，辅导茶农、茶商为重要任务，改进栽培与制造均为要图。改良场除整理原有荒废茶地外，派遣技术人员分赴各重要茶区宣传指导，促茶园管理方法渐趋改进。自抗战以来，羊楼洞附近各地存茶有不及运出者，虽经由各关系人设法陆续运出若干，但茶农尚有一部分老茶未能脱售，而各茶厂存茶，为数亦不少。在 1938 年春茶前，改良场商请财政部贸易委员会，设法向俄商订约推销，并劝告茶商尽量收购压制砖茶，民间存茶得以逐渐售罄。

接洽茶贷。自七七抗战以来，国内农产物输出顿受影响，羊楼洞一带老茶堆存民间几无人过问。1938 年春茶上市时，茶农苦于乏资采摘，以致叶芽粗老，春季青红茶多停采不制。往时惯例，在立夏以后，开始采制老茶，当时以陈茶未能脱售，无力制造新茶，而全年生计又仰赖于茶，产茶各县纷纷呈请省政府救济。

鉴于情势危急，改良场赶赴汉口与财政部贸易委员会接洽，仿照湖南、江西贷款收茶先例，在鄂南举办茶叶贷款，拟具计划合约大纲贷款草案，签呈建设厅转恳省府向贸易委员会订立合约，贷款 100 万元救济农商，经时许久未能就绪，后以省府改组，茶期已过，遂致无形停顿。

组织生产合作社。采用组社贷款，调整运销方式，救济茶农。呈请建设厅先拨合作社贷款 10000 元，依照紧急抵押办法贷放，并请调派合作指导员，会同改良场指导茶农组织生产合作社。自 1938 年 5 月下旬至 6 月上旬，在羊楼洞改良场附近 10 里内外，组成生产合作社 5 所，社员 868 名，贷款 9535 元。

设立联合制茶厂。各地茶叶生产合作社社员领取贷款后，开始采制春茶。1938 年，改良场与中国茶叶公司在羊楼洞设立联合制茶厂，制茶资金由中茶公司统筹支付，制茶技术由改良场担任。采购合作社所产夏茶嫩芽生叶 2000 余担，每斤平均价格 1 角，制成精茶 1000 余箱，由中茶公司运往香港出口。

救济茶农茶商。1938 年 2 月 25 日，技士余景德与茶商多次会谈，得知羊楼洞及柏墩、杨芳林、大沙坪，湖南羊楼司、聂家市等处茶商，尚存有砖茶原料不下 10 万担，均因抗战期间未能压砖输出，而茶农已摘未售者在 3 万担以上，宜昌区茶农茶商上年红茶多未脱售。改良场呈报建设厅救济茶农茶商。3 月 15 日，湖北省政府建设厅致函中国茶叶公司，请求中茶公司在蒲圻、宜昌收买砖茶、红茶。

指导宜红改良。1938 年 4 月 13 日，改良场计划分派技术人员 1 名，另雇技工 2 人，前往五峰负宣传指导之责，并拟具《分派员工赴宜昌区指导红茶改良事业计划书》呈建设厅。

鉴于羊楼洞茶业改良场人力、财力有限，且距鄂西遥远，兼顾困难，4月19日，省政府建设厅致函中国茶叶公司：“贵公司已在恩施县设立实验茶厂，改良宜红，五峰、恩施相距较近，兼顾自易，应请转饬该实验厂，迅即就近派员前往主持。羊楼洞茶场仍集中力量，专负鄂南茶业改进责任，惟虽随时彼此密切联络，期收分工合作之效。”

4月26日，中国茶叶股份有限公司总经理寿景伟函复：“五峰茶叶品质优良，素博中外茶商赞许，几可与祁门红茶颉颃，只以茶商、茶农墨守旧章，产制方法诸待改进。中茶公司特在恩施茶区设立实验精制茶厂，藉期改良产制，俾符外销标准。五峰与恩施毗连，兼顾较易，自应照办。除恩施实验茶厂冯绍裘厂长遴派妥员担任技术辅导工作，并饬汉口分公司对于五峰茶叶优良产品尽量承销。”1938年6月，中茶公司汉口分公司在渔洋关收购宜红茶3445箱。

发展鄂西茶叶计划。1938年7月，因武汉抗战局势骤紧，接省政府密令，羊楼洞茶业改良场选定迁移五峰渔洋关设立办事处。8月10日，羊楼洞茶业改良场拟具《发展鄂西茶叶生产工作计划书》呈报建设厅。9月9日，省政府建设厅令改良场：所拟计划准迁定后，考察实际需要，斟酌该场人力、财力切实举办。

调查销售情形。1938年10月17日，建设厅令改良场调查鄂西、鄂南产茶各县茶叶销售及存留情形。

12月6日，改良场呈报《调查鄂西、鄂南茶叶销售及存留情形》：“鄂西方面，外销茶叶产量最多者，为五峰、鹤峰两县，长阳次之。在1937年以前，恩施向不生产红茶，前宜昌区茶叶改进指导所，于1937年始派员在该地提倡试制，然产量尚属几微，故五峰、鹤峰、长阳三县，实为鄂西外销茶主产地，而均以五峰渔洋关为汇集之所。1937年由渔洋关输出者7600箱，1938年减至3600箱。其症结所在，全由茶商资力薄弱，不能尽量购买，致茶农不敢采制，弃利于地，殊可惋惜。其实，五峰、长阳及湖南省石门宜沙等处所产外销茶，能就近集中于渔洋关者，仅头茶一项已在2万箱以上，二、三茶及内销青茶、白茶，尚不在内。1938年渔洋关茶商仅有5家营业，收茶不多，均脱售无存，每担约获纯益10～25元不等。各县茶农，因未多制外销茶，或仅制少数内销茶，均无存茶。鄂南各县，现虽沦为战区，不能再往调查，然本场尚未迁渔以前，曾经派员分赴鄂南产茶各地，屡访各茶叶关系人，对于该地方销售存留情形，尚能得其梗概。羊楼洞、羊楼司及聂家市，为鄂南茶叶较大市集。各地茶商所收1937年存茶，已压成米茶砖者3000箱，分存于茶农、茶商手中。未压的粗细老茶63400担，青茶、红茶甚少，均已脱售。1938年新制未售粗细老茶41000担，青红茶仍未多制，即有少数也已售出。”

劝告茶农深耕。改良场迁驻渔洋关，一面筹划租买地亩，垦植茶苗，以示栽培茶树模范，一面注重随时指导茶农改良固有茶园。时届冬令，正值保护茶树紧要时，1938年11月5日，改良场办事处就亟应施工事项，编印浅明《劝告茶农在冬期施行深耕》通告多份，派员携赴五峰、鹤峰产茶较多区域，广为散发讲解，联合各处保甲人员，督促茶农即时施工，以培茶树元气。

第七节　五峰茶业改良场苗圃与示范茶园

为改进栽培技术，辅导茶农更新衰老茶树，整理荒废茶园，合理管理茶园，羊楼洞茶业改良场抵达渔洋关后，随即租赁关上园山地开辟茶园作示范，租赁渔洋关小学茶地1.5亩作苗圃，选购茶籽，采办茶苗。

采购茶籽与茶苗。1939年1月，采购两年生茶苗500株，每株0.02元；10—12月，在水浕司、楠木河等地收购茶籽1担7斗，耗资52元。

1940年1月，历时11日，在水浕司等处采购茶籽及茶苗，购三年生茶苗2000株40元；2月，购三年生茶苗2400株60元；3月，在杨家河、深溪河、大名山，历时13日，购三年生茶苗2408株55.38元；11月，在水浕司一带收购茶籽，因当年抢制白茶过甚，茶籽存留甚少，仅购得微数；12月，购茶籽1担。

1941年冬、春两季，在深溪河、黄连河、水浕司、小河及湖南大京州收购茶籽近5担。其中，1月在湖南大京州一带选购茶籽2担5斗，2月在深溪河、黄连河一带收购茶籽9斗2升，3月收购茶籽72元，11月在水浕司等地购茶籽 1 石 2 斗 6 升，12 月在小河口购茶籽 7 斗。

1943 年 4 月 10 日，余镜湖移交袁鹤茶籽 4.3 市石。

1944 年 9 月，采购茶籽 2 斗；10 月，在红石板、水浕司收购茶籽 1 石 5 斗 6 升，耗资 620 元。

1945 年 11 月 9 日至 15 日，袁华卿及技工赵久珍、张祥林、张纯分赴忠孝、复仁两乡选购茶籽，在忠孝乡购得佳种 4 市斗，在复仁乡购得佳种 3 市斗。

1946 年 10 月 11 日至 15 日，袁华卿赴忠孝乡征集茶籽 3 斗 5 升；11 月 21 日至 25 日，袁华卿及技工 1 名赴仁爱乡征集茶籽 2 斗 6 升。

渔洋关小学苗圃。1938 年 9 月，改良场迁驻渔洋关后，租赁渔洋关小学园地 1.5 亩作苗圃，四周以竹篱围隔。

茶苗购回后，即移栽于苗圃或示范茶园，茶籽经过园工精选，适时播种。1939 年，在渔洋关小学园地苗圃进行播种、插枝繁殖对比试验，播种区得苗 6465 株，插苗区得苗 1313 株，但因五月天旱过久，灌溉水源甚远，又值农忙雇工困难，努力抢救，幸未枯死。

苗圃日常管理由技术人员率同长工，间或雇短工，施行浅耕、中耕、除草、灌溉、施肥、摘虫，农闲期则雇短工整理排水沟。一年中需除草 5～6 次，灌溉 1～2 次，肥料以稀薄人粪尿和菜饼肥为主。当年移植茶苗成活率不高，如 1940 年 5—6 月，天久不雨，虽经两次灌溉抢救，当年移植幼苗仍枯死 2000 余株。

1943 年 5 月，日军入侵，茶苗及所做试验被炸，其余均被战马践踏损坏，苗圃竹篱被拆除。渔洋关小学苗圃 1942 年种茶籽 151 窝、1943 年种茶籽 405 窝全部损失，未再恢复。

石梁司墓坡苗圃。1944 年，五峰茶业改良场迁移南门坡后，于当年 10 月在石梁司墓坡建苗圃。10 月完成整地，11 月播种茶籽，作成宽 5 尺畦地，施以腐熟菜饼，每畦条播 5 行。

1945 年 2 月，筛分细土约 2 分厚覆盖裸露茶窝，免遭冻害；4 月，苗圃茶籽少数已发芽，逐一用手拔除杂草；5 月下旬，因天晴过久，新生茶苗呈干枯之象，且多数茶籽尚未发芽出土，全部灌溉一次；6 月上旬，继续于早晚灌水，茶籽陆续发芽；7 月中旬，将杂草逐一用手拔除，并用腐熟人粪尿加清水60%灌溉于株间，结果发育尚佳；8月中旬，督率园工将圃地所生杂草逐一用手拔除，发育甚佳；11—12月，垦辟茶地2亩，专供育苗。督率园工将茶地先锄作床式，每距2尺5寸作成畦形，每床株距5寸、行距1尺，开掘一穴，深约3寸；播种前，将每穴施堆肥少许，继覆以细土寸余，即播种茶籽10粒，再盖以表土，稍加镇压。合计播种34床，每床30窝，共播1020窝。

1946年2月，筛分细土2担，每窝覆盖细土3寸厚；4月15日至19日，所种茶籽已有十分之二陆续发芽，督率园工拔除杂草；5月15日至18日，铲除苗床杂草22床，26—29日，铲除苗床杂草25床；6月15日至18日，由技佐王汉先督率园工，用菜饼少许掺以稀释人粪尿70%灌入根际浅沟中并土壅，以促进新芽发生，每床施用肥料半担，施32床16担肥料；8月6日到9日，督率园工将杂草拔去，并施以腐熟人粪尿加入清水70%灌溉于株间，铲除苗床杂草14床，施肥13担，发育较未铲除前甚佳；10月6日至8日，督率园工使用耕牛，将墓坡未辟茶地开始深耕，使里土翻转后，继续耙碎土块，易受风化，以备随时点播茶籽；11月6日至9日，督率园工，将已辟地亩耙平做成苗床，每床4尺宽、1.5丈长，每床各留沟1尺作成畦形，划分24床；11月11日至14日，督率园工将已做成苗床，以每床株距5寸、行距1尺，开掘一穴，深约3寸，播种前，将每穴施堆肥少许，继覆细土1寸，即播入茶籽10粒，再覆泥土稍加镇压，点播6床共546穴；12月2日至9日，点播24床共2002穴。

1947年改良场裁撤后，墓坡苗圃随即移交五鹤茶厂。

赵家坡示范茶园。为使茶农得实际效法起见，用新式栽培管理等方法，创立合理茶园以示楷模。1939年，在渔洋关关上园（赵家坡）创设示范茶园，与渔洋关小学苗圃合称第一茶区。

1939年，开辟山地7亩，播种茶籽1石7斗1升5合，移植茶苗12400株，栽活茶苗7778株，因天旱损失，仅存5425株。

1940年1—2月，新植三年生茶苗6815株。3月20日，徐方干移交高光道茶苗12240株。3月，派工芟除7亩茶地周围杂草，以免妨碍茶苗发育，垦辟另外8亩荒地，促进风化，播种茶园间作物玉米及绿豆，藉作茶苗荫庇，雇短工铲除杂草，整理沟渠，间拔茶园幼苗，施用人粪尿、菜饼肥；

8 月，过境国军荣誉第一师孝感部队及思明部队先后轮驻此地；10 月，间作物收获后，整理幼苗茶丛 4486 丛，因天久不雨，加上过境军队散放马匹，幼苗被马踏死及枯死 3552 丛，仅存 934 丛；11 月，雇工修建关上园茶地农道，茶园内点播蚕豆、豌豆，藉增土肥；12 月，开辟关上园坡地呈梯形，以便植茶。

1941 年 1 月，雇工继续开辟关上园内梯田，但因地冻土湿，仅开成一小段；2 月，播种茶籽 3700 窝，其中施菜饼肥 2100 窝，未施肥 800 窝，补植 800 窝，芟除关上园茶地间作物杂草；3 月，关上园茶地内因春暖草深，妨碍茶苗发育，督饬长工及短工 15 名赶施除草；5 月中旬，雇工收获关上园地内蚕豆 8 升、豌豆 5 升；6 月，指导园工施肥除草，2 天完成施肥工作，3 天完成除草。本月，五峰县立渔洋关小学常务理事宫子美、向搢卿（敬书、从笏）面称："改良场承租关上园田地租金过于轻微，请按照租稞比额予以增加。"关上园给予渔小苗圃租金涨至每月 10 元，改良场一面于次月照数支付，一面呈报农业改进所转呈省政府建设厅；7 月，督导园工继续关上园茶地除草、中耕、灌溉等工作；8 月，关上园茶地内除草后施液肥 1 次，收获关上园间作玉米 1 斗 2 升；11 月，间作小麦及豌豆，藉增地肥，指导园工举行冬耕，使用重锄掘松土块，以促成氧化，同时施用腐熟菜饼 8 担及马粪 12 担作寒肥，藉增地温而备春芽生育；12 月，指导园工继续使用重锄，掘松关上园茶地土块，同时施用腐熟菜饼 3 担及马粪 5 担。

1942 年 1 月 19 日，建设厅指令农业改进所："准予五峰茶业改良场增加关上园地租金 10 元。"

1943 年 4 月 10 日，余镜湖移交袁鹤 2 年生茶苗 680 株。

1943 年 5 月 21 日，日军入侵渔洋关，第一茶区被日军掷炸弹 2 枚，赵家坡示范茶园茶苗损失 398 株。经此浩劫，赵家坡示范茶园未再恢复。

红石板示范茶园。1940 年 11 月 28 日，改良场购得五峰县第二区尚义乡 21 保红石板小坪向光金祖传山田 80 亩（实有 74.7 亩）及瓦屋一栋，设庄屋，开办示范茶园，为第二茶区。据《五峰茶业改良场使用土地调查表》（1944 年 12 月 20 日填报）记载，使用土地 44.72 亩，核征赋税 7.298 石，地价税 0.53 元。

苗圃。1941 年 1—3 月，整理红石板小坪茶地 31 亩 5 分，采用条植法如三角植、四角植、圆形植，播种茶籽 4 担 3 斗 8 升，其中 9 尺行距、4 尺株距 9 亩，7 尺行距、5 尺株距 8 亩，5 尺行距、5 尺株距 9 亩，5 尺行距、3 尺株距 5 亩 5 分，茶地四周播种女贞作界牌；4—10 月，技士陆树庠、技佐王道蕴率领园工 3 名及短工若干，除草、施肥、灌溉，因天旱过久，灌救困难，仍有枯死幼苗；11 月，茶园内间作小麦及豌豆，以增地肥。

1943 年 12 月起，民工王运起常住红石板小坪，管理苗圃与示范茶园。

1944 年 10 月，为扩充茶园地亩广植茶苗，以备推广于民间，将未辟荒地用耕牛深耕，使里土翻转后，继续耙碎土块，易受风化，以备随时播种茶籽，共垦辟 4 亩苗圃，专供示范茶园之用；11 月，将已辟之地，在一角开掘深约 4 寸之穴，株距 5 尺、行距 6 尺，播种前将每穴施堆肥少许，继覆以细土寸余，即播种茶籽 10 粒，再盖以表土，稍加镇压，每穴播入茶籽 10 粒，以防发芽率不齐，共播 295 窝。

1945 年 2 月下旬，示范茶园苗圃上冬所播茶籽已受雨水冲刷，多数裸露地面，遂筛分细土约 2 分厚覆盖，免遭冻害；5 月下旬，多数茶籽尚未发芽出土，全部灌溉一次；6 月上旬，继续早晚灌水，茶籽陆续发芽；7 月中旬，将杂草拔除，并用腐熟人粪尿加清水 60% 灌溉于株间，结果发育尚佳；8 月中旬，将圃地所生杂草逐一拔除，发育甚佳；11 月 14 日至 17 日，督率园工，使用牛力将未垦茶地开始深耕，使里土翻转后，继续耙碎土块，易受风化，以备随时点播茶籽；11 月 23 日至 30 日，将已辟完整茶地开掘深约 5 寸之穴，株距 5 尺、行距 6 尺，播种前将每穴施堆肥少许，继覆细土寸余后，即播入茶籽 10 粒，再盖泥土，稍加镇压，共播种 350 穴；12 月 4 日至 8 日，督率园工使用耕牛，将未垦茶地继续深耕，以备随时点播茶籽；12 月 9 日至 13 日，督率园工将已辟茶地开掘深约 5 寸之穴，株距 5 尺、行距 6 尺，播种前每穴施以菜饼肥共 22 块，然后盖以细土，即播种茶籽 10 粒，再覆表土，稍加镇压，播种 5 亩茶地。

1946 年 2 月，示范茶园苗圃去冬所播茶籽，因受雨水冲刷，略有裸露地面，督率园工用细筛筛分细表土，每窝覆盖细土 3 寸厚；4 月 15 日开始，工作站示范茶园内所种茶籽已有十分之二陆续发芽，督率园工逐一拔除杂草；5 月 15 日至 18 日，铲除工作站苗圃杂草 1 亩 5 分；5 月 26 日至 29 日，铲除工作站苗圃杂草 2 亩；8 月 6 日，督率园工将工作站苗圃杂草拔去，并施以腐熟人粪尿加入清水 70% 灌溉于株间，共铲除 1 亩 5 分；10 月 6 日，督率园工使用耕牛，将工作站未辟茶地开始深耕，使里土翻转后，继续耙碎土块，易受风化，以备随时点播茶籽。

示范茶园。1943 年 4 月 10 日，余镜湖移交袁鹤红石板茶园 3 年生茶树 765 株。

1944 年 9 月 1 日，袁鹤移交王堃红石板示范茶园四年生茶树 710 株（原有 765 株，鄂西战役损失 55 株），三年生茶树 308 株（原有 858 株，鄂西战役损失 550 株）。9 月，为求茶树株张齐整，便于管理及采摘，使日光平均照射，促进裙枝发达，中耕工作站原有三、四年生茶树 200 株，施以人粪尿；12 月，小坪茶园茶株全部壅土。

1945 年 1 月上旬，将红石板茶园内二、三年生茶树周围距离主干六寸之处先深锄土块翻转，将其耙碎后，施以腐熟油粕，俾宜幼苗生育；2 月，对红石板茶园内一年生茶苗，施行中耕、除草，用腐熟油粕及人粪尿施肥；3 月，对红石板茶园内三、四年生茶树施用春肥，将油粕及人粪尿和以清水，散布根际地内，使养分均匀，促进发芽，并撒播大豆、玉米；4 月中旬，督导园工除草，细碎土块，俾破除毛细管作用，减少水分蒸发；5 月中旬，督率园工，用菜饼少许掺以稀释人粪尿和清水，灌入根部浅沟中，再用土壅，促新芽发生；6 月中旬，督率园工除草；7 月 3 日至 10 日，将茶园内三年生茶树高低不齐之树干及过于丛密之小枝一律剪去，使日光平均照射；8 月 21 日，继续修剪，至 26 日全部完成，并施用液肥一次，经修剪后树势顿形匀整，不复以前参差杂乱之象；12 月 12 日至 15 日，督率园工将已耕翻茶地之土块再行耙碎后，所备人粪尿加以 60% 清水肥料散布地内，覆土于根际，使养分均匀，施用肥料 25 石。

1946 年 1 月 16 日至 20 日，将红石板工作站茶园内三、四年生茶树周围相距主干 8 寸之处施行深锄，随将土壤疏松并施豆饼肥 10 块；2 月 6 日至 8 日，对红石板茶园内一年生茶苗施行中耕除草，并施春肥 7 担；3 月，红石板工作站茶树，因上月下旬及本月上旬天晴过久，所有茶树亟待人工灌溉，随时督率园工加以灌溉并施菜饼肥，先行打碎加以清水，再用细筛筛过散布根际，结果始行恢复原有树势；4 月 23 日至 27 日，在茶株行中点播大豆及玉米，并施草木灰及堆肥；8 月 2 日至 4 日，将四年生茶树高低不齐及过于丛生之小枝一律加以修剪，并施以菜饼肥加以70%清水4担，共修剪350株；9月5日至8日，将三年生茶树过于丛密之小枝及枝干不齐一律加以修剪，并施以腐熟菜饼肥加以70%清水4担，共修剪260株；12月11日至14日，利用牛力将茶地耕翻，再将土块耙碎，并施以腐熟人粪尿加以60%清水肥料散布地内，再行培土于根际，使养分均匀，施用肥料25担。

1946年5月24日，缴解省农业改进所1944年度、1945年度间作物玉米1石7斗的销售收入5100元。

五峰茶业改良场场务调查表（1946年11月）

苗圃（亩）	林地或茶地（亩）	其他土地（亩）	职员人数（人）	技工人数（人）	现有苗木（株）	现有林木（株）	备注
5	22	23	5	7	15200	1010	本场及红石板茶园一并在内

第八节　模范茶园

1939年11月23日，农业改进所呈报建设厅："本年下半年训练鹤峰、咸丰、五峰等地茶农事宜，成立训练班者仅鹤峰一处，其余皆以茶期已过，无法开办。改为以余款购买茶种推广民间，分令咸丰县农业指导员郑俊华、五峰茶场技士余景德遵办。上项推广事宜尚应辅以精密计划与规定，经茶业组拟具各县特约模范茶园工作预计简章及奖励规则，核均尚切要可行，已令五峰茶场技士余景德督同五峰县农业指导员傅徽第，鹤峰县农业指导员吴玉泉督同助理员张月池，分别遵办具报，并令派改进所技士姚光甲督同助理员郑权予在恩施芭蕉、利川毛坝遵照举办，所需款项在本年下半年茶训余款内动支。"

12月26日，省建设厅令复照准，所需经费准在茶训余款内动支，惟发给各种奖金时，应由经手人员取得所在地保长或联保主任于每张领据内盖章证明。随即公布《湖北省各县设置特约模范茶园办法》十二条：

第一条　本省为改良茶树栽培方法，以促进生产起见，特于各县选设特约模范茶园。

第二条　模范茶园受湖北省农业改进所之指导监督。

第三条　模范茶园之茶地应具备左列标准：土质肥瘠适中，地势适当者；区划整齐，排水良好，便于改良者。

第四条　模范茶园于设置前，应由农业改进所派员估计产量，与园主订约，如遇收获量不及订约前之生产量时，得由农业改进所酌予津贴一次，但为茶园之更新或发生灾害，或因茶园耕作不依照农业改进所指导而影响产量者，不在此限。

第五条　模范茶园之栽培、管理、采摘、更新诸法，应绝对服从农业改进所之指导。

第六条　模范茶园所需之农具、肥料、防除病虫害药剂及种苗等，以园主自备为原则，但必要时得由农业改进所贷予或补助一部分。

第七条　模范茶园之收获概归园主所有，其生产良好者，农业改进所得依照市价从优给价收买，其不愿者听。

第八条　模范茶园应避免种植不利茶树生育之间作物。

第九条　模范茶园园主，农业改进所得酌给奖励金以资鼓励，其办法另订之。

第十条　农业改进所办理茶业有关之调查统计、推广等工作，模范茶园园主须负协助进行之义务。

第十一条　模范茶园订约后，以三年为有效期间，园主不得中途改约，期满后经双方同意得继续之。

第十二条　本办法自省政府公布之日施行。

湖北省农业改进所督导各县设置特约茶园计划

目的：使产茶各县茶农改良茶树栽培方法，增进生产，提倡早期采摘，以求茶叶品质之佳良。

办法：本年暂于恩施芭蕉、五峰水浕司、鹤峰县城及利川毛坝四处，选择适当茶园设置特约模范茶园，指导茶农应用科学方法管理茶地、栽培茶丛。

经费：以本年五峰、恩施、利川等三处未办茶农训练班之经费，移作设置模范茶园之用。计五峰、恩施、利川三处每处奖励金 200 元，肥料费 200 元，鹤峰因已办茶农训练，只以 300 元为限，以上合计 1500 元。

预期效果：每处模范茶园当必产量增加，品质优良，茶农直接可收利，间接加强抗战力量。

湖北省农业改进所特约模范茶园奖励规则

第一条　本规则依据本所督导各县设置特约模范茶园简章第八条订定之。

第二条　奖励事项如下：

（1）依照本所规定方法施肥者。

（2）依照本所规定实行早期采摘者。

（3）管理茶园周到，经本所认为适当者。

（4）在本所指导区域内垦辟新茶园，其栽培方法确能依照本所之指导者。

第三条　凡合于前条（1）、（2）、（3）各项规定之一，干茶满一担者，给予奖励金 4 元，合于第（4）项规定者，每亩 2 元。

第四条　各项奖金须由本所派员调查认为合格后始行发给。如同一面积合于两项或三项规定者，同时得给两项或三项奖金，但第四项以一次为限。

第五条　肥料奖励金由本所按每亩 4 元，购备肥料发给之，并应施用于茶丛，不得移作他用。

第六条　凡预定得受奖励之模范茶园，如查有成绩不良或不听本所指导者，即行取消。

第七条　本规则由本所订定，呈送建设厅备案后施行。

1940 年 2 月 15 日，技士余景德赴水浕司（尤溪乡第六保、第十五保、第十六保）成立特约模范茶园 26 处，共 65 亩，每亩分配菜油饼 150 斤，共发肥料 9750 斤，支肥料费 195 元；推广茶种 8 石零 4 升，领种茶户朱明高等 105 户，共支茶种费 225.12 元，并取有第六保保长唐伯英、第十五保保长来贞夫、第十六保保长张旅伯证明："今证明湖北省农业改进所委员余景德，在本保内办理特约模范茶园工作并散发茶种，所有领种各户姓名及领种数量列表于后。"

湖北省农业改进所五峰县水浕司特约模范茶园一览表

编号	园主姓名	所在保分	地名	茶地面积（亩）	方向	土质	倾斜度	领肥料（菜油粕，斤）
1	向邦琪	十五	香树岭	2.00	东南	砂壤	平	300
2	陈大金	十五	伍家湾	2.50	南	砂壤	平	375
3	吴远吉	六	胡家坪	2.00	东南	砾壤	平	300
4	李大坤	十五	伍家台	3.00	西南	黏壤	稍斜	450
5	向洪明	十六	水浕司	1.50	南	正壤	平	225
6	田宽敦	十六	刘家坪	2.50	东南	砂壤	平	375
7	覃文齐	六	小河湾	2.00	南	砾壤	稍斜	300
8	向邦贵	十五	向家坪	3.00	西南	正壤	平	450
9	刘中先	十五	后坪垸	2.00	南	砂壤	稍斜	300
10	田温三	十六	水浕司	2.50	西	黏壤	稍斜	375
11	唐子高	十六	瓦场坪	3.50	南	砂壤	平	525
12	向洪炳	十六	向家庄	3.00	东北	砂壤	平	450
13	向邦南	十六	向家庄	2.00	西南	砂壤	稍斜	300
14	许征远	十六	高栗岭	3.50	东南	砂壤	平	525
15	陈道纶	十六	徐家湾	2.00	南	正壤	平	300
16	李三泰	十六	高栗岭	1.50	东南	砂壤	平	225
17	田新泰	十六	老衙门	3.00	西南	正壤	稍斜	450
18	伍家敦	十五	伍家台	2.00	南	砂壤	稍斜	300
19	来礼三	六	香树坪	2.50	西南	正壤	稍斜	375
20	刘绪富	十六	高栗岭	2.00	东南	黏壤	平	300
21	田启福	十六	高栗岭	2.00	西南	正壤	平	300
22	张旅伯	十六	高栗岭	3.00	南	砂壤	平	450
23	吴远绰	六	小河湾	2.50	西南	黏壤	稍斜	375
24	来纯五	六	小河湾	2.50	南	砂壤	平	525
25	唐宪章	十五	新衙门	2.50	东南	正壤	平	375
26	田余耕	十五	新衙门	3.50	西南	黏壤	稍斜	325
合　计				65.00				9750

五峰茶业改良场推广茶种领种表

姓名	领种量（升）	姓名	领种量（升）	姓名	领种量（升）	姓名	领种量（升）	姓名	领种量（升）
朱明高	8	钱永福	10	潘家爽	4	李远谟	6	田启丰	10
王作兴	7	孔义成	8	黄春发	8	王明发	8	唐尧卿	8
来丁己	7	张家祥	9	金昌业	6	李运祥	6	马安春	6
王传先	6	胡少益	8	龚永光	6	汪大全	10	李向氏	6
向洪发	10	陈尚志	7	张家福	8	金长运	7	向宗武	5
晏光斗	8	张兴让	6	陈志远	8	彭守功	6	魏连海	8
张中兴	7	吴三元	10	刘启高	9	刘吉平	10	萧平阶	8
萧天桂	8	来起烈	8	李大富	8	黄新太	7	刘名清	6
伍家新	8	朱福全	9	马名驹	7	田启宇	8	覃方桂	8
余昌顺	7	姚明卿	8	唐世发	10	向学清	6	吴正和	9
赖世贵	7	田云山	8	伍家发	10	吴伯安	10	尹先福	7
周明德	8	吴田氏	5	赖维藩	6	周明义	6	戴志新	8
汪天启	9	田启山	6	黄长贵	8	刘登榜	8	阮兴义	10
周世训	7	黄家福	10	王春甫	8	何国栋	7	周春芳	10
武定邦	10	钱永昌	7	黄大绪	7	刘大昌	7	钟金海	8
向宗周	7	姜家启	8	伍学金	8	祁运全	10	宋大成	8
何庆余	6	刘家绪	6	徐大金	4	李洪春	8	胡寅亮	6
田大发	7	唐凤山	8	姜家顺	6	覃明忠	6	黄起玉	6
孙光祖	5	朱文先	7	武汉臣	7	余玉成	8	方得明	8
杨大福	6	毛斗南	5	廖春田	8	宋朝贵	8	向春山	8
高元生	5	叶家魁	7	龚学海	8	汪业广	10	杨德爽	6

1940 年 4 月 10 日，五峰茶业改良场拟具《1940 年度事业计划预算书》，呈请农业改进所核转恳湖北省政府建设厅，咨请贸易委员会中国茶叶公司，准予辅助，以利推行。拟于五峰水浕司、采花台、长茅司、太平庄、

石梁司、富竹溪、大面山，鹤峰州城、留驾司、五里坪、百顺桥、寻梅台、北佳坪、燕子坪、罗家坪，长阳成五河等处，择当地茶农已有茶园100所，津贴其肥料、管理等费，由场派出技术员三人，划定区域，常川驻在各区负巡回指导之责，使特约茶农恪遵指导方法，经营其茶园，以为其他茶园之模范。

9月14日，中国茶叶公司总经理寿景伟函复省建设厅："关于发展鄂省茶业，已由农业改进所张所长与敝公司拟订整个合作计划，并经电达贵厅，所嘱拨款协助一项，应俟上项合作办法，提经本公司董事会核定后，再行办理。"

10月，场长高光道拟具《湖北省农业改进所五峰茶业改良场督导特约模范茶园计划书》，呈报农业改进所。计划书称：

> 水浕司特约模范茶园26所，原拟由派驻五峰县农业指导员负监督指导。因五峰县农业指导员缺，奉令裁撤所有指导事宜，令由本场兼办。时逾半年，本场以原有工作非常紧张，且距离窎远，迄未尽督导之责，亟应乘此茶事稍缓之时，派员前往办理视察指导各事宜。前项特约模范茶园曾经订立合约，发给肥料，指导施肥，整理各种改良方法，责令遵照实行。兹拟由本场所派技术人员个别详加视察，其能恪遵指导成绩改进者，再发给肥料奖金或管理周到奖金（肥料奖金每亩4元，需260元；管理周到奖金每亩3元，需195元，年需455元），令其施用寒肥及追肥，并施行深耕。其未能遵办者，酌量处罚或撤销其合约。冬期茶园管理除深耕寒肥以外，兼授以搜杀害虫蛹卵，且转瞬即届春季，一切追肥、除草、早摘嫩制等方法，均可于事前逐一指导，责其实行。一面访问未经加入特约各茶农，随时考察其茶园，能否适合特约茶园之条件，以做将来推广之准备。扩充新茶园，更新旧茶园均为必要之企图，拟乘此视察之便，广为宣传指导，俾逐渐加多产量增进品质。此项工作所需用费，拟请钧所就事业费项下划拨或呈请建设厅筹给，但技术人员所需川旅各费，由本场事业费内列报。

1941年9月，改良场在水浕司举办茶农训练班期间，就近赴特约模范茶园考察，指导栽培管理事项。10月16日，农业改进所才将五峰茶业改良场督导模范茶园计划书呈报建设厅。10月27日，省政府建设厅批示："除经费预算书内第二目管理周到奖金每亩少列1元，与模范茶园奖励规则规定每亩4元，略有不符外，其余大致当合，准予施行。所需经费仍在该场1941年度事业费内撙节开支。"

特约模范茶园合约

立约人：湖北省五峰茶业改良场，五峰忠孝乡第八保茶园园主许征远

今因高粟岭有茶园一段，计地约五亩六分，情愿与茶业改良场订立合约，作为特约模范茶园，所有双方应行依照各项规约条列于下，俾各有所依据。

1. 前项茶地自立约以后，所有栽培、管理、采摘、更新诸多事项，应绝对服从改良场之指导。

2. 改良场办理有关茶业之调查统计、推广等工作时，园主应负协助之义务。

3. 园主对于改良场之指导事项确能依照办理，经改良场认为适宜时，由改良场依照奖励规则，分别发给各项奖金。

4. 前条奖金共分二项：（1）按期施肥奖金；（2）管理周到奖金。

5. 茶园中一切收益均为园主所有，如依照改良场指导方法，而该茶地收益反不及订约以前时，由改良场酌予津贴，但茶园之更新或发生不可救济之灾害时，不在此限。

6. 如茶园内发生有病虫害时，由改良场派员指导防治之。

7. 本合约有效期间暂定一年，期满后经双方同意得续订之。

8. 本合约如有未尽事宜，由改良场随时修改或增益之。

证约人：忠孝乡第八保保长（张旅伯印）

中华民国三十四年九月十五日

第九节　指导茶园管理与更新

劝告除草施肥。1939年2月，改良场编印《劝告茶农及时除草施肥》400份，派遣技术人员分途出发宣传指导，并函请五峰、鹤峰、长阳各县政府协助。通告全文如下：

亲爱的茶农同胞们：本场在去年十月间，因为茶树要深耕，已经将那深耕的理由和方法，编印成浅明的通告，劝导你们照着去做，后来又派员往各处来查过了。据委员的报告说，有少数的茶农，是照着本场指导的方法做过了，有的因为收获红薯和苞谷，顺便把茶树根旁掘了一下，但是，多数茶农同胞们还是没有照着做，这实在是很可惜很可恨的事。不过，照委员调查的情形，知道你们是因为经济困难、人工难雇的原因，并不是不听劝告，所以不能不原谅你们。现在已到雨水节，正是茶树将要发芽的时候，同时亦就是各种杂草繁茂的时候。茶树发芽之前，需要多量腐熟的肥料去养育嫩芽，就好像怀胎的妇人，在生产之前，需要多吃容易消化、养料充足的东西一样。孕妇能多进饮食，胎儿必非常肥壮。茶树能多吸肥料，嫩芽必定丰美，这是很明白的道理，不用多说。不过，在湖北各地，茶农的习惯，都是不用肥料的，至多也不过只在冬末春初的时候，将茶地掘一次，让地内的杂草树叶腐烂，借此作为肥料而已。甚且连这种工作都懒得做，这是多么愚蠢啊！大家要知道，在掘过的茶地里面，虽然那腐烂的杂草多少有点养分，却是很不够茶树需要的，所以，我们必须要趁这时候，多用点腐熟的人粪尿和牛马粪或堆肥去培养它。同时还要知道，杂草也是要吸收肥料的东西，我们若不把杂草铲除掉，那么所用的肥料，就会被杂草夺去一部分，并且杂草生长很快，要遮住茶树必要的日光和空气，所以，在用肥之前，先把茶地掘松，不但所用的肥料可以营养茶树，而青草容易熟烂，又可以加多茶地的肥气，真是一举两得的事。此外，每摘茶叶一次，必须要补偿它一回肥料，才不叫茶树吃亏。我们能够这样的栽培茶树，它必定多生嫩叶来报酬我们，决不叫我们枉费的。况且正在抗战的时期，我们要在后方努力地生产，把这生产的茶叶，运到欧美去，多换些军火回来，好争取最后的胜利。我们政府当局预备了充足的金钱，要尽量收买本年茶叶出口，所以，希望茶农同胞们不要再存犹豫的态度，赶快照着去做，既利己又利国，大家何乐而不为呢？如果再不接受劝告，就是不爱国，也就是削弱抗战的实力，必要等到政府按名罚办，那就太不值得了。以后关于摘茶、制茶，以及摘采之后，怎样培植茶树，还有许多的事，一时实在讲不完，只好随时再向大家指导了。

指导茶园管理。1939 年茶季，改良场技术人员均调任茶叶管理处职务，分赴茶区监督各茶庄收买毛茶，因利乘便兼施劝告指导管理茶园等工作；10 月，长工何发明赴五峰水浕司、楠木河一带收购茶籽、贴宣传广告；何厚成赴杨家河、深溪河等地张贴宣传品；11 月，技佐王道蕴赴五峰县第一区实地指导茶农如何管理茶园，余威远赴大名山接洽合作茶园事宜；12 月，王道蕴赴五峰第三区指导茶农管理茶园。

1945 年 1 月，王道蕴、廖斌分赴仁爱乡石梁司附近农村，巡回劝导茶农耕锄及清除蛛网、施肥等工作，接受指导实施约 1500 丛；2 月，王道蕴、袁华卿分赴忠孝乡第五保、七保、八保，指导茶农深锄及清除蛛网、施肥等工作，接受指导实施 2500 丛，忠孝、仁爱各产茶区茶农，因历年来多与改良场员工接近，两乡共计 89 户诚恳接受指导，管理茶园；5 月中旬，王道蕴赴忠孝乡第五保、七保、八保、九保、十保劝导茶农施用追肥；8 月，袁华卿赴石梁司附近农村，巡回劝告茶农耕锄及清除蛛网、施肥，接受指导 25 户。

1946 年 1 月 22 日至 25 日，王汉先、袁华卿分赴仁爱乡第一、二、三各保附近农村，巡回劝导茶农耕锄原有荒芜茶地及清除蛛网、杂草并施肥，第一保 15 户、第二保 13 户、第三保 17 户，茶农均诚恳接受劝导；2 月 14 日至 18 日，王道蕴分赴忠孝乡第五、七、八各保农村，巡回劝导茶农耕锄荒废茶园及清除蛛网、杂草并施肥，第五保 27 户、第七保 31 户、第八保 23 户茶农，均诚恳接受劝导；5 月 25 日至 29 日，技佐王汉先赴仁爱乡第二保、三保、四保，会同各保长召集茶农在各办公处，集中向茶农解识春茶采摘完毕后应施夏肥，以促进夏茶早日发芽，以稀释人粪尿加清水 70% 灌入根际浅沟再土壅，并在各保附近抽择 5 户，每户施行 10 窝示范；6 月 4 日至 10 日，技佐王汉先赴忠孝乡第五保、六保、七保、八保、十保产茶区，在各保会同各保长，先行解识本场派员巡回指导之责任，召集各茶农到保公处集中，向茶农详加讲解：抗战胜利后，政府对于各项生产非常重视，尤其对于外销红茶特加注意。今后希望茶农对于茶园管理，应立即恢复战前产量，如茶树更新、施肥、提前采摘嫩制，在春茶采摘后即行施用夏肥于根际之浅沟中，以促进夏茶发芽，而求品质优良，并可增加产量之利益，并在各保办公处附近，抽选 5 户茶园，当面举行施用夏肥方法，每户茶园施行 15 窝。

督导更新补植。1944 年 10 月 2 日至 10 日，王堃在复仁乡大坡垴、簸箕山、樱桃山，尚义乡李家坪、麻溪冲、三房坪、两河口，循礼乡升子坪、风洞子、胡家坪，会同各保保长召集茶农，分别讲解茶叶栽培、制造、中耕、除草、茶树更新等事宜。

10 月 10 日至 22 日，王道蕴在民权乡第四保、六保、七保，指导茶农更新茶株，第四保更新 150 株、第六保更新 220 株、第七保更新 380 株，在第四保、五保、六保、七保补植 290 株。

10 月 15 日至 11 月 8 日，练习生张纯在民族乡督导茶农更新茶树。第一保，采花台茶农周运伐更新茶树 57 株及补种 20 株，楼台茶农覃文东更新茶树 57 株及补种 20 株；第二保，樟树岭茶农杨日三更新茶树 37 株及补植 41 株，肖家台茶农肖真轩更新茶树 60 株；第三保，胡家湾茶农汪治宗更新茶树 46 株，河坪茶农覃直行更新茶树 57 株及补植 15 株，田家坪茶农胡廉泉更新茶树 43 株，朱家湾茶农汪泽云更新茶树 73 株及补植 30 株；第七保，大村茶农刘文章更新茶树 65 株，长山岭茶农胡德明更新 52 株及补植 40 株；第八保，段家坡茶农文煌更新茶树 80 株，南塘坪茶农文川天更新茶树 73 株，向家湾茶农罗春海更新茶树 90 株；第九保，大岩屋茶农向海门更新茶树 75 株；第十保，前坪茶农覃章焱更新茶树 57 株，大湾茶农王兴祥更新茶树 65 株及补植 20 株。

10 月，因缺乏茶苗，助理员袁华卿在红石板区域督导补植茶籽 2000 粒。

1945 年 9 月 3 日至 13 日，王道蕴携技工陈高清，在忠孝乡九环坡、谢家坪、土桥沟、太平庄、阳湾、七家屋场、唐家坪、紫荆坪、下屋场、小河口、张家坪、黄家湾、高桥、瓦屋场、柳林子、伍家台、阳坡、小岔子、田家湾、杨家岭、七家营、岩墙口、阳坡、向家坪、陶家坪、新衙门、江北嘴、后坝、北山门等处，劝告茶农，并实地指导茶树更新及栽培制造等事宜。

11月，王道蕴在忠孝乡许家岭、高栗岭、唐家台、赵家坡、水浘司、刘家坪、陈家垸子、宜家湾、杨柳湾、李家店、板栗树坪、老衙门、葫芦坵、小河湾、香树坪、胡家坪、长岭、后茶园、前茶园、岩头村、瓦屋场、中山岭、中村等处，实地指导茶农更新茶树。

五峰县忠孝乡督导茶农更新工作记载表（1945年）

接受更新茶农			茶园		更新株数（株）
姓名	住址地点	所属保甲	地势	状况	
曾纪香	九环坡	五保一甲二户	砂坡	良	35
曾纪常	九环坡	五保一甲三户	砂坡	优良	30
周文安	九环坡	五保一甲七户	半坡	欠佳	32
邓恢炳	黄家湾	五保二甲九户	平原	良	26
萧光烈	黄家湾	五保二甲十户	砂坡	良	20
杜顺笑	高桥	五保三甲九户	半坡	优良	30
罗连成	紫荆坪	五保三甲二户	平原	欠佳	32
陈正先	下屋场	五保四甲一户	半坡	良	28
余士烈	张家坪	五保四甲九户	半坡	良	20
覃文齐	小河口	五保四甲七户	砂坡	良	25
余世权	小河口	五保四甲九户	砂坡	良	20
唐书秀	唐家坪	五保五甲二户	平原	优良	20
杜生贵	唐家坪	五保五甲五户	半坡	欠佳	36
谢国臣	谢家坪	五保六甲六户	平原	良	22
邓栋臣	谢家坪	五保六甲八户	砂坡	欠佳	35
何德礼	太平庄	五保八甲五户	平原	良	25
谢哲夫	土沟桥	五保八甲十四户	平原	良	30
史登富	土沟桥	五保八甲十五户	平原	良	25
黄发勋	阳湾	五保九甲三户	半坡	良	25
黄发祥	阳湾	五保九甲四户	半坡	欠佳	32
杜生贵	七家屋场	五保九甲七户	平原	良	26

续表

接受更新茶农			茶　园		更新株数（株）
姓　名	住址地点	所属保甲	地　势	状　况	
杜生富	小岔子	七保一甲二户	半　坡	欠佳	30
刘忠俊	小岔子	七保一甲三户	平　原	良	25
刘孝书	小岔子	七保一甲六户	平　原	良	20
李明哲	田家湾	七保一甲十户	半　坡	欠佳	35
杜远林	田家湾	七保一甲十一户	平　原	良	22
杜方元	杨家岭	七保二甲二户	砂　坡	优良	20
向宏范	七家营	七保二甲三户	砂　坡	良	25
刘孝明	岩墙口	七保二甲五户	砂　坡	欠佳	36
向宏化	小阳坡	七保三甲七户	砂　坡	良	23
田启全	瓦屋场	七保三甲三户	平　原	良	20
刘忠孝	瓦屋场	七保三甲五户	平　原	优良	20
杨明正	小阳坡	七保二甲七户	砂　坡	良	26
刘忠先	正屋场	七保四甲一户	平　原	良	20
杜方清	正屋场	七保四甲五户	半　坡	良	25
杜生美	正屋场	七保五甲二户	半　坡	良	24
王家顺	北山门	七保五甲五户	砂　坡	欠佳	36
杜方培	北山门	七保六甲二户	砂　坡	良	30
唐第一	北山门	七保六甲三户	砂　坡	良	25
田新登	新衙门	七保六甲四户	平　原	良	20
唐昆秀	新衙门	七保六甲六户	半　坡	良	20
田登汉	新衙门	七保七甲四户	半　坡	良	25
马万足	新衙门	七保六甲二户	半　坡	欠佳	30
田登云	后　坝	七保七甲一户	半　坡	良	25
陈大伦	后　坝	七保七甲三户	砂　坡	欠佳	32
刘孝纯	阳　坡	七保八甲二户	砂　坡	良	22
向宏华	阳　坡	七保八甲三户	砂　坡	欠佳	35
田启坤	陶家坪	七保八甲五户	平　原	良	20
向宏官	陶家坪	七保八甲六户	平　原	优良	15
合　计					1280

指导整理受冻茶株。1945 年 2 月，春寒凛冽，石梁司附近茶株多罹寒害，为健复受冻茶树发育，不致影响产量，派技术人员赴仁爱乡茅坪、前山坡、石梁司茶区，实地指导，将受冻茶株枯黄枝叶概行刈去，并施以速效肥料，促生新叶。

整理受冻茶丛数量及茶农姓名

乡　别	地　点	茶农姓名	整理受冻茶丛（丛）
仁　爱	石梁司	陈达明	35
		向兴发	45
		杨治忠	46
		胡德明	30
		杨刘氏	46
	太阳湾	江吉善	45
		江吉平	32
		江吉屯	36
		江吉乐	38
		杨瑞林	35
		王九成	44
		王国元	42
	茅　坪	刘中成	45
		皮志成	36
		袁德信	25
		涂成绪	36
		李成之	35
		王祥兴	26
		周张氏	25
		覃莫柏	25
	前山坡	佘传珍	28
		熊美成	42
		苏少东	45
		苏美五	45
合　计			887

台刈老茶株试验与推广。台刈老茶株是更新老茶园唯一改良方法，既可增加采摘年限及产量，又可防茶叶品质劣变，试验以何时台刈为佳。

自 1945 年 7 月开始，每月 5 日、20 日，在石梁司附近茶园地内，择较老茶树，每次 5 株，于离地 2 寸处，用斧将枝干全部砍去后，再以干草覆切断面燃烧片刻，使切面炭化，以防腐败。随即，施以速效肥料，促进新枝早日发生；8 月，于离地 3 寸处，用斧将枝干全数砍去，上月台刈茶株已有嫩芽发生；9 月，于离地三四寸处，用斧将枝干全部砍去；10 月，于离地三四寸处，用斧将枝干全部砍去，前几月台刈老茶树均有新芽发生。至 12 月止，台刈 12 次，共计 60 株，并随时注意观察台刈后新枝及嫩叶发育程度，结果以 8 月上旬台刈发育为佳，发育新枝高 1 尺 1 寸，嫩叶较肥。

根据试验结果，1946 年开始将台刈老茶株方法在民间推广。8 月中旬，历时 5 日，技佐周世胄赴忠孝乡第八、九两保，会同张旅伯、来祯夫两保长，召集各保茶农，集中向茶农解识台刈老茶株利益，并实地台刈 10 株，动员各茶农依样自行台刈；9 月中旬，历时 7 天，助理员袁华卿赴民族乡第一、第二、第三、第七各保，会同赖、徐、刘、周四保长，召集茶农在各保办公处集中，讲解已老茶树应速台刈，使重新发生新芽，并可增加产量，随在附近茶地，实地选择较老茶树台刈 10 株，号召各茶农照样台刈老茶树。

推广茶苗。1946 年 3 月中旬，改良场事先分函地方各级机关转知各茶农，再由本场制印成布告，粘贴于各茶区适当地点，使茶农易于互相宣传，前往设站各乡领取。仁爱乡茶农在改良场领取，忠孝乡在水浕司设站，并派员工驻站发领，复仁、尚义两乡在红石板工作站领取。3 月 22 日，三站同时举行，造有推广登记册，领取时随盖名章或指模。当日，有茶农 38 户领取茶苗 21000 株。

4 月 1 日，派员工分赴指定推广茶区，催促茶农早日到站领取。因茶农均忙于耕种及采制红白茶，故不能提前来站领取，本场员工向茶农详加解识移植期限利害后，始于数日内陆续到站领取完毕。忠孝乡茶农 55 户领取茶苗 29500 株，仁爱乡茶农 29 户领取 14500 株，复仁乡茶农 22 户领取 13200 株，尚义乡茶农 25 户领取 18800 株，共计 169 户茶农领取茶苗 10 万株。因茶苗不敷分配，且路程相距甚远，民生、民族、民权三乡尚未推广。

湖北省五峰茶业改良场1946年推广茶苗部分茶农登记表

姓　名	住　址			领到茶苗株数（株）	盖　章	备　注
	乡	保	甲			
陈绍美	仁爱	三保	一甲	400		
陈绍裕	仁爱	三保	一甲	400		陈绍美代领
向宏恺	忠孝	八保	四甲	400		
苏丕谟	仁爱	三保	五甲	400		
王学云	仁爱	三保	一甲	400		
李先富	仁爱	一保	一甲	400		
杨学恺	仁爱	一保	三甲	400		
吴业银	仁爱	一保	三甲	400		
江绪康	仁爱	一保	二甲	400		
张祥顺	忠孝	二保	四甲	400		
江吉祥	仁爱	一保	二甲	400		
江绪培	仁爱	一保	二甲	400		
宋世汉	忠孝	二保	十甲	400		
张孝安	忠孝	二保	五甲	400		
杨海清	仁爱	三保	三甲	450		
张德信	忠孝	二保	三甲	400		
陈绍纯	仁爱	三保	一甲	400		
向宗炎	忠孝	八保	三甲	400		
周春陔	忠孝	二保	七甲	400		
苏汇五	仁爱	三保	三甲	400		
佘仲民	仁爱	三保	三甲	400		
张国全	仁爱	三保	三甲	400		
汪博泉	仁爱	五保	七甲	400		
卢长显	仁爱	五保	七甲	400		
刘永新	忠孝	四保	三甲	400		
刘永德	忠孝	四保	三甲	400		
刘永槐	忠孝	四保	三甲	400		

续表

姓名	住址			领到茶苗株数（株）	盖章	备注
	乡	保	甲			
李相海	忠孝	四保	二甲	300		
苏美五	仁爱	三保	四甲	400		
苏培权	仁爱	三保	四甲	400		
张国双	仁爱	三保	三甲	400		
王昌林	仁爱	三保	三甲	400		
王学德	仁爱	三保	三甲	400		
王树之	忠孝	二保	二甲	400		
周定全	忠孝	二保	二甲	400		
汤衡夫	忠孝	一保	四甲	500		
合计				14450		

第十节　茶农产制训练

劝告早摘嫩制。1939年3月，春茶采摘前，改良场就早摘嫩制、剪枝补肥撰成劝告书，油印多份，派员分途出发讲解指导，并函请产茶各县政府广为张贴宣传。《劝告茶农早摘嫩制、剪枝补肥》通告全文如下：

亲爱的茶农同胞们：本场在去年11月及本年2月里，因为茶树要深耕，茶地要及时除草施肥，以培养本年的嫩叶，曾经两次把那深耕和除草施肥的道理及方法，印成浅明的通告，劝导大家过了。结果还有多数的茶农没有照着去做，本场深知普通茶农的性情，是要别人做好了，他们才照样办的，所以也不肯马上请你们县政府按名罚办，只好让你们看见别人的好样子跟着学去。现在快到采摘头茶的时候了，有几桩很要紧，而且于你们一年的生计上极有利害关系的事，不得不预先告诉你们。

第一，就是摘茶做茶。往年你们摘茶总是挨到立夏前后，摘那很长很老的茶叶，做的方法又非常粗率，不是条索不紧，就是汗水不匀，甚至把毛茶弄得有酸味，有熏气，你们以为各子庄都要抢买，无论好坏不愁卖不掉，过去的习惯大概是这样，今年的情形就不相同了！因为今年买茶的款子，是本省政府借给茶号的，政府要茶号用最好的红茶抵还借款，坏茶一概不要，茶商进山收茶，自然不敢再照往年那样滥收。并且，政府还在渔洋关设有茶叶管理处，派员到各子庄去监督买茶。如果发现往年那样的毛茶，不但把茶叶烧掉，还要把那卖茶或买茶的人交县政府办罪。这样一来，你们一年的谋望，岂不大大吃亏了吗？所以本场预先警告你们，今年的头茶要在谷雨以前采摘，做茶的时候，木桶、布袋、茶篓、晒簟以及做茶的人，都要预先洗濯得干干净净。茶的条索最要细紧，发汗要适度而均匀，最好是把揉成功的茶叶，平平的堆在簸箕或晒筐中间，厚约二寸，上面用洁净的湿布满满的盖着，放在阴处，经过两点钟上下的时候，汗就发好了，这叫作冷水汗，是外国人所最欢迎的，汗发好了以后，马上用焙笼把茶焙干，不要用日光晒干，这样的毛茶，子庄上必出顶高的价钱收买的。

第二，是摘茶以后要用肥。你们过去的老习惯是不肯对茶树用肥的，你们想想看：茶树被摘一回叶，好比你们的鸡鸭生了一回蛋，你们不补偿鸡鸭的粮食，鸡鸭就不能再生蛋，要是不补还茶树的肥料，茶树还能再生许多嫩叶吗？所以，补用肥料，一方面可望下次多收生叶，一方面可以培养茶树的元气，并且二、三茶的水碗也不至于很稀薄，一样可卖高价，用肥本来要多费工本，但是所得的利益很多，算来还是你们得便宜呢！

第三，是用肥以后要剪枝。鄂西各地的茶树，向不剪枝，老干空枝，触目皆是。你们要知道，茶树是越剪越发的东西，并且老干空枝又虚耗肥料，所以，非剪不可。头二茶采摘以后，正是剪枝的好时期，用很快的剪刀，把那老干空枝切去，它必定多发新枝，多生嫩叶。不过，剪的时候，要顾着茶树的形状或高或矮，剪得整整齐齐，好让它平均发育，切不可高低不一，有碍日光的照射、雨露的滋润，树形的平匀才好。

上面所说的，都是目前最要紧的事，还有许多话，只好下次再谈罢！

场长　徐方干

中华民国二十八年三月

1940 年 4 月，茶季开始，劝告茶农赶制优等红茶，图增外汇，勿以春茶制造内销白茶，以免减少外销红茶出产。

督导早摘嫩制。1941 年 4 月，技士陆树庠率制茶技工华镜清、练习生谢传道、长工王继恺和黄绂，由力夫敖吉之、张宣、李福生搬运制茶工具，赴水浕司新衙门，以 20 元租田惠然房屋，召集茶农讲解实训早摘嫩制，历时 11 天。张起孝、余元圣、吴治、朱先元、孟发起、高长安、王大治、魏隆发、黄显志、夏克臣、陈本生、卢德正、尹献标、熊泽西、吕宏根、张玉喜、王运才、王达周、张绍斌、居炜桃、吴彭鹏、罗宗德等 22 名茶农参加集中训练。收购实习用鲜叶 341 斤 172 元，购买木油 30 斤 18 元，松柴 665 斤 13.30 元，栗炭 300 斤 25.50 元，用于实训制茶所需，并为 22 名参训茶农每人免费提供伙食补助 25 元，共动支农林部 1941 年度补助费 1486.90 元。

1945 年 3 月，王道蕴、张纯等分赴忠孝、仁爱及民生各乡产茶区域，会同各乡公所召集茶农，详加讲解早摘嫩制之优点，劝导茶农举行早摘嫩制春茶，以求品质优良，并可增加产量。所到之处，得各乡保（甲）长协助，各茶农均踊跃参加，忠孝乡到会 42 人、仁爱乡到会 31 人、民生乡到会 41 人。

1946 年 3 月 5 日至 11 日，王汉先、袁华卿分赴忠孝、仁爱、民权乡产茶较多区域，劝导茶农实行早摘嫩制，以期改良品质，俾使打破粗制滥造恶习。

产制训练。1941 年 8 月 27 日，因秋茶瞬将过去，技士陆树庠、技佐王道蕴率领技工，携带各种茶具，由渔洋关出发赴水浕司，筹办茶农训练班。陆树庠技士等顺道至五峰县政府交公函，向王维时县长说明，拟在水浕司产茶最多地方，招收茶农子弟，举办茶农训练班，提高茶叶制造技术，请其令知该区保甲人员多方协助，尽量供给实习材料与粮食，使办理人员不致因采购材料、粮食等困难延误训练工作，经王维时县长允许，并得各保（甲）人员赞助，责成茶农子弟踊跃参加。

8 月 30 日下午，到达水浕司新衙门，租田惠然房屋作为训练班地点。次日，邀请地方绅士许悠然、来祯夫及第六保、十五保、十六保各保长等，开会商议招收参加受训茶农子弟办法，经指定 22 户茶农子弟为练习生，并通知限 9 月 6 日以前到齐，由各保长担任购买实习材料，如鲜叶、柴炭、粮食等，以便如期开班。

9月6日，各茶农子弟全部到齐，先编为二班，授以摘叶方法，如一叶一枪、二叶一枪，与早摘嫩制之利益等，完全明了后，即率其赴指定各茶园，遵照训示方法采摘鲜叶，照量给价，以改革过去惯摘粗枝老叶之恶习。再在制造方面分珍眉制造、玉露制造、龙井制造三种，以训练炒青、蒸青、搓捻、烘焙、复火等技能。每日自上午8时至10时讲解，下午赴各茶园采摘示范，并随时指导栽培、管理等要旨，晚间开始制造，并以指导个别实习为原则，以鼓励其与会，因之各生均能精神兴奋，故虽至深夜竣事，亦均不觉其疲乏。

此次因受经费及时间限制，各茶农对于珍眉由采叶以至精制，均能个别操作，不仅程序熟悉，且制造手续亦均较熟练，故成绩最佳。其他如玉露、龙井等则因技术较深，虽能谙悉其制造程序，然于火候之适度，则多未能准确，若有机会多予学习，即可养成高级绿茶技工。此次制成珍眉32.5斤，玉露、龙井各少许，除赠送县府、当地士绅及保甲人员作为宣传品外，又另给茶农各少许作为样品，以为仿制标准，剩余5斤留存本场，作为秋叶标本及宣传之用。

五峰茶业改良场水浕司茶农训练班受训茶农名册

姓　名	年龄（岁）	住　址	备　注
覃文齐	26	小河湾	第六保
吴远绰	27	小河湾	第六保
来纯五	19	小河湾	第六保
来礼三	32	香树坪	第六保
吴远吉	25	胡家坪	第六保
唐宪章	44	新衙门	第十五保
田余耕	22	新衙门	第十五保
陈大金	38	伍家湾	第十五保
伍家敦	24	伍家台	第十五保
李大坤	23	伍家台	第十五保
向邦贵	35	向家坪	第十五保

续表

姓　名	年龄（岁）	住　址	备　注
刘中先	32	后坪垸	第十五保
向洪明	23	水浕司	第十六保
田温三	45	水浕司	第十六保
向洪炳	27	向家庄	第十六保
向邦南	39	向家庄	第十六保
田启富	29	高栗岭	第十六保
张旅伯	31	高栗岭	第十六保
刘绪富	39	高栗岭	第十六保
唐子高	32	瓦场坪	第十六保
陈道纶	48	徐家湾	第十六保
田宽敦	24	刘家坪	第十六保

1945 年 6 月中旬，商请仁爱乡李乡长，在石梁司附近招收茶农子弟，利用改良场采摘试制红（绿）茶时机，茶农随到随学，陆续授以摘茶方法，如一叶一枪、二叶一枪与早摘嫩制，等完全明了后，即率其赴指定各茶农茶园，遵照训示方法采摘鲜叶，并照量给价，以改变过去惯摘粗枝老叶之恶习，再教授搓捻、烘焙、萎凋、发酵和制造炒青、龙井等技术。

每日上午 8—10 时，由王道蕴、袁华卿详加讲解茶树如何剪枝、更新、施肥。下午赴各茶园采摘示范，并随时指导栽培、管理等要领。晚间开始制造，并以指导个别实习为原则，由王道蕴、袁华卿指导炒制龙井等各种绿茶及冷式发酵红茶等方法，各茶农均能精神兴奋。因受经费及时间限制，各茶农对于炒青及珍眉搓捻、烘焙，红茶以冷水发酵，火力干燥，由摘叶到初制，均能个别操作，不仅程序熟悉，且制造技术亦均较熟练，故成绩尚佳。其他如龙井、玉露二项，则因技术较深，虽能谙悉制造程序，然对于火力增减，则多未能准确掌握。练习制成炒青 6 斤、珍眉 3 斤、龙井 6 斤、玉露 3 斤、红茶 7 斤，除赠送各地士绅及保甲人员作为宣传品外，另给茶农各少许，作为仿制样品。受训茶农姓名如下：

仁爱乡受训茶农表

乡　别	保　别	茶农姓名	训练种类	所得结果
仁　爱	第二保	江吉略	剪枝施肥	良
		江吉善	采摘施肥	欠　佳
		涂焕绪	红茶冷式发酵	良
		王九成	剪枝采摘	欠　佳
		江绪康	剪枝采摘	良
		涂焕章	红茶冷式发酵	良
		涂焕竟	红茶高温发酵	欠　佳
	第三保	向忠国	炒　青	尚　佳
		李国太	烘　焙	良
		邓介山	烘焙、炒青	尚　佳
		陈大义	揉　捻	欠　佳
	第一保	张祥顺	炒制龙井	优
		刘世良	揉　捻	尚　佳
		刘中成	揉　捻	良
		秦昌杨	采　摘	良
		赵必成	采　摘	良

第十一节　制茶与试验

制茶厂屋。改良场自迁渔以来，无固定制茶厂址及办公地点。1940 年 5 月，选址关上园附近公产一坪，铲去杂树草皮，平整地面，就 1937 年度经济部补助款 3000 元设备费预算范围，召集王吉成、王继宏等木泥工人估计工料，准备开工建筑。

6 月 5 日，赵家坡制茶厂屋动工，由王吉成建筑，王继宏记平屋基、筑墙脚、捶地平，并派技佐王道蕴监督修造；7 月，因空袭不能赶筑，四周均系土墙，须分次筑成始能耐久，仅筑齐出水檐；8 月，荣誉第一师抢搭浮桥需用大料，将建屋木料强行取去横梁 11 根，致建筑工程受阻，补购木料一时不易运齐，以致稽延时日；9 月，以阴雨过久，兼之时有警报，加以过往军队拉工借料，阻碍本场建筑进行，但大致已属完竣，唯内部装修尚需相当时日；10 月，制茶厂屋内外大致建造完竣，仅楼板及地平，因材料不齐尚未完成；11 月，制茶厂屋 2 间 7.4 平方丈全部竣工，用资 772.20 元。其中，王吉成建筑制茶厂 670.20 元，王继宏记土工 10 名平屋基、泥工 18 名筑墙脚、捶地平 4 方共 77 元，粉刷墙壁民工 6 名、草纸 2 刀、石灰 250 斤共 25 元。

1941 年 1 月，筑造制绿茶用炒青及复火三联大灶一座，汇款 500 元，托重庆中茶公司技术处代购茶用仪器及药品；3 月，建造焙茶火坑 5 座。

1940—1942 年，雇佣制茶技工华镜清和茶工 3～4 名驻厂制茶。1943 年 5 月，赵家坡制茶厂遭日军轰炸损坏。1944 年经复仁乡乡公所维修，并部分占住办公。

1944 年 12 月 2 日，由王德友承包建造的墓坡试验工厂动工，1945 年 1 月中旬完竣，为简易未装修的木屋茅盖房，耗资 20900 元。4 月上旬，筑成龙井灶 4 座、炒青灶 1 座、焙茶火坑 5 个。

制茶与试验。1939—1940 年为借厂制茶时期；1941—1942 年为赵家坡制茶厂时期；1943—1944 年为制茶中断时期。1944 年，技士王道蕴应五峰县政府请求，驻水浕司县联社茶厂指导制绿茶；1945—1946 年为墓坡试验工厂制茶时期。

1939 年 3 月 20 日，五峰茶业改良场签呈建设厅，拟以五峰茶业改良名义，向贸易委员会借款 1 万元制造红茶。4 月 21 日，建设厅令五峰茶业改良场："所拟借款 1 万元制造红茶，遵照本省茶叶管理处贷款章则办理，切实研究改良制造方法，指导茶农茶商，俾资改进为要。"

改良场自 5—7 月，共购生叶 1302 斤制春茶，鲜叶均价 0.15～0.18 元 / 斤。清明前后，制造珍眉、龙井两种绿茶 80 斤，红茶 130 斤，除将红绿茶分赠一部分于中外茶商及有关各机关主官，请求品评外，其余茶叶委托代售。春、夏两季出售绿茶 61 斤，收入 43.19 元；红茶 105 市斤分装两箱，每箱连皮重 70 磅，交由省茶叶管理处总务股运赴衡阳附售，运至湘潭，突遭日军机轰炸损失。

1940 年 4—6 月，收购生叶 500 斤（4 月 186 斤，5 月 214 斤，6 月 100 斤），制成上等红茶 62 斤、上等绿茶 15 斤、其他红绿茶及梗末 50 余斤。

1941 年 4 月，收购生叶 103 斤支 123.60 元，督制珍眉绿茶 32 斤，并在大名山，完全利用火力制造红茶 55 斤，召集当地茶农参观；5 月，收购生叶 101 斤支 121.20 元，制成红茶 18 斤、绿茶 14 斤，收购本地白茶 10 斤，改制红茶，虽可减少炒青、揉捻、烘焙等手续，但效果远不及收购生叶制成的茶叶，以茶农始而采摘粗放，继而炒青未能注意火力，致毛茶均有焦气，精选上月所制红绿毛茶，得上等红茶 30 斤、绿茶 18 斤、梗末约 30 斤；6 月，收购生叶 125 斤支 112.50 元，制成红茶 14 斤、绿茶 8 斤；7 月，购鲜叶 74.5 斤支 59.60 元制茶。

1943 年 5 月，日军入侵渔洋关，制茶被迫中断。

1940—1942 年，改良场缴解红绿茶销售收入分别为 215.80 元、176 元、380 元，均为本地销售。如 1941 年生产的红绿茶全部为渔洋关本地居民购买。4 月 15 日，大房坪杨勉之购甲等红茶 6 斤 30 元；4 月 20 日，复仁乡王家冲郑吉甫购甲等红茶 6 斤 30 元；9 月 14 日，尚义乡麻溪冲熊子珍购乙等红茶 7 斤 28 元；10 月 3 日，渔洋关河街陈家美购乙等红茶 7 斤 28 元；10 月 20 日，渔洋关老街王旭久购特等绿茶 3 斤 30 元；10 月 23 日，尚义乡李家坪王福星购乙等绿茶 6 斤 30 元。

1945 年 4 月，进行炒制龙井适宜火力，以何种燃料为最佳试验。所用燃料分茅草、松毛、松柴三种。燃料用一人燃烧，每次以生叶 12 两，以一人炒制，三种燃料每种轮流炒制三次。试验结果，茅草火力强，不能及时减低，并可使叶边易于发红；松柴火力一旦燃烧后，锅之热度不易减退，亦使生叶易于发红；仅松毛最优，且能随时增减火力，而消耗亦甚少。试验结论，以松毛燃料炒制为最佳。

红茶制造发酵操作最影响品质，为研究用何种发酵方式，能使茶叶达汤浓色鲜之境域，1945 年 6 月，改良场试验低温发酵与高温发酵两种方式之分别。高温发酵如茶农旧式方法，将揉捻后之茶叶置于木箱中，并紧压之，上覆以棉絮，使叶内温度不断提高，久置于阳光下晒之以发酵。冷式发酵，将揉捻后之茶叶，薄布于竹盘内，上覆以湿布，置于阳光下，随时喷水于布上，以保持其温度，而使茶叶自然发酵。结果审查，以后者香高味纯。

1945 年 7 月，试制毛红及龙井、青茶全部筛分完竣。

1946 年 4 月，改良场进行红茶萎凋方法试验。购买生叶 20 斤，每次平均各取生叶 2.5 斤，分别置于直径 2.5 尺之围簾上，分日光、阴处、室内自然、室内加温四种方法，不论其温度及时间之久暂高低，均以茶量减去 0.35 之重量为标准，循此方法连续举行 2 次，试验结果为：洁视、水色、香气、叶底，均以日光萎凋为最优，室内自然萎凋次之。

指导精制红绿茶。1946 年 5 月 3 日，王道蕴、王汉先赴渔洋关天生茶厂指导红茶精制。经理宫子美介绍，天生公司原预料抗战胜利后，外销红茶较战前出口箱数定可增多，成立之前曾邀请长阳、宜都两县参加，资本定为 2000 万元，内设经理、副经理、司账、司库、管厂包头，外设公庄，专负收购毛茶 4 所，嗣因销路不畅，遂缩小范围。5 月上旬，由各分庄运回毛茶开始分筛精制，随时在旁指导烘焙、分筛、发拣、扇车、复拣、簸尾。

该厂系抗战复员后初次成立，设备及各项有关改良事项略有改进，而对于红茶精制，如毛茶须加复焙、发拣，各种已分筛之精茶及装箱前精茶之复火等，提示特加注意，以免途中品质劣变。该厂为顾全销场及运输种种关系，仅血本精制正、副红茶 685 箱。

6 月，技士王道蕴赴水浕司五鹤茶厂，首先会见万纯心厂长，询问当年收购红绿茶计划。五鹤茶厂历来以内销绿茶为重，红茶次之，本年拟大量收购红茶，嗣因成本过高、运输困难、销路欠畅，乃以大量收购绿茶为宗旨。该厂一切设备改良较天生茶厂完备，设有制茶分所 3 处，专负制造毛茶之责，并随时运送总厂精制。

1 日至 4 日，在五鹤茶厂总厂，随时在旁协助指导生叶收购评价、分堆、炒制、烘焙等初制工作。每日在生叶收购前，检查茶农所送生叶有粗老时，随时提示茶农纠正采摘方法，一面商酌茶厂提高价格，以资双方改进。对精制如分筛、发拣、扇车、复拣、簸尾，均在旁协助指导。该厂已筛拣成箱红茶 40 箱，玉露 60 箱，毛绿 150 箱。

5 日至 10 日，王道蕴前往楠木、马子山、留驾司三处收购分所，各分住 2 日，随时提示茶农采摘时应多留新枝，以备夏茶发生较速，嫩枝新叶较多，采摘时产量定可增加。

第十二节 协助省茶叶管理处

协助办理茶贷。1939 年 3 月 1 日，省建设厅厅长郑家俊电五峰茶业改良场场长徐方干：“盼即来施商茶贷事。”财政部贸易委员会卢作孚、邹秉文两主任委员电湖北省政府建设厅：“茶管处组织及预算请从简，贷款额暂定 15 万元，会八省二，将来视有必要可酌加合约。”

3 月 6 日，郑家俊再电徐方干赴施商茶贷事。3 月 7 日，徐方干场长召集茶厂负责人开会，讨论具体办法，厂商陈述上年茶款协和、怡和两洋行欠数十万元以上，本年资金筹集困难，多方拼凑仅能筹集 5 万元。

3 月 10 日，徐方干就茶款如何贷放及规定箱数若干，呈建设厅酌夺，同附五峰县渔洋关镇红茶业同业公会函：

> 顷据本镇红茶商人宫葆初等陈称，昨蒙茶业改良场召集讨论本年茶务具体办法，并贷款事宜，同业等均深感激，惟思本年经营上困难者多，兹略举数点如左：
>
> 1. 旧年与怡、协两洋行订售茶款，至今仅收得少数，余存茶款约计洋 10 万元之巨，悬搁至今，苦于交通阻隔，屡次函催，终不获偿，并准复函谓“中央政府未赔兵险之故也，如果政府立赔，茶款即立偿”等语推托。
>
> 2. 商力薄弱，既受沪茶款搁置影响，再无余力，是以共勉筹基金 5 万元作开办金。
>
> 3. 本年运输困难情形达于极点，往年由渔洋关小船运宜都，再报海关直运沪汉出售。现汉口为敌占据，当然阻隔。如蒙政府维持生产，运输可否，由商等只负责运至宜都河岸交货，否则敌如上侵，先行出样贸易委员会，茶储存，候令指运，途中即无责任。
>
> 4. 贷款返还是否以茶出售后为返还之期。若指定期间恐茶未出，有惧还本之期，假如时局变迁，茶难运出，一面出样贸委会，听候标价，于标价后，茶款可否给予贷款扣还，以体商艰。

5. 开办间需用铅罐、钉绊、花纸等物，历向汉口打包场购买，现无从去购，此种铅罐专为储藏茶味，又为内罐，非常重要，钉绊亦系要物，可否恳求贸委会设法代办。

6. 产茶地点距离渔洋关旱道百余里或一二百里之遥，过去年份，因感基金不足，各抱狭小范围，以致产区荒废，失培植者多，且茶树畏寒，如遇受冷冻，次年产量减少，虽预计万箱，俟收得毛茶后，始敢确定，不得不预先声明。

总之，接受贷款若干，按预算价额，决相符合。以上各情，确属本年困难实情，既蒙层宪调整农村生产，准予贷款商人经营，为此陈请转恳上宪俯予体念商艰，予以维持等情，查本年情形，实属不虚，若不呈请设法救济，实不易着手。兹据前情，为此函请贵场查照，务祈代恳层宪俯予维持，并请注意于所称第一项之沪款，可否达于维持收获之实现，以便开办，而资补助，无任盼祈。渔洋关镇茶业公会主席萧俊川，中华民国二十八年三月八日。

尾附陈翊周给宫子美的信。原文如下：

子美仁兄大鉴，接古全月八日书纸聆，一是时局变迁，邮运濡迟，为之一歉。怡协茶款屡催屡延，付款无期，闷极。有时他说如果政府立赔兵险，我即立付茶款。是以更不敢急催，催亦无益，容再见机尽力而为之。总之，收来以应新茶之需，而他未收兵险赔款乃属实情也。

廿八年茶务，当然政府统制运输，统制外汇，较廿七年更加严厉，太不自由，不得不预谋生路。弟拟介绍贵帮诸位与茶公司合作，作为对半生意共几庄，每庄需本金若干，需放汇若干，本金何日需用，贷款何日需用，某庄是某人经理一一开清，即日示下。因道途遇运邮迟，綦艰一切，不得不预为之筹。俟接复，凡弟当即进行，为之办理。有急则电告，若尊处有急亦电示，明年非联一位有大力者，则事事掣肘一毫弗能设施也，信到即代告葆初兄、华明彭赞臣、民生刘鸿卿、恒信易玉振诸君及有新开之号否，非改弦易辙，预谋出路不为功。假如自设一庄，往何处运销，茫无头绪，能联一有大力者，大可助我之经济，我尚可靠他运销之力，是一举而两善备焉。诸祈格外留心，即赐复示，是为互要，此请年安，诸君子统矣。弟陈翊周，二月十六日。

同在3月10日，省政府建设厅回电卢作孚、邹秉文："鄂茶贷前已电徐方干场长，通告茶商按红茶15万箱准备，款额未便再减，盼商贸委会仍担任32万。"

4月12日，省政府建设厅令农业改进所："本省现已决定与财政部贸易委员会合作，办理茶叶贷款运销，并设立茶叶管理处主持进行，令五峰茶业改良场协助办理茶叶贷款事宜。"

4月17日，湖北省政府建设厅令五峰茶业改良场："本厅为调整茶叶出口贸易，救济茶农茶商，于宜都设立茶叶管理处，办理茶叶贷款与运销事宜。依据组织规程第九条规定，关于茶叶之监督精制事项，由本省茶业改良场办理。令与该处切实联络，协助进行为要。"

5月，技士余景德调任茶叶管理处兼指导股股长。

6月，技佐姚光甲、王道蕴调任茶叶管理处指导股股员。

监督茶叶精制。1940年5月，派技佐王道蕴赴源泰、恒信、民生、裕隆、华明、成记等茶厂，协助茶叶管理处检验所进毛茶品质。6月，会同茶管处检验各厂毛茶品质，改良场襄助检验者35000余斤。7月，会同茶管处检查各厂精茶包装，如茶箱、锡罐、钉绊等，合格者约1500口；协助茶管处审查各厂精茶官堆配合成分，并检验水分含量，合格者有民生厂325箱及陆峰厂312箱，不合格者有成记厂及恒慎厂，均须复制。8月，协助茶管处审查各厂精茶配合成分及检验水分，审查合格者4756箱；协同茶管处指导各厂严密包装茶箱，检查合格铅罐茶箱5300余只；派技士陆树庠赴宜都陆峰、恒慎两厂指导精制检验及包装等事宜。9月，协助茶管处指导民生、恒信、源泰、成记、裕隆、华明等茶厂，继续制成二、三批精茶514箱。

1941年7月，协助茶管处附属茶厂督导各种茶具制造；8月，协助茶管处对运回毛茶进行检验与分堆；10—12月，协助茶管处精制内销箱茶320篓。

办理存茶销售。1942年1月底，湖北省茶叶管理处撤销，存茶及茶具、家具移交改良场保管。

3 月 28 日，场长高光道电余镜湖、黄雨阶："箱茶珍眉、女萝春、家园 39 箱全交邮运恩施，银针、毛尖 250 箱全交邮运老河口省银行，茶叶管理处茶具、家具交渔洋关省银行保管，运费已电渔行垫付。"

4 月 11 日，余镜湖、黄雨阶电恩施省支行转高精一（光道）："施茶本日已运，场务几濒停顿。"

4 月 17 日，余镜湖电转高精一："河茶原已交完，并未指运。粗茶无销路。"

4 月 29 日，余镜湖电高经理（光达）转精一（光道）："粗茶买主共出价万元，卖否？"

5 月 5 日，渔洋关省银行王文卿电施南省行高精一："弟冬晚抵渔，晤镜商茶具移交事，伊云未奉所令，祈速至所，请电饬镜交，以便接收。"

5 月 7 日，高光道电王文卿："农所交茶令于辰东发邮，可往接收。"

5 月 17 日，高光道电复余镜湖："已由王文卿接洽办理。"

移交茶管处茶具、家具给湖北省银行。1942 年 5 月 20 日，省银行渔洋关办事处王文卿电鄂茶处高精一（光道）："该场移交已办妥。"

6 月 16 日，高光道以前湖北茶叶管理处名义，呈报奉令移交五峰茶业改良场接管前茶叶管理处茶叶、茶具、家具给湖北省银行清册："奉建设厅 4 月 2 日训令，茶叶管理处所置茶叶及制茶器具、家具等，经与省银行洽妥分别售借，饬遵照办理。兹已将茶叶及茶具、家具等，分别交由湖北省银行派员接收清楚，但茶叶售价 75000 元应径向省银行洽收。"

7 月 11 日，省政府建设厅致函湖北省银行："前准贵行检送接收前茶叶管理处茶叶及制茶器具、家具等清册到厅，经核案相符，并函复查照，该处存茶售价 75000 元及酌给官息，亦经商准贵行函复同意。请拨付茶价及官息，藉资清结。"

湖北省五峰茶业改良场接管前茶叶管理处茶叶、器具、茶具移交湖北省银行清册：

笼箱 154 口、焙篓 20 套、顺盘 12 个、拣盘 106 个、软篓 15 个、撮箕 7 个、团窝 60 个、拣茶长凳 39 个、风车 3 乘、高凳 4 条、三乘架

1架、小茶撮16个、空字铁牌1块、茶标木牌1块（附字14个）、复火布4条、篾茶篓108个、大茶耙2个、小茶耙2个、筛架子4个、角条170根、茶袋319条、筛子70个、簸秤1杆、棕刷3把、钉锤1把、钉子5斤、蚂蟥袢114斤、圆桌1副、碗柜1乘、柜架子1乘、铺板14块、木脸盆3个、火瓢1个、火刀1把、大油纸72张、小油纸11张、大秤2杆、钩秤1杆、簸秤1杆、洗澡盆2个、水桶1个、托盘2个、板凳20条、方桌2张、条桌2张、柜子1乘、饭甑1个、饭桶2个、秤架子1座、大木水缸1个、米筛子1个、筲箕3个、瓷饭碗50个、茶杯20个、筷子4把、大钵子2个、小钵子2个、锅盖5个、瓦灯盏3个、篾条篮子2个、厢板8方半294块、汤匙10根、短梯1架、长梯1架、磨架子1架、垒子1副、木撮箕1个、筷笼1个、案板1块、铁锅3口、铁火钳2把、铁锅铲1把、洋铁炊壶2把、蒸板2个、篾饭甑盖1个、菜罐子1个、油罐子1个、上白女萝春10篓300斤、中白女萝春6篓180斤、上绿珍眉9篓450斤、中绿珍眉10篓500斤、中绿家园4篓200斤、上白银针147篓6612斤、中白毛尖103篓4738斤、甲字白茶82袋4100斤、乙字白茶45袋2250斤改46篓21趸箱、丙字白茶25袋1250斤改装36趸箱。

协助处理1940年茶贷遗留。1942年6月23日，五峰茶业改良场余镜湖呈请建设厅，就近收回省方贷款本息和溢息。1940年本省茶叶贷款40万元，由财政部贸易委员会贷放20万元，其余20万元由省方贷出，其后由中茶公司湖北办事处及恩施实验茶厂陆续付给各厂商价款数次，均未由茶管处经手。现闻应找价款已由中茶公司汇交恩施实验茶厂分别结算找付，在最近期内即可结束完毕。本省如有应收各款，似应如数收回，以清款目。

7月4日，省政府建设厅电中国茶叶公司恩施实验茶厂："本省1940年茶贷本息亟待收回，请贵厂迅行清算，以资早日结束。兹派屠云章股长前来接洽，特电请查照办理见复为荷。"

第十三节　日军入侵

1943年5月21日，渔洋关东南面外围茶园坡、川心店等被日军侵占，我驻渔国军深夜转进，因事关军事秘密，改良场事先并未得悉我军后撤，及至局势混乱，溃军乘机抢劫，市区起火。仓促间，场长袁鹤偕同技士王道蕴、技佐王悦赓、助理员徐洁卿及工人陈新禄、韦大昌、董永松、陈新武等，携钤记、文卷及重要文具、仪器等，星夜突出重围，由小道迂回向五峰城撤退。当时，部队混杂，游勇散卒暨难民等争先恐后，势如山崩水涌，道途拥塞，不特荷负者难于举步，即徒手亦不易前进，致员工无形星散，携出各物中途又遭损失。

5月29日，改良场员工除练习生杨恺请短假在家照料，尚未到城，工人王运才留守红石板茶园，吴康寿在渔洋关被九十四军某部拉去充夫，仍未归场外，均已抵达县城。五峰城区各机关均已迁徙下乡，居民十室九空，军队、难民云集于此，食宿均成问题，乃于北门13号暂时停住，稍事喘息。

5月30日晨，闻我军收复渔洋关，袁鹤即偕同技佐王悦赓及2名工人，于6月1日午后折返渔洋关探视详情，不料行至长乐坪后，袁鹤突发疾病，雇夫抬回县城诊治。技佐王悦赓由渔洋关探视返城报告："自茶园坡以下前线警戒极严，几经交涉，始得通过防线，及至抵达渔洋关，市区周围五里之内，均已被敌焚毁罄尽，一片瓦砾。本场房屋幸尚存在，但留场器具、生财及图书、文具已全部为敌焚尽，场内一切门窗装备亦经破坏无余，制茶厂西北角被炮弹炸毁，屋瓦被机枪扫射落下，第一茶区炸弹2枚，茶苗及所做试验被炸，余均被战马践踏损坏，竹篱亦已拆除；红石板第二茶区因位处战线，损失情形尚待清查，改良场在渔基础已全部损失，而全体员工之行李，亦均遭焚弃。"

6月19日，袁鹤将撤退经过及改良场损失状况，呈报农业改进所转呈省政府建设厅，并在报告中自责："能力薄弱，应变无方，未能防患于未然，上既愧对国家，下亦无以对员工，引咎自责，负罪良深。"并拟订善后办法四项，请示遵行：

1. 职猥以菲才，未尽职守，请予处分；

2. 携出部分公物及文卷，另附清册随电呈奉，敬祈鉴核；

3. 本场在渔基础已毁坏无余，无法迁回恢复业务。今后如须另迁区域，所需器材及场屋、茶园，均须另行创设，然需款浩大，已非本场原有预算经费内所能荷负，兹后究应如何处置，敬祈核示；

4. 员工现集中五峰待命者，计技士王道蕴、技佐王悦赓、助理员徐洁卿、练习生杨恺（已准续假20日），长工何厚成、陈新禄、韦大昌、董永松、王运才（留守红石板）、徐鼎卿，工役陈新武等共12人及一部分眷属。因私人行李均遭损失，经济告罄，衣履不堪遮体，生计无法维持，拟恳酌予津贴，以示因公受累之救济。

8月15日，农业改进所拟具四条意见报省政府建设厅：

1. 饬即调查红石板第二茶区情形，并将损失公物及茶树分别册报；

2. 该场全部员工饬赶速回场工作，仍就原址切实整理，并拟具复兴计划及预算呈核；

3. 该场被受损失员工拟准予补助，以资救济，并饬列册报核；

4. 饬按照实际需要款项，速与五峰县府洽办复兴贷款，并由本所先行垫拨5000元应用，俟贷款洽订后归还。

8月31日，省政府建设厅指令农业改进所："所拟意见四项，准予照办，并应速将复兴计划及预算暨拟予补助费清册，具报凭夺。"

11月22日，袁鹤签呈："本场员工因鄂西战役损失之行李，前曾造具清册申请救济补偿，迄未奉核示。时届冬令，各员工衣被无着，状尤惨于难民。恳迅赐核示，酌量补偿，以示体恤，俾慰下情。查省级散居各县公务员，本年冬季制服按照省府规定，以输送不便改发贷金，曾通令遵照在案。兹以五峰地接前方，各种服用布料及棉花之采购、裁制均极感困难。顷职以办理长五两县耕贷，奉谕来所述职并请示之便，拟恳转请将上项贷金仍请改为实物，乘便带往，以资简捷并占实惠。"12月13日，农业改进所转呈省政府建设厅。

12月29日，省政府建设厅签具“五峰茶场1943年度职员冬季棉服，已令饬供应处批发现品，至前次敌寇窜犯渔洋关，该场员工遭受损失甚巨，尚属实在，且情形特殊，准按照该场员役本薪6个月之金额标准拨款救济，其款共为6390元，在1943年度战时特别预备金项下呈准动支救济费200万元内划出之100万元内开支”的意见，呈报省政府陈诚主席，并迅奉核准。

1944年1月，五峰茶业改良场将鄂西战役损失公物及茶树等造具清册，呈报农业改进所。

湖北省五峰茶业改良场鄂西战役损失清册：

钤记、章戳：木质条章2颗（原系作废条章）、橡皮数字戳1个、木质印刷品戳1个。

地亩、房屋：苗圃竹篱73方、制茶厂土瓦及全部门窗、板壁。

仪器：米突尺3支、审茶铜丝瓢2个、审茶木盘2个、标本木样盒15个、玻璃标本瓶5个、平底烧瓶2个、玻璃管1磅、酒精灯1只、受皿天平1架、量筒1只、硫酸干燥器1只、直型冷凝管1只、木样盒5只。

文具：砚池2方、铜墨盒1个、笔架4个、钢板1方、油印机1套（原已损坏）、红印泥盒2个、打印台1个、铁笔1支、洋铁印泥盒1个、玻质储水池3个、铁丝公文篮2个、叫人铁5具（原已损坏4具）、搪瓷记事牌2方、算盘1把。

图书：《肥料学》《中国茶业复兴计划》《中国农学会报》《植物世界》《造园学概论》《中国古代经济》等各类图书46册。

器具：小闹钟2只、铜铃2只、洋锁1把、白铁公文箱1只、白台布2方、木插屏1床、水桶2只、茶杯8只、洋铁水壶1把、加漆提桶1个、汽油灯1盏、美孚灯2盏、小马灯1盏、白铁台灯2盏、菜油壶1把、洋铁灯盏1套、植物油灯2只、大号饭锅1只、火钳1把、菜刀1把（原已损坏）、锅铲2把、铁瓢1把、五心果盒1个、火盆2只、挂钟1架、四方桌1张、办公桌4张、长方木凳2条、长条凳3条、铺板14块、皮卷尺1盘、衔牌1方、西式木床架1副、铁床1架（原已损坏）、储水木桶1只、彩花茶壶1把、腰圆大盆1个、圆木盆1个、木架梯1架、标本木柜2乘。

农具： 按照原接收清册所载数量，除尚存茶树大剪刀一把外，其余全部损失。

茶树、种苗： 上年生茶苗398株、1942年种茶籽151窝、1943年种茶籽405窝。

五峰茶业改良场经管前茶管处公物因鄂西战役损失清册：

关防、章戳15件： 木质条章1颗，秘书室椭圆章1颗，秘书室条章1颗，总务、检验、贷运、训导四股椭圆章4颗，收发室木戳1颗，橡皮年月日活字戳1只，橡皮数字活戳1只，庶务室收付结存及经手验收木戳5具。

文卷： 按照接收部分全部抢运出险。

器具： 按照接收数量，除卷柜2乘及木质公文箱8只装置文卷抢运出险外，余全部损失。

文具： 按照接收清册全部损失。

图书：《华茶对外贸易之前瞻》《茶商须知》《怎样采茶》《两湖茶产制指南》《湘茶产制指南》《康茶之产制指南》《世界茶叶大事年纪》《滇茶之产制运销》《蒸青茶制造法》《炒青茶制造法》《红茶制造法》《改进湘红之初步》《扁茶及茶株》《闽东北红茶产制指南》《平水茶叶产制指南》《茶树怎样栽培》《毛茶怎样制造》《祁宁红茶产制指南》《屯溪红茶产制指南》《绿肥浅说》《茶树培栽法》《怎样组织茶农合作社》《湖南第三农事试验场进行概况》《茶声》《茶叶通讯》《安化茶场业务报告》《贸易》《农村副业与地方工业》《国际贸易论》《西南实业通讯》《印度茶叶统制条例》《茶与文化》《中国茶饮之原始与述略》等各类图书278册。

第十四节 场屋与设备

红石板小坪庄屋。 1940年11月28日，购置五峰县第二区红石板向光金山地80余亩及瓦屋一栋，总价1600元。以经济部1937年度补助该场购地经费 1000 元，在该年度补助预算购置机械仪器项下挪出 100 元，下欠 500 元。由原佃户王运才认佃，以作抵收该佃押庄费，俟还清押款，再行止佃植茶。瓦屋一栋用作改良场庄屋。其“契约”如下：

> 立永卖荒熟山田屋宇文约人向光金，情因用度不便，夫妇协商，心愿将祖遗受分山田一契、自造瓦屋一栋，坐落尚义乡 21 保，土名红石板小坪，请凭中人家从喜伯、播卿伯、熊子珍保长等从中说和，一扫出卖于五峰茶业改良场，永远管业为栽茶生产。当日三面议定，时值价法洋 1600 圆整，彼时眼同中证亲手领讫明白，并不蒂欠分厘。宅内门楼、板壁以及山场桐木、棕、茶，各种森林概无除留。四至开列于后，界内既无抽提，界外亦无毗连，勒石窖灰为记，钱粮亩捐按照现时规定完纳，界内原有坟墓有围齐围，无围以离坟三尺为限。惟宅后山顶祖坟地点，异日留存夫妇合冢之基一形。此系心愿自卖己份，并无牢笼压迫情形。倘有亲疏人等，从旁借端异言，有卖主与中人承耽，不与受业人相涉。老契作为无效，着照新契管业，恐口不凭，立此永卖文约存照。

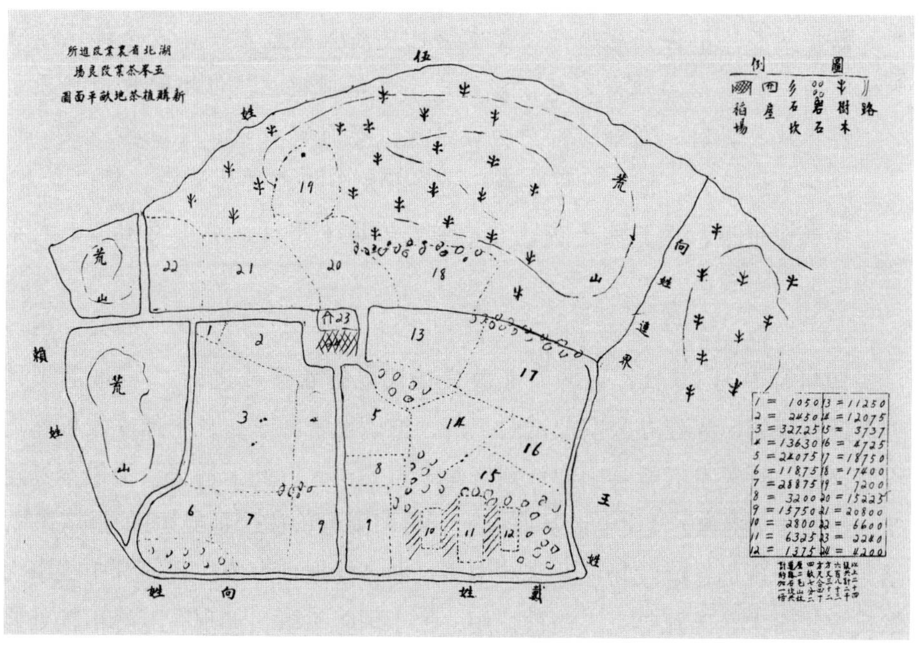

新购植茶地亩平面图

四至：东抵戴王二姓山田为界，南抵赖向二姓山田为界，西抵伍姓田为界，北抵向光福田为界。

凭中人：宋又循、易玉振、向光昭、赖家培、向新民、赖静章、张用宾、赖高明。民国二十九年十一月二十八日。

湖北省农业改进所五峰茶业改良场为发给招佃文约事

今有本场新买红石板小坪地方业主向光金卖出荒熟山田全份，土墙瓦屋一栋，因暂时不能完全垦辟，乃将该地亩、房屋招由原佃户王运才耕种住。

当日凭中议定上庄价款国币五百元整，即以原卖主向光金所收，该佃户上庄钱四千串文，以每元八十时价折合国币五百元，抵作本场应收上庄价款，每年准暂由该佃户缴纳本场苞谷稞一关斗，秋收完清，不得稍有蒂欠。所有山上竹木，准由该佃户采取炊爨柴薪及修理庄屋小料，不得砍卖图利致遗赔累。至领佃期限，由本场随时酌定。在未发还该佃户上庄款项以前，本场得选用荒芜地亩一部分，作为培养茶苗之用，并得留住一部分房屋，作为工人食宿之所。该佃户对于所养茶苗负有随时保护义务，不得任意损伤。如本场已发还上庄款之一部或全部，即有收回一部或全部地亩之权，该佃户不得藉词赖种，但还款收地必须于前年秋收之时，通知该佃户另谋别业。至原有石磙、碓臼各一具，暂准佃户应用，退佃之时原件缴还，合行发给招佃文约为据。凭中证人：绅老向搢卿，保长熊子珍；右给佃农王运才收执。中华民国二十九年十二月　日给。

1944年9月20日，五峰茶业改良场代电省农业改进所："场址前拟计划改迁石梁司，兴建办公室及试验工厂，惟该地常驻军，且子弹库及粮库均设立该地，近复有五峰县中亦计划修建于石梁司，以此无适当余地供本场建筑。虽曾于8月29日代电请县府，就石梁司附近价拨公地或协助征购民产，结果未获。现仍在继续物色及交涉中，且即令场地址有成，现值鄂中战事大举反攻，石木、砖瓦等工人概被征用，忙于国防工事，如现有五峰田粮处修建粮仓处址，因工匠请雇不易，迄今尚未完成。此外，物价高昂，仅建办公室、工厂各 3 间，经初步招负责承建田粮处工程之刘椿记营造厂估价，需国币共 21 万元，已超过预算甚远，其他修理工作站等尚未在内。若仍暂赴旧有渔洋关场址办公，而该屋系昔日关庙，自去岁敌人毁坏以后，早被当地乡公所修整占用，亦无法收回。袁鹤前场长于本年 2 月即被迫移此南门坡借谢姓骡马店办公，诸多不便，况其他复兴工作又应力谋推进。故拟惟有就本场红石板茶园内之庄屋，尽先加以修理添建，作为工作站，俾暂立即有固定之办公地点，而又能就近管理茶园作业及推进该区复兴业务。但红石板茶园当日购进时欠地价 500 元无款付清，乃招佃耕种上庄作抵，故拟请款转发退佃。”

11 月 17 日，农业改进所签具四条意见呈报建设厅：

1. 准迁红石板自置茶园办公，并积极展开复兴工作；

2. 前租佃民耕之土地、房屋，即于本年度内全部收回，自耕自用；

3. 所欠原卖主地价 500 元，暂由复兴事业费内挪垫，并专案呈请核准动支列报；

4. 迅即拟具搬迁修缮计划及临时预算书等各 3 份呈核。

12 月 2 日至 10 日，王堃视察渔洋关工作站，在工作站茶园地巡视，督率员工施用茶地寒肥，并召集员工，指示平时应如何推进工作。16 日，建设厅批准在复兴事业费内挪垫归还前欠佃户王运才 500 元。

1945 年 1 月 1 日，王运才退佃，改良场收回全部土地、庄屋。5 月，复仁乡归还占用的关庙办公桌 2 张、卷柜 2 乘，渔关警察所归还办公桌 1 张、卷柜 1 乘。

1946 年 4 月 24 日下午，渔洋关突降冰雹，大者 5 斤有余，持续 3 小时之久，厚积于地，数日后始获溶尽。4 月 27 日（农历三月二十六），工作站向光全报告代理场长王道蕴：“古历三月二十三日下午，天降冰雹，大者 5 斤多重，小者犹如鸡卵，渔关周围十数里打倒房屋、春粮不计其数，全（向光全）所住之屋一切打坏，不能住人，而茶树枝叶尽行打落，春粮颗粒俱无，现已无力住种，请场长派人来看如何，倘不设法救济，则全将不辞而去矣。”改良场迅派袁华卿前往查看详情。红石板工作站房屋上面椽四、横梁、盖瓦毁坏过半，该屋左侧后上一角墙壁亦已倾倒，所有茶树枝杆剩余无几，去冬播种茶苗亦被泥土淤盖，而向光全右足同时受伤，倘不设法从速救济，修理该屋四周墙壁，值此雨水茫茫之际，恐难久持。6月24日，农业改进所所长刘发煊指令五峰茶业改良场，以1946年事业收入移作工作站修理费。

石梁司墓坡场屋及试验工厂。1944年5月9日，省政府建设厅训令农业改进所："五峰、鹤峰一带为本省重要产茶区，上年鄂西会战，五峰茶业改良场及当地农家茶丛极多损坏，甚至全部被毁，应力谋复兴，以树立战后经济基础，经拟具详细计划及预算列支事业费15万元，呈请行政院准在1944年度新兴事业费项下开支。奉行政院义嘉字第3331号核准通知书，准予照数动用。"

8月12日，建设厅指令农业改进所："准予照发，仰即派员来厅具领。"

8月29日，五峰茶业改良场代电五峰县政府："本场以去年鄂西会战，原有渔洋关场房及设备等损毁殆尽，乃迁移城区南门坡租赁谢姓民房为临时办公地点，兹奉令恢复本场基础，饬觅地建筑场房并辟地育苗。本场系指导改良机构，为便于示范茶农及育苗推广起见，场址应位于茶区附近为宜，兹勘得石梁司区域颇宜择于作本场场址，请惠予就石梁司区域价拨公地一方，以便早日兴工建筑。"9月3日，五峰县政府回电，希自觅定适当民房，本府派员议价洽购。

10月5日，改良场觅得石梁司墓坡有民房一栋及山地一契，多年无人管理，屋宇已倾圮不堪，山地荒芜，且间植有茶丛，被草蒿掩没，系属仁爱乡一保一甲13户，户主向道荣及过继后代柳安喜已逝，已成绝户。

12月9日，五峰茶业改良场场长王堃呈报农业改进所："10月始觅得石梁司太阳湾墓坡绝嗣民产一契，经数度与县府接洽，准先行契。工场址既固定后，乃派员工分赴各地招雇木工承包筑建。兹经觅得王德友，前曾包建平价物品供应处制茶厂水浕司制茶所工厂，颇有经验。面议承包该项工程木工工资计31000元，因本年度行将结束，事不容缓，乃从权先行成包，订期45日完成，惟瓦石两工尚未决定，但预算仅5万元，而红石板工作站估计修理费需5000元。是则仅余45000元，实难以达成理想之房屋。惟自应尽力设法，以期款不虚糜。现为便于督修房屋起见，故搬迁拟暂从缓。至红石板茶园，业遵令转知佃户王运才来场领取地价，自 1945 年 1 月 1 日起，退佃全部土地、房屋，归本场使用。”

立承包字人王德友，今向湖北省五峰茶业改良场承包建造工厂及办公室各一栋三间，议订条款于下：

1. 工厂工程：四缝三间二柱落脚瓦屋，木进深 1 丈 6 尺，开间 1 丈 4 尺，高 1 丈 7 尺，全部无装修，所有木料由场方供给。

2. 办公室工程：就原有已烂民房故址，改建四缝三间，所有应行更换之柱枋板等，概须重新换更，四围装木壁至楼，并开辟穿户 8 扇，所有木料亦均由场方供给。

3. 建造工价：全部工程共国币 31000 元。

4. 建筑期限：于 1944 年 12 月 2 日兴工，1945 年 1 月中旬完竣。

5. 付款方式：兴工时付款 6000 元，立架时续付 10000 元，工程完竣验收后付清。

承包人王德友　忠孝乡七保一甲二户

中华民国三十三年十一月二十八日立

1945 年 1 月 17 日，农业改进所以“该场变更原意，自行改在石梁司墓坡建筑房屋，事前未经呈准，且无正式计划及预算凭核，似有未合之处，惟该场位置前方，环境较为困难，所称从权处理，要亦不无实情，该场场房究应如何决定，转请鉴核示遵”呈报建设厅。

2 月 23 日，建设厅指令农业改进所：“该场前经呈准，迁在红石板自置茶园办公，兹又自行改在石梁司墓坡地方，修建办公等房屋，并未事先专案呈报，殊属不合。惟以该房屋业于上年 12 月兴工，本年 1 月半完竣，为免事实上之困难，该项房屋姑准改在石梁司墓坡修建。1944 年度复兴事业费 15 万元，预算内列修建费 5 万元，该场应即将各项工料价款取具详细估算表，再行呈核，并于全部工程完竣后，报请派员验收。”

4 月 21 日，改良场拟具工料费估算表，呈农业改进所核转建设厅；5 月 30 日，改进所呈建设厅。6 月 18 日，建设厅指令核数尚符，准予备查。

湖北省五峰茶业改良场建筑办公室及试验工厂工料费估算表

1945 年 4 月 21 日

项　别	金额（元）	备　注
木　工	37300.00	修办公室及安置楼板与装房 6 间，计需工 203 工；建筑工厂 1 栋（无装修）需工 170 工，共 373 工，每工 100 元，合计如上数。
土　工	5460.00	平屋基及搬运木料需工 50 工，工厂用茅覆盖，割盖茅草需工 41 工，共 91 工，每工 60 元，计如上数。
瓦　工	640.00	检盖办公室瓦工 8 工，每工 80 元，计如上数。
铁　钉	1800.00	钉办公室传桷需铁钉 400 口，钉工厂传桷需铁钉 800 口，共 1200 口，每口 1 元 5 角，计如上数。
瓦	4800.00	办公室需瓦 8000 片，每片 6 角，计如上数。
合　计	50000.00	
说　明	1. 因系就 50000 元以内估算，故工厂用茅覆盖，如用瓦须 15000 片； 2. 木料系砍伐新场址山内之树木及移用县田粮处征用有余之木材，故无木料费	

1946 年 5 月 5 日，五峰茶业改良场代电农业改进所："1944 年度在复兴事业费内开支，修建办公室及试验工厂，早经遵照拟订计划修建完竣，遵照营缮工程条例，绘其图样随电赍恳鉴核，并祈速予派员验收，以资保管而利便用为祷。" 5 月 29 日，农业改进所呈报建设厅；6 月 10 日，建设厅代电五峰县政府代为验收。7 月 10 日，五峰县政府建设科科长谈崇高代为验收。

湖北省五峰茶业改良场建修办公室及试验工厂验收单

种　类	办公室	试验工厂	合　计	验收地点	验收情形	验收机关
栋　数	1 栋	1 栋	2 栋	五峰石梁司墓坡	验收与数量无讹	五峰县政府
价　值	28740 元	20900 元	49640 元	验收日期		
备　注	房 8 间，茅盖；厨房 1 间	茅盖，全部未装修		1946 年 7 月 10 日		

验收人：五峰县政府建设科科长谈崇高

茶农具。1939 年购茶农具 103.45 元，报损 53.63 元。1 月购 14.30 元，报损 4.30 元：购土箩 3 副 3.60 元、茶篮 10 个 5.00 元、土箕 5 对 3.00 元、

扁担 10 根 1.20 元、锄头柄 10 根 1.50 元，土箕用破 4 担 1.80 元、粪瓢遗失 2 只 0.40 元、粪桶用烂 1 担 1.00 元、扁担挑断 3 根 0.30 元、锄头柄锄断 1 根 0.50 元；2 月购 20 元：生叶盔 10 台 8.00 元、揉茶架 3 台 12.00 元；3 月购 13.00 元，报损 4.94 元：购拣茶板 4 块 8.00 元、加盖粪桶 1 对 2.00 元、粪瓢 1 只 0.50 元、铁箍水桶 1 对 2.50 元，挖锄锄断 3 把 3.69 元、四齿锄锄断 1 把 1.25 元；4 月购 10.95 元，报损 8.80 元：购一丈八尺茶锅 1 口 1.20 元、一丈六尺茶锅 1 口 1.00 元、茶灶 1 座 6.45 元、大白布 1 疋 2.30 元，晒簟冬季耕地风吹破 2 床 6.00 元、扁担挑断 4 根 0.40 元、土箩挑破 1 对 1.20 元、土箕挑破 2 对 1.20 元；5 月购 10 元，报损 2.25 元：购白瓷审茶碗 10 只 2.00 元、宽大白布 1 疋 2.30 元、腰圆揉茶盆 1 只 3.50 元、细草帽 2 顶 1.20 元、五心茶样盆 1 个 1.00 元，试验木箱腐烂 3 只 0.7 元、土箩挑破 2 对 1.20 元、粪瓢打散 1 个 0.35 元；6 月购 4.00 元，报损 6.30 元：购熟钢薅锄 2 把 4.00 元，烘笼烘烤烧坏 1 只 1.20 元、生叶盔烧坏 2 只 1.60 元、茶篮烧坏 3 只 1.50 元、粪桶 1 对 2.00 元；7 月购 2.40 元，报损 4.20 元：购熟铁钢镰刀 2 把 2.40 元，损失茶篮 2 只 1.00 元、茶盔 2 只 1.60 元、审茶杯 3 只 0.60 元、茶锅 1 口 1.00 元；8 月购 5.60 元，报损 4.40 元：购茶篮 4 只 3.20 元、茶盔 2 只 2.40 元，土箕挑坏 3 只 1.80 元、扁担挑断 5 根 0.60 元、茶篮 4 只用坏 2.00 元；9 月购 6.20 元，报损 5.33 元：购竹扁担 10 条 2.00 元、土箕 6 担 4.20 元，白瓷审茶碗打破 4 只 0.80 元、锄头遗失 1 把 1.03 元、草帽破损 2 顶 1.20 元、发酵布用烂 5 块 2.30 元；10 月购 5 元，报损 3.60 元：购木弓尺 1 架 1.00 元、十二寸茶锅 2 只 4.00 元，茶篮破坏 2 只 1.00 元、土箕挑破 3 对 2.10 元、竹扁担挑断 5 根 0.50 元；11 月购 12.00 元，报损 3.31 元：购大土箕 10 对 10.00 元、竹扁担 10 根 2.00 元，土箕挑坏 2 只 1.60 元、竹扁担挑断 8 根 0.96 元、锄头柄锄断 5 根 0.75 元；12 月购 2.00 元，报损 6.20 元：购锄头柄 10 根 2.00 元，试验木箱腐烂 3 只 0.70 元、锄头柄锄断 5 根 0.50 元、竹扁担挑断 5 根 1.00 元、土箕挑破 4 对 4.00 元。

1940 年购茶农具 273.10 元。1 月 3.10 元：购生叶筐 1 只 1.50 元，茶篮 2 只 1.60 元；3 月 5.20 元：购茶篮 4 只 3.20 元，茶盒 1 只 1.00，大号瓦茶壶 1 把 1.00 元；5 月 19.20 元：购白棉布 2 疋 8.00 元，大扁锄 2 把 11.20 元；6 月购茶农具 3.40 元；7 月 39.20 元：购龙兴祥样茶盒 40 个 32.00 元，

张明记草帽 6 顶 7.20 元；9 月 112.40 元：购王吉成木茶盒 100 个 50.00 元，龙兴祥锡罐 40 个 48.00 元，赖新顺标签 200 份 6.00 元，张明记白布 1 疋 8.40 元；10 月购龙兴祥锡罐 60 个 72.00 元；11 月购向光铨土箕 8 担 9.60 元；12 月 9.00 元：购向光铨撮箕 4 个 6.00 元，沙撮 6 个 3.00 元。

动用 1937 年经济部补助费添置的有：李复兴炒茶铁锅 1 口 7.80 元；向光铨茶筛 26 把 91 元、簸盘 2 个 4 元、拣盘 30 个 45 元、软篓 10 个 15 元、顺盘 20 个 30 元、揉茶簾 1 床 3 元、摊篮 6 个 30 元、焙笼 10 套 35 元、晒簟 4 床 26 元、样盘 4 个 8 元、团窝 10 个 42 元；王继宏记制茶烟筒三锅灶 1 座 76 元。

1941 年购茶农具 108.10 元。1 月购揉茶架 1 具 36.00 元，架梯 1 副 9.00 元；2 月购铜丝茶匙 1 把 24 元；3 月购挖锄 1 把，铁铲 1 把 12.10 元；9 月建筑茶焙茶坑 6 座 27 元。

10 月，雇篾工 6 名编制团窝 6 个、晒簟 4 床、焙笼 10 套、茶筛 1 套（计 13 个）、拣盘 15 个、顺盘 10 个、撮箕 6 个；11 月，雇篾工制成团窝 4 个、茶筛 1 套（计 13 个）、拣盘 15 个、顺盘 10 个、软篓 10 个、小样盘 4 个、簸盘 2 个；12 月，雇篾工制成揉茶簾 1 面、摊篮 6 个。

1943 年 1 月 8 日至 20 日，八十六军所属大仁、大智、大公、大勇及九军所属永昌各部队由湘开赴三斗坪整训，陆续经过渔洋关，所有大小民房及区署乡公所一时均被占住，改良场办公室亦被占，经多方婉商始并入附近民房，然本场公私器物任意强借。迨头批开拔以后，派人四出清检，而后续部队又到，不准收回。旋又有三十四师一团部占用本场 4 日，于 20 日开拔完竣。国军强借不还，损失镰刀 1 把、团窝 1 个、采茶篮 2 只。

1944 年购茶农具 380 元，其中 12 月 160 元。

1945 年购茶农具 17000 元。7 月，购置挖锄 4 把 4000 元，薅锄 5 把 3000 元；9 月添置审茶碗 10 筒 6500 元；10 月添置镰刀 1 把洋 500 元；11 月添置圆篾篓 1 担 1200 元，水桶 1 担 500 元，粪桶 1 担 700 元；12 月添置背篮 4 个 600 元。

仪器。1940 年初，动用 1937 年经济部补助费，余威远从科学仪器馆购置大平底烧瓶 1 只 10.20 元、小平底烧瓶 1 只 8.10 元、大圆底烧瓶 1 只 10.20 元、玻璃管 1 磅 10.20 元、酒精灯 2 只 9 元、受皿天秤 1 架 250 元、量筒 1 只 15.40 元、硫酸干燥器 1 只 61.20 元、直型冷凝管 1 只 45 元、木箱 1 只 10.00 元；王吉成光漆仪器标本柜 4 乘 88.00 元。

第十五节　经常费、事业费与补助费

一、收支概况

经常费与事业费。茶业改良场为省营事业机关，经常费与事业费由省库拨发。经常费包括薪资和办公费两项，薪资项分长官薪俸、职员薪俸、公役工资；办公费分文具（笔墨纸张、簿籍杂品）、购置（器具、杂品）、消耗（灯火、茶水、薪炭）、修缮（房屋、用具修缮）、杂支（邮电、租金、医药及其他）；1943 年增设场长特别办公费，1944 年经常费增设工役生活津贴。事业费分作业费（长工、短工、技工工资）、材料费（肥料、制茶）、设备费（茶农具）、推广费（采种、调查、宣传、旅费、医药）、杂费（租金及杂支）。

1937 年 12 月开办时，月拨经常费 393.98 元，事业费 280.18 元。

1938 年 1—2 月，建设厅月拨经常费 508.90 元，事业费 361.90 元。自 3 月起，省政府建设厅核定经常费 344.40 元，事业费 526.40 元。3 月 29 日，省政府建设厅以改良场只有地 40 余亩，宜昌区茶业指导所未续办，将各月份事业费减半编列，即月拨事业费 263.20 元，经常费 344.40 元。全年共拨入经事费 7817.60 元，支出 7814.58 元，结余经常费 3.02 元缴解。

1939 年，经常费月拨 344.40 元，事业费月拨 263.20 元。全年拨入经常费 4132.80 元，事业费 3158.40 元；经常费支出 3199.87 元，事业费支出 3144.06 元。经常费与事业费结余 950.29 元，上解农业改进所拨作铜盆、水、畜牧场等经费。

1940 年，拨入经常费 4581.80 元，拨入事业费 3396.4 元。经常费支出 3195.68 元，结余 1386.12 元，事业费支出 3386.54 元，结余 9.86 元，经事费结余 1395.98 元缴解。

1941 年 1—6 月，经常费月拨 462.40 元，事业费月拨 319.20 元。自 7 月起，事业费降为 225.26 元。全年经常费拨入 5548.80 元，事业费 3266.80

元。经常费支出 5546.16 元，事业费支出 3262.69 元，经常费与事业费结余 6.75 元，7 月事业费支出超过预算数 19.04 元被剔除，函送审计部湖北审计处并核准，全年经事费支出 8789.81 元，节余 6.75 元及 7 月超过预算数支出 19.04 元缴解。

1942 年，经常费预算 11880 元，事业费预算 16120 元。1—4 月，经常费支出 2609.20 元，事业费支出 1437.20 元。

1943 年，经常费拨入 13179.97 元，支出 12835.85 元，结余 344.12 元缴解；事业费（2 月下半月至 12 月）拨入 14584.98 元，支出 13120 元，结余 1464.98 元缴解。

1944 年，经常费拨入 18606 元，支出 18206 元，结余 400 元缴解；事业费拨入 19500 元，支出 19500 元。

1945 年，经常费拨入 61172 元，实支 59850 元，结余 1322 元缴还建设厅；事业费拨入 76946 元，实支 74930 元，余款 2016 元缴还建设厅。

1946 年，经常费拨入 245778 元，实支 245558 元；事业费拨入 76000 元，实支 76000 元。

经济部、农林部补助费。1938 年，经济部补助茶业改良费 3000 元。1939—1941 年，经济部补助茶业改良费每年 3000 元。其中，1940 年补助费 1400 元，由省农业改进所移用于调查鄂西茶区及测绘恩施五峰山茶场费用。1941 年度农林部补助 3000 元，五峰茶业改良场实领 1500 元，结余 13.10 元缴解。

二、经常费支出

1939 年，薪资支出 2697 元，其中长官、职员俸薪 2553 元，公役工资 144 元；办公费支出 502.87 元，其中文具 104.80 元，购置 67.71 元，消耗 107 元，修缮 12.10 元，杂支 211.26 元（含租金月支 8 元，全年 96 元）。

1940 年，薪资支出 2715.04 元，其中长官、职员俸薪 2537.04 元，公役工资 178 元；办公费支出 480.64 元，其中文具 89.07 元，购置 29.60 元，消耗 142.03 元，修缮 12.40 元，杂支 207.54 元（房租 108 元，1—9 月，每月 8 元；10—12 月，每月 12 元）。

1941 年，薪资支出 5004 元，其中长官、职员俸薪 4764 元，公役工资 240 元；办公费支出 542.16 元，其中文具 134.10 元，购置 0.9 元，消耗 229.3 元，修缮 36.90 元，杂支 140.96 元。

1942 年 1—4 月，薪资支出 2365 元，其中长官、职员俸薪 2253 元，公役工资 112 元；办公费支出 244.20 元，其中文具 87.80 元，消耗 90.60 元，修缮 26 元，杂支 39.80 元。

1943 年，薪资支出 8640 元，其中长官、职员俸薪 8400 元，公役工资 240 元；场长特别办公费 960 元（每月 80 元）。

1944 年，薪资支出 10160 元，其中长官、职员俸薪 8640 元，主计人员俸薪 1280 元，公役工资 240 元；公役生活津贴 720 元；办公费 5526 元；特别办公费 1800 元。

1945 年，薪资支出 10270 元，公役生活津贴 1200 元，办公费 28660 元，技术人员补助费 1720 元，场长特别办公费 18000 元。

1946 年，薪资支出 10928 元，办公费 81010 元，购置费 12000 元，技术人员补助费 2120 元，场长特别办公费 139500 元（1—3 月，每月 1500 元；4—12 月，每月 15000 元）。

三、事业费支出

1939 年，支出作业费 1363.5 元、材料费 561.35 元、设备费 105.45 元、推广费 918.69 元、杂费 195.07 元。

肥料费支出 191.25 元。其中，1 月 23.5 元，2 月 25.5 元，3 月 24.3 元，8 月 28 元，9 月 22.75 元，10 月 22.7 元，11 月 22.5 元，12 月 22 元。

制茶费支出 370.1 元。其中，4 月 98.37 元，5 月 104.43 元，6 月 98.39 元，7 月 68.91 元。

全年租金 25.08 元。其中，渔洋关小学茶地月租金 0.42 元，关上园茶地月租金 1.67 元。

1940 年，支出作业费 1743.04 元、材料费 569.16 元、设备费 273.1 元、推广费 671.62 元、杂费 129.62 元。

肥料费支出 209.35 元。其中，1 月 25.35 元，2 月 30.60 元，3 月 26.40 元，7 月 64.00 元，8 月 27 元，9 月 21 元，10 月 15 元。

制茶费支出 359.81 元。其中，4 月 111.60 元，5 月 111.20 元，6 月 104.85

元，8 月 32.16 元。

全年租金 25.08 元。其中，渔洋关小学茶地月租金 0.42 元，关上园茶地月租金 1.67 元。

1941 年，支出作业费 2071 元、材料费 571.90 元、设备费 108.1 元、推广费 438.50 元、杂费 73.19 元。

肥料费支出 155 元。其中，1 月 40 元，8 月 26 元，9 月 15 元，10 月 48 元，12 月 26 元。

制茶费 416.90 元。其中，4 月 123.60 元，5 月 121.20 元，6 月 112.50 元，7 月 59.60 元。

全年租金 72.54 元。其中，1—6 月，渔小茶地月租 0.42 元，关上园月租 1.67 元；7—12 月，关上园（含渔小茶地）租金 10 元。

1942 年 1—4 月，支出作业费 932 元、材料费 139.20 元、推广费 260.50 元、杂费 105.50 元。

1—4 月租金 40 元，关上园（含渔小茶地）月租金 10 元。

1944 年，支出作业费 12600 元、材料费 2140 元、设备费 380 元、推广费 3600 元、杂支 780 元。

1945 年，支出作业费 11520 元、材料费 18000 元、设备费 12000 元、推广费 23910 元、杂支 9500 元。

第十六节　裁撤移交

1947 年 1 月，农业改进所电五峰茶业改良场，该场自 1 月 1 日起由鄂西农林场接管。1 月 12 日，王堃致函建设厅谭岳泉厅长："属场并无结存，全部清楚须 200 余万元，除已电复农所外，谨特函陈钧座恳饬迅赐如数核发，俾得早事结束。因当兹生活奇昂之际，各员携家带眷入难敷出，均无积蓄，且需此以作川资，另谋生计。至职此后之打算，拟入厚征号之华茶公司或设法进民生茶叶公司工作。"

2 月 1 日，农业改进所呈请拨发五峰茶业改良场遣散人员遣散费不敷款 2322000 元。2 月 12 日，建设厅指令农业改进所："各机关被裁人员应发给之薪津，由各机关仅先就节余款内垫付，如节余甚少不能垫付时，应另行造册径送财政厅核明垫拨，俟1947年度预算核定后再行扣除。兹据转报五峰茶场遣散人员遣散费在1946年度改善生活费节余内先行垫付，尚不敷2322000元，并未依照原文规定另行造册，无凭核转。仰即转饬各该场仍遵前令，将全部节余款项数额及被裁人员应支薪俸数额一并另行造册注明，迅即径送财政厅请予核拨。"

2月5日，鄂西农林场场长黄正册签呈农业改进所："五峰茶业改良场前奉钧所电令裁撤，并饬本场派员工各一人前往接收，自应遵办。惟本场合并伊始，职员裁减甚多，原有业务已感人力不敷分配，且五峰茶场距离本场遥远，照应既感不便，经费能力亦所不许。为使茶业改良业务不致停顿起见，经与本省民生茶叶公司数度洽商，结果业承该公司经理彭介生初步决定，就该场地点合办一制茶所，但一切经费、人力均由该公司负担，此项办法就目前情形观察似觉可行，惟为慎重起见，拟请钧所转函该公司详商并签订合同。"

3月1日，农业改进所将黄正册签呈核转建设厅。3月14日，省政府建设厅指令农业改进所，迅即商同该公司经理签拟合约草案，呈候核夺。

3月16日，五峰茶业改良场造具被裁人员遣散费数额补助清册。4月10日，农业改进所呈报建设厅；4月24日，建设厅指令农业改进所："核数尚无不合，原件准予备案，仍应转饬赶办会计报告及生活补助费追加、追减表及收支结算表呈凭核转，仰即遵照为要。"

4月，五峰茶业改良场除二人留守照看石梁司、红石板场房外，全部遣散。5月13日，王堃任民生茶叶股份有限公司总技师，在五鹤茶厂专负红茶精制技术工作。

五峰茶业改良场遣散费明细表　　单位：元

姓　名	1—3月薪饷	1—3月薪俸加成	1—3月生活补助费	合　计
王　堃	840	302400	180000	483240
王道蕴	660	237600	180000	418260
周世胄	420	151200	180000	331620
彭义沛	480	172800	180000	353280

续表

姓　名	1—3 月薪饷	1—3 月薪俸加成	1—3 月生活补助费	合　计
袁华卿	300	108000	180000	288300
陈高清	60	—	108000	108060
潘宗信	60	—	108000	108060
合　计	2820	972000	1116000	2090820

7 月 31 日，五峰茶业改良场场长王堃移交五鹤茶厂厂长万纯心钤记、章戳、图书等。移交清册如下：

钤记、章戳：木质湖北省五峰茶业改良场钤记一颗，木质湖北省五峰茶业改良场条章一颗，椭圆邮件戳一颗，木质湖北省茶叶管理处关防一颗，木质湖北省茶叶管理处方章一颗，橡皮年月日活戳一颗。

图书：《国际贸易统计之货物明目分类》《土壤学》《垦殖学》《农学实验法》《本草纲目》《植物育种学》《中国古代经济史》《害虫歼灭法纲要》《华茶对外贸易之回顾与前瞻》《台湾茶业》等各类图书 67 册。

茶树、工具：红石板茶园茶树 1010 株、茶苗 32400 株，茶剪 1 把，火钳 3 把，酒精灯 1 具，铜丝瓢 1 把，揉茶桶 1 只，木桶 1 只，揉茶簾 1 张，揉茶架 1 具，晒席 1 床，鲜叶篓 1 只，粗雨茶筛 1 把，中雨茶筛 1 把，小雨茶筛 1 把，芽雨茶筛 1 把，铁筛 1 把，烘笼 4 个，窝盘 3 个，垫盘 2 个，圆篾篓 1 担，方篾篓 1 担，大篾撮 2 只，小篾撮 2 只，粉筛 1 把，口袋 6 条，锯子 1 把，审茶碗 8 个，粪桶 2 担，牛四锅 1 口，中锅 3 口，撮瓢 1 把，木甑 1 口，锅盖 2 个，挖锄 5 把，草锄 5 把，鹤嘴锄 1 把，镰刀 2 把，弯刀 4 把，钉耙 1 把，火瓢 1 把，背篮 3 个，提篮 2 个，副小雨筛 1 把，切刀 1 把。

房屋、地亩：红石板茶园 74.7 亩（松杉林 30 亩，平地 44.7 亩），红石板庄房 1 栋，石梁司场屋 1 栋，石梁司茅屋工厂 1 栋。赵家坡制茶厂 1 栋被日军炸毁。

文具、家具：钤记盒 1 个，铜墨盒 1 个，木质公文箱 1 只，油印机 1 具，钢板 1 块，算盘 1 把，米达尺 1 把，锅铲 1 把，菜刀 1 把，三连铜笔架 2 座，砚池 3 副，打印台 1 个，皮头钢笔 1 支，炊壶 1 把，铺板 5 副（带凳子 10 条），斧头 1 把，铜盘市秤 1 根，长餐桌 1 张，白木长凳 3 条，漆长凳 4 条，木盆 3 个，铁火炉 1 个，洗澡盆 2 个，洗脸架 4 个，漆办公桌 3 张，水瓢 2 把，水桶 2 担，瓦茶壶 1 把，玻璃台灯 1 盏，瓦钵 6 个，方桌 6 张，油靠背椅 6 把，漆靠背椅 2 把，漆茶几 1 把，石磨 1 副，方凳 2 个，棕刷 1 把，白瓷碗 8 个，漆木桶 1 个，铜锁 1 把，瓦灯盏 2 个，石碓 1 副。

文卷： 茶叶管理处移交卷 75 宗（遗失 1 宗），徐方干任移交卷 45 宗，高光道任移交卷 30 宗，余景德任移交卷 26 宗，袁鹤任移交卷 36 宗，王堃就职视事卷 1 宗，工作报告 1 宗，会计事项 2 宗，抚恤法令 1 宗，1944 年经事改善待遇临时费及其他临时费卷 1 宗，改善待遇其他临时补助费办法卷 1 宗，杂件卷 1 宗，所得印花税卷 1 宗，复兴事业费卷 1 宗，各机关动态卷 1 宗，经费卷 1 宗，总务卷 1 宗，旅费卷 1 宗，1946 年各项经费预计算卷 1 宗，人事及法令卷 1 宗，岁计法案卷 1 宗，组织规程卷 1 宗，调查卷 1 宗，生活必需品卷 1 宗，各项法规令卷 1 宗，价拨食粮卷 1 宗，防范反动卷 1 宗，整饬官常卷 1 宗，赋税卷 1 宗，推广卷 1 宗，职员工作考核卷 1 宗，员工冬夏服装卷 1 宗，事业收入卷 1 宗，接收卷 1 宗，结束卷 1 宗。

本章资料来源

省、县档案馆档案见附录四（1）。

第十二章

中国茶叶公司与宜红茶

1937 年 5 月 1 日，中国茶叶股份有限公司在南京成立。1938 年，因宜昌红茶向著盛誉，为力谋改进，发展外销起见，中国茶叶公司于湖北恩施创立实验茶厂，精制红绿茶。1939—1940 年，中国茶叶公司统制经营宜红茶，收购宜红正副茶 15951 箱，转运香港外销或内销。1940 年 3 月，中国茶叶公司在五峰渔洋关设立五峰精制茶厂，4 月在鹤峰设立鹤峰联合茶厂，产制红绿茶。1945 年 4 月 1 日，中国茶叶公司归并于复兴公司。

第一节　中国茶叶公司的设立与归并

一、中国茶叶公司的设立

1936 年，实业部发起组织中国茶叶公司，中央银行业务局副经理寿景伟（毅成），陈请实业部部长吴鼎昌并转奉行政院院长蒋介石核准，由实业部联合浙、皖、赣、闽、湘、鄂各产茶区省政府及沪、汉、闽等处茶商领袖，官商共同投资筹组茶叶专业公司，以提高茶叶品质，确定标准及扶助改进一切产制运销事项，藉图推广国际贸易，复兴中国茶业。

1937 年 2 月 6 日，实业部通电安徽、江西、浙江、福建、湖北、湖南各产茶省，提议成立茶叶专业公司筹备委员会，由各省建设厅厅长以及实业部农业司司长、商业司司长、国际贸易局正副局长共 11 人组成筹备委员会，并派寿景伟为筹备主任。分电各产茶省征询意见后，2 月 11 日派寿景伟分赴各省接洽考察茶产情形，历时月余。

3月25日，实业部部长吴鼎昌主持召开首次筹备会。政务次长程天固、商业司司长张铁欧、农业司司长徐廷瑚、福建省陈体诚、安徽省刘贻燕、湖南省刘宝书、湖北省张天翼、浙江省吴觉农、江西省黄懋仁、国际贸易局局长郭秉文和副局长张嘉铸及寿景伟参加会议，讨论公司章程，定于5月1日在实业部开公司成立大会。

4月20日，行政院会议通过《中国茶叶股份有限公司章程》，总办事处设上海，公司定名为“中国茶叶股份有限公司”，简称“中国茶叶公司”，由中央政府及产茶各省政府与全国茶商，遵照公司法组织为股份有限公司。

公司资本总额定为国币200万元，分为2万股，每股100元，分两期缴纳，先交一半，按股收足半数即行开业。公司资本以官商各占半数为原则，由实业部认6000股，安徽省政府认4000股，江西、湖南、湖北、浙江、福建五省政府各认2000股，合计100万元，其中以半数招募商股。其他省政府有愿参加者，得就各省匀分，商股未招募足额时，由实业部及各省政府先行代垫，陆续招集。股票为记名式，分1股、5股、10股、50股、100股五种。

公司设董事19人。其中，官股董事定为10人，由实业部指派3人，安徽省政府指派2人，江西、湖南、湖北、浙江、福建5省政府各指派1人；商股董事9人，就商股60股以上股东中选任。公司董事组织董事会，互推一人为董事长，4人为常务董事，并由常务董事中推定1人为副董事长。设总经理1人，协理1人或2人，经董事会推荐，由实业部派充。公司设监察人7人，由官股指派3人，由商股就20股以上股份中选任4人，并设常务监察人1人，由全体监察人互推。

4月26日，上海洋庄茶叶公会推主席叶世昌、陈翊周等为代表，向实业部及中茶公司筹备处接洽，请愿所属忠信昌、永兴隆、昇昌盛、公升永、慎源、源丰润、仁德永、同泰、协泰、怡泰、益隆、震和、源润、宁慎记等14家茶栈投资公司资本10万元（茶商实认股款达13.45万元），公司认茶栈为经销人。

1937年5月1日，中国茶叶股份有限公司在南京实业部召开创立会。确定官股董事为实业部周诒春、张铁欧、吴觉农，安徽刘贻燕、杨棉仲，江西樊学遂，福建陈体诚，浙江王徵，湖北伍廷飏，湖南余籍传等10人；推定商股董事罗勉侯、叶世昌、汪振寰、洪孟磐、邓以诚、陈翊周、唐季珊等7人；官股监察人为徐廷瑚、程振基、黄懋仁，商股监察人为曾震、方君强、刘宝书、陈秉文。接开董监联席会议，推定周诒春为董事长，刘贻燕为副董事长，王徵、汪振寰、邓以诚为常务董事。寿景伟为总经理，唐叔璠为协理。

5月4日，第二次董监联席会议决议，由中国茶叶公司延聘英国茶师韦纯为技术顾问，其薪水、旅费由农本局与中国茶叶公司共同筹拨。首次常董会决定，该公司业务处主任为唐叔璠，总务处主任为徐定澜。

5月10日，总公司即在上海开始营业，并将祁门新茶首先开盘，自行运销伦敦，打破历来外商操纵国茶市场惯例。7月，中国茶叶公司特聘的技术顾问韦纯，抵华后即偕公司技师范和钧、调查专员李联桢考察各省茶叶，为期3个月。随后，在伦敦、纽约、摩洛哥均设有经理处，派刘铁良为驻英推销专员，派专员余勇至欧洲大陆及非洲等处，派专员刘润涛在纽约，调查茶叶市场。在各产销茶区设有分公司及办事处19处，自营、合营场厂31处。后来中国茶叶公司组织系统不断完善，大略为董事会—总经理—协理、主任秘书—总务处、业务处、技术处、稽核处、仓运损害赔偿部、推广部、运输部、分公司、浙皖赣3省办事处、省市办事处、制茶组、海外经理处。总务处内设文书课、人事课、事务课；业务处内设收购课、外销课、内销课、仓运课；技术处内设产制课、研究课、统计课；稽核处内设业务课、会计课、出纳课；仓运损害赔偿部内设总务课、业务课、会计课。

二、组织与业务演进的三个时期

公司创立以后，所有组织变更及业务推展，可分为三个时期：官商合办时期、增资扩充时期、国营专业时期。

官商合办时期。1937年5月1日，中国茶叶公司正式成立并举行第一次董监会议后，即于10日在上海开始营业。迨“八一三事变”，政府决定全面抗战，上海一隅因受战事影响，商业停顿，遂将中国茶叶股份有限公司总办事处迁设汉口，以利业务推展，其留沪部分即改为上海分公司，继续办理在沪茶叶出口贸易事宜，并于10月间成立汉口分公司，利用粤汉铁路运输路线，负责疏导两湖陈茶为主要业务。嗣因国际市场移转香港，乃于 1938 年 2 月间成立香港办事处，旋改组为分公司，专理国际市场推销事项。

1938 年 1 月，为适应战时需要，国民政府改组国家行政机关，撤销实业部、全国经济委员会和全国建设委员会等机构，成立经济部。因此实业部官股部分即由经济部接管，再加上中央主管部及地方政府的人事发生变化，除湖南省建设厅长余籍传外，原公司的官股董监事成员均为之调整。经济部参事卓宣谋任董事长，副董事长由自湖北调任浙江建设厅长的伍廷飏接替，安徽建设厅长蔡灏、江西建设厅长杨绰庵、湖北建设厅长严立三、福建省政府顾问徐学禹、经济部农本局协理蔡承新、经济部农林司司长钱天鹤等 6 人任理事，但商股的董监事没有变动，公司官商合办的性质亦未发生变化。1938 年 8 月，中国茶叶公司总办事处迁驻重庆办公，汉口分公司同时撤销。

增资扩充时期。1937 年 9 月，国民政府为控制资源、管理贸易，提出增进生产调整贸易办法大纲，经国防最高委员会通过颁行，在军事委员会下设置农产、工矿、贸易三调整委员会。1938 年 2 月，贸易调整委员会改隶财政部，称贸易委员会，由陈光甫、邹秉文担任正副主任委员，担负调节内外商品供需全责。原实业部属下的国际贸易局亦归贸易委员会管辖。中国茶叶公司在贸易委员会领导下调整经营策略，为抢运大批茶叶出口，特别是为完成对苏易货的工作中作出不少贡献。然因公司资本并不充沛，经营中又缺乏统一领导，而收购运输茶叶的任务又日益加重，在此形势下，公司必须进行增资和改组。

1939 年 5 月，中国茶叶公司召集各官商股东代表讨论增资问题，奉行政院令，公司资本由财政部加股 200 万元，中央信托局加股 100 万元，其原来未缴足之官商股本 81.95 万元亦由财政部拨足，合计扩充总额为 500 万元。7 月 7 日，公司在重庆召开股东大会，推定官商董监事。7 月 14 日，增资后的中国茶叶公司举行改组后的第一次董事会，选出新的董监事人选：经济部部长翁文灏担任董事长，常务董事钱天鹤、卢作孚、邹秉文、庞松舟、戴铭礼、骆清华、麦佐衡、汪汉航、邓以诚；董事卓宣谋、蔡承新、李傥、童季龄、倪遂吾、屈用中、严立三、徐学禹、杨绰庵、余籍传、蔡灏、叶世昌、唐季珊；监察王玮、黄赞尧、鲁佩璋、尹任先、凌宪扬、顾心逸、陈翊周。董事会聘请寿景伟担任总经理，唐叔璠、朱羲农担任协理，王华担任总稽核，吴觉农担任总技师。

增资改组后的中国茶叶股份有限公司虽然仍为官商合办，但商股的比例更少了，而财政部则以增股的方式进入了公司的管理层。

国营专业时期。1940 年 1 月 22 日，行政院院长蒋中正及财政部部长孔祥熙、经济部部长翁文灏发布行政院训令《调整茶叶贸易机关治本办法》，内容如下：

> 1. 全国茶叶之生产运销范围既广，数量亦巨，自宜由一机关专责办理。中茶公司原为经营茶叶产销机关，可即指定为国营茶叶专责公司。自 1940 年度起，所有全国茶叶之生产、制造、收购、运销及对外易货等一切业务，均归中茶公司办理。
>
> 2. 茶叶规定为统销货品，具有统制意义。关于产销之管制，应由中央政府为之。中茶公司应确定为纯粹国营事业机关。除经济部、财政部之股份，原属国库者外，所有中信局、各省政府、商人之股本，一律退还。由国库拨款补足，完全以国家资本经营，并增加资本为 1000 万元。
>
> 3. 茶叶为对外贸易之主要货品，且有易货关系，其一切产销计划与措施，应以政府贸易政策为依归，中茶公司应隶属于贸易委员会，所有一切计划及重要设施，应由贸易委员会审订，经财政部核定行之。

1940 年 5 月 1 日，中国茶叶股份有限公司奉令改为国营茶叶专业公司，修正公司章程，改名为中国茶叶公司，隶属于财政部贸易委员会，增加资本为国币 1000 万元，仍聘请寿景伟为总经理，并结束 1939 年度茶叶易货推销业务。公司遂由官商合办之股份有限公司，改组扩充为办理全国茶叶业务之唯一国营机构。

改组后的公司董监事成员全部由财政部指派。经济部常务次长潘宜之担任董事长，贸易委员会副主任委员庞松舟担任副董事长；董事卢作孚、骆清华、朱羲农、邹秉文、李傥、吴觉农、钱天鹤、寿景伟、陈公亮；财政部简任秘书鲁佩璋担任常务监察，童季龄、张度担任监察。

公司的主要行政人员也做了相应调整：总经理寿景伟，协理朱羲农、吴觉农、曾雨辰，主任秘书骆清华，总务处处长朱羲农、副处长董汝舟，业务处经理卓禧伯，副经理陈伟钧、刘铁良（驻港办事），技术处总技师吴觉农、副总技师冯绍裘，稽核处总稽核吴宗焘、副总稽核钱祖闻。

7 月 1 日，复奉贸易委员会令，贸易委员会下属各省办事处经办茶叶业务及富华贸易公司茶叶课交由中国茶叶公司接收办理，以期集中业务、技术各项专门人才，发展国茶贸易。

1941 年春，寿景伟辞职，李泰初继任总经理。1944 年春，因李泰初贪污案发，中国茶叶公司由董事长潘宜之负责主持。但因公司亏负过巨，积习过深，潘宜之认为无法挽救，于 5 月辞职，由贸易委员会主任委员邹林兼任董事长。1944 年 9 月 5 日，第三届国民参政会在重庆召开第三次会议，以黄炎培为首的 22 名参政员联名提案，列举中国茶叶公司种种渎职舞弊之事，要求政府“迅予彻查，依法严办，并将该公司彻底整顿改组，以肃法纪，而清政治。”1945 年 3 月，行政院决议中茶公司归并复兴公司。

第二节　代销汉口存茶与接办对苏易货

代销汉口存茶。1937 年 10 月 11 日，中国茶叶公司成立汉口分公司，聘请公司常务董事邓以诚兼充汉口分公司经理，总办事处亦同时迁移汉口。适值政府实施调整战时茶叶出口贸易政策，加之茶商在汉口存有二五箱红茶 65000 箱，曾向各银行抵押用款，无力赎出外运。于是，中国茶叶公司与汉口市茶业出口业同业公会商议，由原押款银行之四行贴放委员会、中国国货银行、湖北省银行、浙江兴业银行改作押汇，由中国茶叶公司运往香港、上海代销。

10 月 29 日，中国茶叶公司与汉口茶叶出口同业公会签订经销存茶合约，将二五箱红茶委托中茶公司运往香港或上海代销。中国茶叶公司依照伦敦市价垫付款六成至七成交与同业公会，茶箱装包及水陆运费并一切开缴等费均归中国茶叶公司代垫。茶箱在香港或上海贸易售货后，垫款由各货主按月息 9 厘，并照旧售价提 2% 作为佣金付与中茶公司。所有保费概归各货主负担（后由贸易调整委员会津贴兵险、保费）。

嗣因长江轮运阻滞，改经粤汉路转港，运费既高而兵险保费亦巨，国外茶价见低，茶商无力负担。为疏导出口贸易起见，12 月 5 日，中国茶叶公司又与军事委员会贸易调整委员会及汉口茶商订立调整汉口存茶合约。

中国茶叶公司代销茶叶，其由粤汉路徐家棚站起运至香港九龙车站止，每担运费为 1.59 元，由同业公会垫付半数，其余一切费用统归茶商自理；同业公会对于中国茶叶公司代销茶叶，由汉到港之兵险每百元保费为 5.15 元，由同业公会垫付 4.15 元；中国茶叶公司将 1937 年 8 月 13 日以前之每字茶叶市价列表报告同业公会，作为标准价格。如售价在标准价格以上，中国茶叶公司应负责将同业公会所垫付之款，在标准价格以上之余款内尽先扣还缴予同业公会，如售价在标准价格以下时，同业公会所垫付之款即作为补助茶商，毋庸扣还；同业公会对于垫付运费及保费，分向铁道部及中央信托局商请减免，倘部或局允准时，同业公会得将已由公司扣还之款退还茶商（后铁道部特允减轻运费，六折收款）。

1938 年 1 月起至 6 月中旬止，中国茶叶公司代运汉口存滞红茶 29472 箱、计值 80 万元，绿茶 2381 箱、计值 80000 元，均在香港陆续售出。尚余 3 万箱，以外销黑市损耗过巨，虽经贸易会津贴每箱运费 2 元，仍无法售出。

1937 年 8 月 13 日以前之每字茶叶市价

安　化	提庄 90 元，头字 50～60 元，普通头字 44 元，二字 40 元，三字 34.5 元，四字 30 元
桃　源	头字 44 元，二字 40 元，三字 34 元
长　寿	头字 40 元，二字 35 元，三字 30 元
羊楼洞、聂家市等处	头字 34 元，二字 30 元
高　桥	头字 30 元，二字 25 元
蓝　田	头字 27 元，二字 25 元，三字 22 元
永　丰	头字 25 元，二字 21 元
湘　阴	头字 25 元，二字 22 元
浏　阳	头字 36 元，二字 30 元
宜　昌	头字 92 元，二字 50 元
湘潭各埠子茶（蓝田、永丰、浏阳在内）	头字 22 元，二字 20 元

接办对苏易货。1938年2月，对苏易货工作开始启动。易货的种类主要是农矿产品，而农产品中如桐油、羊毛、牛羊皮等，不是因为苏方需量甚微，就是中方供应不足。只有茶叶一项，苏方需求甚殷，而中方亦可提供出口，所以茶叶就成为对苏易货最重要的农产品，用以易取国防用品或偿还债款。贸易委员会屡奉蒋介石和孔祥熙的谕令，多次与苏联协助会代表进行磋商，劝其取消购买日本、锡兰茶叶计划，将其全国所需茶叶改向中国购买。经反复游说，终获莫斯科方面的赞同，并指示苏方代表先向贸易委员会订购红绿茶10.6万公担，红绿砖茶20.5万箱，共1400余万元，苏方并声明，如市场产品增加，还可继续收购。

为适应形势的变化，财政部于1938年6月14日制定并公布《管理全国茶叶出口贸易办法大纲》，以法令形式授命贸易委员会负责管理全国茶叶的出口贸易，统筹收购运销事宜。1938年，贸易委员会及苏俄出口协助会共同商定，苏销箱茶、砖茶及包装老茶由中国茶叶公司经办，当年共计经办砖茶48165箱，价值55万余元。是年，茶叶一项，出口往苏联之值逾4000万元。

1939年5月，财政部对《管理全国茶叶出口贸易办法》略加修正并报行政院核准施行，修正后的大纲规定："各省茶叶收购外销事宜，由贸易委员会负责统筹办理，并由中国茶叶公司利用原有机构尽量协助，其国外推销事宜，亦由中国茶叶公司负责办理；各省茶叶生产、管理、运输事宜，由各省政府组织茶叶管理机构，商承贸易委员会办理；所有茶叶收购价格应由贸易委员会征求货主同意，但必要时得定价收买之。"

6月8日，行政院召集经济部翁部长、财政部徐次长、交通部卢次长、贸委会邹副主任委员、财政部庞会计长、中信局代表盛平臣，中国茶叶公司董事会主席卓宣谋、总经理寿景伟，共同商讨关于茶叶管理问题。会议决定全国茶叶改良产制、收购、运销及对外贸易各事宜，为求管制合理化起见，即划归中国茶叶公司统一管理，以专责成。由财政、经济、交通三部及产茶各省政府，随时协助一切；由财政部转饬贸易委员会，将其经办全国茶叶管理及对苏易货一切案卷，移交中国茶叶公司；会计及稽核事务仍由财政部查例办理；由财政部贸易委员会委员兼中国茶叶公司总经理寿景伟主持其事。

1940年7月，中国茶叶公司正式管理全国茶叶的统购统销事宜。原贸易委员会和富华贸易公司属下各地的办事处所经营的茶叶业务，全部交由中茶公司接收办理。

1939—1940年度，对苏茶叶易货合约全数完成，销售16.49万市担，值国币1344.666万元；1940—1941年度，合约为27万市担，价值美金497.5281万元，因运输困难以及苏方挑剔，实际完成交货箱茶407771箱；1941年度，中国茶叶公司原计划完成收购外销茶60万箱，实际收购281771箱；太平洋战争爆发后，运输阻滞，1942年度和1943年度，规定收购数量均下降到20万箱，1942年度仅评购到26130箱，1943年度更下跌到8544箱。

据财政部官员的调查和分析，未能完成计划，大致有以下几项原因：其一，中国茶叶公司未能及时拨汇前两年所欠各省之茶款，以致当地社商资金周转困难，无法进行收购；其二，历年茶叶贷款发放过迟，茶商无力制茶；其三，其时物价上涨幅度加剧，而茶叶价格未能依其他物价上升比例提高，茶农茶商因成本激增要求加价，公司却不能随时评购，因而纠纷不断，影响收购。

偿还中苏信用借款与苏订立易货偿债合约之茶类及数量一览表

合约别	茶　名	合约所订量值		已交量值		
		净　重	价　值	数　量	净　重	价　值
1938—1939年箱茶合约	红绿茶	—	—	369166箱	217941.88市担	14881129.32元
1939—1940年箱茶合约	红绿茶	164900市担	13446660元	439388箱	262689.7325市担	13858481.62元
1939—1940年茯茶合约	茯茶砖	252000公斤	756000元	85822片	238735.635公斤	716207.81元
1940—1941年箱茶合约	红绿茶	270000市担	4975281.1美元	53551箱	29901.6025市担	293059.51美元
1940—1941年茯茶合约	茯　茶	300000公斤	300000美元	102513片	299541.48公斤	299516.51美元
1942—1943年黑砖合约	黑　砖	4200000公斤	9702000美元	461064片	892041.88公斤	1771010.95美元

注：中央信托局统计。

1940 年茶叶交苏易货箱额表

月　份	箱数（箱）	市担（担）	金额（国币元）
1	65142	38272.3325	2733386.05
3	71339	43852.6507	2622572.73
4	77145	46550.0000	1848458.10
6	83440	47906.3650	2310746.15
8	57092	35481.2300	1680732.73
9	24907	14111.0500	652464.45
12	28706	17460.6000	602282.07
合　计	407771	245638.2282	12529612.52

第三节　中国茶叶公司对宜红区的统制经营

1938 年 6 月以后，两湖红茶始行上市，于战事紧张之际，中国茶叶公司先后选购新旧外销红茶 3445 箱，值 7 万余元，并将适合英销茶 1600 余箱，运港转英销售，颇得善价。此为中茶公司统制宜红之前，对宜红茶的成功商业经营。

1939—1940 年，为中茶公司对宜红的统购统销时期。

一、依托湖北省茶叶管理处和中茶湖北办事处实施统制经营

1939 年 4 月，为配合省政府与财政部贸易委员会签订贷款运销合约，湖北省政府建设厅在宜都成立湖北省茶叶管理处。省茶管处主要承担茶商贷款、分途收购、制成装箱，交贸易委员会验收运销。

6 月 16 日，奉行政院院长孔祥熙手谕，全国茶叶改良产制、收购、运销及对外易货各事宜，责成中国茶叶公司办理，并指定该公司总经理寿景伟主持其事，仍由贸易委员会督导进行，并奉财政部令，派寿景伟兼贸易委员会茶叶处处长。

7 月 13 日，寿景伟电湖北省政府严立三代主席：“本年度贸委会与各省

所订合约仍继续有效，归中国茶叶公司接办，鄂省收茶仍暂南（夔）处长、徐（方干）副处长主持，并由本公司派黄国光会同办理。”

自 7 月 16 日起，中国茶叶公司开始接办湖北茶叶事务及改组湖北省茶叶管理处，该处原有负责人员概不更动，由中茶公司分别聘派。仍聘请南经庸（夔）处长、徐方干副处长继续主持督理一切，并派中茶公司黄国光专员会同办理，共策进展。

1940 年 6 月 1 日，中国茶叶公司设立湖北办事处，并暂就恩施五峰山恩施实验茶厂内办公，技术专员黄国光兼任湖北办事处主任，恩施实验茶厂副厂长王乃赓任副主任。7 月 25 日，中国茶叶公司调黄国光为技术处产制课长兼业务专员，主任改派杨一如专员接充，王乃赓仍为副主任。

1939—1940 年，中国茶叶公司在湖北的茶叶统制经营，主要依托湖北省茶叶管理处、中国茶叶公司湖北办事处。恩施实验茶厂、五峰精制茶厂及鹤峰联合茶厂均隶属于湖北办事处。

1941 年 1 月 18 日，中国茶叶公司湖北办事处归并恩施实验茶厂。3 月 18 日起，恩施茶厂改称中国茶叶公司恩施直属实验茶厂。湖北办事处撤销后，由恩施实验茶厂继续办理中国茶叶公司在湖北的一切茶叶业务，并管辖五峰、鹤峰两厂。

二、茶叶评价

1939 年度茶叶评价。依据《贷款收茶合约》第 16 条规定，贸易委员会收购茶叶需组织评价委员会，邀集省方代表及茶师评定等级。

1939 年，共制鄂茶正副茶 10681 箱。头批箱茶 6170 箱，由毛汝霖押赴衡阳，于 9 月 6 日起运；二批箱茶 1627 箱及片末 2840 箱，由毛汝霖函托省茶叶管理处处长南夔代收代运。计划 9 月底到宜都装载待转衡阳，但适值长沙会战，局势紧张，宜都到衡阳水道不通，后改由宜都运宜昌，分装民权、民贵两轮运至重庆。

10 月 21 日晚，省茶叶管理处副处长徐方干作为省方代表乘民权轮由宜昌启程赴重庆。10 月 25 日，徐方干抵渝以后，翌日即向贸委会、中茶公司接洽进行评价及收购事宜。10 月 27 日，由贸易委员会召集三方代表洽定，遵约先请贸委会函请商品检验局施行检验，然后评价收购。11 月 2 日，徐方干函请贸委会迅催商检局施行检验，并促中茶公司迅予评价收购，以清手续。11 月 3 日，贸易委员会殷公武、柳培潜、陈启东及中茶公司黄国光，鄂省代表徐方干会商议定："重庆商品检验局不办检验，改由贸委会、公司会同派员检定。如认为合于外销，则评价收购；评价会由贸易委员会 3 人，中茶公司 2 人，省代表 1 人，茶师 2 人组成；检定后是否合于外销茶之品质，大样与大帮茶是否完全相符，须由茶商具结，省方保证；每 50 箱扦取样茶 2 箱，由会方、中茶公司及茶商会同扦取。"

11 月 7 日，召开二批鄂茶评价委员会第一次谈话会商定："11 月 18 日实施检定是否合于外销；公司于前 4 日内会同货主扦取大样，于 3 日内将大样扦竣，密码编定，交由评价委员会评定茶价后，由公司于一星期内收购付款。"

11 月 10 日，将箱茶全部起入贸委会第一仓库内，因起驳入仓时，未能按照各厂唛头分别堆存，扦取样茶困难，乃由会方通知仓库管理员雇工先行清理，然后依照各唛头箱数比例扦取样茶 4000 余箱（疑为 400 余箱的误写），事经旬日方行清竣。

12 月 6 日，二批鄂茶正式举行评价会。省方代表徐方干报告：

> 1. 宜红向较湘红品质为高，售价亦高。
> 2. 本年一切物价高涨，成本亦提高。
> 3. 本年宜红产量突增，故人力、物力殊有不敷，亦足以增高成本。
>
> 根据上述三项理由，希望评价酌予提高，且鄂茶到渝已久，茶商停候，希望早日结束。

经评价会讨论，一致通过中心价格为 60 元，每分以 1 元 5 角计，依品质高下递增或递减；由贸委会、中茶公司、省方代表三方就密码茶样评看计分，以三方分数之总和平均数作为本会决定之价格；价格评定后，由中茶公司启封通知茶商。

12 月 7 日，中茶公司通知各茶厂来渝代表征求意见。渔洋关茶厂代表以本年生产成本高涨，请求将所评价格酌予增加，于是省方代表徐方干函请贸委会并请转中国茶叶公司，将茶价酌予增高。

12月13日，贸委会复函称茶价应维持原案，不能加价。

12月25日，中茶公司始派员过磅，至28日办竣。12月29日，由中茶公司通知各厂。因评价收购时间拖得太长，渔洋关各茶厂到渝代表提请在应得茶价内先行酌拨1万元（每厂2000元）以资周转，得到同意。

因二批茶评价收购耽延，徐方干委托湖南省茶叶管理处处长刘宝书，会同贸易委员会、中茶公司进行运衡阳头批茶评价。得刘宝书及贸委会、中茶公司同意。1940年1月9日，运衡阳头批茶评价完毕。

是年，头二批鄂茶自宜都交货，评价收购手续拖延3月有余，各厂贷款息金月负数千元，不堪重负。1940年1月2日，徐方干祈请贸委会函鄂省府转饬茶管处，将各厂贷款息金结至1939年12月31日止。1月8日，贸委会复函照办。

1939年二批鄂茶评分表

茶　号	1	2	3	4	5	6	7	8	9	10	11
贸会分	49	40	44	38	39	31	40	42	50	34	20
中茶分	43	36	38	34	36	24	37	35	44	22	16
省方分	62	56	61	56	54	40	55	58	60	40	30
总　计	154	142	143	128	129	95	132	135	154	96	66
平　均	51	47	47	42	43	31	44	45	51	32	22
均　价	76.5	70.5	70.5	63	64.5	46.5	66	67.5	76.5	48	33
等　级	A	B	B	D	D	E	C	C	A	E	F

1939年鄂茶评价表

单位：元/担

茶厂名称	第一批		第二批		备　注
	唛　头	评　价	唛　头	评　价	
源　泰	贡　仙	132.00	鹤　仙	76.50	
	宜　仙	84.75	鹤　品	48.00	
	—	—	仙　品	33.00	
恒　信	宜　贡	133.50	宜　宝	66.00	
	宜　品	94.50	宜　珍	67.50	

续表

茶厂名称	第一批		第二批		备　注
	唛　头	评　价	唛　头	评　价	
华　明	华　贡	—	华　宝	70.50	华明第一批茶在湘潭全数被炸，故缺
	明　仙	—	明　珍	63.00	
民　生	香　艳	131.25	香　美	76.50	
	香　蕊	87.75	香　品	70.50	
成　记	成　贡	126.75	鹤　尖	64.50	
	成　仙	80.25	鹤　仙	46.50	

注：资料来源于湖北省档案馆（LS031–003–0732–0007），湖北省政府建设厅关于湖北省茶叶管理处副处长徐方干报告鄂茶评价手续及茶商贷款息金的指令、训令。原表第二批评价“鹤仙”75.60元，可能是抄录错误，根据《1939年二批鄂茶评分表》，更正为“76.50”。

1940年度茶叶评价。1941年1月16日，中茶总公司电示恩施实验茶厂“1940年鄂茶评价不能过高”，并列举理由：

> 一是1940年宜红区鲜嫩生叶多已制白茶，故毛红芽尖甚少，品质较1939年为次，且条索不紧，状况粗大，发酵不足，茶质已属次等。
>
> 二是1940年毛茶收价以源泰为最高，每斤曾出2元大关，一般顶价均在一元五六角左右，旺收之际，仅7角上下，宜昌战局转进后，每斤仅及5角，当地均用24两老秤折合市斤，价格当不如该茶管处估计之高。
>
> 三是鄂省贷款额远较其他各省为高，自无以贷款平均数作最低扯价之理。
>
> 四是祁红为国茶中最优级者，不得与之相提并论。
>
> 五是五峰茶厂创办伊始，收购毛茶较迟，价格较高，茶工待遇优，制茶期间亦较长，一切开支均较一般茶厂为大，自不能作为评价之依据。

1941年8月，1940年度箱茶大部运抵津市、重庆、恩施分别交箱。8月31日，恩施实验茶厂代电省政府建设厅，呈请省府委派代表2人商洽组织茶叶评价委员会，并电饬渔洋关茶业公会推举代表 1 人参加。9 月 18 日，省建设厅回电恩施实验茶厂，派茶叶管理处代理处长高光道及建设厅农林股股长彭绍茂充任代表，并电茶叶管理处转知渔关各红茶厂推定代表 1 人参加。10 月 9 日，省茶管处副处长高光道、渔洋关红茶业同业公会萧俊川起程赴恩施，参加 1940 年度茶叶评价会议。

1941 年 11 月 29 日上午 8 时，召开 1940 年度鄂茶评价委员会第一次会议。彭绍茂、高光道、王乃赓、杨一如、厉菊仪、王堃出席，列席萧俊川（茶商代表）、卢锡良（特约荣益茶厂代表），主任委员王乃赓任会议主席，杨茂记录。

王乃赓报告：

1. 鄂茶评价因运输路线与方式一再改变及运费中断等关系，以致办理特迟，得于今日开会评价，还是可慰之一事。

2. 鄂茶中心价格前经鄂处根据各商厂报价酌予核减后呈报公司，但公司仍认为报价太高，核定中心价为每市石 160 元，每箱最高 100 元，仍饬会同茶管处与各商厂切实商减，曾以五种理由指示鄂茶中心价格不能过高之原因。

3. 运渝、运津及运鹤转恩各箱茶均已作收箱，待评价后即可结价。至存渔箱茶 800 余箱亦于此次一并评价，但须俟收箱后付款。

4. 评价委员会之组织为省方代表 2 人，会方代表 3 人，主任委员与主任茶师指定由会方担任。

5. 为减免错误起见，评价方法系采取编密码分批品评方式，先由主任茶师评定给分，再由三方会同认可等次后才作决定。

6. 1940 年宜红规定最高分数为 92 分，最低分数为 56 分，如有特优者，再为酌升。

7. 保险费因系全程一次投保，须以路程远近，由公司与商厂分摊，交箱前由商厂负担。

8. 运费照例在交箱前应由商厂负担。

9. 贷款利息照例应结至收箱时止，但 1940 年宜红以种种原因影响，收箱时自可酌量伸缩，办法请示公司。

萧俊川随即陈述1940年鄂茶成本约为280元一石，加以年余之利息、税捐、杂缴，结至现在每担实不下350元，请将保险费、运费俱归公司负担，并将贷款利息截至1941年2月底止，以示体恤，又出险茶130箱是否在此时评价，亦请指示。

省方代表高光道提请根据主席报告及茶商愿望提付讨论。

中心价格略予提高案，决议由省方提出书面建议，交主席转呈公司核示，目前仍照原定中心价格评价；保险费如何分摊案，决议比照里程酌定商厂负担四分之一，公司负担四分之三呈报公司核定；贷款止息日期如何决定案，决议截至本年2月底止息；运费分摊案，决议原则以每箱由商厂负担10元，在茶价内负担5元，茶价外负担5元；评价手续按照主席报告与拟就评茶要点进行案，决议通过；已收、未收箱茶照主席拟定手续结价案，决议通过。

12月1日晚7时，召开1940年度鄂茶评价委员会第二次会议。出席与列席人员与第一次会议相同。

王乃赓报告：

1. 自11月29日起至30日止，已将全部茶样评毕，昨今两日继续核算分数，校对密码与唛头，当众启封，分别登记。

2. 宣布各唛头分数（见附表）。

3. 品质审查表中规定六项分数，以形状15分、色泽10分、香气30分、滋味20分、水色20分、叶底5分为标准，现在结分仍照上列差异百分比结算。

4. 给分小数采四舍五入法。

评价委员杨一如报告：

1. 1940年鄂茶中商厂共成茶5270箱，现已收箱者为4261箱，存渔待运者849箱，出险者130箱，零星损失不堪改制次级茶又未据报理赔者30箱，合计实符5270箱原数。

2. 依评价结果计算，1940年本公司已收、未收全部箱茶总值

529612.15 元，已收箱者占 466918.15 元，业经分别就厂别唛头制成通知书分发。若加入出险茶价 15060 元，共为 544672.15 元，其平均价为 173 元强，已在中心价之上。

茶商代表萧俊川陈述成本过高，已于第一次会议中报告，此次评分太低，亏累太大，应请提高 6 分给价，且因亏累太大，实不能再分担运费。至于中心价格，仍请照第一次会议决议案转呈。

省方代表彭绍茂主张应从国营事业立场上着眼救济茶商与茶农，高光道提出酌加分数及运费负担两点请付讨论。

提请增加评茶分数案，决议照评定分数每唛头加 3 分，报请公司核定；提请修正运费负担办法案，决议运费每箱由商厂负担 10 元，于茶价外加入成本，由公司增给之。

评价结果引起渔关红茶业同业公会强烈不满。12 月 2 日，五峰渔关各红茶厂代表萧俊川、宫子美、易玉振、彭赞臣，致电省政府建设厅厅长朱一成，要求省方代表提请评价会议提高中心价格转呈中茶公司。恩施实验茶厂于 12 月 18 日，通知渔洋关红茶业公会暨 8 厂（源泰茶厂经理宫葆初、恒信茶厂经理龙乐群、华明茶厂经理彭赞臣、民生茶厂经理刘鸿卿、成记茶厂经理宫子美、裕隆茶厂经理张少卿、宜都恒慎茶厂经理王少达、陆峰茶厂经理隗金山），将中茶公司电示 1940 年鄂茶评价不能过高之五种理由公开。

1942 年 1 月 14 日，渔关茶商代表萧俊川暨 8 厂经理呈省政府建设厅厅长朱一成，一一驳斥中茶公司所谓五种理由：

1. 1940 年宜红贷款较 1939 年提前月余贷放，各厂入山收购时，即低山茶叶亦尚未达采制时期，且收茶人员鉴于茶管处检验甚严，深恐不合标准，故收购异常注重，何有叶底过老，制造粗放情事，箱茶俱在，不难公开复验。

2. 1940 年毛茶山价经五峰、鹤峰、长阳各县府会衔布告，规定为每斤 1 元 6 角至 1 元 3 角，严禁抑价取巧，并由茶管处派出外勤员多名，轮赴各产茶区宣传监视，茶农非尽聋盲焉，能受各厂欺蔽？且各厂因抢购，竟添茶价至 2 元以上事诚有之，7 角、5 角之价不知何所根据。

试问中茶公司所设之五峰茶厂曾购此低廉之茶叶否耶？至于秤斤本系向例如此，以大秤制成市秤，所余即耗入花香、片末之中，此项尾茶既未蒙公司允许收购，则等于废物，自应算入成本之内。

3. 1940年宜红贷款数额在茶管处第一次召开会议之时，原定每箱贷放80元，嗣因要求无效，故每箱仅贷60元以内，不足每箱成本之半，其余全由商厂设法借贷，始得完竣。原电以贷款平均数作最低扯价一语，或系前鄂办事处所拟不顾事实之办法，商等实无此自赔血本之要求。

4. 祁红品冠全国，宜红应居其次，此一般公论，商等实未敢与之争衡，原电不知何指？

5. 五峰茶厂收购较迟，如原电所云，唯毛茶向例以开始收购之时出价最高，愈迟则茶质渐老，价亦渐低。五厂收购较迟而出价反高，实百思不得其解，原电有五厂官营一切开支较各厂为大，成本自高，不能作为评价之依据云云。试问耗费多金，其制品仍与商厂相等，又何贵有此官营乎？谓商厂价格不能与之相提并论，是抑制商厂也。

1月28日，省政府建设厅指示渔洋关红茶业代表萧俊川："中茶公司无意提高中心价格，所请应毋庸议。"

1940年度鄂茶评价给分给价等级表 单位：元

一等	甲级	分数（分）	96	97	98	99	100
		价格	250	255	260	265	270
	乙级	分数（分）	91	92	93	94	95
		价格	225	230	235	240	245
	丙级	分数（分）	86	87	88	89	90
		价格	200	205	210	215	220
二等	甲级	分数（分）	81	82	83	84	85
		价格	175	180	185	190	195
	乙级	分数（分）	76	77	78	79	80
		价格	150	155	160	165	170

续表

二等	丙级	分数（分）	71	72	73	74	75
		价格	125	130	135	140	145
三等	甲级	分数（分）	66	67	68	69	70
		价格	100	105	110	115	120
	乙级	分数（分）	61	62	63	64	65
		价格	75	80	85	90	95
	丙级	分数（分）	56	57	58	59	60
		价格	50	55	60	65	70

注：以78分为中心分数，中心价格160元，每上行1分加5元，每下行1分减5元。

1940年鄂茶（宜红）评分表

厂名	唛头	分数（分）	厂名	唛头	分数（分）
源泰	贡贡	91.7	源泰	宜仙	77.1
恒信	赛红	92.9	陆峰	春茗	74.5
源泰	贡仙	85.2	成记	成仙	74.2
华明	华贡	84.1	恒信	宜品	75.2
恒慎	琼珍	83.8	民生	香蕊	75.4
陆峰	银鹤	82.3	华明	明仙	75.5
成记	成贡	84.0	源泰	鹤仙	62.0
裕隆	艳美	84.2	华明	华宝	62.5
恒信	宜贡	83.2	民生	香美	63.0
民生	香艳	84.9	成记	鹤仙	62.7
裕隆	品美	75.4	恒信	宜宝	63.1
恒慎	芳蕊	74.5	裕隆	珍品	63.5
恒慎	华宝	62.3	陆峰	翠兰	60.7

1940—1943年中茶公司收购外销茶中心价比较表　　单位：元/担

省别	茶别	1940年	1941年	1942年	1943年
浙江	平绿	116.48	170.00	270.00	—
	遂绿	100.98	155.00	250.00	1216.00
	温红	74.80	120.00	200.00	875.00
	温绿	80.63	—	—	—
安徽	祁红	220.00	240.00	400.00	1200.00
	屯绿	133.00	185.00	360.00	1255.00
江西	浮红	210.00	240.00	400.00	1200.00
	河红	170.00	180.00	330.00	1050.00
	宁红	170.00	200.00	360.00	1150.00
	婺绿	143.00	185.00	360.00	1255.00
	玉绿	120.00	—	—	—
福建	闽红	—	200.00	290.00	650.00
	闽绿	—	240.00	285.00	580.00
湖南	湖红	170.00	145.00	260.00	914.00
湖北	宜红	160.00	—	—	—

三、茶款结付

1939年度茶款结付。1939年头批宜红茶运达衡阳2813箱，值国币195227元；二批茶运渝4511箱，值国币151916元，经函准贸易委员会改为西南、西北各地内销需要。

1940年2月18日，省茶管处副处长徐方干电省建设厅厅长林逸圣："据渔茶商面称，茶期瞬届，各项债务急待清偿，恳电请贸委会迅将头二批茶价及被炸赔款悉数汇茶管处结算，以维商艰。"2月20日，省政府建设厅转电财政部贸易委员会。3月，二批鄂茶茶款由茶管处转发结束，唯头批茶款仍未结付。

1940年3月27日，省政府建设厅电贸易委员会，请转函中茶公司迅予汇寄1939年头批茶款。4月12日，贸易委员会回电："首批鄂茶价款已屡饬中茶公司从速结算，据称应俟该茶风霉问题解决后方能照办，现正电饬从速。”

1941年4月，源泰、恒信、华明、成记、民生5家茶厂经理宫葆初、龙乐群、彭赞臣、宫子美、刘鸿卿，在接到省茶管处抄发中茶公司结付1939年运衡阳茶款结单扣运缴各费达12万元，近20万元衡款所余仅8万余元，莫名激愤，呈请省茶管处向省政府建设厅申诉，并一一列举理由：

1. 运费。省、会双方所订条约第12条内载：“会方需用茶叶，由省方责成茶商运至双方商定地点，并由会方直接向茶商收购。”1939年双方商定以宜都为交货地点，由公家租设茶栈，令商等运宜都交箱。商等履约运达该地，由贸委会派毛汝霖专员就地收购，制有正式收据。则宜都以外转运各费当然不属商人，故呈报成本只列渔关至宜都运费。今贸委会于收购后复扣运费8万余元，适违背第12条之规定。

2. 缴费。省、会双方条约第13条：“会方应在商定地点设栈，并派负责人员常川驻栈，于茶商运到后即时接收，驻栈人员薪给概由会方支给。”今公司于收购之后，派毛汝霖专员赴衡阳之缴费1.9万余元加诸商人。商人于交货后即不负担一切。毛汝霖专员系会方所派，自应由会方支给。此事曾由湖北省建设厅于催结衡款案内以“毛专员为会方内部之事，不得涉及商人”直斥其非。今以此项缴费加诸商人，适违反第13条之规定。

3. 转口税。贸委会编印《茶商须知》内载：“先年茶商受洋行、茶栈种种花样痛苦，政府体恤，商人就地出售，贸会就地收购，运费省却不少，而且不要担心敌机轰炸。”茶商既已在宜都就地出售，惟静候结款。无论是否出口、是否被炸，任何税款均与商人无涉。今贸委会扣除转口税1.5万余元，适违反上项规定。

4. 仓租、起下、过档、息金、打摊、样罐种种花样扣除之款，倍于曩昔洋行商人，既已出售，种种均属会方，何得节外生枝，任意滥扣。

5. 上项运费当二批价款在渝结付时，第一次20000元，第二次78447.58元，汇费632元，共计99079.58元，适合二批正副茶价。当时各厂负责人均在重庆，无片言只字涉及运缴费，足见运缴费由贸会负担，非关商人。今乃于结清衡款时又扣渝茶缴运费，明系节外生枝，居心剥削。

6. 修箱复火费。运渝茶箱破坏300余口，概由公家负责，不扣商人价款。今衡阳被炸为人力不可挽救之损失，商人决不负责。箱茶每箱净重63市斤，今赔偿不过每箱60元，其折耗之数应按照未炸箱茶重量追赔。商人已售之茶纵使全部被炸，亦应赔偿修箱，此项折耗及费用更不应涉及。

4月21日，五峰县县长王维时，省茶叶管理处处长南夔、副处长高光道将渔洋关茶厂实情，分别呈报省政府主席陈诚、省建设厅。

衡阳茶款，相悬两年未给。茶商迭向省政府及省建设厅、省茶管处、贸委会、中茶公司各方呼吁，迟迟未得到中茶公司公平结算。迟至7月9日，省政府建设厅代电五峰县政府、省茶管处："省政府转电贸委会、中茶公司迅予依约结算。"10月7日，衡款由中茶公司如数归还。头批茶款虽经结付，但对于运衡阳茶款结单扣运缴各费，茶商们仍在据理力争。

10月17日，财政部贸易委员会函湖北省政府："1939年头批鄂茶每箱投保茶价60元，依据该年鄂茶每箱收购扯价47元3角，加入每箱运衡运缴及转口税应摊之13元1角9分4厘计算，共为60.49元，核与茶商应领中信局理赔每箱茶价之60元相吻合，当时投保茶价已将每箱由宜都运衡阳运缴及转口税各费包括在内。该批鄂茶在未经评价以前被炸，所有运缴各费自应由保险理赔款内扣除，中国茶叶公司扣除运缴各费及转口税，仅系限于被炸部分，其未被炸运衡评价之茶运缴各费悉经归由该公司负担，并无不合。该商等原呈所称各节显有误会，兹以该批被炸箱茶，茶商所得每箱价款已较未被炸运衡之茶价为少，且保险赔款中信局又复未能早日拨付。为顾念各茶商资金滞困，不无损失起见，所有中国茶叶公司已扣被炸箱茶部分之运缴各费及转口税，姑准由该公司查明发还。"

11月13日，中茶公司总经理李泰初代电湖北省政府："运缴各费共30813.61元，计保险费20598.55元，船运费5767.33元，杂缴2829.91元，打包费1617.82元，暨转口税15106.50元。兹在运缴各费内除去打包费1617.82元，实应发还被扣运缴各费29195.79元，转口税15106.50元。"

另外，贸易委员会及中茶公司贷出24万元，依约应由转贷之日起算交箱之日止息，且省方代表茶管处副处长徐方干在渝评价时函请贸易委员会，将各厂茶贷利息定于1939年12月底截止，并得到贸易委员会函复同意，但结算时中茶公司仍结算至1940年5月底，溢额之息8000余元。渔洋关镇红茶业公会萧俊川、宫葆初、刘鸿卿、龙乐群、宫子美、彭赞臣等茶商申述，经湖北省政府建设厅电咨中茶公司，将所扣除被炸箱茶运缴（打包费）1600余元和茶贷溢额之息8000余元如数发还。或因资料收集不全，抑或实际情形，是否发还9600余元暂不得而知。

中国茶叶公司1939年度收购鄂茶评购款及代垫运缴各费清单

1941年3月抄

摘　　要	借方（元）	贷方（元）
运湘头批鄂茶2801件结价		195227.84
运渝二批正1620箱，副2884箱		99079.58
运渝二批中之头茶副7箱价款		771.00
中信局保险湘潭被炸3357箱赔款		201420.00
托鄂省行在渝茶商预支二批鄂茶款之一部	20000.00	
汇宜都鄂省行拨付二批鄂茶价款	78447.58	
上款电汇费内扣	632.00	
归还鄂省行代垫头、二两批鄂茶运缴各费	84132.42	
归还鄂省行代垫贸委会毛专员报销经付头、二批鄂茶运缴各费	19195.06	
贸委会贷款及利息	132704.00	
本公司贷款及利息	132704.00	
贸委会湘黔办事处垫付被炸箱茶应扣还之转口税	15106.50	
本公司代销二批鄂茶装样用广铁筒10个，洋铁筒100个	115.00	
本公司归还贸委会二批鄂茶在渝起驳存仓等费	2432.65	
本公司归还贸委会二批鄂茶在渝过档费	360.88	
本公司归还贸委会二批鄂茶在渝打摊费	306.11	
本公司归还贸委会二批鄂茶在渝仓租费	2706.60	
本公司归还贸委会二批鄂茶在渝仓租费	665.70	
合　计	490231.37	496498.42

1940 年度茶款结付。1941 年 11 月，在恩施评价以后，茶商以评价不公亏折过巨，要求中国茶叶公司提高中心价格，未蒙允准，仅许以从优复评，延宕至 1942 年 5 月骤食前言不允复评。茶商以息累难堪，但求速结。中国茶叶公司不但延不结付，竟对茶商催结函电概不置答。茶商倾家败产冤愤难申，曾先后分电军事委员会、财政部、省政府及建设厅。

1942 年 7 月 15 日，渔关茶业公会主席萧俊川，各茶厂经理宫葆初、龙乐群、刘鸿卿、张少卿、彭赞臣、宫子美、隗金山、王少达，联名呈报省政府建设厅厅长朱一成："1940 年鄂茶价款前因评价不公，亏本过巨，要求复评，函电盈尺，甫能邀准，又食前言。商等以债息逼迫，不敢再事争执，忍痛认可，但求早日结付。讵料恩施茶厂一再藉词推延，始则谓省行要求款交该行转付，经商等函请中茶公司五峰茶厂转呈恩施茶厂，将茶款汇交五峰茶厂，召集省行渔洋关办事处主任及各厂经理三面结算，以了债务，并乞转知鄂总行电知渔处照办去后迄不蒙复，只得再电恩厂，恳乞迅汇。顷接复电，又以钧厅及省行均请其交款转付等语，以资搪塞，伏思省方应收贷款本息及溢息，商等于每次领取茶价时，均经按照规定利率分次由中茶公司付款机关扣取，自应由公司与钧厅会算清结，与商等结价无关。恩厂以此借口，实觉毫无理由。"7 月 16 日及 17 日，省政府建设厅致电中茶公司及恩施实验茶厂，将应结茶款汇省政府建设厅转付。

9 月 8 日，渔关茶业公会主席萧俊川暨 8 厂经理联名致电湖北省政府主席陈诚："环恳钧府电请贸委会，迅饬该公司克日照案结付茶款，并将源泰、成记两厂在运输途中遭风出险箱茶，按照保险规定向中信局理赔，以便并案结价，所有 1941 年 2 月以后商等所负宜都省行贷款息金，亦应由公司负担。因商等交茶系在 1941 年 2 月以前，延不收箱并不结账，责在公司，商等实不能认此冤息。"

9 月 26 日，湖北省临时参议会议长石瑛、副议长胡忠民致函湖北省政府："据渔洋关镇茶业公会主席萧俊川及各茶厂经理宫葆初等代电陈述，受中国茶叶公司种种抑勒情形，请转咨贸易委员会，饬令该公司克日照案结付茶款，代付负债息金，并负责催付保险赔款，以资拯救而息纠纷。提经本会第二届第二次驻会委员会第 23 次会议决议，转请省府函贸易委员会查明办理。"

10 月 5 日，湖北省政府主席陈诚电临时参议会："查该茶厂价款前准中茶公司、恩施实验茶厂电知即行结付，经由建设厅电请将该款迅行汇厅结算转付，近复据该商等呈同前情，亦经由建设厅再电催该公司查照，迅行汇款转付，以资清结。”

1942年10月，1940年度应收茶款之一部分，由中茶公司汇交省建设厅转付，但省建设厅以茶款并未付全为由，暂不发放给各茶厂，而湖北省银行宜都办事处函电渔关红茶业公会，催讨源泰、华明、成记、恒信、民生、陆峰、裕隆、恒慎等8厂贷款，茶厂艰难撑持。

1943年3月8日，渔洋关镇红茶业同业公会代电省政府建设厅厅长朱一成："1940年茶款经中茶公司汇由钧厅转发，迭经呈奉钧厅令准代交恩施省行，以便各厂分别向省行渔洋关办事处结账。然时逾数月，迄未奉到后命，群情惶急万分。现在款存钧厅，省行一日不入账，商等所认冤息一日不止。恳即日饬交省行，并抄示各厂应得金额表下会。"

3月20日，省政府建设厅会计室张克观签注意见："中茶公司汇到应付渔洋关茶商茶款162998.43元，五项扣作省方贷款。并据五峰茶厂电请代扣源泰等5茶厂预支运费3840元（按：1940年度存渔鄂茶849箱，原奉中国茶叶公司电令，中茶公司五峰精制茶厂监督各茶商自运津市交箱，所有箱茶运费由五峰精制茶厂垫发，当时源泰等茶厂先后预支运费共计国币3840元。其后因湘北会战关系，奉总公司电令停运津市，由五峰精制茶厂负责在渔接收运输，但该项贷出运费3840元并未扣回）。除将原表（丙）结付茶叶茶款46495.44元，暂扣作抵省方贷款本息外，拟将原表（甲）所列茶款47508.94元，又（乙）表列之68994.05元，除代扣五峰茶厂垫款3840元外，其余112662.99元，函交省银行核收，一面将各该茶厂应收额数抄表饬厅，并函达五峰茶厂查照，俾资结束。"

3月21日，农林股徐若霖批："拟俟中茶公司电复后，再函交省行核收，并先批示知照。"

3月28日，省政府建设厅电渔洋关红茶业同业公会主席萧俊川："业经清算，并电中茶公司将未汇足款项从速汇寄，俟复电到厅即函交省行核收。"

4月15日，渔洋关镇红茶业同业公会再电省政府建设厅厅长朱一成："恳钧厅本恤商救民之旨，将存厅茶款即日先交省行核收，俟公司续汇到厅再行饬遵。商等为详呈下情起见，业经委托代表人宫思源随时晋谒，务祈俯赐接见，训示一切，并于交款后将商等应得茶款数字分户抄表，交由宫思源寄会，以便随同索债人员赴行清结，以减息累。”

4 月 29 日，省政府建设厅代电渔洋关红茶业同业公会萧俊川：“除电催中茶公司从速汇寄尾款到厅外，仰转各商知照。”

6 月 16 日，恩施茶厂电湖北省建设厅：“准中国茶叶公司汇发 1940 年度各商茶款一案丙表茶款，嘱派员来厅取款等由到厂。兹派本厂职员章凤渝携带收据二纸前来，即希如数点交该员取回转发归垫为荷。中国茶叶公司恩施茶厂厂长纪廷藻已铣印。”

6 月 21 日，章凤渝从省建设厅领取中国茶叶公司汇发 1940 年度各商茶款原表（丙）结付茶叶茶款 46495.44 元（荣益茶厂茶款）及源泰等厂箱茶运费 3840 元。

中国茶叶公司五峰茶厂应扣源泰等茶厂运费表　　单位：元

厂　名	预支运费	备　注	厂　名	预支运费	备　注
源　泰	1250.00	出有收据存厂	陆　峰	800.00	出有收据存厂
成　记	750.00	出有收据存厂	裕　隆	310.00	出有收据存厂
华　明	730.00	出有收据存厂	合　计	3840.00	

第四节　恩施实验茶厂

1937 年，宜昌区茶业改进指导所戴啸洲主任在恩施试验红绿茶，结果甚佳，成本亦廉。1938 年春，中国茶叶公司派技师范和钧亲往调查。范和钧认为，鄂西气候、土壤等自然环境适合理想茶区，茶农采摘习惯颇优，无粗采滥制恶习，极易接受新法改良，地处川黔边境不受战局影响。鉴于种种优点，中国茶叶公司有意在湖北恩施自行设立实验茶厂，以树宜昌红茶改进基础。

1938 年 2 月，冯绍裘筹设恩施实验茶厂并担任首任厂长，王乃赓任副厂长。2 月 18 日，中茶公司总经理寿景伟呈请经济部，令饬湖北省建设厅暨湖北省第七区行政督察专员公署下的属地政府及农业改进机关随时协助。

3月，中国茶叶公司在恩施五峰山租地设立恩施实验茶厂，收购民间生叶，试制红茶。1938年7月，制订中国茶叶公司恩施实验茶厂建设计划及预算，先期设立实验茶厂，俟将来时局平靖再逐年设法推广，一切经费均由中国茶叶公司自行筹拨，预算经常费14376元。鉴于该地以前多用土法制茶，不适外销，决改用机制，由公司技术顾问韦纯协同办理一切技术辅导及技术人员训练事宜，并恳请经济部补助机械设备费1.2万元。

1939年，恩施实验茶厂因感五峰山所产生叶原料不敷，乃于恩施附近茶园较为集中、产量较多之芭蕉设立分厂，并在硃砂溪、宣恩庆阳坝设立制茶所。1940年春，在鹤峰城区与孙泽民、覃奉乾的鹤兴茶号合设联营茶厂，称鹤峰联合茶厂，经理王炳才，当年产宜红42120市斤。

因冯绍裘调云南创制滇红，1941年王乃赓接任厂长，技师王堃任副厂长。1942年11月11日，于垸咸任厂长。1943年1月1日，纪廷藻任厂长，郭桎任副厂长。1943年11月至1944年7月，王堃任副厂长。

实验茶厂直辖于总办事处，资金由总办事处拨给。实验茶厂设厂长1人，秉承总经理处理全厂厂务，设副厂长1～2人，佐理厂长办理事务。内设技术组、会计组、事务组，3组各设主任1人，并酌设技术员、办事员、助理员若干人，由厂长呈请总经理派充。实验茶厂制成茶叶成箱后，应逐日报告总办事处，其运输保险或销售等事项须遵照总办事处指示，盈亏并入总办事处账目计算。

恩施实验茶厂管理茶工组织系统：处管理—管理员—领班—班长—工友。管理员以下之领班、班长均由工人中选出。茶工分长工与短工两种。长工由短工中挑选体质强健、技术较优者，留为长年用，计50人。短工于每年茶忙时期临时雇佣。

总分厂处多时合计500余人，少则亦有200余人。每年在3月中旬开始招雇直至8月间，初制工作完毕时陆续解雇。工资每人以每月计，高低则按工作能力及勤惰等分，膳食由厂供给。在1938年时，每人每月工资4.5～5.5元。1941年每人每月工资17～25元。

恩施原产白茶，销售于鄂北、陕边及鄂西宜沙等地。1938年，恩施实验茶厂试制红绿茶。除五峰山总厂制造一部分外，余多在分厂或制茶处分别制造，其中芭蕉分厂以制造红毛茶为主，庆阳坝、硃砂溪则偏重制造毛绿茶及高级绿茶。各厂处所制成茶类除高级绿茶即在当地加工选别外，恩绿、施绿、恩红毛茶，由制造厂处运至五峰山总厂加工精制成箱，精制的“胜利”牌及“建国”牌红绿茶时誉很盛。1938 年，恩施实验茶厂产制红茶 450 箱；1940 年，产制内销红绿茶、小型砖茶 52050 市斤，制茶合计 56644 市斤；1941 年，制茶 84487.44 市斤。

1945 年 3 月，随着中国茶叶公司裁撤，恩施实验茶厂的历史告一段落。

1938—1940 年恩施实验茶厂收购鲜叶量值及平均价

年　别	数量（市斤）	总值（元）	平均价（元 / 斤）
1938	150691	5930.00	0.0392
1939	197683	13844.00	0.0748
1940	230591	77493.00	0.3357

1941 年恩施实验茶厂鲜叶总量及价值表

月　别	数量（市斤）	价值（元）	月　别	数量（市斤）	价值（元）
4	21317.4550	11947.41	7	95512.9375	38097.74
5	65421.0000	25998.5	合　计	283219.1425	134299.24
6	100967.7500	58255.59	—	—	—

1941 年恩施实验茶厂各厂按月收购生叶总额及总价表

月　份	厂　名	总量（市斤）	总价（元）	平均价格（元 / 斤）	1940 年平均价（元 / 斤）
4	恩　厂	2204.5175	1082.91	0.491	0.2474
	硃　处	264.6875	189.45	0.716	0.4976
	庆　处	18848.2500	10675.05	0.566	0.4110
5	庆　处	12029.5000	4203.45	0.349	0.42094
	芭　厂	53391.5000	21795.05	0.408	0.3600
6	恩　厂	3313.5625	1306.58	0.395	0.3223
	硃　处	26298.4375	16911.60	0.644	0.4205
	庆　处	20859.0000	11039.56	0.529	0.3175
	芭　厂	50496.7500	28967.85	0.574	0.3107

续表

月　份	厂　名	总量（市斤）	总价（元）	平均价格（元/斤）	1940年平均价（元/斤）
7	硃　处	14879.3750	8586.80	0.577	0.2755
	庆　处	29325.4375	11869.85	0.405	0.2336
	芭　厂	51308.1250	17641.09	0.344	0.2555

1941年恩施实验茶厂制造各色茶类数量表　　单位：市斤

花　色	总　厂	芭　蕉	庆阳坝	硃砂溪	总　计
玉　露	211.875	—	1619.75	590.50	2422.125
龙　井	67.3125	178.375	17.125	835.0000	1097.8125
恩　绿	1.625	—	2165.125	—	2166.75
施　绿	755.125	8684.375	15331.5625	10285.75	35056.8125
恩　红	277.2500	32582.750	30.0000	71.00	32961.0000
合　计	1313.1875	41445.500	19163.5625	11782.25	73704.5000

1941年恩施茶厂精茶成箱数量统计表（1941.9.8）

茶　名	现存箱数（箱）	数量（市斤）	运输箱数（箱）	数量（市斤）	共计箱数（箱）	数量（市斤）
玉绿甲	15	675	18	810	33	1485
龙井甲	2	84	8	330	10	414
施绿特	18	810	19	855	37	1665
抽芯甲	12	540	17	765	29	1305
恩绿甲	30	1326	4	144	34	1470
施绿甲	427	19215	106	4719	533	23934
明前毛尖	22	836	—	—	22	836
珍　眉	31	1395	—	—	31	1395
贡　熙	56	2520	—	—	56	2520
恩红特	4	180	10	450	14	630
恩红甲	26	1170	55	2475	81	3645
恩红乙	50	2250	—	—	50	2250
合　计	693	31001	237	10548	930	41549

1938—1940 年恩施实验茶厂制成精茶各项成本分析表　　单位：元、斤

年　别	制成精茶			毛茶原料	工资	用料	包装费用	厂务费用	备　注
	数量	金额	均价						
1938	25778	21889	84	110112	2236	243	703	7502	平均价以担为单位
1939	51000	188953	178	32515	7045	4168	2834	42391	
1940	56644	258478	456	147484	21772	4742	7508	76972	

注：上表制成精茶各项成本以百分率比之，1938 年指数为 100，则 1939 年为 207，1940 年为 542。查制茶成本年倍增，固由原料、工资高涨所致，但厂务费用庞大，亦为其中一大缘由。恩厂三年来厂务费用若以 1938 年指数为 100，1939 年则增至 558，1940 年更增至 1013。厂务费用庞大乃由于人员过多，薪津、伙食开支浩大。

1940 年恩施实验茶厂精制茶成本分析表　　单位：市斤、元

次　目	毛茶原料		精制费用			厂务费用	制成箱茶		
	数量	金额	工资	用料	包装		数量	金额	平均价
成　本	72504	147484	21772	4742	7508	76972	56644	238748	456.29

注：平均价以担为单位。本年各式精制红（绿）茶每担平均价在 600.82 元余，较上年增加 256.53 元，此亦因原料、工资高涨所致。

1941 年恩施实验茶厂红茶每担初制成本分析表　　单位：市斤、元

类　别	数　量	金　额	备　注
鲜　叶	400	190.00	每斤 0.475 元
人　工	17	34.00	每工计 2 元，内分萎凋 1 工，揉捻 11 工，发酵 2 工，烘焙 3 工
炭	100	19.00	每斤 0.19 元

注：初制费用中除收购鲜叶原料之外，以工资为最大，年以物价高涨，故工资亦因之增高。

1941 年恩施实验茶厂红茶每担精制成本分析表　　单位：市斤、元

类　别	数　量	金　额	备　注
毛　茶	125	303.75	
人　工	22	44.00	筛工 6，烘工 4，拣工 12，每工计 2 元
炭	34	6.46	炭每斤 0.19 元
杂　支	—	70.84	

续表

类别	数量	金额	备注
包装	—	35.00	
厂务费用	—	150.00	
合计	—	610.05	

1941年恩施实验茶厂绿茶每担初制成本分析表 单位：市斤、元

类别	数量	金额	备注
鲜叶	350	166.25	鲜叶每斤为0.475元
人工	18	36.00	炒青2工，揉捻12工，初火3工，复火1工，每工2元
柴	200	12.00	每斤为0.06元
炭	150	28.50	每斤为0.19元
合计	—	242.75	

1941年恩施实验茶厂绿茶每担精制成本分析表 单位：市斤、元

类别	数量	金额	备注
毛茶	120	291.30	
人工	17.5	35.00	每人2元，烘焙4工，筛3.5工，拣10工
炭	66	12.54	炭每斤0.19元
杂支	—	67.76	
包装	—	35.00	
厂务费用	—	150.00	
合计	—	591.60	

1938—1941年恩施实验茶厂毛茶制造期间工作人数比较

年别	3个月合计（人）	平均每日工人（人）	平均每月工人（人）	备注
1938	12144	153	4050	以每年四、五、六月为毛茶制造期
1939	46630	518	15540	
1940	66288	737	22110	
1941	28130	313	9390	

1938—1941 年恩施实验茶厂工人工资比较表

单位：元

类　型	1938 年	1939 年	1940 年	1941 年	备　注
最　高	5.30	9.00	12.50	25.00	最低工资大抵为童工，普通工资为一般之工资
最　低	3.50	3.50	5.00	7.00	
普　通	4.50	5.50	9.00	17.00	

1938—1940 年恩施实验茶厂各项厂务费用比较表

单位：元

项　目	1938 年	1939 年	1940 年	共　计	备　注
薪　金	1421	23172	36854	61447	1. 本表指数以 1938 年为基数，系指总额比； 2. 单位：国币元； 3. 其已分摊直接制茶费用者未计入； 4. 销货费用 1938 年 6449 元，1939 年为 14203 元，未列入
膳宿费	784	6656	11546	18986	
灯炭水电	267	1028	2061	3356	
印刷文具	107	790	2260	3157	
邮电费	168	327	971	1466	
旅　费	668	797	1560	3025	
房地租	159	259	456	875	
税　捐	920	100	202	1222	
修缮费	1131	1935	1574	4640	
交际费	142	351	553	1046	
折　旧	697	4558	8915	14170	
津　贴	—	—	2889	2889	
书报费	26	74	37	137	
保险费	—	—	3312	3312	
赠样费	—	—	626	626	
杂　费	1103	2344	3156	6603	
总　计	7593	42391	76792	126956	
指　数	100	558	1013	—	

注：恩施实验茶厂三年来之厂务费用逐年庞大之情形在前表中可观得，而 1941 年 1—8 月所实支之厂务费则已超过 1940 年厂务费用全额。

1940年恩施实验茶厂精制茶成本分析表

花色	制成精茶				毛茶原料			工资			用料			包装费			厂务费用		
	数量（箱）	元/担	金额（元）	%	元/担	金额（元）	%	元/担	金额（元）	%	元/担	金额（元）	%	元/担	金额（元）	%	元/担	金额（元）	%
玉露	1094	505	5530	100	319	3385	61.21	38	416	7.50	8	28	1.59	13	142	2.56	135	1477	37.12
龙井	1207	521	6298	100	325	3868	62.92	38	459	7.31	8	95	1.54	13	154	2.40	135	1630	23.24
乌龙	164	472	774	100	276	411	58.94	38	62	6.60	8	14	1.71	13	22	2.10	135	221	34.57
瓜片	108	505	546	100	309	335	61.70	38	41	7.40	8	8	1.51	13	14	2.42	135	146	26.92
银针	8	500	40	100	304	24	52.01	38	3	7.60	8	0.6	0.88	13	1	2.57	135	11	36.86
恩绿	829	489	4051	100	293	2407	59.18	38	315	7.70	8	66	1.62	13	107	2.74	135	1119	28.67
珍眉	3092	480	14850	100	284	8790	58.07	38	1175	7.80	8	247	1.63	13	412	2.77	135	4174	29.67
贡熙	3229	480	15510	100	284	9182	58.73	38	1227	7.80	8	258	1.64	13	419	2.81	135	4359	28.94
抽芯甲	2882	480	13843	100	284	8091	58.80	38	1095	7.70	8	231	1.62	13	374	2.74	135	3891	29.02
抽芯乙	1440	480	6917	100	284	4075	55.78	38	547	7.70	8	115	1.64	13	187	2.75	135	1944	32.06
施绿甲	13694	480	65775	100	284	38876	62.56	38	5204	7.70	8	1096	1.62	13	1836	2.84	135	18487	25.59
施绿乙	846	480	4063	100	284	2414	58.78	38	321	7.80	8	68	1.62	13	110	2.79	135	1142	28.94
施绿丙	835	480	4011	100	284	2374	58.23	38	317	7.90	8	67	1.63	13	108	2.87	135	1127	29.36
明前毛尖	126	401	509	100	208	289	56.09	38	38	5.10	8	40	1.79	13	7	1.64	135	170	34.65
白茶抽芯	585	405	2377	100	209	1299	54.10	38	222	5.60	8	47	1.77	13	77	3.54	135	790	34.97
精制白茶	1144	405	4636	100	269	2542	54.01	38	435	5.60	8	92	1.80	13	149	3.53	135	1544	35.04
恩红特	450	429	1930	100	233	1048	54.71	38	171	8.50	8	36	1.71	13	58	3.16	135	608	31.83
恩红甲	17535	429	75196	100	233	40829	54.61	38	6663	8.30	8	1402	1.72	13	2279	3.17	135	23672	32.03
恩红乙	3236	429	13877	100	233	7655	55.00	38	1229	7.70	8	238	1.72	13	421	3.21	135	4368	32.36
恩红丙	4140	429	17754	100	233	9579	54.20	38	1573	8.40	8	532	1.73	13	538	3.20	135	5389	32.45
合计	56644	456	258487	100	—	147484	57.08	—	21772	8.40	—	4742	1.83	—	—	2.96	—	76972	29.81

1941 年恩施实验茶厂红绿茶叶产地价目表

每百市斤，国币单位：元

等级	毛茶	精制折耗		精制费用			包装	厂务费用	等级折耗		利润		售价	品名
		金额	%	筛工	拣工	焙工			金额	%	金额	%		
一	500	200	40	12	13	3	35	150	731.40	90	493.02	30	2136.42	抽芯、龙井、特红、玉露
二	500	50	10	12	13	3	35	150	457.80	56	366.24	30	1587.01	恩绿、玉针
三	500	50	10	12	13	3	35	150	305.20	40	320.46	30	1318.66	恩红甲、施绿甲、珍眉
四	500	50	10	12	13	3	35	150	152.60	20	274.68	30	1190.28	恩红乙、施绿乙、贡熙
五	500	50	10	12	13	3	35	150	76.30	10	167.86	20	1007.16	副绿
六	500	50	10	12	11	3	35	150	—	—	76.10	10	836.00	施绿丙
七	500	50	10	12	11	3	35	150	—	—	—	—	760.00	恩红丙
八	500	—	—	12	11	3	35	—	—	—	—	—	560.00	
九	500	—	—	12	11	3	35	—	—	—	−56	−10	504.00	大众红、大众绿

第五节　五峰精制茶厂

1940 年 3 月，中国茶叶公司在渔洋关王家冲设立五峰精制茶厂。胡子安任厂长，刘毓福任技术股长，胡汉民任总务股长，沈倬云任财务股长，技师甘元焕、张博经。

1941 年，迁址桥河，称五峰精制茶厂渔洋关总厂，内设技术、会计、总务三股，并在水浕司、留驾司设立分厂，在富足溪、采花台、白沙、楠木、麦庄设制茶所，在五峰城、长乐坪、百年关设转运站，从事红茶、绿茶、砖茶制造，资本 40 万元。

水浕司分厂厂址新衙门，张博经任主任，杜儒为会计，生产高级红绿茶，制茶所专制绿茶。种类有浕绿、玉露、玉华、珍眉、乌龙、炒青等，水色鲜艳，香气特高，品质优良，颇合市场上的赞誉。至 1941 年二茶毕，水浕司分厂制成红茶 200 余担，绿茶 150 担，产制费用近 20 万元。

1942 年末，王楚石接任厂长，胡子安调省平价物品供应处运输部。1943 年 5 月 1 日，五峰精制茶厂改设为中茶公司五峰工作站，直属总处，站址仍设渔洋关桥河，姚光甲任主任。5 月 21 日，日寇占领渔洋关，五峰精制茶厂损失最为惨重，数在 300 万元。1944 年，水浕司分厂撤销，五峰县政府在原址开办联社茶厂。

据《中国茶叶公司概况》及《国营茶业介绍：中国茶叶公司》载，1940 年五峰精制茶厂产制宜红 36060 市斤。据《恩施实验茶厂调查报告——附五峰茶厂等分厂统计表》（许嘉璐主编:《中国茶文献集成》第 39 册，文物出版社 2016 年版）载，1941 年五峰精制茶厂产制毛红、绿茶 70321 市斤。1943 年,《中农月刊》第 4 卷第 7 期刊登朱家驹《国营茶业介绍：中国茶叶公司》一文记载，1941 年五峰精制茶厂制茶（精茶）34123.33 市斤。

1941 年，五峰精制茶厂为配合红茶外销、绿茶内销政策，加速完成精制任务，撙节经费，减轻成本，制定精制办法纲要。红茶唛头分复兴、民族、民权三类，红茶筛分按三筛三风原法进行，红茶用二五箱，内衬铅罐。绿茶内销，精制标准以市场需要便于改变为依归，所有绿茶视品质之优劣，过筛一道，提出粗叶、茶头，风出片末，拣去梗片，划一形状，使其整齐美观。绿茶为便利运输不损品质，用三一箱包装，除高级茶内衬铅罐外，普通茶用漆与布密封，在附近地方批销的可改用篾篓装送。红茶运津交鄂处转衡阳，绿茶在附近推销一部外，全运渝交总公司内销。

1941 年五峰精制茶厂鹤峰收购处逐日买进春红毛茶量值表

日　期	数量（市斤）	总值（元）	日　期	数量（市斤）	总值（元）
5.6	128 斤 2 两	175.17	5.29	93 斤	64.20
5.7	500 斤 4 两	603.30	6.2	32 斤	29.90
5.8	84 斤	66.50	6.3	39 斤	27.90
5.14	116 斤 5 两	137.20	6.5	24 斤	22.70
5.15	225 斤	191.10	6.8	34 斤 5 两	29.40
5.16	443 斤 12 两	374.10	6.9	99 斤 5 两	81.50
5.17	320 斤	280.30	6.10	18 斤	17.60
5.18	187 斤 5 两	167.10	6.11	38 斤	26.70
5.19	107 斤 4 两	98.61	6.12	82 斤 6 两	71.60
5.20	222 斤 4 两	204.70	6.13	80 斤	86.60
5.21	155 斤 2 两	140.70	6.15	287 斤	377.70
5.23	37 斤 5 两	38.80	总计	3373 斤	3328.28
5.27	17 斤 5 两	14.90	—	—	—

1941 年五峰精制茶厂鹤峰收购处逐日买进夏红毛茶量值表

日　期	数量（市斤）	总值（元）	日　期	数量（市斤）	总值（元）
5.29	6 斤 4 两	10.60	6.19	1076 斤 10 两	1697.20
6.1	17 斤	28.10	6.20	927 斤 6 两	1190.10
6.3	6 斤 12 两	10.50	6.21	533 斤 6 两	762.67
6.5—6.6	24 斤 4 两	36.80	6.22	692 斤 12 两	875.80
6.7—6.8	52 斤 4 两	74.50	6.23	546 斤	650.10
6.9	140 斤 4 两	214.90	6.24	297 斤 5 两	354.60
6.11	97 斤 4 两	143.70	6.25	420 斤 4 两	503.30
6.12	176 斤 6 两	270.70	6.26	304 斤 10 两	301.80
6.13	87 斤 5 两	138.50	6.27	284 斤 12 两	303.90
6.14	74 斤 12 两	127.10	6.28	268 斤 12 两	265.60
6.15	338 斤 10 两	600.90	6.29	198 斤 5 两	203.30
6.16	880 斤 4 两	1441.30	6.30	797 斤 12 两	999.70
6.17	806 斤 4 两	1198.10	总　计	9940 斤 7 两	13746.27
6.18	885 斤 6 两	1342.50	—	—	—

1941 年中茶公司五峰精制茶厂收购各色毛茶量值表 单位：市斤、元

月份	毛绿		毛红		白茶		青茶		合计	
	数量	总值	数量	总值	数量	总值	数量	总值	数量	总值
6	17斤7两	27.05	5347斤5两	7753.88	—	—	—	—	5364斤12两	7780.93
7	286斤8两	599.00	17530	22947.65	89斤14两	121.10	—	—	17906斤6两	23667.75
8	4509斤4两	13090.35	—	—	—	—	6745	11151.29	11254斤4两	24241.64
总计	4813斤3两	13716.40	22877斤5两	30701.53	89斤14两	121.10	6745	11151.29	34525斤6两	55690.32

1941 年中国茶叶公司五峰精制茶厂产制各色毛茶数量表 单位：市斤

厂名	毛红	毛绿							小计
		玉露	龙井	玉华	珍眉	毛绿	青茶	白茶	
水浕司分厂	22877.50	352	—	1345.625	1891	9447	6745	—	42657
留驾司分厂	21552	—	51	—	74	5898	—	89.875	27664
总计	70321 斤								

1941 年中茶公司五峰精制茶厂收购鲜叶量值表

月份	数量（市斤）	总值（元）	平均价（元/市斤）
5	3882	1517.76	0.3910
6	8424	4016.15	0.4767
7	31002	12613.55	0.4069
8	747	334.95	0.4460
合计	44055	18482.41	0.4195

中国茶叶公司五峰精制茶厂 1941 年度茶叶生产量 单位：市斤

茶类		等级			小计
		甲	乙	丙	
毛红		29795	8453	6181	44429
绿茶	玉露	341	11	—	352
	龙井	51	—	—	51
	玉华	1180	165	—	1345
	珍眉	978	869	118	1965
	毛绿	9731	4895	719	15345
	青茶	3875	1985	885	6745
	白茶	89	—	—	89
合计		46040	16378	7903	70321

1941 年中国茶叶公司五峰茶厂收农户茶数值表

摘　要	数量（市斤）	金额（元）
玉　露	352	2095.71
龙　井	51	303.67
珍　眉	1965	8769.78
玉　华	1345.625	5995.01
毛　绿	15346	51754.48
青　茶	6745	16263.99
白　茶	89.875	189.10
毛　红	45950	72406.95
合　计	71844.500	157778.69

中国茶叶公司五峰精制茶厂 1941 年 9 月止已精制茶数量

茶　类		数量（市斤）	备　注
红　茶	精　茶	8020	制就尚未成箱
	宜　末	2394	
	花　香	1562	
绿　茶	玉　露	352	均未成箱
	龙　井	51	
	玉　华	610	
	炒　绿	2256	
	青　茶	90	
	铁　片	150	
	片　子	260	
	梗　子	100	
	花　香	220	
合　计		16065	

中国茶叶公司五峰精制茶厂现存未精制茶数量表

单位：市斤

茶类		数量	备注
红茶		32513	尚有 1500 斤在鹤峰，6187 斤在五城及五峰转运站
绿茶	玉华	695	
	珍眉	1965	
	毛绿	12359	尚有 5786 斤未运回
	青茶	6635	尚有 6235 斤未运回
	白茶	89	
合计		54256	

1941 年 10 月 6 日五峰茶厂技术股制

1941 年中国茶叶公司五峰精制茶厂收购茶叶数量表

茶类	数量（市斤）	备注
毛红	44356.5	
珍眉	74	试用白茶改制
毛绿	4480	
青茶	6745	
白茶	89.875	
合计	55744	

1941 年中国茶叶公司五峰茶厂初制毛茶工数工资表

月份	工数（工）	工资（元）	备注
4	743	1323.43	工友伙食已算在内
5	2237	3323.25	工友伙食已算在内
6	3278	5632.94	工友伙食已算在内
7	7866	10922.28	工友伙食已算在内
8	135	563.90	工友伙食已算在内
合计	14259	21765.80	工友伙食已算在内

厂长：胡子安　　会计股长：沈倬云　　制单员：沈倬云

1941 年水浕司分厂各种制茶用料人数分析统计表

单位：市斤、元

项目		红茶		玉露		玉华		珍眉		毛绿		青茶		共计	
		数量	金额	数量	金额	数量	金额	数量	金额	数量	金额	数量	金额	数量	金额
材料	收购茶	22877.5	30701.53	—	—	—	—	—	—	4813	13716.40	6745	11151.29	34435.5	55569.22
	鲜叶	—	—	1280.75	542.92	4894	2074.53	6880	2916.68	16861.545	7147.67	—	—	29916	12681.80
	柴	—	—	1793	53.79	6845	205.35	3233	96.99	8129	245.87	—	—	20000	600.00
	炭	473	44.94	1132	107.54	3975	377.63	3515	333.93	4717	448.12	319	30.31	14131	1342.47
人工		244	415.80	727	1236.08	1573	2674.28	1436	2441.18	3840	6528.83	179	305.66	7999	13601.83
收制毛茶		22877.5	—	352	—	1345.625	—	1891	—	9447	—	6745	—	42658	—

注：1. 共收红、绿、青茶 34435.5 斤，连同旅费、杂支、消耗在内计算 55569.22 元；2. 共收生叶 29916 市斤，计 12681.80 元，平均每斤 0.424 元；3. 每斤毛茶平均需生叶 3 斤 11 两；4. 共用柴 20000 斤，需费 600 元，平均每斤 3 分；5. 共用炭 14131 斤，平均每担 9.5 元；6. 职工薪金均计算在内（自 3 月起 7 月底止）；7. 玉露茶每斤需生叶 4 斤，柴 5 斤 1 两，炭 3 斤 2 两；玉华每斤需生叶 3 斤 13 两，柴 5 斤 1 两，炭 2 斤 12 两；8. 珍眉茶每斤需生叶 3 斤 13 两，柴 1 斤 10 两，炭 1 斤 12 两；炒绿每斤需生叶 3 斤 10 两，柴 2 斤，炭 1 斤 3 两；9. 工资计算是依工作效率，玉露每日每人制 4 斤，玉华制 5 斤 5 两，珍眉制 6 斤，炒绿制 7 斤半。

1941年留驾司分厂各种制茶用料人数分析统计表

单位：市斤、元

项目		红茶		龙井		珍眉		毛绿		白茶		共计	
		数量	金额	数量	金额	数量	金额	数量	金额	数量	金额	数量	金额
原料	毛茶	23060	17052.55	—	—	93	73.09	—	—	61	48.01	23214	17173.65
	鲜叶	292	102.20	204	163.20	—	—	25450	5576.97	—	—	25946	5842.37
	柴	—	—	306	1.83	930	5.58	36564	213.29	—	—	37800	220.70
	炭	219	19.40	—	—	—	—	16583.5	1330.97	—	—	16802.5	1350.37
人工		373	1252	407	1332	200	666	4000	13320	54	182.80	5034	16752.80
自制毛茶		73	—	51	—	74	—	5898	—	—	—	6096	—
收购毛茶		23060	—	—	—	—	—	—	—	61	—	23121	—

注：1. 珍眉毛茶原料系用白茶试制；2. 共收鲜叶25946市斤，平均每市斤价格为0.2256元；3. 人工包括旅费、职工薪金、竹木材料及竹木匠工资、毛茶运费等；4. 共收毛红23060斤，每市斤扯价0.739元；5. 柴每斤平均价5.84分，炭每斤平均价8分；6. 毛绿每市斤成本3.4657元；7. 龙井每市斤成本29.55元；8. 本年春茶制造数量较少，籽茶数量较多，估计毛绿每市斤需鲜叶4.315市斤，龙井每市斤需鲜叶4市斤；9. 本年因系初创，制茶设备工具费用较多，实际制茶工仅占全部工1/4。

1941 年中国茶叶公司五峰精制茶厂毛红精制后各路茶百分率表

类　别	百分比（%）	备　注
毛　红	100	取鹤峰地字毛红
上　身	21	包括元身 1、2、3 路，板包 1、2、3 路，捞头 1、2、3 路，楂尾 1、2、3 路
中　身	21	包括四茶粗尾、芽尾
下　身	8	包括粗铁细、粗花香
花香末	21	—
片　子	12	—
广　子	1.5	毛红烘焙后，水分之损失及其他损失
消　耗	15.5	—

1941 年绿茶已制成精茶数量表

茶　类	成茶数量（市斤）	备　注
玉　露	334	可成约 243 箱，现仍在续制中，周内拟成箱
玉　华	1134	
炒　绿	7006	
合　计	8474	

1939—1944 年中茶公司内销茶价格表（重庆）

单位：元 / 市斤

茶　类	品　名	1939 年	1940 年	1941 年	1942 年	1943 年	1944 年
红　茶	祁　红	4.80	—	46.40	49.60	80.00	224.00
	标准红	—	—	—	74.40	110.40	210.00
	甲恩红	8.00	15.20	18.80	44.80	84.80	160.00
	乙恩红	7.20	14.40	18.40	40.80	73.60	147.20
	宁　红	—	—	—	48.80	54.40	104.00
	湖　红	—	—	—	38.40	51.20	102.40
	渔　红	—	—	15.20	38.40	51.20	92.80
	特　红	—	20.80	20.80	57.20	97.60	180.80

续表

茶类	品名	1939年	1940年	1941年	1942年	1943年	1944年
红茶	乌龙	—	—	16.74	—	—	384.80
	红香片	—	—	—	—	37.00	74.00
	福红	—	6.40	9.60	—	—	—
	奇红	—	5.60	8.80	—	—	—
	鹤红	—	9.60	13.20	—	—	—
	大众红	3.20	4.80	6.40	—	—	—
绿茶	龙井	—	22.30	42.40	149.50	460.80	828.80
	玉露	14.30	23.85	44.00	149.50	433.00	777.60
	瓜片	8.00	22.40	45.58	97.00	—	—
	抽芯	—	22.40	22.40	84.80	174.40	348.80
	施绿	5.60	13.20	16.00	52.50	153.60	307.20
	婺绿	—	—	—	56.00	78.40	156.80
	品香	—	—	—	46.10	73.60	139.20
	莲芯	—	—	—	52.00	97.60	185.60
	贡熙	—	16.00	18.55	47.70	97.60	185.60
	珍眉	9.60	16.80	18.40	52.00	97.60	185.60
	恩绿	—	14.40	—	47.70	97.60	185.60
	水仙	—	—	—	—	174.40	331.20
	毛尖	—	17.60	—	32.40	121.60	230.40
	青茶	—	—	—	—	48.00	91.20
	毛峰	—	—	—	31.80	195.00	371.20
花茶	特花	—	19.20	—	125.65	174.40	348.80
	上合花	—	—	—	90.00	136.00	272.00
	合作花	—	11.00	16.00	70.00	110.00	220.80
	菊花	—	—	—	—	160.00	320.00
沱茶	谷茶	—	—	—	—	120.00	216.00
	间茶	—	—	—	—	144.00	259.20

此外，1939 年中茶公司筹设五峰精制茶厂过程中，即动议附设茶叶技术培训班，并于年底筹备就绪。1940 年春，中国茶叶公司五峰精制茶厂在渔洋关王家冲设立的同时，即在本地和邻县及流亡的青年中，公开招考了一批具有初中文化基础的青年。学校以规范教学训练学员，时称“中国茶叶公司五峰精制茶厂茶叶专科学校”。

学制以两年为限，第一阶段为茶叶基础常识学习期，学制 10 个月，学习科目有茶叶概论、茶叶栽培、红茶制法、绿茶制法及英文。学员共 21 人，现存档案有名录者为张立信、李云五、樊寿松、曹立谦、朱修德、王礼干、王安族、姜邦伍、郭明东、关国、谢栋臣、邓汉卿、万纯心。第二阶段为练习阶段，前期 10 个月学习结业后，学员分配五峰精制茶厂或茶区其他茶界做练习生。如张立信分到水浕司分厂做练习生，樊寿松、李云五留渔洋关五峰精制茶厂，樊寿松当会计，李云五为事务长。

1941 年 4 月，茶季将至，五峰精制茶厂联合五峰茶业改良场，集合茶业界技术员工及练习生，讲述本年政府在五峰大量制造绿茶的意义，并施行一些实际制茶的现场训练，俾便入山协助分厂或制茶所。

本章资料来源

1.《中国茶叶公司筹备就绪》,《申报》1937 年 3 月 15 日。

2.《中国茶叶公司开首次筹备会》,《申报》1937 年 3 月 26 日。

3.《茶叶公司组织规程》,《申报》1937 年 4 月 22 日。

4.《寿毅成谈中国茶叶公司明晨在京创立》,《申报》1937 年 4 月 30 日。

5.《中国茶叶公司开创立会》,《申报》1937 年 5 月 3 日。

6.《茶叶公司开董监联席会》,《申报》1937 年 5 月 5 日。

7.《中国茶叶公司十日开始营业》,《申报》1937 年 5 月 8 日。

8.《中国茶叶公司确定营业新方针》,《申报》1937 年 7 月 2 日。

9.《中国茶叶公司收归国营》,《申报》1940 年 5 月 26 日。

10.《中国茶叶股份有限公司现任董事姓名及略历一览表》，中国第二历史档案馆档案（全宗号 4，案卷号 13364），1940 年 4 月 4 日。

11. 中国茶叶公司创设经过组织概要及业务近况、中国茶叶股份有限公司章程、中国茶叶公司与汉口茶叶出口同业公会及茶商代表签订经销存茶合约、中国茶叶公司与军事委员会贸易调整委员会及汉口茶商订立调整汉口存茶合约，中国第二历史档案馆档案

（全宗号 4，案卷号 18725）。

12.《经济部函转中国茶叶公司廿六年度业务情况报告暨资产负债表、损益计算书等希审查由》，中国第二历史档案馆档案（全宗号 4，案卷号 21861），1938 年 10 月 3 日。

13.《中国茶叶公司恩施实验茶厂计划及预算书》，中国第二历史档案馆档案（全宗号 4，案卷号 22358），1938 年 7 月。

14.《中国茶叶公司鄂西恩施实验茶厂呈请协助筹备的文书》，中国第二历史档案馆档案（全宗号 4，案卷号 26343），1938 年 2 月 22 日。

15.《中国茶叶公司实验茶厂管理通则》，中国第二历史档案馆档案（全宗号 4，案卷号 26366），1939 年 5 月 24 日。

16.《中国茶叶股份有限公司廿八年度事业进行计划》，中国第二历史档案馆（全宗号 4，案卷号 29483），1939 年。

17.《中国茶叶股份有限公司第七次董事会会议记录》《行政院训令》，中国第二历史档案馆（全宗号 4，案卷号 35565），1939 年 6 月 15 日、1939 年 6 月 29 日。

18. 徐方干：《恩施实验茶厂调查报告附五峰茶厂等分厂统计表》（1942 年），许嘉璐主编《中国茶文献集成》39 册，文物出版社 2016 年版，第 256—321 页。

19. 中国茶叶公司编：《中国茶叶公司概况》（1944 年油印本），许嘉璐主编《中国茶文献集成》42 册，文物出版社 2016 年版，第 212—471 页。

20. 吴觉农：《悼潘宜之先生》（财政部贸易委员会外销物资增产推销委员会茶叶研究所编《茶叶研究》1945 年第 3 卷 7—9 期），许嘉璐主编《中国茶文献集成》48 册，文物出版社 2016 年版，第 558—560 页。

21. 庄晚芳：《当前中国茶业危机之成因及其对策》（《闽茶》1946 年第 1 卷第 7 期），许嘉璐主编《中国茶文献集成》49 册，文物出版社 2016 年版，第 282—288 页。

22. 朱家驹：《国营茶业介绍：中国茶叶公司》，《中农月刊》1943 年第 4 卷第 7 期。

23.《中国茶叶公司设立汉分公司》，《中外经济拔萃》1937 年第 1 卷第 11 期。

24.《汉市存茶外销办法已拟定》，《武汉日报》1938 年 6 月 26 日。

25. 王乃赓：《湖北茶叶之研究》，《西南实业通讯》1944 年第 9 卷 3—6 期。

26.《恩施茶厂直属中国茶叶公司》，《武汉日报》1941 年 3 月 22 日。

27. 怀君：《参观农工业化新中国的摇篮——中国茶叶公司五峰茶厂水浕司分厂》（财政部贸易委员会茶叶研究所编《万川通讯》汇订本，1942 年 1 月版，第 70—71 页），许嘉璐主编《中国茶文献集成》47 册，文物出版社 2016 年版，第 261—262 页。

28. 吴嵩：《鄂西经济上的堡垒　渔洋关茶叶之今昔》，《新湖北日报》前卫副刊 1942 年第 87 期。

29. 省、县档案馆档案见附录四（2）。

第十三章

湖北省茶叶管理处

1939 年 4 月，为促进鄂茶内外销售，调整鄂西茶叶出口贸易，救济茶农、茶商，湖北省政府与贸易委员会签订贷款收茶合约，设立湖北省茶叶管理处，简称“省茶管处”，隶属湖北省政府建设厅。

第一节　机构、人员与经费

一、机构设立、迁移与裁撤

设立。1939 年 2 月 21 日，湖北省政府建设厅厅长郑家俊致电财政部贸易委员会副主任委员邹秉文：“鄂茶仍照原议设处管理，甚表赞同。请萧保宜先行准备进行。”次日，省政府建设厅电告省政府秘书萧保宜（鸿勋）：“速回恩施筹设茶叶管理处，并先与邹秉文副主任委员洽商一切。”随即，湖北省茶叶管理处在宜都县筹备成立，时称“宜都茶管处”。

3 月 27 日，五峰茶业改良场场长徐方干电省政府建设厅：“茶叶管理处各项工作急待进行，而茶厂及合作社之组织登记审查，尤非于短时期所能厥事，职以主持茶场制茶试验事宜与指导，势难全力兼顾，拟请钧长电促萧兼处长即日返省主持处务，以利进行。”4 月 2 日，建设厅厅长郑家俊批：“萧兼处长因事不能回鄂，迭电恳辞，已另案照准。该处处长一职拟以省银行南行长兼任，先电贸委会征询同意。”4 月 18 日，省建设厅厅长郑家俊签呈省政府主席陈诚、代理主席严立三：“本省与财政部贸易委员会改订贷款收茶合约，组织茶叶管理处，业经拟具组织规程及概算书签奉钧座批示照办，兹拟派由湖北省银行行长南夔兼任处长，羊楼洞茶业改良场场长徐方干兼副处长，除分别令知，克日组织成立，积极进行外，理合签请鉴核备案，并赐颁湖北省茶叶管理处关防，以昭信守。”省政府代理主席严立三当日批示：“照办，关防着自行刊刻，呈府备案。”

1939 年 6 月 16 日，行政院院长孔祥熙手谕，全国茶叶改良产制收购运销及对外易货各事宜，责成中国茶叶公司办理，并指定该公司总经理寿景伟主持其事，仍由贸易委员会督导进行。财政部令派寿景伟兼贸易委员会茶叶处处长，于 16 日就贸易委员会兼职。

自 7 月 16 日起，中国茶叶公司开始接办湖北茶叶事务及改组湖北省茶叶管理处，该处原有负责人员概不更动，由中茶公司分别聘派。仍聘请南经庸（夔）处长、徐方干副处长继续主持督理一切，并派中茶公司黄国光专员会同办理。

迁移。1939 年 5 月 2 日，茶管处副处长徐方干电建设厅长郑家俊：“茶商盼款焦急，恳再电催贸会迅汇（宜）都，再因茶商请求茶管处迁渔（洋关），运输股留都请复示。”5 月 5 日，省政府建设厅电复省茶管处，批准其所属总务、指导二股迁至五峰县渔洋关，运输股仍留宜都便于茶叶运销。5 月 12 日，南夔、徐方干电建设厅郑家俊厅长：“虞（5 月 7 日）电奉悉，副处长前电请本处迁渔，运输股留都，系应渔关茶商请求，旋渔关茶商代表宫学仁（葆初）来宜接洽，已商定本处不迁，贷款随时运渔给付开始多日，尚无不便，现会商决定仍遵钧示设置宜都。”

1940 年 3 月 23 日，省茶管处处长南夔、副处长高光道呈省政府建设厅：“本处前为交通利便起见，设立宜都县城，惟各厂均在渔洋关，凡贷款、督制、检验等事宜，渔洋关分驻会计指导各员，原可就近办理，惟遇临时发生事故，有须会商或应由总务股处理者，则必派员到宜都商洽，往返路程必需四日。上年办理茶贷因滞迟而贻误时机者，原非一次。此就办事敏捷而言，应请移设渔洋关者一；本处设立宜都，渔洋关亦必派员分驻，开支因而增加，此就经费节省而言，应请移设渔洋关者二；本处职责除督导茶商外，更须随时督导茶农，而五峰产茶地域均在渔洋关以西，派员出发亦以渔洋关为便，此应请移设渔洋关者三；渔洋关常川驻有军队，地方秩序亦甚安谧，本处设在此地，无何等危险。综此数端，本处似有移设渔洋关之必要。除即日迁渔开始办公外，呈请鉴核备案。”

4 月 15 日，省政府建设厅厅长林逸圣指令：“你处有移设渔洋关办公必要，暂准照办。惟渔洋关通讯运输，向以宜都为枢纽，将来迁设渔洋关后，是否仍须酌派人员常驻宜都，并仰妥慎统筹具报。仍将移设渔洋关日期及地址呈厅备查为要。”

4 月 25 日，处长南夔、副处长高光道呈省政府建设厅厅长林逸圣：“因红茶各厂概驻渔洋关，关于贷款、督制、检验诸项，均须在渔洋关办理，实无派人分驻宜都之必要，且渔洋关常有军队往来，秩序亦甚安靖，职处已于 3 月 21 日移设渔洋关横街办公，既利工作，又省经费。”省茶管处自此改称“五峰茶管处”或“渔洋关茶管处”。

裁撤。1941 年 12 月 16 日，省茶管处签呈省建设厅：“奉钧谕属处限于本年 12 月底结束，所有文卷及一切公物交由五峰茶业改良场保管，时届年底，本月势难结束，拟恳延长一月，以资赶办。”1942 年 1 月 10 日，省建设厅批准，延长至 1942 年 1 月底结束。

二、内设机构

1939 年初，省茶管处成立，承担茶厂及合作社之组织、登记、审查，茶商贷款，分途收购，制成装箱后，交贸易委员会验收运销。其内设三股，总务股掌理文书、会计、庶务、登记，收放贷款等事项；指导股掌理指导栽培、采摘、监督精制、包装、检验等事项；运输股掌理茶叶集中运输及保险等事项。《茶叶管理处组织规程》第九条规定：“茶叶监督精制事项，得商由省茶业改良场办理。”

7 月，中国茶叶公司改组省茶管处后，设总务、检验、贷运、训导四股和秘书室。

三、人员更变

省茶管处在宜都成立之初，湖北省银行宜都办事处主任张强任总务股主任，饶伯昆为运输股主任，会计夏祖寿，办事员杨世汉（云章），庶务向玉钦。1939 年 5 月 1 日始，调用五峰茶业改良场技士余景德兼任省茶管处指导股主任。6 月 1 日，调用五峰茶业改良场技佐姚光甲、王道蕴兼任茶叶管理处指导股股员。10 月，该年茶季结束后，余景德、王道蕴回场工作，姚光甲调任省农业改进所技士。

1940 年 3 月 16 日，五峰茶业改良场场长高光道兼任湖北省茶叶管理处副处长。刘龙章任省茶管处股长。3 月 19 日，余景德从五峰茶业改良场辞职，随调省茶管处秘书。

1941 年 5 月 3 日，省茶管处处长南夔以事务殷繁，恳辞兼职，遴员接替，人选未定以前，仍请以副处长高光道暂行继续代理。5 月 27 日，省建设厅签呈省政府主席陈诚："兼处长前请辞去兼职，经签奉钧座批准在案。但继任人选尚未觅定，兹据呈请在人选未定以前，仍以高副处长光道暂行代理一节，拟予照准。"6 月 9 日，省政府主席陈诚指令省建设厅："兼茶管处处长南夔请辞兼职照准，在继任人选未定前，以副处长高光道暂行代理，准予备查。"

11 月，股长刘龙章调任五峰茶业改良场技士。

四、经费来源与支出概况

1939 年，省茶管处经费由贸易委员会、湖北省政府分担。1940 年起，由贸易委员会所属中茶公司单独负担，并派驻处技术监督及稽核人员，襄助办理。资金来源除省建设厅、中茶公司拨付部分外，由各年茶商贷款溢息补充一部分。1939 年溢息 3000 元，1940 年溢息 10000 元全数充作经常费。

1939 年，月预算经常费 3149 元，当年结余 1242.94 元缴建设厅。1940 年，月预算经常费 3149 元，当年结余 9930.44 元。1941 年 1—6 月，月预算经常费 2600 元；7—12 月，月预算经常费 1800 元。1942 年 1 月，拨经常费 1800 元。

支出方面，包括职员薪俸、差旅、办公及各种临时支出如评价旅费、汇水费等。

1939 年 10 月 21 日，徐方干奉派由宜昌起程赴重庆，代表省方出席评价会。原拟 10 日以内即可办竣评价收购手续。不料，到渝 3 个月犹未办竣，所带旅费全数用罄。1940 年 1 月 15 日，因头、二批茶叶评价办竣，须即返鄂。而在渝所开支各项生活费用急待结账，乃函商得贸易委员会在会方担任茶管处经费内借拨 500 元以作旅费。徐方干实际支出旅费 772.88 元，其中轮船费 93.20 元、轿马费 74.80 元、膳费 284.16 元、宿费 191.08 元、杂费 67.95 元、特别费 61.69 元。

第二节　贷款收茶合约

1939 年春，湖北省政府与财政部贸易委员会签订 1939 年茶贷合约，拟就五峰县渔洋关办理，并草拟贷款办法。贷款收茶合约第 6 条规定，贷款暂分信用贷款、抵押贷款两种。第 8 条规定，贷款暂以贷给省方所属宜昌茶区为限。

茶管处成立伊始，即在宜红产制集中的渔洋关举办茶厂、茶号的登记及外销茶的贷款。

1939 年贷款收茶合约。1939 年 2 月 16 日，五峰茶业改良场场长徐方干呈文省政府建设厅："茶期逼近，一切贷款之登记审核，制茶之场所器材，全未着手筹备，诚恐仓促将事，贻误茶业前途。且当地茶商，对于本年茶叶之收买，咸存畏葸之心，如借政府之力，方能放胆进行，以故来场探询前项消息者实繁有徒，意者贷款如不能实现，其资金即将转营他业。"

2 月 22 日，省政府建设厅函财政部贸易委员会，拟在渔洋关按 15 万箱 40 万元规模办理茶叶贷款。同时，省政府建设厅令五峰茶业改良场通告各茶厂准备器材；并电示五峰合作事业办事处，速派指导员二人至茶业改良场，指导组建茶叶生产合作社，为发放茶叶生产贷款做好准备。

4 月 3 日，省茶叶管理处刚成立，副处长徐方干呈报省政府建设厅厅长郑家俊："前奉钧谕电告渔洋关茶商本年制茶资金须筹 10 万元，遵即电告，兹接电复'本年制茶资金除 5 万元外再无法筹'。该处茶商本年所有特殊情况，业经茶叶公会备文呈核，惟事关贷款，仰祈钧核示遵。"

4 月 12 日，省政府建设厅电令五峰茶业改良场，协助省茶管处办理茶款管理和贷款事宜。4 月 13 日，省政府建设厅指令省茶管处："是年茶叶贷款总额暂定为 30 万元，并规定茶商需自筹 10 万元制茶资金，已属最低限度，要求各茶商尽力筹措。若茶商不能筹足此数，将来实行贷款时，务须特别慎重。"

4月24日，省茶管处组织茶商在渔洋关开会，茶商要求将贷款全部急电汇宜都，并提出分五批贷放稍迟，误期承制，箱茶决难如数。4月29日，省茶叶管理处与源泰、恒信、民生、华明、成记等茶厂订立茶叶贷款合同。5厂签订1万箱茶叶贷款收制合约，其中华明茶厂认制精红茶2200箱。贷款标准以精红茶每箱估值40元，按8折贷放。贷放手续，由各茶厂经理填具登记申请书，提供殷实商号保证书或各厂之连环保证，经审查委员会审查合格者，发给合格证明书分次贷给。茶贷放款分三次：第一次为收购毛茶贷款，俗名信贷；第二次贷精茶制造费用；第三次贷款可充杂费，办理厂务结束。贷款利率，月息9厘，最迟至年终停息，政府如评价收购过迟，年终后商厂不负任何利息上之义务。本年鄂茶贷款总额30万元，其中贸易委员会担任80%，湖北省担任20%。

5月17日，《武汉日报》第2版以《救济五峰茶业，省银行贷款30万元，并在渔洋关设办事处就近辅导，茶商得此资助兴奋异常》为题，对贷款收茶作了报道：

五峰通讯：本县出产，素以茶、漆、桐木为大宗，尤以红茶产量最多，年可产百数十万斤，列国际贸易之首位，握全县金融之中枢，更为本县唯一之商务，县民藉是营生者不知凡几。若一旦营此业者停闭，不但大量之茶无法运出，金融无法调剂，则一般赖此营生之近万工人，其生活更无法解决矣。本年春，本县茶商因存放上海之茶款尚未汇到，碍难继续经营，加之国难严重，运输困难，私人贸易殊非易易，遂皆裹足不前，赖此营生者，均存观望。幸政府有鉴及此，认为红茶为我国国际贸易出口大宗，若听其停业，则影响国计民生，实非浅鲜。因之省行贷款30万元，俾本县茶商继续经营，增加国富，并设办事处及茶叶管理处与改良场于渔关，就近辅导，便于统制，此不但可以调剂金融，商务亦可借以增进日趋繁荣之途云。

又讯：本县茶商因省行贷款，并限定源泰等5号共作1万箱（前仅二三千箱），由贸易委员会收买，设法运输，因之各号认此业得着政府保障与辅助，大感兴奋，于是加紧业务，收罗近万男女工人，失业者亦得一救济机会，本县茶业之繁荣，指日可待。其于国家金融，亦不无少补云。

1939 年实际茶贷 473234 元，在高光道所撰《五峰、鹤峰两县茶业调查报告书》（1939 年 12 月）中有详细记载，下为各厂分次借款明细表：

1939 年渔洋关各茶厂茶贷明细表

茶号名称	经理姓名	资本金额（万元）	本年收买毛茶数量（斤）	制成箱茶数（箱）		茶管处贷款金额（元）		
				正茶	副茶	信用贷款	见箱贷款	副茶贷款
源　泰	宫葆初	6	257041	2866	849	79900	91712	2971.5
恒　信	龙乐群	3	122069	1408	543	37800	45056	1900.5
华　明	彭赞臣	3.7	123498	1418	600	39000	45376	2100.0
民　生	刘鸿卿	1.88	91557	973	462	27000	31136	1617.0
成　记	宫子美	1.88	95350	1130	430	30000	36160	1505.0
合　计		16.46	689515	7795	2884	213700	249440	10094.0

1940 年贷款收茶合约。1940 年 1 月 15 日，省政府建设厅厅长向云龙电令省茶管处处长南夔："建设厅与农本局鄂西办事处商订，在五鹤两县设立茶厂合约草案已签，省政府会议通过，希即与贸委会、农本局各方商洽见复，以便正式签订。"

2 月 7 日，湖北省银行恩施分行召开会议，讨论修正合办鄂茶产销贷款及购运草约。会议主席高光达主持，出席人有万邦和、王乃赓、李中孚、吴瑕熙、张友三。商决事项如下：

> 贷款对象以直接对联合社贷放为原则，但尚无联合社者，可直接对单位社贷款；对单位社贷款不仅限于日用品，如需要现金时，亦得贷放现金；预付货价以茶值之六成为标准；组社标准以能实行合作之近村茶农组织一社；厅方代表指定茶叶管理处与合作处；贷放地区已设合作金库者由金库经放，月息 8 厘；评定收购茶价，加派各合作社总代表一人参加评价；由中茶公司酌提盈余，充作发展茶叶合作社事业之用。

3 月 1 日，视察员杨明哲呈省政府建设厅厅长林逸圣："前拟于 2 月 20 日赴五峰视察督导工作，适中国茶叶公司胡子安专员与农业改进所姚光甲技正来会，未能成行。据谈茶叶贷款事另有办法，系由钧厅与经济部农本局、湖北省银行暨中国茶叶公司四机关商定草约，合作办理，运用合作方式贷款茶农，并在宜都等筹设茶叶精制厂一所。组社贷款，在在须时，且刻下迫近采茶时期，各县办事处尚未奉到钧厅明令，无从着手办理，如上项草约无有更嬗，祈速饬令都、长、五、鹤四县办事处着手进行，免失时效。”

就在各方商洽意见过程中，3 月 17 日，省政府建设厅电令杨明哲：“本厅与农本局、省银行暨中茶公司所商茶叶贷款合约草案，业已停止进行，仍与财政部贸易委员会签订合约，并分别指令长阳、五峰、鹤峰三县合作事业办事处，迅速与茶叶管理处会商办理。”

随即，湖北省政府与贸易委员会续订鄂茶贷款合约，增加贷款总额为 50 万元，会、省两方担任比例仍为八二，省方担任之数由湖北银行承担。

4 月 12 日，省茶管处与源泰、恒信、华明、民生、成记、陆峰、恒慎、裕隆等 8 厂签订茶叶贷款合同。

渔洋关茶商 1940 年度贷款表

茶厂名称	贷款金额（万元）	承制茶叶（箱）			
		合计	7 月 15 日以前制送	8 月 15 日以前制送	9 月 15 日以前制送
源　泰	11	2200	1300	600	300
恒　信	8	1600	1000	400	200
华　明	9	1800	1100	400	300
民　生	5.5	1100	600	300	200
成　记	5.5	1100	600	300	200
陆　峰	3.5	700	400	200	100
恒　慎	3.5	700	400	200	100
裕　隆	4	800	500	180	120
合　计	50	10000	5900	2580	1520

8 厂贷款合同及保证书，除贷款额、制茶数量、交货时间及保证人、连环保证人等不同外，余均相同。

湖北省茶叶管理处茶叶贷款合同

会字第 17 号

立合同人：湖北省茶叶管理处，处长南夔、副处长高光道；借款人，源泰茶厂，经理人宫葆初

兹依照省茶管处茶叶贷款办法第八条之规定，双方同意订立本合同，并由借款人邀同保证人连署议定条件：

省茶管处贷与借款人款额计国币 11 万元整；贷款利率定为按月 9 厘，自借款人领到贷款之日起算；借款人认制精红茶 2200 箱，照左列限期与数量送由管理处转运贸易委员会：1940 年 7 月 15 日以前制送 1300 箱；1940 年 8 月 15 日以前制送 600 箱；1940 年 9 月 15 日以前制送 300 箱。

省茶管处于借款人每期制成之箱茶送转贸易委员会代销或承购后，即就货价扣还到期应偿本息之一部或全部，如借款人未能如期交茶，致贷款有短欠情事时，保证人愿放弃先诉抗辩权，负责清偿。

贷款人认制箱茶及运输销售等事宜，概遵照省茶管处规定办理；贷款人应绝对遵守省茶管处茶叶贷款办法及管理茶区办法之一切规定；本合同未经载明事项，悉照省茶管处贷款章则办理。

本合同一式四份，除管理处及借款人各执一份外，以一份送审查委员会，一份呈省政府建设厅备查。湖北省茶叶管理处处长南夔（章），副处长高光道（章）。借款人渔洋关源泰茶厂，经理宫葆初，保证人李荫白、萧明哲。民国二十九年四月十二日。

湖北省茶叶管理处茶叶贷款保证书

会字第 25 号

保证人：李荫白、萧明哲；连环保证人民生茶厂、成记茶厂、恒信茶厂。

兹将保证源泰茶厂经理人宫葆初在贵处借款国币 11 万元，遵照合同及一切贷款章则，认制箱茶到期还清本息，如被保证人有亏欠贷款或保证规则第三条所列情事，保证人等愿放弃先诉抗辩权，立即代还全部贷款本息，并担负保证规则所规定之一切责任。除已在合同连署外，特

立此保证书，以昭慎重。此上湖北省茶叶管理处。

保证人：李荫白，年龄35岁，籍贯五峰，职业商人，住址水田街；萧明哲，年龄47岁，籍贯五峰，职业商人，住址水田街；连环保证人：渔洋关民生茶厂，登记合格证明书第36号；渔洋关成记茶厂，登记合格证明书第37号；渔洋关恒信茶厂，登记合格证明书第34号。民国二十九年四月十二日。

1941年见箱贷款合约未签订经过。1941年初，中茶公司以外销困难，拟暂停收购鄂茶。后湖北省建设厅与省政府迭请继续收购，救济茶农。5月初，中茶公司总办事处电示："1941年度茶务应行推进重要事项，并特准收购优级宜红2000箱，由省方举办产制贷款，本公司办理见箱贷款。"5月19日，中茶公司恩施直属实验茶厂代电省建设厅："宜红价格向例不能超过湘红，现湘红扯价每市担为145元，本年宜红亦应以此价格为标准，不得超于此价，致碍收购成本，务祈转饬茶叶管理处遵照办理。"

6月18日，省建设厅将中茶公司退还省政府投资股款10万元，由省银行恩施分行电汇省银行渔洋关办事处，留交省茶叶管理处。因手续问题，7月4日，渔洋关办事处方才解付省茶叶管理处。

7月14日，恩施实验茶厂电省政府建设厅："本年宜红扯价应以湘红扯价145元为标准，不能超过。"8月5日，省政府建设厅电示省茶管处："中茶公司核定本年收购宜红价每市担145元，此价茶商能否出售，仰迅即电复凭办。"

9月14日，省政府建设厅第四科签呈省政府：

上年宜红茶价每市担160元，本年特价较高数倍，而中茶公司规定购价每市担反减低为145元，殊堪惊疑。复调查本地制造红茶成本，每市担至少需要400元（本年鲜叶市价每斤最高8角，最低3角，平均以5角及每4斤制成品1斤计，原料已需2元，其余工资、炭火及包装材料等平均每斤至少2元，合计每斤红茶成本至少4元，设备及收售旅运各费尚未计入），相差太远。并经电饬茶叶管理处呈复，该地红茶成本上年度已达300元以上。似此情形，非陷于废去原有茶园，即演成偷运资敌情势，影响茶政及抗战前途至巨。如完全收归自办，本省实无此资力，兹谨拟具意见数则如次：

1. 刻下茶叶外销极感困难，该中茶公司对此情势，已成骑虎，全由本省购储，该公司或无异议，但本省却无此财力，拟对于红茶部分，仍电请该公司尽量提高价格，以维茶政，而免资敌。

2. 急电本省制茶机关，嗣后除注意改良品质外，应提倡多制内销茶，以便运往内地销售。

3. 查本省内销茶叶地点，以鄂北老河口及河南南阳为最，万县亦能销售少许，但现在劳工缺乏，交通困难，拟即通饬沿途各级政府及交通机关，尽量予以协助方便。

4. 为维持茶农、茶商利益及防止资敌计，各地所产红绿茶，拟由省行按实际成本及相当利润，酌定价格，尽量收购，如所购成品，不能销尽，即予妥慎储藏，俟战事结束，再行运销。

10 月 18 日，湖北省政府电重庆中茶公司：“本年成本约需五六百元，如按定价收购，亏损至巨，势必影响茶叶发展，演成废去原有茶园情事。特电尽量提高价格，并扫数收购。”

因价格分歧过大，中茶公司与湖北省未签订见箱贷款合约。

第三节　制茶困难情形

一、1939 年收制困难情形

（一）腾让厂屋

1939 年 4 月 14 日，省茶管处副处长徐方干呈省政府建设厅厅长郑家俊：“宜都迁驻渔洋关保安队分居该镇各茶厂，值春茶开始制造之际，是项厂屋即待应用，拟请转呈省政府电令驻渔保安队克日迁让，以便制茶。”4 月 20 日，省政府建设厅转呈省政府代主席严立三。5 月 22 日，湖北省政府秘书萧保宜代电省政府建设厅：“已电阮兼指挥官转饬驻渔团队遵照迁出矣。”

（二）分庄匪情滋扰

5月26日，省茶管处正、副处长南夔、徐方干呈报省政府建设厅厅长郑家俊："据渔洋关镇茶业同业公会呈称，源泰、成记茶厂湘属罗家坪、大荆（京）州分庄函报匪情猖獗，分庄雇员避匿，暂停收买。民生茶厂湘属深溪、庙垭分庄为匪盘踞藏匿地，庄内损失约计数百元，实无再收之可能，不得已只得暂将该二庄收回；恒信茶厂湘属深溪、棕岭、长坡三庄，该地经湘军追剿，匪分数股，不时环扰，每庄损失数十元不等，幸茶堆未受损失，只得暂避，俟肃清后再行收买；华明茶厂亦同前情。湘属各庄收茶较多似此情形，影响收买实非浅鲜，诚恐收量减少，致将来难敷认制数额。查湘匪滋扰各厂分庄尚属实在，各茶厂本年认制箱茶应需毛茶数量，自当设法购足，按批运交，方不负政府维持茶商及救济茶农之本旨。仰该公会转知各厂在前撤回分庄各地，仍速派人前往，相机收购，毋得借因匪情收庄停购，据情呈报备查。"

7月6日，贸易委员会副主任委员邹秉文函复湖北省政府建设厅："请贵厅转知省茶管处晓谕茶商，继续收购，到期交足，以免停顿，并函咨驻防湘境军事当局，严于清剿，饬属保护。"

7月27日，湖北省政府电咨湖南省政府："本省前为改进茶业，调整运销，借以救济农商，奖励出口，换取外汇起见，经与财政部贸易委员会签订贷款收茶合约，并设立茶叶管理处主持办理。兹据该处转报五峰县渔洋关镇茶业同业公会呈文，以迭据源泰、成记、民生、恒信、华明各茶厂报称，湘属罗家坪、大荆（京）州、深溪、庙垭、棕岭、长坡等处，匪患猖獗，各该厂所设分庄时被滋扰，多有损失，雇员避匿，只得暂停收买。查各该厂在贵省境内所设分庄，收茶较多，倘因被匪滋扰，茶商不能设法购足，将来难敷认制箱茶数额，势必影响出口数量。除由该处批示该公会转饬各该厂在已撤回分庄各地，仍速派人前往，相机收购，毋得借故诿卸外，相应咨请贵府查照，烦为迅赐转函驻防湘境军事当局，严于清剿，饬属切实保护，藉利茶运。"

（三）运毛茶兼顾运赈米

1939年，五峰春荒奇重，急需散放赈米。保安第二团第一营第二连奉令移驻县城，需用骡夫迫切，故一再督饬五峰县府雇集。幸值茶市，五鹤一带茶商纷向县城及鹤峰收运红茶，载赴渔洋关。因得趁骡马卸茶空返之便，给价雇运。茶商郑兰圃因担心运赈米耽延时日影响运茶，竟藏匿骡夫阻运赈米，并向省茶叶管理处谎报第二区拘扣骡夫，管理处又贸然转呈省政府，引起误会。经省政府督饬协商，以策两全。

（四）铜圆缺乏，以竹筹纸券周转

1939 年 9 月，湖北省银行宜都办事处主任张强奉令调查渔洋关茶号有关情形。访得渔洋关装运红茶至宜都船户李明善及成记茶号回宜都工役王明发讲述："制茶工人每日所得工资因男女工人动作之迟速而大有悬殊，即男工之中又因其技术巧拙勤怠而所得工资多寡不一。如拣茶一盘得钱 50 文，每日能拣茶至 30 盘者得 1 串 500 文，拣 20 盘者每日工价 1 串，拣茶一盘即可向厂方取钱 50 文。辅币既难换算，铜圆又甚缺乏，渔关茶商为找零方便，遂由每家发给竹筹，以资周转。全市茶厂 5 家，以每厂平均容男女工人 400 名计算，每日即有 2000 名工人在厂工作，以每工拣茶 20 盘得钱 1 串计之，每日非有铜圆 2000 串不能周转。而工人工资亦有固定为 2 角 5 分或 1 串 800 文者，当地铜圆八串折合国币 1 元。中央辅币既不可得，由 200 文以合 2 分 5 厘尤无法计算，茶商遂又发给 5 分与 2 分 5 厘之纸币券以周转。此种办法历年如此，固不自今年始也。且每家茶厂发出总数最多不过百余元，茶期过去即自动收回，全系一时之筹码，实无碍于地方金融。又以百物昂贵，生活程度增高，10 文铜圆不复能购任何物品，故经商会议决，以当 10 铜圆作 20 用，当 20 铜圆作 30 用。"

本年收制精红茶 7797 箱（含改良场 2 箱），另制红茶副茶 2884 箱，共 10681 箱。

二、1940 年制茶困难情形

（一）贷款发放中断

茶季开始，签订合同 8 厂领贷 30 万元（贸易委员会 20 万元，湖北省 10 万元），开始进山收办红茶。源泰设分庄 22 处，收买至立夏（5 月 6 日），所领贷款 6.6 万元不但用尽，宫葆初左扯右挪，将皮梓油款、店中货款 12 万余元皆用于收买毛茶。孰料制茶费用屡经请求，丝毫未蒙贷给。源泰共收茶 11 万余斤，至 6 月末，尚有 4 万余斤未运回厂。运费、筛拣、制费、伙食支用等面临无款可用困窘，迫不得已只得暂行停工，并将情形呈报渔洋关茶业同业公会，转呈省茶叶管理处。

恒慎、陆峰、恒信、华明、成记、民生、裕隆等厂或因敌机轰炸、侵扰，或因贷款不济，或因食粮无着，于6月上中旬先后停工。

6月27日，省茶叶管理处指令源泰等茶厂准予停工，并呈省建设厅恳转请贸易委员会，将未放贷款20万元迅予汇处发放。后各厂取具殷实铺保，依照手续按月认息，由湖北省银行通融放贷10万元。1940年实际贷放40万元，其中贸委会贷放20万元。

（二）“迟到”的宜红标准茶样

1940年5月24日，省茶管处正副处长南夔、高光道呈报省政府建设厅厅长林逸圣：

> 据渔洋关红茶厂经理宫葆初等呈称，奉茶管处训令，准贸易委员会湘黔办事处湖南分处公函并检附宜红标准茶样，令仰遵照办理，商等有疑难数点，伏恳转呈核示。
>
> 1. 宜红茶区茶农狃于蓄老旧习，制造欠良，毛茶本身既已不精，若以所发之茶为标准，则剔落部分须十之六七，则成本愈大，箱额减少。
>
> 2. 旧年制白茶者少，红茶较今年为好，今年白茶价高，故红茶多不愿制。以致红茶原料更比去年为粗，若尽量照标准提制，仅得精茶十之三四。
>
> 3. 剔落之茶与精茶同一成本，评价收购时，若因运费太高，不予收购，纵收又极低下。此项茶叶既不合收购出口，又不行销内地，将焉置之。此项成本，又将何出？
>
> 4. 湘红茶厂接近茶区，毛茶免运输之损，故茶品美观，宜红以粗抛之身，外形受数百里运输之损，诚恐尽量提制，犹难如标准式样。
>
> 5. 政府收茶品质并重，宜红叶厚汁浓高出湘红，故历年卖价高于湘而低于祁，且为洋商所嘉许。复查宜红产品根本不弱，如政府予以事先督导农人采摘嫩叶，根本自然优良，制成品质当不在祁红之下也。
>
> 今年毛茶已经制成，弗可改也。不得不将疑难之点呈恳钧处鉴核，予以转呈财政部贸易委员会，俯赐查核准予权变办理。否则，本年收买

毛茶较去年更为艰难，商等力薄，实不堪受此重大损失。

据此，查该茶商等所呈，均系今年特殊情形，理合转呈钧厅鉴核并转贸易委员会核示。

6月9日，省政府建设厅转函财政部贸易委员会查照。

受多种因素影响，本年茶贷合同约定的制茶数量仅完成5270箱。

第四节　茶叶运输

1939年茶叶运输。1939年，省、会双方所订条约第十二条规定："会方需用茶叶，由省方责成茶商运至双方商定地点，并由会方直接向茶商收购。"双方商定以宜都为交货地点，由会方租设茶栈，茶商运宜都交箱。

为确保运输畅通，4月，省政府建设厅指令航务处给予运输上便利，并指令五峰茶业改良场与省茶管处切实联络，协助茶叶运输。头茶精制成箱期间，省茶管处派员在宜都租借孙祠为堆栈，修整告竣，遂通知各厂径运。

8月18日，头批茶6170箱由渔洋关运抵宜都。随即，贸易委员会稽核毛汝霖与省茶管处副处长徐方干办理交箱验收手续。毛汝霖于9月6日押运茶船赴衡阳。9月20日，船过长沙，当日即可到达衡阳。然适值长沙会战，茶驳行经湘潭，被炸3357箱。

湖北宜红在湘潭被炸箱数及到衡阳箱数清单　　单位：箱

茶厂名称	大　面	到衡箱数		在湘潭被炸箱数
		完好	水渍	
源　泰	宜　仙	366	121	70
	贡　仙	236	15	1120
恒　信	宜　贡	170	23	706
	宜　品	264	41	—
华　明	华　贡	1	—	840
	明　仙	—	—	347

续表

茶厂名称	大　面	到衡箱数		在湘潭被炸箱数
		完好	水渍	
民　生	香　艳	428	24	71
	香　蕊	246	20	30
成　记	成　贡	554	24	71
	成　仙	235	45	100
五峰茶业改良场	—	—	—	2
合　计	—	2500	313	3357

二批箱茶及片末，由毛汝霖委托南夔行长代收代运。9 月 28 日，因时局紧张，自宜都至衡阳水道毗近战线，途中恐生不测，遂由中茶公司专员黄国光电重庆中茶公司及贸委会，请示二批运到宜都装妥待发的正副茶 4511 箱（正茶 1620 箱、副茶 2884 箱、头茶副茶 7 箱，箱茶每箱净重 63 市斤）的运输路线。10 月 15 日，贸委会及中茶公司来电改运重庆，省茶管处副处长徐方干等遂将二批茶由宜都以民船运至宜昌。10 月 21 日，由黄国光押运，分装民权、民贵两轮起运。10 月 26 日，顺利抵达重庆。

1940 年茶叶运输。7 月 29 日，省茶管处电中茶公司湖北办事处："渔关邻近战区，已成箱茶亟应照约收购。"中茶公司湖北办事处于 8 月 14 日向湖北省银行恩施支行借款 5 万元，随即派员在渔洋关办理验箱。9 月 22 日，省茶管处副处长高光道电建设厅长林逸圣："鄂茶均已成箱，计 5260 箱，中茶公司电示由渔洋关经资丘、野三关转巴东交货，恳转呈省府饬五峰、长阳、建始、巴东等县政府协助。"

9 月 25 日，中茶公司湖北办事处副主任王乃赓函省政府建设厅："现渔关箱茶已决定运巴转渝，五峰、鹤峰及石门泥沙等地箱茶已决定运咸（丰）转渝，经过之地为五峰、鹤峰、宣恩、咸丰、长阳、巴东、宜都等县，日内箱茶即将起运，仍祈贵厅令饬上开各县于各该经办押运人员及箱茶过境时，予以协助保护，并转饬各区署及联保办公处代为征雇民夫，以利抢运。设遇特殊情况时，并希酌派队伍护送，俾策安全。"

9 月 30 日，省政府建设厅指令省茶管处："经案呈省府分令恩施、利川、咸丰、宣恩、建始、巴东、鹤峰、五峰、长阳、来凤等县政府协助保护。”10月6日，省政府主席陈诚训令五峰、鹤峰、宣恩、咸丰、长阳、巴东、宜都各县政府：“令仰该县政府遵照前今各令，切实协助保护，并饬属遵照为要。”中茶公司湖北办事处派员押运，运达重庆共1500箱。

1941年4月22日，中国茶叶公司恩施直属实验茶厂电省政府建设厅：“1940年度鄂茶早经成箱，并迭奉命令迅予运津转衡，伺机运港以应外销，惟渔关茶商一再藉词延宕，迄今数月，仍仅少数起运，敬希贵厅转饬湖北省茶叶管理处及渔关镇红茶业同业公会，严限于最短期间扫数运达津市，俾使早日评价。”

5月15日，建设厅电五峰县政府、茶叶管理处：“1940年度鄂茶亟待运津转衡，以应外销，而便评价。”

至1941年8月31日，茶叶大部运抵津市、重庆、恩施交箱。中茶公司收箱4261箱，存渔待运849箱，出险160箱，合计5270箱。

第五节　产区管理

1940年4月，省茶叶管理处鉴于宜红茶区过去积弊甚深，亟欲剔除净尽，以副层峰整顿茶务设处管理之至意，徒以积重难返，不欲操之过急，选择弊端最重阻碍红茶产量者数事，撰印布告多份，附具办法，分函产区各县政府会印张贴，严切取缔。茶管处派往各地视察指导外勤人员报告，产区各县政府多忽视布告，不予协助，甚且不予张贴，任意搁置，致陋规仍旧，白茶盛行。5月2日，省茶管处呈报建设厅转呈省政府。5月28日，省政府代主席严立三训令五峰、长阳、鹤峰、宜都县政府：“贷款收茶，剔除积弊，主旨全在增加生产，多取外汇，借以增强抗战力量，关系甚巨，曾经令饬协助办理。再令仰该县政府恪遵迭令，切实办理，毋得玩忽。”

为确保红茶产量，茶管处派员巡回各茶区，1940年在宜红茶区设定禁制期禁制白茶。5月，拦获白茶二批300余斤送交渔关区署法办。渔关区署以无所依据难予处理。5月25日，省茶管处呈省政府建设厅。8月6日，省政府建设厅厅长林逸圣指令省茶管处：“该项处分，应依照前订取缔办法四项详加查核，如确在规定禁制期内查获白茶，按照《行政执行法》第四条第二款处理，但罚款不得超过规定额数（10元以下）。”

1940年12月7日，省茶管处处长南夔、副处长高光道呈报省政府建设厅厅长林逸圣：“本省宜红区所产白茶亦属内销茶之一种，与滇产沱茶、团茶、砖茶均占重要位置，似应一并加入《管理全国内销茶叶办法大纲施行细则》规定的内销茶品种，以免遗漏，呈祈转咨财政部查案加列。”1941年1月1日，湖北省政府主席陈诚函财政部查照办理。

第六节　制造税“停征”风波

1939年5月14日，五峰茶业改良场场长徐方干呈报省政府建设厅：

源泰、恒信、民生、成记、华明五家经理人宫葆初、龙乐群、刘鸿卿、宫子美、彭赞臣等称：“以前红茶开庄收购时，以5‰先完营业税，制成售卖时，在申汉茶行又以10‰完营业税，其间关税、厘金又经数次，茶商已有力不胜任之感。迨至1934年以后，前县长阮经芗更于制造时加征制造税，其税额之高，较营业税为甚，商等以有限之资力，承重大之负担，积年精疲力竭，茶务衰颓日甚。今幸政府关怀民瘼，俯予救济，凡有利于国计民生者，靡不尽量维护，人民之疾苦，亦无不洞悉。商等对于制造一税，历年曾屡呈主管机关，恳予转请减免，均未获据情照转，实有下情壅于上闻之慨。当兹政府调剂贷款之际，一切积弊概予剔除。为此环恳准予据情转呈省政府体恤商艰，免除红茶叶制造税，以轻负担，而维茶务。”

查来呈所称红茶制造税系地方税性质，曾否呈奉湖北省政府核准有案，指作地方何项用途，本场均无从查悉。惟就省政府与贸易委员会贷款收茶合约第21条载“为奖励茶叶出口计，除正当课征外，会、省双方应避免一切足以增加农商负担之征税”。为此，呈祈俯赐鉴核，转呈省政府令饬祇遵。

6月9日，省政府建设厅指令五峰茶业改良场："经省财政厅签复，五峰县原征红茶制造税，并未呈经核准有案，前据呈送1939年度概算书内，亦未列有该项税收科目，自应令县停征。"

7月5日，五峰茶业改良场场长徐方干呈省政府建设厅厅长郑家俊：

> 源泰、恒信、民生、华明、成记五家茶厂经理人官葆初、龙乐群、刘鸿卿、彭赞臣、官子美等呈称："本月3日奉茶业公会通知，转奉五峰县政府训令，红茶制造税仍照章完纳，制造营业税为省税大宗收入，营业税征收章程第11条规定至为明了，显与苛杂有别，万难停征，且征收制造营业税，早经阮经芗前县长呈奉湖北省财政厅亨字第9340号、第10546号指令核准。查红茶制造税早经呈奉湖北省政府令准停征，今县府又云有案可稽，令饬完纳，商等莫知所从。"转恳建设厅呈省政府核示饬遵。

7月27日，省政府建设厅厅长严立三代电五峰茶业改良场场长徐方干："五峰县长章致全6月25日呈，以该县征收红茶制造业营业税，实系省税，万难停征。经省政府以该县地方所征之红茶制造税并未呈奉核准有案，应仍遵前令立予停征，至对茶厂所征之营业税应继续征收。"

7月30日，五峰县长章致全电呈省建设厅厅长严立三："现在该茶商等正在装箱出售，失此不征侵，假时过境迁，无法补救，使贫瘠素著之五峰所恃此良好税源，借以维持政务推行之基本经费从此中断，百务停废，职员枵腹，兴言及此，良堪浩叹，应请查明原呈，迅饬照章纳税，以裕省库而资救济。"

8月13日，湖北省政府代理主席严立三电示五峰县长章致全："该县地方所征之红茶制造税并未呈奉核准有案，应仍遵前令停征。"

10月4日和12日，五峰茶业改良场技士余景德、省茶管处处长南夔分呈省政府建设厅厅长向云龙：

> 源泰、恒信、华明、民生、成记五家茶厂经理官葆初、龙乐群、彭赞臣、刘鸿卿、官子美等呈称：据该县本年8月6日呈，详叙征收红茶

制造税情形附赍税票存根，恳转饬遵章完纳。经建设厅签准财政厅签复，以原呈所称各茶厂制造红茶均在5月以后。该县仅于6月照章征收红茶制造税一次，其余各月则无此项税收，并呈验上年6月阮经芗任内征收厂商红茶制造税存根。核与本省营业税征收章程第11条规定——凡制造业在制造厂所时，其制造品直接发售者，无论整卖或零卖均应照制造业税率课税相合，应准照案继续征收。商等亟须声明及应请解释之处，谨分别详呈于后：

（一）应行声明二点：本年各厂领款购制箱茶，交由财政部贸易委员会运销，论资本则系政府贷款，论售销则系政府主持，论货物则系出口品类，与往年各厂直接运销之情形不同。即就售销一项而言，各厂绝无整卖或零卖之事，既已遵照建设厅代电完纳营业税，有本年税票可证，似不能再加负担，此应行声明者一；茶农在山制造白茶、红茶售与分庄各茶厂，收购毛茶时，已分别在各当地完纳营业税，此项毛茶进厂分别筛拣装箱，形质毫无变易，与豆麻榨油、米麦酿酒者确乎不同，既已完纳营业税，似不能一业两税，再加负担，此应行声明者二。

（二）应请解释三点如下：营业税第11条载——凡制造业在制造厂所时，其制造品直接发售者，无论整卖或零卖，均应照制造业税率课税。推译条文，凡制造品若不直接整卖或零卖，应不完纳制造税。各厂所制箱茶无直接整卖或零卖之事已如前述，应在免税之列，此应请解释者一；省政府与财政部贸易委员会所订贷款收茶合同第21条载——为奖励茶叶出口计，除正当课税外，省、会双方均应避免一切足以增加农商之征费，商等既系贷款收茶，本条文自应适用。既已遵令完纳营业税，似不应再令完纳制造税，此应请解释者二；本年5月5日，财政部呈奉行政院公布各省茶叶管理机关组织通则第5条载——茶叶管理机关不得以任何名义征费，以增加农商负担。无论任何机关亦不得以任何名义征费，本县政府似应体恤农商，维护茶政，不得于正当课税之外又有类似重征之税，此应请解释者三。

综之，县政府以行政经费之艰难无法解决，遂坚欲继续征收前任县长所开辟不正当之税源，曲引事实以邀宪听，置省会双方所订之合同、省府一再令饬停征之命令，暨行政院公布减轻农商负担之条文于不顾，商等处此，实属万难。盖不照完纳，恐开罪地方长官，于奸商狡谋之外，加以抗税罪名；若照完纳，实无供应复税资力。再四思维，惟有仍恳钧场俯准转呈湖北省政府，特予设法豁免，以体商艰而维茶务。再各厂收买毛茶分庄不下50余处，每庄均制有完纳税票，碍难一并呈核，仅检各厂一纸，伏祈转呈核后发还，合并呈明。

查原呈声叙各点，自有其相当理由及实在困难之处，本场在农商两利之立场与职责上，实有不能壅于上闻之苦。盖茶商既受复杂征税，决不甘蚀其血本，势不得不取偿于茶农，抑勒毛茶价格。茶农不能售得相当高价，则以前粗制滥造摘老掺假，种种弊端又将因之而生，甚且商不承购，农不采摘，以言改良，无异南辕北辙。

省府于1937年与前实业部合作设立宜昌区茶叶改进指导所，1938年由钧厅令饬本场由羊楼洞迁渔洋关，继续前改进所指导工作。本年且由省府与经济部（应为财政部）订立贷款收茶合约。凡此种种措施，无非以改进生产，救济农商，换取外汇，以利抗战为鹄的。今因一县政费之支绌，使数年来苦心孤诣，长期抗战之大计及欣欣向荣方兴未艾之效果，均因此而发生莫大障碍，深可惋惜。设鹤峰、长阳及其他产茶各县，均起而效之，则危害茶业更非浅鲜。不过，五峰地瘠民贫，县府政费难筹，据由各方探讨所得，亦系实在情形，顾此失彼，颇难两全。拟恳钧厅转呈省府，特予设法一面查照前案停征红茶复税，使救国大计得以顺利到达，一面就省库可能范围以内，增补五峰县政费若干，以利县政之推行。

10月18日，省政府建设厅函示省财政厅："关于渔洋关各茶厂呈请免征红茶制造税一案，前经依照贵厅所签意见令县停征，嗣据五峰县检呈征收红茶制造税票存根，请仍转饬遵章纳税，复经依照贵厅所签意见，令准照案继续征收；兹又据省茶管处暨五峰茶场转请豁免，似亦不无理由，究应如何饬遵，仍请查核见复为荷。"

10月23日，省财政厅签复："自应照案继续征收，五峰县征收红茶制造营业税系援照成案办理，为应征之正当省税，相应签复贵厅查核办理为荷。"

10月28日，省政府建设厅指令五峰茶业改良场、省茶管处："经财政厅签复，五峰县征收红茶制造营业税，系援照成案办理，为应征正当省税，并非苛杂，亦非重征，碍难豁免。该茶商等原呈所称各点，不无误会，应饬向各茶商明白解释，遵章完纳，以维税收，而符定案。”

第七节　省茶管处附属茶厂

随着抗战进入相持阶段，局势日趋紧张。中茶公司统购统销面临运不出的窘境，茶商因评价、结账极不顺利，且亏本经营，而纷纷停闭。1941 年，中茶公司拟停办宜红区的统购统销。经湖北省政府多次请求，中茶公司决定办理见箱贷款宜红 2000 箱。省政府将中茶公司退还股本 10 万元拨划省茶叶管理处，作产制贷款，但茶商不为所动。省茶管处遵省建设厅指示，开办附属茶厂，租渔洋关裕隆茶号厂房收制茶叶，付裕隆茶号租金等费 3766.50 元。

附属茶厂购置囤箱、焙篓、风车等茶具、工具，招雇渔洋关的茶师傅和制茶工人，龙汉佐任看拣员，余福田担任收购员，张修光（用宾）等任职员，共收制茶叶 289 箱。

因中茶公司确定 1941 年宜红中心价格每担仅 145 元，而成本在 600 元以上，见箱贷款收购合约终未签订。省建设厅指示，内销鄂北及万县、重庆等处，因运费无着而悬搁。

1942 年 1 月，茶管处撤销。随经多次洽商，茶具、家具作价 1 万元，存茶作价 75000 元，售与湖北省银行。

五峰茶业改良场接管前茶管处茶叶器具、茶具移交湖北省银行清册

品　名	数　量	备　注	品　名	数　量	备　注
囤　箱	154 口		洗澡盆	2 个	
焙　篓	20 套		水　桶	1 个	
顺　盘	12 个		托　盘	2 个	
拣　盘	106 个		板　凳	20 条	
软　篓	15 个		方　桌	2 张	
撮　箕	7 个		条　桌	2 张	

续表

品　名	数　量	备　注	品　名	数　量	备　注
团　窝	60个		短　梯	1架	
拣茶长凳	39个		长　梯	1架	
风　车	3乘		磨架子	1架	
高　凳	4条		垒　子	1副	
三乘架	1架		木撮箕	1个	
小茶撮	16个		筷　笼	1个	
空字铁牌	1块		案　板	1块	
茶标木牌	1块	附字14个	铁　锅	3口	
复火布	4条		铁火钳	2把	
篾茶篓	108个		铁锅铲	1把	
大茶耙	2个		洋铁炊壶	2把	
小茶耙	2个		蒸　板	2个	
筛架子	4个		篾饭甑盖	1个	
角　条	170根	长137根、短33根	菜罐子	1个	
茶　袋	319条		油罐子	1个	
筛　子	70个	3个特修	米筛子	1个	
火　瓢	1个		筲　箕	3个	
火　刀	1把		瓷饭碗	50个	
大油纸	72张		茶　杯	20个	
小油纸	11张		筷　子	4把	
大　秤	2杆		大钵子	2个	
钩　秤	1杆		小钵子	2个	
簸　秤	1杆		锅　盖	5个	
棕　刷	3把		瓦灯盏	3个	
钉　锤	1把		篾条篮子	2个	
钉　子	5斤		厢　板	8方半	294块
蚂蟥袢	114斤		汤　匙	10根	

续表

品　名	数　量	备　注	品　名	数　量	备　注
圆　桌	1副		上白女萝春	10篓	共300斤
碗　柜	1乘		中白女萝春	6篓	共180斤
柜架子	1乘		上绿珍眉	9篓	共450斤
铺　板	14块		中绿珍眉	10篓	共500斤
木脸盆	3个		中绿家园	4篓	共200斤
柜　子	1乘		上白银针	147篓	共6612斤
饭　甑	1个		中白毛尖	103篓	共4738斤
饭　桶	2个		甲字白茶	82袋	共4100斤
秤架子	1座		乙字白茶	45袋	2250斤，改46篓21筵箱
大木水缸	1个		丙字白茶	25袋	1250斤，改装36筵箱

本章资料来源

1. 湖北省档案馆档案见附录四（3）。

2. 张博经：《抗战五年来湖北的茶叶》，《西南实业通讯》1943年第7卷第1期。

第十四章

五峰制茶所

1941 年，时值抗战，运销极为困难，中国茶叶公司未与湖北省政府续签茶叶收购贷款合约。1942 年 1 月，湖北省茶叶管理处随即撤销。为救济湖北茶叶及茶农茶商，刚接任湖北省银行行长的周苍柏提请设立湖北省银行辅导鄂西茶叶产制运销处，五峰制茶所等下设制茶机构应运而生。1942 年 7 月 1 日，湖北省平价物品供应处成立，产制运销处归并茶叶部，五峰制茶所随即隶属省平供处茶叶部。

1945 年 10 月，随着抗战胜利，省平价物品供应处改组为湖北民生公司，省平供处制茶厂改称民生茶叶股份有限公司。12 月 7 日，五峰制茶所与鹤峰制茶所合组为民生茶叶股份有限公司五鹤茶厂。

第一节　机构设立与演进

一、湖北省银行辅导鄂西茶叶产制运销处设立

1941 年 12 月 17 日，湖北省银行行长周苍柏以总施信字第 62 号文呈报董事会：“鄂西各县出产茶叶年达 2 万余担，前以国茶在国际市场地位低落，茶叶销路因以停滞，农民曾一度刈除茶树改种杂粮。近来中茶公司以出口困难，减少外销红茶收购数量，内销绿白茶亦因交通困难，销量锐减。且近来粮价高涨，如不设法补救，恐再度发生刈除茶树，改种杂粮情事，影响将来国际销场。为救济农村经济，树立抗战胜利后鄂茶对外贸易基础，拟由本行

划拨资金 50 万元，设立鄂西茶叶产制运销处。辅导鄂西各县茶农促进生产，改良制造，策划运输，推广销路，并于产茶中心地点设立制茶厂加工精制，鄂茶生产不致萎缩，拟具《湖北省银行辅导鄂西茶叶产制运销办法大纲》（草案）一份，签请鉴核示遵。”12 月 22 日，省银行董事长赵志尧提经第 33 次董监联席会议，决议通过《辅导鄂西茶叶产制运销办法大纲》。

12 月 30 日，周苍柏就正副经理人选呈送董事长赵志尧：“原中茶公司恩施直属茶厂厂长（应为专员）杨一如，原湖北省茶叶管理处副处长高光道为辅导鄂西茶叶产制运销处正、副经理。”1942 年 2 月 3 日，赵志尧提交第 34 次董监联席会议讨论，决议追认。

1942 年 1 月 22 日，湖北省银行辅导鄂西茶叶产制运销处组设成立，租赁恩施五峰山小埡口民房办公，其附属恩施精制茶厂及五峰、硃沙溪、芭蕉、鹤峰、建始和五峰山制茶所相继设立。1 月 31 日，湖北省银行呈报成立辅导鄂西茶叶产制运销处经过，检同办法大纲呈请省政府鉴核。

3 月 4 日，省银行辅导鄂西茶叶产制运销处拟订职员编制表、经常费、精制厂及各制茶所开办费明细表、建筑费、损益表呈报总行。

3 月 14 日，省政府委员会第 397 次会议，决议通过《湖北省银行辅导鄂西茶叶产制运销办法大纲》。

二、省平价物品供应处茶叶部与制茶厂

1942 年 7 月 1 日，湖北省平价物品供应处成立，由湖北省银行兼办。湖北省银行辅导鄂西茶叶产制运销处改称湖北省平价物品供应处茶叶部，恩施精制茶厂改称湖北省平价物品供应处茶叶部制茶所，五峰、硃沙溪、芭蕉、鹤峰、建始、五峰山制茶所改称制茶分所。

1943 年 7 月，湖北省平价物品供应处茶叶部改称湖北省平价物品供应处制茶厂，五峰、硃沙溪、芭蕉、鹤峰、建始、五峰山制茶分所改称制茶所。

1945 年 10 月，湖北省平价物品供应处改组为湖北民生公司，湖北省平价物品供应处制茶厂改称民生茶叶股份有限公司。

三、机构沿革与人员更变

（一）湖北省银行辅导鄂西茶叶产制运销处（简称鄂茶处）及附属恩施精制茶厂

1942 年 1 月，鄂茶处设经理、副经理各 1 人。内设总务股、业务股和会计股。

鄂茶处附属恩施精制茶厂设厂长 1 人，技士 4 人，办事员 2 人，助理员、技术员、技术助理员各 4 人，会计员、会计助理员各 1 人，雇员练习生若干，由总行或处厂委用。厂长由产制运销处业务股长厉菊仪兼任。

（二）湖北省平价物品供应处茶叶部

1942 年 6 月 28 日，省银行总行奉令兼办省平价物品供应处，于 7 月 1 日正式成立省平供处。省银行辅导鄂西茶叶产制运销处改称省平价物品供应处茶叶部，恩施精制茶厂改称制茶所。茶叶部经理杨一如，副经理高光道，厉菊仪任茶叶部制茶所主任。1943 年 2 月，高光道改任省平价物品供应处粮食加工部经理。3 月，彭介生、厉菊仪任茶叶部副经理，张博经任茶叶部制茶所主任。

湖北省平价物品供应处茶叶部所属各制茶所一览表

（1943 年 4 月 9 日）

名　称	制茶所	芭蕉制茶分所	硃砂溪制茶分所	黄连溪制茶分所	鹤峰制茶分所	五峰制茶分所	厚池特约制茶所	古家坡特约制茶所	麻子沟特约制茶所
地　址	恩施狮子岩	恩施芭蕉镇	恩施硃砂溪	恩施纸房溪	鹤峰留驾司	五峰水浕司	恩施厚池龙塘沟	恩施古家坡	恩施蒋家坡
负责人姓名	张博经	施伯海	连源燃	卢燮卿	汤　震	万纯心	郑权渔	曾金山	伍率银
附　注									1943 年 3 月下旬增设

注：各分所及特约制茶所仅负初制责任，所制毛茶并不出售，必须送交制茶所加工精制后始以茶叶部名义向市场推销。

（三）湖北省平价物品供应处制茶厂

1943 年 7 月，湖北省平价物品供应处对业务机构进行调整，划分为生产机构、购运机构和交换分配机构，并撤销茶叶部，组建湖北省平价物品供应处制茶厂。制茶厂厂长杨一如，副厂长厉菊仪、张博经，内设事务课、工务课、财务课。

第二节　五峰制茶所职员与工人

一、主任、会计、助理员、技术员与雇员

1942 年 3 月，五峰制茶所（全称“湖北省银行辅导鄂西茶叶产制运销处五峰茶叶生产合作社制茶所”）在水浕司伍家台设立，租用许悠然民房办公制茶，年租金 600 元。由万纯心任技术指导员，余福田（永培）为雇员。7 月，五峰制茶所改称制茶分所，全称湖北省平价物品供应处茶叶部制茶所五峰制茶分所，并增加雇员许悠然和技术员朱道兴。

1943 年 5 月 13 日，省平价物品供应处总经理周苍柏签发派令：万纯心为茶叶部五峰制茶分所技术员。7 月，省平价物品供应处茶叶部改称制茶厂，万纯心任五峰制茶所主任。8 月，张立信任五峰制茶所会计。

1944 年 3 月 7 日，调派尹学礼未到岗，制茶厂复派李修国为五峰制茶所事务，并带工同来。是年茶季，江忠信任五峰制茶所技术助理员。

1945 年 4 月 17 日，万纯心任省平供处制茶厂工务课长兼五峰制茶所主任（卢锡良为事务课长，吴本哉代理鹤峰制茶所主任，曹立谦代理黄连溪制茶所主任）。4 月 20 日，疏散雇员许悠然。7 月，万纯心赴恩施制茶厂期间，所务由会计张立信代理。

二、茶司、技工与茶工

1942—1943 年，五峰制茶所每于茶季，招收临时雇员办理收购茶叶，茶季结束即予解雇。1944 年，五峰制茶所独立精制后，长期聘用茶司、技工及雇佣茶工。

1944 年 4 月 30 日，茶司蒋日富获准提高薪津，茶工黄清宽提升为技工。8 月 6 日，技工黄清宽辞职。8 月 24 日，制茶厂批示：“该工能力颇优，应予慰留，如已离开五峰，即准辞报厂转处备案。嗣后茶司、技工辞职必先报厂核准后，始能离职。”8 月 19 日，茶司蒋日富呈称：“自奉派来五峰工

作迄今二年，离家日久，思亲意切，拟请调厂工作。”8月24日，制茶厂批示：“准随该所来厂对账，职员回恩（施）一次。”

1945年3月19日，五峰制茶所万纯心签呈：“茶司蒋日富以自调五峰制茶所以来，迄今二载有余，而父母均居恩施，时函嘱返家料理家务，拟恳调恩施工作。”3月20日，制茶厂批“准调巴蕉制茶所工作”。4月20日，五峰制茶所拟晋用许征远为茶司，月支工资1800元，王兴业为茶司，月支工资1300元，张济美（良凤）晋升为技工，月支工资1200元。5月3日，制茶厂批示：“准晋用，惟薪饷应照规定标准支给，不得超过。”

7月10日，奉制茶厂函示，茶工无眷属者工资自本年6月，准在1000～2000元限度内，酌予调整报厂备查。五峰制茶所茶工89人工资调整如下表：

姓　名	原工资（元）	调资后（元）	姓　名	原工资（元）	调资后（元）	姓　名	原工资（元）	调资后（元）
孙成海	1000	2000	张忠禄	880	1760	杨顺梅	800	1600
罗　斌	950	1900	鲁从阳	880	1760	周福玉	800	1600
刘国安	950	1900	李添昌	880	1760	王济珍	800	1600
殷高全	950	1900	张化明	880	1760	郭玉如	800	1600
黄元沛	950	1900	杨祥喜	880	1760	叶玉莹	800	1600
彭从发	950	1900	胡晋轩	880	1760	汪大姐	800	1600
熊明福	930	1860	贺吉美	880	1760	陈志珍	800	1600
胡世发	930	1860	向光台	880	1760	杨少卿	800	1600
贺赤元	900	1800	殷海清	880	1760	王中全	800	1600
严金太	900	1800	田银洲	870	1740	钟裕高	800	1600
黄茂卿	900	1800	吴绪明	850	1700	向光谟	800	1600
刘永发	900	1800	吴善之	850	1700	曾庆秀	800	1600
刘文全	900	1800	龚汉卿	850	1700	李先惠	800	1600
周安正	900	1800	欧竹仙	850	1700	李绪珍	800	1600
田德明	900	1800	张　云	850	1700	向道珍	800	1600
张玉臣	900	1800	周安顺	850	1700	杨云卿	800	1600

续表

姓　名	原工资(元)	调资后(元)	姓　名	原工资(元)	调资后(元)	姓　名	原工资(元)	调资后(元)
王清泉	900	1800	杨大成	850	1700	陆洪昌	750	1500
曹　恺	900	1800	向武槐	850	1700	李连圣	750	1500
秦文义	900	1800	李添鹦	850	1700	张文秀	700	1400
赵永文	900	1800	李添喜	850	1700	余德钧	700	1400
覃明全	900	1800	周德隆	850	1700	王道玉	650	1300
胡世凯	900	1800	吴济思	850	1700	龙　玉	650	1300
朱长寿	900	1800	周沛之	850	1700	周　晋	630	1260
李　操	900	1800	邓介山	850	1700	李天珍	630	1260
李英臣	900	1800	余远春	850	1700	余发海	630	1260
刘永富	900	1800	徐白泉	850	1700	周　斌	600	1200
李良臣	900	1800	向永科	800	1600	李中斌	600	1200
曾成为	900	1800	徐庆富	800	1600	陈启雄	550	1100
刘秦来	900	1800	张绍华	800	1600	石昌全	500	1000
黄全智	900	1800	邓守香	800	1600	合　计	89名	

7月25日，制茶厂厂长杨一如批示："茶季结束，留优良工人10名，余遣散。"孙成海、黄元沛、殷高全、熊明福、贺赤元、黄茂卿、田德明、田银洲、吴善之、吴绪明、刘文全、彭从发等12人留用。

此外，1943年，龙汉佐（乐国）任五峰制茶所保管员。1944—1945年，黄元沛任保管员。

三、员工伙食

1943年8月7日，五峰制茶所主任万纯心电制茶厂："自本年4月起，犹自鄂西大战后，物价飞腾已超战前物价1～2倍以上，员工伙食费额突行异高，久未有明文规定，影响员工伙食报销。根据五峰物价，造定员工伙食费额，自7月起参照该表按月报销。"

五峰制茶所工人伙食费计算表　　单位：元

品　名	苞　谷	菜　油	食　盐	禾　柴	小　菜	合　计
规定日需量	22 两	4 钱	5 钱	3 斤	3	—
每月共需量	41 斤 4 两	12 两	15 两	90 斤	—	—
单　价	4.687	18.00	9.00	0.10	—	—
总　额	193.34	13.50	8.44	9.00	90.00	314.28

五峰制茶所职员伙食费计算表　　单位：元

品　名	米	菜　油	食　盐	肉	禾　柴	小　菜	合　计
规定日需量	22 两	4 钱	6 钱	—	4 斤	4	—
每月共需量	41 斤 4 两	12 两	1 斤 2 两	4 斤	120 斤	—	—
单　价	8.125	18.00	9.00	16.00	0.10	—	—
总　额	325.16	13.50	10.13	64.00	12.00	120.00	554.79

8 月 18 日，厂长杨一如批示：“职员伙食费每月不能超过 450 元。”

1944 年 5 月 15 日，五峰制茶所呈报制茶厂：“财务课 4 月 20 日函示‘职员伙食自 4 月份起一律由总厂发付，以后可不用造册列报。’复接 5 月 2 日财务课函发，本所职员 4 月伙食每员国币 582 元。本所职员伙食本年虽能价购公粮，但所有副食用料均求自黑市，自无在恩施警区内能享受平价物料可比，所发职员伙食额实为不够。”10 月 6 日，制茶厂核示：“将所领苞谷全数（价款仍由职员本身负担）比照市价交换食米，其不足差额，可就地按需用数购买，价款作损益科目，领购生活必需品亏损子目报账，但以每人每月实吃数量为限，不能滥报；所有职员客饭，仍应按市上购进米价收款，以免亏损，不能并入职员食量内计算，报领差额。”

1945 年 6 月 12 日，五峰制茶所呈制茶厂：“本所职员各月份伙食费，均由钧厂按照恩施区规定额随同各月份薪津发给，致每月职员伙食不符颇巨。恩施警区伙食用料全系平价，而本所职员伙食用料均仰给于黑市，当此物价腾高之际，致发给各职员伙食费不敷甚巨。”

7 月 11 日，制茶厂函示：“职员及茶司伙食，遵照规定警区内公务员月需食粮数量及成数，自本年 7 月起，按齐米每市斤 6 角，苞谷每市斤 4 角结算，不敷之价款，以特别费用科目报付亏损；至油盐两项，现总处合作总社配发本厂 6 月菜油每市斤价 300 元，巴盐每市斤价 287 元，查该所消耗品内之油盐价格尚较本厂进价为低，准按购进均价收冲消耗品，惟茶工伙食仍照本厂原订办法办理。”

第三节　五峰制茶所厂房与设施

一、五峰制茶所开办

湖北省银行辅导鄂西茶叶产制运销处成立之始，即于五峰水浕司伍家台租用民房，设立五峰制茶所。添置生产器具、文具等 400 余宗（件），其中生产器具烘笼、晒席、簸子、竹扇、簸箕、揉茶簾、大小撮箕、围簾、卧席、皮篓、揉茶架、大木桶、拣茶板等 120 余件，共预算开办费 3430.7 元。

二、兴建高栗岭厂房、柴炭室及厕所

厂房兴建及维修。1942 年，五峰制茶所设立之初，租用民房制茶办公，极为不便。7 月 13 日，万纯心草绘厂屋设计图呈报茶叶部，预算 4.5 万元在高栗岭兴建厂房，预定农历八月中旬动工。8 月 1 日，茶叶部经理杨一如复电万纯心：“可在 4 万元内估工建筑，并造平面立体图样、合约及估单各三份送核。”8 月 15 日，茶叶部汇房屋建筑费 2 万元。

1943 年 8 月 17 日，茶叶部呈报供应处：“鄂西所产茶叶，品质以五鹤两县为最优，就数量论，又以该两县为最多，蜚声世界茶市之‘宜红’实即该两县之产品，前辅导鄂西茶叶产制运销处成立之始，即于鹤峰产茶中心留驾司、五峰产茶中心水浕司各设制茶分所，从事产制管理工作，用奠战后鄂茶对外贸易基础。复以制茶事业含有永久性质，无论战时、平时均须继续进行，不可无固定房屋，以为一劳永逸之计。乃于去年下季，函知该两所指导员等，注意觅购房屋或储备相当材料自建厂房。水浕司距渔洋关仅 120 里，渔洋关距宜都仅一衣带水。渔洋关为平时茶叶集散地，拥有私人经营茶厂八九家，极易出江改为轮运，其地位较留驾司更为重要。为便利运输，减轻

成本，战后恩施茶厂出品茶或仅供内销之用，而将水浕司制茶所改为总厂或分厂，大量产制外销茶。同时，湖北茶叶管理处移来之精制工具，又可利用一部分，故该所将来须有初制与精制并备之厂房，方敷分配。渔洋关之公私茶厂（仅能精制）均被敌寇付之一炬，该厂更有扩充必要。据五峰制茶分所指导员万纯心 2 月报称，储备建厂用料大部齐全，惟无营造厂绘具图样，出具估单，包工承修，当以手续不合董事会规定往返指驳，稽延数月，近始完备手续呈报到厂。检赍五、鹤两分所房屋各种图表、契约、估单，报请钧处转报董事会迅赐核示。”

湖北省平价物品供应处茶叶部五峰制茶所新建房屋估单

项　目	金额（元）	说　　明
地　价	2000	需土地见方 20 丈，每丈估需价洋 100 元
迁坟费	500	选定房址坟有唐继纯等 5 座，估每座给搬迁费 100 元
税契费	200	地价 2000 元，估需税契费 200 元
平　基	8000	20 方丈石土山坡，约需平基 500 工，每工含伙食，估给工资 16 元
筑　墙	10000	全栋房屋全用土墙，需筑 1 尺 6 寸宽，4 丈 5 尺高土墙 24 丈；1 尺 6 寸宽，6 丈高土墙 20 丈；1 尺 6 寸宽，4 丈高土墙 3 丈；1 尺 6 寸宽，1 丈 5 尺高土墙 17 丈
木　料	13800	约需 2 丈长，平均 1 尺径松杉杂木 300 根，每根估价 30 元；又约 2 寸板 40 丈，每丈估价 120 元
青　瓦	9000	约需青瓦 15 万片，每万片估价 600 元
木料搬运费	9500	杂木 300 根，由田地搬至厂址平均 5 里计算，每根力资 23 元；板 40 丈，每丈搬运 65 元
青瓦搬运费	4500	青瓦 15 万片，每万片搬至五厂，以山路平均 10 里计算 300 元
木工工资	28000	
瓦工工资	2400	
铁　钉	5400	
什　支	2000	
合　计	95300	

10月，制茶厂函报在水泧司高栗岭建筑初制与精制并备五峰制茶所总厂估计工料费95300元，经平价物品供应处董事会准予先行照办，候提会追认。11月15日，万纯心呈报制茶厂："五峰制茶所建筑厂屋，曾经先后呈报图样估单，现已督建完工（由忠孝乡七保一甲二户木工王德友承建），检同各项单据、付款咨照单，并连同购买地基原始约据呈请鉴核。"当日，厉菊仪副厂长批示："单据交财务课审核转账，契据存卷，副本分别存转。"

1944年1月6日，制茶厂转呈五峰制茶所厂屋竣工图表及地约抄件，申请供应处派员验收，并附卢锡良初验表。

湖北省平价物品供应处制茶厂五峰制茶所工程初验表

工程地点：五峰水泧司　　工程名称：建筑厂房　　建筑面积：46.77（方丈）

项　目	尺　寸	数　量	单　位	单价（元）	总值（元）	备　注
地　价	—	42	丈	1500.00	1500.00	
迁坟费	—	2	座	120.00	240.00	
税　契	—	—	—	—	385.50	
平　基	—	—	—	—	7631.30	系包工
筑　墙	—	—	—	—	9250.00	系包工
木　料	—	—	—	—	13191.20	
青　瓦	—	728623	匹		8871.63	
搬料工资	—	—	—	—	11106.80	
青瓦搬运	—	—	—	—	3253.50	
木工工资	—	—	—	—	29365.00	
瓦工工资	—	—	—	—	1371.00	
铁　钉	—	142	斤	—	3996.00	
粉　装	—	—	—	—	2960.00	
什　支	—	—	—	—	357.00	
合　计	—	—	—	—	93478.93	

主管人：万纯心　　初验人：卢锡良

1944 年 1 月 12 日，供应处批示："派五峰合作金库经理杨明哲就近验收报核。" 2 月 15 日，杨明哲复验制茶所厂房，与卢锡良初验无异。4 月 12 日，省平价物品供应处函制茶厂："五峰制茶所在水浕司建筑厂房工料费 93478.93 元，董事会准予按照验收实支数送会核销。"

1945 年 4 月 20 日，五峰制茶所呈制茶厂："厂屋上年秋季因飓风狂吹，致屋瓦被吹落地颇多，冬季苦寒，冻结大冷，又被冷破甚多，满屋穿孔，每遇雨必多漏湿，对于工作上影响颇大，所存茶叶亦时虑潮霉。拟购瓦 2 万匹加以修补，约需价款 2.4 万元，由茶工自盖，藉减开支。" 5 月 16 日，制茶厂呈报供应处："该所屋漏属实，拟购瓦自修，亦属可行。" 6 月 2 日，供应处通知准予照办，候提会追认。6 月 22 日，制茶厂函令五峰制茶所办理。

建筑柴炭储存室及厕所。1944 年 2 月 16 日，五峰制茶所呈报制茶厂："尚缺柴炭储存室及厕所，管理上亟感不便，并时常发生柴炭损失情事。拟简单建修柴炭储存室及厕所共一间，约需国币 16050 元。" 2 月 28 日，制茶厂函复："物价日趋上涨，员工待遇亦经提高，本厂茶叶成本增巨，该所各项建筑均应一律停止。" 3 月 13 日，五峰制茶所再次申复理由："原有房屋实不符用，殊难管理，无厕所更碍观瞻，不宜骡畜喂饲。拟自行建筑简单房屋一间，以符实际需要。" 4 月 13 日，制茶厂以"复经详核，确属急迫需要"呈报供应处。

随即，五峰制茶所购料雇工自行修建，实用工料费 15281 元。12 月初，由张立信验收，呈报制茶厂："确已竣工，其用费与工程均查验相符。"

12 月 30 日，供应处函复制茶厂准予报董事会核销。1945 年 3 月 3 日，供应处董事会准予核销。

五峰制茶所建筑厕所、柴炭室、牲畜室估单

项　目	金额（元）	备　　注
木　料	1300	全房共架梁 3 个，约需杉木 65 根，每根估价 20 元
青　瓦	7410	全房约需青瓦 13000 匹，连同力资每万匹估价 5700 元
铁　钉	2600	全房约需铁钉 1300 个，每个估价 2 元
木　板	1120	全房约需木板 4 丈，每丈估价 280 元

续表

项　目	金额（元）	备　注
木料搬运费	520	全房杉树约 65 根，每根由基地搬至厂估力价 8 元
木工工资	2560	全房约需木工 160 个，每工估价 16 元
竹　料	540	全房约需编墙竹子 1800 斤，每斤估价 3 角
合　计	16050	

湖北省平价物品供应处制茶厂工程验收表

工程地点：水浕司五峰制茶所　　　　工程名称：建修厕所、牲畜室及柴炭室一栋

项　目	数　量	单　位	单价（元）	总值（元）
盖　瓦	12474	疋	0.50	6237
木　料	53	根	50	2650
竹　料	1100	斤	0.40	440
木　工	152	工	24	3648
铁　钉	1153	个	2	2306
合　计	—	—	—	15281

制茶设备。初期，厂房建造有龙井珍眉室，装置龙井灶 15 个，珍眉灶 10 个；玉露室装玉露台 16 个；蒸青室装蒸青锅灶 4 个；炒青室装炒锅 2 个，揉捻簾台 10 个；烘焙室内置焙窝 48 个。

1944 年秋，增置玉露灶 14 座，用费逾 6 万元。1945 年 4 月，修理玉露炉面 20 个，预算耗资 1052130 元。

运输工具。1943 年 12 月 1 日，制茶厂呈报供应处："万纯心呈称，五峰制茶所地处深山，交通困难，人力运输既感不便，费用亦巨。近来湘鄂边境敌寇蠢动，存所物资复待择要搬运。奉召来厂日久，急须回所主持，拟请准购骡畜乘回职所，兼便转运茶叶，以节川资而减运费。该所在平时运入食粮及运出毛茶为数均巨，现值敌寇蠢动，尤需搬运物资，杨一如厂长亦迭电催该所存茶尽速运渝。拟请购骡乘回运茶似属必要。惟以时间仓促，未及请示，已准由该员在恩施购骡一头 12000 元，并购鞍一套 855 元。"

第四节　五峰制茶所茶叶制造与运销

一、茶叶制造与收购

五峰制茶所自 1942—1945 年期间，共计收制各类茶叶 61650 余斤。

（一）1942 年收制茶叶情形

是年，省银行辅导鄂西茶叶产制运销处分配五峰制茶所收制 140 担，即自制 30 担，收购红茶 40 担、白茶 70 担。

因五峰制茶所初创，柴炭、粮食仅筹划至二茶底，收制头茶和二茶后，已超过规定数量，于 6 月底将工人大部解散，留 5 人帮助收购红白茶，未续制三茶，共收制 19970 斤，其中自制 2831 斤，即鄂绿 1590 斤、玉露 520 斤、玉华 721 斤；收购 17139 斤，即毛红 5924 斤、白茶 11215 斤。

（二）1943 年茶叶收制情形

1 月，茶叶部制茶所分配五峰制茶分所收制茶叶 270 担，其中自制 70 担，即龙井 5 担、炒青 45 担、红茶 20 担；收购 200 担，即红茶 150 担、白茶 50 担。4 月 12 日，茶叶部电示五峰制茶分所："收购红白茶限于优级头茶，次级者不收。"

5 月 22 日，因日军占领渔洋关，省银行渔洋关办事处员工撤退至五峰制茶所，过往军队频繁驻扎，茶叶收制被迫停顿。6 月 3 日，茶叶部电示五峰制茶分所："红茶达 50 担后停收，高级绿茶及炒青续制。" 6 月 6 日，五峰制茶分所电茶叶部："现值二茶时期，自应督率茶工日夜赶制，惟房屋常被经过军队驻扎，殊碍工作进行，影响制茶数量与成本，恳呈供应总处转呈长官部，电知五峰军事长官转饬各部队，勿再驻扎本所，并请长官部颁发禁止军队驻扎条示，粘贴门首，俾便争取时间，以利业务。"

6 月 16 日，万纯心电茶叶部杨一如经理、制茶所主任张博经："渔敌退，局势转安，已商妥蒿坪李家湾五峰初中学校微开延（日军入侵，师生赴水浕司避难。'微开延'指复学时间稍推迟），会同抢制二茶。" 7 月 17 日，茶叶部电示五峰制茶所："鲜叶超过每斤 4 元，即散工停制三茶。"

8 月 17 日，五峰制茶分所呈报制茶所："收购白茶毛茶 1427.7 斤，加工日晒折耗 155.7 斤，实有白茶 1272 斤，拼入绿茶副茶梗片 390 斤，折耗 2 市斤，成装天字白茶 18 篓 900 斤，地字白茶 19 篓 760 斤。”

9 月 12 日，五峰制茶分所函制茶厂：“珠子 30 斤已改制珍眉包装待售，余均拼堆白茶；红茶副茶奉示就地出售，其成本价值若干，祈予示遵，以便相机销售。”10 月 6 日，制茶厂指复：“绿茶副茶拼入白茶及珠茶，改制珍眉；红茶片末拼堆为红香片；红香片及梗子每市斤在 6 元以上，就地出售，并报厂备查。”

1943 年，收制毛茶并精制成茶 14877.625 斤，其中龙井特 252 斤、龙井 70 斤、玉露特 570 斤、玉露 80 斤、鄂绿特 2440 斤、鄂绿 1600 斤、天字白茶 3905.625 斤、地字白茶 760 斤、鄂红特 3400 斤、鄂红 1800 斤。

（三）1944 年茶叶收制情形

是年，高栗岭新厂房落成，具备完全的初制、精制能力后，邻近中村茶厂成为五峰制茶所的特约制茶所。五峰制茶所贷给资金，由特约制茶所制作炒青毛茶运交，五峰制茶所以盐换茶方式结算毛茶价款。

五峰制茶所自 4 月 14 日开始收购鲜叶，制作玉露、炒青等毛茶。5 月 1 日，制茶厂电示：“以收绿茶为主，白茶少收或不收。”当日止，仅收购白茶 5 笔 36 斤 4 两。当年物价突涨，鲜叶抬高至每斤 10 元以上，制茶所经费周转不灵，自 5 月 2 日起停止收购白茶。但茶农不知停收，仍有远道送来者，为顾全信誉，仍少量收购。至 5 月 11 日，头茶收制结束，共收制 8685 斤 12 两，制作玉露毛茶 3691 斤，炒青毛茶 4088 斤 8 两，收购白茶 906 斤 4 两。

五峰制茶所 1944 年头茶毛茶收制统计表

日期	玉露	炒青	白茶	总计
4 月 14 日	—	6 斤	—	6 斤
15 日	—	20 斤 8 两	5 斤 3 两	25 斤 11 两
16 日	5 斤 8 两	—	—	5 斤 8 两
17 日	—	17 斤 8 两	—	17 斤 8 两
18 日	—	10 斤	—	10 斤
19 日	—	40 斤 8 两	—	40 斤 8 两

续表

日　期	玉　露	炒　青	白　茶	总　计
20日	—	172斤8两	1斤12两	174斤4两
21日	248斤	—	4斤5两	252斤5两
22日	325斤	—	4斤2两	329斤2两
23日	503斤	—	—	503斤
24日	643斤	—	—	643斤
25日	—	321斤	—	321斤
27日	871斤	—	—	871斤
28日	530斤	—	—	530斤
29日	—	430斤	—	430斤
30日	565斤8两	—	—	565斤8两
5月1日	—	615斤	20斤14两	635斤14两
2日	—	211斤	—	211斤
3日	—	399斤	—	399斤
4日	—	279斤	—	279斤
5日	—	330斤	—	330斤
6日	—	212斤	—	212斤
7日	—	134斤	—	134斤
8日	—	108斤	—	108斤
9日	—	14斤	—	14斤
10日	—	117斤	—	117斤
11日	—	651斤8两	870斤	1521斤8两
合　计	3691斤	4088斤8两	906斤4两	8685斤12两

5月27日，二茶收制开始，7月19日结束。自制玉露2402斤、炒青13128斤，合计15530斤。

五峰制茶所 1944 年二茶毛茶收制统计表

日　期	玉　露	炒　青	总　计
5月27日	—	1斤	1斤
28日	—	20斤8两	20斤8两
29日	—	25斤8两	25斤8两
30日	24斤8两	—	24斤8两
31日	40斤	—	40斤
6月1日	50斤8两	—	50斤8两
2日	80斤	—	80斤
3日	30斤6两	—	30斤6两
4日	45斤8两	—	45斤8两
5日	63斤10两	—	63斤10两
6日	130斤8两	—	130斤8两
7日	20斤3两	—	20斤3两
8日	294斤	—	294斤
9日	266斤13两	—	266斤13两
10日	304斤8两	—	304斤8两
11日	368斤8两	—	368斤8两
12日	461斤	—	461斤
13日	—	700斤8两	700斤8两
14日	—	545斤	545斤
15日	—	300斤8两	300斤8两
16日	—	94斤6两	94斤6两
17日	—	491斤8两	491斤8两
18日	—	462斤9两	462斤9两
19日	—	630斤9两	630斤9两
20日	—	17斤8两	17斤8两
21日	—	80斤8两	80斤8两

续表

日　期	玉　露	炒　青	总　计
22 日	—	121 斤	121 斤
23 日	170 斤 8 两	—	170 斤 8 两
24 日	—	412 斤	412 斤
25 日	—	17 斤	17 斤
26 日	51 斤 8 两	—	51 斤 8 两
27 日	—	170 斤 8 两	170 斤 8 两
28 日	—	36 斤	36 斤
7 月 1 日	—	2754 斤 8 两	2754 斤 8 两
2 日	—	3617 斤 7 两	3617 斤 7 两
19 日	—	2629 斤 9 两	2629 斤 9 两
合计	2402 斤	13128 斤	15530 斤

1944 年，收制毛茶 24215 斤 12 两（16 两秤），其中玉露 6093 斤、炒青 17216 斤 8 两；收购白茶 906 斤 4 两，另购五峰县联社茶厂玉露、炒青毛茶共 70 担。

8 月 7 日，五峰制茶所呈报制茶厂："本所各项茶叶业经精制包装完竣，造具各项茶叶毛茶制成精茶明细表呈请鉴核备查。" 9 月 22 日，张博经批示："毛茶、精茶成品尚属合理，玉露末应设法拼入玉露内，至少应拼入鄂绿特内，拼入白茶欠妥。玉露片得加工制小，拼入次级白茶内。将毛茶制成精茶，分别报账冲销。"

因制茶工作成绩斐然，9 月，供应处批准制茶厂给予五峰制茶所主任万纯心及技术助理员江忠信，各给 3 个月薪俸特别奖金，各记大功一次。

在茶叶收制中，还有一件不能代制茶叶的事。6 月 22 日，五峰制茶所呈制茶厂："湖北省银行长阳资丘办事处及五峰合作金库，迭次电话及面求本所代制员工平时饮用茶叶，'五库''资处'平日与本所接洽事务甚多，该库处均兼营平价供应事业，其协助本所业务事项颇多，拟代制绿茶各 30 斤。" 6 月 28 日，厂长杨一如批示："不能代制，可照市价九折售给。"

（四）1945 年收制茶叶情形

5 月 4 日，五峰制茶所呈报制茶厂："收制已达旬日，检同毛玉露、炒青、毛红茶小样呈请鉴核。" 5 月 22 日，厉菊仪副厂长批示："品质欠细，条索欠紧，玉露干燥太快，希改良以重品质。"

7 月 5 日，万纯心电代厂长厉菊仪："二茶至尾末，截至 7 月 4 日，已超过规定数量，玉露超 10 担，炒青超 28 担，玉露全部制毕成装竣事。" 7 月 8 日，制茶厂电万纯心："产量超过殊堪嘉励，三茶仍续制，炒青数量愈多愈好，惟精制须遵照厉代厂长函示办理。"

7 月 10 日，万纯心电厉菊仪代厂长："三茶因旱产量将少，茶工大部已疏散，除玉露装竣外，炒青已成大半。" 次日，万纯心电制茶厂："精制已竣并包装完妥储存待运。"

五峰制茶所 1945 年度玉露茶制成精茶表

毛　茶	4025.375（市斤）	装箱数	玉露特 43 箱
			玉露 36 箱
精制后正副茶数（市斤）			
精　茶	3590	飞　片	173
拣　片	71	灰　耗	25
拣　梗	82.5	火　耗	83.875

7 月 11 日，万纯心电厉菊仪代厂长："炒青共超 37 担，三茶难续制，五峰制茶所主要业务大部完成，拟返恩施。" 7 月 16 日，制茶厂电复："三茶仍希续制，龙片、绿片照报力价运厂。"

是年，鹤峰制茶所收制红绿毛茶全部运五峰制茶所精制。

二、茶叶运销

1942 年，省银行辅导鄂西茶叶产制运销处设立后，即在恩施设立门市部，在重庆、樊城设立推销处，推销茶叶。1943 年 9 月，省平价物品供应处茶叶部改组为制茶厂后，运销业务由平供处物资部接办。

（一）1942 年茶叶运销

7 月，红绿毛茶制成后，因人工缺乏，不能一次雇齐大批运夫，先以绿茶运送恩施精制茶厂。

8 月 13 日，五峰制茶所呈恩施精制茶厂厂长厉菊仪："奉迭次文电，将红绿茶运钧厂精制，以山间人力缺乏致耽时日，兹已雇就夫骡相继运送，除于起运日随时电呈外，茶运到后请代结清各手续。前奉发'湖北省平价物品供应处茶叶部毛茶运输单'，以缺印鉴不适用，曾以支（8 月 4 日）电讯请其加盖印鉴补发，惟奉钧厂微（8 月 5 日）电，以电码错讹不能发下，为顾念沿途税务机关扣押起见，由职所出具毛茶运输证明单交力夫随带，俟茶叶运到后请钧厂收销。茶叶运到，若无在途走潮雨湿、包皮破损等情事，请钧厂与夫头代结清力资。所有运夫应得运资，除在起运前交付一半外，余俟茶叶运到，由夫头在钧厂按数结清，其余带力洋，由夫头将途单回条交职所后另行结算。"

8 月 23 日，恩施精制茶厂函五峰制茶所："该所交力夫姜学林等送来毛红已实收净重正样 1281 斤，运茶力资以每斤 3 元 5 角计算，除该所已付外，余额 2156 元，经由本厂付讫。该所装送毛茶口袋 26 只，因未出空，出袋暂留厂，油纸 3 张交原夫带回。径向省银行渔洋关办事处洽领口袋 100 余只，如已领来，希即将存所余茶运施，如不能领到，或所领口袋不敷装运，可自购白布制袋装运。"

8 月 28 日及 9 月 4 日，五峰制茶所雇运夫姜学林带领骡夫 2 名、骡子 9 匹，运送毛红茶 3635 斤，前赴恩施精制茶厂精制。运输证明单如下：

湖北省银行辅导鄂西茶叶产制运销处五峰茶叶

生产合作社制茶所毛茶运输证明单

兹有本所收购红茶平秤 1812 斤，又 923 斤，由五峰水浕司运往恩施精制茶厂加工精制。此茶应纳税，业由本所上峰与贵局洽妥，于精制后完纳，至希沿途税务局所各机关放行为荷。

五峰茶叶生产合作社制茶所启

1942 年 8 月 28 日

毛茶运输证明单

兹有本所收购红茶平秤 900 斤，由五峰水涊司运往恩施精制茶厂加工精制。此茶应纳税，业由本所上峰与贵局洽妥，于精制后完纳，至希沿途税务局所各机关放行为荷。

五峰茶叶生产合作社制茶所启

1942 年 9 月 4 日

证明单

兹有本所运夫姜学林带领骡夫二名，骡子 9 匹，运送红茶至恩施精制茶厂加工精制，至希沿途军警保甲查验放行，特此证明。

五峰茶叶生产合作社制茶所启

1942 年 9 月 4 日

（二）1943 年茶叶运销

五峰制茶所 1942 年收购的白茶运省银行渔洋关办事处，利用接管前茶叶管理处茶具及渔处厂屋（前华明茶号）精制，由万纯心于 1943 年 3 月在三斗坪一带试销 40 担，按每市担 900 元加运费出售。天字白茶运樊城，交钟克文推销，白茶粗茶就地出售。

1943 年 11 月 22 日，制茶厂电物资部："五峰制茶所制成品茶叶 13877.625 斤，杨一如厂长赴渝后，迭电渝市正需新茶，催将是项茶叶运渝供销。拟运托三斗坪省银行鄂中办事处转重庆，拟请贵部电托省银行渔洋关办事处或五峰合作金库，如数暂垫税运费，会同五峰制茶所主任万纯心早日付运，以免贻误。"同时函示五峰制茶所："将新绿茶全部运渝，上等白茶运樊城，中下级白茶运鄂中销售，红茶末就地出售。"

12 月初，万纯心从恩施返回五峰制茶所，同省银行渔洋关办事处洽商暂垫税运费事宜。12 月 9 日，制茶厂副厂长厉菊仪电万纯心："已与物资部商妥，根据抢运物资办法，运交资丘办事处，运缴费向资处收回。"12 月 16 日，省平供处物资部电省银行资丘办事处："五峰制茶所 12 月 13 日运茶至贵处，希迅即点收转运鄂中分行运渝销售，所需税缴各费代垫报转本部账。"

湖北省平价物品供应处制茶厂五峰制茶所运出茶叶明细表　　单位：斤

茶类		绿茶						红茶		白茶	合计
唛头		龙井特	龙井	玉露特	玉露	鄂绿特	鄂绿	鄂红特	鄂红	白茶	
成装件数（件）		6	2	10	2	61	40	48	36	50	255
每件重量	毛重	51.44	39	61	44	44	44	54	54	53.5	—
	净重	47.40	35	57	40	40	40	50	50	50	—
总净重		254	70	570	80	2440	1600	2400	1800	2500	11714

（三）1945 年茶叶运销

1945 年 3 月 11 日，万纯心电制茶厂："1944 年绿茶首批已起运，余数月内可扫数运清，运三斗坪茶箱交何处请明示，运费不敷请续汇鄂中行，茶交押运王槐收。"

3 月 14 日，制茶厂电五峰制茶所："运费不敷，可由余福田向省银行渔洋关办事处，在制茶费 50 万内洽领 20 万元，茶叶应速运交鄂中分行。"同时电鄂中分行经理朱汝明："五峰制茶所运三斗坪箱茶，请于到达后火速转渝。"

4 月 20 日，万纯心呈报制茶厂："1944 年所制各类绿茶奉示运交鄂中行转渝销售，业已悉数运竣。"

湖北省平价物品供应处运货证明书

（第 394 号，1945 年 3 月 11 日）

品名	数量	重量
绿茶	382 箱	19100 市斤
价值	起运地点	交货地点
—	五峰	三斗坪省银行

1945 年 7 月 20 日，万纯心电制茶厂厉菊仪代厂长："茶运在即，力夫集中，祈迅电汇 50 万元，并转请中行接收及代结力尾。"7 月 25 日，厉菊仪回电万纯心："已汇五峰合作金库 30 万元。"

8 月 14 日，厉菊仪电五峰制茶所张立信："五峰制茶所成茶，除红茶暂停运，玉露运鄂中行转渝，余均运鄂中行堆存，候命下运。”次日，杨一如电告鄂中行经理朱汝民：“五峰制茶所运坪之茶，祈代收结付力尾，除玉露茶悉数转渝外，余均堆存三斗坪待机下运。”

11月10日，杨一如电巴处王禹九转万纯心、雷敬文，“过沙市卸载后，将五峰制茶所存沙市毛尖10箱、绿特30箱、鄂绿40箱带往汉口”。

第五节 茶叶税赋

1942年5月5日，财政部湖北区税务局恩施分局派驻恩施县税务员办公处，致函省银行辅导鄂西茶叶产制运销处，以茶类举办统税，嘱查照见复，并予派员接洽。6月20日，鄂茶处指示所辖制茶所，依例就地按普通行情报价，完纳毛茶统税。

1943年4月上旬，湖北税务局派驻制茶分所办事员下达本年茶类统税完纳价格及应纳税额表，与上年课税标准相较超出甚巨，且茶叶作价亦超过上年年底及本年价格，制茶分所纷呈茶叶部。

4月17日，茶叶部向财政部湖北省税务管理局申述困难与危机理由：

1. 增加茶税太多，有失政府国策。茶叶滞销，茶商、茶农均已困苦不堪，为维护茶树生存，复兴战后国茶计，现正艰苦撑持，如加税过重，似有失政府国策。

2. 增加茶税，茶树必致砍伐。如认茶叶纯系消费品，加税固属正当，但抗战迄今，一般国民购买力降低，如以加税而增价，则此种非日用必需品，将致无人过问，非惟影响茶商、茶农生计，且值粮食价高之际，必致砍伐茶树，易植他种作物（民国二十二三年鄂西茶叶无出路时，五鹤两县曾有此种现象）。俟抗战完毕，再欲大量播植，以之对外贸易，颇非易事。

3. 上年各茶价格：去岁12月底，上等毛茶正秤每斤价为18元；本部红绿茶门市零售价，上等者平均价为52元，中等者均价为24元，下等者均价为14元；市面小商人及农民本身营运此上等红绿茶为24～40

元，中等者为14～18元，下等者为8～10元。

4. 本年制茶成本估计

（1）本部各特约制茶所均约定，制茶成本正秤每百斤为1300～1700元（其成分为高级茶一成，中级茶九成），均有合约，可资查考。

（2）本部预定制茶成本为每市担2000元，其于精制出厂时，高级茶每市担为4000元，中级茶2800元，次级茶1600元。

综上所述，本年茶类征税标准，如再除去包装、运缴、管理、税捐、推销各费及应得利润，按照其批价或收购价格均易明了。再财政部规定77折课税，则高级茶作价最多不能超过24元，中级茶最多不能超过16元，下级茶最多不能超过10元。即全部按照市价推求应征税率，自系按照规定税率之当时或去年最后一月而言。况本部迄今门市售价并未增加，则现行征税标准实嫌过高，茶商、茶农势均难负担，影响茶叶前途实巨。本年茶类统税征税标准，似宜按照产区批价多予核减，以轻茶商、茶农负担，而维战后国茶复兴基础。如何之处，尚祈查酌办理见复为荷。

8月5日，五峰制茶分所呈制茶所："财政部湖北税务管理局五峰查征所驻厂员吴秀夫，于绿茶精制竣事后的7月23日、8月2日，填送绿茶制成品数量表及检送茶样评定纳税等级，订龙井、玉露为上等绿茶，鄂绿特为中等绿茶，鄂绿为下等绿茶，并催即遵照财政部核定茶类统税税额表分别办理纳税手续。其办公处公布上等红绿茶每百市斤估价4923.07元，应纳税额738.46元，中等红绿茶每百市斤估价4000元，应纳税额600元，下等绿茶每百市斤估价3692.31元，应纳税额553.85元。呈请制茶所转呈茶叶部就近向税务管理局交涉。"

8月18日，制茶厂副厂长厉菊仪批示："就地与税务机关商洽，龙井特、玉露特完上级茶税，龙井、玉露、鄂绿完下级茶税，鄂红、平价绿茶完次级茶税。函示五峰税征处，毛白茶请以购进价格减以15%可纳税原则，变通税率，再由厂函税管局交涉。"厂长杨一如批示："希就近据理洽商驻厂员，出厂统税只照成本，龙井、玉露照成本只能定中等茶税，绿特可完次等，余完最次等，并抄茶税等级表附去。"

财政部湖北税务管理局核定1943年下期毛茶税税额表

（1943年7月实行）

品　名	上等毛茶（元）	中等毛茶（元）	下等毛茶（元）
每百市斤完税价格	3282.05	2461.52	2051
每百市斤应纳税额	492.31	396.23	307.69

1944年5月15日，五峰查征所驻厂员面交1944年度上期茶类统税税额表。

1944年上期茶叶统税税额表

单位：元

品　名	特等红绿茶	上等红绿茶	中等红绿茶	下等红绿茶	上等毛茶	中等毛茶	下等毛茶
单　位	每百斤	每百斤	每百斤	每百斤	每百斤	每百斤	每百斤
税　率	15%	15%	15%	15%	15%	15%	15%
完税价格	23080	9230	6260	4920	4620	2692	2154
应纳税额	3462	1284.3	924	738	693	403	323.1

5月27日，制茶厂函示五峰制茶所："在不取巧偷漏原则内，应按照实际出厂成本比例分级归类，如玉露、龙井特之出厂价格等于表列中级茶之出厂价格，自宜打77折后照中级茶类纳税，等于下级则照下级完税。其他茶类成本等于某级即照某级纳税。税局早有明令规定，自不能按照品名或臆断估计笼统价格纳税，希婉为据理交涉。"

孰料，财政部湖北税务管理局更订1944年上期茶叶统税税价、税额表。5月29日，五峰制茶所陈申理由：

1. 更订之税价在五峰产区实属未见，根据统税章程，统税价应按当地附近茶叶市场6个月之批发平均价，再打77折计算，并须参照各厂出厂成本之规定，更订所订税价。在五峰，山价及本所出厂成本均欠公允。例如，目前五峰附近最大茶叶市场之姚家店，白毛茶批发价加半秤不过50～60元之间，如再打77折课税，自为得当。五峰产区内之一般大批客商及驻商所收白毛茶，其价亦在加半秤40元上下，所用之秤并多为17两加半（即每斤20大两），等于市秤近2斤，其真实成本价格确只为每百市斤2000元，等于毛茶次下等级，其更订之次下等级税，已等于其真实成本矣。附近市场既价格惨降，而税局尚重估税价，挑肩小贩痛难维生。本所事业是亦将为其摧残，合法利润更何取得。

2. 五峰毛茶山价既低，本所制茶成本可以推知，故本所所制各类茶纳税，最多不能超过次下等税方为平允。

3. 茶末、茶梗本为茶叶中之废物，税局竟估价达1540元、1160元。五峰毛茶既低，其片末梗更无赘申，末梗所订之税已超过五峰达2倍以上，确实高估价格。

财政部湖北税务管理局更订1944年上期茶叶统税税价、税额表　单位：元

品　名	绿茶特等	红绿茶上等	红绿茶中等	红绿茶下等	红绿茶次下等	茶末	茶梗	毛茶上等	毛茶中等	毛茶下等	毛茶次下等
单　位	每百市斤										
完税价格	28000	20000	13000	7700	4600	1540	1160	9500	6150	3950	2000
应纳税额	4200	3000	1950	1155	690	221	174	1425	922.50	592.50	300

6月22日，制茶厂函财政部湖北税务管理局："更订税价较五峰市价及制茶所出厂成本超过均巨，如本年毛茶批价每百市斤确为2000元，现更订之次下等完税价格竟达2000元，既非根据过去6个月之平均批价，亦未按目前之批价，予以合法利润，实感难以负担，且茶梗、茶末向来不易推销。今以税价剧增，更将无人过问，成为废物，此皆属于底级茶之情形。他如各中上两级茶类更订税价无不过高，该地查征所既不能根据当地实情，按照条例规定予以减列。相应电请派员查明，或转知五鹤两查征所，将实在茶价详细列报，俾便贵局核定税价及等级，通令实施，以昭公允而免纠纷。"

本章资料来源

省、县档案馆档案见附录四（4）。

第十五章

五鹤茶厂

1945 年 8 月，抗战胜利，省平价物品供应处随即撤销，成立湖北省企业委员会，所有原属各部门及省营企业均并属该会，按性质分别成立公司，冠以“湖北民生”字样。省平价物品供应处制茶厂经改组，于 10 月成立湖北民生茶叶股份有限公司（简称民生茶叶公司）。12 月 7 日，五鹤茶厂在水浕司高栗岭原五峰制茶所设立，全称“民生茶叶股份有限公司五鹤茶厂”。

湖北民生茶叶公司属省营机构，资本金由省企业委员会划拨。五鹤茶厂经费由民生茶叶公司拨付，收制资金依赖公司划拨及商业贷款，由公司统一销售。

第一节　机构与员工

一、机构更易

（一）民生茶叶公司及五鹤茶厂

1945 年 10 月 1 日，民生茶叶股份有限公司筹备处在恩施狮子岩制茶厂原址成立。原省平价物品供应处制茶厂正副厂长为正副主任，继续办理制茶业务。10 月 10 日，正式启印“民生茶叶股份有限公司筹备处图记”。10 月 16 日，筹备处主任杨一如，副主任厉菊仪、张博经致函湖北民生贸易公司，告知筹备处成立。

11 月 1 日和 3 日，民生茶叶公司筹备处两次发函，派万纯心接收前五峰、鹤峰制茶所，改组为五鹤茶厂，派令万纯心为五鹤茶厂厂长，并刊发木质“民生茶叶股份有限公司五鹤茶厂图记”。万纯心随即前往接收，于 12 月 7 日在五峰制茶所原址（房屋一栋三层 23 间）成立民生茶叶股份有限公司五鹤茶厂，简称“五鹤茶厂”。

改组期间的 11 月 10 日，筹备处函湖北民生贸易公司：“本处设立恩施茶厂于恩施狮子岩（前省平价物品供应处制茶厂改组）及五鹤茶厂于五峰水浕司（前制茶厂五峰制茶所改组），专负产制责任，并代本处运销茶叶，所有运缴等费概由本处照付。本处定于 11 月 14 日自恩施迁汉口，筹设公司。”

1946 年 4 月 3 日，民生茶叶公司函复五鹤茶厂，确定汉口中山大道 1067 号为筹备处办公地点。8 月 1 日，杨一如辞去筹备处主任职务，彭介生接任。同日，公司聘杨一如为顾问。公司内设财务处、总务处、推广部，下辖恩施茶厂、五鹤茶厂、鄂南砖茶厂及重庆营业所、沙市门市部。后撤销推广部改设业务处，增设汉口门市部及樊城办事处，沙市门市部改设沙宜营业所。

4 月 22 日，五鹤茶厂厂长万纯心呈民生茶叶公司，表示按照公司 1946 年业务计划分配的收购精制茶数量完成。曹立谦任鹤峰制茶所主任，与王凤鸣特约设立采花特约制茶所，与邓治安（先国）特约设立土岭（谢家坪马子山）特约制茶所（会计杨文灿），与来祯夫特约设楠木特约制茶所，与覃兆祥特约设立成五河特约制茶所。

1947 年 5 月 9 日，民生茶叶公司代电五鹤茶厂：“由本公司刊制木质方形‘湖北民生茶叶公司五鹤茶厂图记’一颗，随电颁发，仰即只领启用，将印模及旧印截销情形一并报查。”五鹤茶厂于 6 月 1 日启用新图记，并将旧印截销。

6 月 1 日，五鹤茶厂呈报民生茶叶公司：“职厂原以战局关系，设立五峰水浕司，因地区穷僻，交通梗塞，凡制茶用料采购，茶叶运输经费解兑等均发生困难，每因一物之差缺而业务竟以停滞。但因业务需要，不能不高价收买或至数百里外采办，旅杂运费加大，开支增高，徒行提高制茶成本。且制茶男女工人竟全至渔关、宜都一带，招雇致难配合茶季需要，延长产制时间，即或多养闲工。尤以本年制茶资金多仰于贷款，还本期限短促，极应从速制运，方免失信用。故迁移宜都莲花堰陈慎吾家（距宜都城五里，清江河、汉阳河各二里）为厂址，本年租金国币160万元（自1948年6月1日起，租金按物价指数约定增减），原五峰厂址改为分厂。”6月10日，民生茶叶公司批复同意五鹤茶厂迁至宜都莲花堰。自此，宜都莲花堰称总厂，鹤峰制茶所改称分厂。

11月8日，民生茶叶公司训令五鹤茶厂：“宜都莲花堰总厂即行撤销，所有家具变卖。”

11月24日，五鹤茶厂厂长万纯心呈民生茶叶公司：“人员多经裁撤，宜都总厂已形空虚，且嗣后业务主在运茶，其运费之提兑，茶叶之交接，宜都似非应留员驻守不可，以济其事。况人员裁调，业务单纯，开支已减大半，如总厂即行撤销，其将来运茶，自必困难甚多，留员驻守，其旅费亦必庞大，宜都总厂拟俟茶运竣事再行撤销。”12月11日，民生茶叶公司指令五鹤茶厂、宜都总厂等待茶叶运输完成后再行撤销。

1948年9月13日，湖北省企业委员会决定撤销湖北民生茶叶公司，组建湖北省制茶厂，派王益昶为厂长。9月21日，王益昶函告民生茶叶公司经理彭介生：“定于9月22日，前往民生茶叶公司办理接收事宜，接收羊楼洞砖茶厂、五鹤茶厂、恩施茶厂。”民生茶叶公司转函五鹤茶厂：“所有账务截至9月底。”

（二）民生茶叶公司与省农业改进所合设的五峰制茶所

1947年2月5日，鄂西农林场场长黄正册签呈省农业改进所所长张天翼：“五峰茶业改良场奉令裁撤，饬本场派员工各一人前往接收，自应遵办。惟本场合并伊始，职员裁减甚多，原有业务已感人力不敷分配，且距离遥远，照应既感不便，经费能力亦所不许。为使茶业改良业务不致停顿，经与省民生茶叶公司数度洽商，承该公司经理彭介生初步决定，就该场地点合办一制茶所，但一切经费、人力均由该公司负担，此项办法就目前情形观察似觉可行，为慎重起见，拟请转函该公司详商，并签订合同。”

3月1日，省农业改进所转呈省政府建设厅。3月14日，省政府建设厅厅长谭岳泉指令省农业改进所所长张天翼：“五峰茶业改良场改与省民生茶叶公司合办制茶所，准予照办。仰迅即商同该公司经理签拟合约草案，呈候核夺。”

随即，省农业改进所与民生茶叶公司草拟合约草案，报省政府建设厅修改后，于3月27日令农业改进所，与省民生茶叶公司签订合约。5月13日，农业改进所与民生茶叶公司签订《湖北省民生茶叶公司、湖北省农业改进所合设五峰制茶所办法》。

5月19日，省政府建设厅呈省政府主席万耀煌。6月2日，省农业改进所训令前五峰茶业改良场场长王堃："除电民生茶叶公司迅即派员接管组设制茶所，并自4月起续聘雇留场员工外，仰径洽办具报。"6月13日，省政府建设厅指令农业改进所："合设五峰制茶所，奉主席批准备查，合行令仰遵照，并将合设制茶情形随时具报备核。"五鹤茶厂随即派吴本哉接收五峰茶业改良场，合设的五峰制茶所正式设立。技工张纯（修俊）到石梁司墓坡负保管职责。

1948年6月30日，民生茶叶公司致函农业改进所："本公司所属五峰茶厂本年业务紧缩，员工减少，合组之石梁司制茶所，无力兼顾，应予撤销，所有前茶业改良场场房、文件、家具等件，请速派员前往收回，以免失散。"

7月21日，省农业改进所所长张富春呈省政府建设厅厅长余正东："自去岁迄今，该所制茶业务未尝展开，苗圃、茶园几就荒废，该公司既无法利用于前，复感无力兼顾于后，似可同意撤销，废止合设办法。撤销之后，前五峰茶业改良场场屋、苗圃、工具、文卷等财产，本所无法接管，拟请转呈省政府核准撤销五峰制茶所，并令饬五峰县政府代行接收保管，设法利用。"

8月4日，省政府建设厅厅长余正东转呈省政府主席张笃伦："撤销之后，所有前五峰茶业改良场场屋、苗圃、工具、文卷等财产，农业改进所无法接管，拟请核准撤销，并令行五峰县府代行接收保管，设法利用，以免荒废。"8月9日，湖北省政府训令五峰县政府派员接收。

二、员工及待遇

五鹤茶厂职员和工人大致分为管理层如厂长，一般职员如办事员、助理员、雇员等；制茶技术层分为茶司、技工等，而茶工、拣工和杂役多系季节性临时雇佣。

（一）厂长、办事员、助理员、雇员

1946年1月26日，五鹤茶厂厂长万纯心致函公司筹备处，称五鹤茶厂

会计助理员张立信，任职前在五峰制茶所工作至今3年有余，工作勤奋，成绩佳良，对于各项账目处理极尽能事，尤其因为籍贯五峰，人情世故、地理各方面，均能协助做好业务，拟自1946年1月晋升为办事员。雇员陈树海，历年在鹤峰制茶所任职，极其努力，此次改组被安排疏散。然而，初衷不改，经手贷出的苞谷如数收齐归仓，毫无懈惰，况且陈树海籍贯在鹤峰，人情世故熟悉，加上鹤峰制茶所保管无人调派，若遇茶季，人员分配紧缺，拟自1945年11月起，按原薪金续用陈树海。

1月28日，助理员张圣道到五鹤茶厂工作。

2月16日，五鹤茶厂厂长万纯心呈民生茶叶公司筹备处，拟1月起晋用张良凤（济美）为雇员。

3月7日，五鹤茶厂厂长万纯心呈民生茶叶公司经理彭介生、副理张博经："前总务主任卢锡良因事请假，由职暂代协助办理总务事宜。愧学浅无能，协办数月，各项事务未能推进，且职前奉派主办汉口门市部，难以兼顾。现卢君早经呈准辞职，而职协助责任自亦应同时解除，理应陈申，藉免贻误公务并祈核备。"公司随即派王子芳为总务处主任。

3月8日，五鹤茶厂厂长万纯心向民生茶叶公司报送职员职务分配表，称茶厂成立近半载，职员先后到厂报到，茶季即将开始，具体职责任务为：吴本哉负责庶务、工资、伙食、储备用料、工家具管理、物品采办；余福田负责茶叶储运、工场管理、工人调派；张立信负责制票、记账、制表；张圣道负责制表、审核、出纳、成本计算；张良凤负责缮写、收发、档案和人事登记；曹立谦派鹤峰留驾司主持茶叶收制事宜。

3月13日，民生茶叶公司筹备处主任签批："张立信准升为办事员，准予雇佣陈树海。"

3月25日，民生茶叶公司回复张良凤晋用事："姑念五鹤茶厂现仅有职员6人，确属不敷支配，应准录用。薪津照呈报数额，自2月16日起支。嗣后人事派充应先经公司核准，不得擅行晋用。"4月15日，五鹤茶厂厂长万纯心呈民生茶叶公司："职厂人员太少，事务繁多，而汉五邮件复又迟慢，往返常达两月之久，且公司迁汉后，与职厂失联络两月，是以张良凤晋为雇员，先未呈准，与手续未合，惟权念事实，不能不先行录用，恳仍照1月份起薪，以恤生艰。"5月1日，民生茶叶公司指复："仍应自2月16日起支，以符功令，公司经费现感极度困难，开支浩大，将该员改为临时雇员。”

6月19日，厂长万纯心呈民生茶叶公司，拟提升余福田为办事员。助理员余福田，原为五峰县渔洋关镇主要茶商，曾任民孚茶厂副经理，在恒信茶厂及前茶叶管理处等担任要职，对有关制茶各项极富经验。厂长万纯心在汉口领款期间，余福田与张立信眼见茶期临迫，而经费毫无着落。为把握时机，竟然协商共同开业，由张立信对外洽款，余福田负责制茶事宜，在经费无法保障的情形下，独力支持，应付自若，昼夜不懈，最终恪尽职责，贡献特殊，值得嘉奖。拟自6月起，提升为办事员。

6月27日，万纯心致函民生茶叶公司，称原鹤峰制茶所雇员陈树海，自原鄂茶处进所以来，皆因工作勤奋，提升为正式雇员。曹立谦未到职前，鹤峰制茶所所务全由该员工代理，前后处理一切，颇有条律，做事确有艰苦卓绝的风范，为重视奖罚起见，拟请提升为技术助理员。

6月28日，民生茶叶公司对余福田的晋升作出回复：“助理员余福田工作努力，准予记大功一次。”

7月18日，民生茶叶公司对陈树海的晋升作出回复：“现值茶叶收制即将完成任务，各厂人事有待统筹调整，着暂缓议。”

12月4日，民生茶叶公司函五鹤茶厂，调厂长万纯心暂时代理业务处副主任兼汉口门市部主任，五鹤茶厂厂务暂由办事员张立信负责办理。

1947年3月4日，民生茶叶公司令五鹤茶厂：“公司去年存茶行将售罄，推销业务日趋平简，为节省开支，特将重庆营业所暂行结束，调代理主任萧襄国、办事员李云五赴五鹤茶厂服务。自4月起，薪津由五鹤茶厂照规定加成数发给。”

4月6日，办事员李云五到五鹤茶厂报到。5月29日，萧襄国到鹤峰制茶所报到。

5月9日，民生茶叶公司令陈树海为五鹤茶厂雇员。

5月13日，民生茶叶公司令王堃为公司总技师，派驻五鹤茶厂专负红茶精制技术工作。5月23日，王堃抵五鹤茶厂就职。

6月1日，五鹤茶厂总厂迁移宜都莲花堰后，五峰分厂主任余福田、督导吴本哉和总技师王堃，临时雇员5人，共计8人。

6月11日，恩施茶厂助理员杨定朴到五峰分厂报到，任助理员。

6月14日，总技师王堃呈民生茶叶公司经理彭介生、副理张博经：“奉派在五峰分厂专负红茶精制技术工作，遵于上月23日到厂。今头茶已在水浕司开筛，正加紧工作中，职留此督促，以期早日竣事。五峰茶业改良场善后问题，除交接已在办理中，其余待与万纯心厂长商洽妥，组设五峰制茶所。职之薪津拟恳准自4月支给，留守前五峰茶业改良场工役潘宗信、陈高清，其饷津亦恳五鹤茶厂自4月起照发，至接收时为止，以免私累而期体恤。”6月28日，民生茶叶公司指复王堃：“合组五峰制茶所合约之签订及派该员为本公司总技师均在5月之内，薪津应自5月起支为最合理，所请碍难照准。”

6月22日，王堃签呈民生茶叶公司经理彭介生、副理张博经：“五鹤茶厂现已饬鹤峰分厂于夏茶开始时炒制绿茶，则职是否于红茶装箱后，即可请调返公司供职，抑须得俟是批绿茶精制完成，如何处理，签请示遵。”7月8日，民生茶叶公司指复王堃，应俟本年茶期完毕，再行调派。

7月18日，五鹤茶厂呈报民生茶叶公司，称转业少校军官李其亮调派五鹤茶厂工作，月薪140元，已在7月4日来厂报到，并自6月起发放薪资。8月2日，李其亮因病离岗赴汉口就医，薪津发至7月底止。

9月，五鹤茶厂员工分别觅定保证人，由保证人签具保证书，保证各自被保证人谨慎服务，恪守规章，倘有侵蚀款项及其他违犯规章情事，保证人愿负赔偿及一切连带责任。李云五的保证人为渔关源泰茶厂宫子美，张立信的保证人为宜都中正西路的刘芷湘，杨定朴的保证人为江苏常熟的叶锡祺，余福田的保证人为五峰水浕司揽胜益货药号的黄秉堂，陈树海的保证人为鹤峰西正街的蔡子霖，吴本哉的保证人为五峰向家坪协丰商店的黄礼三。万纯心与萧襄国因就地无法觅妥，分寄汉口觅妥后，由各保证人直接送达公司。

10月8日，厂长万纯心电民生茶叶公司：“无力主持，恳调汉并即派员接管。”本月，沙宜营业所办事员程云调五鹤茶厂。

10月15日，厂长万纯心呈民生茶叶公司：“奉公司发交宫葆初带来证章九枚，业经分别发给各同人领讫。惟以职厂地处边区，为便于茶司以下人员出差使用，故将31号证章拨给各工人出差时共用，后以李其亮离职缴还13号证章一枚，已另转发陈树海领用，呈请鉴核备查。”

湖北民生茶叶公司五鹤茶厂领发职员证章号码清册

职　务	厂　长	总技师	职　员	职　员	职　员	职　员	职　员	职　员	职　员
姓　名	万纯心	王　堃	吴本哉	张立信	李云五	余福田	萧襄国	杨定朴	陈树海
证章号码（号）	23	24	25	26	27	28	29	30	13

10 月 29 日，民生茶叶公司指复："准予备查，各领用证章人均未加盖私章，自应由主管人统负全责。"

11 月 8 日，民生茶叶公司训令五鹤茶厂："该厂本年度共制精茶仅 100 余担，而用费竟达 2 亿数千万元，此巨大成本，殊属骇异之至。实由机构庞大，人浮于事所致，亟应立予整饬，以重省营。总技师王堃、办事员萧襄国着即疏散，办事员张立信、助理员余福田停职，新进雇员张良凤等一律解雇。薪津统发至 11 月半止，被疏散人员照章各给遣散费一个月。宜都莲花堰总厂即行撤销，所有家具变卖，已制成品除红片末外，统行运汉。派杨定朴保管五峰分厂，陈树海保管鹤峰分厂。厂长万纯心主持全厂，对于虚糜公帑，漫不经心，有亏职责，着暂予申斥记过处分，以示惩戒。"

11 月 24 日，厂长万纯心呈民生茶叶公司："余福田因奉令派杨定朴接管之日已逾解职期，且余福田、吴本哉经手欠债达 500 万元以上，杨定朴须候款清债接收。复以杨定朴在渔关经收之茶叶及委托源泰代制铅箱手续待了，故延至 11 月底解职，呈请鉴核示遵。" 12 月 11 日，民生茶叶公司令五鹤茶厂："余福田延至 11 月底解职照准。"

12 月 1 日，杨定朴接管五鹤茶厂五峰分厂。

12 月 17 日，万纯心电民生茶叶公司："吐血病重，实难继续主事，花香运竣即行返汉，恳指员接办。" 当日，经理彭介生签批："茶未运完，不能离厂。"

1948 年 2 月 6 日，民生茶叶公司经理彭介生令五鹤茶厂办事员吴本哉，赴鄂南砖茶厂工作，自 3 月起，薪津由鄂南砖茶厂支给。

2 月 25 日，公司经理彭介生令谢栋臣，暂行代理五鹤茶厂厂务，将所库存红绿陈茶迅速运到汉口。

2 月 26 日，公司经理彭介生签发派令："调派五鹤茶厂厂长万纯心为技师，自 3 月起，薪津由公司支给。"

3月21日，吴本哉签呈公司经理彭介生、副理张博经：“此次赴黄陂扫墓，因天气酷寒久变，未带棉衣，以致染病在身，遂将旧疾复发，卧床未起，急待医治静养。迩来茶期快届，未能前途羊楼洞厂工作，深恐贻误业务。拟请准长假，以便医治，藉能静养，签请赐准。”4月5日，获公司批准。

3月28日，五鹤茶厂厂长谢栋臣抵达五峰分厂。

4月10日，五鹤茶厂呈请助理员杨定朴月支底薪，自本年晋叙一级为90元，5月5日，获民生茶叶公司批准。

7月16日，公司经理彭介生派令，万纯心代理鄂南砖茶厂副厂长兼技师。

8月，五鹤茶厂助理员杨定朴请假。

五鹤茶厂职员变动情况如下表：

五鹤茶厂厂长、办事员、助理员、雇员变动表

<table>
<tr><th>职务</th><th>姓名</th><th>籍贯</th><th>任职时间</th><th>备注</th></tr>
<tr><td rowspan="2">厂长</td><td>万纯心</td><td>武昌</td><td>1945.11—1948.2</td><td>调总公司技师</td></tr>
<tr><td>谢栋臣</td><td>宜都</td><td>1948.2—1948.9</td><td></td></tr>
<tr><td>总技师</td><td>王堃</td><td>湖南安化</td><td>1947.5.13—1947.11</td><td>别号琥璠</td></tr>
<tr><td rowspan="7">办事员</td><td>曹立谦</td><td>黄陂</td><td>1946.3—1946.9</td><td>鹤峰制茶所主任</td></tr>
<tr><td>吴本哉</td><td>武昌</td><td>1946.3—1948.2</td><td></td></tr>
<tr><td>张立信</td><td>五峰</td><td>1946.1—1947.11</td><td></td></tr>
<tr><td>萧襄国</td><td>武昌</td><td>1947.5—1947.11</td><td>鹤峰分厂</td></tr>
<tr><td>李云五</td><td>五峰</td><td>1947.4—1948.9</td><td></td></tr>
<tr><td>李其亮</td><td>浙江</td><td>1947.6—1947.7</td><td>因病请长假</td></tr>
<tr><td>程云</td><td>江苏</td><td>1947.10—1948.1</td><td></td></tr>
<tr><td rowspan="4">助理员</td><td>张立信</td><td>五峰</td><td>1945.12—1946.1</td><td></td></tr>
<tr><td>张圣道</td><td>松滋</td><td>1946.1.28—1947.2</td><td></td></tr>
<tr><td>余福田</td><td>五峰</td><td>1945.12—1947.11</td><td></td></tr>
<tr><td>杨定朴</td><td>江苏常熟</td><td>1947.6—1948.8</td><td>别号楚才</td></tr>
<tr><td rowspan="3">雇员</td><td>陈树海</td><td>鹤峰</td><td>1945.11—1948.9</td><td>临时雇员（1945.11—1947.5），别号子龙</td></tr>
<tr><td>张良凤</td><td>五峰</td><td>1946.2—1947.11</td><td>临时雇员</td></tr>
<tr><td>孙翰香</td><td>不详</td><td>1947.4—1947.9</td><td>临时雇员</td></tr>
</table>

（二）茶司、技工

茶司。1946 年 1 月，茶司为邓汉卿和王兴业。2 月，王兴业请长假返家，薪饷发至 2 月底。3 月，许征远增补为茶司。4 月，茶工黄足三直升为茶司，增加临时茶司余迪臣（寿榜）、黄烈丞、武立甫（继志）、宫美珊（学粹）、李馨久、罗捷民。7—8 月，临时茶司留下黄烈丞一人，余迪臣、武立甫、宫美珊、李馨久、罗捷民解雇。1946 年茶季结束，解雇茶司许征远。

1947 年茶季，茶司为黄足三、邓汉卿。1948 年，技工萧耀堂升为茶司，在鹤峰分厂工作。至 1948 年 8 月 13 日，茶司为黄足三、邓汉卿、萧耀堂 3 人。茶司变动情况如下表：

五鹤茶厂茶司变动表

姓　名	籍　贯	在厂时间	备　注
邓汉卿	五　峰	1946.1—1948.9	
王兴业	武　昌	1946.1—1946.2	
许征远	五　峰	1946.3—1946.8	
黄足三	五　峰	1946.4—1948.9	
黄烈丞	五　峰	1946.4—1946.12	临时茶司
余迪臣	五　峰	1946.4—1946.6	临时茶司
武立甫	长　阳	1946.4—1946.6	临时茶司
宫美珊	五　峰	1946.4—1946.6	临时茶司
李馨久	五　峰	1946.4—1946.6	临时茶司
罗捷民	五　峰	1946.4—1946.6	临时茶司
萧耀堂	恩　施	1948.1—1948.9	

技工。1946 年 1—2 月，技工 5 人，分别为汉阳人周亚东，宜都人黄元沛，五峰人孙成海，咸宁人殷高全，恩施人萧耀堂。其中，殷高全、萧耀堂在鹤峰制茶所。3 月，张纯新进为技工。6 月，茶工熊明福、邓良生升为技工，其中邓良生在鹤峰制茶所。7—8 月，技工孙成海离开，共有技工 7 人。至 1946 年茶季结束，解雇殷高全。

1947 年茶季前后，熊明福、黄元沛、周亚东相继解雇或离开。1948 年，技工为张纯、彭从发、邓良生，其中邓良生在鹤峰分厂，张纯在石梁司墓坡任保管。技工变动情况如下表：

五鹤茶厂技工变动表

姓　名	籍　贯	务工时间	备　注
周亚东	汉　阳	1946.1—1947.12	
黄元沛	宜　都	1946.1—1947.12	
孙成海	五　峰	1946.1—1946.6	
殷高全	咸　宁	1946.1—1946.8	鹤峰制茶所
萧耀堂	恩　施	1946.1—1947.12	鹤峰制茶所
张　纯	恩　施	1946.3—1948.9	1947 年 6 月起保管石梁司原五峰茶业改良场
熊明福	五　峰	1946.6—1947.3	
邓良生	潜　江	1946.6—1948.9	鹤峰制茶所
彭从发	宜　都	1948.1—1948.9	骡夫

（三）茶工及拣工

茶工。1946 年 1 月，茶工 16 人，五峰籍有熊明福、贺赤元、田德明、刘永芝、刘永生、曾凡元等 6 人；四川田银洲、黄茂卿 2 人，汉阳吴善之、吴绪民 2 人，潜江邓良生、邓自云 2 人，应山刘文全，安徽何保书，鹤峰田登玉，宜都彭从发。其中，邓良生、邓自云、曾凡元、田登玉在鹤峰制茶所。

2 月，武昌胡永银新进鹤峰制茶所，共有茶工 17 人。

3 月，五峰曾凡元辞工，潜江人邓良生请假 1 个月。五峰许登高、赵金山、赵云、侯玉山、阎永望、王书全、陈发祥、李良臣、黄足三、邓宗厚、刘何亭、胡万盛，长阳邓守华、朱正贵、朱正洪、庞道先，鹤峰田民臣、李明全、蔡有生，上海吴学山入厂做茶工，共有茶工 35 人。其中，邓自云、田登玉、胡永银、田民臣、李明全、蔡有生等 6 人在鹤峰制茶所。

4 月，茶工黄足三升任茶司，应山刘文全辞工，瓦工刘何亭及篾工邓宗厚、胡万盛离厂，潜江邓良生销假返厂。新进茶工 134 人，五峰有周乃春、罗忠林、周开春、郑汉佐、李秀兰、赵焕章、张少南、罗云轩、黄月卿、黄昌清、罗书沛、罗庆余、贺家福、郑举成、李凤山、刘永富、赵保卿、方玉姐、李添英、钟运兰、赵松菊、陈万秀、李添秀、龙玉、张传姑、罗公秀、张修贞、向常惠、李大秀、邹大姐、向家兴、邹昌庆、刘开庆、莫克秀、潘秀兰、刘吉武、刘永元、刘永才、余发祥、徐家吉、周国全、官守梅、万先元、陈敦宽、向家福、赵从贞、向常俊、罗云五、徐明秀、王济珍、曾庆秀、周福玉、朱永秀、徐金安、万先珍、钟广太、闵从秀、陈少铨、刘少臣、杨白清、李益新、刘彦新、李孝田、胡烛先、胡文龙、谢远福、李添珍、覃章云、赖贵廷、段道生、周小玉、赖家珍、程婆婆、程维珍、李海卿、李择正、向尊五、向家银、杨顺南、邓坤银、胡文洲等 81 人；鹤峰徐金容、龚明镜、田国栋、洪传余（庆安）、田春德、张定国、胡德怀、张捷之、向吉卿、唐五生、龚定楚、高文锦、龚道礼、童云、姚润生、覃道隆等 16 人；长阳覃俊民、刘万顺、徐南亭、孙鲁元、黄建国、曾敬轩、许成贵、陈万德、黄昌明、马云山、周香斋、杨直明、杨玉山、李仲甫、钟运新等 15 人；宜都张秀兴、曾繁成、向光瑞、高云五、张振香、黄元仲、黄元孝等 7 人；四川王云卿、徐明久、萧德云等 3 人；宜昌徐庆富、王善章 2 人；河南张有才、刘同发 2 人；贵州杨遂成、胡昌全 2 人；江苏杨贵卿、福建吴济思、广东林德宽、江西杨济民、利川刘谟典、汉阳杨少卿。共有茶工 165 人，其中邓自云、田登玉、田民臣、李明全、蔡有生、邓良生、何保书、李仲甫、钟运新、胡文洲、向尊五、萧德云、向家银、杨顺南、邓坤银、刘谟典、徐金容、龚明镜等 17 人在鹤峰制茶所。

5 月，五峰陈发祥、李良臣、郑汉佐、李秀兰、余发祥、徐家吉、周国全、徐金安等 8 人离厂，长阳周香斋离厂，广东林德宽请假 2 个月。新入厂 12 人，五峰向光喜、龚久云、杨泰喜、黄声章、鲁武新、曹择满、王文珍等 7 人；鹤峰田寅生、陆良正、徐长发、向德宽等 4 人，四川段汉有。共有茶工 167 人，其中邓良生、刘谟典、徐金容、龚明镜、田国栋、王云卿、洪传余、田春德、张定国、胡德怀、张捷之、胡昌全、向吉卿、唐五生、徐明久、龚定楚、高文锦、龚道礼、童云、姚润生、邓自云、田登玉、田民臣、李明全、蔡有生、何保书、向尊五、萧德云、向家银、杨顺南、邓坤银、覃道隆、田寅生、陆良正、徐长发、向德宽、吴学山等37人在鹤峰制茶所。

6月，五峰茶工熊明福升为技工，罗云轩、黄月卿、郑举成、邹大姐、邹昌庆、朱永秀、赖贵廷、赖家珍、程婆婆、程维珍、向光喜等11人辞工离厂，潜江邓良生升为技工，鹤峰向吉卿、童云、陆良正、向德宽，汉阳杨少卿，武昌胡永银，长阳高云五，贵州杨遂成等8人辞工离厂。新入厂4人，分别为五峰曾凡秀、长阳徐英及篾工周正元和张永林。共有茶工150人，其中刘谟典、徐金容、龚明镜、田国栋、王云卿、洪传余、田春德、张定国、胡德怀、张捷之、胡昌全、唐五生、徐明久、龚定楚、高文锦、龚道礼、姚润生、邓自云、田登玉、田民臣、李明全、蔡有生、何保书、向尊五、萧德云、向家银、杨顺南、邓坤银、覃道隆、田寅生、徐长发、周正元、张永林等33人在鹤峰制茶所。

7月，五峰侯玉山、周乃春、罗忠林、罗书沛、罗庆馀、刘永富、赵保卿、陈万秀、罗公秀、李大秀、向常俊、徐明秀、杨白清、李益新、胡烛先、胡文龙、覃章云、周小玉，鹤峰徐金容、龚明镜、田国栋、田春德、张定国、胡德怀、张捷之、唐五生、龚定楚、高文锦、龚道礼、姚润生、覃道隆、田寅生、徐长发，长阳邓守华、覃俊民、孙鲁元、黄建国、黄昌明、杨直明、杨玉山，宜都徐英、向光瑞，四川王云卿、徐明久，贵州胡昌全，江苏杨贵卿，利川刘谟典，篾工周正元、张永林等49人辞工离厂。广东林德宽销假返厂。另外，五峰31名、宜都3名、宜昌1名、长阳1名茶工就地转为拣工。共有茶工66人，其中向尊五、田登玉、田民臣、邓自云、李明全、蔡有生、洪传余、萧德云、何保书等9人在鹤峰制茶所。

8月，五峰许登高、赵焕章、陈敦宽、罗云五,四川段汉有，鹤峰田登玉、田民臣，长阳朱正贵，宜都曾繁成等9人辞工离厂。五峰陈沛三、向光喜进厂。共有茶工59人，其中向尊五、邓自云、李明全、蔡有生、洪传余、萧德云、何保书、陈沛三、向光喜等9人在鹤峰制茶所。

1947年茶季，覃植清、郭世明新进五峰分厂务工，包括黄茂卿在内茶工140余人。鹤峰分厂包括张定国、姚润生在内30余人务工。1947年8月，五峰分厂仍有134名茶工。

1948年初，因属保管性质，五峰分厂仅有茶工黄茂卿、郭世明、覃植清等 3 人，后郭世明、覃植清解雇，谢传森于 3 月 26 日新进，胡汉伯 5 月 1 日新进。鹤峰分厂仅张定国、姚润生 2 人。

拣工。1946 年 7 月，五峰向家银、邓坤银、杨顺南、黄声章、刘永才、鲁武新、龙玉、万先元、周福玉、赵从贞、莫克秀、向常惠、万先珍、李添英、李添秀、李添珍、钟运兰、钟广太、曾庆秀、张传姑、张修贞、曾凡秀、王济珍、王文珍、方玉姐、赵松菊、潘秀兰、刘吉武、刘永元、官守梅、闵从秀，宜都黄元孝、张振香、张秀兴，长阳陈万德，宜昌王善章等 36 人由茶工转做拣工，五峰刘士英自 7 月入厂做拣工，共有拣工 37 人。

8 月，五峰邓坤银、曾凡秀、官守梅辞工离厂，何会林、刘由珍入厂做拣工，共有拣工 36 人。

（四）物价腾涨背景下的待遇调整

面临日益高涨的物价，民生茶叶公司在核定职员低底薪的情况下，辅以高额津贴，如生活补助、薪津加成。津贴从 1946 年为底薪近 200 倍，腾涨至 1948 年的 2900 倍。

职员薪津。1946 年 1—2 月，万纯心月工资 230 元，津贴 39000 元；吴本哉月工资 160 元，津贴 30000 元；曹立谦月工资 140 元，津贴 29000 元；张立信月工资 120 元，津贴 27000 元；余福田月工资 95 元，津贴 25000 元；陈树海月工资 80 元，津贴 16000 元；张圣道 2 月工资 100 元，津贴 27000 元；张良凤 2 月工资 60 元，津贴 15000 元。3 月，津贴调整为万纯心 49000 元，吴本哉 38000 元，曹立谦 37000 元，张立信 35000 元，张圣道 34000 元，余福田 32000 元，陈树海 16000 元，张良凤 15000 元。万纯心月支特别办公费 4000 元，吴本哉、曹立谦各 3000 元。

1947 年 5 月，王堃底薪 300 元，薪津 50 万元；10 月，万纯心薪津 960300 元，王堃 920300 元，萧襄国 738320 元，余福田 673220 元，杨定朴 640585 元，张良凤 595050 元，陈树海 595050 元。

12 月 1 日，五鹤茶厂厂长万纯心呈民生茶叶公司：“奉公司 11 月 19 日令，层转奉行政院调整湖北区待遇，计生活补助基本数 76 万元，薪津加成 2900 倍，饬自 11 月起施行。职厂近发经费，奉令只作运茶，不准挪用，是以各项正常开支既无款应付，致留职职员调整待遇共需 330.8 万元更难补发。被裁减职员遵令均自 11 月半停薪，各裁员早已要求补发调整薪津。近来物价腾涨，各员纷求补发，以维生计。除王堃系属公司管理费用内开支，务请公司直接处理外，造具留职及裁员11月应补发薪津表，呈请鉴核，恳祈迅予拨款发给，以资体恤。”

五鹤茶厂职员1947年11月补发调整薪津清册 单位：元

职　务	厂　长	办事员	办事员	助理员	雇　员	合　计
姓　名	万纯心	吴本哉	李云五	杨定朴	陈树海	5员
应发数	1630000	1282000	1166000	1006500	905000	5989500
已发数	730000	574000	522000	450500	405000	2681500
补发数	900000	708000	644000	556000	500000	3308000
备　注	奉茶筹财字731号令办理	底薪未计入	底薪未计入	底薪未计入	底薪未计入	

五鹤茶厂疏散职员1947年11月补发调整薪津清册 单位：元

职　务	办事员	办事员	助理员	合　计
姓　名	萧襄国	张立信	余福田	3员
应发数	1836000	583000	539500	2958500
已发数	822000	261000	241500	1324500
补发数	1014000	322000	298000	1634000
备　注	11月半月外加疏散费1个月			奉总公司茶筹财字第731号令办理，底薪未计入

12月17日，民生茶叶公司经理彭介生批示：“候款补发。”

此前的11月30日，王堃写信给彭介生：“已于前日抵长沙，比承兼总经理李厚征，派为湘农所技正，负茶作组工作。前本拟来汉，将弟在五峰之情形面陈，俾彻底明了一切。现以即须到职，目前未能抽身，只有俟之日后，惟心中良感不安耳。兹有恳者，弟自10月份起至12月半止之薪津，在五鹤茶厂系按照旧额代发。现想公司已明令调整，可予照补，今特托湖南茶叶公司驻汉专员董耀兄前来洽领，请将弟由五至宜都之旅费及补发各月份之薪津，盼饬交渠代收，俾汇湘济用，并祈示复，公暇尚乞时赐教言，以资遵循为祷。”

12月3日，彭介生回信：“所请当照办，惟为免紊乱账目计，仍应由五鹤茶厂补发。”

12 月 17 日，厂长万纯心呈民生茶叶公司：“王堃离厂时，因尚未奉有明令照新待遇调整，故照 10 月份以前待遇发给。奉令自应遵办，但职厂所有款项均系运费，奉令不准挪用，无款垫发，理合造具王君各月应补发薪津表，呈请公司发，俾免贻延。”

1948 年 1 月 24 日，民生茶叶公司照数补发王堃应增薪津。另 1947 年 10—12 月，办事员程云借支 3 个月薪津 3838500 元。

茶司薪津。1946 年 1—2 月，茶司邓汉卿工资 70 元、津贴 7000 元，王兴业工资 40 元、津贴 4000 元；3 月，邓汉卿工资 70 元、津贴 10000 元，许征远工资 100 元、津贴 12000 元；4 月，许征远工资 100 元、津贴 12000 元，邓汉卿工资 70 元、津贴 10000 元，黄足三工资 5000 元、津贴 4000 元，临时茶司为固定工资、津贴，余迪臣工资 10000 元、津贴 10000 元，黄烈丞工资 10000 元、津贴 9000 元，武立甫工资 10000 元、津贴 8000 元，宫美珊工资 10000 元、津贴 5000 元，李馨久工资 10000 元、津贴 10000 元，罗捷民工资 10000 元、津贴 9000 元；5—8 月，许征远工资 100 元、津贴 12000 元，黄足三工资 100 元、津贴 12000 元，邓汉卿工资 70 元、津贴 11000 元。

技工薪津。1946 年 1—2 月，周亚东工资 40 元、津贴 4500 元，黄元沛工资 37 元、津贴 3900 元，孙成海工资 40 元、津贴 4300 元，殷高全工资 35 元、津贴 3100 元，萧耀堂工资 40 元、津贴 4500 元；3—4 月，周亚东工资 40 元、津贴 7500 元，黄元沛工资 43 元、津贴 7800 元，孙成海工资 40 元、津贴 7500 元，殷高全工资 35 元、津贴 7300 元，萧耀堂工资 40 元、津贴 7500 元，张纯工资 38 元、津贴 7400 元；5—8 月，周亚东工资 40 元、津贴 8500 元，黄元沛工资 43 元、津贴 8800 元，孙成海工资 40 元、津贴 8500 元，殷高全工资 35 元、津贴 8300 元，萧耀堂工资 40 元、津贴 8500 元，张纯工资 38 元、津贴 8400 元；6—8 月，新晋技工熊明福工资 32 元、津贴 8100 元，邓良生工资 40 元、津贴 7000 元。

茶工薪津。1946 年 1—2 月，茶工月工资 2600～3200 元不等；3 月，3000～7000 元不等；4—6 月，3500～8000 元不等；8 月，5000～8500 元不等。短用篾工月工资 9000 元、瓦工 15000 元。

拣工薪津。实行计量工资，由茶厂供给伙食，工资据拣茶数结算。

1946年1—8月，五鹤茶厂支出茶司、技工、茶工、拣工工资津贴4373476元，其中1月工资45392元、津贴32000元，2月工资50710元、津贴27300元，3月工资172206元、津贴71000元，4月工资875408元、津贴127300元，5月工资859406元、津贴145200元，6月工资835678元、津贴157100元，7月工资404438元、津贴106100元，8月工资358638元、津贴105600元。

1948年3月8日，杨定朴呈民生茶叶公司："去年12月1日接管五峰分厂后，留厂司工为因生活日高，原支工资实不足以维持最低生活，旧历开岁以来，物价又疯狂上涨一倍以上。目前，司工月入工资，只够理发洗衣零星用途，纷纷签请长假离厂，已无法再空言挽留，但为顾及五峰分厂存茶尚未运出，兼之本年业务未完前，必须酌留基本司工数人。故拟自1月份起，照新调整工资发给，俾可安心工作。"

五鹤茶厂拟调整茶司技工、茶工工资清册（1948年3月） 单位：元

职　务	茶　司	茶　司	技　工	技　工	茶　工	茶　工	茶　工	合　计
姓　名	黄足三	邓汉卿	张　纯	彭从发	黄茂卿	郭世明	覃植清	7名
原支工资	2000000	180000	140000	116000	100000	98000	98000	932000
拟加工资	2000000	180000	140000	134000	150000	142000	142000	1088000
合计工资	4000000	360000	280000	240000	250000	240000	240000	2020000
在厂工作	保管消耗品	保管茶叶	保管石梁司	骡夫	厨房	交通杂工	勤务	

3月22日，民生茶叶公司批复照准。

至1948年8月，黄足三的底薪已达130万元，邓汉卿底薪120万元，张纯底薪100万元，彭从发、覃植清、谢传森、胡汉伯底薪80万元。鹤峰分厂萧耀堂、邓良生和茶工张定国、姚润生的底薪也在上调中。

五鹤茶厂存续时期，由于抗战结束不久又陷入内战，原受抗战影响严重破坏的生产，不仅没有得到修复，反而雪上加霜，使消费品的供应越来越紧张，加上国民政府的大规模征兵，军费暴增，国民政府严重入不敷出，更由于国民政府错误的金融政策，使通货膨胀、货币贬值、物价飞涨陷入死

循环，终致失控。1945 年，法币发行 10319 亿元，1946 年 36800 多亿元，1947 年 331885 亿元，到 1948 年 8 月更是高达 6636946 亿元。反映到物价上，只能不断腾涨了。从五鹤茶厂上报 1946 年 5—7 月的物价月报及民生茶叶公司茶叶零售价格，可窥斑见豹。

1946 年 5 月，大米每斤 165 元，苞谷每斤 120 元，食盐每斤 640 元，菜油每斤 640 元，猪肉每斤 250 元，猪油每斤 500 元，木柴每斤 3 元，白炭每斤 30 元，黑炭每斤 30 元，黄豆每斤 75 元，白茶每斤 600 元，桐油每斤 450 元，木油每斤 450 元。

6 月，大米每斤 180 元，苞谷每斤 130 元，食盐每斤 640 元，菜油每斤 640 元，猪肉每斤 280 元，猪油每斤 500 元，木柴每斤 5 元，白炭每斤 33 元，黑炭每斤 25 元，黄豆每斤 125 元，白茶每斤 600 元，桐油每斤 480 元，木油每斤 480 元，洋芋每斤 30 元。

7 月，大米每斤 220 元，苞谷每斤 130 元，食盐每斤 560 元，菜油每斤 640 元，猪肉每斤 280 元，猪油每斤 500 元，木柴每斤 6 元，白炭每斤 33 元，黑炭每斤 25 元，黄豆每斤 125 元，白茶每斤 600 元，桐油每斤 480 元，木油每斤 480 元，洋芋每斤 30 元。

1946 年民生茶叶公司茶叶零售价格变化表（纸袋装）　　单位：元 / 斤

品名 \ 日期	1 月 1 日	2 月 26 日	6 月 1 日	10 月 15 日
加工玉露特	4800	5760	7200	9600
玉露特	4000	4800	5600	7200
玉　露	3200	3840	3200	5600
加工龙井特	4000	4800	6400	8000
龙井特	3520	4000	4800	6400
加工鄂红特	3200	3840	4600	6400
毛　尖	2880	3520	3200	4000
鄂　绿	1600	2080	2400	2880
鄂红特	2400	3040	2800	4000
鄂　红	1600	2080	2600	2400

1947年民生茶叶公司茶叶零售价格变化表 纸袋装，单位：元/斤

品名＼日期	1月1日	2月1日	5月16日	7月11日	9月1日	10月11日	12月1日
加工玉露特	16000	19200	40000	48000	64000	72000	80000
玉露特	7200	9600	16000	25600	28800	40000	48000
玉　露	4000	6400	12800	16000	19200	24000	32000
加工龙井特	12800	16000	28800	32000	40000	48000	64000
龙井特	7200	10400	22400	24000	28800	40000	48000
加工鄂红特	6400	9600	17600	24000	32000	48000	64000
毛　尖	5600	5600	12800	16000	24000	32000	40000
鄂　绿	1760	2400	6400	8000	11200	16000	24000
鄂红特	4000	6400	11200	16000	19200	24000	32000
鄂　红	2400	4800	5600	8000	11200	16000	24000

第二节　基建与工具、家具

五鹤茶厂添建筛拣草棚。1946年1月20日，五鹤茶厂以“厂屋不符制茶之用，尤以红绿茶同时制造，厂屋狭小更感管理不便，深恐红绿茶混杂而错杂品质，且制茶期间男女工人住所亦缺，拟添建茅草平屋两栋作红茶筛拣之用，原制茶所厂屋楼下仍制各项绿茶，楼上因顶矮缺光，改作男女工人住所”呈报民生茶叶公司。2月19日，公司函复“在20万元以内酌盖一栋”。

4月8日，五鹤茶厂呈民生茶叶公司：“建筑费过少，而厂屋实有添建必要，地基难以购置，商得乡民张旅白租旱地两块，唐本秀自愿借墓地一块，旱地租金为每年苞谷两石。”

因茶期临近，为争取时间，变更原计划改搭草棚，但物价加速增长，工资索价高昂，所有工料费用甚巨，共用国币772685元。

8月26日，民生茶叶公司令五鹤茶厂：“与核定数超过甚巨，惟念物价

腾涨，准以工具设备费出账。”

12 月 10 日，办事员张立信报称：“草棚盖修时已临茶季，时间迫切，架柱欠牢，制茶时经高热焙烤，诸多枯朽，后以深山严冬，雨雪频仍，以致全部倒塌。”12 月 25 日，民生茶叶公司批复“准予备查”。

鹤峰制茶所房屋修葺。1946 年 8 月 29 日，五鹤茶厂厂长万纯心呈民生茶叶公司：“鹤峰制茶所购置于 1942 年前鄂茶处时期，原属破旧不堪，并已歪斜，后以该所主管人员随时更换，致疏于建修，累延至今，逐渐朽坏。现时届秋季，深山雪早，如大雪积压，则恐倒塌，再不建修，员工生命攸关，而公家损失匪浅，呈请以 122.6 万元加以修葺。”9 月 17 日，公司函复：“在 100 万元以内妥为修理，派办事员张立信会同雇员陈树海经办。”

工具、家具添置与核销。1946 年 1 月 9 日，五鹤茶厂厂长万纯心呈民生茶叶公司：“前五峰制茶所精制茶叶，均以篾篓、布袋代替囤箱，精制时亟感茶叶分类不便，且能使茶叶尖峰损失，片末增多，少量简单之精制尚可勉强，如大量制造则弊端极多，尤以制造外销，更势属不能减少之工具。在目前物价高涨，工资伙食以及原料均昂之下，拟暂制最低限度数量 500 个，俾便符需用。已由当地木匠议定包做柳木（因杉木不牢，且有木气，有伤茶叶品质，外销茶叶最忌）囤箱，每口价 2000 元，固然费用巨大，然实属必需工具。”1 月 28 日，公司副理张博经批示：“暂做 200 个备用。”

2 月，五鹤茶厂购置拣茶凳、大秤、口袋、茶筛等工具、家具 30 万元，订做囤箱 223 个。

1946 年 8 月，公司准予五鹤茶厂核销损失烘笼 48 个、烘心 287 个、撮箕 28 把、顺盘 29 个、揉捻架 1 块、茶筛 27 把、晒席 47 床等 36 种近 600 件 68668 元。

1947 年 2 月 19 日，五鹤茶厂磨马忽患小肠气鼓症，一小时内死倒马栏。管理茶工田银洲于 2 月 21 日报告代厂长张立信，并附证明人余福田、熊明福、周亚东、黄元沛、邓汉卿等证言。2 月 27 日，张立信呈民生茶叶公司，3 月 15 日民生茶叶公司批准核销。

12 月 10 日，公司准予五鹤茶厂核销温度计、米达尺、钢筋瓢各 1 件，金额 14700 元。

第三节 茶叶制造与运销

1945年底，民生茶叶公司创立伊始，湖北省政府建设厅训令："茶叶为我国特产之一，运销世界各国，向居出口货物第一位，关系国计民生，至为重要。近十余年来，以制造不良，交通不便，又农村经济枯竭，经营资本缺乏，是以茶叶产销每况愈下，遂一落千丈，虽经中茶公司努力维持，但功效甚微。新中国成立伊始，经济事业亟待复兴，我国茶叶之产销，必须从速加紧努力，以恢复原有地位，该公司责无旁贷，应向各产茶区展开营业，以免茶商垄断，并应将鄂西所产茶叶设法向西路销售，以发展贸易为要。"

五鹤茶厂按照民生茶叶公司计划及指令，组织茶叶收购、初制、精制及辅助运销业务。

一、茶叶收制

（一）1946年茶叶收制

接收上年毛茶。1946年1月，五鹤茶厂接收前鹤峰制茶所毛红茶232市斤，毛炒青12310.25市斤，运水浕司高栗岭精制。

当年收制。抗战胜利，宜红产区产制机构如雨后春笋，相继复生。天生实业股份有限公司设渔洋关前华明茶厂，以制造外销红茶为主要业务，资金暂定2000万元，由宜都、五峰、鹤峰、长阳、松滋、枝江等县官商合股经营，董事会设宜都，以田鹏为董事长，张宝善为筹备处主任，宫子美为副主任，于1945年腊月开始建修厂屋及各项工（家）具。五峰县联社茶厂就原有中国茶叶公司五峰茶厂水浕司分厂原址，以制造绿茶为主，资金、人事由县银行、县联社筹措。泥沙茶厂以原荣益茶厂为厂址，纯系商办，以泥沙商人刘道五为主持人，主制外销红茶。

除了同行竞争外，五鹤茶厂还面临诸多难题。接收五、鹤两制茶所全系账目，实分文无存。至1946年3月9日，五鹤茶厂仅收到沙市门市部汇款80万元，恩施茶厂连前借款仅980216元。4月，职工欠薪长达5个月，精制接收的鹤峰制茶所茶叶费用及一切开支均借债进行，困窘几至员工小菜无钱筹措。

1946 年 4 月，大西茶叶公司派郭运春在渔洋关筹办精制厂，并请郭德三（郭运春亲兄）为茶司，工资一期 15 万元（一期两月），前应五鹤茶厂口约各精制工人多被高价雇佣招罗。大西公司还于 4 月 9 日抵鹤峰，随带工人 10 余名，在鹤峰北佳坪一带设厂，并通告招工百余人，月可支工资 1 万元，供膳食以大米为原则，鹤峰制茶所前招茶工多被拉去。郭德三原应五鹤茶厂之口约，因大西公司待遇优厚，除郭德三外，五鹤两地初精制茶工思想动摇，五鹤茶厂既招之工人亦恐其变心，直接影响制茶业务。五鹤茶厂遵民生茶叶公司令，酌提茶工待遇。

茶期临迫而经费毫无着落，厂长万纯心赴汉口领款，余福田与张立信当机立断，协商共同开业，由张立信对外洽款，余福田负责制茶。

至 1946 年 7 月底，收制炒青、玉露等各类毛茶 48769 斤。尚欠成五河特约所制茶款 298405.50 元，楠木特约所 739380.00 元，土岭特约所 891307.70 元，鹤峰制茶所 811505.97 元。

五鹤茶厂 1946 年收制毛茶数量表

茶　类	自制（市斤）	收购（市斤）	合计（市斤）
炒　青	15562.5	23795.5	39358
玉　露	—	4018.625	4018.625
玉　华	2161.625	—	2161.625
毛　红	—	2540.5	2540.5
白　茶	—	690.5	690.5
合　计	17724.125	31045.125	48769.25

7—10 月，共精制各类正茶如下表：

五鹤茶厂截至 1946 年 7 月底精制成装各类茶叶花色表

茶　类	唛　头	成箱数（箱）	每箱净重（市斤）	重量（市斤）	出厂成本（元 / 斤）
绿　茶	玉露特	27	60	1620	1800
	玉　露	26	50	1300	1600.66
	玉华特	8	50	400	1750

续表

茶类	唛头	成箱数（箱）	每箱净重（市斤）	重量（市斤）	出厂成本（元/斤）
绿茶	玉华	13	50	650	1583.57
	毛尖	31	50	1550	1720
	鄂绿特	40	50	2000	1640
	鄂绿	74	45	3330	1440
	经济绿茶	45	45	2025	1040
	绿珠	10	50	500	940
红茶	鄂红特	13	50	650	1400
	鄂红	17	50	850	1151
合计		304	—	14875	—

五鹤茶厂 1946 年 8 月精制成箱各类茶叶花色表

茶类	唛头	成箱数（箱）	每箱净重（市斤）	重量（市斤）	出厂成本（元/斤）
绿茶	鄂绿特	20	50	1000	1704.26
	鄂绿	32	45	1440	1496.42
	毛尖	9	50	450	1787.40
	经济绿茶	17	45	765	1080.75
	绿珠	5	50	250	976.83
合计	—	83	—	3905	—

五鹤茶厂 1946 年 9—10 月精制成箱各类茶叶花色表

茶类	唛头	成箱数（箱）	每箱净重（市斤）	重量（市斤）	出厂成本（元/斤）
绿茶	鄂绿特	84	50	4200	1700
	鄂绿	162	45	7290	1560.42
	毛尖	48	50	2400	1780.00
	经济绿茶	67	45	3015	1100.00
	绿珠	13	50	650	900.00
	—	374	—	11555	—

（二）1947 年茶叶收制

收购制造。五峰、鹤峰两分厂直接收购毛茶，并派员分往楠木、大茅湖、成五河、茶园坡、北佳坪等 5 处设庄收购，集中五峰分厂加工精制。

4 月初，五鹤茶厂收购鲜叶初制玉露，鲜叶款概出欠条。4 月 21 日，五鹤茶厂代厂长张立信电彭介生经理、张博经副经理："共制玉露 10 担，负山债达 500 万元，祈速汇巨款。"4 月 24 日，民生茶叶公司电复五鹤茶厂："玉露少制，可收购红茶，款赴沙所取用具报。"5 月 20 日，五鹤茶厂电万纯心厂长转公司："制玉露 15 担，炒青 30 担，购头茶红茶 200 市担，共欠山价 9000 万元，款究否办理，恳示遵。"5 月 21 日，彭介生、张博经批示："汉口农行已饬宜昌分行贷款，已电万厂长赴宜昌洽借。"

五峰分厂于 5 月下旬绿茶初精制完毕后，5 月 27 日开始红茶精制。筛分由茶司黄足三负责，拣茶由临时雇员孙翰香负责。至 7 月 4 日，共用工 1128 个，天字堆毛茶完成抓尾 2132 斤，中身 1096 斤，元身 611 斤，捞头 164 斤，下身 1046 斤，花香、珠子、片子尚在筛制中，地字堆毛茶已初步毛筛。

至 10 月，共收毛红 22233 斤，自制炒青 4953 斤，玉露 1513 斤。精制成加红特 7130 斤，红特 3360 斤，鄂红 1920 斤，玉露特 590 斤，玉露 580 斤，绿特 571 斤，鄂绿 974 斤，经济绿茶 349 斤，尚有炒青 1932 斤精制中。

12 月，收购源泰茶号花香 213 担。

鲜叶欠款风波。1947 年 4 月初，五鹤茶厂与源泰茶号大量收购红茶及鲜叶，不付现款，概出欠条，逾月余仍未全数付清。5 月 24 日，五峰县政府派财政科科长谈崇高及忠孝乡乡长涂述善前往调查。经查共欠茶款 8000 余万元，该厂近已领到 6000 万元，正值各处茶农纷纷来厂兑领，尚欠 2000 余万元。该厂负责人余福田当场向茶农承诺，俟将此次汇来之款发讫后，即前往宜都向万纯心厂长领款，准限 6 月 6 日兑竣。源泰茶号欠茶款 500 余万元，已派专人前往宜昌领款。7 月 26 日，县政府社会科长李芳、会计佐理员彭义沛，召集茶农及当地士绅、乡民代表调查问询。得知前因民生茶叶公司资金汇出迟缓，收购毛茶精制又有季节性，收购时虽有积欠茶款情事，但款汇到后随时陆续兑付，现仅欠款 140 万元。因五鹤茶厂奉令迁设宜都，此地改为分厂，正办理半年结算，各种账簿已送交宜都总厂，未能查账，但该厂负责人申述欠款数字，与乡民代表所述吻合，并限期 10 日将欠款偿清，以后随购随付现款。源泰茶号在水泯司系设分庄，现已停购茶叶，前欠茶款早已结清。

毛茶运输损失赔偿。1947 年 9 月 15 日，游培宏带哨，杨其树由留驾司鹤峰分厂运绿茶至五峰分厂，途中不幸失足，跌破茶袋滚至山中，损失茶叶 17 斤 10 两，照鲜叶 72 斤价，赔偿 64800 元。

二、茶叶运销

为办理茶叶营销，民生茶叶公司设立重庆营业所、沙市门市部、汉口门市部及樊城办事处。1946 年 2 月 1 日，与湖北省合作社联合社签订销茶合约，由省合作社联合社在武汉代销，每十日结算一次，月终清算一次，手续费为售价的 5%。五鹤茶厂精制茶叶，按公司指令，运交各营业所或门市部销售。

（一）1946 年茶叶运销

历年成茶及部分副茶运销。五鹤茶厂成立后，接收原五峰、鹤峰制茶所正茶共 11405 斤，分别为：鄂绿特 3150 斤，由鹤峰制茶所毛茶制成；鄂绿 4675 斤，由鹤峰制茶所毛茶制成；鄂红特 1620 斤，五峰制茶所毛茶制成 720 斤，鹤峰制茶所毛茶制成 900 斤；鄂红 1560 斤，五峰制茶所毛茶制成 900 斤，鹤峰制茶所毛茶制成 660 斤；经济绿茶 400 斤。

原五峰制茶所历年精制后，所余副茶除绿片运恩施前平价物品供应处制茶厂销售部分外，后以力价高涨不划算，致存厂 9362 斤。按公司指示，绿片 4529.5 斤、绿末 524 斤、绿珠 404 斤、玉片 244 斤，运宜昌、沙市销售。

3 月 9 日，五鹤茶厂派曹立谦押运鄂绿、鄂绿特、绿片等正茶、副茶 281 篓，净重 16410 斤，运宜昌洽交省银行宜昌分行经理孙端伯，运沙市交谢栋臣。

五鹤茶厂运茶清单

1946 年 3 月 9 日

茶　名	数　量	每件重量（市斤）		总重量（市斤）		运往地点	备　注
		净重	毛重	净重	毛重		
鄂　绿	85 篓	55	59	4675	5015	运宜转渝	捐税奉令免征；绿片 65 斤 21 袋，75 斤 42 袋
鄂绿特	63 篓	50	54	3150	3402	运宜转渝	
鄂红特	27 篓	60	64	1620	1728	运宜转渝	
鄂　红	26 篓	60	64	1560	1664	运宜转渝	
经济绿茶	10 篓	40	44	400	440	宜昌或沙市	
绿　末	7 篓	70	74	490	518	宜昌或沙市	
绿　片	63 袋	—	—	4515	4515	宜昌或沙市	
合　计	281	—	—	16410	17282	—	

3 月 26 日，民生茶叶公司电沙市谢栋臣：“五鹤茶厂运宜昌、沙市茶叶留鄂绿 65 篓，经济绿茶及绿末全数在沙市、宜昌配销，余茶悉数运渝；绿片速运汉口 2000 斤，余留沙市。”

4 月 14 日，五鹤茶厂厂长万纯心函民生茶叶公司：“绿珠 404 斤已发运宜都寄谢笃卿处待运沙市，电请谢栋臣派员领取。”

4 月 17 日，沙市门市部主任谢栋臣呈民生茶叶公司：“由五鹤茶厂押运沙市转汉口鄂绿特 63 篓，净重 3150 斤，绿片 20 袋，净重 1401 斤 8 两，请照收给据，并乞速将布袋发还，以应五鹤茶厂急需。”

就地销售历年副茶。1946 年 1 月 13 日，厂长万纯心呈民生茶叶公司：“前五峰制茶所历年精制后所余副茶，除绿片运恩施送前平价物品供应处制茶厂销售一部外，后以力价高涨不划算致尚存厂甚多，长久存放既搁资金，复有品质劣变之虞，而厂屋有限，堆置亦占地方。近来力资仍昂，运出销售仍不划算，拟就地相机销售。”

五鹤茶厂历年堆存副茶表

年度	茶名	数量（市斤）	备注
1944年	绿片	15	
	绿梗	596	
1945年	绿梗头	664.5	
	绿片	4514.5	内3039斤系接收前鹤所炒青制出
	绿末	524	内269斤系接收前鹤所炒青制出
	绿梗	1215	内390斤系接收前鹤所炒青制出
	绿珠	404	即捞出之茶珠子
	红梗	220	内115斤系接收前鹤所毛红制出
	红片	660	内401斤系接收前鹤所毛红制出
	红末	305	内112斤系接收前鹤所毛红制出
	玉片	244	
合计	—	9362	

2月22日，公司电复："除绿片末、绿珠、玉片应运宜昌、沙市销售外，余准就地照核定价绿梗80元/斤发售。"

截至4月8日，五鹤茶厂就地销售绿梗678.5斤，绿梗头744.5斤，共售价款165955元。5月6日，公司批准五鹤茶厂售副茶款165955元作该厂经费，准予核转。

6月27日，出售五峰电话局绿末10斤。

当年运销。1946年7月11日，民生茶叶公司电万纯心："本年五鹤茶厂运销原则，玉露特、毛尖全运汉，鄂绿三分之二运汉，玉露三分之二运汉，绿特二分之一运汉，余均运渝，惟红茶可先运少数来汉推销后，再行电示。"

7月28日，万纯心电民生茶叶公司："玉露、玉露特、红茶已精制成多日，祈示运汉、渝。"

8月3日，民生茶叶公司电万纯心："白茶副茶均运沙市，红茶分运渝、汉，运汉绿茶暂以三分之二存沙市。"

8月9日，民生茶叶公司电万纯心："红茶缺货，速提装新加工红特500

斤运汉济销。”

8 月 12 日，民生茶叶公司电万纯心：“请速提优级红茶 10 担运汉。”

8 月 15 日，民生茶叶公司电万纯心“玉华特运 200 斤来汉，所余玉华特、玉华均运沙市。”

五鹤茶厂奉公司上述屡次电饬，迅将制成茶叶分别运送各地推销，遵即雇夫向长阳田家河陆续发运，俾能乘搭木船，由清江直运宜都入大江，分运沙市、汉口。因运费不济无法续运，已运田家河茶 214 箱，当即向长阳县船业公会洽雇姜禹平木船一只。

9 月 16 日，茶叶上船后，船夫为减小晃荡，故将船身两旁扎搭浮木，适船夫在下水一方扎搭时，突遇江水暴发，船身因受涨水之冲流及船夫偏重下水，致船身倾斜，舱面茶叶滑落江中 34 箱。厂长万纯心闻报后，派技工 3 人率带工具前往抢救，分别整理，因茶湿太多，晒席缺乏，整理不及而霉烂及复火折耗而损失玉露 50 市斤、毛尖 50 市斤、鄂绿特 150 市斤、鄂绿 90 市斤，共 340 市斤（七箱）。万纯心即亲赴资丘向长阳船业公会交涉赔偿损失。惟以该船主姜禹平确属赤贫，除载运木船外，并无其他财产可以抵偿，经长阳县商会辖管乡公所等出面调解，估卖该船主之木船价款 30 万元全部抵偿损失，其整理茶叶工人所需用料，均亦由该船主负担。茶叶原系浮载，占面积甚大，运输极感困难，此次失事虽属船夫不慎，然实因山洪暴发，水势凶险，载货轻浮船身摇晃太大所致。在交涉中要求船业公会另行换船，俾能将茶叶早日运达以符功令，免误销市。

9 月 28 日，姜禹平赔偿后，当晚即会同船业公会确定覃好锦木船一只。此船新造，较姜禹平木船宽大，众料换得此船后，必可保定途中平安无险。9 月 29 日，开头路过大小滩 10 余处，均安然渡过。9 月 30 日下午约 4 点钟，舟过距宜都仅 30 里名纽筋滩（清江中最后三滩），不料船底又被滩岩冲破尺许，水即入船内，经抢修，虽水已阻，然在船下层茶箱已浸湿者又达 44 箱。因荒郊整理不便，次晨即赶到宜都，经向各茶行借用炕笼等工具开箱检验，分别复火整理两昼夜，报请长阳船业公会宜都办事处派员验查证明，并会同沙所押运人刘成功整理就绪后，于 10 月 2 日原船运沙市。纽筋滩为清江最大险滩之一，时生危险，往来船只深以为惧，实非人力所能挽回。

11 月 8 日，民生茶叶公司张博经电五鹤茶厂吴本哉：“速将白茶运宜都交谢栋臣出售。”

12月9日，谢栋臣写信给公司副理张博经：“沙市茶情，近已有转机，批售茶叶，均齐续上涨，现可按五鹤茶厂成本花色合销者，能加十分之五六成，惟现在再又无茶叶可卖，故觉恨事。因五鹤茶厂此次之来茶，尚存31箱，是在途中水湿，经复火成焦煳货者，色味俱变，只能较好茶打对折尚不易出。职鉴于价值悬殊，且未呈公司方面核准，当就不得擅自动售，现在只能作保管性质，俟将来公司派员视察后，方可遵办。”

至1946年12月31日，五鹤茶厂库存半制品白茶693.9斤；制成品红梗301斤，红片997斤，红末565斤，绿珠1150斤，绿片7322.5斤，绿末3277斤，花果100斤，绿梗1447斤；运送中（汉口）茶叶玉露特7件420斤，毛尖6件300斤，鄂红特12件600斤，鄂红16件800斤，玉露1件50斤，鄂绿特3件150斤，鄂绿2件90斤。

（二）1947年茶叶运销

1947年7月30日，民生茶叶公司函五鹤茶厂：“将本年制成之鄂绿、绿特、经济绿各茶扫数觅船运汉。”

8月19日，民生茶叶公司通知五鹤茶厂：“将五鹤茶厂所存各新陈红茶、花香、片茶，悉数由沙宜所派员押运至鄂南砖茶厂，水运路程由宜都至长江太平口转新店，交鄂南厂接收自运回厂。”

10月3日，五鹤茶厂运出途中有绿片514斤，绿末3050斤，红片2540斤，红末3933斤，玉片646斤。

11月27日，厂长万纯心呈民生茶叶公司：“五鹤茶厂片末及红绿茶，迭奉公司函电催迅速分别运出，未敢稍懈，且奉令结束在即，更欲即行齐运出厂，亦可清了责任，苦以运费不济，终难达到目的。源泰及五鹤茶厂片末运出尚需约3000万元，并蒙汇款先后达6000万元，终以9月起开支经费毫无，致各款均移用于开支。加之近两月来物价日涨，税运各费相继增高，原报预算实又不符。深冬渔洋关、宜都水枯河浅，船行困难，且又无有力机关运木炭，船更难雇。拟改骡夫并运，惟力资更形加大，除统税已纳外，目前无法确计预算，约估尚需4000万元以上，始可至新店。红茶贷款农行已催还再三，曾呈奉公司指复，将绿茶片末在宜都出售，得款运红茶至宜昌办押汇，绿片末共4210斤，纵能全卖，价款最多不过2000万元，亦难符红茶运费，红茶运税费亦需款约 3300 万元以上。况近来运力又涨，原预算不够定可如料，况贷款已失信用，将来是否如愿办押取保均成问题。总上，所陈片末运抵新店，红绿茶运抵宜昌，以目前估计非 8000 万元以上不可，其运税款并须在半月内拨足，否则愈拖则将来费用愈贵，高山已大雪，更将增大运输困难，况运税款终难相继充足汇拨，更足使职厂无考虑及准备余地。如恐手续未合运费及责任，片末交由吴本哉，红绿茶交由杨定朴分别办理，或另派专员主办其事，俾免拖延有误业务。”12 月 4 日，公司经理彭介生批示："农行已还款 2000 万，红茶暂缓起运，所售绿片末款移作花香运费，上力下力俟抵新店，由公司筹付。”

12 月 12 日，民生茶叶公司邮汇五鹤茶厂 1000 万元，要求速运花香。

（三）1948 年茶叶运销

1 月 5 日，民生茶叶公司邮汇五鹤茶厂 3000 万元。1 月 20 日，厂长万纯心电民生茶叶公司："船逼报开，贷款坐索，员工断炊。”公司当日回电："运花香款已汇，贷款及红绿茶副茶等共需若干即电筹汇。”

1 月 22 日，厂长万纯心呈民生茶叶公司："19 日，运鄂南砖茶厂红片末 27579 斤，运达宜都装船时，被财政部湖北区直接税局宜都查征所查扣。”

3 月 30 日，厂长谢栋臣电民生茶叶公司："3 月 28 日抵五鹤茶厂，茶叶正洽运中。经资丘转汉湘运税费约需 1 亿 8000 万，漾（3 月 23 日）汇 2000 万早作厂用，铣（3 月 16 日）汇仅到 5000 万，乞汇 4 亿济急。”3 月 31 日，公司回电"先运绿茶”。

8 月 13 日，五鹤茶厂厂长谢栋臣电民生茶叶公司："宜无商兑，候款已久，乞先汇 5 亿。”

8 月 16 日，公司经理彭介生电资丘省银行沈次骧："五鹤红茶经资丘运汉口需运费 5 亿，拟向贵处押汇或买汇，请力助。”

第四节　贷款与还款

五鹤茶厂向农民银行贷款。1947 年 4 月 19 日，民生茶叶公司致函汉口农民银行："本省产茶素丰，其中以鄂南砖茶与鄂西红茶最为著名，早在国际市场占优越地位，本公司负救济茶农，发展鄂茶使命，在恩施、五峰、鹤峰及羊楼洞分别设厂，从事收制。惟历年囿于资力，未能大量制销。近闻中央对本省红茶加工运销，已有贷款方案颁布，并托贵行实施。本省红茶向以宜昌为集散地点，故特号'宜红'，而五峰、鹤峰、长阳、宜都等县为其产区，最盛时期年产达3万担，现仅可产万担，其他各地所产者量至微而质极劣，实不足以资外销。则此次贷款既限于红茶，自应以目前五峰、鹤峰公私营茶厂，以及茶叶生产合作社为对象。但制茶分三期，现头茶行将告终，各产制机构需资补助至急，且该区山岭重叠，距市辽远，经费汇兑、物资供应以及制品运出至感不灵，贷款限期应酌予延长，俾资救济。"

6月3日，民生茶叶公司函中国农民银行汉口分行："五峰茶厂需款至急，前经函请转知宜昌分行，依照茶贷方案，就近贷款。顷接万纯心厂长电称，宜昌农行签复仅负调查责任，不能直接贷款。值二茶季节已届，务请授权宜昌分行（办事处）径予贷款。"6月10日，中国农民银行汉口分行函民生茶叶公司："恩施、五峰等县茶叶加工运销贷款已电宜昌办事处就近核放。"

6月5日，民生茶叶公司函民生贸易公司："本公司所属五峰茶厂需款至急，经饬该厂径向宜昌农民银行申请贷款济用。据厂长万纯心电称，无法觅取宜昌商保，爰请贵公司转知宜昌办事处赐予担保，俾便请贷。"6月7日，湖北民生贸易公司出具担保函，饬宜昌办事处为五鹤茶厂担保贷款。

6月26日，农民银行宜昌办事处派田龙实地调查，携五鹤茶厂概况调查表、业务说明书及设备清册报呈。

茶厂概况调查表

1947年6月26日

厂号名称	湖北民生茶叶公司 五鹤茶厂	开设地点	宜都莲花堰	分厂	五峰分厂水浕司 鹤峰分厂留驾司
通讯处	宜都邮局留交莲花堰本厂	电报挂号	5420　即（茶）字（宜都）		
厂房栋数	五峰分厂厂房一栋计楼三层，上下共计23间；鹤峰分厂厂房一栋，计14间				
厂房价值	总值6亿5000万元整				

续表

<table>
<tr><td>器具设备</td><td colspan="6">60999500 元（详设备清册）</td></tr>
<tr><td>负责人员</td><td colspan="6">厂长万纯心</td></tr>
<tr><td>开业日期</td><td colspan="6">1945 年 10 月</td></tr>
<tr><td>预计本年制茶数量</td><td colspan="6">箱茶 1000 担，绿茶 50 担</td></tr>
<tr><td>需用资金总额</td><td colspan="6">13 亿 2150 万元</td></tr>
<tr><td>资金来源及筹集方法</td><td colspan="6">视实际需要，报请民生茶叶公司拨给流动金，或向政府银行申请借款</td></tr>
<tr><td>经营方法</td><td colspan="6">除五峰、鹤峰两分厂直接收购毛茶外，并派员分往楠木、大茅湖、成五河、茶园坡、北佳坪等 5 处设庄收购，集中五峰分厂加工精制，分级成箱后，由民生茶叶公司运往申、汉销售</td></tr>
<tr><td>损益估计</td><td colspan="6">预计购进红绿毛茶 2100 担，平均担价 40 万元，每担精制费用（包括工资）20 万元，共需 12 亿 6000 万元，精制红茶 1000 担运汉需运费 6000 万元，绿茶 50 担运汉需运费 150 万元，销售由民生茶叶公司统筹办理</td></tr>
<tr><td>现已购毛茶数量</td><td colspan="6">800 担（刻正加工精制中）</td></tr>
<tr><td rowspan="5">资产负债情形</td><td rowspan="5">负债（元）</td><td>资　本</td><td>—</td><td rowspan="5">资产（元）</td><td>房地产</td><td>650000000</td></tr>
<tr><td>折旧准备</td><td>710999500</td><td>器具设备</td><td>60999500</td></tr>
<tr><td>应付账款</td><td>4001800</td><td>存　货</td><td>255000000</td></tr>
<tr><td>总公司往来</td><td>254498200</td><td>现　金</td><td>3500000</td></tr>
<tr><td>合　计</td><td>969499500</td><td>合　计</td><td>969499500</td></tr>
</table>

填报人：万纯心　　　　调查人：田龙

7 月 22 日，宜昌农民银行函五鹤茶厂：

兹据报告前来，经核所列毛茶集中地点与业务说明书颇不一致，如在报告书列为水浕司、留驾司二分厂，在业务说明书则所有收购毛茶均集中水浕司分厂并无留驾司。《茶厂概况调查表》所载集中地点为五峰分厂，但公司致汉口分行函仅列有鹤峰留驾司分厂，而业务说明书所叙沿革亦无五峰分厂，且又云厂址正在迁移宜都中。不知贵厂现进毛红集中何处，而集中处所又存放毛红若干，本行亟需确实明了，以便核贷。

关于将来借款手续办理，贵厂仅任收购加工工作，不负损益之责，应请公司为负责借款人。奉配五峰县茶贷加工款额为2亿元，除已放1亿8000万元，仅余2000万元可放。

7月25日，五鹤茶厂就农民银行宜昌办事处有关疑问复函：

所有收购毛茶以水浕司分厂为集中及加工精制地点，留驾司分厂为收购毛茶处所之一。五鹤茶厂原在五峰水浕司，现勘定宜都为厂址，正迁移中。迁移后，五峰水浕司原厂址改称分厂，鹤峰分厂设在鹤峰留驾司。湖北省政府抄发四联总处茶贷方案规定，见毛茶放加工贷款，其标准以茶厂为对象，收购毛茶数量，绿茶满300担，红茶满100担，即准申请借款。经贵处派员调查收购毛茶数量，自应惠予贷款。

7月31日，农民银行宜昌办事处函五鹤茶厂：

贵厂不负损益之责，资金系由总公司拨付，茶叶加工精制成箱交总公司运出销售。销售茶叶由总公司办理，则资产负债之权利义务，均由总公司处理，故借款人以总公司为宜。源泰、忠信福、成记三茶厂，本身负有损益之责，其资产负债可径自直接处理，故可认其为放款对象。遵照见毛茶放加工贷款规定，必须见到毛茶集中地点及其集中地点所实存毛茶确数。为照管押品之便利，必须妥定贷款对象。事关贷款手续，实非得已。

8月2日，中国农民银行湖北省银行电汉口分行："五鹤茶厂已购存毛红800担，手续办理完竣，尚未贷款，祈转知照章迅贷。"

8月3日，五鹤茶厂电中国农民银行宜昌办事处："本厂毛茶已集中水浕司五峰分厂，正待精制者已有360担。如贵处认为本厂毛茶尚未全部集中五峰水浕司分厂精制，可以集中水浕司分厂数量核放贷款。"

8月5日，民生茶叶公司函中国农民银行汉口分行："该厂系属制茶机构，不负损益责任，因为便利制茶业务起见，故授权就近向宜昌办事处申请茶贷，仍由本公司负债还全责，务请依照每担毛茶贷款10万元，迅饬宜昌办事处准予贷款。”

8月9日，农民银行宜昌办事处函汉口分行：

> 五鹤茶厂系由湖北民生茶叶公司辅设，茶厂本身无固定资金，每视业务需要，由总公司拨付流动金，仅负茶叶精制责任，可否作为直接贷款对象？五峰茶贷1947年度配额仅2亿元，已放渔洋关1亿8000万元，尚余2000万元，究应按该茶厂现有毛茶担数照贷，抑按配额内核放？该茶厂拟觅民生贸易公司担保，贸易公司系五鹤茶厂上层机构，可否作为担保人？该茶厂收购毛茶担数先后颇有不符，派郝友文前往查报。

8月22日，汉口农民银行函复：“五鹤茶厂既属民生茶叶公司，且该公司曾来函表示，对该厂对外负债完全负责，自可认作贷款对象，惟须见茶核贷；奉总处代电，准将鄂南茶贷酌移鄂西，鄂西茶叶加工贷款，可就4亿元内（包括已放数）核贷；民生贸易公司既属五鹤茶厂上层机构，如有担保能力，自可充作担保人。”

8月18日至24日，郝友文赴五鹤茶厂调查。18日上午8时到达宜都，下午到莲花堰茶厂，同万纯心厂长接洽，据告所收毛红除鹤峰未运外，其余均集中五峰水浕司分厂，下午4时返城，19日改乘滑竿前往五峰。走了5天始达水浕司，进厂与其负责人余福田、吴本哉会面，略谈时许，遂参观制茶工作，于24日离厂返宜。据万厂长称，五鹤茶厂原设在水浕司，厂在深山里面，对外接洽，调拨资金等多感不便，所以决定迁到宜都精制装箱，水浕司从6月1日起改为分厂，后来计算成本及搬运制茶器具均不经济，结果精制装箱仍在水浕司办理，宜都为其总厂，管辖水浕司、留驾司两分厂收购毛茶事宜。水浕司厂由主任余福田，督导吴本哉，技师王堃等3人负责，临时雇员5人，共计8人。1947年度计划水浕司、留驾司各收购毛红500担，受资金影响，两厂共收进800担，鹤峰收购毛茶因缺乏运费，迄未运水浕司厂精制。该厂实有毛红360担，刻下正在精制，所加工之茶完全为水浕司所收进。为明了实际情形，郝友文将精制茶囤箱及未制麻袋内毛茶，均分别称了数秤，大致估计确有毛红347担，毛绿83担，每天制茶工人有134人，工作甚为忙碌。五鹤总厂设在宜都，距五峰水泿司分厂270华里，距鹤峰留驾司分厂520华里，水泿司与留驾司相距310华里。区域内尽是高山峻岭，人烟稀少地带，交通极感不便，货物运输全赖人力及兽力，夫运每人平均负市秤100斤，每天仅能走30华里，骡马每匹平均可驮120市斤，每天行60华里，并且雇不到大批骡马及力夫。茶厂乃系省营，其职员多是经营茶业之老人，均甚负责，水泿司分厂所收毛茶担数不虚，可予贷放。

8月24日，郝友文电农民银行宜昌办事处："确有毛红347担，毛绿83担，正精制。鹤厂未运，需款急，可放。"

8月29日，农民银行宜昌办事处函五鹤茶厂，可照毛红347担，每担10万元核放，毛绿不贷。

8月31日，五鹤茶厂职员杨定朴随同郝友文前往宜昌洽办贷款。

9月4日，农民银行宜昌办事处贷放五鹤茶厂毛红加工款3470万元，期限1个月，利率月息5分。以下为借据。

借款人：湖北民生茶叶公司五鹤茶厂，代表人：万纯心，宜都莲花堰；保证人：湖北民生贸易公司宜昌办事处，宜昌怀远路三益里三号。

立活期质押借据：湖北民生茶叶公司五鹤茶厂（以下简称借款人并包括其继承人及法定代理人）

兹愿以本年度收购之毛茶及其制成品为担保，并邀同承还保证人，向贵行借到外销茶叶加工精制贷款国币3470万元，除遵照四联总处颁布之本年度茶贷方案规定，并愿遵守下列各条款：

1. 本借款立约日由借款人如数收到，不另立收据。

2. 本借款以一个月为期，自1947年9月4日起至1947年10月4日止，到期借款人即将贷款本息如数清偿。

3. 本借款利率按月息5分计息。

4. 本借款专作加工精制本年度新茶之用，不得变更用途。

5. 本借款即以借款人收购之毛茶及其制成品作担保品。

6. 借款人应在厂内指定仓库堆存毛茶及制成品，贵行得随时派员稽查或将制成品堆存指定借款人仓库内封存，借款人应负妥善保管之责，非经贵行准可，不得擅自移动。

7. 借款人收进毛茶数量应与所借加工精制费规定之标准额相符，如发现有虚报短少，或因市价跌落，价值不足借款本息时，经贵行通知，应立即补足担保品数量，或偿还借款本息之一部分或全部。

8. 本贷款发放后，在箱茶未经贵行集中管理前，由贵行指派人员驻厂监督，所有驻厂人员之膳食，统由借款人免费供给。

9. 第一担保品如发现有霉烂或品质低劣，或因任何天灾人祸，致蒙损失时，不论是否应归咎于借款人之疏忽或任何其他原因，借款人应将借款本息如数清偿，承还保证人并负连带责任。

10. 保证人愿保证借款人本息如数清偿，非至借款人之责任完全消灭时保证责任不归消灭，并自愿抛弃先诉抗辩权及检索权。

11. 本贷款发放后借款人必须于一个月内负责交出制成之箱茶。

12. 本借据在贵行所在地履行。

1947 年 9 月 4 日

还款。1947 年 9 月 30 日，五鹤茶厂厂长万纯心函中国农民银行宜昌办事处："借放加工贷款之毛红 347 担，已精制完竣，其包装材料已办妥，订于 10 月 2 日成箱，即行力运渔洋关，再雇船运宜都转宜昌，请贵行点验还款并转轮运汉。惟五峰水浕司至渔洋关途程共 150 里，均系山道，交通梗阻，运输极为不便，仅能以人骡力负运，但红茶经成箱后，限于不能捆扎，骡运实属难行，仅能人运，日行颇缓（日仅行 30 华里），且正值高山苞谷收获之期，雇夫亦极艰难。近复天久未雨，渔洋关之汉阳河溪水枯竭，船行须临时分段筑闸始可行驶，山道崎岖交通不便，运输困难实所事实，惟恐途中运输延时，难以如期运抵宜昌，除尽量设法从速运出外，相应陈申实情，敬希稍宽时日。"

10 月 8 日，农民银行宜昌办事处函复："着于最短期内设法将箱茶运宜昌，以便转运推销并办理押汇。"

11 月 5 日，厂长万纯心呈民生茶叶公司："前借宜昌农民银行贷款 3470 万元，早于上月 4 日到期，迭经该行催还，兹奉公司世电（10 月 31 日）以绥汇农行 2000 万作职厂运费，当即派员前往洽领，不料该行认为贷款逾期日久，不顾信誉，全部扣还贷款本息，自9月4日至10月4日息金（5%）173万5000元，自10月4日至11月3日（逾期息金按7%计）息金242万9000元，共付两月息金416万4000元，余数1583万6000元作还贷款本金，下欠该行贷款1886万4000元，并再三催促迅即归还。”

11月14日，公司指令五鹤茶厂：“绿茶片末可在宜都出售，得款即将红茶运宜昌押汇。”

1948年1月17日，农民银行宜昌办事处函民生贸易公司宜昌办事处：“五鹤茶厂于1947年9月4日由贵公司担保，借毛茶加工贷款尚结欠本金国币1886.4万元逾期已久，经派员催收，并于同年10月8日、11月1日、12月30日迭函催偿，迄未归还。迭奉层峰函电，严饬从速催归，未容再延。即希贵公司以负责承还担保人身份，转催清偿或代为归还，以清手续。”1月19日，民生贸易公司宜昌办事处函转总公司。1月30日，民生贸易公司函民生茶叶公司：“转知五峰茶厂迅将上项茶贷结欠款如数归还宜昌农民银行，以清手续。”

1月31日，民生茶叶公司函复：“该项贷款尾欠本应早清，适因时局关系，五峰茶厂所产精茶迄难运出销售，以致未能如期清结，殊为遗憾，值旧历年关在迩，头寸欠灵，已饬该厂于2月底如数还清。”

3月5日，农民银行宜昌办事处函民生贸易公司宜昌办事处：“五鹤茶厂贷款仍未见归还，一再爽约。奉敝行代电严饬清偿，万难再延，希贵处履行担保责任，于3月15日前，将该厂逾期贷款本息一并归还，以清手续为荷。”

3月20日，民生茶叶公司径还汉口农民银行贷款本息1900万元。

4月24日，中国农民银行汉口分行函民生茶叶公司：“由贵公司代还本行宜昌办事处五鹤茶厂贷款本息国币1900万元，业经转划宜昌办事处。五鹤茶厂借款尚欠本金5806160元，其应还利息自本年3月18日起至同月25日止，仍按月息7分计算，自25日起至还款日期应按新利率月息7分加倍，即月息1角4分计算，惠予代还贷款尾欠本息，以资清结。”5月15日，民生茶叶公司结还本利9084005.02元，所有收据报五鹤茶厂账。

第五节　茶　税

牌照税。1946 年 8 月 4 日，厂长万纯心电民生茶叶公司彭介生经理："五峰县税务局索征营业牌照税，应否完纳。" 8 月 14 日，公司电复："本公司纯系公营，早经奉令免征各项营业税捐。"

1947 年 8 月 21 日，厂长万纯心呈民生茶叶公司："本年五峰县政府迭次派员，要求五峰分厂缴纳牌照税 30 万元。限于地方环境，未便坚于拒绝，业经先行缴纳，呈请公司鉴核。" 9 月 1 日，公司令复："本公司系省营机关，营业牌照应由公司请领，况五鹤茶厂仅负收制工作，并不能自行向外营业，与普通商营茶厂性质迥异，无领牌照必要，既已缴牌照税 30 万元，姑准备查。"

营业税。1946 年 10 月 20 日，五鹤茶厂办事员张立信呈民生茶叶公司："五峰县政府 10 月 20 日来电称，营业税经税捐征收处接办，应依照营业税法第二条规定填具申报表，并将 7—9 月份所售制造品之价额一并径复税捐征收处，以凭征收，除派稽征员陈楚宾前来查定外，特检同申报表一份，电请查照办理。应否缴纳，祈示。"

11 月 22 日，公司函复五鹤茶厂："本公司为公营事业，向即免征营业税捐，且五鹤茶厂为产制机构，不负销售责任，与该项税收征诸卖方之规定不合，应予婉拒。"

出厂税。1947 年 8 月 4 日，厂长万纯心呈民生茶叶公司："五鹤茶厂业务范围遍及五峰、鹤峰、长阳、宜都各县，近以各地税务机关林立，每向各收茶处所要求征收各类税款情事，除分别洽免外，惟货物税一项照章应俟制成成品后，就地向货物税机关完税，但现在毛茶起运每多留难影响业务。毛茶并非成品，尚须加工精制，自不能先行完税，致免重复，前制茶厂早有成例。况五鹤茶厂业务范围内各货物税机关因隶属不同，交涉诸多不易，屡生纠葛。例如鹤峰属宣恩分局，五峰属宜昌分局，宜都属江陵分局。五鹤茶厂本年所制红茶，遵照财政部颁布办法自应免税，然规定须出口地输出业公会查明，分别填表送出口地货物税局转税务署，分饬产区货物税机关，准由商人具保，于产区地起运时，核发免税照证，产地货物税机关办理免税手续。出口地远在上海，是否有输出业公会组织，亦难揣断，如照规定办法办理，辗转函报，则迁延时间甚久。为便于毛茶起运，恳祈转商财政部湖北区货物税局，分饬产区所属各税务机关，勿多留难及红茶免税手续，是否可略于变更，以利茶运。”

9月1日，公司令复五鹤茶厂：“本公司各厂专为收制精茶机构，由公司运销国内外各市场，各厂不能自行直接营业，仅于精茶出厂时，由各该厂依照税则缴纳出厂税一次，各厂所领税票或由本公司事先指定茶叶运达最终地点，各厂于完纳出厂税时，请求各该地税局填发实账，其由各厂完税运汉之茶叶公司转销各地者，由公司持各厂原领税票，向汉口货物税局申请调换，并不再纳任何税款，税则所载至为明显。”同日，民生茶叶公司函财政部湖北区货物税局：“本公司系湖北省营机关，奉命以发展鄂茶救济茶农为职志，所属各茶厂专为收购毛茶精制内销及外销各种红绿茶叶之机构，制成精茶之后运至汉口，由本公司运销各地，各厂并不能自行营业，故各厂于成品运汉之时，向驻地税局照章完纳出厂税，诚感各地税局不明本公司所属茶厂业务真相，致因税务纠纷有碍茶叶收购制运工作。函请贵局赐转宣恩、宜昌、江陵各分局，准予对五鹤茶厂成品出厂时征收出厂税，以利收制。”

10月13日，厂长万纯心呈民生茶叶公司：“五峰县政府税捐征收处代电称，营业税法第一条规定，凡以营利为目的之事业均应征收营业税，五鹤茶厂既系购买土产茶叶加工精制，向外运销，以营利为目的，系属有竞争性之制造业，核与税法第六条免征营业税各款规定不合，应仍遵章纳税。”

10月24日，民生茶叶公司函五峰县政府：“五鹤茶厂所属各厂专以加工制茶为业务，所制成品运汉交由公司运销中外市场，各厂不能直接向外发生贸易行为，且茶类税已划归货物税，其由茶厂收购茶类加工制造及外销茶类之免税手续，早经财政部规定茶类税稽征规则，通令全国遵行。故所属各茶厂之成品出厂时，依照该项规则及货物税条例，仅向当地货物税局报缴一次货物税（即出厂税），不再完纳任何税捐。本公司在汉营业，只依照此规则及货物税条例与营业税法之各项规定免缴营业税，关于该厂成品运汉，除报缴货物税外，自不负任何税捐义务。”

10月30日，厂长万纯心呈民生茶叶公司：“五峰税捐处主办人员称，本厂茶叶系专案呈奉省政府核准，如欲豁免，仍须省府明令饬遵。否则，歉难照办。”

11 月 14 日，公司经理彭介生呈湖北省企业委员会主任委员晏勋甫：“本公司负有发展鄂茶，扶助茶农之使命，依照茶税规章，可免征营业税，以维持省有特产及省营事业而论，尤应请求省府特许，免征营业税。”

11 月 18 日，晏勋甫函民生茶叶公司：“营业税法已于 1947 年 5 月 1 日修正公布，公营事业并无免税规定，凡在 5 月 1 日以后之税款，应依照税法第六条规定减半完纳，如已纳出厂税或出产税，则不再完营业税，五鹤茶厂应即比照办理。”

11 月 21 日，公司令复五鹤茶厂：“成茶出厂已径向该处货物税局报完出厂税（即货物税），依法应不再纳营业税。”

利得税误会。1948 年 1 月 15 日，五鹤茶厂函宜都直接税局：“本厂红茶末 27579 市斤，奉湖北民生茶叶公司令，运往羊楼洞鄂南茶厂。由五峰水淏司径运宜都交渝申转运公司代为转运，顷据该运输公司报称，以贵局认系行商货物，应纳利得税后方准放行。本公司直属湖北省政府，为专门生产机构，以发展鄂茶活泼农村金融，非以营利为目的，自非行商可比。且茶叶一项，已由财政部划属货物税之货物，故本厂茶叶依照税则及向例仅缴纳货物税。茶叶为出口货物，亦早为财政部指为免税之列，于出口时退还其税款。况此次所运茶末业经完纳货物税，并经五峰货物税局裁有税票二纸，随货物护行。源泰花香 213 担及五峰分厂红绿片末 10689 斤，每担以茶末 15000 元，完纳货物统税 4678350 元。此项红茶末本系副茶，根本不能在市场兜售，系运往同隶厂作制砖茶之配品，自亦无利得可言，除派职员吴本哉前来面洽外，敬希惠准放行。”

1 月 22 日，厂长万纯心呈民生茶叶公司：“五鹤茶厂经运红片末 27579 斤，运达宜都装船时，经财政部湖北区直接税局宜都查征所查扣，认为此项副茶应完纳行商利得税。曾经先后函面，迭次交涉，但该查征所坚持应由职厂觅保后暂先放行，如属免缴此项利得税，应由职厂转呈公司转函湖北区直接税局认可后方得退保。为免误货运时间，除觅请渝申轮驳转运公司宜都分公司出具保证书留该所保证外，恳迅予洽商湖北直接税局转饬该所免征。”

2 月 17 日，民生茶叶公司函财政部湖北区直接税局：“五鹤茶厂副茶系运鄂南茶厂，为压制外销砖茶所需之原料品，压制成品之后，须于夏季运往天津、归绥等处销售。在省营企业机构开支庞大，工料暴涨，运程遥远，形成巨大成本之下，将来获利若干，绝无把握，若在原料起运之际，即行预征利得税，不独名实未符，抑且无法估缴。函请贵局惠转宜都查征所，准予免征。”

5月11日，财政部湖北区直接税局代电民生茶叶公司：“据宜都查征所代电复称，五峰分厂于本年1月19日由五峰启运红茶2万余斤往汉，当时无公营机关证明，复未将本税征收机关登记手续呈检，显与行商行为无异。本所根据行商所得税稽征办法规定，责令该厂具保放行，饬该所迅将原具保证退还。”

本章资料来源

省、县档案馆档案见附录四（5）。

第十六章

湖北省银行渔洋关办事处

湖北省银行渔洋关办事处系省银行分支机构，于 1940 年 9 月在渔洋关设立，1945 年 11 月撤销。其间，1942 年 7 月，湖北省平价物品供应处成立，由省银行兼办，并在渔洋关设立支处等分支机构。鉴于省银行渔洋关办事处与平供处五峰支处名义上各自独立，实质同一场所办公，共存期间，实为两位一体，故合并记述。

第一节　湖北省银行主要业务概述

1928 年 3 月，张难先任湖北省财政厅厅长后，为促进湖北经济发展，提议筹设湖北省银行，经省政府委员会决议通过，于 7 月 1 日，成立湖北省银行筹备委员会。由财政厅函聘唐友仁（有壬）为筹备委员会主任，曾天宇、沈诵之、於垸咸、王渐磐、夏赋初为委员。8 月 9 日，财政厅函示筹委会，《湖北省银行组织大纲》提经省政府第 32 次政务会议议决通过。10 月 4 日，财政厅函示筹委会，《湖北省银行章程》及湖北省银行监理委员会，提经省政府第 46 次政务会议议决修正通过。10 月 5 日，省政府任命唐有壬为湖北省银行行长，王渐磐为副行长。10 月 10 日，财政厅拨交湖北省银行资本国币 150 万元。10 月 20 日，财政厅委任唐有壬代理湖北省金库库长。10 月 30 日，湖北省银行监理委员会成立。11 月 1 日，湖北省银行总行举行开幕典礼，在汉口特二区河边一德街 8 号开始营业。遵章代理湖北省金库，设总金库于汉口总行。

一、机构沿革

（一）监理机构

湖北省银行由省政府出资经营，初始资本金200万元，1928年拨交150万元，1933年拨交50万元。后经过多轮追加资本，1948年资本扩大为5000万元。省银行业务方针及一切重大事项，由专立机构代表省政府执行监理职责。初为监理委员会；1933年8月，改为理事会及监察人会；1936年8月改为董事会及监察人会。

1. 监理委员会

1928年10月，《湖北省银行组织大纲暨章程》规定设监理委员会，由省政府任命委员7～9人，以省财政厅长为监理委员会主席。

湖北省银行监理委员会成员一览表（1928.11—1933.8）

届　别	任职时间	主　席	监理委员
第一届	1928.11—1929.5	张难先	石瑛、孙绳、万声扬、唐有壬、陶钧、於垸咸、夏赋初、蔡光黄
第二届	1929.6—1930.2	李基鸿	方本仁、陆德泽、周苍柏、熊秉坤、万声扬、南夔、萧萱、夏赋初
第三届	1930.3—1931.5	张贯时	熊秉坤、谢履、夏赋初、吴醒亚、周苍柏、南夔、彭介石、万声扬
第四届	1931.6—1932.1	吴国桢	彭介石、方达智、周苍柏、黄建中、夏赋初、南夔、刘文岛（1931.10离任）、万声扬、朱怀冰（1931.11到任）
第五届	1932.2—3	喻育之	黄建中、朱怀冰、夏赋初、方达智、周苍柏、南夔、彭介石、万声扬
第六届	1932.3—4	何成濬	方本仁、彭介石、徐源泉、夏斗寅、何葆华、贺衡夫、朱怀冰、吕志琴
第七届	1932.4—1933.2	沈肇年	夏斗寅、程汝怀、陆德泽、张难先、徐源泉、魏云千、李书城、陈毅民
第八届	1933.3—8	贾士毅	夏斗寅、陆德泽、陈毅民、李书城、张难先、魏云千、沈肇年、徐源泉

2. 理事会及监察人会

1933 年 8 月，省政府修正《湖北省银行组织大纲暨章程》，变更监理委员会组织，改设理事会及监察人会。理事会除以省财政厅长任理事长外，由省政府另聘理事 6～8 人组成。监察人会由省政府聘任监察人 3 人组成，并公推一人为主席。理事长代表全行，为理事及监察人联席会议主席。

湖北省银行理事会理事及监察人会监察人一览表（1933.8—1936.8）

理事会		监察人会		备　注
理事长	理　事	主　席	监察人	
贾士毅	张难先			
	沈肇年			
	周苍柏			
	南　夔			
	郭外峰			
	王锡文			
	徐青甫			1933.10—12 任
	王毅灵			1934.4—1935.3 任
	浦拯东			1935.5 任
	谈公远			1936.3 任
	俞凤韶			1936.3 任
	徐继庄			1936.3 任

3. 董事会及监察人会

1936 年 9 月，省政府再度修改省银行章程，变更理事会组织，改设董事会及监察人会。财政厅长任董事长。

湖北省银行董事会暨监察人会一览表（1936.9—1948）

任职时间	董事会			监察人会		备　注
	董事长	驻会董事或常务董事	董　事	主　席	监察人	
1936.9—1938.6	贾士毅	—	张难先　沈肇年　周苍柏　浦拯东　谈公远　徐继庄　俞凤韶　南　夔　孔　庚　吴寿田	赵祖武	李书城　陈经畲	张难先 1938.6 离职；谈公远 1937.10 离任；孔庚 1937.11 到任；吴寿田 1938.6 到任
1938.7—1939.3	杨绵仲	驻会：沈肇年　孔　庚　吴寿田	周苍柏　浦拯东　南　夔　谈公远　俞凤韶	赵祖武	李书城　陈经畲	
1939.3—1942.3	赵志尧	驻会：沈肇年　孔　庚　吴寿田	周苍柏　浦拯东　南　夔　谈公远　俞凤韶　宛思演　李蕙廷	驻会：赵祖武　李书城	陈经畲　刘凤翔	陈经畲 1940.3 离任；刘凤翔 1940.4 到任；谈公远、俞凤韶 1940.3 离任；宛思演、李蕙廷 1940.4 到任
1942.4—1945.4	赵志尧	常务：沈肇年　南　夔　吴寿田　周苍柏	孔　庚　浦拯东　李蕙廷　赵祖武　黎　澍	李书城	刘攻芸　李立侠	吴寿田 1942.11.10 病逝；黎澍 1942.12 补缺
1945.5—1946.11	吴嵩庆	沈肇年　黎　澍　周苍柏　南　夔	浦拯东　李蕙廷　赵祖武	李书城	刘攻芸　李立侠	
1946.12—1948.7	吴嵩庆　沈质清	南　夔　熊　裕　黎　澍　吴嵩庆　魏云千　郑逸侠	李立侠　赵祖武　浦拯东　孙静工　李书城　孔　庚　李蕙廷　周苍柏	沈肇年　张难先　刘叔模	程起陆　张承标　阚静远　胡忠民	李蕙廷 1947.2 离任
1948.8—	张难先	张难先	沈质清　李书城　耿伯钊　余正东	郑逸侠　熊国藻　程起陆　汪世鎏　陈汉存　段继李　刘楚材　鄢从龙　张番溪　朱贞西	李悦义　阚静远　杨在春　李经世　刘叔模	

（二）业务机构

1. 总行

成立之初，总行设行长一人，综理全行事务，副行长1～2人，协理行长。内设文书、会计、金库、发行、营业、出纳六科。1936年3月修改行章，改文书科为总务科，会计科为计核科，并增设储蓄部及农民贷款部。1938年7月，为预防账簿及重要物品遭受空袭损失起见，设立总分支行处联合办事处于四川万县，集中登记各行处正式账簿，保管各行处重要物品。8月，总行西迁，初徙宜昌，旋移恩施。为因应战时业务推进需要，复设立驻宜昌临时办事处，迨至沙宜转进时始行撤退。1939年1月，遵照财政部第二次全国金融会议决议案，增设信托部，受政府机关委托，办理物资收购运输。1939年9月，增设经济研究室，办理调查统计研究编纂等事宜。分支行处日益增多，营业范围日益推广。西迁之后，管理事务尤为繁剧，乃于1940年8月修改行章，以资统筹管理，对外仍称总行，行长改称总经理，副行长改称协理。1943年10月，增设协理一人。总行设置总务、业务、会计、发行、库务等处及信托部、储蓄部、农民贷款部和稽核室、经济研究室。

湖北省银行历任行长、总经理一览表

称　谓	姓　名	到任年月	离任年月	在职时间
行　长	唐有壬	1928.11	1929.6	8个月
	南　夔	1929.6	1932.4	2年10个月
	魏云千	1932.4	1933.7	1年3个月
	贾士毅	1933.7	1933.9	2个月
	南　夔	1933.9	1941.12	8年3个月
	周苍柏	1941.12	—	—
总经理	周苍柏	1942.4	1946.12	4年8个月
代理总经理	熊　裕	1945.12	1946.12	1年
兼代总经理	吴嵩庆	1946.12	1947.3	3个月
总经理	郑逸侠	1947.3	1948.9	1年6个月
	王渐磐	1948.9	—	—

2. 部分分支行及办事处

分行、支行为业务执行中层组织，各设经理一人，主持办理各该行事务；办事处为业务执行基层组织，设主任一人，主持办理各该处事务。

1932 年，始设沙市、武昌 2 个办事处。1933 年，设武穴、老河口、宜昌 3 个办事处。1934 年设宜都、樊城 2 个办事分处。1937 年 1 月，改宜昌等 7 个办事处为支行，改宜都等六分处为办事处。1938 年 8 月，总行西迁。1940 年，设立渔洋关等 5 个办事处。1941 年，设立鄂中等 5 个办事处。1942 年 4 月，设立三斗坪支行；8 月，设立公安等 2 个办事处；9 月，三斗坪支行移设松滋，改称鄂中分行，原设鄂中办事处迁移三斗坪，改为三斗坪办事处。1943 年 2—5 月，日军两次渡江南犯，鄂中分行及公安、石首、津市、宜都、枝江、渔洋关、长阳、三斗坪等 8 个办事处，均先后撤退；6 月，鄂西会战告捷，三斗坪、长阳 2 个办事处相继复业；9 月，鄂中分行移设三斗坪复业，原设三斗坪办事处撤销。1944 年 2 月，渔洋关、宜都 2 个办事处先后复业；5 月，枝江办事处移设松滋刘家场复业，6 月复因战事影响，撤退五峰县城，旋随四区专署移驻街河市。1945 年 9 月，抗战胜利，总行派员回汉，筹设总行临时办事处，办理银行业务及总行迁复事宜；10 月，总行临时办事处正式成立开业，宜都办事处迁回宜都县城，鄂中分行移设沙市，规复沙市分行，鄂中分行于 10 月下旬停业；11 月，沙市分行及宜昌支行同时各在战前原址复业，恩施总行于 11 月 10 日停止办公，回迁汉口，汉口总行于 12 月 10 日复业，临时办事处同日撤销。

3. 部分区域行

为指挥各地办事处业务便捷，建立区域行制度，将各分支行处划分管辖区域，指定区域内中心行为管辖行，分区分层负责，以期管理严密，指挥灵活。1942 年 1 月，指定恩施分行管辖鄂西各县办事处及黔江办事处。1942 年 4 月，成立三斗坪支行，管辖鄂中各县办事处；9 月 30 日，三斗坪支行移设松滋新江口，改设为鄂中分行，管辖鄂中各县办事处。

二、主要业务

湖北省银行业务繁杂，办理存款、储蓄、放款、农贷、汇兑、发行、信托、公库等业务，并协助政府推行民生主义新政。就其主要活动概述如下。

（一）省民政厅食盐押款

1940年春，湖北省政府令饬第九战区粮食管理处湖北分处购储食盐，以备非常时期需要。比经粮管分处，呈准囤盐十吨，由省银行保付税款，嗣该粮管分处归并六战区购粮委员会，所有该分处已购屯食盐7吨，移交省民政厅接管。复由省民政厅于1940年10月向省银行订借食盐押款额度，以70万元为限。上项囤盐，即由省民政厅分配恩施、建始、宣恩、咸丰、来凤、五峰、鹤峰各县销售。

（二）促进鄂茶外销放款

1939年春，湖北省政府为调整鄂西茶叶出口贸易及救济茶农茶商与改善茶产方法起见，经与财政部贸易委员会洽订鄂茶贷款运销合约，省方担任之款由湖北省银行承担。1939年度，湖北省银行共贷出款项46万余元。1940年度共贷出鄂茶贷款90余万元。湖北省茶管处经收各厂商制成红茶，交由中茶公司转运销售。

（三）农民合作贷款

1938年2月，省农村合作委员会召集在湖北省办理农贷各金融机构开会，经决议各县合作事业，普遍推行，划分农贷区域，由中国农民银行、中国银行、经济部农本局暨湖北省银行分别承贷。湖北省银行贷款区域有宜都、长阳、五峰等13县。1941年5月13日，奉准增划五峰、鹤峰两县为省银行办理农贷实验区。

（四）辅设五峰、鹤峰等四县合作金库

五峰、鹤峰两县合作金库，原由经济部农本局于1939年11月辅设，移交中国农民银行接办。1941年7月，由中国农民银行移交湖北省银行接办，湖北省银行即分别认购五峰合作金库提倡股金87730元、鹤峰县合作金库提倡股金86990元，并选派股权代表，委派经理、会计等工作人员，辅导推进业务。许芝荣、邓心惟分任五峰、鹤峰两县合作金库经理。

省银行办理五峰、鹤峰、竹山、竹溪农贷历年放款数额表　单位：元

库　名	五　峰	鹤　峰	竹　山	竹　溪
1940年下期	—	—	61266	88343
1941年上期	—	—	170283	224437

续表

库　名	五　峰	鹤　峰	竹　山	竹　溪
1941 年下期	269724	313682	337165	874475
1942 年上期	544137	549552	717035	1244045
1942 年下期	904307	1167502	963610	1688985
1943 年上期	1118307	1388082	1157210	2069935
1943 年下期	1204434	753908	633623.35	1395655
1944 年上期	1852755	1703391	194346.97	3665875
1944 年下期	2407640	1972950	2079933.57	3869775
1945 年上期	4908600	3175720	1848396.46	3903445
1945 年下期	4426800	3440420	1848396.46	4476350
1946 年上期	3984250	5023420	1419525.26	3783005
1946 年下期	6608370	6158240	1419525.26	3770255
1947 年上期	44638670	5252800	16900000	18219755
1947 年下期	83382970	110094000	18000000	61172055
1948 年上期	奉院令清算解散，放款已全部收回			

（五）代理贸易委员会收购外销物品

鄂西、鄂北桐油丰富，为湖北省外销特产大宗，茶叶、生漆、五倍子、药材及畜产品常年输出数量甚巨，均属国家重要资源。1939 年，湖北省银行与财政部贸易委员会签订代理收购出口物产契约。先从收购桐油入手，由省银行各地分支处照贸易委员会牌价悬牌收购，旋因鄂西长阳、五峰、宜都、枝江四县接近前方，所产桐油，不免有走私资敌之虞，经于是年 4 月，拟订长、五、宜、枝四县桐油管理暂行办法，呈奉省政府通饬各专员公署及县政府遵照切实管理。

（六）设置运输机构

信托部受政府机关委托，办理收购物资，自应随时策划运输。1939 年春，设置宜（昌）（长）阳转运处，办理转运事宜。1940 年 6 月，沙宜转进后，省银行宜昌转运处移驻巴东，办理峡江方面物资转运事宜。当沙宜局势紧急时，所有沙宜各行处抢购移存于乐天溪一带物资，均经该处转移完竣。

旋奉令在鄂中接近战区各县抢购物资，湖北省银行鄂中分行处在公安、松滋一带收购之物资，大部运出三斗坪，向峡江上游转移。省银行渔洋关办事处收购之物资及宜都办事处原有移存之物资，以及继续抢购之物资，大都运经资丘出窑湾溪或旧洲河，向峡江上游转运。所有三斗坪暨窑湾溪旧洲河物品转运事宜，统由宜昌转运处主持办理。

（七）代理公库

1938 年 6 月，中央公布《公库法》及施行细则，规定自 1939 年 10 月起，先由中央各机关试行，并规定自 1940 年 1 月起，全国各地方机关一律实施公库法制度。湖北省公库，由财政厅指定湖北省银行代理，并与省银行签订代理省库契约，凡湖北省省库现金、票据、证券、出纳、保管、移转及财产契据等保管事项，悉由省银行代理。并遵奉中央颁发各项有关法令规章，拟订省银行代理省库收付款项暂行办法，规定设省库于财政厅所在地，就省银行各分支行处分设各地省分库。湖北省省库设于恩施，并在沙市、宜昌、老河口、巴东、建始、利川、咸丰、来凤、宣恩、鹤峰、宜都、秭归、兴山、郧县、房县、竹山、竹溪、保康、五峰、鄂东各地设立省分库。嗣因战局影响，沙市、宜昌两分库相继撤退，公库制度尚未实施，区域省分库事务仍由省银行依照以前代理省金库分支金库成例办理。

1941 年 11 月 25 日，省行渔洋关办事处与五峰县政府订约，代理五峰县分库。1942 年 1 月 20 日，中央银行国库局与省银行订约，由省银行代理湖北省境内国库支库。1942 年 2 月 1 日，秭归、兴山、渔洋关等代理国库支库成立。

库　名	成立日期	代理行处	时　段
省库五峰分库	1940.9.20	五峰办事处	1940.9—1942.1
省库五峰分库	1946.10.15	五峰办事处	
国库五峰支库	1942.2.1	渔洋关办事处	1942.2—1945.11
五峰县库	1941.11.25	五峰县合作金库	1941.11—1943.10

1944 年 7 月 10 日，渔洋关办事处致函省总行：

属处对于代理国库收付事宜，均系遵照迅捷办理，惟划拨各项库款时，因国库局或施央行邮寄拨款通知之封面，均书“五峰国库支库”，邮局不查，辄误寄五峰合作金库，迨至察觉时，始转寄到处。五峰与渔洋关相距120华里，如此辗转投递费时更多。在各领款机关一经接得通知，即来领款，而属处每为以上原因通知未到无从拨付，引起各领款者啧有烦言。此中困难业于本年1月15日，函请库务处分函国库局及施央行，嗣后对于寄五峰支库函件，请加书“渔洋关湖北省银行”等字，俾邮局径寄属处，以利库务而免稽延。迄今数月尚未奉复，近来所接国库局寄到函件，其封面仍如前书“五峰国库支库”收启字样，邮局投递仍不免辗转费时，长此以往，恐致付款稽延，徒获罪咎，实难负责。

7月22日，湖北省银行总行致函中央银行恩施分行切实改进。

第二节　湖北省平价物品供应处主要业务概述

1938年11月，省府全部迁至恩施。1940年6月14日，宜昌沦陷，湖北地区的各机关、学校、市民大量迁到鄂西地区，数十万军政教职员工，生活供应成为迫在眉睫的难题。

虽然与全国一样，湖北省也推行了战时统制经济政策，但有多个负责统制物资的机关。如湖北省银行负责食盐、油类、外来布匹及日用消耗品，粮食由粮证局负责，煤炭由建设厅负责，土布、棉花在鄂中各县由经济作战处收购，鄂北各县由省银行收购。虽然规定湖北省银行负统筹主责，但统制物资机关的相互掣肘，统制政策打了折扣。

1941年12月，在湖北省参议会议长石瑛推荐下，省政府主席陈诚力邀曾任上海银行汉口分行经理、时任重庆国民政府贸易委员会副主任委员的周苍柏到恩施，接替南夔任湖北省银行行长。1942年2月6日，省政府委员会第393次会议，通过民生主义经济政策实施办法，决定于3月1日开始实施。民生主义经济政策有四大纲领：“增加生产、征购实物、物物交换、凭证分配”，并成立湖北省消费合作社联合社，负责统筹物资及凭证分配，但联合社资金不足，仍然不利于政府掌握大量物资。

1942 年 5 月 29 日，省政府委员会第 408 次会议，决定调整湖北省银行业务范围，成立湖北省平价物品供应处专司其职。经过 1 个多月筹备，7 月 1 日湖北省平价物品供应处（简称“省平供处”）正式成立，由湖北省银行经理周苍柏兼省平供处经理。省供应处分总处与各地分支处，供应处总处设总经理一名，由省银行行长兼任，协理 1～2 名，后扩大为 4 名。省平供处总经理一直由省银行行长周苍柏兼任，直到抗战胜利，省供应处结束并改组。

总处下设管理机构与业务机构，其中管理机构为总务部、业务部和财务部，业务机构因业务需要有所变化。1942 年 7 月成立时，业务机构有食盐部、花纱杂货部、纺织部、粮食加工部、茶叶部、油料部、畜产部、运输部、机械修理部、民享服务部。1943 年 7 月，茶叶部改组为制茶厂，其他业务机构也细分为生产、购运、交换、分配机构。

省供应处在鄂西、鄂北、鄂南、鄂中以及外省设有分支机构，各分处下设支处或收货处。即有衡阳通讯处，万县办事处，驻渝办事处，重庆分处，鄂南分处及下设通城支处，鄂东分处及下设罗田支处，鄂中分处及下设秭归支处、兴山支处、宜都支处、长阳支处、五峰支处、远安支处，鄂北分处及下设樊城支处、枣阳支处、郧县支处、郧西支处、均县支处、谷城支处、房县支处、保康支处、竹山支处、竹溪支处、南漳支处、随县支处，鄂西分处及下设建始支处、宣恩支处、咸丰支处、来凤支处、利川支处、巴东支处、鹤峰支处、沙道沟收货处、龙凤坝收货处、屯堡收货处、小关收货处。

1942 年 10 月 16 日，湖北省政府委员会第 426 次会议，修正通过省平供处组织规程。省平供处与省银行虽名义上是两个机构，也独立核算，但关系密切。《湖北省平价物品供应办法》第二条规定：“供应处委由湖北省银行原有机构兼办为原则，必要时得专设机构办理之。”另规定省供应处各个部门每年决算如有盈亏，则报由省供应处统筹处理。

在省平供处成立以前，湖北省内外物资购运均由信托部负责。1939 年 1 月，根据财政部第二次金融会议的决议案，并提经省银行第 16 次董监联席会议议决，成立了湖北省银行信托部。在省总行设总部，分支机构设分部。主要业务为代理购买物资及运销物品，如购销棉花、土布等物资。1939 年，奉省政府令，在湖北省接近战区各地，尽量收购棉花、土布，当年共购入 2

万余担棉花、40万疋土布。所购土布除供给湖北省团队、学校需用外，其余分别运往鄂西、鄂北各行，以平价直接出售。

平价物品供应处成立初期，省内物品采购业务移交供应处接办。1943年7月，花纱杂货部改组扩大为物资部后，收购物资均以供应处的名义进行，直到1945年6月供应处各地分支处撤销，所有收购运销物资业务，方又委托信托部代办。

在人事上，平价物品供应处设董事9人，监察人3人，均由湖北省银行董事及监察人兼任，分别组织董事会及监察人会。董事会设董事长1人，常务董事5人，监察人会设主席1人。供应处总处与省行总行，鄂西分处与恩施分行，鄂北分处与老河口分行各个办事处，鄂中分处与鄂中分行，鄂东分处与鄂东支行，重庆分处与重庆支行的经理、副经理或主任，均由省行兼任，办事员、雇员、事务员则不兼任。食盐部下辖的各个办事处、转运处的主任，由各地省行办事处主任兼任，助理员、办事员、押运员不兼任。

第三节　湖北省银行渔洋关办事处

1940年4月3日，湖北省银行调派利川办事处主任赵瑛为渔洋关办事处主任，前往筹备。6月，赵瑛调信托部，改派刘绩熙接替。1940年9月20日，渔洋关办事处正式成立。9月30日，省银行委刘绩熙为渔洋关办事处主任，渔洋关办事处设在镇江宫。

1942年5月16日，委任卢云（怒飞）为渔洋关办事处主任，刘绩熙调石首办事处主任。1942年9月5日，省银行渔洋关办事处附设渔洋关仓库成立。1943年5月19日，渔洋关办事处因日军进犯，撤退五峰县城（今五峰镇）转水泯司唐家坪。1943年8月5日，调任杨天衢（超奇）为渔洋关办事处主任。1944年2月1日，渔洋关办事处回迁冯家岭复业。1945年4月1日，陈诗基（础深）任渔洋关办事处主任。11月30日，渔洋关办事处撤销，业务交五峰县合作金库接收。

省银行渔洋关办事处人员变动较为频繁。刘绩熙任内，有王文卿、黄迪刚、杨继鑫、夏祖寿（挹仁）、杨启篠、雷正春、肖叔平、夏灿茂（中洲）、王长娴、周礼庵（云、德富）、杨世汉（云章）、王昌智（石伍）担任会计、出纳及办事员、事务员。刘绩熙调石首时，带走雷正春、肖叔平。

卢云任内，会计王昌智，出纳杨启篠，助理员杨世汉，特种事务员夏中洲、王长娴。1942 年 7 月，孙敏（学文）担任练习生，一年后转为助理员。1943 年 4 月，杨启篠调鹤峰合作金库，夏祖寿、黄迪刚、杨继鑫也先后调长阳、宜都办事处和省总行。夏中洲担任出纳，杨世汉担任总务，王长娴担任事务员，周礼庵担任特种事务员，职员曾希圣。

杨天罹任内，会计王昌智，办事员余春芳（学行）、杨世汉，助理员孙敏，助理会计周礼庵，职员曾希圣。

陈诗基任内，职员有曾希圣、杨世汉、吴声扬等，练习生范兴国。

朱梗如、徐文楼、王善俊、刘慧明、翟世行、张水清、毕锡恩、张竹山、叶光辅、何斌朗、王仁伯、方时务（振祖）、张子舟、陈万民等，或任库丁，或是卫士、抑或行役，因是雇佣性质，变动更加频繁。

湖北省银行渔洋关办事处受省银行及鄂中分行领导，经营存款、放款、汇兑等业务，代理收购物资转运，并代理国库、省库、县库。其主要业务活动如下：

一、委托包办花绒

1940 年 10 月 29 日及 11 月 15 日，省银行渔洋关办事处与彭森记经理彭赞臣、吴宁记经理吴尊三签订合同，由彭森记、吴宁记定价包办花绒，限期一月在渔洋关交货。彭森记包购细绒皮花 120 市担，议定花绒购运各费一并在内每市担价格 170 元，并不得因时价涨落发生异议，以 50 市斤装作一包，每担包布价格 9 元，由省银行渔洋关办事处付款。吴宁记包购细绒皮花 300 市担，议定花绒购运各费一并在内每市担价 185 元，每担包布价格 10 元 5 角，由渔洋关办事处付款。

二、抵押贷款和小本工商贷款

主要有三种方式：活期抵押贷款、贴现和小本工商贷款。

活期抵押贷款。1943 年，有吴恒记、饶有金记、孙佑之、萧万盛、彭森记、李荫记、乐天茶馆、宫兴记、茅大兴等 28 户贷款 274050 元，期限

1～3个月不等。主要抵押品有洋靛、色布、猪鬃、茶叶等。

贴现。1943年，有慎诚等11户，贷额2000～5000元不等，总额51000元，期限1个月。1945年7月21日，五峰支处因代收代付省平供处物资部账款，物资部备用金用罄，五峰支处奉令结束，所有账款急应遵令清理报结，向省银行渔洋关办事处贴现50万元，定期1个月，月息3分，息金15000元，电物资部到期如数汇还本金。

小本工商贷款。刘绩熙任内，小本放款额年约四五万元，对担保人不加限制。卢云任内，则需据商会册送商号审定，渔洋关余复昌等51家商号有担保人资格。凡借贷者必须向指定的51家商号请保，倘水印不符或对保时，保人不负责，则不予借贷或转借。如汪凤鸣1942年7月28日借洋400元，保人中西药房，11月12日偿还未转借。1943年有81户，每户贷款额200～400元不等，总额24800元，期限3个月。如刘金泉于1943年1月29日借洋400元，保人源记烟店。刘康寿1943年2月3日借洋400元，保人朱东新号。

三、为五峰合作金库提供贷款支持

1941年9月27日，五峰县合作金库借入湖北银行渔洋关办事处国币5万元，用途为贷放资金。

1942年5月11日，五峰县合作金库以推进小本借贷和合作社贷款，借入湖北省银行渔洋关办事处透支借款国币5万元整，周息7厘，期限一年。

1945年5月17日，鄂中分行批准渔洋关办事处拨交五峰县合作金库200万元，经手人为合作金库副理应子云。

四、办理汇兑

渔洋关办事处设立后，为五峰茶业改良场、省茶叶管理处、中茶公司五峰精制茶厂（1943年5月改设五峰工作站）、茶商等机关和个人提供款项结算汇兑服务。汇兑业务十分频繁，列举几例。

1941年1月，五峰茶业改良场汇款500元，托重庆中茶公司技术处代购茶用仪器及药品；1941年6月18日，省建设厅电汇渔洋关省茶叶管理处茶贷款10万元；11月10日，湖北省银行渔洋关办事处票汇职员1—7月所得税国币30.55元至恩施中央银行；12月24日，汇8—12月按月扣缴行员薪给所得税款9.45元及扣缴利息所得税款8.72元，合计国币18.17元；1943年7月，恩施中国农民银行电汇中茶公司五峰工作站1万元。

1942年9月4日，湖北省银行渔洋关办事处函示公安县办事处：

> 邮局与湖北省银行同办汇兑业务，形成竞争状况，彼以消息灵通，无孔不入，利用我行机构代为收解，省彼运现，甲地不行则转托乙处，乙处不行则又转托丙处，湖北省银行各解款行处为维持行信起见，均为勉解。谅其或因应解困难，又再免费转汇，以应付目前。人为主动，我为利用，人收汇水成为汇款机关，我行同人竟为奔走，血汗运现应解，彼益我损，彼通我窘，彼逸我劳，事之离奇，为甚如此！此向总行请示对策，奉总施营字第1131号函指示，饬嗣后各处关于邮局托汇之款应随时注意，免受套取汇费损失，并令将当地各项情形随时与各方取得联系，俾争取主动，免为愚弄在案。自应转请各处联动，防止套汇，至关于各地邮局汇渔派款，如在5000元以上，或照普通汇率收有汇水者，请烦先行电商（电费即由渔邮局担任，渔处检同原电呈报总行备案）。否则，因库存提空，尚不能应付之，事实上困难未便遵解。因渔洋关邮局包揽各方邮局汇入之款，每月几近一两百万元，化零为整，本处疲于奔命矣！上列情形，如无同样感触，亦请予以原谅。至其他机关及商人汇款，因收款行处有汇水上利益，渔处在万难之中，亦乐于筹划解付，并不加苦同银行，仅邮局不得假借其他名义或来人抬头免费托汇，合并函明。相应函达，即希查照为荷。

五、呈报金融市况

湖北省银行为明了各地金融经济情形，以利业务推进，曾于1933年1月拟订营业员填报商情日记须知，规定总行及各地办事处，应随时随地采访商情，按日填报商情日记。总行西迁后，仍继续填送。后因各行处按日填报商情日记，均感资料缺乏，内容简略，乃于1942年改为报送商情旬报，由经济研究所作系统整理与研究。填报项目为：金融大势、同业消息、工商业概况、农村经济、业务概况、代理公库情形、敌伪经济侵略情形。省银行渔洋关办事处编发1945年4—9月商情旬报呈报湖北省银行鄂中分行。

（一）1945年4月中旬，渔经字第11号商情旬报

五峰县食盐供销部渔洋关分部本日开始零售：五峰县食盐供销部渔洋关分部奉令自本日起，每日零售食盐200市斤，以济民食。当地居民均可持凭门牌请购，惟每人至多不得超过2市斤。该部现时牌价，井盐每市斤200.34元，云盐每市斤190.56元，至本街黑市盐每市斤为280.00元。

渔洋关发生米荒：渔洋关原非产米之区，当地米源多仰给于湖南与鄂中各县。近因三斗坪米价提高，各地食米纷运往坪。故此间来源中断，米价飞涨。最近本街米价已涨至每市石1万元，且无处购买，尚有续涨之趋势。

（二）1945年4月下旬，渔经字第12号商情旬报

渔洋关新茶行情：渔洋关原为产茶之区，在未抗战以前，当地红茶生意颇称繁盛，市面金融异常活跃。嗣因时局变迁，交通阻滞，营红茶业者遂告停歇。故近年此间唯有绿茶一种，其产量较前锐减。刻新茶已经登场，每市斤售价640元。

渔洋关木瓦工人觅雇不易：渔洋关自经暴日蹂躏后，不独市面冷落，即木瓦工人亦多星散。故此间觅雇木瓦工人颇感困难，至必要时须向附近乡村物色。其工资特昂，每一木瓦工每日工资260元。

（三）1945年5月上旬，渔经字第13号商情旬报

渔洋关黄豆行情：渔洋关黄豆产量素微，此间民食多由商贩向各产豆区购运来此销售。现因市间存豆稀少，外路来源断绝，遂致市价暴涨，每市石8000元。

渔洋关染价：渔洋关自经战祸后，房屋焚毁，市面萧条，染坊一业俱已停歇。近因鄂中局势渐趋稳定，本地商业稍见开展，并有新开染坊一家，牌名新和。惟现以原料昂贵，所定染价颇高。白布染灰色每疋400元，染青或蓝色每疋1000元。

（四）1945年7月中旬，渔经字第20号商情旬报

金融大势：本市向无银楼业，故黄金无正式行市。近闻民间买卖金饰，价格每两为20万元，银币每元折合法币为600元，但均无多数交易。

商业情形：本市食米售价每市石12000元，苞谷每市石8000元，在此青黄不接之时，购买颇感困难。白糖在半月前曾经涨至每市斤1120元，近

因缺货无正式行市。红糖每市斤 640 元。现时蜂蜜（俗名蜂糖）已经上市，每市斤 400 元，其价既廉，其味亦佳，较食红白糖为便宜。

（五）1945 年 7 月下旬，渔经字第 21 号商情旬报

物价飞涨：本市最近各项物价逐步提升，食米每市石 13000 元，麻油每市斤 480 元，食盐每市斤 450 元，红糖每市斤 800 元，普通香烟每包 300 元，至于菜蔬较往日增长一倍。

疟疾流行：渔洋关去岁瘟疟流行，死人无算。今夏本市疟疾复作，蔓延颇广，几无家不被传染，本处员工及眷属病者甚多。

（六）1945 年 8 月上旬，渔经字第 22 号商情旬报

同业消息：五峰县银行筹设渔洋关办事处，刻已在本市老街建修处址，一俟工竣即可开幕。

盐荒堪虞：渔洋关自五峰食盐供销部结束后，当地食盐由商人自行购销，盐价逐步高涨，来源常告中断。刻下本市各盐店闻茅坪购盐困难，价格陡涨消息，均存居奇心理，遂将存盐收藏，不肯贱售，致市面发生盐荒。仅有一二商店应付门市可售少数食盐，每市斤 640 元。

（七）1945 年 8 月中旬，渔经字第 23 号商情旬报

桐油产销：桐油为渔洋关土产之一，产量丰富，油质特佳，往年多行销国外。自抗战发生，交通阻滞，乃仅销内地，供作燃料品之用。只以销路太微，桐价不振，一般桐农多漠视桐子生产，故近年桐油产量锐减。刻下本市桐油零售价格每市斤 192 元。

物价波动：在本月中旬内，本市各种物价莫不暴涨，食米每市石 14000 元，苞谷每市石 8000 元，食盐每市斤 640 元，红糖每市斤 1120 元，鸡蛋每个 35 元，普通香烟每包 350 元。

（八）1945 年 8 月下旬，渔经字第 24 号商情旬报

农村概况：渔洋关夏季久旱，水旱两田已成枯槁。现值秋收之时，又苦多雨旱潦，相继收获大减。据闻本年稻谷只收六成，至于苞谷尚未收割，但渴望天晴，否则，收成亦难乐观。

地方情形：现在抗战已获胜利，所有前驻渔洋关各机关纷纷向前推进。如第五兵站医院、第十一卫生大队、第二十七荣招大队及省医防第五队，均已奉令开往公安、沙宜各地。第一支部与第十一通信队不日亦将离渔，五峰

查征所及渔洋关邮局因时局好转，此间殊无繁重业务，闻有撤销或紧缩消息。

（九）1945 年 9 月上旬，渔经字第 25 号商情旬报

土产概况：本市桐油近因宜都油商纷纷来此购运，市价陡涨，每市斤 320 元，刻下各榨坊存油颇稀，大有续涨之趋势。梓油亦因外销渐旺，市无多货，已涨至每市斤 400 元。茶叶上等者每市斤 1280 元，普通者每市斤 640 元。至于其他土产物品如皮油、木油、五倍子、生漆等，现均缺货无市。

金融大势：本处前因库存甚微，对于应解各款至感困难，当时市面金融因而吃紧。但近日本处陆续收有渔洋关邮局巨额汇款，头寸已渐充裕矣。

第四节　湖北省平价物品供应处五峰支处及食盐办事处

一、渔洋关食盐办事处

1942 年 10 月 5 日，省平价物品供应处总处委任渔洋关办事处主任卢云兼渔处食盐办事处主任。至 1942 年底，食盐部在鄂中设有茅坪、香溪、渔洋关、宜都、松滋等办事处。茅坪办事处配购云盐、井盐，主要运济石首、公安、松滋、宜都、长阳、五峰、宜昌等县。

渔洋关食盐办事处职员有夏既和、孙毓芬、万咸宜、章宝田。张济民、胡铁柱为仓工，张善卿、王作樑为杂役，夏沛兴为五峰城分仓雇员押运，黄祖柏为五峰分仓仓工，周炳山为食盐办事处雇夫。运输由供应处运输部鄂中运输段负责，渔洋关设有临时转运站。颜焕卿为平供处运输部渔洋关临时转运站职员，胡子安为督导兼段长，鄂中段公役有张朝玉、吴照君、萧凯亭、李文魁、鲁有美、陈少云、孙德勤、莫坤玉、刘少成、刘赐福等，特种事务员赖玉圃、江光坤、关国等。1943 年 6 月，鄂中段奉令撤销。

二、平供处五峰支处

1942 年 12 月，湖北省平价物品供应处设立五峰支处，支处主任由办事处主任兼任，1945 年 6 月奉令结束。五峰支处主要业务活动如下：

（一）办理凭证分配

平供处各分支处依照规定办法平价配供省县公教人员食盐、食油、土

布、棉花等生活必需品，机关、学校工役不配供土布、棉花。1944 年 9 月，省政府建设厅训令："省会警区以外省县各级机关员役及其眷属人口清册审核办法，各省级机关如在行署所在地者，应报由行署核转；在专署所在地者，报由专署核转；不在行署或专署所在地者，报由当地县政府查照发粮人口核转。"五峰支处遵照规定，自 9 月起，所有请购生活必需品人口清册，须送由五峰县政府核转，支处依照规定办法分别配供。

1945 年 5 月，湖北省平价物品供应处电各分支处："现时物价波动太速，应转知各机关对所需食油、食盐按日具领，如延迟至下月月半以后，补领者应照上月份食油、食盐限价折发代金。"

1945 年 9 月，省平供处办理公教人员生活必需品供应，经省府决议限期结束。省县各机关学校员工眷属食油、食盐、灯油、煤炭、木柴五项一律至 9 月底停止供应。省县各机关学校员工眷属本年下期土布、棉花一律停止供应。省县立中学学生食油、食盐仍供应至 12 月底止，并于 10 月上旬将 3 个月盐油提前一次配发。惟食盐仍免价供给。食油自 10 月起，改为每市斤收扣价 150 元，过期概不补发。省银行信托部渔洋关分部对于驻县省级各机关学校食油、食盐册据，准予 10 月 10 日以前结报。对五峰茶业改良场应领未领食油、食盐，限 10 月 7 日以前洽领，逾期概不补发。

配供标准：食盐每人每月定量大口（10 岁以上）12 两，小口（10 岁以下）8 两；食油现品（清油）自 1944 年 11 月起，配供卫生处第五防疫队，12 月配供五峰茶业改良场，每人每月定量大口 20 两，小口 10 两；土布、棉花仅限职员和练习生，工役不在内，每年分上下两期，土布大口 1 丈，小口 5 尺；棉花大口 1 斤，小口 8 两。

1944 年上期，平供处五峰支处配供五峰茶业改良场土布 24 丈 1 尺 5 寸，每尺 3 元，724.5 元。1944 年下期，配供 16 丈 3 尺 8 寸，每尺 3 元，491.40 元。1945 年上期，配供 19 丈 5 尺，每尺 12 元，2340 元。

1944 年下期，五峰茶业改良场职员大口 20 人，小口 8 人，应领购棉花 24 斤，扣减 1944 年上期溢领 8 斤 8 两，实领 15 斤 8 两，每斤 30 元，共 465.00 元。

下表为部分省县机关团体购领食盐、食油明细。

省平供处五峰支处配供五峰县商会职役眷属食盐明细表（约1945年）

职别	姓名	年龄（岁）	籍贯	眷属人口（人）			月需食盐	备注
				大口	小口	共计		
书记	姜正为	45	五峰	4	2	6	4市斤	每大口按规定月食12两，小口8两；漏记一人。
事务员	龙光甲	50	五峰	4	2	6	4市斤	
干事	李芝泉	35	五峰	4	2	6	4市斤	
会丁	刘万全	24	五峰	4	—	4	3市斤	
	龚明德	21	五峰	4	—	4	3市斤	
	向光耀	30	五峰	4	—	4	3市斤	
合计	—	—	—	—	—	—	25市斤	

省平供处五峰支处配供五峰茶业改良场食盐明细表

年月	人数（人）			每人每月定量（两）		实领	扣价（元/斤）	总合价款（元）
	员工	眷属						
		大口	小口	大口	小口			
1944.8	15	—	—	12	8	32斤8两	8	260
1944.9	15	28	12	12	8	34斤8两	8	276
1944.10	15	27	16	12	8	39斤8两	8	316
1944.11	15	29	18	12	8	42斤	8	336
1944.12	15	29	18	12	8	42斤	8	336
1945.1	13	27	7	12	8	33斤8两	40	1340
1945.2	13	27	7	12	8	33斤8两	40	1340
1945.3	13	27	7	12	8	33斤8两	40	1340
1945.4	13	27	7	12	8	33斤8两	40	1340
1945.5	13	27	7	12	8	33斤8两	40	1340
1945.6	13	27	7	12	8	33斤8两	80	2680
1945.7	13	27	7	12	8	33斤8两	80	2680
1945.8	13	27	7	12	8	33斤8两	80	2680
1945.9	13	27	7	12	8	33斤8两	80	2680

省平供处五峰支处配供五峰茶业改良场食油明细表

年　月	人数（人）			每人每月量（两）		实　领	种　类	扣价（元/斤）	总合价款（元）
	员工	眷　属							
		大口	小口	大口	小口				
1944.12	15	29	18	20	10	66斤4两	清油	9	596.25
1945.1	13	27	7	20	10	54斤6两	清油	45	2446.88
1945.2	13	27	7	20	10	54斤6两	清油	45	2446.88
1945.3	13	27	7	20	10	54斤6两	清油	45	2446.88
1945.4	13	27	7	20	10	54斤6两	清油	45	2446.88
1945.5	13	27	7	20	10	54斤6两	清油	45	2446.88
1945.6	13	27	7	20	10	54斤6两	清油	90	4895.75
1945.7	13	27	7	20	10	54斤6两	清油	90	4895.75
1945.8	13	27	7	20	10	54斤6两	清油	90	4895.75
1945.9	13	27	7	20	10	54斤6两	清油	90	4895.75

（二）代制五峰初中棉服

1942年6月17日，渔洋关办事处奉总行函谕，代制五峰初中学校制服。8月20日，致函五峰初中学校派人指导，并函商会介绍布号及制服装商店数家。8月26日，电复省银行："五峰初中代制棉服，据校方云约荆布240疋，花200斤，可否向鄂中处拨布，宜都办事处拨花，因渔洋关、巴东现价大涨。"

8月31日，湖北省银行电复"希就地购买布花"。遂与商会函介之吴恒顺、萧万盛布号及缝工汪荣记、金记分别接洽。萧万盛为同业公会主席，愿向枝江代为订布，凭枝江市发价加力计算。发来第一批布40疋，较3丈6尺原装短四五尺不等，价为62元每疋，加力7角5分。虽较渔市为廉，因受军政部以抬价收买影响，布商偷巧自行改装，布质既劣，尺寸又短，即未续购。

旋因黄迪刚赴松滋解款，函托鄂中处在市上代购白土布220疋，质料颇优，宽1尺1寸，长三丈四五尺不等，每疋价64元（渔市白布每疋80元），棉花买足240市斤，每百市斤1130元5角（渔市生花价每百市斤1500元），运缴均未计入，按照用量雇工弹好连伙食在内，每市斤9角5分，布已送染，每疋染费 5 元，缝工包定每套工资 28 元，帽花扣子一套 3 元 3 角，于 9 月 28 日函学校开具制服尺码比准，10 月 4 日，学校函复，业经缝工来校量妥。

11 月 15 日，140 套服装全部制成交学校领取。12 月 1 日，省银行渔洋关办事处呈供应处成本计算表和各项单据。几经报账函来函往，直到 1943 年 12 月 31 日，平供处财务部签批转业务部：查渔处代制五峰初中 1942 年冬服 140 套，计国币 23859.16 元，准予核销转账。

五峰支处代制省立五峰初中棉服单价组成表

1943 年 1 月 10 日

类 别	原 料		工 资		缴 用		合 计
	土 布	棉 花	染 工	缝 工	杂 费	手续费	棉服
数 量	229	175	120	140	—	—	140
单 位	疋	斤	疋	套	—	2%	—
单价（元）	66.13	14.548	5	31.30	—	—	—
总价（元）	15143.52	2545.81	600	4382	720	467.83	23859.16

五峰支处代制省立院校员生棉服数量价值报告表

1943 年 1 月 10 日

学校名称	五峰初级中学			
五峰初中	教育厅规定数量（套）	140		
	代制数量及价值	男教职员棉中山服	数量（套）	27
			单价（元）	170.423
			共价（元）	4601.42
		男生棉军服带军帽	数量（套）	100
			单价（元）	170.423
			共价（元）	17042.24
		工人棉工装	数量（套）	13
			单价（元）	170.423
			共价（元）	2265.50
		共 计	数量（套）	140
			平均单价（元）	170.423
			共价（元）	23859.16

（三）委托鄂中分行代购花布

1943 年 2 月 2 日，省银行渔洋关办事处委托鄂中分行代购的花布，经押运送到，花布为供应学校教职员眷属及同人凭证分配之用。大布 200 疋，发票为宽 1 尺 1 寸，长 3 丈 2 尺。渔庄大布 300 疋，载宽 1 尺 1 寸，长 3 丈 6 尺。

省银行信托部（鄂中行代办棉花）代理购运货物成本估计表　　单位：元

<table>
<tr><th>品　名</th><th>棉　花</th><th>合　计</th><th colspan="3">用费类别</th><th>购价</th><th>运费</th><th>整理包装</th><th>合计</th><th>成本计算</th></tr>
<tr><td>数　量</td><td>800 斤</td><td>792 斤，损 8 斤</td><td rowspan="3">付款行处</td><td rowspan="3">起运行处</td><td>行别</td><td rowspan="3">13600</td><td rowspan="3">2250</td><td rowspan="3">510</td><td rowspan="3">16360</td><td rowspan="3">20.656 元 / 斤</td></tr>
<tr><td>单价（元 / 百斤）</td><td>1700</td><td>—</td><td rowspan="2">中行</td></tr>
<tr><td>共　价</td><td>13600</td><td>13600</td></tr>
</table>

省银行信托部（鄂中行代购土布）代理购运货物成本估计表　　单位：元

<table>
<tr><th>品名</th><th>土白布</th><th>土白布</th><th>合计</th><th colspan="3">用费类别</th><th>购价</th><th>运费</th><th>力资</th><th>整理包装</th><th>合计</th><th>成本计算</th></tr>
<tr><td>数量</td><td>200 疋</td><td>300 疋</td><td>499 疋
差 1 疋</td><td rowspan="3">付款行处</td><td rowspan="3">起运行处</td><td>行别</td><td rowspan="3">48300</td><td rowspan="3">2460</td><td rowspan="3">400</td><td rowspan="3">33</td><td rowspan="3">51193</td><td rowspan="3">每丈
30.724</td></tr>
<tr><td>单价</td><td>93</td><td>99</td><td></td><td rowspan="2">中行</td></tr>
<tr><td>共价</td><td>18600</td><td>29700</td><td>48300</td></tr>
</table>

湖北省银行信托部运货报告书

品　名	装　具	数　量
棉　花	布　包	20 包，每包净重 40 市斤
运输工具	押运人	承运人
力　夫	胡松照	新江口运输站

湖北省银行信托部运货报告书

品　名	装　具	数　量
土　布	布　捆	22 捆，共计 500 疋
运输工具	押运人	承运人
力　夫	胡松照	新江口运输站

（四）接收鄂中行土布、棉花、齐米

1943 年 4 月 1 日，省银行渔洋关办事处呈报总处并转花纱部，中行谕派向新明来渔洋关负保管收发专责，截至 3 月底止收到中行货物开列清单报查。

收到中行土布、棉花、实米清册　　单位：元，斤

序次	1	2	3	4	5	6	7	8	9
押运人	袁视察	无	无	邹武	无	无	胡松照	胡松照	胡松照
带哨姓名	向云松	傅朝善	万先林	赵松珍	杨朝云	戴发九	朱柏卿	朱时五	陈建生
数量	30包	46包	20包	96包	30包	24包	102包	102包	102包
原重量	1236	1649	829	3991	1248	1000	4230	4215	4241
实收重量	1236	1649	829	3984斤8两	1244斤8两	995斤8两	4218	4210斤8两	4241
差秤	—	—	—	6斤8两	3斤8两	4斤8两	—	4斤8两	—
垫付尾力数	无	3450	1500	4800	1500	1200	5100	5100	5100
附记	奉谕只垫尾力，不计其他。								

序次	10	棉花合计	1	2	3	实米合计	1	土布合计
押运人	—		—	—	—		—	
带哨姓名	艾常林	10批	钱德千	周家福	兰方兴	2批	兰方兴	1批
数量	54包	606包	32	160	8	200	32捆	32
原重量	2295	24934	1269	6346	315	7931	1332	1332
实收重量	2273斤8两	24881斤8两	1251	6307斤12两	308斤12两	7867斤8两	1325	1325
差秤	21斤8两	52斤8两	18斤	39斤4两	6斤4两	63斤8两	7斤	7斤
垫付尾力数	2700	30450	726.20	7947.72	—	8673.92	1462.57	1462.57

第五节　应对日军入侵及撤退过程

1943 年 5 月 15 日晚 7 时，省银行渔洋关办事处召开第二次紧急会议。出席人有卢云、王昌智、杨世汉、夏中洲、孙敏、夏既和、孙毓芬、万咸宜。参加人有袁朴文、王宜诚、方恭绥。王长娴病假，雇夫周炳山出差。

报告：派船6只，职员卫士等4人赴聂家河抢救物资，任务完毕据云余家桥已有敌踪；接公安办事处主任王公鲁信，已在刘家场折回，现在返渔途中；鄂中分行副理向皓为敌冲散，散而复集，派孙文典来渔，称本人即来渔洋关；渔洋关区署布告，敌距本区属王家畈20里，距渔洋关110里，区署根据此项情报，布告疏散人口物资；卢云主任与胡子安督导兼段长至区署及各方接洽夫役；再电五峰县合作金库催夫速来抢运。

讨论：撤退步骤，决议先运次要公物，次运重要公物；公物货物移五峰城，如抢不及先移长乐坪再转移；抢运鄂中分行棉花，决议一面催渔站雇夫，一面接洽区署民夫，如区署夫不愿远走，即暂运长乐坪，农忙时间又加各方抢雇，力价由渔站决定；抢运本处皮油，决议照上项办法处理，先以价较昂之花起运；押款处理，决议催取、代运或取保疏散存置；食盐处理，决议设法劝销，由机关具领，余盐运五峰城；职员留守与派驻五峰城，卢云、王昌智、夏中洲、杨世汉、周炳山、孙敏、孙毓芬、万咸宜留守渔洋关，夏既和、王长娴派驻五峰城；办公地点，决议货物疏散后，白昼另择办公地点，避免空袭；眷属优先疏散，渔处眷属及各行处眷属先行登记，力费由行垫付，照章报核，私人酌借旅费；耐用品及茶管处器具处置，决议派行役看守或交房东代管，以尽力运出为原则。

5月16日，省银行渔洋关办事处将召集紧急会议情况报告平供处花纱部。

一、撤退经过

5月19日，渔洋关被炸后，时局突变。当晚，得总部嘱各机关退却消息，渔处即随当地邮电各机关及鄂中分行、公安办事处移动。除晨发公物，由夏沛兴押运径赴五峰县城夫两批外，当夜周礼庵来渔领款20万元，率有盐夫72名来渔。

是时，时局已乱，有武力者即可抢夫，渔处雇定盐夫大部为区署阻截，卢云与王公鲁主任、胡子安段长同往交涉，毫无结果。及至对方实弹瞄准威胁，不得已又将到行夫役点还28名。乃由行役挑运库存，率同员役仓皇出走，深夜距渔洋关20里附近凤凰山程玉和药店内打住。一面派夏中洲率领卫士、夫役回渔抢救公物，一面派周礼庵、孙敏两人至长乐坪乡公所交涉，发动盐夫抢救物资。

20日夜，两处派员未回，而部队又在左右山头部署阵地，恐库存有损，乃在路旁守候打听疏通押运士兵，以高价雇得运炮弹回头夫杨国清挑运库存。嘱会计王昌智先运至距凤凰山50里之邵家埫（今三教庙村）县参事张宝善家。是地奇僻，当夜，员役及少数夫役陆续到达一部。闻渔洋关是日又受轰炸，敌我隔河相持。因大雨倾盆，退卒潮涌，未敢走动，停止一日，更利用时间托张参事派夫抢盐。乡公所保甲利可借吃，多愿出力。

22日派夫，又阻兵不能通行，闻各乡发动盐夫多为强有力者夺去，心力枉费，故拟退五峰城与县府洽商，又为避免与退卒混杂，改由左大路翻山辟小路，插红岩垴右大路。

23日，行65里至五峰城。到时，满城均为退却部队占驻，商店一空，五峰县合作金库为炮兵营所驻，盐处五峰城分仓雇员夏沛兴，仍在守护先运账表等件，余无员役。旋夏中洲、孙敏运物亦先后到达，除仍有一部分物品寄存程玉和店及张参事家外，到五峰县合作金库之件，夫不够用。杨（明哲）经理来，乃与知县刘春先询国库联系，次即雇夫，县长称此时谈不上条件，度知县政府不能自保，部队催夫急如星火，乃将原夫晓以利害，协以威势，禁处一室，勿再令人夺去，择其最重要者先搬，次要者派夏沛兴看守。杨明哲称本晚即往采花，自山巅全城疏散，局势甚危，且有某种传说，是非即离城区不可，乃漏夜改穿蓑衣，于24日晚出城时，大雨如注，河水大涨，欲济无探，同事均由力人背负过河，水深及胸，衣着尽湿。夜抵水浕司，本日仅行25里。

到时，鄂中分行、公安县办事处重要职员公物已迁，什物狼藉，当知先至者仓皇情景，与武穴、沙宜撤退情形大异。杨少良等到达，知收到棉花137包，此花系由鄂中分行管仓员向新民及渔处派员周炳山协助发出，因敌逼近仅15里，故将花托乡长骆存之看管，并探悉渔洋关确已失守，并称渔处先炸后焚等语。杨少良等已于25日早晨，离此向建始道上追寻鄂中分行，卢云乃提派员夫，晓以利害，动以情感，迫令至城抢救公物。

此次变起仓促，纯由敌熟。间道红岩垴途中，遇中茶公司渔站主任姚光甲，知长乐坪仅发现便衣队，随即退出。曾与一人而遇，事后考察，知来人非善，审当地情景，则敌经之区我后行矣。计渔洋关损失，政府人民均惨重，以中茶公司为最，数在 300 万元，军械所、粮库因关军事详情未便言宣。

就本行言，中行寄存渔处未运花 606 包，除杨少良收到 137 包外，在仓花损失 496 包，土包 32 捆。至渔洋关临时运输站，领出未运湘米尚有一小部分恐亦损失。又胡松照称枝处挑货夫 20 余人在渔洋关附近经过，所挑不知为何货，但恐一并化为乌有。及至制茶所又悉，运茶一部在渔洋关损失。至渔处损失有：催取未取及押品，奉令发运皮油百篓，凭证分配实物、耐用品，省茶管处移交器具中制茶所尚有未运完物品及食盐部存盐、营业用器具，消耗品一部寄存于途中，一部损失于行内，所幸库存无损，重要账表及 1942 年以来文卷带来水浕司。局势如再不好转，前途殊甚危险。又同人行李物品仅 19 日夜以骡马运，全体被褥因经过长乐坪为部队扣留，水浕司食粮难购，衣服均未带出，住时每多与部队杂处，行恐拉夫，同人四大需要均堪忧虑，所有道途惨状及员役情景目不忍睹。万纯心主任云，过去眷属痛哭失声，后来者犹觉余音绕梁不绝。现夫役难雇，道路不便，进退两难。最近闻有援军开到，亟盼努力恢复原状，以凭复员。

渔处及盐处职员随来水浕司者，有王昌智、夏中洲、周礼庵、孙敏（以上渔处）、夏既和、孙毓芬、万咸宜（以上盐处）及五峰城区分仓雇员夏沛兴等 8 人，卫士张水清，行役张竹山、叶光辅，仓工胡铁柱及五峰分仓仓工黄祖柏等 5 人。在凤凰山留守者，计盐处职员章宝田及杂役王作樑 2 人。在距渔洋关 5 里转运者，计办事员杨世汉及库丁毕锡恩 2 人。自告奋勇留守者，计盐处职员周炳山、班长翟世行、仓工张济民、杂役张善卿 4 人。因请病假滞留渔洋关未脱险者，计王长娴 1 人，以及中行派驻渔处管理中行货物人员向新民 1 人。

5 月 25 日，卢云主任于水浕司五峰制茶所，快邮代电总行并转供应处及食盐部、花纱部、油料部、粮食部，报告上述撤退至水浕司情形并补述：

> 留 5 万元交周炳山发抢运力费；同人撤退费职员各借 2000 元，留守班长 1000 元，行役仓工各 500 元；敌进资丘，渔洋关尚在相机规复中；夏沛兴因城内无食粮，昨夜出城运出公物数件；本日，夫为接回，当至五峰县合作金库时，驻军已将什物取去大部，到时，又适土墙为大

雨冲倒，打伤驻军多人，损失若干，尚待清理；中行杨少良、李本丰、卢会贵收到137包证明单请交花纱部；宫（子美）乡长派72名伕抢盐，证明确尽人事，惜为有力者夺去，请交食盐部备查。

二、寻觅鄂中分行留守五峰人员

5月28日，鄂中分行代电渔洋关办事处："渔处中行以库存较大，随行员工及眷属过多流离在途，责任艰巨，自应取道撤返恩施，分别安顿，以待后命。传闻渔洋关敌已退去，即希贵处相度情形，从速清理本行存渔物资，人地既熟，权责亦专，只求有利本行，谅必悉力以赴，除专电外，已分函中行留置人员范一咸、王芗谷、曾芷香、向新民、杨少良，于必要时听候驱策。又李本丰亦经奉派转渔，会同各员清理中行公物及员工行李，并希协助为荷。"

5月29日，省银行渔洋关办事处主任卢云于水浕司伍家台子山上，续电报告总行并转知供应处各部及中行，渔洋关尚未恢复，已派人四出寻觅中行留五峰县人员。

向新民前蒙中行派驻渔处负管理物品专责，渔处派有周炳山等协助留守抢运物资。昨夜，杨世汉、章宝田率同库丁毕锡恩，杂役王作樑脱险逃来，该员等系闻机枪声始退，谓敌未退出渔洋关，时局仍十分严重。渔处为抢救物资被包围者尚有向新民，管中行棉花之周炳山及保护物资班长翟世行及仓工张济民，杂役张善卿等4人，是否殉职，尚难逆料。如渔洋关收复，当督率员役回往清理，如为事势所逼迫，则亦只有追随中行来施待罪。

此时兵荒马乱，难觅力夫，除派役四出往山僻村庄寻觅范一咸、王芗谷、曾芷香等行踪，与杨少良会商营救办法及打听管理物资专责之向新民生死存亡，与渔处留守人员士役及运输部渔站人员接洽，但尽力之所能，决不因寄存委托转运之件推卸责任及不努力以赴事功，有负层峰寄托之殷。卢云、杨少良议定：

（一）暂雇何盈周先往渔洋关，打听敌退渔洋关是否市区一隅。

（二）杨少良、李本丰请即同去固善，否则迟一日务须赶往；章宝田至凤凰山打听并援应；孙敏至城打听并接应；高翼谋至李家湾打听并援应。

（三）清理事项：

1. 中行花。仓内花 223 包有无损失，损失若干；运输部渔洋关转运站花 23 挑 46 包，运往何地点，寄存何处；扎营垴花 137 包，是否存在。

2. 至渔处觅中行货物管理员向新民，询土布 32 捆及中行未点交之脚花土布；觅渔处留守员役周炳山、翟世行、张善卿、张济民，询各项押品、存盐、皮油及凭证分配货物等，有无损失，情形如何。

3. 派渔处人员或雇人或请保甲看守给赏，再寻觅运出之花。

4. 与周炳山商妥继续抢运，款 5 万元在周手。

5. 询渔处转运站颜焕卿行止，嘱仍协力为助。

6. 沿途至五峰县合作金库、邵家垴张参事家、凤凰山程玉和家，清理遗失公物。

7. 总部和渔处全体同人行李在红岩堖，有无办法取出或寄存。

（四）抢救缴费及食粮。在渔可吃渔消耗品账存食粮，沿途食粮费、食用费，中行渔处同人分别据实造报，以凭转报付账，不必限预算；何盈周用费由渔处出账，何君如努力，准以卫士保荐长夫；马文胜护挑库存，守挑账表，准由渔处出账。

（五）审慎处理各食护照及身份证，避免拉夫，以走小路为原则，如大路清平，则走大路。

（六）人员寻觅。王芗谷、曾芷香、范一咸在深山穷谷中，由渔派人寻觅；王长娴闻逃出，亦应寻觅。

三、电报花纱部渔洋关敌情形势

5 月 29 日，杨世汉带来便条一纸："卢主任，手谕敬悉，苞谷 1 斗，灰面少许已借到，交叶光辅带上。顷据五峰初中李、杨二位先生来谈，渔洋关仅少数敌踪，主力军均在子良坪、界碑一带占据。我军仍在汉阳河、穿心店一带布防，无大变化。资丘敌军昨已退 15 里，观此情形，二三天内无大变化。力夫刻在积极价雇，请勿虑，谨复即叩。职杨世汉谨上，5 月 29 日。"

5 月 30 日，省银行渔洋关办事处电报总行："渔处同人因公物转运困难，仍留水泯司伍家台子山上，目前借粮度日，昨夜一度惊匪，幸平安无事。渔洋关敌仍未退出，昨杨少良来谈，除所收花137包外，尚有19日晨发23挑，经渔洋关运输部临时转运站领运在途，是仓存损失又应减去46包，请转知花纱部。”

四、续报事变处置情况

1943年6月5日，省银行渔洋关办事处主任卢云，在伍家台子山上电总行并转食盐、花纱、油料各部及中行向皓副理，续报渔处处置事变情况。

（一）昨出纳员夏中洲进城商借苞谷，行役张竹山送达邮件所得情况如下：

1. 县府有人在城办公，县长留九环坡，杨明哲经理随同一处。五峰合作金库尚未回城，城内仍无商民军政机关，现仍尽力劝谕各安生业。

2. 电报局、邮政局应军事需要已回渔，长途电话局尚未敢往，中茶公司姚主任闻已回渔取遗失官印、图章，茶业改良场袁鹤场长亦回渔洋关取遗失重要文卷，均称随即来五峰城。

3. 传闻公、枝、宜一带，我军活动颇得手，资丘亦有部队前往，敌已入包围圈，数约2000人在磨市、潘家湾、栗树垴一带，潘家湾适当聂家河、渔洋关之中，据熊渚天险之西，近渔洋关40里，栗树垴距潘家湾15里，距渔洋关25里，若松公枝我军迫剿，则自易驱敌下山至渔洋关盆地，致而歼灭。

4. 雇夫主要由栗树垴来，经过渔洋关塘上地方，称塘上中两弹，同屋房东太太炸毙，伊子张君在制茶所闻秏大哭，附近职员王长娴家亦被炸，渔处处址是否全部毁灭，传言自不足信。

（二）此地近觅有稻谷一石充饥，如部队不要，即可运到，折合每市斤在12元以上。粮食问题甚大，渔处5月份膳费系照4月份暂支，水泯司能否久留，当随粮食问题为转移。不然因胜利精神稍得慰藉，而粮食发生绝大物资恐慌，实难立足，不但不能营业，即求清理账务，恐亦不能枵腹支持。此地除燃料外，一切日食必需品均远在二三十里以外，人民因惧劫食，永宝斯藏。

（三）五峰县合作金库送来朱绍翼经理由鹤峰给向皓副理电报一份，称即来五峰，计日可达。如朱绍翼经理能长坐镇指挥，不但人心可振，增加兴奋，即创病可起。范一咸原奉令后撤，因人口众多滞留，昨已来此作初步商谈。杨少良、李本丰及渔处章宝田与所雇何盈周早往渔洋关，尚未回头。留守人员及渔洋关转运站亦未来人通知消息，一切清查及善后办法，须俟得正确消息，俟朱绍翼经理来此决定。

（四）闻区署近回渔洋关，已函区署并私函区长协助清查。

五、调查物资损失

1943 年 6 月 6 日，章宝田报告率雇工何盈周，奉派凤凰山及渔洋关打听敌情，调查物资损失及沿途情形。

（一）路途经过混乱情形及惨状

6 月 1 日，从水淴司出发，经五峰城、白鹿庄、红岩堖、甘沟、长乐坪、石子冲、凤凰山、穿心店、汉阳河、王家冲、渔洋关、堂上至本处。沿途百姓逃走一空，只见少数散兵游勇三四成群，携带步枪、手榴弹等武器，在避道及深山穷谷中抢劫少数军民金钱、什物及食粮，以致少数军民不敢来往渔洋关，百姓无衣无食，沿途啼哭，其状不堪目睹。

（二）渔洋关一般损失情形及惨状

渔洋关从花桥起到李春荣家（即中国文化服务社）止，各商店房屋全部被敌人烧尽，并无一家得免。未走之妇女，老者先奸后烧有四人，行侧有覃姓老妇 1 人；少者均被敌人携带而去。沿途死尸生蛆，臭不可闻。此次敌人到渔洋关有 2000 多骑兵，步兵不详其数，在渔洋关驻扎 6 日，在汉阳河驻扎 2 日。

（三）本行损失情形

1. 混乱情形

渔洋关四乡均驻扎各军师部，留守处及散兵游勇到处拉夫运物，来往军民有路单者亦被拉去，甚至军人拉军人，以致动武开枪，人民逃避一空，无夫可雇，绝对不能收拾行内残物。

2. 公物损失

棉花除杨少良收到137包，19日晨发46包外，20日及21日，又继续经渔洋关转运站抢出80余包，其未运完中行棉花与本处凭证分配棉花，均被敌人铺行内外地上垫睡。存第一号仓为数不多，均混黏泥土，民家逃避一空，收拾整理不易，已请邻居刘篾匠看守，后当酬谢。土布全部无存，闻敌退时，人民来乱抢去。收购皮油及押行皮油，一半被敌人骡马踏烂，一半被作燃料融化满地，亦经职役收拾入一号仓，数亦有限。押品袜子，据行内房东张婆云，被敌人每人穿一双去，其余未见。凭证分配花布、米、油、盐、柴、煤炭全部无存。敌人在行内置多数砖灶，多数器具被敌人作柴烧，现仅有少数残缺器具，不可收拾。

（四）此次私人损失

在凤凰山程玉和药铺被5名散兵抢劫章宝田现金750元，何盈周现金233元，为程君目击，寄存之件多已损失。章宝田损失钢壳挂表一支、值洋1200元，蓝自来水笔（新民牌）一支、值洋500元，红自来水笔（福民牌）一支、值洋350元。

（五）现状

第二区署于6月4日始到渔洋关择驻乡间。电报局尚未到，邮局到后又折转在长乐坪办公。渔洋关居民均未返镇，一因无处可居，再因剩余之屋，均被军队驻扎。

六、报告财产损失情形

1943年6月9日，省银行渔洋关办事处周炳山写信给平供处花纱杂货部主任卢云登，报告财产损失情形。

炳山自5月19日奉令留守渔处，鄂中分行、公安县办事处于是日晚撤退后，即同翟世行班长及张善卿等在行照料一切。次日，敌机即在子良坪、磙子坪轰炸及渔洋关一带侦察，市面愈形恐慌，败军潮涌而至。延至21日清晨，即有敌机三架轮流轰炸，街上已无行人，炮声、枪声隐约可闻。及至傍晚，轰炸始止，而机枪声已在城墙口一带响声震耳，败军及老百姓均已绝迹。不得已，始率士役及眷属撤退，大雨倾盆，通宵仅行十余里，行李、衣物皆因留守关系不能分身，损失罄尽。22日晨，渔洋关已告失陷，自22—28日，均在乡间大山或树林中藏身。首则败军滋扰抢掳，次则敌人四出打捞奸掳烧杀，无所不至，损失财产不可胜数，遭受不幸者亦不少，炳山眷属托庇无恙。翟世行班长22日至涨水坪清理物资及行李，至今无音讯，不卜吉凶。张济民自沦陷后即未见面，张善卿亦因事他往，仅炳山暂往柴埠溪乡间。29日，即闻收复渔洋关，当即由柴埠溪前往行中察看，至板桥冲，因过往军队极多，不能通过。30日始达行中，而各项物资已被敌人毁坏及邻近居民流氓抢掳一空，仅出重资收得残余棉花二堆，约2000斤左右，小组皮油80个，大组皮油43个，现正拟购布疋将散花成包，惟运输甚感困难，须俟时局清平，乡间稍闲后方可。

6月8日，得晤中行职员李本丰，磋商渔洋关物资处理办法。得知李本丰、杨少良于6月3日到达渔洋关，4日至涨水坪清理棉花、所存图书。区处花99包全部焚毁，仅王东处棉花38包尚存，房东因恐敌人查获焚烧，故将花隐匿树林中，经过数次大雨，全部水湿，亦须大工清理翻晒。6日，杨少良留涨水坪整理水湿棉花，李本丰复至渔洋关。

此次敌军在渔抢劫烧杀，损失实属惨重，行中花均散包铺散四野，布亦散捆，到处抛掷。食盐、米粮及皮油，不卜实际情形。惟因房屋尚存，毁坏物资究属有限，而大多数仍为邻近民众流氓所投机，顷刻致富者大有人在。现敌人确已退至宜都，聂家河已无敌踪，市面渐趋平静，区署及乡公所均已回渔。若能严密查究，不难水落石出，损失或可减少，惟以人力有限，顾及不暇。长此以往无主持者回行整理善后所存有限物资，是否可望保存，尚难预计。虽以重资托嘱邻居二人照料，然过往军队川流不息，宛如菜园之门，无法禁止。

七、渔洋关留守人员函件呈报总行

1943年6月11日，省银行渔洋关办事处在伍家台，检呈在渔留守人员函件，报请省总行鉴核备查。

6月8日寄呈，派叶光辅回渔寻觅胡子安、杨少良、向新民、周炳山等留守人员。因渔洋关秩序未复，派周礼庵至五峰县合作金库交涉通行证，先电渔洋关区署照看残余花纱等物资，就近商洽县府派夫并寻觅留守人员。据周炳山派人来此，持有李本丰代笔函一件，称残货收回一小部分。渔洋关区署仍在乡间，军运甚忙，秩序仍未恢复。又悉派来送信之人，一度被拉，搜去财物。道途既不能通行，夫役无觅，残货疏散不易。除由朱绍翼经理私函安慰何盈周、李本丰，渔处主任函慰周炳山外，当将朱绍翼经理宣慰留守人员文件，一并派翟世行班长携去。现失踪者仍有胡子安、颜焕卿、张怀之，临时转运站员役与负管理中行花布专责向新民及渔处工役两人。渔处主任昨由朱绍翼经理寓所回头上山，在崖石跌伤左臂，仍拟于本日与周礼庵等进城打听消息。如路上平静无阻，即相机设法前往清理残货，惟恐加重成本，劳而无益于事，而紧急处置与库存账表守护，更有顾此失彼之忧。环境恶劣，日食维艰，瞻望前途，不胜忧惧，但力之所能，未敢畏难苟安，求尽人事。又朱绍翼经理因本地交通不便，信息不灵，食粮发生问题，治安毫无保障，饬觅夫并借苞谷，即往建始转三斗坪。

八、呈报五峰城调查情形

6 月 13 日，卢云率会计王昌智、周礼庵等至五峰县城打听消息，并于 6 月 14 日在水浕司伍家台五峰制茶所呈报平供处花纱部。

（一）一般情形

1. 水浕司至县城一段，沿途居民已搬回十分之二，屋空如洗，均以无炊具为最忧虑。

2. 县城枪毙抢犯 3 人，已成立戒严部，较前安定，但人民尚未敢回城。惟税务局赵局长卧病滞留，财委会黄主任委员回城，五峰仍有第一支部眷属寄住。渔存什物厨库见焚余纸张，据留居太太云，五峰县合作金库被劫前后 6 次。

3. 县长不在城，仅留人办夫政。

4. 电报局在乡，邮局在城。

5. 五峰至渔洋关，人民聚成整批前往，军队亦需整批，民惧散兵，军队落伍惧报复。最近有驻渔之兵营，派人负责搜索逃兵至堂上。银行因供运站成立，已渐少被劫事则转运花。

6. 电报局以渔主要任务系清查失去铅线8大捆及电机2部。渔洋关交通电话只供军用，尚未开放长途电话，30里路无线，现在补修中。

7. 除弥陀寺、藕池情况如昨外，新江口、闸口、枝江无敌踪，宜都则除茶店子一带及红花套浮桥未撤，距聂家河14里地之何家园子，便衣队500名藏匿民间，正在挨户清查外，江南一带无敌踪。渔处是否复业，当与鄂中分行、公安办事处、枝江办事处、宜都办事处采同一步骤。

（二）清理事项

1. 再函区署协助，并面托县政府李科长，遇有公事电附带提交。

2. 托第十预备医院何院长协助留守及派往人员。

3. 面托向参事于回渔时清查，向参事为中行派驻在渔，负管理物资责任，向新民之祖父，自易为之。

4. 除已派章宝田作一度清查已具有报告外，第二次派叶光辅，第三次派翟世行，均未回头。刻在催周礼庵前往，但求路途上平安无事，则继续派人回渔。

5. 渔处在白溢山腰伍家台附近，数见猛虎，幸无伤人事。昨回，有匪12人在近3里地劫掠，幸为保甲驱去。又食粮问题仍严重，拟请就近商财政厅电县政府准即借少许度日。白溢阴处五六月，山中犹结冰块。因此地饥寒，故较其他地点安全，因无夫不能西上。又以五峰战事当正面，被祸尤烈，伏尸遍野，臭气熏人，久留亦非计之所得，拟极力求告一段落，再来施请示。

九、总行及花纱杂货部电示

1943年6月2日上午，花纱杂货部电五峰合作金库转渔处："据报渔敌仓皇撤退，各项物资未暇破坏，该处如有未撤物资，应迅即派员前往清理具报。"并电鄂中行："据报鄂中撤退物资，有被团队拦阻，滞留中途情事，现战局已告好转，请即派员分途清理具报，以重公物。又渔洋关敌仓皇撤退，未暇破坏物资，渔处如有未撤公物，亦希就近督导清理。"

6月11日，花纱杂货部电渔处：“临危应变，具见艰辛，收运各货，仍希随局势进展派员跟查。”6月24日，花纱杂货部致函省银行渔洋关办事处：“该处残存之货，应即雇工翻晒整理，附近居民窃掠物品，亦应会同乡保切实追回，至所有损失数量，并希统计报核。”

第六节　回渔复业及机构撤销

1944年2月1日，渔洋关办事处回迁冯家岭复业。1944年冬，省银行渔洋关办事处被盗，适逢镇江宫（王爷庙）渔洋关警察所撤销。经商复仁乡公所，由省银行渔洋关办事处重加修理，并建筑坚固库房，免收半年租金。1945年2月，省银行渔洋关办事处重回镇江宫营业。1945年4月1日，陈诗基（础深）任渔洋关办事处主任。

随着抗战胜利，1945年11月1日，省银行宜昌支行在宜昌通惠路一号原址复业。11月10日，恩施总行因即迁复汉口停止办公，周苍柏调任全国善后救济总署湖北分署署长。11月30日，渔洋关、鹤峰、竹山、竹溪等办事处撤销，省银行渔洋关办事处业务交由县合作金库接收。1946年4月1日，五峰合作金库迁移渔洋关镇江宫营业。1946年5月31日，陈诗基调派新堤办事处主任。1946年11月5日，省银行与五峰县合作金库订立互理收解合约。

本章资料来源

1. 省、县档案馆档案见附录四（6）。
2.《五峰金融志》（1875—1985）。
3.《湖北省银行二十周年纪念特刊》，1948年湖北省银行编。

第十七章

五峰商会组织

1904 年 1 月，清政府颁布《奏定商会简明章程》26 条，正式向全国商人发出建立商会的号召。第 3 款规定："凡属商务繁富之区，不论系会垣，系城埠，宜设立商务总会，而于商务稍次之地设立分会，仍就省份隶于商务总会，如直隶之天津、山东之烟台、江苏之上海，湖北之汉口，四川之重庆，广东之广州，福建之厦门，均作为应设总会之处，其他各省，由此类推。"

第一节 湖北省商会概况

《实业界纪闻——催办汉口商会》（《时报》1904 年 11 月 19 日）记载："王清穆、杨士琦两京卿前在湖北拟开商会，因各商首领似有观望不前之意，当即电咨商部。昨闻商部已行文张制军，以汉口为通商总汇之区，业经奏明设立商会，即与该商董定议速办。"至 1905 年 3 月，经商务局观察孙泰圻遍发传单，切实劝导后，商人渐闻风兴起，洋油等帮举出董事二人，其余亦将陆续选举，房屋拟暂租民居应用。①

1909 年 4 月，成立武昌商务总会，由各帮代表公举总理、协理和议董，选举吕超伯为武昌商务总会总理，拨给武昌城内兰陵街官有房为会所。1910

① 《开办商会近闻》，《时报》1905 年 3 月 19 日。

年9月，宜昌商务分会成立，候选知府曹启荣为总理。1914年9月12日，北洋政府颁布《商会法》，第3条规定："各省城、各商埠及其他商务繁盛之区域，得设立商会。"1916年，武昌商务总会依法改组为总商会。1929年8月15日，南京政府颁布修订后的《商会法》(《商务月刊》1935年第2期)。第1条规定，商会以图谋工商业及对外贸易之发展，增进工商业公共之福利为宗旨；第5条规定，各特别市、各县及各市均得设立商会，即以各该市县之区域为其区域，但繁盛之区镇，亦得单独或联合设立商会；第9条规定，商会会员分公会会员、商店会员；第18条规定，商会之执行委员及监察委员，由会员大会就会员代表中选任之，其人数执行委员至多不逾15人，监察委员至多不得逾7人，前项执行委员得互选常务委员，并就常务委员中选任一人为主席；第19条规定，执行委员及监察委员之任期均为4年，每两年改选半数，不得连任；第21条规定，执行委员及监察委员均为名誉职。8月17日，公布《工商同业公会法》。

1930年7月25日，工商部颁布《工商同业公会法实施细则》。湖北省各地商会及同业公会渐次设立。

农商部工商司1919年5月出版的《全国商会及外洋中华商会一览表：湖北省各县商会一览表》统计，全省共设71个商会。下表为部分商会名称及地点，会长、副会长详情。

商会名称	设立地点	会 长	副会长
五峰渔关商会	渔关晴川书院	龙见田	余葆卿
兴山县商会	城内守备桥	沈学仁	万立言
建始县商会	北关外湖北会馆	刘焯堂	何永清
咸丰县商会	城西离震宫	冯永涛	刘宏炳
宜都县商会	县城西关外元后宫	刘起霈	李坚明
当阳县商会	城内中正街	郑 鹄	赵运鸿
当阳河溶镇商会	本镇袋街	周 垣	陈德宣
来凤县商会	南关外江西会馆	刘 焜	覃维新
利川县商会	东门内关岳庙侧	邹华章	黄瑞亭
远安县商会	—	徐希贤	杨小菴

1924年3月出版的《上海总商会月报》刊载《全国商会及外洋中华商会一览表续：湖北省各县商会一览表》，湖北省共76家商会。下表为部分商会名称及地点详情。

名　称	所在地址
五峰渔关商会	渔关晴川书院
兴山县商会	城内守备桥
建始县商会	北关外湖北会馆
咸丰县商会	城西离震宫
宜都县商会	县城西关外元后宫
枝江江口镇商会	江口镇
枝江董市镇商会	董市镇
当阳县商会	城内中正街
当阳河溶镇商会	本镇袋街
来凤县商会	南关外江西会馆
利川县商会	东门内关岳庙侧
远安县商会	—
宜昌县商会	城内荧惑宫
恩施县商会	施南府城内
宣恩县商会	宣恩县城内
鹤峰县商会	鹤峰县城内

1930年1月，中华民国全国商会联合会秘书处出版《中华民国商会名录》。湖北省共有157家商会，部分商会见下表。

名　称	成立时间	所在地址
武昌总商会	1909年	兰陵街
宜昌市商会	1910年	城外云集路
秭归县商会	1919年	城　内
恩施县商会	—	本　县

续表

名　称	成立时间	所在地址
宣恩县商会	—	本　县
鹤峰县商会	—	本　县
咸丰县商会	1911 年	城西离震宫
利川县商会	—	东门内关岳庙侧
来凤县商会	—	南关外江西会馆
巴东县商会	1928 年	本　县
五峰县商会	—	本　县
五峰渔关市镇商会	—	渔关晴川书院
兴山县商会	1916 年	城内守备桥
宜都县商会	1909 年	西正街
建始县商会	—	北关外湖北会馆
长阳县商会	—	本　县
长阳资坵镇商会	—	桥西向王庙内

1937 年 1 月 31 日，全国商会联合会出版的《中华民国全国商会名录》，湖北省共有 186 家商会，部分商会见下表。

名　称	成立时间	所在地址
武昌县商会	1907 年	兰陵街
宜昌市商会	1910 年	城外云集路
秭归县商会	1919 年	城　内
恩施县商会	—	本　县
宣恩县商会	—	本　县
鹤峰县商会	—	本　县
咸丰县商会	1911 年	城西离震宫
利川县商会	—	东门内关岳庙侧
利川团宝市商会	—	本　镇

续表

名　称	成立时间	所在地址
来凤县商会	—	南关外江西会馆
来凤卯洞市商会	1909 年	本　镇
巴东县商会	1928 年	本　县
五峰县商会	—	本　镇
五峰渔关镇商会	—	渔关晴川书院
兴山县商会	1916 年	城内守备桥
宜都县商会	1909 年	西正街
建始县商会	—	北关外湖北会馆
长阳县商会	—	本　县
长阳资坵镇商会	—	桥西向王庙内

第二节　渔洋关商会与商团

商会沿革。民国初年，渔洋关人张福荪任省议员时，在省商会活动之后，返回五峰主持建立渔洋关商会（简称渔关商会），首任会长余道三，副会长龙见田，会址渔关晴川书院，直属省商会管理。

依照北洋政府颁布的《商会法》第 17 条规定："商会得设书记、会计、庶务等办事员。"第 18 条规定："会长、副会长、会董、特别会董，均为名誉职。"第 19 条规定："会长、副会长、会董、特别会董，均以二年为一任期，中途补选者，须按接前任者之任期接算。"第 20 条规定："会长、副会长及会董任期满后，再被选者得连任，但以一次为限。"

约 1916 年，龙云峰任会长，余葆卿（道三）任副会长。

1920—1921 年，余葆卿再次当选会长，龙云峰任副会长。

1921—1924 年，会长龙云峰，副会长宫敬臣。1923 年 9 月发行的《湖北实业月刊》第 1 卷第 3 期刊载，湖北省实业厅指令五峰县知事：“呈送渔洋关商会及商事公断处职员表及附件均悉，查所送渔洋关商会及商事公断处职员表尚属合式，应准备案，仍候省长指令祇遵。”

1924—1927 年 6 月，会长宫敬臣，副会长龙云峰。1931 年初，渔关商会改为县属。1933 年，渔关商会改为委员制。

1927—1929 年渔关商会人员变动表（省属）

职　务	姓　名	籍贯住址	任职时间	备　注
会　长	龙见田	渔关镇	1927.6—1929	龙云峰、龙良栋
副会长	张养颐	渔关镇	1927—1929	张修性
文　牍	余善田	渔关镇	1927—1929	余永锦
商事公断处处长	李赞春	渔关镇	1927—1929	李春波

1929—1932 年渔关商会人员变动表（1931 年初改为县属）

职　务	姓　名	籍贯住址	任职时间	备　注
会　长	张养颐	渔关镇	1929—1932	张修性
副会长	余敬安	渔关镇	1929—1932	余礼寿
庶　务	龙光甲	渔关镇	1929—1932	
会　丁	李安荣	渔关镇	1929—1932	
文　牍	李　素	汉阳河	1929—1932	李荣州

1932—1933 年渔关商会人员变动表

职　务	姓　名	籍贯住址	任职时间	备　注
会　长	余敬安	渔关镇	1932—1933	余礼寿
副会长	宫精白	渔关镇	1932—1933	宫学纯
文　牍	向师程	渔关镇	1932—1933	向允洛、向永乐、向云周
庶　务	龙光甲	渔关镇	1932—1933	

1933—1936 年渔关商会人员变动表

职　务	姓　名	籍贯住址	任职时间	备　注
理事主席	吴尊三	渔关镇	1933—1936	吴全达
常务委员	李荫白	渔关镇	1933—1936	李士棠、李质
	向师程	渔关镇	1933—1936	向允洛、向永乐、向云周
委　员	宫子美	渔关镇	1933—1936	宫学成
	宫兴武	渔关镇	1933—1936	宫学祯
	萧俊川	渔关镇	1933—1936	萧明哲
	吴崇三	渔关镇	1933—1936	吴峙东
文　书	徐治安	四　川	1933—1936	
事　务	吴伯成	松　滋	1933—1936	
	龙光甲	渔关镇	1933—1936	

1936—1939 年渔关商会人员变动表

职　务	姓　名	籍贯住址	任职时间	备　注
理事主席	吴尊三	渔关镇	1936—1939.11	吴全达
常务委员	李荫白	渔关镇	1936—1939.11	李士棠、李质
	余敬安	渔关镇	1936—1939.11	余礼寿
委　员	宫子美	渔关镇	1936—1939.11	宫学成
	宫兴武	渔关镇	1936—1939.11	宫学祯
	吴崇三	渔关镇	1936—1939.11	吴峙东
	萧俊川	渔关镇	1936—1939.11	萧明哲
文　书	向师程	渔关镇	1936—1939.11	向允洛、向永乐、向云周
事　务	龙光甲	渔关镇	1936—1939.11	

1939 年 11 月 20 日，渔关商会改组，召集会员大会。第二区区长柯作藩莅场监视，经国民党五峰县执行委员会书记长余作枢指导，实到会员 58 人，当经选定执行委员、监察委员 15 人，并推选余敬安为主席。

五峰县渔洋关镇商会第一届执监委当选委员名册

1939年11月20日选举　　　　　　12月2日填报

<table>
<tr><th>机关名称</th><th>职　别</th><th>姓　名</th><th>年龄（岁）</th><th>籍贯</th><th>营业种类</th><th>所属公会名称或商店牌号</th><th>在公会或商之职员</th><th>教育程度</th><th>住　址</th></tr>
<tr><td rowspan="15">五峰县渔洋关镇商会第一届执监委会</td><td>主　席</td><td>余敬安</td><td>52</td><td>五峰</td><td>杂货</td><td>杂货业公会余复昌</td><td>执委经理</td><td>高中</td><td>水田街</td></tr>
<tr><td rowspan="2">常务委员</td><td>吴尊三</td><td>40</td><td>五峰</td><td>药材</td><td>吴宁记</td><td>经　理</td><td>高小</td><td>水田街</td></tr>
<tr><td>李荫白</td><td>34</td><td>五峰</td><td>杂货</td><td>杂货业公会李荫记</td><td>执委经理</td><td>中学</td><td>水田街</td></tr>
<tr><td rowspan="4">执行委员</td><td>宫子美</td><td>40</td><td>五峰</td><td>红茶</td><td>红茶业公会宫成记</td><td>监委经理</td><td>高小</td><td>桥　河</td></tr>
<tr><td>龙鹤龄</td><td>52</td><td>五峰</td><td>杂货</td><td>杂货业公会龙鹤记</td><td>会员经理</td><td>高小</td><td>正　街</td></tr>
<tr><td>萧俊川</td><td>46</td><td>五峰</td><td>杂货</td><td>杂货业公会萧万盛</td><td>会员经理</td><td>高小</td><td>水田街</td></tr>
<tr><td>吴崇三</td><td>46</td><td>五峰</td><td>榨坊</td><td>榨坊业公会吴康记</td><td>主席经理</td><td>中学</td><td>横　街</td></tr>
<tr><td rowspan="5">监察委员</td><td>宫兴武</td><td>31</td><td>五峰</td><td>杂货</td><td>杂货业公会宫兴记</td><td>主席经理</td><td>高小</td><td>水田街</td></tr>
<tr><td>宫精白</td><td>45</td><td>五峰</td><td>药材</td><td>宫精记</td><td>经　理</td><td>高小</td><td>水田街</td></tr>
<tr><td>易玉振</td><td>52</td><td>五峰</td><td>杂货</td><td>杂货业公会易洪泰</td><td>会员经理</td><td>高小</td><td>李家坪</td></tr>
<tr><td>向师程</td><td>37</td><td>五峰</td><td>广货</td><td>广货业公会向程记</td><td>主席经理</td><td>高小</td><td>正　街</td></tr>
<tr><td>李栋臣</td><td>45</td><td>五峰</td><td>船只</td><td>船业公会李臣记</td><td>主席经理</td><td>高小</td><td>李家坪</td></tr>
<tr><td rowspan="3">候补执委</td><td>宫葆初</td><td>47</td><td>五峰</td><td>杂货</td><td>杂货业公会宫仁记</td><td>会员经理</td><td>高小</td><td>水田街</td></tr>
<tr><td>杨希震</td><td>24</td><td>五峰</td><td>杂货</td><td>杂货业公会杨泰兴</td><td>监委经理</td><td>高小</td><td>横　街</td></tr>
<tr><td>吴金城</td><td>32</td><td>五峰</td><td>杂货</td><td>杂货业公会吴福记</td><td>执委经理</td><td>高小</td><td>水田街</td></tr>
</table>

中华民国二十八年十二月二日　　　　　　主席余敬安（章）

1943年5月，日军窜犯渔洋关，主席余敬安迁刘家坪，由监察委员宫兴武代理主席。

1939—1944年渔关商会人员变动表

<table>
<tr><th>职　务</th><th>姓　名</th><th>籍贯住址</th><th>任职时间</th><th>备　注</th></tr>
<tr><td>主　席</td><td>余敬安</td><td>渔关镇</td><td>1939.11—1943.4</td><td>余礼寿</td></tr>
<tr><td>代理主席</td><td>宫兴武</td><td>渔关镇</td><td>1943.5—1944.5</td><td>宫学祯</td></tr>
<tr><td rowspan="2">常务委员</td><td>吴尊三</td><td>渔关镇</td><td>1939.11—1944.5</td><td>吴全达</td></tr>
<tr><td>李荫白</td><td>渔关镇</td><td>1939.11—1944.5</td><td>李士棠、李质</td></tr>
</table>

续表

职　务	姓　名	籍贯住址	任职时间	备　注
执行委员	吴崇三	渔关镇	1939.11—1944.5	吴峙东
	宫子美	渔关镇	1939.11—1944.5	宫学成
	龙鹤龄	渔关镇	1939.11—1944.5	龙乐群
	萧俊川	渔关镇	1939.11—1944.5	萧明哲（病逝）
监察委员	向师程	渔关镇	1939.11—1944.5	向允洛、向永乐、向云周
	宫兴武	渔关镇	1939.11—1944.2	宫学祯
	宫精白	渔关镇	1939.11—1944.5	宫学纯
	易玉振	渔关镇	1939.11—1943.5	易开金、易超海
文　书	向师程	渔关镇	1939.11—1944.5	向允洛、向永乐、向云周
文　牍	姜雁卿	渔关镇	1939.11—1944.5	姜正为、姜盛洪、姜盛鸿
事　务	龙光甲	渔关镇	1939.11—1944.5	

1944 年 5 月 2 日，省政府指令将常务、执行委员一律改为理监事制。渔关商会随即推选理监事成员 10 人，候补理事 2 人，候补监事 2 人，并推宫兴武任理事长。渔关商会共有公会会员 100 名。

五峰县渔洋关镇商会理事、监事一览表

职　别	姓　名	年龄（岁）	籍　贯	略　历
理事长	宫兴武	36	五　峰	县立二高小毕业，曾任复仁乡长、公民训练区队长、各公会主席等，现任复仁乡民代表委员会主席、调解委员会委员
常务理事	吴尊三	42	五　峰	县立二高小毕业，任县参议员等，曾任前商会主席
	李荫白	40	五　峰	县立二高小毕业，曾任县民众教育馆长
理　事	田鼎三	36	五　峰	县立二高小毕业，任联运站长、尚义乡长
	吴崇三	46	五　峰	宜昌华英学校毕业，民教馆长、复仁乡长、校长
	宫葆初	53	五　峰	县立二高小毕业，五峰五区区长、红茶公会主席
	宫子美	40	五　峰	县立二高小毕业，曾任县保安队中队长、二区区长

续表

职　别	姓　名	年龄(岁)	籍　贯	略　历
监　事	郑星章	42	五　峰	县立二高小毕业，曾任复仁乡一保长
	张焕然	28	五　峰	县立二高小毕业，曾任渔洋关区署雇员
	余翰香	36	五　峰	县立二高小毕业，曾任公会常务委员
候补理事	龙鹤龄	50	五　峰	县立一高小毕业，曾任红茶业公会监察委员
	焦锡五	34	五　峰	县立二高小毕业，曾任复仁乡二保副保长
候补监事	刘章甫	28	五　峰	县立二高小毕业，曾任复仁乡四保保长
	胡光礼	47	五　峰	县立二高小毕业，曾任公会理事等

1945 年 3 月，渔关商会撤销，归并五峰县商会。

1944—1945 年渔关商会人员变动表

职　务	姓　名	籍贯住址	任职时间	备　注
理事长	宫兴武	渔关镇	1944.5—1945.2	宫学祯
常务理事	吴尊三	渔关镇	1944.5—1945.2	吴全达
	李荫白	渔关镇	1944.5—1945.2	李士棠、李质
理　事	田鼎三	渔关镇	1944.5—1945.2	田先铸、田先柱
	吴崇三	渔关镇	1944.5—1945.2	吴峙东
	宫葆初	渔关镇	1944.5—1945.2	宫学仁
	宫子美	渔关镇	1944.5—1945.2	宫学成
监　事	郑星章	渔关镇	1944.5—1945.2	
	张焕然	渔关镇	1944.5—1945.2	
	余翰香	渔关镇	1944.5—1945.2	
文　书	向师程	渔关镇	1944.5—1945.2	向允洛、向永乐、向云周
文　牍	姜雁卿	渔关镇	1944.5—1945.2	姜正为、姜盛洪、姜盛鸿
事　务	龙光甲	渔关镇	1944.5—1945.2	

商会活动。1929 年前，各家商铺，由购货主购货后，在息金内加 4% 的商捐，并由各商户交纳会费。1929 年后，凡商户开业后，交纳会费，不再收取商捐。五峰渔关商会依照《商会法》规定，进行有关业务活动。北洋政府《商会法》第 6 条规定了商会的 7 款职务。第 3 款“关于工商业事项答复行政长官之咨询”，第 5 款“受工商业者之委托，调查工商业事项或证明其商品产地及价格”，第 6 款“因关系人之请求，调处工商业之争议”。南京政府颁布的《商会法》第 3 条规定了商会 9 款职务范围：1. 关于工商业之改良及发展事项；2. 关于工商业之征询及通报事项；3. 关于国际贸易之介绍及指导事项；4. 关于工商业之调处及公断事项；5. 关于工商业之证明及鉴定事项；6. 关于工商业统计之调查编纂事项……

渔关商会组建有商事公断处，对商事争议进行公断，主要业务集中在工商业之征询及通报事项。如省银行渔洋关办事处在卢云任内，需据商会册送商号审定小额贷款担保人资格。渔洋关余复昌等 51 家商号有担保人资格，凡借贷者必须向指定的 51 家商号请保，倘水印不符或对保时保人不负责，则不与借贷或转借。

1942 年 10 月，渔洋关商会受湖北省银行渔洋关办事处所请，为五峰初中学校制作棉服介绍布匹、棉花、印染、缝制各商。承包合约如下：

> 立承包人：冬季棉制服工厂渔洋关汪荣记成衣店、金记服装商店
>
> 今包到湖北省银行代做五峰中学冬季棉制服 140 套，当凭渔洋关商会议订，布及染色棉花均由省银行自办，所有帽花、衣扣、钩卡、线工及冬季棉服式样按照标单规定，每全套制工及线费国币洋 28 元正，外加每套帽花、衣扣、钩卡洋 3 元 3 角正，总共 140 套，计国币洋 4382 元正。至于定洋当酌量领取，其余款项俟 140 套学生棉服制就交齐后，再由省银行付清。制成期限自动工为度，不得超过 30 日，倘有式样不合，或任意延期及发生其他变故时，均归保人负完全赔偿责任。
>
> 计开：1. 制工及线费每套 28 元，合计 140 套，总计国币洋 3920 元正；2. 外加每全套帽花 1 个（11 角），大小黑胶扣 11 粒（11 角），合洋 2 元 2 角，风领 2 对 11 角，金铁扣 5 粒（1 角）合洋 5 角，钩卡 1 对 11 角，共五项计洋 3 元 3 角正；总共制工及线费、帽花、衣扣、钩卡，

计国币洋4382元正。12月，上项服装完工，共制服装140套，汪荣记、金记两制衣店工资4382元。

商团。1920年，渔关商会设有商团，为保护渔洋关商户治安而成立。7月9日，大总统第1724号指令国务总理萨镇冰："呈核内务部请奖励湖北五峰县商团保卫团剿匪出力人员张耀麟勋章。"

商团有团士20人左右，有汉枪3支，其他均系土枪，归会长指挥。内设两个班，一班长周吉陔（1927—1929.3），渔洋关人；二班长姓谢，河南人。教练官由徐尊臣担任（原名徐应祥，又名徐静臣，湖北均县人）。因商会经费不足，人头费用不够，故于1927年成立预备团，其40名团员补充到商团。商团由每商户出1人，服装、枪支自备。于1927年底改为"八社"预备团，由张俊泉带团。1929年3月，贺龙率红军部队攻占渔洋关镇，商团及预备团全被冲散，其活动停止。

第三节　五峰县商会

1930年1月，中华民国全国商会联合会秘书处出版的《中华民国商会名录》中即有五峰县商会，会址本县（城关），说明不迟于1929年，五峰县商会即已成立。自1929—1945年3月，五峰县商会的具体情况不明。

1945年3月，撤销渔洋关商会，重新选举成立五峰县商会，会址设渔洋关镇，由各同业公会理事长选举产生商会理事长、监事长等人选。商会于1947年5月整理一次，1948年改选一次，直到1949年10月，商会活动终止。县商会于每届选举一名县议员。1947年10月至1948年12月，蔡好臣任五峰县城关第一保商会理事长。

五峰县商会人员变动一览表（1945.3—1947.5）

职务名称	姓　名	任　期	备　注
理事长	宫兴武	1945.3—1946.7	宫学祯（1946.7病死）
	吴尊三	1946.8—1947.5	吴全达

续表

职务名称	姓　名	任　期	备　注
常务理事	吴尊三	1945.3—1946.7	吴全达
理　事	朱次明	1945.3—1947.5	朱经文
	尹星五	1945.3—1947.5	尹道祯
	蔡好臣	1945.3—1947.5	蔡子德
	胡世明	1946.7—1947.5	
监事长	李荫白	1945.3—1947.5	李士棠、李质
监　事	余敬安	1945.3—1947.5	余礼寿
	宁西峰	1945.3—1947.5	宁安华
书　记	姜雁卿	1945.3—1947.5	姜正为、姜盛洪、姜盛鸿
事务员	龙光甲	1945.3—1947.5	
干　事	李芝泉	1945.3—1947.5	
事　务	向　云	1945.3—1947.5	向光本
录　事	余祝三	1945.3—1947.5	余多寿
会　丁	刘万全	1945.3—1947.5	
	龚明德	1945.3—1947.5	
	向光耀	1945.3—1947.5	
	田玉如	1945.3—1947.5	

五峰县商会人员变动一览表（1947.5—1949.10）

职务名称	姓　名	任　期	备　注
理事长	宫子美	1947.5—1949.10	宫学成
常务理事	李荫白	1947.5—1949.10	李士棠、李质
	向师程	1947.5—1949.10	向允洛、向永乐、向云周
理　事	朱次明	1947.5—1949.10	朱经文
	田鼎三	1947.5—1949.10	田先铸、田先柱
	宁西峰	1947.5—1949.10	宁安华
	蔡好臣	1947.5—1949.10	蔡子德
监事长	吴尊三	1947.5—1949.10	吴全达、吴宁记

续表

职务名称	姓　名	任　期	备　注
监　事	余敬安	1947.5—1949.10	余礼寿
	宫葆初	1947.5—1949.10	宫学仁
	尹星五	1947.5—1949.10	尹道祯
	胡世明	1947.5—1949.10	
书　记	姜雁卿	1947.5—1949.6	姜正为、姜盛洪、姜盛鸿
	颜焕卿	1949.7—1949.10	颜学位
事务员	颜焕卿	1949.7—1949.10	颜学位
干　事	肖文卿	1947.5—1949.10	
会　丁	程忠藩	1947.5—1949.10	程忠凡
	程忠民	1947.5—1949.10	

五峰县商会主要负责管理全县商业、各同业公会。各业要经过商会发给营业执照，才能营业。商会每月向所管辖区域的商铺、同业公会收纳会费。1947 年 10 月至 1948 年 12 月，蔡子德任五峰城关第一保商会理事长，县商会派佘育三来城关发营业牌照，佘育三邀蔡子德协同作伴去水浕司、锣鼓圈发过一次牌照。

第四节　同业公会

1929 年 8 月，南京政府公布的《商会法》规定，正式组设之工商同业公会及注册之商店始得为商会会员。自 1936—1939 年，渔洋关地区先后成立杂货业、榨坊业、红茶业、广货业、船业等 5 个同业公会，由渔洋关商会管理。

1944 年 6 月，五峰县政府县长刘春先将渔洋关镇商会各公会职员会员名册报湖北省政府。各同业公会有权选举县商会理事长及其成员，并向商会交纳会费，向各业经营商铺收纳会费。

五峰县渔洋关镇商会造具各业公会职员会员名册

机关名称	职　别	姓　名	年龄(岁)	籍　贯	备　注
布商业同业公会（原布疋杂业同业公会）	理事长	宫兴武	36	五　峰	宫学祯
	常务理事	田鼎三	36	五　峰	田先铸、田先柱
	理　事	吴尊三	42	五　峰	吴全达
		刘舒庭	32	五　峰	
		龙鹤龄	50	五　峰	龙乐群
	候补理事	余翰香	36	五　峰	
	监　事	李荫白	40	五　峰	李士棠、李质
		宫子美	40	五　峰	宫学成
	候补监事	高耀堂	38	五　峰	
	会　员	宫兴武	36	五　峰	宫学祯
		李荫白	40	五　峰	李士棠、李质
		田鼎三	36	五　峰	田先铸、田先柱
		陈子廉	42	五　峰	
		刘舒庭	32	五　峰	
		王茂卿	26	松　滋	
		高耀堂	38	五　峰	
		李裕松	40	五　峰	
		任光明	35	洛　阳	
		周盛友	39	孝　感	
		程汉卿	50	汉　阳	
		龙鹤龄	50	五　峰	龙乐群
		肖文卿	26	五　峰	
		郑子敬	40	五　峰	
		赖瑞卿	39	五　峰	
		宋益盛	30	五　峰	
		朱次明	30	宜　都	朱经文
		李书林	45	五　峰	
		郑仁甫	28	五　峰	

续表

机关名称	职别	姓名	年龄（岁）	籍贯	备注
布商业同业公会（原布疋杂业同业公会）	会员	宫子美	40	五峰	宫学成
		刘章甫	28	五峰	
		吴尊三	42	五峰	吴全达
		尹星五	40	五峰	1944.9 入国药业公会
		程琳堂	40	汉阳	
		赖子英	34	五峰	1944.9 入国药业公会
		李习之	38	五峰	
		余翰香	36	五峰	
		姜虞堂	56	五峰	
百货商业同业公会（原京广业同业公会）	理事长	张焕然	28	五峰	
	常务理事	余昇伯	38	五峰	余永恒、余开太
	理事	张凤梧	30	五峰	张业炳
		邹吉陔	34	五峰	邹永祥
		张树猷	28	五峰	张业建
	监事	武立甫	35	五峰	武继志
	候补监事	向光华	46	五峰	向瑞五
	会员	张焕然	28	五峰	
		余昇伯	48	五峰	余永恒、余开太
		张凤梧	30	五峰	张业炳
		张树猷	28	五峰	张业建
		张佑卿	20	五峰	
		邹吉陔	34	五峰	邹永祥
		武立甫	35	五峰	武继志
		胡心楷	40	五峰	
		龙春如	36	五峰	
		李文彬	28	五峰	
		李祖云	29	五峰	
		李元贞	32	五峰	

续表

机关名称	职　别	姓　名	年龄（岁）	籍　贯	备　注
百货商业同业公会（原京广业同业公会）	会　员	张发心	30	五　峰	
		陈平卿	32	江　陵	
		向光华	46	五　峰	向瑞五
		陈维春	30	五　峰	
		李文德	30	五　峰	
油商业同业公会（原榨业同业公会）	理事长	吴崇三	46	五　峰	吴峙东
	常务理事	向从信	45	五　峰	
	理　事	宫葆初	53	五　峰	宫学仁
		李玉泉	30	五　峰	
		周定成	32	五　峰	
	监　事	龙春如	36	五　峰	
		田子春	40	五　峰	田先根
	会　员	吴崇三	46	五　峰	吴峙东
		向从信	45	五　峰	
		宫葆初	53	五　峰	宫学仁
		周定成	32	五　峰	
		李玉泉	30	五　峰	
		袁顺运	40	五　峰	
		宁定富	31	五　峰	
		田正保	28	五　峰	
		黄家友	35	五　峰	
		郭少泉	58	五　峰	
		周正培	32	五　峰	
		周远华	28	五　峰	
		黄远富	30	五　峰	
		苏斌臣	42	五　峰	
		田子春	40	五　峰	田先根
		龙春如	36	五　峰	

续表

机关名称	职 别	姓 名	年龄(岁)	籍 贯	备 注
油商业同业公会（原榨业同业公会）	会 员	李天崇	32	五 峰	
		李树堂	42	五 峰	
		罗选遂	36	五 峰	
		孙文柱	40	五 峰	
		周敬臣	38	五 峰	
		刘文卿	36	五 峰	
		杨现之	34	五 峰	
		谭香甫	58	五 峰	
		陈巨丰	35	五 峰	
饼面业商业同业公会（饼面业同业公会）	理事长	郑星章	42	五 峰	
	常务理事	谢德政	30	五 峰	
		金贵三	59	五 峰	
	理 事	胡赞臣	56	五 峰	
		龙鼎三	52	五 峰	
	监 事	段先礼	30	五 峰	
		潘耀庭	50	五 峰	
	会 员	郑星章	42	五 峰	
		谢德政	30	五 峰	
		金贵三	59	五 峰	
		胡赞臣	56	五 峰	
		潘耀庭	50	五 峰	
		阮直元	32	五 峰	
		段先礼	30	五 峰	
		戴先进	39	五 峰	
		郑行元	20	五 峰	
		龙鼎三	52	五 峰	
		魏南山	60	五 峰	
		孙文彬	40	五 峰	

续表

机关名称	职 别	姓 名	年龄(岁)	籍 贯	备 注
饼面业商业同业公会(饼面业同业公会)	会 员	向永浩	38	五 峰	
		王继福	20	五 峰	
		陈瑞林	39	五 峰	
		龚道云	22	五 峰	
		李继白	39	五 峰	
		田厚三	41	五 峰	
成衣商业同业公会(原成衣业同业公会)	理事长	胡光礼	47	五 峰	
	常务理事	汪成云	38	五 峰	
	理 事	胡世明	38	五 峰	
		傅云卿	36	五 峰	
		黄昌金	29	五 峰	
	监 事	张光明	32	五 峰	
		王文卿	38	五 峰	
	会 员	胡光礼	47	五 峰	
		张光明	32	五 峰	
		汪成云	38	五 峰	
		黄昌金	22	五 峰	
		胡世明	38	五 峰	
		关玉如	48	五 峰	
		傅天华	36	五 峰	
		王子卿	34	五 峰	
		向从约	35	五 峰	
		李太卿	25	五 峰	
		李明志	28	五 峰	
		李明全	26	五 峰	
		谭林生	29	五 峰	
		龙善速	30	五 峰	

各同业公会依其成立先后，分述于下。

船业同业公会。1936 年 5 月，成立船业同业公会。1944 年 6 月，改为渔洋关镇民船商业同业公会，至 1949 年 10 月终止。

1936—1937 年船业同业公会人员变动表

职　务	姓　名	籍贯住址	任职时间	备　注
理事主席	颜焕卿	渔关镇	1936.5—1937.3	颜学煊
常务委员	陈金伯	渔　关	1936.5—1937.3	陈心东
	李士元	李家坪	1936.5—1937.3	李栋臣
委　员	高孔福	宜都胡家河	1936.5—1937.3	高海清
	余永选	宜都石羊山	1936.5—1937.3	
	赵元卿	渔关镇	1936.5—1937.3	赵明宣
	杨华陔	渔　关	1936.5—1937.3	杨祖荣，宜都全福河
	高孔寿	宜都胡家河	1936.5—1937.3	
	江介臣	宜都聂家河	1936.5—1937.3	江德高
	焦锡五	渔关刘家坪	1936.5—1937.3	焦从贵
	刘宝禄	宜都施毛渡	1936.5—1937.3	

1937—1940 年船业同业公会人员变动表

职　务	姓　名	籍贯住址	任职时间	备　注
理事主席	陈金伯	渔　关	1937.3—1940	陈心东
常务委员	李士元	李家坪	1937.3—1940	李栋臣
	焦锡五	渔关刘家坪	1937.3—1940	焦从贵
	叶光明	宜都施毛渡	1937.3—1940	
委　员	赵元卿	渔关镇李家坪	1937.3—1940	赵明宣
	江介臣	宜都聂家河	1937.3—1940	江德高
	杨华陔	渔　关	1937.3—1940	杨祖荣，宜都全福河
	高孔福	宜都胡家河	1937.3—1940	高海清
	高孔寿	宜都胡家河	1937.3—1940	
	刘宝禄	宜都施毛渡	1937.3—1940	
	余永选	宜都石羊山	1937.3—1940	

1940—1944 年船业同业公会人员变动表

职　务	姓　名	籍贯住址	任职时间	备　注
理事主席	李士元	李家坪	1940—1944.5	李栋臣
常务委员	杨华陔	渔　关	1940—1944.5	杨祖荣，宜都全福河
	陈金伯	渔　关	1940—1944.5	陈心东
委　员	赵元卿	渔关镇	1940—1944.5	赵明宣
	江介臣	宜都聂家河	1940—1944.5	江德高
	焦锡五	渔关刘家坪	1940—1944.5	焦从贵
	刘宝禄	宜都施毛渡	1940—1944.5	
	高孔寿	宜都胡家河	1940—1944.5	
	高孔福	宜都胡家河	1940—1944.5	高海清
	余永选	宜都石羊山	1940—1944.5	
	叶世明	宜都施毛渡	1940—1944.5	

1944—1949 年民船商业同业公会人员变动表

职　务	姓　名	籍贯住址	任职时间	备　注
理事长	赵元卿	渔关镇	1944.6—1949.10	赵明宣
负责人	焦锡五	渔关刘家坪	1944.6—1949.10	

榨油商业同业公会。1936 年 6 月，成立榨坊业同业公会。1944 年 8 月改为“五峰县渔洋关镇榨油商业同业公会”，至 1949 年 10 月终止。刘文卿（一钧）、田子春先后任理事长。

红茶业同业公会。1938 年 8 月，成立渔洋关镇红茶业同业公会。1944 年 6 月改为“五峰县渔洋关镇茶商业同业公会”，至 1949 年 10 月终止。萧俊川、宫葆初先后任理事主席、理事长。在抗战期间，红茶业同业公会积极组织宜红茶生产，在合同签订中连环担保。收制过程或遇匪干扰，或因军队驻扎，或因贷款发放不及时等种种艰难情形，导致合同履行困难，及时报告茶叶管理处转报中茶公司和贸易委员会。在收购评价、结价收账等方面，协调各方，多次与贸易委员会及中茶公司交涉，尽力维护茶商利益。

成衣业同业公会。1940 年 9 月，成立成衣业同业公会。1944 年 8 月，改称“渔洋关镇成衣商业同业公会”，至 1949 年 10 月终止。1944—1949 年，胡世明任理事长。

百货业同业公会。1939 年或之前，渔洋关成立杂货业、广货业同业公会。1941 年，成立五峰县渔洋关镇京广业同业公会。1944 年 8 月改为“五峰县渔洋关镇百货商业同业公会”，至 1949 年 10 月终止。

1941—1943 年京广业同业公会人员变动表

职　务	姓　名	籍贯住址	任职时间	备　注
理事长	张凤梧	渔关镇	1941—1943	张业炳
常务理事	余昇伯	渔关镇	1941—1943	余永恒、余开太
	张树猷	渔关镇	1941—1943	张业建
理　事	向光华	渔关镇	1941—1943	向瑞五
	武立甫	长　阳	1941—1943	武继志
监事长	宁西峰	渔关镇	1941—1943	宁安华
监　事	陈再甫	汉　阳	1941—1943	
	邹吉陔	渔关镇	1941—1943	邹永祥

1944—1949 年百货商业同业公会人员变动表

职　务	姓　名	籍贯住址	任职时间	备　注
理事长	张焕然	渔关镇	1944.6—1949.10	
常务理事	余昇伯	渔关镇	1944.6—1949.10	余永恒、余开太
理　事	张凤梧	渔关镇	1944.6—1949.10	张业炳
	邹吉陔	渔关镇	1944.6—1949.10	邹永祥
	张树猷	渔关镇	1944.6—1949.10	张业建
监　事	武立甫	渔关镇	1944.6—1949.10	武继志
候补监事	向光华	渔关镇	1944.6—1949.10	向瑞五

饼面商业同业公会。1944 年 6 月，成立饼面业同业公会；8 月，改为“五峰县渔洋关镇饼面商业同业公会”，至 1949 年 10 月终止。

职　务	姓　名	籍贯住址	任职时间	备　注
理事长	向　植	渔　关	1944.6—1949.10	向从培
常务理事	谢茂圣	宜　都	1944.6—1945	
理　事	龙光甲	五　峰	1944.6—1949.10	
	邓万顺	五　峰	1944.6—1949.10	
	王　龙	五　峰	1944.6—1949.10	王继福
常务监事	张新皆	五　峰	1944.6—1949.10	
监　事	周凤鸣	五　峰	1944.6—1949.10	周远法

骡马业同业公会。1944 年，因军政部在五峰购买骡马，而成立同业公会，至 1946 年终止。宫兴武任同业公会理事主席。

旅栈业同业公会。1944 年 6 月，成立旅栈商业同业公会，至 1949 年 10 月终止。理事长赵养源，常务理事佘育三。

布商业同业公会。1944 年 6 月，成立五峰县渔洋关镇布疋杂业同业公会；8 月，改为“五峰县渔洋关镇布商业同业公会”，至 1949 年 10 月终止。朱次明任理事长。

建筑业同业公会。1944 年 9 月，成立建筑业同业公会，至 1949 年 10 月终止。田鼎三任理事长，邓官林实际负责。

理发业同业公会。1944 年 9 月，成立理发业同业公会，至 1949 年 10 月终止。王仁山（又名邓仁山）任理事长。

木材商业同业公会。1944 年 9 月，成立木材业同业公会，至 1949 年 10 月终止。向师程任理事长。

纸业同业公会。1944 年 9 月，成立纸业同业公会，至 1949 年 10 月终止。

职　务	姓　名	籍贯住址	任职时间	备　注
理事长	宫子美	渔　关	1944.9—1948	宫学成
	黄海波	杨家河	1948—1949.10	黄松琴、黄元涛
负　责	姜平康	杨家河	1949	

国药业同业公会。1944 年 9 月，成立国药业同业公会，至 1949 年 10 月终止。

职　务	姓　名	籍贯住址	任职时间	备　注
理事长	尹星五	渔关镇	1944.9—1949.10	尹道祯
常务理事	段石泉	杨家河	1944.9—1947	
理　事	郑朋万	石柱山	1944.9—1949.10	
	孙云臣	杨家河	1947—1949.10	孙因段石泉有病顶补
监事长	赖子英	秭　归	1944.9—1949.10	原名郑寿廷
监　事	郭佐民	渔　关	1944.9—1949.10	

本章资料来源

1.《五峰县政府为遵令检送渔关商会各公会职员会员名册电赍鉴核备查由》，湖北省档案馆档案［LS006–002–0285（2）–002］，1944 年 7 月 6 日。

2.《湖北省建设厅代电五峰县政府仰即特饬渔洋关商会补赍该会组织章程连同会员名册报厅以凭核转由》，湖北省档案馆档案（LS031–002–0027–001），1940 年 1 月 12 日。

3.《湖北省政府建设厅代电：据呈该县渔关商会会员名册有应改正事项，检还原件电仰转饬遵照办理由》，湖北省档案馆档案（LS031–002–0027–003），1940 年 3 月 27 日。

4.《湖北省政府据呈该县渔洋关镇商会及各同业公会职员名册一案令仰遵照由》，湖北省档案馆档案［LS006–002–0285（2）–001］，1944 年 8 月 21 日。

5.《湖北省茶叶管理处呈报据渔关红茶业同业公会呈报推定出席评价会代表姓名转呈备案由》，湖北省档案馆档案（LS031–003–0749–018），1941 年 10 月 7 日。

6. 五峰档案馆 2–2–266–26，五峰县商会。

7. 五峰档案馆 2–2–277–13，渔关商会、五峰县商会。

8. 五峰档案馆 2–2–339–49，商会理事、监事表。

9. 五峰档案馆 2–2–341–53，商会情况。

10. 五峰档案馆 2–2–353–141，同业公会。

11. 五峰档案馆 2–2–357–14，渔关商会人事更替表。

第十八章

人　物

宜昌红茶由广东商人与江西技工创制，师承宁红工夫红茶制法，以香高味醇的品质，在国际贸易市场上获得欧美消费者极高称誉及推崇。在宜红演进历史中，应当铭记的人物众多，限于篇幅，只得撷取部分代表人物予以简述。

第一节　创始人物

钧大福，生卒年不详，广东商人。清道光年间，有广东茶商携大批江西制茶技工到长乐县渔洋关设号精制红茶，为宜红区红茶精制出口之始。第一个设厂精制红茶的是钧大福。因“钧”为稀有姓氏，目前暂未找到其家族后人，但有关史料记述均能印证其真实可靠。“汉口茶厂曾提供一份19世纪中叶以后的红茶茶商及茶师名单如下。广东茶叶商人钧大福、卢次伦……”枝城市畜特局的陈章华在《宜红茶史考》中记述：“1966年为了研制切碎红茶，笔者跟随全国著名茶叶专家冯绍裘老师，从宜都出发到五峰、鹤峰等县考察，路过渔洋关休息时，我们向老师请教宜红茶史，老师除证实江获君史料正确外，还带我们到渔洋关下街参观了一些茶庄旧址。笔者在宜都茶厂工作时，请教许多茶叶老前辈，他们均是宜都茶厂建厂时从渔洋关招聘的技工，他们的门徒师、爷爷辈都在以上茶号工作过，也同样证实道光年间，广帮钧大福第一个在渔洋关设庄精制红茶。”1941年6月24日，吴嵩在《五峰名产——茶叶》中记述:“五峰产茶最早，制茶已久，前后行将百年。”杨福煌（1793—1847）在《渔洋沿革考》一文中记述:“嘉庆四年……盖自是而土地日辟，美利日兴，农桑饶裕，礼教昌明，或粤之东或江之右，持筹而来者，商贾云集，人烟稠密，熙熙皞皞，乐安无事之天者已历百余载矣。”广东茶商钧大福在湖北传授红茶精制技术的史实，在湖北崇阳、通山、孝感均有类似记载。

林志成，派名林朝登，广东香山县南屏村人，约出生于1851年。曾用名林子成、林子臣、林紫宸、林子元、林紫垣等。1876年，林紫宸在鹤峰州采办红茶，设庄鹤峰州城，在渔洋关精制转宜都运汉口、上海出口。1883—1886年间，林子成邀同唐星衢（让臣）集资36股，在泥沙设立泰和合茶号，唐星衢任管账，卢次伦任副管账。林子成等广东商人收制红茶的同时，还于长乐、鹤峰开采铜矿。但因矿质不佳、管理不善等诸多原因，时开时停。光绪十二年（1886）十月，广东香山李朝觐独资接办鹤峰九台山铜矿，派林子成任商董，坐局督办。11月17日夜，部分乡民以开矿有伤地脉要求停采，与矿局发生冲突。砂丁致死人命，乡民报复烧毁局屋。李朝觐报案，湖广总督饬发武昌府审办。报案所述与鹤峰州地方官及乡民供述大相径庭，无法定案，案延一年奏报朝廷。林子成受到牵连，约于1888年，避隐长阳星岩坪王润堂（文澡、文早）处，挂泰和合牌号，续制红茶。1890年，林子成捐出巨金，商王润堂、褚铭三、褚克恭、褚辅臣等，鸠工兴建裕安桥。1901年，林子成受鹤峰人李树馨之邀，再次合办鹤峰九台山铜矿，仍以失败告终。林子成等广东茶商在五峰、鹤峰、长阳、石门一带精制红茶，获得巨大成功，却在开采铜矿上折戟沉沙。

卢次伦（？—1910年前），派名有庸，字万彝，号次伦，广东省香山县上栅村人，约出生于1842年。有二子，长子卢清即卢月池，次子卢瀛。约1883—1886年任泥沙泰和合茶号副管账。1886年，与林子成等广东茶商在九台山开采铜矿。约1887年，接续经营泥沙泰和合茶号。卢次伦为人精明干练，经营有方，分派修水技工多人赴罗家坪、五里坪、莲花台、苏市等分庄和茶区，指导红茶制造。1892年，建成松柏坪泰和合茶号新屋，每年制红茶1万箱左右。自备船只60余艘，修筑泥沙至石门县城200余里石路及改造石门街道。使泰和合一跃而为宜红茶区最具实力的茶号之一。

第二节　官方代表

冯绍裘（1900—1987），字挹群，湖南衡阳人。1923 年毕业于河北保定农业专科学校。1924—1928 年，在安化茶叶讲习所任教。1933 年任修水实验茶场技术员。1935 年，在祁门茶业改良场设计了一套红茶初制机械设备，开创我国机制红茶先例。1938 年 2 月，筹建中国茶叶公司恩施实验茶厂并担任厂长。1938 年 9 月中旬，为开辟新的茶叶出口产区，受中茶公司派遣，与范和钧到云南顺宁调查茶叶产销情况。1939 年 3 月筹建顺宁实验茶厂，当年试制滇红 16 吨多，经中国香港转销伦敦，引起国际茶叶市场震动。新中国成立后，1950 年担任中茶公司中南区公司副经理兼汉口茶厂厂长，湖北省茶叶公司总技师。

杨一如（1895—1988），湖北襄阳人。早年父母双亡，由二叔抚育成人。1911 年入教导团第三营受训，1912 年因病退伍。1913 年秋，考入国立武昌高等师范学校博物科。1917 年毕业留校任助教。1918 年 5 月至 1926 年，先后在襄阳、芜湖、武昌任教。1926 年秋，任汉口市政府秘书长兼教育局局长。1928—1932 年，在北平、武汉两地中学任教。1934—1938 年，在湖北第三区专署、江苏民政厅、陕西第六区专署等处任职。1938 年冬，赴成都、重庆。1940 年 7 月至 1941 年初，任中国茶叶公司湖北办事处主任。1942 年，任湖北省银行辅导鄂西茶叶产制运销处经理，旋任省平价物品供应处茶叶部经理。1943 年，任省平价物品供应处制茶厂厂长。1945 年抗战胜利后，任民生茶叶股份有限公司筹备处主任。1946 年 8 月 1 日，改任民生茶叶公司顾问。

戴啸洲（1900—1953），原名戴孝周，安徽含山人。1937 年 2 月 22 日，实业部委派时任汉口商品检验局茶叶检验组技士的戴啸洲在宜昌、宜都、长阳、五峰、鹤峰从事红茶产量及运销调查。1937 年 4 月，宜昌区茶业改进指导所在渔洋关成立，戴啸洲任主任，指导所在恩施、五峰两县购买生叶，制造改良红茶 2000 多斤，以一部分分赠汉口、上海中外茶商，博得全体茶商赞许，誉足与祁门红茶相颉颃。

张博经（1913.2.5—1991.6.6），江苏句容人。1938年毕业于南京合作学院。1940年任中国茶叶公司五峰精制茶厂技师。1941年任水浕司分厂主任。1943年起，任湖北省平价物品供应处茶叶部制茶所主任、茶叶部副经理、制茶厂副厂长，民生茶叶股份有限公司筹备处副主任，民生茶叶公司副主任等。1950—1954年，任中国茶叶公司中南区公司办公室副主任兼技师。1955年，任广东省茶叶进出口公司高级技师。

徐方干，1901年出生，江苏宜兴人。曾在日本静冈茶叶试验场研究红绿茶制造3年，台湾帝大理农学部研究制茶2年。1936年，任全国经济委员会茶业技术专员、浙江省茶业改良场技术主任。1937年，任湖北省农业改进所技师，主办茶业组事宜及筹划全省茶业改良事宜。因抗战影响，农业改进所停办后，同年任湖北省羊楼洞茶业改良场场长。1938年9月，茶业改良场迁渔洋关后续任场长兼省茶叶管理处副处长。1940年辞职。

高光道，又名高精一，1899年出生，湖北汉阳人。国立北京农业大学毕业。历任羊楼洞茶业改良场技士、湖北建设厅农业指导员、湖北省立农业专科学校农场主任。1940年3月，任五峰茶业改良场场长兼省茶叶管理处副处长。1942年任湖北省银行辅导鄂西茶叶产制运销处副经理，后任湖北省平价物品供应处茶叶部副经理、粮食加工部经理。1943年8月辞职。

余景德，别号镜湖，出生于1887年，武汉蔡甸人。湖北高等农业学校毕业。曾任羊楼洞茶业讲习所长两年多，赴日考察机械制茶，续任羊楼洞茶业试验场技士、场长。1937年任宜昌区茶业改进指导所副主任兼技士，后归并羊楼洞茶业改良场技士。1938年9月改良场迁移五峰，续任技士，主持栽培制造技术股。1940年2月，在水浕司主持创办特约模范茶园26处。1940年3月，任湖北省茶叶管理处秘书。1942年2月，任五峰茶业改良场技士，继任五峰茶业改良场场长近1年。

袁　鹤，又名袁炳材，1916年8月25日出生，浙江诸暨人。1936年，毕业于浙江省立农业推广专门人员养成所第二期茶作组并于当年任浙江省茶业改良场技术员。1937年5月，任实业部茶叶检验产地监理处温州区检验组长。1938年4月，任中国茶叶公司技士。1940年，任中茶公司湖北办事处专员兼技术组长。1942年4月，任湖北省农业改进所技士。1943年2月，任五峰茶业改良场场长。1944年8月辞职。

王　堃（1909.2.8—？），湖南安化江南坪人，别号琥璠。1927 年毕业于湖南省立茶业学校。1936 年 6 月—1937 年 4 月，任祁门茶业改良场技术员。1937 年 5 月—1938 年 1 月，任江西修水茶场技术员。1938 年 4 月—1940 年 12 月，任中国茶叶公司恩施实验茶厂技术主任。1941 年 1 月—1942 年 3 月，任中国茶叶公司恩施实验茶厂副厂长。1942 年 4 月—1943 年 2 月，任中国茶叶公司技师兼灌县实验茶厂厂长。1943 年 3—10 月，任湖南砖茶厂副厂长。1943 年 11 月—1944 年 7 月，任中国茶叶公司恩施实验茶厂副厂长。1944 年 8 月 24 日，任五峰茶业改良场场长。1947 年 5 月，任民生茶叶股份有限公司总技师，在五鹤茶厂专门负责红茶精制技术工作。1978 年，任湖北省纺织品公司副经理。

胡子安，祖籍山东青岛。1940 年 3 月，中国茶叶公司在五峰县渔洋关王家冲设立五峰精制茶厂，任厂长。1942 年 7 月省平价物品供应处成立后，任运输部鄂中段督导兼段长。1945 年 10 月，省平价物品供应处撤销，11 月资遣。1948 年，任鄂南砖茶厂厂长。

万纯心（1917—？），湖北武昌青山人。湖北省立农业专科学校肄业。1940 年 12 月，任恩施农业推广实验助理干事。1942 年 3 月，任五峰制茶所负责人兼技术指导员。1943 年 5 月，任五峰制茶所技术员；7 月，任制茶所主任。1945 年 7 月，任省平价物品供应处工务课长兼五峰制茶所主任；11 月，任五鹤茶厂厂长。1948 年 2 月，任湖北民生茶叶公司技师；7 月 16 日，代理鄂南砖茶厂副厂长兼技师。新中国成立后，曾任湖北省外贸局业务办公室主任。

第三节　茶商代表

吕仲甫（1853—1932），1904 年，吕忠荩（仲甫）、忠蕒（瑞堂）兄弟在长阳资丘西湾创办彝新公司。1917 年，茶务危险，彝新公司等发起宜茶维持会。4 月 9 日，在《申报》刊发《宜昌维茶会书》："宜昌、长阳、五峰等县向来出茶极富，统名为彝陵茶，价值颇高。近因茶市危险，大抱悲观。由长阳彝新公司等发起宜茶维持会，其意见书略云：本年茶务之危险达于极点，英之运道、销路两绝，俄之运道又被阻滞，我与德绝，复影响金融，险象环生，实无一丝生路。兼以上年大受损失，元气已伤。资本岂堪复折，由此言之，则今年茶务绝对不办，方为自全之道。但各处惨淡经营有年，谁肯一旦停业，必协力维持，妥筹善法，或能侥幸于万一。维持之法，有谓将以上种种情形详明报告，使山户、行号知所改良，知所警觉，根本管事，不惟无见。但人之欲利，谁不如我，贪心一炽，则冒险更甚，恐非一纸空文所能起其戒心也。同人等再四筹划，厥有一法，非平价不可。实行平价，非预算出产确数各号分配不可，分配无效非议罚重金不可，罚金无效非筹备讼费不可，请详为之。夫茶务之所以失败者，由于山价太高，而山价高由于各号之争买，各号争买由于不知出产之确数，以为求过于供，恐有不足，故肆行标码，希图一网打尽，一家作俑，各号踵接，继长增高，致有七八百文一斤之奇价，粗老霉烂均所弗计，迨后或经济不裕，或器小易盈，则又闭门谢客，弃货于市，已买之贵茶，欲吐不能吐，未卖之贱茶，欲吞不能吞，始悔前之抢买，时已晚矣。欲除此弊，必先预算出产确数若干，茶号若干，酌量分配，务使有盈无绌，价码划一，不得此高彼低，自我作主，勿为人播弄，买足者不贪多，未足者不患少。如此则价不期平而自平矣，倘有贪得勿厌，所买逾乎分配之外者，即以破坏公益论罚金以议其非，倘有不服从，则视为公敌，提起诉讼，众怒难犯，理绌辞穷，恐亦无所逃也。是虽非正本之道，实为治标之策，管见如是，伏乞公决云云。”1924 年，彝新公司改为翠亨公司，经理由吕仲甫的儿子吕彤章担任。

龙云峰，字见田，号良栋，祖籍汉阳，定居渔洋关。1905 年，就泰和合旧址设立义成生茶号，打破粤商独家经营渔洋关红茶精制的格局。《申报》（1905 年 3 月 11 日）“兴办制茶公司”一文记述：“长乐县、鹤峰州等处向来产茶，多由异人购去，但系本色不甚获利，现在该处民人学得制红茶法，拟将茶叶收价成庄，制成上好红茶售与西人，已由渔洋关地方绅耆为首招股兴办，每股钱 100 千，三年之后分红，三年以内不得将股本抽去，前日绅士龙云峰等来宜查探西人收茶情形，并劝募股本，即在城内租住，以便办理一切。”1916—1929 年，任渔关商会会长、副会长。

宫福泰（1868.12.11—1933），派名圣修，字敬臣，号福泰，宫德炳长子。祖籍江南江宁府句容县下塘村，爷爷宫文朋因避太平天国祸乱，逃难辗转资丘后定居渔洋关。光绪年间为营运红茶，宫福泰出资兴修渔关至鹤峰驮运道。1912 年，创办源泰茶号，经营有方，在宜红区各县遍设分庄 20 余处。宫氏家族经营红茶近 40 年，所制宜红量多价高，成为宜红茶区最具实力的茶号之一。1921—1924 年，宫福泰任渔关商会副会长。1924—1927 年 6 月，任渔关商会会长。

张佐臣（1863—1938），字崇圣，又名张六佬，鹤峰县容美镇人。早期学屠宰，后经表哥李艺武引荐，结识泥沙泰和合茶号主管卢次伦父子，开始背秤串乡，收购红茶。1917 年，张佐臣低价盘得泰和合茶号，自立“圣记张永顺茶号”。1931 年，与涂子白、熊纯臣、刘嘉乃、吴习斋等合伙在所街设立鹤顺昌茶号，仅一年停业。1932 年，与渔洋关吴寿记、吴宁记兄弟等在王家冲合设同顺昌茶号。1938 年，病逝于汉口。

第四节 技师代表

江西技师，自道光年间，江西技工由广东茶商带领，来渔洋关创制宜红开始，直至新中国成立前，江西修水制茶师傅遍布宜红各茶区，其中绝大多数在茶季进山，茶季结束回乡，也有极少数在当地安家落户。茶师数量无精确统计，来凤、渔洋关均设有江西会馆。现有资料记载的仅是极少的一部分。汉口茶厂记载的江西技师有樊高升、冷德干、樊彬、樊希璧。《五峰县志》记载的有樊高升、冷德干、樊孝花、樊竹卿、樊希壁、姚协和、陈师傅、吴东升等。樊孝花擅长簸茶、飘筛、搭筛等技术；冷德干的拿手好戏是分筛、闹筛技术；陈师傅对焙茶技术专心独到；樊竹卿的风车净茶技术无人替代；樊高升擅收毛茶，归堆、审评独到；吴东升的独门绝技是用脚踩锡纸，包装茶叶，不渗水、不跑气。

王道蕴，1904 年 12 月 16 日出生，湖北宜昌县人。1926 年 3 月，于日本东京农业大学毕业。1927 年 12 月 10 日—1934 年 3 月 20 日，任湖北省南湖农业试验场技士。1937 年 5 月 10 日—11 月 13 日，任宜昌区茶业改进指导所技术员。1937 年 11 月 30 日—1939 年 2 月，任湖北省羊楼洞茶业改良场技佐。1939 年 2 月，任湖北省五峰茶业改良场技佐。1942 年 5 月 1 日，任五峰茶业改良场技士，直至五峰茶业改良场裁撤，一直担任栽培、制造、技术推广工作。

姚光甲，别号辉武，安徽望江人，1904 年出生。安徽省立茶业专门学校毕业。曾任祁门茶业改良场技术助理员、浙江省平水茶业改良场技术员。1937 年，任宜昌区茶业改进指导所技术员、湖北省农业改进所茶叶组技佐。1938—1939 年，任羊楼洞茶业改良场、五峰茶业改良场技佐。1939 年 6 月，兼任湖北省茶叶管理处指导股股员；11 月，改任省农业改进所技士。1943 年 5 月，任中国茶叶公司五峰工作站主任。

黄足三（1911.8.25—1999.10.22），派名黄有才，五峰渔洋关人。1925 年，在忠信福茶号学徒。从樊孝花、冷德干那里学到分、闹、飘、簸、搭等筛技；从陈师傅那里学得焙茶技术；从樊竹卿那里学得风车净茶诀窍。他悉心照顾大包头樊希壁、樊高升起居，尽得制茶要领。7 年学徒生涯，使他全面掌握宜红茶制作技术。1932—1933 年，在同顺昌茶号和宜都天成茶号当小包头。1934 年，在民生茶号当大包头，使民生茶号的产品质量跃居上游，恒信、裕民、民孚、民生、成记、裕隆、华明等茶号也请黄足三把关质量。1946 年 3 月，在五鹤茶厂任茶司。新中国成立后，在中茶公司渔关宜红收购处参加工作。1950 年 9 月，领命带 150 名茶工赴汉口，参加突击加工 2000 担外贸红茶，受到中南区公司副经理兼汉口茶厂厂长冯绍裘的赏识，将他留任技术员。1955 年，在广州茶厂因业绩突出，破格提升为技术骨干。跻身张博经、薛秋强、罗齐祜等国内专家行列，到各茶区培训主讲精制加工、审评、拼配技术。1958 年，返乡后在五峰、鹤峰、建始、宣恩、利川等茶厂工作。1971 年在鹤峰茶厂退休。

姚协和，1891 年出生于江西修水沙湾区九村。8 岁即随祖父学漆工 3 年。1902 年，在羊楼洞兴泰红茶号学徒。1905—1909 年，在羊楼司瑞昌茶号帮工。1910—1919 年，在泥沙泰和合茶号帮工。1920—1922 年，在泥沙广益茶号帮工。1923—1926 年，在渔关泰和祥茶号帮工，并在渔关桥河结婚定居。1927—1932 年，在渔关恒信茶号当出庄包头。1933—1938 年，在渔关源泰茶号帮工。1939—1940 年，在渔关裕隆茶号帮工。1943 年，在水浕司五峰制茶所当茶工。1944 年，在五峰县联社茶厂当茶工。1946 年，在渔关天生茶号当茶工。1950—1955 年，在富足溪茶站当技工，在中茶渔站、中茶渔关转运站、鹤峰五里坪茶站、鹤峰走马坪茶站、中茶楠木桥营业组当业务员。

龙汉佐，派名龙乐国，字藩屏，出生于 1897 年 7 月 13 日。1909—1917 年，在渔洋关义成生茶号当学徒、做茶工。1918—1923 年，在泰和祥茶号做红茶。1928 年，在渔洋关恒源红茶号当技工。1929—1933 年，在恒信红茶号当技工。1934 年，在宜都天成红茶号当技工。1935 年，在渔洋关民孚红茶号当保管员。1936 年，在渔洋关成记红茶号当看拣员。1940 年，担任中茶公司五峰精制茶厂管理员。1941 年，任湖北省茶叶管理处附属茶厂看拣员。1942—1943 年，在五峰制茶所做茶工。1944 年，在五峰县联社茶厂当技工。1947 年，任五峰渔洋关源泰红茶号技司。1950 年正月，进入中国茶业公司宜红收购处渔关办事处，先后在长阳成五河工作站、五峰县富足溪茶叶工作站当业务员。嗣后，调湖南泥沙精制茶厂当管理员。1952—1955 年，先后在鹤峰县百顺桥茶叶工作站，五峰县富足溪茶叶工作站、唐家河茶站、城关长坡乡收购站担任业务员。1956 年，在兴山县采购站工作。1958 年 6 月退休。

附录一　碑　刻

仁和坪船山坪碑垭路碑

碑文：先皇开辟之初，道路宽大，年多日久，控内崩朽，往来众者，却有足迹之艰。地方人等各捐银又修整其路，行旅客商往来之货郎骡马脚夫，亦可无险阻之患。其能大张功德者，足称千古之名也。为首领修肖玉振二钱四分，王书昇二钱四分，刘述占二钱四分，在会人等之君位五钱。王国正一钱二分，王国□一钱二分，王夏珍一钱二分，鲁仁表二钱四分，丁超万二钱四分，张廷珍二钱，熊士安二钱二分，钟绍堂一钱二分，王士华一钱二分，杨正万一钱二分，向文吉八分，宋凤羽一钱二分，郑国海一钱二分，胡则荣一钱二分，□□天一钱二分，肖良占一钱二分，张在万一钱二分，孙云章、孙天章、孙□章共三钱六分，杨正龙一钱二分，胡禹光一钱二分，向光宙一钱，刘建修二钱八分，吴善仰三钱，张上玉二钱四分，周绍孔一钱二分，肖明彩一钱二分，王在南二钱二分，王方昇二钱四分，王振众一钱二分，王祖周一钱二分，付文安一钱二分，周令召六分，田星周一钱，付云□六分，田文周一钱，胡良泰一钱二分，胡祖彩一钱二分，宋林锋一钱八分，唐国钜一钱二分，肖载天一钱二分，杨秀召一钱二分，张玉林一钱二分，向文彩一钱二分，文忠信一钱二分、文□士一钱二分，方彩选一钱二分，任□□、□□一钱二分，张在位一钱二分，王百泰一钱，曹永安一钱，李香山八分，丁士□一钱二分，周彬彩八分，胡维周六分，叶士彬一钱，肖秀玉一钱二分，夏募义一钱二分，龚明远八分。修路石匠周朝选弟兄、叔侄三人。皇上乾隆二十三年（1758）十二月，众姓捐修良旦。碑高 108 厘米，宽 58.5 厘米，厚 16 厘米。

裕安桥碑群

碑 1：裕安桥（阴书楷体斗方），碑宽 55 厘米，高 120 厘米，厚 10 厘米；三字各宽 36 厘米，高 30 厘米。

碑 2：碑额："并寿河山。"碑文：窃维九月除道，十月成梁，载在王制，掌自行人。仆每读夏令一书，□□不叹桥与路之所关为匪浅，而修桥与修路之人厥功为尤钜。如我阳邑之有星岩坪也，东通吴越，西达巴蜀，南出湘汉，北连荆沙。虽非名都大邑，而实往来辐辏之要区也。然而溪水湍激，临流者或望而生叹，山路嵚崎，驱车者每畏而思返，甚或灭顶濡首，腹饱鱼龙，断头折腰，魂迷魍魉。言念及此，而有心者未尝不黯然悲怦，然动致兴嗟于鞭石填海之无术也。褚、王诸君目而痛心疾首，思为集腋之谋。无奈土瘠民贫，终贻多口之柄，临深返辔，登高回车，数数然矣，则又未尝不叹急公好义者之难其人也！孰意命脉无终缺之秋，山水有重开之面。广东林君材长利济，身隐鱼盐，山国水国无胜不临，泽行山行随地尽利，叹世途之太险，倡议维殷。恨乐输之无人倾囊不吝，可知补天地之缺陷，削人间之不平，其素志也！顷者土工、金工、木工、石工，均就完备。度两岸之虹腰，断者忽续；辟千年之鸟道，险者顿夷。履道者意忘羊肠，题柱者形排雁齿。倘遇霜飞白板，定好骑驴寻诗；纵教雪拥蓝丝，亦足牵牛服贾，而于是境内之妇孺以及四方之行人，莫不合手加额曰：此林君之功与德也，□戏盛矣。虽然林君之功大矣，倘不有相助为理者，则三水任其方流，银山终成画饼，七里滩恐非乐地，九折坂仍属畏途，亦鸟飞忘河流之括括，而睹王道之平平也哉，是又不可不表而出之也。爰泐数行于石，并次姓氏于后云。捐资善士郑晓初、褚辅臣；领修首士王润堂；庠生雷焕勋撰；木匠覃彦章；石匠覃梦旺。光绪十六年（1890）五月吉日立。（碑宽 70 厘米，高 155 厘米，厚 18 厘米）

碑 3：（碑顶断失，故无碑名）碑文：且夫为善难，为善而能任劳任怨者之为尤难。如我地之有裕安桥，其初创于一人，迄今卅余载矣。乃其间持危扶颠、换梁易柱，尤赖我地方捐资者，再劳工者三。过往君子每兴嗟于桥之易倾易覆，而不知桥之所以易倾覆者，实由于无真心为善之人任劳任怨耳。盖人情每多见利而忘善，贪逸而恶劳。方其未事之始，辄云当如何筹划、如何修理。乃一旦身膺重任，而或因利扰，或被劳阻，遂将地方有益之公件草草了事。而平昔所坐谈者，不知消归于何有矣。呜呼，人心不古，良可慨叹，其或指桥罚款，终归私囊，藉桥图肥，毫无功效，世人流弊，大率如斯。在彼或自鸣得计，殊不知彼苍自有鉴观，人心亦有评论，报施终有日也。今者桥已三次落成，余地方所公举领修之郑绍丕，既捐巨款，复尽公力，而并毫无侵蚀，尽善尽美，因乐书数行，以垂永久，而为世人劝。竹外主人褚琴轩谨序。

捐资善士：领修郑绍丕、郑绍宽各五十串，王润堂三十串，覃虚亭二十串，褚习之二十串，文孔达、周锦山各二十串，褚琴轩十串，褚元恺十串，覃少辅、张经堂、朱正达各十串，覃鼎九、唐小川五串，特别孤贫周德官十串，王雍臣、张正富、张殿臣各五串，覃辅臣捐钱三十串文。石匠尹东山，木匠王斯美。民国十年（1921）辛酉新正月中浣之吉日。（碑高 123 厘米，宽 65 厘米，厚 18 厘米）

碑 4：重修星岩坪裕安桥碑坊（内嵌三通）。顶额为“重修星岩坪裕安桥”八个大字，右侧柱为“因公忘私两易寒暑”，左侧柱为“去险为夷再振山河”各八个大字。顶额高 34 厘米，宽 251 厘米，厚 40 厘米。顶额各字高 28 厘米，宽 27 厘米。左右侧柱高 153 厘米，宽 20 厘米，厚 20 厘米。左右侧字各宽 11.5 厘米，高 16 厘米。

中通碑文：改于古之伟大建设，处治世易，处乱世难，而于大乱之后，十室九空之时则更难。如星岩坪裕安桥，始为王公润堂、林公子臣所创修。嗣后，诸父老补续其事，歌功勒石，狰狞路畔，商旅往来，莫不颂桥与路之利物利人，尽善尽美。此固毋庸赘叙。不意前五六年间，世乱已极，竟遭兵燹，一木无存，飞仙难渡，遂致往来行人望洋生叹，或云咫尺千里，或嗟英雄穷途，世降至此，重修待于何时耶？幸有周君恩波、王君定臣、徐君德恕、王君海卿、彭君达可诸领袖，叹桥之崩颓，路之崎岖，若果长此以往，岂仅星岩坪往来不便，利权不振，则施鹤七属数万之商旅，难免无穷途之恨矣。触目惊心，和衷共济。意在挽狂澜于既倒，作砥柱于中流。是以沿乡募化，劝得解囊乐输。督工修造定，选质料精良，往返数百里，何计山遥路远，历时两春秋，尽是为公忘私。洎至落成之日，较初次之创修，此则愈新愈固，愈广愈平，此多矣。噫！请贡生雷公焕勋，所谓“命脉无终缺之秋，山水有重开之面”，此今信然矣。又所谓：“补天地之缺陷，削人间之不平”，此其诸领袖之谓欤？至于桥之巍峨，路之险夷，已经先达辈撰书勒石，则颂之无可颂矣。惟当世乱靡常之际，经济恐慌之时，在他人或裹足不前，或缩首无方，而诸君子再振河山，众善士共襄义举于千古最难之事。而诸君子视之不难，对于国家建设之端，地方将来之福，其功当何如耶？而于施鹤七属往来商旅，其便利又当何如耶？余是以不揣剪陋，勉录颠末，以志诸君及众善士之热心公益不畏难云耳。是为序。所有捐款名目书列左右。

歌曰：按辔踏斯桥，心神爽而快；两岸夹虹腰，一水环玉带。羊肠成康庄，虎臂无障碍；砥柱作中流，巍峨超前代。重振旧河山，一番新世界；忆昔桥摧崩，实为兵折坯。若非志向坚，难得功成再；若非积善人，谁能将囊解？若非巧公输，江流仍澎湃；人杰斯地灵，视此恶乎怪；吁嗟乎任何，时势几沧桑。但愿此桥千古在，有心人识辛中苦，应抚斯桥而流连感慨。佷山慕古主人敬臣吕克让撰书。

右通碑文：领修员周恩波、王定臣、徐德恕、王海卿；经理员彭达可；募化员张海山、张良弼、王立法、朱质卿、朱甫臣、褚元进、张清泉、肖中法、张美洲、陈隆寿；木师彭芝蕃、张宏仁、敬国校、吴宏顺；石师张正诰、聂永林、周传松；捐桥梁张经堂三根、褚良佐六根、褚良举三根，褚帝简二根；褚帝相捐屋梁一根。

同善捐赀全录纪表刊石：周临川 300 串；覃瑞山 150 串；周恩波、王定臣、徐德恕、唐瑞丰、唐庆丰、郑永森、朱用之、胡元卿、张辉亭、王杨氏、张银阶、李文藻、覃显臣、徐庆丰、李甲三、杜顺天、覃虚亭，以上 17 名乐输功德元各 100 串；覃支山、陈传书、陈传纯、吕敬臣、李远臣、褚元魁、刘玉楼、徐德官，各 50 串；薛卓轩、薛足轩共 50 串；周陞陔、李心根、鄢南卿，各 40 串；李章春、蹇少泉、王武周、肖中法、张文益、刘大德、李文安，各助元 30 串文；陈隆孝、彭达可、朱中祯、李禄阶、李章林、杨介圭、席正志、席正典、陈传信、熊清阶、徐玉华、柳伟堂、覃少卿、覃吉山、王谦臣、刘用舟、刘可轩、范秩五、张子香、张美洲、华阳公、陈英堂、王海卿、张力臣，各助功德元20串文；李润陔、李明见各16串；熊寿亭、陈衍义各15串；张相善、田□道、张相辅、张相佐、王镇汉、刘承刚、周家炳、周家寅、赵生达、吴锡林、朱甫臣、郑家国、乔德盛、文孔达、朱大官、朱中锡、徐裕和、徐日轩、徐世明、王方辉、王方烈、覃耀亭、马有达、韩俊卿、王方忠、王立法、唐庚扬、唐白皋、汪泽忠、向士清、刘久荣、杜林轩、陆先林、祝士清、祝德群、祝厚春、徐裕忠、徐裕官、徐裕阶、陈传烈、陈进远、汪自福、杨焕章、陆清荣、唐西满、朱质卿、田来亥、周恒明、薛凤亭、蹇达轩、王远耀、王远海、向瑞卿、薛宏煊、席正义、郑心平、蹇显扬、郑辅国，各捐助功德元10串文；张敬山十千文。

左通碑：薛宏炳、郑林国、蹇宗泉、卢季昌、卢贻成、卢仁芳、吴汉三、沈长美、饶校楼、饶信臣、王南山、刘方庸、刘治培、覃厚级、覃秉羽、覃□□、信□成、张汉臣、柳少元、陶顺告、胡显卿、王鼎臣、王务之、杨旧三、杨官三、刘谦之、刘崇川、吴永昌、双昌炽、刘必兆、唐厚忠、张树香、汪泽涵、张相瑞、褚元望、褚元敬，各助功德元10串；覃中堂、田宏宝、艾正乐、谭白平、张士伦、马春堂，各8串；李春晖、朱中亮、彭科礼、江悦来、彭之才、彭玉国、朱大学、朱中田、余顺进、唐大宾、黄家培、黄家全、黄明榜、刘方青、刘必先、张武才、张显扬、钱福堂、谭凤卿、高兴绪、贺德春、吕兴业、胡远璧、胡德朋、胡云章、张宏炼、张经堂、张璧堂、张环林、张永芳、张平仲、吴丹山、王龙山、王盟书、王开云、王德盛、肖尊轩、覃厚林、宋质卿、吕明照、陈武协、陈大谟、刘平陔、刘皞卿、刘玉莲、庞官廷、鄢顺臣、夏昌绪、文家白、文凤宣、李法均、吴吉培、杨道山、蹇中乾、毛仰山、方选科、卢迪昌、沈雨亭、向多坤、褚元明、褚元宾、彭之凡、徐典发、张士洪、张世全、张立言、王盛公、王从本、赵生连、李心盛、李道选、徐裕仑、徐裕全、徐裕占、徐陈氏、周大连、褚良全、尹纯宣、尹纯贵、覃在松、伍秀万、汪治平、薛德普、陈近远、张洪烈、康先明、汪泽定、王开模、王开吉、王正书、王雍臣、张祖悦、张心顺、李官林、刘必还、刘方先、赵生科、赵生培、赵生绪、赵生仑、赵文轩、陈传清、陈林远、何启芝、何启茂、褚元年、曾宪章、叶士昌、谭本宣、余先宽、余先昌、庞运洪、谢定家、刘桂文、刘兆全、李日卿、祝士远、祝士明、夏忠厚、王德成、王盛德、张开恒、张宏成、肖元旺、谢兴宝、汪中良、毛昌心、戴开宣、陈祥寿、陈祥福、陈好兴、陈守本、覃中炬、覃世禄、覃世家、覃世作、王方春、王立成、王立祥、王方梅、王华早、王开矩、褚继良、褚厚广、唐厚庠、唐西早、张国兴、张心培、张相国、肖远钦、高官喜、彭登岸、赵林六、赵长泽、陈衍钦、陈传统、陈东山、陈可廷、朱中庆、朱中台、黄德寿、彭成雍、胡洪太、徐裕兴、吴宏广、吴宏祥、吴吉祥、吴信之、文运朋、文运普、文太勋、叶贤旺、汪治人、郑兴国、胡清元、杨光彦、褚元勋、邓武春、田吉辉、唐西汉、褚良甫、褚良玉、褚元庚、李孝重、艾正元、艾大英、艾大云、艾大华、王方林，各助功德元5串文；罗一章、祝士法、郑洪山、郑绍勤、张宏玉、文圣金、王悦盛、李传林、李子渊、李华甫、雷大德、方宗玉、吕朋舟、杨业成，各捐助功德元10串文；谭培成、陈英刚、张宏第、张宏军、吴继略、张厚恕、冯兴才、赵生玉、赵生明、彭代庸、朱昌华、徐裕宣、王华轩、王德焕、王敬之、王厚培、张玉启、张宏福、张文叨、余开元、陈兴发、肖孝义、肖应开、毛昌玉、刘启发、刘开科、韩明文、胡道祥、向作清、覃培植、张文氏、张宏文、张盛德、陈光祖、肖应元、肖中旺、薛德富、谢明昆，各助功德元5串文；张开业川洋一元；彭代广、王德富各6串；张武勇5串；祝士策千廿文；裕美成、黄华山、顺发祥、同慎、邓心中、冯文正、朱赓臣、罗勤玉、李传敬、胡寿山，各捐助功德元10串文；陈远亭、褚题臣、张士安、徐海川、左心典、左心坤、徐厚广、徐裕昆、徐裕炳、陆先春、同顺昌、李道心、胡德绪、张良喜，各千文；张宏全、张正贵、傅道远，各10串；佘开子串文；向士安十千文；覃少辅十千文。王雍臣、王定臣敬书。民国二十四年（1935）古历一月吉日刊

修筑渔关中埠碑

既修渔关河岸之次月，王翁如山告予曰：是举也，吾等与子久有此心，徒以经费难筹故，遂迟迟至今。兹幸余君道三子之高足郑君仲云引募于前，龙君云峰、张君敬廷、向君搢卿、关君誉章、龙君丹臣、张君福荪子之侄楚

珍、吾之侄春岩赞成于后。得好善众君子乐输克蒇厥事，化险为夷，往来利便，诸君子之为地方谋公益大矣。子以学务奔驰，虽未躬督此事，然吾等与子之初志遂矣。曷序其颠末，寿诸贞珉，予乐其事之有成，且当兴办自治之始，即有此多数同胞热心公益，团体之坚固，风气之开通，社会之治安，地方之幸福，皆将以此为嚆矢，而左券予操，由此扩充，将见勤修内政，整理山河夫何难所。望吾党同人由小而推之大，即始而谋厥终。予与翁等更拭目而观后，此丰功伟烈，且使予等同书名于竹帛，为二十世纪中不朽人，岂今日序此而已哉。里人皮玉屏撰，关星平书。

义成生捐钱 40 串，郑临丰捐钱 30 串，江右姚彩凤捐钱 30 串，志成公司捐钱 15 串，仁华公司捐钱 8 串，沙市宜春永捐钱 6 串、徐万源捐钱 5 串，李启荣捐钱 5 串，龙海门捐钱 5 串，余复昌捐锉锭 16 个；

元春庆（沙市），吴恒顺、王复兴、李义兴各捐钱 4 串，沙市孔同义、义顺源，余新发、宫福泰、郑同盛、张同春各捐钱 3 串；

沙市泰兴行、李祥泰，张恒大，沙市郑洪发、张同兴、张复兴、生隆源、李长忠、杨复兴、关誉章各捐钱 2 串；

沙市恒裕和、信茂仁、李日盛、向义顺、郑聚成、李长进、邹正良、高文山、曾恒足、孙开恒各捐钱 1 串；

向士璜、汪兴盛、郑克谨、向搢卿、刘成春、王国栋、向士良、张福荪、祥发永、郭祥发各捐钱 1 串；

□兆元、赖敬卿、李文锦、泰顺昌、郭巨丰、王道□、向日荣、李士荩、龚仲海、李士芳各捐钱 1 串；

皮泰盛、同德庆、李仁和、郑清光、殷子谟、郑序记、罗家仁、姜远辉各捐钱 1 串；余祥兴、朱顺林 500 文；

广大兴、郑丰盛、田鼎壹各 500 文；李寅年、□发光、郭第荣、陈日新、李义和各捐钱 400 文。

修上中埠河岸工资 150 串；修中埠及修各处石工三串文；办石灰亚祭桐油□文；实际石木等项共合钱 347 串；

修中埠礓礤石 56 丈钱□串；兴修崇仁坊木瓦塑工 20 串；实收众姓功德钱 228 串；除收下欠钱□串，无名氏捐。宣统三年（1911）岁次辛亥仲秋中浣吉日，石工洪祥启刻。碑高 142 厘米，宽 62 厘米。

马勒坡“名垂千古”路碑

由大栗树至马勒坡计程三里，包工资钱二千七百串正。今将众姓名目开列于后。

首人宁武万、周庆泰；赖新昌捐钱二百串，周鼎三一百串，官福泰一百串，宁定富捐钱一百串，丁玉阶一百串，周质卿五十串，无名氏捐钱五十串，李绥卿四十串，杨洪顺三十串，黄万顺大号二十串，张同兴十串文，周精白十串文，周远阶捐钱十串文，周子堂十串文，王香陔十串文，郭聚丰十串，郭美元十串，尹协昌捐钱十串，彭士瑞十串，向从祯十串，李士钧捐钱十串，高宗辉十串，徐正兴十串，张学贵捐钱十串，曾学义十串，田宽远十串，田白玉捐钱十串，无名氏八串，鄢祥泰六串，向从义捐钱五串，向从智五串，向春永五串，苏少东五串，祥发二号五串，邓虞卿捐钱五串，汤朝元五串，田泰和五串，李选洪捐钱五串，朱操华五串，阮本连五串，熊明德捐钱五串，郭美华五串，胡仁山五串，叶继林捐钱五串，王永绍五串，周作全五串，黄克宽捐钱五串，裴大先五串，司昌元五串，胡芹章五串，钟兴盛五串，吕志惠捐钱五串，李士荷四串，曾恒足四串，马少卿捐钱三串，马正先三串，胡明煌三串，汪心志捐钱三串，王恒盛三串，向从明三串，袁昌林捐钱三串，李士芃三串，肖德义二串，胡大洪捐钱二串，陈德喜二串，张敬轩二串。中华民国十五年（1926）丙寅岁阳月中浣之日立（以上为正面碑文）。

（背面）周述柱五串，周述清五串，向福顶二串，杨春和捐钱二串，陈德沛二串，李联斌二串，唐超敏二串，汪吉陔二串，胡明惠二串，邓官珍二串，李文昌捐钱二串，龚成修二串，隗鑫泰二串，许泰和二串，谢万顺一串，沈洪兴一串，陈垣顺一串，胡代山一串，胡明本一串，李日盛一串，余寿海一串，李士春捐钱一串，王明坤一串，鲜锦才一串，李士森一串，郭甲福一串，李联凤一串，曹立安一串，邓万美一串，胡茂顺捐钱一串，熊胡氏一串，李典三一串，向天源一串，王纯峰一串，郭进文一串，郭溢文一串，汪云仙一串，蔡兴发一串，张光春一串，田鼎三一串，陈大才捐钱一串，胡德连一串，刘仁发一串，刘正万一串。（碑高140厘米，宽65厘米，厚15厘米）

附录二　文　献

1. 渔洋沿革考

杨福煌

溯自前明以来，乐邑西僻半属容美，而渔洋关、百年关等处不与焉。其隶俍山版图者，自汉唐而下，历有年所。明天启七年（1627），容美司乱，菩提隘巡检退保斯地，《长阳志》固可考也。

迨至国朝初，遭吴三桂乱而南北两岸荒芜特甚，红蓼、绿蒲、青楸、白杨、虎豹潜迹，禽鸟结巢，渔洋一不毛之区耳。阅康熙年间（1662—1722），王家冲始有开垦住种者，又历数年，而水田街渐有负担贩鬻来自他邑者，披荆斩棘以作田园，驱蛇虫于沮，逐虎豹于山，而流寓者争赴焉。于是设巡检一员、营弁二员、兵丁五十名，所以堵御容美土司者至备。至雍正十三年（1735），容美平定，乃分拨枝江、宜都、松滋、石门、长阳诸属地以益之，而长乐县始建。渔洋者，长阳拨归者也。因新疆甫辟，恐土人复变，乃于咽喉之所设县丞一员，把总一员，驻此以镇之。乾隆十年（1745），移县丞于湾潭，调宜昌府同知移驻此地。嘉庆四年（1799），调驻归州之新滩。盖自是而土地日辟，美利日兴，农桑饶裕，礼教昌明，或粤之东或江之右，持筹而来者，商贾云集，人烟稠密，熙熙皞皞，乐安无事之天者已历百余载矣。而后，此之振而兴起，又不知增何如佳况也已。

2. 调查国内茶务报告书 · 庚戌七月

陆 溁

劝业公所札委农科科员陆溁前赴九江、湖北等处考察茶务文

为札委事，案查接管商务局卷内，宣统二年（1910）正月初四，奉农工商部颁发分年筹备事宜表内开:“第三年即宣统二年，应调查内地茶业情形，并推广茶务讲习所”等因，业经分饬举办，尚未实行。兹本道莅任，查近年印、锡、日本所产红绿各茶盛行欧美，华茶销数日减，有江河日下之势，非亟筹抵制不可，而抵制之法尤以相机择地，自设机器制茶公司，将烘制、装潢各种办法切实改良，俾得畅销外洋为第一要义。江南地便交通，且又距产茶区域密迩，允宜从此着手。现经饬据该员面称:“湘鄂皖赣之茶向多，萃于汉口一埠，该埠每年运到湘鄂之茶几何，皖赣之茶几何，红绿砖、茶末几何，江汉关必有比较表册。又附近湖北省域有羊楼洞为两湖、江西茶商聚集之地，汉口有俄商茶厂三家，华商茶厂一家，九江亦有俄商分厂，其资本、销数、办法以及茶质之优劣，收售之机关，各关道及实业行政官厅亦俱见闻，较确均须实地调查，以资仿办。”除移请九江关道、江汉关道、湖北劝业道、湖北度支公所，分别派员引导前往各厂视察暨抄给近五年比较表册备查外，合行札委，札到该员即便遵照，前往湖北汉口、九江一带切实考察，逐细禀复核夺，所有川资发给洋60元，以资办公，特札。

劝业公所农务科科员陆溁奉委调查两湖、祁门、宁州茶业情形

汉口茶商。查汉口地形四通，水陆交会，为长江一带茶市之总枢纽，湘鄂皖赣之茶悉集于此。茶商共有六帮，一山西帮，二广东帮，三江西帮，四湖南帮，五安徽帮，六湖北帮。六帮中向推广帮为首，近则砖茶畅销，资财流通以山西帮为第一。惟茶商素无团体，对于外人不求所以争胜之学问，对于同业不求所以联络之方针，故六帮茶业公所表面虽有可观，并无实在合群之势力，亦少锐意进取之人才。

茶商资本。查六帮茶商拥有巨资，如熙太昌号等亦属不少。惟近年茶务

日坏，大资本家闻风裹足，往往兼营别项商业，其小本商人则希图贪多，假如真实资本仅及万金，办茶必至二三万，名曰上架子，即息借庄款之谓，故茶商办茶，利在速售。稍不畅销，息重亏折且还款期迫，不得不减价求售，洋商知其情，又故意压抑之，于是今年亏本，明岁即视茶为畏途，例如汉口前有浙帮历年亏耗，近已销声灭迹。此明证也。

茶叶种类。查青茶即绿茶，其采取时间在谷雨之前，制法不用日晒。两湖所出仅供内地需用，皖赣所出则由上海贩运出洋。红茶采取在谷雨之后，制法必用日晒。每岁贩运出洋销路极广，尤以俄国商场为最大。近因印、锡红茶盛行，销数日减，较之光绪初年减去十成之八九。其名目亦分头春（即谷雨之后，芒种之前所采制者）、二春（即芒种之后，小暑之前所采制者）、三春（即小暑之后，立秋之前所采制者）。其装箱用薄板内夹铅片，外饰以红绿花纸，形式粗俗，极不雅观（此项装潢亟宜改良）。每箱约重 63 斤，除箱板铅皮 13 斤外，净茶约 50 斤（头春如此，二、三春只 40 余斤，因头茶细故重，二、三春粗故轻）。名曰二五箱（此系最普通之茶箱）。

其制造红茶时，茶尖之破碎断截者，即以之研为细末，名曰花香。两湖、祁门、宁州多用布袋装运至汉口压砖（近亦有在九江、羊楼洞压者）。其余拣出之枝梗曰茶梗。老叶、黄叶曰拣皮，破叶曰打片。细碎不成片，复杂以渣滓者曰洗末，则皆内地贫民粗工所饮。又立秋之后极老茶叶，名曰黑茶，其制法同于红茶，茶庄收买，用器捶碎压成砖块，亦为出口大宗。

茶砖制造。查茶砖质坚耐久输运远方，真味不变。将来全球饮料必有趋重茶砖之一日。现在制造茶砖为吾国专门出品，获利至厚，振兴茶务当从此项入手。

制法。茶砖有两种，一红茶砖（即米砖），一青茶砖（即老茶砖）。

红茶砖系用花香制成，其原料以鹤峰花香为第一，祁门、宁州次之，羊楼洞各口又次之。其砖之底面须用上等花香，筛至极细作底面之用。近年制砖厂考验得中国花香味淡，不如印、锡茶末之浓厚，且颜色元黑（此皆能用肥料培壅之，故吾国内地植茶家亟宜讲求者也），以之作底面尤佳，因之印、锡茶末收买愈多，且进中国口无税，故海关贸易册内亦无实数可稽。

制砖法先用茶末称就斤两，装入布袋，盛蒸锅热（蒸锅盛水八成，上盖竹罩，每锅盛两袋），即趁热放入砖模，压以木板，再用大压力（即用气力）

压之。凡压成之砖，其体尚热，须昼夜架空（架在楼上须用108°之热气炉，使满楼皆热），使自干透。阅三星期方可装篓（免吸空气生霉）。凡装篓每块包纸两层，装入竹篓，内夹笋壳（笋壳至阔产地在崇阳），使勿泄气，外用麻布包裹再加细绳捆。青茶砖系用秋后老茶叶制成，其原料多用两湖茶（将来皖赣浙闽川广之老叶似宜设法仿制，以免废弃）。其制法先揉后晒，再用机器捶成极碎，称就斤两，装入布袋，上蒸锅，以及烘干、装篓，与红茶砖同。惟近来多用铁框砖模，青茶砖则仍用坚木砖模（铁框模系用铁闩，坚木模系用螺钉），从前压砖机厂多用火力，近年俄厂发明水汽之涨力极大，故红茶砖多改用水汽压矣。

汉口机制茶砖厂有四。一顺丰，俄商，开办已30年，年压12万箱左右（箱即篓）；二阜昌，俄商，开办已30年，年压5万箱左右；三新泰，俄商，开办已10余年，年压5万箱左右。

四兴商公司，华商，开办已4年，年压5万～12万箱。

按：顺丰、阜昌、新泰资本均二三百万，顺丰、阜昌九江、羊楼洞均有分厂，现羊楼洞分厂已停，九江之阜昌分厂亦停，惟顺丰分厂在九江出货有万箱之谱。

附兴商厂历年出口数如左：

丁未年（1907）出口：米砖茶共3500箱，45庄青砖共2000箱，代压米砖茶共3772箱，代压45庄、36庄、27庄青砖共4155箱。

戊申年（1908）出口：米砖茶共8752箱，45庄、36庄青茶共4796箱，代压米砖茶共4918箱，代压45庄、36庄、27庄青砖共32440箱。

己酉年（1909）出口：米砖茶共20346箱，45庄、36庄青砖共11641箱，代压米砖茶共9220箱。

庚戌年（1910）出口：米砖茶共9325箱，代压米砖茶共1716箱。

附：兴商茶砖汉口售价

红茶砖每箱80块，每块俄磅275磅，归英磅200磅。

1号砖价银24两，2号砖价银18两，3号砖价银15两。

青茶砖每箱36块，每块41两，每箱归英磅116磅，价银6两。

羊楼洞茶砖厂：长盛川机制砖厂，华商山西帮，每年压数不多；顺丰机制砖厂，俄商，现停；阜昌机制砖厂，俄商，现停。

其余制砖厂极多，西帮、广帮最多，土帮甚少，每年压数无从稽考。

附砖茶税课及运费：

茶砖出口关税每担关平银6钱；

自汉口包运至丰台，每箱水脚，米砖2两5钱，青砖1两4钱；

自丰台至张家口，米砖每箱8钱，青砖每箱6钱左右（前由骡送，现由京张车包运）；

自张家口至恰克图骡送每箱约钱5000文上下；

运茶砖自海参崴至莫斯科无税，进莫斯科则抽税。

按：莫斯科为华茶最大之销场，凡中国所制茶砖，除分运张家口为蒙古一带备用外，余悉为俄人购去。至茶砖运至莫斯科后售价若干，询之厂中俄人不肯相告，亦不肯出售，应请禀准大部，特派精于俄语及熟悉中外茶务商情者二三员，前往莫斯科一带切实调查，彼中销路如何，可以直接，方有把握。

茶叶销数及价值。查汉口茶市合四省之茶叶，其销数以湖南为最多，湖北次之，江西之宁州、安徽之祁门又次之，其价值以安徽之祁门茶为最昂，江西宁州茶次之，湖南安化等茶又次之，湖北茶则更次焉。兹将前三年销数价目列表如下（据茶业公所调查答复清单）：

光绪三十三年（1907）两湖、宁州、祁门茶由汉出口之数

名称		销数（箱）	价目（银两）
安化茶	头春	143583	36两至17两5钱
	二春	44273	18两6钱至13两
	三春	20221	16两至12两5钱

续表

名 称		销数（箱）	价目（银两）
桃源茶	头 春	8437	28 两至 18 两 5 钱
	二 春	946	16 两至 13 两 6 钱
	三 春	—	—
崇阳茶	头 春	21897	24 两至 16 两
	二 春	1914	18 两至 14 两 5 钱
	三 春	1799	15 两 5 钱至 12 两 6 钱 5 分
通山茶	头 春	14233	23 两 2 钱 5 分至 14 两
	二 春	16460	16 两至 12 两 7 钱 5 分
	三 春	—	—
长寿街茶	头 春	25873	26 两至 17 两 2 钱 5 分
	二 春	11706	20 两 5 钱至 13 两
	三 春	28360	17 两至 13 两 5 钱
云溪茶	头 春	8599	19 两 5 钱至 15 两
	二 春	7509	16 两 2 钱 5 分至 11 两 7 钱 5 分
	三 春	1936	14 两至 13 两
羊楼洞茶	头 春	23154	27 两至 15 两 5 钱
	二 春	919	16 两 5 钱至 13 两 5 钱
	三 春	402	14 两至 13 两 5 钱
羊楼司茶	头 春	3674	20 两 5 钱至 15 两
	二 春	426	15 两 2 钱 5 分至 13 两
	三 春	314	13 两 8 钱至 13 两 7 钱 5 分
高桥茶	头 春	3674	20 两 5 钱至 15 两
	二 春	6813	16 两至 13 两
	三 春	1467	14 两至 12 两 5 钱
浏阳茶	头 春	18236	19 两 2 钱 5 分至 12 两 6 钱
	二 春	8859	17 两至 12 两
	三 春	1841	14 两 2 钱 5 分至 12 两 3 钱

续表

名称		销数（箱）	价目（银两）
聂家市茶	头　春	16632	19 两至 12 两 2 钱 5 分
	二　春	8961	16 两至 12 两
	三　春	4517	13 两 6 钱至 12 两
平江茶	头　春	18552	22 两 7 钱 5 分至 14 两
	二　春	2661	16 两至 13 两
	三　春	161	14 两 5 钱
双潭茶	头　春	30061	17 两 3 钱至 13 两
	二　春	7884	14 两 5 钱至 11 两 8 钱
	三　春	6980	13 两 4 钱至 11 两 4 钱
醴陵茶	头　春	10531	17 两至 14 两
	二　春	2419	16 两 2 钱 5 分至 12 两
	三　春	1764	13 两 8 钱 5 分至 11 两 7 钱 5 分
沩山茶	头　春	2277	20 两至 13 两
	二　春	1423	14 两 5 钱
	三　春	—	—
宜昌茶	头　春	8638	63 两 5 钱至 26 两
	二　春	1721	27 两至 26 两
	三　春	1448	27 两至 25 两 5 钱
宁州茶	头　春	94900	68 两至 20 两
	二　春	10362	27 两至 17 两
	三　春	—	—
祁门茶	头　春	85104	71 两至 25 两
	二　春	—	—
	三　春	—	—

注：两湖头、二、三春茶统计 540278 箱，江西宁州头、二春茶统计 105262 箱，安徽祁门头春茶统计 85104 箱。

光绪三十四年（1908）两湖、宁州、祁门茶由汉出口之数

名称		销数（箱）	价目（银两）
安化茶	头春	159492	36两至14两5钱
	二春	59378	16两7钱5分至12两2钱5分
	三春	5351	13两5钱至11两5钱
桃源茶	头春	12191	28两至18两5钱
	二春	5017	18两至13两5钱
	三春	—	—
崇阳茶	头春	25205	26两至15两5钱
	二春	9601	17两5钱至11两5钱
	三春	402	13两
通山茶	头春	29350	22两5钱至13两5钱
	二春	1647	14两3钱至11两5钱
	三春	—	—
长寿街茶	头春	34836	27两至15两5钱
	二春	14594	17两5钱至14两
	三春	2856	13两7钱5分至12两
云溪北港茶	头春	9523	21两5钱至15两
	二春	5719	14两2钱至11两
	三春	240	9两
羊楼洞茶	头春	23123	25两5钱至15两2钱5分
	二春	414	14两5钱至13两5钱
	三春	100	11两
羊楼司茶	头春	5825	23两至17两5钱
	二春	721	14两至13两5钱
	三春	—	—
高桥茶	头春	24438	21两至14两5钱
	二春	11029	14两至10两
	三春	442	9两

续表

名称		销数（箱）	价目（银两）
浏阳茶	头　春	23992	21 两至 14 两 5 钱
	二　春	12242	15 两 5 钱至 10 两
	三　春	122	9 两
聂家市茶	头　春	26874	20 两 5 钱至 14 两
	二　春	12798	14 两 7 钱 5 分至 9 两
	三　春	2551	8 两 2 钱至 8 两
平江浯口茶	头　春	24680	20 两 6 钱至 14 两
	二　春	5314	15 两 7 钱 5 分至 11 两 2 钱 5 分
	三　春	300	12 两 5 钱至 11 两
双潭茶	头　春	39517	18 两 5 钱至 12 两 5 钱
	二　春	26035	15 两至 8 两 6 钱
	三　春	11240	11 两至 7 两 2 钱 5 分
醴陵茶	头　春	9166	21 两至 14 两 2 钱 5 分
	二　春	3998	14 两 6 钱 5 分至 10 两 5 钱
	三　春	346	9 两
沩山茶	头　春	2144	21 两至 17 两
	二　春	2301	15 两至 13 两 5 钱
	三　春	898	16 两
宜昌茶	头　春	9230	65 两至 27 两
	二　春	1392	31 两至 28 两
	三　春	2407	20 两
宁州茶	头　春	103375	65 两至 29 两
	二　春	10444	24 两至 16 两 5 钱
	三　春	—	—
祁门茶	头　春	81137	67 两至 26 两
	二　春	—	—
	三　春	—	—

注：两湖头、二、三春茶统计 645443 箱，江西宁州头、二、三春茶统计 113819 箱，安徽祁门头春茶统计 81137 箱。

宣统元年（1909）两湖、宁州、祁门茶由汉出口之数

名称		销数（箱）	价目（银两）
安化茶	头 春	155815	36 两至 11 两 5 钱
	二 春	12686	12 两 5 钱至 9 两 3 钱
	三 春	2820	12 两至 11 两 2 钱 5 分
桃源茶	头 春	8993	27 两 5 钱至 16 两
	二 春	697	12 两 5 钱至 9 两 7 钱 5 分
	三 春	—	—
崇阳茶	头 春	20802	24 两至 13 两
	二 春	1571	11 两至 10 两 5 钱
	三 春	377	11 两 5 钱至 10 两
通山茶	头 春	16990	21 两 2 钱 5 分至 9 两 5 钱
	二 春	139	8 两 7 钱 5 分
	三 春	—	—
长寿街茶	头 春	34347	25 两至 12 两 5 钱
	二 春	6762	14 两 5 钱至 10 两 8 钱
	三 春	—	—
云溪茶	头 春	7377	15 两 8 钱至 9 两 6 钱
	二 春	414	9 两 5 钱至 9 两
	三 春	962	11 两至 9 两 9 钱
羊楼洞茶	头 春	22101	25 两至 12 两
	二 春	—	—
	三 春	—	—
羊楼司茶	头 春	2999	17 两 7 钱 5 分至 10 两 3 钱
	二 春	223	9 两 2 钱 5 分
	三 春	250	11 两 2 钱 5 分
高桥茶	头 春	31015	18 两 5 钱至 9 两
	二 春	2585	14 两至 8 两 5 钱
	三 春	1889	11 两 2 钱 5 分至 9 两 1 钱

续表

名称		销数（箱）	价目（银两）
浏阳茶	头　春	16809	17两2钱5分至9两2钱5分
	二　春	2543	10两5钱至8两5钱
	三　春	—	—
聂家市茶	头　春	26892	17两至9两
	二　春	2278	9两2钱5分至8两2钱5分
	三　春	3281	11两7钱5分至10两5钱
平江茶	头　春	20202	17两5钱至9两2钱5分
	二　春	1359	10两至9两2钱5分
	三　春	—	—
双潭茶	头　春	32004	12两至8两
	二　春	3119	8两2钱5分至7两5钱
	三　春	5778	9两1钱至8两5钱
醴陵茶	头　春	20243	15两至10两
	二　春	—	—
	三　春	—	—
沩山茶	头　春	1922	13两至8两5钱
	二　春	—	—
	三　春	—	—
宜昌茶	头　春	9549	61两5钱至30两
	二　春	2781	26两至23两
	三　春	—	—
宁州茶	头　春	92358	68两至16两
	二　春	4366	23两5钱至17两
	三　春	—	—
祁门茶	头　春	94668	80两至23两5钱
	二　春	—	—
	三　春	—	—

注：两湖头、二、三春茶统计471262箱，江西宁州头、二春茶统计96724箱，安徽祁门头春茶统计94668箱。

花香销数及价值。查上好花香每担红茶之内不过合20斤左右，如年出红茶70万箱，每箱花香10斤，只有7万担上好之花香。至花香价目，宜昌（即鹤峰茶）每担约19两以上，祁门、宁州约13两至8两，羊楼洞各地约7两至2两5钱。

按：宁州花香多有特意用茶叶制成者，故花香愈多货物愈坏（因非茶尖，故不如自然花香之佳）。倘设有大公司专收花香，高下价通扯每担10两，不过70万两，如制成茶砖通扯每担（每箱与每担系1与0.75之比），售价14两2钱5分，可售银99.75万两，能获净利29.75万两，此系指汉口售价，如运至莫斯科境内，获利当更不赀。

各茶销路及税数。查华茶销路分径运外洋及运赴各口为两路，向来由海运至天津转至丰台，再运张家口、恰克图者谓之东口（此项海运系招商船承运，有时由狼山口出海，不经江海关），由襄河到樊城转陆路经山西、甘肃出嘉峪关至伊犁安集廷者谓之西口（此项陆运不全经江汉关及茶厘局，大约系百货厘局带征，故确数无从稽考）。现在东口茶叶、茶砖年运20万箱左右，西口则为数已极少。去年京汉铁道拟揽运东口茶砖，经招商局减价争回。至红茶出口正税向章每担2两5钱。自光绪二十九年（1903）后减收一半，现在每担1两2钱5分，小京茶砖同。红砖茶出口正税每担6钱，绿砖茶同。兹将近五年各茶销路及税收数目列表如左（据江汉关查答复之数）：

光绪三十二年（1906）：茶赴外洋111064担，税收138830两；茶赴他口148971担，税收186213两7钱5分；红砖茶赴外洋131223担，税收78733两8钱；红茶砖赴他口186597担，税收111958两2钱；绿茶砖赴外洋13048担，税收7828两8钱；绿茶砖赴他口218793担，税收131275两8钱；小京砖茶赴外洋2014担，税收2517两5钱；小京砖茶赴他口5627担，税收7033两7钱5分。以上共收664391两6钱。

光绪三十三年（1907）：茶赴外洋167225担，税收209031两2钱5分；茶赴他口180830担，税收226037两5钱；红砖茶赴外洋110517担，税收66310两2钱；红茶砖赴他口198738担，税收119242两8钱；绿茶砖赴外洋22912担，税收13747两2钱；绿茶砖赴他口204395担，税收122637两；小京砖茶赴外洋2351担，税收2938两7钱5分；小京砖茶赴他口4982担，税收6227两5钱。以上共收766172两2钱。

光绪三十四年（1908）：茶赴外洋190583担，税收238228两7钱5分；茶赴他口152391担，税收190488两7钱5分；红砖茶赴外洋139208担，税收83524两8钱；红茶砖赴他口137106担，税收82263两6钱；绿茶砖赴外洋33854担，税收20312两4钱；绿茶砖赴他口228010担，税收136806两；小京砖茶赴外洋1992担，税收2490两；小京砖茶赴他口2441担，税收3051两2钱5分。以上共收757165两5钱5分。

宣统元年（1909）：茶赴外洋141697担，税收177121两2钱5分；茶赴他口124355担，税收155443两7钱5分；红砖茶赴外洋156475担，税收93885两；红茶砖赴他口122535担，税收73521两；绿茶砖赴外洋32767担，税收19660两2钱；绿茶砖赴他口246832担，税收148099两2钱；小京砖茶赴外洋4546担，税收5682两5钱；小京砖茶赴他口3443担，税收4303两7钱5分。以上共收677716两6钱5分。

宣统二年（1910）七月初六止：茶赴外洋145401担，税收181751两2钱5分；茶赴他口77271担，税收96588两7钱5分；红砖茶赴外洋92395担，税收55437两；红茶砖赴他口101131担，税收60678两6钱；绿茶砖赴外洋26139担，税收15683两4钱；绿茶砖赴他口28175担，税收16905两；小京砖茶赴外洋1368担，税收1710两；小京砖茶赴他口3013担，税收3766两2钱5分。以上共收432520两2钱5分。

按：红茶、茶砖税课适中数约72万两左右，加以绿茶税课（据江海关近报数）适中数约31万两左右，共税收103万两之谱。又内地茶厘局卡征收之产地税及茶捐银（闻产地税每引1两2钱5分，系由业户完纳；茶捐银每引7钱2分，系由运商完纳），屯溪约收银三十二三万两，羊楼洞约收银12万两，其余各地合共不过50万两。以上如蒙禀请部宪入告或求蠲免或加入关税之内，在农宽一分之负担，即茶树得一分之栽培，而国家裁厘加税之问题，亦不难从兹入手，此税厘之亟宜注意者也。

山户情形。查汉口茶市价值之低昂，其权操之于外人，茶商无主权也（此种商业地球各国所无，吾国丝业亦复相同）。两湖、祁门、宁州产茶之山内价值之低昂，其权操之于茶商，山户无主权也。故近年来茶商不能尽力抵制外人，遂尽力压抑山户，以期成本轻而获利稍厚。山户何知，衣食不给，年甚一年。有拔去茶树改种他品者，有耘草无资任其荒芜者，若不亟求挽回，恐将来茶株有绝种之时矣。又茶商入山收茶之秤，有每斤48两者，有30余两者，相沿成风，莫可究诘。且执秤之人百端勒抑，山户忍气吞声，不胜其苦。此入山收茶之亟宜首先整顿者也。

按：现在整顿茶务，非从农工商学同时并进不可，人人皆知种茶是根本。山户风气未开，不知讲求种植。从前山户一家衣食是赖尚可言也。至今日而糊口不继，欲其购办肥料，勤加培植，是迂论矣。故欲山农之讲求植茶，应先厂工之讲求制茶，尤应先茶商之直接欧美商场销茶。一言以蔽之曰："赶设茶务讲习所，以造就人才而已矣。"

又按：印度、锡兰种茶、制茶、销茶皆公司一以贯之，即另有销茶之经纪，亦大半与制茶厂均有股份，故不肯利源外溢。吾国山户自山户，庄号自庄号，经纪自经纪，间接太多，各不相顾，故演成此种危象。若能将各茶庄、茶栈、茶号及山户联合一大公司，则自然血脉贯通，休戚相关，结全国茶业之团体，握五洲茶务之利权，制胜海外可翘足待也。

行户情形。查羊楼洞距汉360里，彼处行户以雷、饶两姓为最大，其余产茶之区，昔年均有极大行户。大概行户房屋占地甚广，其大者能容积三四千人，其中有总经理处，有钱房，有秤房，有收买生叶处，有堆存生叶处，有炕焙场，有拣场，有制造木箱场、制造铅皮场，有装箱处，有存储处，其一切器具如桌椅、竹筐、风柜、焙笼等物均备。茶商入山时，除携带银钱、衣服外，无一不仰给于行户趋奉维护，希冀居间买卖扣取行用。自近年来茶务日坏，行户进款日微，多遂不愿经理买卖，现计湖北产茶地方，除羊楼洞行户仍经理买卖外，其余崇阳、通山等处行户，皆不经理买卖。茶商入山仅向行户租借房屋、器具，岁出租钱三四千文，收茶皆自行派人与山户直接，故行户对于房屋，有任其倒塌不加修理者，有改造作别用者。一种萧条之象，令人不堪回首，此行户之亟宜设法维持者也。

改良制茶新法。保存山户，勿压抑其价，勿使用大秤，使山户爱惜茶树，然后教以印、锡下肥、剪割、采摘诸新法，此改良种茶扼要之端。至于制茶，则印、锡之法有应仿行者，有万难仿行者。滦自印、锡回国以来，积数年之阅历经验，始知中国旧法之良者，不必如焙笼是也，新法之长者皆可学，如揉机、筛机、切机是也。兹谨将揉、烘、筛、切应行改良之法附陈于下：

揉。吾国土法多用手足揉茶，印、锡则用机器，近来英人借口华茶不洁，有碍卫生，甚至登诸报章不已，复编小学教科书内，使彼说灌输于童稚之脑筋，此西人用教育补助实业之新法也。现在吾国改良碾揉，应一律改用竹器，如内地机器难于普及，则以人力或以驴马力代之，务使水汁不走，气味香郁，而叶内包含之细管络全行揉碎，此搓茶之亟宜改良者也。

筛。全球之上除亚洲外无竹，印锡虽有竹，然竹细料粗且工拙，不能作筛，所用之筛皆购自日本。故近年来，机厂筛茶多用铜铁丝筛。现拟筛式法仿佛印锡一、二、三、四、五号之木筐，而筛孔仍用竹丝编成，则光滑而泽，较铜铁丝为佳。如不用发动机，可用一人推动，手摇脚踏，均无不可，且较之旧式之圆筛省工四倍，而茶叶粗细可以一律。此筛茶之亟宜改良者也。

切。吾国旧法多用女工分别细拣，甚有拣至四五次者。故叶尖自叶尖，叶片自叶片，枝梗自枝梗，粗细分明。印锡所用切机，系筛出等次后，即用器切成一律匀齐之茶，其弊在不能分出叶尖，故印锡只有中下等茶，无上等茶。吾国拣茶工夫太重，成本过大，系销茶上一大障碍，最好头、二春茶用女工拣一次，分出上等之茶，余即用机切，三春茶全用机切，兼两长而有之。此拣茶之亟宜改良者也。

整顿全国茶叶办法。居今日而言，茶务之败坏，其原因至为复杂，其积弊不止一端以言乎，整顿难矣。学识之高者，其经验未必深也，纸上之空论，未必能施诸实行也，即茶商之所告语，亦多系个人私见，偏颇一面情形，未能统筹全局。查吾国红茶适中数约销 50 万担，高下价统扯每担银 17 两，约值银 850 万两；绿茶适中数约销 26 万担，高下价统扯每担银 20 两，约值银 520 万两；红砖茶约销 30 万担，每担计英磅 133 磅又 1/3，高下价统扯银 14 两 2 钱 5 分，约值银 4207500 两；绿砖茶约销 30 万担，每担扯计英磅 138 磅，高下价统扯银 7 两，约值银 210 万两，四项约共值银 2000 万两以上。欲筹补救之策，必自运茶至外国销售始，欲运茶至外国销售，必自设立全国茶叶总公司始。

附：光绪三十年至三十四年全国出口茶数

光绪三十年 1451249 担，光绪三十一年 1369298 担，光绪三十二年 1404128 担，光绪三十三年 1610125 担，光绪三十四年 1496136 担。

附：三年间低落之红茶数，增长之砖茶数

光绪三十年红茶749002担，砖茶447695担；光绪三十一年红茶597045担，砖茶518498担；光绪三十二年红茶600907担，砖茶586727担。

谨拟全国茶叶总公司草章

一、总公司以联合茶商山户，结成全国茶叶团体，整顿种制销售诸法，禀请部宪入奏专办出口茶叶，为实行振兴茶务之基础。

二、总公司筹足资本，凡出口之茶尽数收买，特聘名医检查，专用新法装制，总以善价而沽，成本不亏为主。

三、总公司销茶系直接欧美商场，断不容洋经纪来内地任意定价，至主权旁落于他人。

四、总公司集资本银3000万两，以2000万两收茶，以200万设厂栈暨分销处作固定资本，以800万留充后备，作流动资本。

五、总公司股本先由大部筹定官本，以示提倡，然后招集商股，惟招股先尽现时所开之各茶栈、茶庄、茶号及行户、山户，如有不足，再添商股，以免茶叶中人误会宗旨。

六、各茶商及行户、山户无现银附股，可先行认定数目，缴款1/3，余俟春初缴足，并可将应用之栈房、器具及现有之茶山照时价公定作附股之多少。

七、总公司股票每股规银100两，计30万股，以10万股作为优先股，凡认股至30股者应得一红股。

八、总公司以每年10月为发给官利、红利之期。

九、总公司应先组织一兴业银行，使资本流通，股票活动，除茶市之外，可兼办别项实业。

十、各埠华侨熟悉外埠商情，如愿分销，总公司应认为华商分销处，酬以特别权利。

十一、凡外国商人来总公司预定趸数，总公司应酬以特别利益，倘愿分销，应认为某某分销处，酬以分销权利。

十二、分销之人无论华洋，均应预付定价银1/3。

十三、总公司收买生叶、茶末及制成之红绿茶、砖茶，均先期付定价银1/3，其余银货两交，如该茶商、山户愿俟公司售货之后再行收讫，公司当给以所有红利。

十四、茶商、山户自经总公司付过定银后，该茶即为总公司之货物，如查出有私售情事，从重罚办。

十五、津浦路通商途大变，金陵为南洋通商大臣驻扎之所，总公司宜设浦口，转运红茶、砖茶总栈宜设汉口、福州及张家口（拟汉口为第一总栈，福州为第二总栈，张家口为第三总栈），转运绿茶总栈宜设上海，总分销处宜设俄之莫斯科、美之纽约、英之伦敦、澳洲之雪梨、南洋之新加坡等埠。

十六、总公司在祁门、宁州、宜昌、羊楼洞及内地产茶扼要之区设立新法制茶厂，并附设压砖厂，所有头、二、三春青茶、秋间老茶及花香、茶末，均先期付给定银，用平价平秤收买，自制自销。

十七、凡茶商欲自行入山办茶者，必先将姓名、籍贯以及所备资本若干，采办某种茶若干，详细报明总公司，由总公司注册，发给执照，方准入山。惟红茶、茶砖到汉口、福州时，绿茶到沪时，须由总栈检查，如须装制，则应代为装制，并须代为定价售卖，不得任意与洋人交易。

十八、凡洋商在海关请领三联报单采买茶叶，必须先由总公司验明，加发执照，指往总栈购买，不得任意赴产茶地方与山户、行户直接交易，总公司为谨防掺杂作伪，慎重卫生起见，应请部宪咨商外务部照会各国驻京使臣，转饬领事知照洋商，以免误会。

十九、各处产茶地方及茶商荟萃地方，向有茶业公所，总公司即有代表茶商、山户挽回公众利权之性质，所有茶业公所在上海、福州等埠者，即作为总栈之办事处，总公司之机关部在祁门、宁州、宜昌、羊楼洞、屯溪诸地方者，即作为各厂之办事处，总栈之机关部所有各董事及各帮领袖或于茶叶有学问经验者，拟均作总公司各地经理或名誉经理。

二十、总公司运销红绿茶、砖茶，每年运费约计银180余万两，此项运费，拟禀请部宪咨商邮传部，统归招商船及津浦、京汉车包运，以免利权外溢。

二十一、内地厘金最为商累，总公司拟禀请部宪蠲免茶叶产地税，以纾山农之困，或加入关税之内，实行裁厘加税，以恤商艰。

二十二、交通便利，成本轻减，印锡产茶之区铁道铁杆弥山皆是。总公司拟将产茶地方，应行筑路通道之处详细调查，禀请部宪咨商邮传部尽先设法建筑，以利运输。

二十三、总公司成立后，如遇茶叶滞销，亏折过巨，拟禀请国家补助。

二十四、总公司未经成立之先，应派人调查内地习惯、外国销场，使机关完备，将来公司详细办法，应再随时增改。

按：中国茶叶专卖法始于北宋时代。宋初，民之种茶者领本钱于官，而尽纳其茶，官自卖之。敢藏匿及私卖者有罪，此国初之法。天圣间改为贴射，嘉祐间改为通商，至政和以后之茶法，则商人即所在州县或京师请长短引，自买于园户茶储，以笼篰官为抽息批引贩卖。长引许往他路，限一年，短引只于本路，限一季。自元明迄今，茶引立额相沿未改。近者环球各国生计竞争，托拉斯之势力将左右全世界。美之火油大王也，铁路大王也，托拉斯也，其实即政府所有之专卖机关也。吾国茶业声誉震五洲，印、锡、日本、爪哇皆后起，倘蒙大部提倡，筹定官本，保护商股，从托拉斯入手，则不必有专卖之名词，自收专利之效果。值此茶商亏耗，山农憔悴之时，有不事半功倍者乎？

3. 湖北茶业产销状况及改进计划

（1939 年 1 月 7 日）

徐方干

一、前言

茶为湖北省重要产品之一，产地面积达 30 余县，计 521775 亩，年产茶叶三四十万担，值银千余万元，其关系省帑民生至为重大。且植茶历史之早，远在唐宋以前，如峡州之碧涧、明月、芳蕊、茱萸，蕲州之团黄，皆为当代茶之珍品，良以本省自然环境之适宜，与海外通商之进展，茶叶栽培得以渐扩张，清季末叶，乃告极盛。惜近因外受印、锡、日本、爪哇等茶之竞销及洋商之操纵贸易，内以茶叶生产方法陈旧，经营不合理之故，产销日滞，茶价渐低，遂不能继昔之盛。最近又因战事关系，本省之茶叶产销，更形衰落。以致未采者，茶蓄于树，已制者货屯于家，地既不能尽其利，人亦不能用其力，胥由货之不能畅其流所致，茶农损失之大，莫过于此。故本省茶业前途，实有岌岌可危之势。此种现象，在平时已觉非常严重，矧在抗战军事方兴，失地渐广，难民愈众之时乎。查全国产茶区域现已失去五分之三，仅留两湖之一部及川滇黔桂等省而已，就中高级红茶之产地，只存鄂西一部，故本省实为今后全国产茶首要之地。为保持国外华茶市场，增进国家收入，救济农村经济，安插难民生产计，宜亟谋本省茶业之改进，以佐上列各个问题之解决，爰特草就湖北省茶业之产销状况及改进计划，以供抗战建国期中，政府谋增加生产之参考，亟愿择宜施行，免于空谈。

二、湖北省茶叶产销状况

湖北省茶叶生产，在唐宋时已极普遍。如唐·陆羽《茶经》云:“山南以峡州（宜昌府属）上，荆州（江陵）、襄州（襄阳）次，蕲州（蕲春）、黄州下，江南生鄂州（武昌府属）、袁州、吉州……”又《宋史·补笔谈》载:“忠定张尚书，宰鄂州崇阳县，崇阳多旷土，民不务耕织，唯以植茶为业。”由此观之，可见其时茶叶生产之一斑矣。其后至元、明、清各朝，茶产亦盛，尤以清光绪末年为最。每年产量恒在百万担以上，及至欧战开始后，红茶销路日衰，幸有青茶、老茶、砖茶之生产，每年输出尚有三四十万担。1920—1924年间，以中俄邦交之变，海外市场被扰，致向以俄为销场之本省茶叶，遂生窒阻，输出大减，骤呈衰颓现象。尔后幸有印、锡、爪哇产茶之限制，我中级红茶之“湖红”始得复活，更因中苏邦交之恢复，砖茶输出亦日渐增加，乃适值我国内乱频仍，茶农生产不安，茶商运输困难，更受外茶之竞销，与生产方法之不良等关系，致稍有起色之鄂茶，不幸又告衰落。迄去今两年，因受对日抗战影响，本省茶业产销更遭大难，兹就本省茶叶产销今昔概数，列表如左，以资比较。

湖北省茶叶产销今昔概数比较表 单位：担

时期	全兴时期		中兴时期		衰落时期			
年代	1885	1910	1920	1923	1932	1936	1937	1938
红茶	323600	126700	123705	90137	3160	10200	5900	3800
绿茶	—	—	29608	28463	11877	16000	13200	11900
老茶	—	—	—	—	150000	—	113560	67930
砖茶	233801	250920	184962	6910	183368	122000	—	33000
其他	—	—	—	—	1066	—	—	—
共计	557401	377620	338275	125510	349471	148200	132660	116630
备注	上列全兴时期红茶数字系根据华茶出口总量十分之二计算，因此数与茶商报告及本省茶产情形较相符合也。							

注：①本表所列茶产数字系据各项贸易报告及茶商估计，再参照本省茶业现况斟酌所得。②本表所列各项数字，未将茶农自己消耗及内销数量计入。③ 1937 年与 1938 年两年老茶数量系经实查，惟有十分之二尚存在茶农手中。④ 1885 年与 1910 年两年绿茶数量及内销茶数量因无考据，故未计入。

观上表可见，本省茶叶产量，已有江河日下之势，吾人一入产茶区内，茶农、茶商之哀叹唏嘘到处可闻，危机隐伏，何堪设想。兹更将本省产茶状况分述于后。

（一）茶产区域。鄂省产茶区域，得分下列三路，其各路产地如左：

（1）鄂东路。本路指沿武汉下游一带之黄冈、浠水、黄梅、广济、蕲春、罗田、英山、大冶等县而言，全路以生产绿茶为主，供内销者多。

（2）鄂南路。本路包括咸宁、蒲圻、嘉鱼、通山、崇阳、通城、阳新等县。全路以产老茶供压制砖茶之原料为主，红茶次之，绿茶又次之。茶叶集散以蒲圻之羊楼洞为中心。

（3）鄂西路。本路产地较广，有宜昌、长阳、宜都、五峰、鹤峰、施南、兴山、秭归、利川、竹山、宣恩、咸丰、建始、当阳、远安及鄂西北之南漳、谷城、均县、郧县等 19 县。全路以红茶为主，蜚声中外之宜红即产本路。而产量最多、品质最佳者首推五鹤两县。以外绿茶亦略有生产，以恩施所产者为多，皆集中宜昌销售。

（二）产量概况。全省各种茶类之产量，年各不同，已载如上表，至其所以有多少之差，恒以各该年之茶市销路如何为转移。而制茶种类，亦视市场之需要而定。例如羊楼洞之老茶，在全盛时能产五六十万担，红茶十余万担。今则茶市衰败，仅能产老茶十余万担，红茶数千担。又如鄂西之宜红，盛时能产二三万担，今则不过生产二三千担而已。观下表，即知现在本省茶业之产量概况矣。

1937—1938年湖北省各路茶叶产销表　　单位：担

产地	鄂南				鄂西		鄂东		总计
茶别	老茶	砖茶	红茶	绿茶	红茶	绿茶	绿茶	其他	
1937年	113560		2100	1500	3800	8500	3200	1000	133660
1938年	67930	33000	2000	1400	1800	5000			116630

附记：上列数字曾经调查，惟茶农自所消耗者未列入。

（三）茶树栽培。本省茶树之栽培，概为旧法，故对于茶叶产量、制茶品质影响甚大，如羊楼洞之茶园，以产老茶故，茶农只知过度采伐，不施肥培，致其树型如秃根。鄂西等地之茶树多不剪枝，任其徒长，开花结果，至其株行距离之参差，与露根枯干之不事培剪，以及中耕、除草、防除病虫害之不加注意，尤为本省茶树栽培上之普遍劣性。兹将本省茶农植茶之状况分述如左：

1. 风土。风土之适宜与否，为农作物生育之基本元素。本省茶叶之所以能如此普遍，良以有适合茶树生长之风土也。

本省位于北纬29°～33°，居南温带地位，四季气候温和，雨量适宜，兹以汉口、宜昌两处为代表，列其温度、雨量如下表。

汉口、宜昌温度、雨量比较表

地名		汉口		宜昌	
月份		1月	7月	1月	7月
温度（℃）	最高	14	37	15	36.5
	最低	−10.5	33	−8	20
	平均	0.2	30.6	3.5	28.2
总雨量		33.7公厘	76.6公厘	27公厘	203公厘
备注		上述温度、雨量系根据《中国地理志》第51页		上述温度、雨量系根据戴啸洲《鄂西之茶业》	

观上表，知本省之气候，颇合宜于农业。虽谓有地势高低之不同，寒暖雨水随之差异，第其各地之全年平均温度，均在16℃以上，总雨量在18吋以上，皆合农业生产自然要素范围以内。且鄂西山峦高耸，有云雾之惠，东南江湖遍布，有水蒸气滋润，更宜茶作之生育。至其全省之土质，据地质学者之考察，鄂西多岩石风化而成之沙质壤土，掺以历年植物枝叶腐败所得之有机物，故土壤中之可溶性养料较多；东南为冲积平原地带，丘陵山地亦为沙壤土，排水佳良，肥力浓厚，极宜植茶。所以本省之温度、雨量、土质、地势，莫不适宜茶作，诚为理想之茶产地，天赋既厚。吾人苟能运用得当，将来茶叶生产未可限量也。

2. 栽培及管理法。本省各地茶园，皆为年代较久之旧式茶园，新植者，殆寥寥无几。讯诸茶农，谓之茶价低落，植茶得不偿失，故皆不愿再事植茶，而种植粮食作物较为得计也。查其茶树栽培及管理法，有如下述。

A. 繁殖。茶农之繁殖茶树，其法有三：①为植播法，于春秋两季用茶籽直播本地；②为移植法，将茶籽先在苗圃育苗，一二年后移植于本地；③为分根法，将茶丛下茶树根际所生育新枝带根挖起，供移栽本地之用。

B. 栽茶。茶籽或茶苗，加以处理后，每株丛相隔三四尺，每行相隔四五尺，开穴种下，而后覆土。

C. 管理。初植二三年间，每年中耕二次，对于施肥，不以茶树为目的，而施于茶树行间所栽植之间作物，茶树对于肥料，只吸收余肥。现以茶叶价贱，一切管理手续从简，以间作物为主要收入，故其茶树栽培管理至为粗放。

本省茶树栽培及管理上之缺为：①羊楼洞区茶树采伐过度；②鄂西、鄂东茶树不施剪枝；③露根不加培土；④不施肥料；⑤不注意防灾害；⑥间作物太密，妨害茶树生长。

（四）茶叶采摘。茶叶采摘之大小及方法，皆随制茶种类而有不同。本省所产之茶，有红茶、老青茶、绿茶等三种，而红茶又有粗、细二种，故其叶之采法，亦互有区别，如羊楼洞一带地方，专制老茶，其采摘生叶，不以手摘，而以刀割。举凡当年生茶树之枝叶，悉被割无遗。而采割之时，对于树型及茶树生育机能，毫不顾及。此乃老茶之采摘法，亦为其缺点也。他如鄂西各县以产红绿茶之故，虽用手摘，但其动作粗暴，常损品质，更以茶农贪图叶量多，往往发生迟采老采之恶习，同时因茶树不剪枝，树型不整齐，受日光不均匀，茶芽大小不齐，不但采摘费工，且有碍制茶品质，其害殊大，今后实宜痛改。

（五）制茶状况。制茶之方法，当然以其名目各别而有不同，如本省所产之红茶、老茶、青茶、毛峰、毛尖、瓜片、家园、白茶等有其制造方法，兹仅将外销箱茶中之红、老、绿三种茶之制造程序简述于左。

1. 红茶。红茶制造得分初制、精制两阶段。初制皆属产地茶农，精制皆为市镇茶商加工，其程序如左：

A. 红茶初制程序

生叶→萎凋→揉捻→发酵→干燥→储藏

B. 红茶精制程序

毛茶→初筛→切叶→推拼→发拣→复火→过细分类分筛→再拣→做茶→官堆→装箱。

红茶精制手续甚繁，即就过筛一项言之，绝非寥寥数语所能道其万一，上列红茶精制程序，不过为其大概耳。

2. 老茶。老茶即谓之老青茶，亦曰黑茶，为压制青砖茶（亦名绿茶砖）之原料，以品质与茶形之粗细不同，有洒面、二面、裹茶三种，其制法洒面与二面同；裹茶稍异，然其大体，则大同小异。其制造程序如下：

A. 老茶洒面、二面之制造程序

生叶→初炒→初揉→摊晒→拣干→切干→再炒→袋捆初踏揉→过头筛→三炒→袋捆再踏揉→过二筛→和本末→摊凉→储藏

B. 老茶裹茶制造程序

生叶→初炒→初揉→摊晒→拣干→切干→再炒→捆踩→过筛→晒燥→和本末→储藏

3. 绿茶。绿茶为各种绿色茶叶之总名，其制造方法亦不能一概而论，惟其首均经杀青手续，以防止其发酵，是为绿茶制造之通性，兹将市上所售之毛尖茶制造程序书列于后。

毛尖茶制造程序：

生叶→炒青→烘焙→拣杆→做样→储藏

上项所称之毛尖绿茶，在本省东、南、西三路皆有出产，其在南路曰青茶，即毛尖之毛茶。羊楼洞等地制造青茶，缺点甚多。其一，生叶采摘粗大。其二，炒青时火力太高，手法不善，茶叶生焦起泡。其三，毛茶仅半干即赴市求售，途中品质变坏。以上三点，亟宜改革，方能使毛尖品质提高。

（六）茶叶运销。本省茶叶之运销，至为复杂，茶农所生产之毛茶，售与茶贩，是谓初卖。茶贩所收之毛茶售与茶庄，是谓再卖。茶庄将毛茶加工精制后，运至出口商埠售与茶栈，是谓三卖。茶栈不能直接售茶于海外，必须售给洋行，是谓四卖。如此辗转贩卖，层层剥削，以致茶叶成本高贵，而茶农实不得其惠，所有利益，皆为中间商人所得。兹将本省茶叶运销上之情形及其弊端分述于后。

1. 全省之茶叶厂号。全省之茶叶厂号，得分内地茶商与出口茶商二种，前者专事收集产地茶叶，加工精制，运销出口商埠，后者专办出口茶叶运销事宜，除茶贩无一定数目可调查统计外，兹将全省经营茶叶较大者列表于下。

厂号名称	太平洋行	怡和洋行	贸易委员会	义　兴	宏源川	兴隆茂	新　记	天顺长
类　别	红砖茶	红　茶	红砖茶	砖　茶	砖　茶	红黑茶	红　茶	砖　茶
地　址	汉　口	汉　口	汉　口	羊楼洞	羊楼洞	羊楼洞	大沙坪	羊楼司
厂号名称	源泰号	民生号	同福号	恒慎号	协和洋行	协助会	天一香	义兴公司
类　别	红　茶	红　茶	红　茶	红　茶	红　茶	红　茶	砖　茶	红砖茶
地　址	渔洋关	渔洋关	渔洋关	渔洋关	汉　口	汉　口	汉　口	羊楼洞
厂号名称	聚兴顺	信　记	巨真和	源远长	恒信号	华明号	民孚号	合兴号
类　别	砖　茶	红　茶	红砖茶	红砖茶	红　茶	红　茶	红　茶	红　茶
地　址	羊楼洞	大沙坪	羊楼司	羊楼司	渔洋关	渔洋关	渔洋关	渔洋关

2. 茶叶售价。本省茶叶售价，年各不同，而在同一年中，以茶期前后及种类之区别，亦有差异。兹将民国二十六年（1937）、二十七年（1938）两年之毛茶山价与成茶出售价格分别列表于后。

甲　毛茶山价 每斤单价

地　名	鄂南羊楼洞				鄂西五鹤	
茶　名	老　茶	红　茶	青　茶	其　他	红　茶	青　茶
1937年	0.06元	0.15元	0.20元		0.40元	0.35元
1938年	0.035元	0.05元	0.08元		0.32元	0.45元
备　注	本表数字系经实地调查所得					

乙　成茶出售价格 砖茶单位：箱，青红绿茶单位：担

产　地	羊楼洞					宜　昌	
茶　名	青砖茶	青砖茶	红　茶	老　茶	绿　茶	宜　红	绿　茶
1937年			31.00	8.00	36.00	95.00	48.00
1938年	15.00	11.00	42.00	7.00	48.00	90.00	62.00
备　注	元/箱	元/箱	元/担	元/担	即俗称青茶	元/担	元/担

附记：本表所列价目系平均价，经调查不误。

3. 交易手续。根据本省茶叶贩卖情形，仍得分初卖、再卖、三卖、四卖而言。

甲、初卖。初卖为茶农与茶贩或茶庄分号人之交易，茶贩在茶季中携带大批日用品至山间易茶，或以现银购茶。在此阶段中，最大之弊病有三，茶贩易茶之货物抬价过高，而茶价反受压低，茶农得利甚微，此其一。茶贩所用之衡秤过大，每斤有18两、20两、22两、24两、28两、36两、48两，甚至有5斤作一斤，9斤作一码者，而其茶价则依然作一斤付银，茶农蒙受无形损失太大，此其二。茶贩与茶号分庄人至山时，必先以大量收茶及提高价格为号召，迨茶农毛茶制成，茶客即拣优先收，旋即减价，待嫩茶收完，遂宣告停秤，于是茶叶之后采者或先采而未出者，无人过问，茶农不得已，忍痛向茶客削价求售，以致大受损失，此其三。

茶农因年年受茶商之垄断剥削，亏蚀殊大，故对于茶之栽培不感兴趣，以此而日渐粗放，不乏其人，良可叹也。

乙、再卖。再卖为茶贩与茶叶庄号商间之交易，在本阶段内，所有之弊端：①茶号伙友对于茶贩送来之茶，无论交易成否，必多取样茶；②茶贩希

图厚利及弥补样茶损失，往往将茶叶喷水做潮，和灰末，掺假叶，使茶之品质变劣；③茶贩与茶号伙友秤手，通同作弊或以劣茶作好茶收进，或虚报斤两，增高茶叶成本。

丙、三卖。三卖为茶号与茶栈间之交易，其手续，茶号商人运茶至出口商埠后，必须将茶堆栈至已借款之茶栈，并不能运售至别家，盖内地茶号多资本不足，每至茶季，必向汉沪茶栈借款，言明以本年收制之茶叶作抵押，故贷方对于借方之茶叶有先购权。茶叶既至茶栈，该卖方停驻茶栈听盘、提样、说价、过磅、扣捐佣、付票银，方为完事。在此阶段，茶号有被茶栈压迫垄断之弊，而茶栈于付款时，所扣佣捐税杂，名目繁多，足增号商之损失。

丁、四卖。四卖为茶栈与洋行间之交易，其手续与三卖略同。惟售茶价格，亦颇受洋商之压抑，往往发生勒买弊病，同时尚有货款久欠不付之恶习，今年（1938）宜红之款，半数尚未领得，其一例也。

4. 茶叶运输。本省所产之茶，大都以汉口为出口商埠，上海、香港、广州等地之茶栈，在汉皆设有分栈，故茶叶运输皆向汉口进行，其三路运输情形如左：

鄂东路。本路之茶皆由长江水道西运入汉。

鄂南路。本路之茶得分水陆二路运输入汉。水道由羊楼洞或羊楼司，往时经新店河出黄盖湖入长江抵汉口，今多陆运由粤汉铁路北上至汉口。

鄂西路。本路出口茶以红茶为最多，绿茶次之，红茶制造地以五峰渔洋关为中心，其次为泥沙及宜都，其茶装箱后，均由渔洋河水道运至宜都报关完税，再运至宜昌或沙市，附轮运汉。绿茶以运至宜昌销售者为主，其运法与上同。

本省茶叶运销上，以辗转手续繁杂，费用亦多，而每一转手间，转手茶商必于中取利，以致茶叶成本高贵，销路日滞，而茶叶成本高贵之结果，以层层勒买之故，茶农实无利可图，所有利润皆为中间商人所得，又因转手较多之故，掺假作伪之机会亦多，故对于茶叶运销，必须改革，方能提高茶叶品质，减低成本。

三、湖北省茶业改进计划

关于鄂茶产销状况及其所以衰败之原因，已如上述。见难施救，政府自能详察施以改进，是无疑义。惟改进之道多端，要之，不外治本与治标二方。在国家平静之日应按步进行，先从茶叶栽制技术与经营方法之试验研究入手，而后择优推广，逐一改良，以为根本之图。今则国难日亟，民生困苦，茶业改进，亦宜采取非常手段，以收速效。其一应利用机会增加产量，提高品质，减低成本，俾能多产质优价低之茶，在市场上增进声誉与销路。其二，则继续茶业生产技术与方法之研究试验，以得进一步之改进。如此表里兼施，收效自然宏大。兹将1939年度本省茶业改进上应有之实施分项胪列于后。

（一）关于茶叶生产方面。改进本省茶叶生产，必须在已有茶园内，利用科学方法管理，求茶叶品质提高，产量增加，以增进茶农收入。其次则应利用难民垦植荒山，培植新式茶园，扩充茶园面积，树立本省茶业复兴基础。兹将其方法分述如下：

甲、增加产量。本省鄂南所产之老茶有产量多价格贱之优点，为俄、蒙等地人民日常必需之饮品，且为全球独特之产区，现在中苏邦交亲善，政府又在建设边疆，销路当无问题，正可利用此机会，大事生产，以吸取外资。同时鄂西所产之宜红论品质之高贵，不亚于祁红。日今皖赣等省沦为战区，茶叶生产困难，鄂西则有崇山峻岭可作围卫，论地势亦较安于他处。又以世界各国红茶之消费，日有增加，而印、锡等所产之红茶，必须掺和我国高级红茶，方合外人之嗜好，因此鄂西红茶，更宜利用此机会尽量生产，以供需求。兹将鄂西茶产情形及1939年所能尽量生产数量列表于后：

鄂西各县茶叶产量调查表

［根据民国二十二年（1933）国民政府统计处调查报告］　单位：担

县名	宜昌	宜都	五峰	建始	咸丰	备注
产量	100	200	800	500	2000	鹤峰、长阳二县茶产数量在原表未载，兹据茶商估计该年产量报告列入，特此说明
县名	恩施	巴东	利川	兴山	竹山	
产量	1650	140	100	100	100	
县名	郧县	远安	鹤峰	长阳	总计	
产量	56	550	3000	500	9796	

民国二十八年（1939）鄂西茶叶产量估计

单位：担

产地		五峰 鹤峰	泥沙	长阳	恩施	咸丰	其他	总计
制造地		五峰渔洋关	湖南石门县泥沙	长阳资丘	恩施	恩施		
估计尽量产量	春茶	7500	2500	2000	2475	3000	2769	20244
	二茶	3250	1250	1000	1000	1500	1500	9500
	三茶	700	300	100	100	150	150	1500
	共计	11450	4050	3100	3575	4650	4419	31244
备注		根据本年渔洋关茶商会议所估计	同前，泥沙本属石门管，惟其茶皆由宜都出口	同前	根据历年茶产情形估计	同前	包括宜昌、郧县、巴东、宜都、兴山、竹山、建始、利川等县	

观上列第一表所列数字，可以断明为非尽量生产数，第二表所列估计数，系参据各方面情形所得，因尽量生产，其茶叶采制，皆不胜蓄，不乱废，不囤积，而尽其量以生产也，是则处处集约经济，上述估计数量，当不为过矣，爰将其增产方法分述如后：

1. 举办茶户登记。用行政力量通令产茶各县举办茶户登记，并报告该户茶地面积及产量，以便确切统计。

2. 宣传增加茶产办法。分派指导员至各茶区，以县为单位，用行政力量，召集各该县乡保甲长，讲述增加茶产办法及法规，务使家喻户晓，切实施行。

3. 颁布茶叶生产法规。以前茶业上不规则之弊端，统宜革除，举凡各种茶叶采制标准及毛茶价格之规定，与掺假着色之取缔等，皆宜先颁法规，俾茶农茶商有所遵循。

4. 奖励生产。政府提出款项若干，储作茶叶生产奖励金，凡能依法接受指导增加生产者，予以奖金，以示鼓励，不听从者加以处罚。

5. 利用难民垦植荒山培植新式茶园。近因失地日广，难民愈众，政府已拨巨款救济，但难民生耗国币，殊非善策。政府应利用此巨款为工赈，从事难民生产较为合理。本省西部荒山多未垦植，正可利用此机会，垦辟新式茶园，从事茶叶大量生产。

乙、提高品质。茶叶品质之优劣，不但影响茶叶销路，且有关茶叶售价与经营者之利润。提高品质之方法如下：

1. 督导产地采制。于茶期内派员至产茶区内监督并指导茶农采制，俾得多产优良之原料，更于茶叶制造地派员长驻茶号监制，以免商人作弊，而得改进精制方法，于是茶叶初制、精制咸得改进，品质自然提高矣。品质提高，成本减低，何患销路之不广乎！

2. 改良包装。为增进茶叶品质，便于运销起见，对于茶叶包装，应行改良，避免运输中途发生茶质劣变及箱包破裂等事，妨碍茶叶运销，政府对于包装材料如锡板等，凡经登记许可之茶商，准其采购，不加禁止。凡包装不合之茶叶，运销统制委员会得禁止出口。

3. 举办制茶技术比赛。于茶期内，举行制茶技术比赛，用品评方法，择优奖励，以增进茶业改良兴趣。

4. 举办各种示范。凡茶叶栽培、采摘、制造，皆宜在产茶适中地点举办示范，俾便茶农茶商观摩，以利改进。

5. 取缔劣茶。实行产地检验，取缔劣茶，使茶农茶商革除掺假作伪，以及粗制滥造等劣性。

丙、减低成本。本省茶叶以成本过高，影响茶叶销售甚大，欲减低成本，必须集体经营，节省靡费。减少卖茶手续，免除中间商人渔利，以及废除杂税等，皆可使茶叶成本减低，兹列方法如下：

1. 组织茶叶生产合作社。鄂茶外销不能发展，其故有二：一为生产方法不能集约；二为运销制度之不合理。且茶之事业包含农、工、商三者，较任何事业为复杂，非有合作之组织，决难应付，如工厂之建筑，机械之购办，经济之筹措，销路之开拓，技术之改进，势非贫弱之茶农独力所能胜任，金融机关虽欲投资救济，亦多因茶农散漫毫无组织，不愿掷诸虚牝，致令大好茶业陷于无法经营之境。本省为改良全省茶业计，必须广组茶业合作网，茶农方面由组织各地生产合作社为基础，再组织联合社，从事集约经营，在茶商方面组织合作制茶厂，如此可免中间商人之剥削，节省靡费，茶叶成本既可减低，茶叶品质亦可提高，而各项茶业改良方法之推广，与茶业金融之投资，亦自有道可循矣。

2. 减免苛捐杂税。捐税之奇重，足增高茶叶成本。如渔洋关等地之茶叶有制造税、产地营业税、商会会费、海关出口税，及至茶栈出售，尚有营业税、所得税、佣金等。今后政府应厘茶税，除所得税、海关税减率征收，以提倡出口外，对于余税杂捐，应一概免除，以减低茶叶成本。

丁、抢救战区茶叶。本省东南两茶区，皆不幸相继沦陷敌手，对于失地茶业，政府应设法抢救，以免货物资敌，其抢救法如下：

1. 设立战地茶叶管理处；2. 举办战地茶叶生产巡回指导；3. 协助战地茶叶运销。

上述三项，可由省政军政及有关机关统力合作之。

（二）关于茶叶运销方面

统制茶叶运销。为增进本省茶叶品质及销路计，政府对于茶叶运销，应取统制手段，方可便于运输，开拓销路，其办法如下：

1. 组织鄂茶运销委员会。本会由湖北省政府会同财政部国际贸易委员会与经济部商品检验局、军委会运输部共同组织之，专负统筹鄂茶运销之责。

2. 协助茶叶运输。战时交通工具，政府有统制办法，商人不得滥用，因此茶叶运输困难，有碍茶叶出口，政府应照会军事机关，协助茶叶运输，并加以保护。

3. 举办茶号登记。为求茶叶品质齐一，运销便利计，政府对于产地及出口地产茶厂号，应令各县县政府厉行茶厂号登记，凡茶号资本数额、经营年代、经理、股东姓名、制茶种类及拟制茶叶数量等，皆须报告，以备查核，政府对于登记合法之茶号厂商予以法律保护。

（三）茶叶金融方面

调剂茶叶金融。往昔茶农茶商皆以资本不足，对于茶叶不能尽量至善采制，致碍茶叶产量与品质甚大。而为内地茶商者，受出口茶栈借款之限制，受种种垄断剥削，害及茶业经营殊甚。故对于茶业金融，政府应实行调剂，鼓励金融界投资。现在财政部贸易委员会与省政府已订定茶业贷款办法，应予切实贷放。

关于茶业贷款之贷放，必须使茶农茶商，均受其利。凡经登记合法请贷之茶商与合作社，均应斟酌贷予，并监督其用途，以免畸形发展，发生转借与高利贷等弊病，则所贷之款，方能于茶业有利。

（四）茶业试验研究方面

继续茶业改进试验研究，对于茶业改进之技术与方法日新月异，而理想中之科学方法，是否合于本省各地之地方性，必须加以试验研究，以期新法之适合，本省已办有羊楼洞茶业改良场，该场现迁五峰，为全省唯一之茶业改良研究推广机关。政府应竭力维持并扩充之，俾期有成，而茶业改良场对于茶业生产运销经营各方面之技术与方法，亦应切实试验研究，以符政府与民众之期望焉。

（五）关于茶业人才方面

训练人才。上述各项，如蒙采择实行，对于茶业改良，人才非常缺乏，政府应招收本省战区流亡青年，以及各茶区县政府抽派优秀人员，设立湖北省茶业改良人员训练班，予以适期之训练，上述抢救战地茶业及垦荒植茶，产地指导等，皆可指派是项已训练人员工作。

（六）关于茶业行政机构方面

改革茶业行政机构。计划之能否实行，在政府之有否决心，而实行能否收效，完全在政行机构之健全与否，故改进本省茶业，对于茶业行政机构不可不加注意。兹列其应有之机构如下：

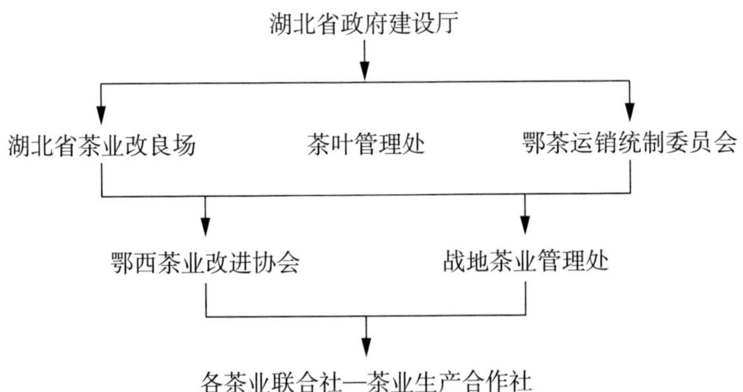

（七）关于茶业经费方面

经费预算。计划为事业之主脑，机构为事业之身躯，经费为事业之血脉，凡事业之能否实行，往往以经费为转移，故经费实为实行事业之命脉。吾为改进本省之茶业，政府必须划出确定之茶业改良经费，按期拨支，毋使间断中止，而得循序进行，以收预期之效果，兹将本省茶业改良经费之支配预算列表如下：

湖北省茶业改良经费预算表

单位：元

科 目	茶业管理局经费	茶业改良场经费	茶业运销统制委员会经费	其 他	总 计
年支预算数	15000	14400	5000	5600	40000
备 注	—	—	该会职员均由有关机关抽调不支薪金，只立办公费	其他不在上列各项之开支及协助会之津贴	

本省茶业产销状况及其改进计划已如上文所述，如能依照本计划实行，确信于当年即能加倍生产。惟最重要者，政府对于鄂东、鄂南失地之茶业，应竭力兼顾，予以抢救。如鄂南羊楼洞一区所存之老茶有11万担，再加1939年之新茶当有30万担，每担以5元计，合计不下150万元，若再加鄂东之绿茶，为数当更多。故战区茶业抢救工作之重要，不亚于安全区内之生产。盖资物与敌，不利于抗战建国，其关系非浅鲜，此事不但有益本省经济生活，实有国家存亡也，深愿政府加倍注意，予以实行。

4. 嘉托玛长乐之行

据《伦敦公报》(*The London Gazette*)记载，克里斯托弗·托马斯·加德纳（Christopher Thomas Gardenr，中文名嘉托玛）是英国驻宜昌领事馆第四任领事。嘉托玛很早就进入英国外交部门。1861年6月，19岁的嘉托玛通过考试进入英国外交部门工作，57岁时因健康原因退休，在华从事外交工作38年。据《女王陛下驻中国领事年度商业报告》记载，嘉托玛在宜昌任领事的时间为1883年2月至1885年2月。在宜昌期间，嘉托玛对英国驻宜昌领事区的资源进行了广泛调查，其中1883年10—11月嘉托玛在长乐县调查。

调查结束后，嘉托玛撰写了《中国湖北省宜昌领事区的动物、化石、矿产、植物及蔬菜》调查报告，报告涉及22种动物、3种化石、20种矿产以及282种植物和蔬菜，在简单的描述中列出了名称、产地及其距宜昌的方位里程，甚至还用汉文名称对这些资源进行了标注。1884年，嘉托玛将这篇调查报告发表在《皇家亚细亚学会中国分会会刊》(*Journal of the China Branch of the Royal Asiatic Society*)，报告中涉及长乐的茶叶、稻米、矿产、植物等资源概况。

1884年3月20日，嘉托玛向英国驻华公使馆呈报了《1883年度宜昌贸易报告》，该报告的附录二是他在长乐考察的日记，内容如下：

> 1883年10月20日，我乘坐自己在汉口（Hankow）专门为这一地区建造的“珍珠”（Pearl）号小船启航出发，船上有1名舵手、1名瞭望员、4名拉纤的水手和2名仆人，总共8个人。顺着长江湍急的水流，在6个小时内行驶了45英里，今天在官洲（Kwan-chow）停泊过夜。在宜都（Itu）和枝江（Chih-keang）之间有一段河道，无论往上游还是往下游看，景色都很相似。我注意到一个当地船夫，他的船被漩涡卷得改变了前行方向，但他对此事毫无察觉，继续逆流而上，而不是像之前那样顺流而下。当他发现自己的船没有前行时，以为是中了邪，于是叫我的人去问，这是怎么回事？我的人告诉他，漩涡改变了行船方向，他才调转船头继续前行。
>
> 10月21日，继续沿江而下，在百里洲（Pachow）对面的北岸登陆。这里树木繁茂，但没有特别值得注意的地方，几乎一整天都在下小雨。
>
> 10月22日，渡江后继续下行，在南岸的松滋（Sungtsze）地区登陆。这里有一片肥沃的平原，开垦程度很高，呈半圆形，被起伏的树木、繁茂的丘陵所包围。主要种植棉花、水稻、谷物、瓜类、小麦、烟草、乌桕树、桑树等。我在下午5时20分返回到船上。当时，在我靠岸的地方北风凛冽，不得不扬起帆逃往避风港。夜色漆黑，江水翻滚，我们在恶劣的气候中沿着岸边的浅水前行，不断搁浅。晚上9点，我们在官洲上游靠岸。

10 月 23 日，阴，我们过江前往枝江下游的采石场。这里的采石场雇佣了大约 100 名工人，他们负责切割石料并将其烧成石灰。这些石料既不出口，也不用于建筑用途，而是烧成石灰在当地消费。烧制石灰的煤炭来自宜都地区的 4 个煤矿，即松木坪（Sung-muh-ping）、碑垭垴（Pai-ya-nao）、庙坡（Miao-po）和清河（Chin-ho），这些煤矿都在采石场周围 30 英里范围内。今天风太大，无法行船。

10 月 24 日，今天仍在下雨，风也在继续刮，但由于风力减弱，我指挥“珍珠”号向宜都方向行驶，当时没有一条本地船只冒险出行。经过 9 个小时的艰苦努力，我们向前航行了 7 英里。

10 月 25 日，阴雨绵绵，风平浪静。经过拉纤水手 6 个小时的艰苦努力，我到达了宜都。我们开始进入清江（Ching River），沿河逆流而上，到了宜都的另一边。在这里，我希望船员驾驶“珍珠”号溯汉阳河（Han-yang River）（清江的一条支流）而上。但是，我发现这是不可能的，因为只有小划子（俗称“摇摆子”）才能溯河而上，在一个地方穿过岩石的航道宽度不超过 5 英尺，而“珍珠”号有 10 英尺宽。于是，我雇了一条小划子和 6 个人。这小划子长 40 英尺，宽 4.5 英尺，中间部分用垫子盖顶，不到 5 英尺高。船舷用中国红木做成，船底用一种中国人称为栗子树的木板做成。但是，我后来发现这是一种橡树，我不记得在其他什么地方见过。操纵小划子航行是船尾一种形状奇特的桨和船头的一种摇桨，每支桨的长度与小划子的长度差不多。每条小划子可载重约 6 吨，小划子的造价约 17 银两。

10 月 26 日，下了一整天倾盆大雨，几乎无法继续前行。今天，我们待在“珍珠”号船上。

10 月 27 日，早上 6 点钟，雨停了。7 点乘坐“珍珠”号船出发，8 时 05 分到达汉阳河和清江交汇处，在这里停泊等待小划子。9 时 35 分乘坐“珍珠”号船沿汉阳河逆流而上，小划子在前面带路。中午在汉阳河上游约 6 英里处的木梓岭（Muh-tze-Ien）停泊。由于“珍珠”号船无法继续前行，我把被褥从船上搬到了小划子上，还带上了 2 名仆人、“珍珠”号船上的 2 名水手和防水布，以便在小划子上与船员和仆人隔开一间屋子。下午 1 时 25 分，我们乘小划子出发，很快就来到了一个石灰岩采石场，不过，采石场并没有人在工作。3 点 10 分，来到一处正在建造小划子的地方，不久后又来到一处急流，或者说是瀑布，小划子必须被拉纤通过瀑布。在这个地方，有一条地下河流入汉阳河。4 时 05 分，又遇到一处急流，穿过陡峭岩石的航道只有 5 英尺宽，因此我们的小划子两边都被刮伤了，船员们钻进水里，先把小划子的船头抬起来，然后再把船尾抬过石头。下午 4 时 30 分，我们来到一家水力造纸厂，这里正在用麦秆和“爱”竹（毛竹）造纸。厂子里有 2 个深约 7 英尺、直径约 16 英尺的大桶，里面装满了浓烈的石灰溶液（石灰取自附近的山丘，并用从河流上游运来的煤炭烧制熟石灰）。竹子和稻草被扔进这些大桶里，让它们腐烂大约 1 周的时间。然后取出，用水轮驱动的大石磨碾压成粉末，粉末被放入装满清水的水槽中，搅拌均匀。然后将一个用竹子制成的扁平、非常细的筛子放在水下，提起筛子让水漏掉，保留一层薄薄的湿粉末，这些粉末粘在一起，只需晾干就能形成一张纸。这些纸张被叠放在一起，天气好的时候就铺在岩石上，在阳光下晒干。我看到这些纸张质量很差。稻草制成的纸张在工厂里能卖到 20 铜钱一斤（每吨 6 银两），竹子做的纸张每担或 1000 张能卖 200～300 铜钱。

下午 5 点 05 分靠岸后，我爬上了河岸边的一座小山，山顶上有几棵高约 120 英尺的杉树。我测量了一棵树，发现它在离地面 5 英尺处的周长为 7.5 英尺。这里的山上树木非常繁茂，前面 200 英尺是一片“爱”竹（毛竹），然后是棕榈树，再往上是栗树、橡树和乌桕树，山顶上是冷杉树。晚上 11 时 30 分，水位急剧下降，小划子搁浅，不得不被推了下去。

10 月 28 日，早上 6 点 45 分出发，一路上是连续不断的瀑布和急流。上午 9 点，到达一家大型植物油制造厂，该建筑面积约 160 英尺乘 200 英尺，局部为两层。遗憾的是，用乌桕籽榨油的工作还没有开始。接着，我们又经过了一家棺材木板厂，这里的木材和劳动力都很便宜，因此这种行业利润丰厚。棺材木板被运往宜都、沙市（Shasze）和长江下游的许多地方，在那里被打磨、上漆制成棺材。9 时 30 分，我离开小划子，步行前往聂家河（Yeh-chiao-ho），这是我离开宜都后看到的第一个规模较大的村庄。聂家河村约有 430 户人家，约 2400 人。村庄里有一条流经森林、丘陵地带的小溪，沿着小溪的耕地面积有 2～3 平方英里。5 时 25 分经过另一条地下河，下午 6 时 12 分抛锚过夜。

10 月 29 日，上午 8 时 50 分出发，经过子航河（灰石子）（Sze-hang-ho）悬崖，它由白色石灰石组成，据说这里盛产金矿。11 时 10 分，我们差点被急流冲走。11 时 55 分，我们经过了另一条“垂直于我们头顶 700 英尺，悬崖底部奔流而下的地下河”。又过了一个小时，我们来到了一处岩檐下，遇到了迄今为止最险的急流。我们必须用 3 条缆绳拉纤，不仅我们小划子上的所有人都要去拉纤，还必须从另一条小划子上获得帮助。我们用了 12 个人才把我们的轻型小划子拉过去。在我们渡过急流之后，一位姓王的中国先生来拜访我，他告诉我说附近有一个奇观，那就是在石头上长出了一个有 2 个角的公羊头，我猜这是某种化石。我先陪王先生去了他家，去他家要经过一个渡口。王先生的房子是全福河（Chien-fu-ho）村 4 栋房子中的一栋。走了将近半个小时，我来到了一个农庄，在这里我从门槛的一块石头上看到了奇迹，它由 2 块非常完美的直角石组成，每块长约 18 英寸。我花了 10 先令买下了这块石头，然后步行到一个叫“桥河”（Chiao-ho）的地方与我的船会合。在路上，我在铺路石中看到了许多这种石头，但没有一块像我买的这 2 块那么完美。下午 3 时 50 分，我遇到了一些人，他们用帆布袋装着茶叶去市场，帆布袋放在一个方形的箱子里，用竹绳固定在搬运工的背上，箱子上有一个凳子，搬运工不仅自己可以坐在凳子上，而且担子也放在凳子上。这种凳子也与“背子”（pei-tze）一起使用，“背子”是一种在宜昌领事区广泛使用的竹篓，主要用于从重庆运送鸦片。在此，我想提一下，在贵州（Kweichow）和巴东（Patung），茶叶是用椭圆形的箱子装的，里面铺着橡树叶，云南（Y ü nnan）的茶叶是用“簕竹”的叶子编制成的篮子装运。我还听说附近有煤矿和铁矿。我走的时候一直在下雨，当我到达桥河（从全福河进入峡谷的第一个休息点）时，我不得不等了 2 个小时才等到我的小划子。一位农民好心地从他的茅屋里给我搬来一张凳子，放在一棵树底下。他还为我端来一壶热茶，在我又冷又湿的情况下，这是最受欢迎的。小划子于下午 6 时 15 分到达，在我离开小划子的这段时间里，小划子经过了一条地下大河，这让我的部下赞叹不已。雨下了一夜。小划子的顶棚不防水，我的腿抽筋得厉害。

10 月 30 日，早上 5 点 40 分，我叫醒了手下的人，好不容易才说服他们已经过了午夜。然而，当他们打起精神时发现小划子里有一半是水，他们的衣服和床上用品都湿透了。9 时 05 分，我到达渔洋关（Yu Yang-kwan），在那里我必须从陆路出发，因为汉阳河上已经不能再继续通行小划子航行了。

渔洋关是离开宜都后的第二个村庄，距离宜都约 45 英里路程，水路 65 英里。渔洋关有 230 户人家，大约 1200 人。该地区一直由土生土长的酋长统治，直到公元 1740 年，一位中国将领不服从命令占领了该地区。在很久以前，人们就已经接受了汉人的衣着和习俗。现在他们与汉人唯一的不同之处就是出生、死亡和结婚的习俗。例如，在婚礼上，新郎的朋友要在婚礼队伍的前面牵着一只山羊。再就是人死后要立即埋葬，而不是把棺材留置在地上，等待一个吉祥的日子下葬。

1881 年，一位广东人（Cantonese）在渔洋关创办了一家公司，为汉口市场烘焙红茶，但是没有成功，这家公司已迁至西南约七八十英里的泥沙（Ni-sha）。现在茶叶经长沙（Chang-sha）和洞庭湖（Tonting Lake）运送到汉口。值得一提的是，在浙江（Chekiang）和广东（Kwangtung），红茶和绿茶是用同一种植物制成的。而宜昌地区有两种茶树，一种是深色的小叶，一种是浅色的大叶，深色小叶用来制作绿茶，浅色大叶用来制作红茶。我认为绿茶味道很好，但价格太高，阻碍了对英国出口。

上午 10 点半出发，带着 3 个搬运工前往靠近湖南（Hunan）边境的清水湾（Ching-shui-wan）。小划子的主人给了我一封介绍信转交给他的父亲，他的父亲是那里的一名农民店主。沿着汉阳河往上走半个小时，我就来到了汉阳河上无法再用木筏航行的地方。因此，约 50 英尺长的松木在这里被捆绑在一起，以便漂流到下游更远的地方，这些木筏上装载着棺材板。又过了半个小时，我来到了汉阳上游的一个地方，这里的汉阳河只是一条山洪，松木从这里一根一根地漂下来。在这里，我离开了山谷，沿着一段陡峭的台阶爬上了一座陡峭的山坡，这花了我

40 分钟的时间，我的搬运工花了 1 个小时。再爬 2 个小时，我就到了渔洋关和清水湾之间的那家客栈。在 4 个半小时的步行中，我没有看到一个村庄，只有几个散落在森林空地上的农场。在客栈的正对面，有一些奇怪的石灰石尖峰，大约有 400 英尺高。我现在站在分水岭上，看到了离我约 2000 英尺的光秃秃的山峰。总体而言，山上覆盖着森林。在最后 1000 英尺左右的地方，松树占主导地位，但也有橡树、栗树和乌柏树。天气非常冷，我在这里没有看到雪。有人说，这个时期山上一般都覆盖着雪花，但这个季节异常暖和。下午 5 时 18 分，我来到一个地方，这里正在用一种白色黏土制造陶器，这种黏土在山上缝隙里有，我在宜昌以东 35 英里的双天地（Shwang-tien-ti）看见过这种白色黏土。下午 5 时 50 分，这里的土壤开始变成红色的黏土，并夹杂着板状页岩。下午 6 时 30 分，我们到达了清水湾，这是一个约有 300 名居民的村庄，位于南河（Nanchieh-ho）的源头，南河流经湖南注入洞庭湖。当我们到达小划子主人父亲的家时，天色已经是一片漆黑。

他对介绍信非常怀疑，我只好离开这里，并说我只求他让我们在他家休息一会儿，并给我找个向导，带我到 10 英里外的一家旅店，他最后同意了。但过了一会儿，他似乎对我有了信心，并让我留在家里。他在店里的柜台后面给我铺了一张舒适的床，在 2 个货架之间隔了一道门，我把毯子铺在床上。

我的主人名叫杨春忠，是一位上了年纪的老人。他以前见过一个白人，那就是美国工程师伯内特（Burnet）先生，当时穿着一件中国服装在这一地区旅行。在晚餐之后，为了讨好杨家，我带给他一些糖果之类的小礼物。杨家有 2 个媳妇，一个是他的妻子，另一个是我们小划子主人的妻子，还有 2 个孙女。

10 月 31 日，早上 6 点 20 分起床。原本我的主人要陪我去煤矿和铁矿，可是他早上有点事，我只好一个人步行了 3 个小时前往目的地。这里人烟稀少，大部分山丘被森林覆盖，只有零零星星的农耕地和空地。产品有茶叶、木材、蜂蜜、烟草、大麻、棕、竹纸、印第安玉米、小麦、豆类、卷心菜。春天的鸦片作物已经收割完毕，大量的田地正在耕种，以便种植罂粟。长乐盛产植物油和蜡树，这里还种植了一种特有的大米，在公元1740年之前，这种大米（嘉托玛在报告中称，这是产于白溢寨的稻米——译者注）曾作为贡品敬献给中国皇帝。茶树和油茶树在丛林中呈野生生长状态。这里有少量的生皮交易，劣质的生皮每张售价为700～2000文铜钱，最好的生皮可以卖到140～200文铜钱一斤。一个湖南人来此购买了10张兽皮，然后取道洞庭湖运往汉口。山涧里有很多水獭，但没有水獭皮交易。这个县饱受野猪的破坏，杨先生告诉我，附近有一只老虎被视为恩人，因为它能减少野猪的数量。去年，一只老虎在这里被杀，它的皮卖到了20000文铜钱。据说这里还有花豹、普通豹、黑豹、金丝猴、羚羊等动物。一张生豹皮能卖到1000～3000文铜钱。这些生皮必须送到宜都的毛皮商那里去加工（1884年1月20日，我今天收到了杨先生寄来的一张豹皮。这张豹皮的纹路非常漂亮，从豹皮的一端到另一端长达7英尺4英寸。他还给我寄来了几只羚羊腿和一些红茶，我觉得红茶太苦了，喝起来有些不舒服）。这里的农民拥有很漂亮的牛，每头牛可以卖到2英镑。这里没有绵羊，山羊也很少。

南河（Nanchieh-ho）在清水湾以下约35英里处可通航。

上午11时30分出发前往煤矿。在杨先生家附近发现有一个煤矿，井口已经被土封死。我在山上发现了许多煤矿，但大部分都已关闭。人们挖出煤炭，是因为他们需要煤炭来烧制石灰和做饭。然而这里的木材是如此的丰富和廉价，以至于煤炭的用途并不广泛。我带回宜昌的煤炭非常糟糕，这只是地表煤（1884年1月20日，今天收到清水湾的煤炭质量很好）。我在这里发现了大量的铁矿石，铁矿在距离清水湾7英里的上马墩（Shang-ma-teng）冶炼。在距清水湾10英里的南坪河，有大片的红茶种植园。这些茶叶在泥沙烘焙，供应汉口市场。这里的农场用印第安玉米蒸馏烈酒。走了4个小时以后，杨先生累了。下午3时30分，我再次独自出发，准备登上一座小山，上去眺望远方。然而，走路一个半小时陡峭的山路，我并没有登上山顶。返回时，我刚刚越过湖北和湖南的边界。下午6时10分，我来到主人家，发现他为我和我手下的人准备了丰盛的宴席。我独自用餐，而我手下的人则被邀请到了他的餐桌上。

如果不是中国政府的反对，这里和宜昌领事区的其他地方可能会有大量的木材贸易。在中国制定的长江贸易条例中（我不知道我国公使馆是否同意这些条例），木材被排除在其他土特产的特权之外，即根据过境证书，只需支付一半出口税（2.5% 的从价税），就可以将木材运到条约港口。运到宜昌的木材所需的厘金和其他费用占主要成本的百分之几百。即使在这种情况下，我认为可以进行木材交易，且有利可图。在乡下，几先令就能买到大橡树。这里的劳动力很便宜，每天 3 便士就能雇到人，而在宜昌则需要支付 8 便士或 9 便士。这里的橡木被锯成木板，然后采用与棺材木板相同的方法运下来。中国人并不重视橡木，人们用当地的原始工具费力地将橡木锯成木板，用来烧成木炭或制作小划子的底部。在南方，橡木对建筑毫无用处，因为白蚁对它的影响特别大。

11 月 1 日，6 时 20 分起床，杨先生叫来一个仆人，让他帮我把矿石和煤炭搬到小划子上，还送给我一些蜂蜜和白菜。7 时 30 分，我向热情好客的主人道别。然后开始赶往我的小划子，我已经指示小划子驶向下游的桥河（Chiao-ho）。12 时 30 分，我看到了一条奇怪的蛇，大约 1 英尺长，黑白相间。下午 2 点 10 分，我到达渔洋关。发现溪水已经退去了很多，晚间被溪水冲走的木桥已经被替换。下午 3 时 20 分，我到达我的小划子，并立即开始返程。顺流而下时，小划子的桅杆会被卸下，绑在旁边，用两支大桨操纵，一支在船尾，一支在船头。顺水漂流 20 分钟后，我们来到了我的船员在上行途中欣赏过的地下大河，它宽约 24 英尺，水深约 4 英尺。悬崖垂直于河面，高约 1000 英尺。这条地下河在山下流经 40 英里，连接着清江和汉阳河。不久之后，在拍摄急流时，我们撞到了一块岩石，导致一块侧板被凿穿。这时，一个人只得不停地舀水，好不容易才把水压了下去。我看到了 6 只鸳鸯，3 雄 3 雌。中国人说这种鸟是“一夫一妻”制，认为它是夫妻幸福的象征。下午 4 时 35 分到达全福河，小划子在此靠岸，准备填塞漏洞。我过了渡口，叫王先生安排向导，天一亮就出发去煤矿和铁矿。当我回到小划子上时，一个令人不快的事情在等着我，我的现金用完了。1 先令的铜钱有 3～4 磅重，所以我带的金属货币很少。这次我没有带银子，因为在前几次旅行中，我发现茶馆老板和农民都不收银子，他们似乎只认识铜钱。我发现本地纸币无法兑换，幸运的是，一个小划子上的苦力有一点现钱，他将钱借给了我，这样我就买了几块直角石。我在这里了解到，由于铜钱很笨重，以及当地人拒绝接受银两或纸币，这个地区的当地人通常会携带鸦片作为交换媒介。小划子不得不整夜航行。

11月2日，早上6点起床，6时30分发现向导在王先生家里等我。我向王先生借了竹篮和锤子，经过2个半小时艰难的攀登，我来到了狮子口（Sze-tsze-kou）煤矿。我在这里取样的煤炭，在宜昌检验后发现质量很好。这里煤层约有2.5英尺厚，煤井是在白色石灰岩中开凿的，附近很少有红色黏土或页岩。我离开这个煤矿走了1个小时，来到了据说有铁矿的地方。我又寻找了1个多小时，爬了很多山，但是没有找到任何铁矿石。上午11点开始返回，有一段非常陡峭的下坡路，我不得不以坐姿滑下，并用一根长竹子作为登山杖为我引路。下午1点到达我的小划子。小划子的修理工作尚未完成，我们立即启航出发。下午5时25分，小划子靠岸完成修理。我现在才知道，这条河上的急流在宜都至渔洋关之间估计有200个，虽然看起来很可怕，但实际上并不危险，很少有小划子失事，也很少有人丧生。

11月3日，6时20分启航上路。上午8时40分，到达红花套（Hunghwa-tao），这里是一处急流。在这里，将一条缆绳拴在船尾，除了2人（一人在船头划桨，另一人在船尾划桨）留在船上外，所有人都要下来弯下腰拉纤。水流湍急，4个人拉着缆绳在砾石上前行。他们开心得不亦乐乎，缆绳突然滑落，他们相互翻滚在砾石上，有那么一瞬间，他们看起来相当沮丧。与此同时，小划子以每小时10英里的速度向前冲去。又过了半个小时，河水流速变缓了，现在是第一次需要用到船桨，在此之前我们一直在漂流。我下了小划子，步行前往在汉阳河口等我的“珍珠号”。在步行的途中，我遇到了一个带着他的2个孩子走路的中国人，走路的方式很特别。他把2个孩子各自都装在一个篮子里，然后将篮子挂在父亲肩上的竹竿上。在河水较浅的地方，我看到了几只奇特的双人捕鱼小划子，这里称之为“金银鞋”（Chin-yin-ko-urh, gold and silver shoes）。上午11时25分登上“珍珠”号，半小时后小划子抵达。在宜都等了1个小时，然后出发前往宜昌。下午6时40分在

“虎牙峡”下游2英里处靠岸。整夜下着大雨。

11月4日，早上6时15分启航出发，当时下着大雨。早上7时05分到达“虎牙峡”，人们全身都湿透了。我们在这里停船生火准备早餐，烘烤他们的湿衣服。上午8时开始启航时，雨仍然很大，峡中还有一股清泉。船员们像海员那样开始工作，他们一边拖着浮标缆绳，一边唱着峡江号子。在我自己的那条坚固舒适的船上，有一个出色的舵手和优秀的船员。这与去年6月穿越这个峡谷时的情况截然不同，这次我仅用了45分钟就通过了峡谷，而我在当地人的船上则用了将近2个小时。之后，我让船员们休息。雨还在下，非常冷，且地面湿滑，不利于拉纤。上午11时，我让大家休息到下午1时40分。下午4时到达宜昌。第二天，我给杨先生送去了一些礼物，以答谢他的盛情款待，其中包括他从未见过的英国针和线。①

① 资料来源：Commercial Repots by Her Majesty's Consuls in China: 1883, Reports on the Trade of Ichang foe the Year 1883, Appendix 2。宜昌市委原副秘书长李明义先生提供并翻译。

附录三　诗　词

峡中[1]尝茶

郑　谷

簇簇新英摘露光，小江园里火煎尝。
吴僧漫说鸦山好，蜀叟休夸鸟嘴香。
合座半瓯轻泛绿，开缄数片浅含黄。
鹿门病客不归去，酒渴更知春味长。

注：①峡中，即峡州，今湖北宜昌市。

答族侄僧中孚赠玉泉仙人掌茶[1]并序

李　白

尝闻玉泉山，山洞多乳窟。
仙鼠白如鸦，倒悬清溪月。
茗生此中石，玉泉流不歇。
根柯洒芳津，采服润肌骨。
丛老卷绿叶，枝枝相接连。
曝成仙人掌，以拍洪崖肩。
举世未之见，其名定谁传。
宗英乃禅伯，投赠有佳篇。
清镜烛无盐，顾惭西子妍。
朝坐有余兴，长吟播诸天。

注：①仙人掌茶：又称玉泉仙人掌茶，创始于唐代玉泉寺，因其状如掌，李白品后，写此诗时即定其名。

鹿 苑 茶[①]

金 田

山精石液品超群，一种馨香满面熏。

不但清心明目好，参禅能伏睡魔军。

注：①鹿苑茶：产于湖北远安县鹿苑寺一带，又名远安鹿苑，清乾隆年间被列为贡茶。

乞 新 茶

姚 合

嫩绿微黄碧涧春[①]，采时闻道断荤辛。

不将钱买将书乞，借问山翁有几人？

注：①碧涧春，产于唐代峡州（今湖北宜昌市），又名碧涧茶。

三游洞前岩下小潭[①]水甚奇取以煎茶

陆 游

苔径芒鞋滑不妨，潭边聊得据胡床。

岩空倒看峰峦影，涧远中含药草香。

汲取满瓶牛乳白，分流触石佩声长。

囊中日铸传天下，不是名泉不合尝。

注：①小潭：又名陆游井、陆游潭，位于宜昌市西陵峡，与三游洞、下牢溪并称宜昌三宝。

茶 墅

田九龄

年时落拓苦飘零，瀹茗闲翻陆羽经。

霞外独尝忘世味，丛中深构避喧亭。

旗枪布处枝枝翠，雀舌含时叶叶青。

万事逡巡谁难料，但逢侑酒莫言醒。

田九龄，字子寿，号八溟山人（1530—1593年以后）。

采茶歌

顾　彩

采茶去，去入云山最深处。
年年常作采茶人，飞蓬双鬓衣褴褛。
采茶归去不自尝，妇姑烘焙终朝忙。
须臾盛得青满筐，谁其贩者湖南商。
好茶得入朱门里，瀹以清泉味香美。
此时谁念采茶人，曾向深山憔悴死。
采茶复采茶，不如去采花！
采花虽得青钱少，插向鬓边使人好。

容阳杂吟

顾　彩

妇女携筐采洞茶，涧泉声沸响缫车。
湔裙湿透凌波袜，鬓畔还簪栀子花。

谢关鼎先生惠雨前细茶

田泰斗

青山捧出碧晶明，折节欣然赐后生。
犹带雨前春露湿，待收云外玉涛烹。
半封淡素寒儒礼，一片殷勤长者情。
个里深心侬识得，教我诗句合他清。

售红茶

田卓然

红茶红茶难为商，购自山中售外洋。
外人嗜茶如性命，大宗出品颇擅场。

迩来亦自精种植，毕竟无如中国良。
商人挟资居奇货，竞赴山中亲督课。

分遣茶师四搜剔，一从暮春抵仲夏。
茶户种茶倚山坡，茶时听唱采茶歌。

若者细筐若负篓，总是贫家男妇多。
碧山摘来叶青青，费尽揉捻着汗均。

主人但求天不雨，端藉阳光烘炙成。
即日担负投行去，檐前沸沸烹泉处。

盛注碗中不移时，茶师翻覆为借箸。
乌叶花青及烧末，当场往往多胶轕。

官厘斤抽十余文，四两样茶行户夺。
半偿旧债半工资，依旧空空谁恻怛。

商号驼卫如云屯，制工尤役及千人。
初就其中捡粗老，纤纤女手日纷纶。

数筛数捡渐精细，伙堆上炕俱不易。
粒粒匀净贮成箱，运程远近畴复计。

特色洋商海上来，楼榭玲珑无点埃。
包揽联邦扼我项，惟凭洋奴金口开。

洋奴由来亦汉种，价值高低旋被壅。
于中取利已多多，一期不售尤堪悚。

明知亏折售太贱，更无售主向其变。
吞声动耗数万金，不曾一识洋商面。

田卓然（1866—1920），派名福超，号飞鹭。

喷香红茶送情郎

毛尖红茶喷喷香，喷香红茶送情郎；
红茶送到前方去，红军哥哥打胜仗。

这首五峰民歌20世纪30年代流行于五峰采花和湾潭一带。

附录四　资料来源

（1）五峰茶业改良场资料来源

湖北省档案馆档案

序号	档　号	题　　名
1	LS001-002-0250-0001	湖北省五峰茶业改良场1943年度12月份员役及眷属食油亏耗证明册
2	LS001-002-0250-0002	湖北省五峰茶业改良场1944年度1月份员役及眷属食油亏耗证明册
3	LS001-002-0250-0003	湖北省五峰茶业改良场1944年度2月份员役及眷属食油亏耗证明册
4	LS001-002-0250-0004	湖北省五峰茶业改良场1944年度3月份员役及眷属食油亏耗证明册
5	LS001-002-0250-0005	湖北省五峰茶业改良场1944年度4月份员役及眷属食油亏耗证明册
6	LS001-002-0250-0006	湖北省五峰茶业改良场1944年度5月份员役及眷属食油亏耗证明册
7	LS001-002-0250-0007	湖北省五峰茶业改良场1944年度6月份员役及眷属食油亏耗证明册
8	LS001-002-1003-0020	湖北省政府据转呈五峰茶场技佐王汉先离职情形一案指令遵照由
9	LS001-002-1003-0021	湖北省政府建设厅据农改所呈转五峰茶场技佐王汉先离职及周世胄到职情形一案签祈鉴核备查由
10	LS031-001-0438-0007	湖北省政府建设厅据五峰茶业改良场呈送职员调查表准予汇转由
11	LS031-001-0764-0014	湖北省政府建设厅电复函催长途电话处等三支团迅报组织报告表并查复五峰茶场等机关情形由

续表

序号	档　号	题　　名
12	LS031-001-0822-0012	湖北省建设厅奉省政府令核示五峰茶场1945年度10—12月份员役公粮代金表册一案令仰转饬遵照由
13	LS031-001-0823-0001	湖北省政府建设厅据呈五峰茶场请转发1945年10月份米代金仰转饬径向省银行洽领由
14	LS031-001-0824-0005	湖北省建设厅奉省政府令核示五峰茶场请补工役潘宗信1945年12月份米代金一案仰转饬知照由
15	LS031-001-0824-0007	湖北省政府建设厅转送五峰茶场1945年度9月份增加职员米代金证明册请核办由
16	LS031-001-0824-0013	湖北省建设厅奉省政府令核示五峰茶场1945年7—9月份职员眷属不在任所增加米代金证明册一案令仰转饬遵照由
17	LS031-001-0824-0014	湖北省政府建设厅转呈五峰茶场声复该场1945年度10—12月份员役公粮代金一案收支情形祈核示由
18	LS031-001-0826-0021	湖北省政府建设厅签呈：转呈五峰茶业改良场请领1944年度年节费及养廉补助金清册祈鉴核拨发由
19	LS031-001-0929-0007	湖北省政府建设厅函送五峰茶业改良场等机关职员俸薪及印鉴调查表请查照办理由
20	LS031-001-0930-0009	湖北省各县设置特约模范茶园办法
21	LS031-001-0940-0015	湖北省农业改进所呈：据五峰茶业改良场呈以本年10月份员役米代金支给标准转请鉴核示遵由
22	LS031-002-0099-0010	湖北省建设厅关于农业改进所请派王堃接充五峰茶业改良场场长的指令
23	LS031-002-0099-0010	湖北省政府建设厅指令：据呈五峰茶业改良场场长袁鹤因病辞职遗缺请准派王堃接充一案令仰遵照由
24	LS031-002-0429-0001	湖北省政府建设厅据转呈五峰茶场技士姚光甲坚不就职请以陆树庠补充等情核示遵照由
25	LS031-002-0686-0019	湖北省建设厅据五峰茶业改良场呈解1938年12月以前各职员飞机捐款38.01元，已核收给据，仰知照由
26	LS031-002-0686-0020	湖北省建设厅据五峰茶业改良场呈解1938年12月以前各职员所得税款18.05元，已核收给据，仰知照由
27	LS031-003-0461-0036	湖北省政府社会处回单：转送五峰茶场3、5月份请领粮食清册，经财厅发交五峰县查复凭办，复请查照

续表

序号	档 号	题 名
28	LS031-003-0461-0038	湖北省政府社会处回单：五峰茶场员工及其眷属请领粮食清册嘱核财政厅拨发食粮一案，业将原册发交五峰县政府查复凭办
29	LS031-003-0499-0012	湖北省建设厅代电：据本厅农改所呈为检同五峰茶场员工名册请核转电请查照见复由
30	LS031-003-0499-0013	湖北省政府建设厅据该所呈送五峰茶场及眷属名册请核转仰遵照由
31	LS031-003-0499-0020	湖北省政府建设厅检送本厅五峰茶场请粮清册电请查照见复由
32	LS031-003-0499-0029	湖北省农业改进所呈：五峰茶业改良场电以员工生活困难请迅发粮食支付证转呈鉴核迅催财厅核发购粮
33	LS031-003-0499-0034	湖北省农业改进所呈：呈转五峰茶业改良场6、7月份请领粮食清册祈核转由
34	LS031-003-0499-0042	湖北省政府建设厅为准财政厅电复五峰茶场所需粮食除饬县价拨仰知照由
35	LS031-003-0500-0017	湖北省政府建设厅据农业改进所签以五峰茶场公粮停拨困难情形转函查照由，指令知照由
36	LS031-003-0500-0023	湖北省政府建设厅准财厅电复五峰茶场公粮已饬县核实照拨等由仰转饬遵照由
37	LS031-003-0501-0013	湖北省农业改进所呈：为赍呈本所五峰茶业改良场1945年度食粮调查表祈鉴核汇转由
38	LS031-003-0503-0004	湖北省政府建设厅为五峰茶业改良场3、4、5各月食粮支付证尚未发给函请查照见复由
39	LS031-003-0705-0013	湖北省农业改进所兹送上五峰茶业改良场六份四柱移交清册
40	LS031-003-0708-0005	湖北省政府建设厅据农改所转呈五峰茶场1940年度计划预算，请予核转等情，函请核拨指令遵照由
41	LS031-003-0708-0007	湖北省政府建设厅据呈五峰茶场前技士余景德办理该县特约模范茶园及推广茶种并动用旅费及印刷费等情指令知照由
42	LS031-003-0709-0011	湖北省政府建设厅据呈赍订定各县特约模范茶园计划章则令仰知照
43	LS031-003-0710-0001	湖北省政府建设厅据转报五峰茶业改良场督导特约模范茶园计划书、经费预算书祈鉴核等情，令仰遵照由
44	LS031-003-0710-0002	湖北省政府建设厅据转送五峰茶业改良场举办水浕司茶农训练班报告书祈鉴核等情指令遵照由

续表

序号	档　号	题　　名
45	LS031-003-0725-0006	湖北省建设厅电饬五峰茶场徐方干来施商茶贷事
46	LS031-003-0725-0007	湖北省政府建设厅电贸委会鄂茶贷前已电徐场长通告茶商按红茶15万箱准备，款额似未便再减，请仍照艳电担任；电萧鸿勋盼商贸委会仍担任32万
47	LS031-003-0725-0009	湖北省政府建设厅指令五峰茶业改良场：据签请向贸易委员会借款1万元制造红茶，准予照办
48	LS031-003-0726-0002	湖北省政府建设厅准贸易委员会函复本年五峰茶业改良场夏茶贷款应予取消，春茶贷款可俟明春再议令仰知照
49	LS031-003-0729-0007	湖北省政府建设厅据本省五峰茶业改良场呈为夏茶期迫贷款制茶一案，业经赶办不及请转商留待明年贷制春茶等情，函请查核见复由
50	LS031-003-0730-0006	湖北省政府建设厅据五峰茶业改良场呈请向贸易委员会另行借款交由该场制造夏茶，以宏生产等情电复知照
51	LS031-003-0753-0010	湖北省政府建设厅据本省茶业改良场电请向贸委会另借2万元备制夏茶等情请电核复，请知照
52	LS031-003-0753-0011	湖北省政府建设厅准贸易委员会电复五峰茶业改良场制茶贷款可按茶号贷款办理贷放电仰知照
53	LS031-003-0754-0002	湖北省建设厅关于徐方干辞职的电
54	LS031-003-0754-0011	湖北省建设厅关于徐方干请求辞职的电及相关材料
55	LS031-003-0755-0005	湖北省政府建设厅据五峰茶业改良场呈报该场技士余景德调充茶叶管理处指导股主任拟保留本职停给薪资等情，指令照准；令仰知照
56	LS031-003-0755-0007	湖北省政府建设厅据本省五峰茶业改良场呈报技佐姚光甲、王道蕴兼茶叶管理处指导股股员，分令知照
57	LS031-003-0755-0009	湖北省建设厅关于徐方干、余景德职务任免的指令
58	LS031-003-0755-0010	湖北省建设厅关于徐方干请委继任人员接替的指令
59	LS031-003-0755-0015	省建设厅据五峰茶场电呈职员因场务及茶农指导未能中止万难赴都，恳电饬茶叶管理处南处长免调等情，已电复准予酌派一人仰知照
60	LS031-003-0755-0016	湖北省政府建设厅据五峰茶场余景德请核示江电等情电复仍仰遵照元电办理

续表

序号	档　号	题　　名
61	LS031-003-0757-0006	湖北省建设厅据签请令饬五峰茶业改良场及航务处协助已分令遵办；关于本省茶叶管理处监督精制运输事宜，仰该场（处）切实协助
62	LS031-003-0773-0004	湖北省政府建设厅据转赍五峰茶业改良场茶树种苗移交清册请鉴核备查等情令仰知照由
63	LS031-003-0775-0003	湖北省五峰茶业改良场：呈报本场劝告茶农早摘嫩制剪枝补肥书恳予鉴核备案由
64	LS031-003-0775-0004	湖北省政府建设厅据五峰茶业改良场呈送湖北省茶叶产销状况及改进计划令发农业改进所参考
65	LS031-003-0775-0005	湖北省政府建设厅训令农业改进所：据五峰茶场呈报助理员厉菊仪辞职遗缺以钟士模补充，令仰核议具复
66	LS031-003-0775-0007	湖北省五峰茶业改良场呈请增加本场技士员额，以技佐姚光甲升充，恳予核委令遵由
67	LS031-003-0775-0014	湖北省五峰茶业改良场呈遵令填报茶业改进所机关调查表，仰乞鉴核存转由
68	LS031-003-0776-0007	湖北省政府建设厅据呈送五峰茶业改良场 1940 年 3—9 月份工作报告，令准备查由
69	LS031-003-0776-0008	湖北省政府建设厅转发该所五峰茶业改良场 1940 年 1—3 月经常、事业两费计算书类核准通知及审核通知，令仰遵照由
70	LS031-003-0776-0009	湖北省政府奉农林部令转饬茶业改良场详具工作报告呈核等因，仰遵照由
71	LS031-003-0776-0011	湖北省政府建设厅准审计处函复该所附属五峰茶业改良场前场长徐方干申复 1939 年 7 月份经费列报“七七”献金一案，令仰转饬遵照办理由
72	LS031-003-0776-0013	湖北省政府建设厅据报五峰茶业改良场有名无实，仰切实督导改进由
73	LS031-003-0776-0016	湖北省政府建设厅据转呈五峰茶业改良场 1941 年 3 月份工作报告书请鉴核备查等情，令仰知照由
74	LS031-003-0776-0017	湖北省政府建设厅据转呈五峰茶业改良场 1941 年 4 月份工作报告书请鉴核备查等情，令仰知照由
75	LS031-003-0776-0018	湖北省农业改进所呈转五峰茶业改良场 1941 年 5 月份工作报告及 6 月份工作预计请鉴核备查由

续表

序号	档　号	题　　名
76	LS031－003－0777－0001	湖北省建设厅关于省农业改进所请派高光道为五峰茶业改良场场长的指令、训令
77	LS031－003－0777－0002	湖北省农业改进所关于五峰茶业改良场场长徐方干请长假情形的呈
78	LS031－003－0777－0003	湖北省农业改进所快邮代电：电请核定五峰茶场场长人选示遵由
79	LS031－003－0777－0004	湖北省农业改进所呈：呈请委定五峰茶业改良场及本所茶业组主任技师
80	LS031－003－0777－0005	湖北省政府建设厅据呈请停止五峰茶场技士余景德职务并调派技士姚光甲接替等情，指令知照
81	LS031－003－0777－0006	省政府建设厅据呈已准五峰茶场技士余景德辞职，姑准备查由
82	LS031－003－0777－0008	省政府建设厅指令农业改进所：据转呈五峰茶场呈报技士余景德等恢复在场支给原薪等情，令准备查由
83	LS031－003－0777－0009	省农业改进所呈：据五峰茶场高场长查复徐前场长电讯催发积欠上年各月份经费情形，转呈鉴核由
84	LS031－003－0777－0010	省建设厅据呈复五峰茶业改良场请委技士陆树庠资历指令准派代由
85	LS031－003－0777－0011	省农业改进所呈：据五峰茶业改良场场长高光道呈送该场职员录检呈一份，祈鉴核备查由
86	LS031－003－0777－0013	省政府建设厅据呈五峰茶场逼近战区拟于必要时将重要公物迁移安全地点等情指令遵照由
87	LS031－003－0777－0015	省政府建设厅据呈五峰茶场场长高光道呈报接收前任移交经济部1937年度补助费等情令仰遵照由
88	LS031－003－0777－0016	省建设厅据呈五峰茶场移交各项清册指令遵办由
89	LS031－003－0778－0001	省政府建设厅据转报五峰茶业改良场经事费交接清册祈鉴核示遵等情令仰遵照由
90	LS031－003－0778－0005	省政府建设厅据转送五峰茶业改良场1941年8—10月份工作报告及9—11月份工作预计祈鉴核等情指令遵照由
91	LS031－003－0778－0006	省政府建设厅据呈转五峰茶业改良场技士陆树庠辞职照准遗缺调派刘龙章接充各情指令查照
92	LS031－003－0778－0007	省政府建设厅为农业改进所移用经济部补助五峰茶业改良场1940年度经费1400元一案补行签请鉴核备案并请迅予示遵由

续表

序号	档　号	题　　名
93	LS031-003-0778-0009	省农业改进所据五峰茶业改良场场长高光道呈赍该场1940—1941年度农林部补助费支付预算书及事业计划书并1940年度工作进度表祈核转领款等情检同原件转请核转发款由
94	LS031-003-0779-0001	省政府建设厅据报准五峰茶业改良场增加关上园地租金10元，在该场原预算内叙案列报请备查等情令准备查由
95	LS031-003-0779-0002	省农业改进所转呈五峰茶业改良场1941年11月份工作报告及12月份工作预计祈鉴核备查由
96	LS031-003-0779-0003	省农业改进所据五峰茶业改良场呈送1941年12月份工作报告及1942年1月份工作预计祈核转等情检同原件转请鉴核备查由
97	LS031-003-0779-0004	省政府建设厅据呈五峰茶场场长高光道辞职遗缺以余镜湖代理指令遵照由
98	LS031-003-0779-0005	省政府建设厅据农业改进所转呈五峰茶业改良场1941年度月份预算分配表请查照办理由
99	LS031-003-0779-0008	省政府建设厅据农业改进所呈赍五峰茶场1942年度经费月份预算分配表请查照办理由
100	LS031-003-0779-0011	省政府建设厅据呈五峰茶场更换练习生缘由开具杨恺履历恳准给派转呈鉴核备查等情令仰知照并转饬知照由
101	LS031-003-0779-0013	省农业改进所据五峰茶业改良场场长高光道呈报新购地亩、房屋情形并检具正约及平面图等件转呈鉴核备查由
102	LS031-003-0779-0014	省政府建设厅函送农业改进所附属五峰茶场1940年度事业收入计算书类请查照办理由
103	LS031-003-0779-0015	省政府建设厅据呈遵令将五峰茶场场长余镜湖撤职遗缺以袁鹤接替令仰遵照由
104	LS031-003-0779-0016	省政府委袁鹤为湖北省五峰茶业改良场场长由
105	LS031-003-0779-0017	省政府建设厅据转报五峰茶业改良场场长袁鹤到差日期准予备查由
106	LS031-003-0780-0001	省政府建设厅据呈赍五峰茶场场长袁鹤等到差旅费表据祈鉴核等情指令知照
107	LS031-003-0780-0002	省政府建设厅为据呈请王悦赓递补五峰茶业改良场技佐程国藩缺令仰遵照由
108	LS031-003-0780-0003	省政府建设厅据转呈五峰茶业改良场因部队过境损失公物清单祈鉴核备查等情令仰知照由

续表

序号	档 号	题 名
109	LS031-003-0780-0004	省建设厅为据赍五峰茶业改良场呈报战后损失并经拟具意见祈核示等情令仰遵照由
110	LS031-003-0780-0005	省政府建设厅据呈报五峰茶场 1942 年各月份会计报告未能编送情形祈核示等情指令遵照由
111	LS031-003-0780-0006	省政府建设厅据农业改进所呈送五峰茶场 1943 年度经事费预算书表请查照办理由
112	LS031-003-0780-0007	省政府建设厅准会计处函复五峰茶场 1943 年度经事费预算表已予存转仰知照由
113	LS031-003-0780-0008	省政府建设厅据农业改进所呈转五峰茶业改良场员工因战役遭受损失恳予救济及领发冬季棉服等情签请鉴核由
114	LS031-003-0780-0009	省政府据财建两厅会签，呈据农改所转呈五峰茶场员工因战役遭受损失，拟予救济标准预算书及请领冬季棉服名册请鉴核等情，函请查照指令遵照由
115	LS031-003-0780-0011	湖北省政府建设厅据农改所呈据五峰茶业改良场遵令造具因战役损失清册祈鉴核备查等情签请鉴核由
116	LS031-003-0780-0013	湖北省建设厅据该所呈转五峰茶场修建场屋困难情形指令遵照由
117	LS031-003-0780-0014	湖北省政府建设厅为检发五峰茶场 1937 年度茶叶补助费核准通知，仰转发知照由
118	LS031-003-0780-0015	湖北省建设厅据转呈五峰茶场茶农训练不能如期完成拟恳准移于来年 4 月举行请核示等情令仰遵照由
119	LS031-003-0780-0016	湖北省政府建设厅签呈：据农业改进所转赍五峰茶业改良场技士王道蕴表证签祈鉴核准予派用由
120	LS031-003-0780-0017	湖北省建设厅奉省政府令检发五峰茶业改良场技士王道蕴派令、手册及发还原证件等件，仰查收转给
121	LS031-003-0781-0001	湖北省建设厅据呈为五峰茶场先后电呈渔洋关工作站庄屋及茶树遭冰雹毁坏情形一案仰转饬知照由
122	LS031-003-0781-0002	湖北省政府建设厅据农改所呈转五峰茶场技佐王汉先离职及周世胄到职情形一案，签祈鉴核备查由
123	LS031-003-0781-0003	湖北省政府建设厅指令据转报五峰茶业改良场会计员黄佐贤免职，遗缺派彭义沛代理一案令仰知照由
124	LS031-003-0781-0004	湖北省政府建设厅据农改所呈转五峰茶业改良场会计员彭义沛到职日期祈核备等情，电请查照见复由

续表

序号	档　号	题　　名
125	LS031-003-0781-0005	湖北省政府建设厅签呈：据农改所呈赍五峰茶场技佐周世胄表证祈核转一案，签请鉴核加派由
126	LS031-003-0782-0001	湖北省政府关于复兴湖北省五峰茶叶计划及预算书的呈
127	LS031-003-0782-0003	湖北省政府建设厅转送行政院核准通知书一件希拨款济用由
128	LS031-003-0782-0005	湖北省政府建设厅据呈以奉令核准动支 1944 年度五峰茶场新兴事业费 15 万元，请划拨转汇俾便早日展开工作等情，令仰遵照由
129	LS031-003-0782-0007	湖北省建设厅签呈：农业改进所呈拟五峰茶业改良场组织规程草案赍请核示等情，签请鉴核由
130	LS031-003-0782-0009	湖北省政府建设厅奉交修正本省五峰茶业改良场组织规程一案，令仰遵照办理具报由
131	LS031-003-0782-0012	省政府建设厅据转赍五峰茶业改良场 1944 年度中心工作计划及进度表祈鉴核等情，指令知照由
132	LS031-003-0782-0013	五峰茶业改良场王堃关于汇报工作情况的函
133	LS031-003-0782-0019	湖北省农业改进所呈为奉令转赍五峰茶业改良场茶叶产销调查一份，祈鉴核汇转由
134	LS031-003-0784-0001	湖北省政府建设厅指令：据呈五峰茶业改良场 1945 年度工作总报告请核示一案仰知照由
135	LS031-003-0785（1）-0001	湖北省农业改进所呈：据五峰茶业改良场场长高光道先后呈送 1940 年 10—12 月工作报告转呈鉴核备查由
136	LS031-003-0785（1）-0002	湖北省政府建设厅奉农林部电催报 1940 年茶业改良场工作报告等因令仰遵照由
137	LS031-003-0785（1）-0003	湖北省农业改进所呈五峰茶业改良场 1941 年 1 月份工作报告及 2 月份工作预计书，转呈鉴核备查由
138	LS031-003-0785（1）-0004	湖北省农业改进所转呈五峰茶业改良场 1941 年 2 月份工作报告及 3 月份工作预计，请鉴核由
139	LS031-003-0785（1）-0005	湖北省农业改进所呈据五峰茶业改良场呈送 1941 年度 6 月份工作报告及 7 月份工作预计，转请鉴核备查由
140	LS031-003-0785（1）-0006	湖北省农业改进所呈：据五峰茶业改良场场长高光道呈送该场 1941 年 7 月份工作报告及 8 月份工作预计，祈核转等情检同原件转请鉴核由

续表

序号	档　号	题　　名
141	LS031–003–0785（1）–0007	湖北省政府建设厅据该所呈转五峰茶场1944年10月份工作简报一案，指令遵照由
142	LS031–003–0785（1）–0008	湖北省政府建设厅据该所转赍五峰茶场1944年11月份工作简报一案指令遵照由
143	LS031–003–0785（1）–0009	湖北省政府建设厅据转赍五峰茶场1944年12月份工作简报一案指令知照由
144	LS031–003–0785（1）–0010	徐方干关于已报送计算书并请拨1—3月经费的电、签呈
145	LS031–003–0785（1）–0011	湖北省五峰茶业改良场奉电呈报赶造1938年各月报销情形恳先予电汇1月份经费由
146	LS031–003–0785（1）–0012	湖北省五峰茶业改良场呈送1939年1月份经事两费领款收据恳予核发由
147	LS031–003–0785（1）–0013	五峰茶业改良场呈送1939年2月份经事两费领款总收据恳予鉴核汇交宜都湖北省银行办事处以维场务由
148	LS031–003–0785（1）–0014	湖北省五峰茶业改良场呈送1939年3月份经事两费请款书及领款总收据恳予鉴核存转拨发由
149	LS031–003–0785（1）–0015	湖北省羊楼洞茶业改良场呈送1939年1月份经事两费请款书恳予鉴核汇转由
150	LS031–003–0785（1）–0016	湖北省五峰茶业改良场呈送1939年2月份经事两费请款书恳予鉴核汇转由
151	LS031–003–0785（1）–0017	湖北省政府建设厅据五峰茶场呈复各月份经事两费计算审核通知书内情形，准函转由
152	LS031–003–0785（1）–0018	湖北省政府建设厅据羊楼洞茶场呈送1938年迁运费预计算书类准予存转、函请核办、呈请鉴核
153	LS031–003–0785（2）–0002	湖北省政府建设厅指令五峰茶业改良场：据请领迁运费389.25元准予照发
154	LS031–003–0785（2）–0004	湖北省农业改进所遵填五峰茶场欠领5、6两月及7月上半月经费领款书请核发由
155	LS031–003–0785（2）–0005	湖北省政府建设厅代电农改所：电仰申复五峰茶场积欠经费未发原因
156	LS031–003–0785（2）–0006	湖北省政府建设厅指令五峰茶场据呈换本年4月份经费领据发还临时收据令仰知照

续表

序号	档　号	题　　名
157	LS031–003–785（2）–0007	湖北省政府建设厅据五峰茶场先后呈送 1939 年 1—4 月份经事费计算书类指令遵照，请查核办理
158	LS031–003–0785（2）–0008	湖北省政府建设厅指令农业改进所：据送五峰茶场经费预算分配表随令发还仰即遵照
159	LS031–003–0785（2）–0009	湖北省五峰茶业改良场呈：遵令补送本场本年 1—4 月经事两费计算书表并声明结余款项另案汇缴由
160	LS031–003–0785（2）–0010	湖北省政府建设厅准财政厅函为五峰茶场 1939 年度经事两费预算表已存转令仰饬知
161	LS031–003–0785（2）–0011	湖北省政府建设厅令农改所饬迅拨发五峰茶场 1939 年 12 月以前经费
162	LS031–003–0786（1）–0001	省政府建设厅公函：据呈送五峰茶业改良场 1939 年 5—12 月份经事费支出计算书类准予存转仰即遵照由
163	LS031–003–0786（2）–0001	湖北省政府建设厅据农业改进所呈送五峰茶场 1940 年度 1—3 月份经事费支出计算书类准予先行存转仰即遵照由
164	LS031–003–0786（2）–0002	湖北省政府建设厅准审计处函送该所附属五峰茶场 1939 年 1—4 月份经常、事业两费计算书类核准通知令仰知照
165	LS031–003–0786（2）–0003	省政府建设厅准中茶公司函复该所转赍五峰茶场 1940 年度计划预算请拨款协助等由令仰知照由
166	LS031–003–0786（2）–0004	湖北省政府建设厅转发该所五峰茶业改良场 1939 年 5—12 月份经事两费计算书类核准通知审核通知令仰遵照办理由
167	LS031–003–0787–0001	省建设厅据农业改进所呈赍五峰茶场 1940 年度经常、事业两费月份预算分配表请查照办理准予存转仰知照
168	LS031–003–0787–0002	省政府建设厅准财政厅函复该所五峰茶场 1940 年度经常、事业两费支出月份预算分配表已予存转仰即遵照办理由
169	LS031–003–0787–0003	省政府建设厅电呈本省五峰茶场 1937 年度茶业补助费计算书类请鉴核、查核办理、备查由
170	LS031–003–0787–0004	湖北省政府建设厅函送农业改进所五峰茶场 1940 年 3 月 21 日—12 月份计算书类祈查照办理由
171	LS031–003–0788–0001	湖北省政府建设厅转呈五峰茶场 1943 年 11、12 两月份米代金预算书册祈鉴核示遵由
172	LS031–003–0788–0002	湖北省政府建设厅据农业改进所转呈五峰茶场 1943 年 1—10 月份职员平价米代金预算书册签请鉴核示遵由

续表

序号	档　号	题　　名
173	LS031-003-0788-0004	省政府建设厅据农业改进所呈赍五峰茶场1941年1—12月份经事费及7—12月增加经费，员工加给临时费计算书类请查照办理由
174	LS031-003-0788-0005	湖北省政府建设厅函送五峰茶场1941年度农林部补助费计算书表类请查核由
175	LS031-003-0788-0007	省建设厅准审计处函送五峰茶场1941年1—12月份经常事业费及7—12月增加经费，员工加给临时费计算书类核准通知仰转饬知照由
176	LS031-003-0788-0008	湖北省政府建设厅据农业改进所转呈五峰茶场1942年1—4月经费累计表类，转请核办由
177	LS031-003-0789-0001	湖北省政府建设厅准审计处函送五峰茶业改良场1942年1—4月经常费会计报告核准通知令仰转饬知照由
178	LS031-003-0789-0002	湖北省政府建设厅据缴解五峰茶场1941年度经临各费结余一案印发批回仰遵照由
179	LS031-003-0789-0003	湖北省政府建设厅据呈请核发五峰茶场事业费指令遵照由
180	LS031-003-0789-0005	省政府建设厅据农业改进所转呈五峰茶场1943年度增加生活补助费及薪俸加成预算书表转请鉴核由
181	LS031-003-0789-0006	湖北省政府建设厅转呈五峰茶业改良场请领1944年度加发员役一月薪饷清册祈鉴核拨发由
182	LS031-003-0789-0007	省建设厅奉省政府令核定五峰茶场1943年度增加生活补助费及薪俸加成预算书表转饬知照由
183	LS031-003-0789-0008	湖北省政府建设厅据转呈五峰茶业改良场以1944年度经费预算核减列练习生，拟将练习生张纯薪津改在复兴事业费内开支等情，仰转饬遵照由
184	LS031-003-0789-0009	湖北省政府建设厅转呈五峰茶业改良场1944年11、12两月份增加职员生活补助费及薪俸加成预算书表祈鉴核存转由
185	LS031-003-0789-0010	湖北省政府建设厅奉省政府令核准五峰茶业改良场1944年度11、12两月增加职员生活补助费及薪俸加成预算书表一案转饬知照由
186	LS031-003-0789-0013	湖北省政府建设厅据转呈五峰茶业改良场1944年9月份改善生活待遇临时费会计报告令仰转饬遵照由

续表

序号	档　号	题　　名
187	LS031-003-0789-0014	湖北省政府建设厅转送（据转呈）五峰茶业改良场 1944 年 1—8 月份改善生活待遇临时费会计报告（表）请核办查照由，仰饬遵照由
188	LS031-003-0789-0015	湖北省政府建设厅转送据转呈五峰茶业改良场 1945 年 1—6 月份改善生活待遇临时费会计报告请查照、核办、准予存转由
189	LS031-003-0789-0016	湖北省政府建设厅转呈五峰茶业改良场 1944 年度改善公务员生活待遇临时费追减预算及结算表祈鉴核存转由
190	LS031-003-0790-0001	湖北省政府建设厅奉省政府令核准五峰茶场 1944 年度改善公务员生活待遇临时费追减预算书及结算表仰转饬知照由
191	LS031-003-0790-0002	湖北省政府建设厅准审计处函送五峰茶场 1944 年度 1—8 月改善生活待遇费会计报告核准通知令仰转发由
192	LS031-003-0790-0003	审计部湖北省审计处函送五峰茶业改良场 1945 年度 1—6 月份改善生活待遇费会计报告核准通知请查照转发由
193	LS031-003-0790-0004	湖北省政府建设厅转送据呈送五峰茶场 1945 年 7—11 月份改善生活待遇临时费会计报告请查收、核办，仰遵照由
194	LS031-003-0790-0005	湖北省政府建设厅转送（据转呈）五峰茶场 1945 年 1—7 月份经常费暨元至 12 月份事业费（经事两费）会计报表（告）、请查照（核办）准予存转由
195	LS031-003-0790-0006	湖北省政府建设厅转送（据转呈）五峰茶场 1944 年 9—12 月份经常费暨 1945 年 8—12 月份事业费会计报告（表）请查照、核办、仰遵照由
196	LS031-003-0790-0007	湖北省政府建设厅准审计处函送五峰茶场 1945 年度 7—11 月份改善生活待遇费会计报告核准通知一案，令仰转发由
197	LS031-003-0790-0008	湖北省政府建设厅准审计处函送五峰茶场 1944 年度 9—12 月份经常费会计报告核准通知令仰转发由
198	LS031-003-0790-0009	湖北省政府建设厅准审计处函送五峰茶场 1945 年度 1—7 月经常费及 1—12 月份事业费会计报告核准通知，令仰转饬知照由
199	LS031-003-0790-0010	湖北省政府建设厅转送五峰茶场 1944 年 9—11 月份事业费会计报表请查照由
200	LS031-003-0791-0001	湖北省政府建设厅转送五峰茶场 1945 年 8—12 月份经常费会计报告请查照由及同年度改善生活费追减预算表仰遵照由

续表

序号	档　号	题　　名
201	LS031-003-0791-0002	省政府建设厅准审计处函送五峰茶场 1944 年 9—11 月份事业费会计报告核准通知令仰转发由
202	LS031-003-0791-0003	省政府建设厅转送五峰茶场 1944 年 10—12 月份改善生活待遇费会计报告请查照、核办、准存转由
203	LS031-003-0791-0004	湖北省政府建设厅转送五峰茶场 1944 年 12 月份事业费会计报表请查照、核办、准予存转由
204	LS031-003-0791-0005	湖北省政府建设厅据转呈五峰茶场 1945 年度经常事业费决算表类，仰转饬遵照由
205	LS031-003-0791-0006	湖北省政府建设厅据转呈五峰茶场 1945 年 10—12 月份改善生活待遇费会计报告仰转饬遵照由
206	LS031-003-0791-0007	湖北省建设厅准审计处填送五峰茶业改良场 1945 年 8—12 月份经费类会计报告核准通知，令仰转发由
207	LS031-003-0791-0008	湖北省政府建设厅代电五峰茶场王堃前场长：据函恳饬速汇遣散人员遣散费一案令仰知照由
208	LS031-003-0791-0009	湖北省政府建设厅准审计处函送五峰茶场 1944 年 12 月份事业费暨 10—12 月份改善生活待遇费会计报告核准通知，令仰转发由
209	LS031-003-0791-0010	湖北省政府建设厅据转呈前五峰茶场被裁人员遣散费请领清册及 1945 年度临时费收支对照表等件令仰遵照由
210	LS031-003-0791-0011	湖北省政府建设厅准财政厅签移该所电请核发五峰茶场 1946 年 12 月增加员工生活补助费并请示本年 1—3 月是否增加一案，令仰知照
211	LS031-003-0792-0001	湖北省政府建设厅据转呈五峰茶场 1945 年度经事临各费决算表类，仰转饬遵照由
212	LS031-003-0792-0002	湖北省政府建设厅转送五峰茶场 1945 年度改善待遇临时费，10、11 月份更正会计报告暨 12 月份会计报告请查照、核办、准予存转由
213	LS031-003-0792-0003	湖北省政府建设厅准审计处函转五峰茶业改良场 1945 年度改善生活待遇费 10、11 两月份会计报告一案令仰转饬遵办由
214	LS031-003-0794-0001	湖北省建设厅据羊楼洞茶业改良场呈拟发展鄂西茶业生产工作计划书令准俟迁设五峰后酌办
215	LS031-003-0794-0003	湖北省羊楼洞茶业改良场呈报本场员工分批到达渔洋关及租赁民房设立办事计划工作各情形祈鉴核备案指令祇遵

续表

序号	档 号	题 名
216	LS031-003-0794-0004	湖北省羊楼洞茶业改良场呈报省政府建设厅：本场寄存羊楼洞房屋、地亩、器具、文卷等项业经保管员游哲架照册点收呈复函转呈鉴核备案
217	LS031-003-0794-0005	湖北省政府建设厅电饬五峰、鹤峰县政府于羊楼洞茶业改良场技术人员到境工作时饬属协助保护仰即遵照由
218	LS031-003-0794-0007	羊楼洞茶业改良场呈报本场劝告茶农在冬期施行深耕通告恳予鉴核令遵由
219	LS031-003-0794-0008	羊楼洞茶业改良场呈报遵令调查鄂西、鄂南茶叶销售及存留情形恳予鉴核准备指令祗遵由
220	LS031-003-0794-0011	湖北省政府建设厅据呈报该场劝告茶农及时除草施肥通告令准备案
221	LS031-003-0795-0001	湖北省政府建设厅据呈拟续派员工赴五峰县改进红茶等情令知已函请中国茶叶公司转饬恩施实验茶厂主持由
222	LS031-003-0798-0001	湖北省政府建设厅据羊楼洞茶业改良场呈报鄂西、鄂南茶业危殆情形令知，已转函中国茶叶公司提前分赴各该区收买由
223	LS031-003-0800-0001	湖北省政府建设厅据羊楼洞茶场电称真晚被劫损公私财物千元以上并刺伤场长等情电请严缉究办由
224	LS031-003-0800-0002	湖北省建设厅据羊楼洞茶业改良场场长呈称被匪抢劫公私财物1800元并刺伤场长等情，分电蒲圻县府暨保安第六团第一营严缉究办由
225	LS031-003-0802-0005	湖北省五峰茶业改良场呈请电催经济部迅赐拨发本场1937年度茶场设备补助费由
226	LS031-003-0802-0009	湖北省政府建设厅据转赍五峰茶场1938年度半年补助费预算书及1939年上半年工作报告请核转等情分别指示遵照由
227	LS031-003-0802-0011	湖北省建设厅指令农业改进所：据转呈五峰茶场1939年度补助费计划预算
228	LS031-003-0802-0012	湖北省政府建设厅据转呈五峰茶场1937年度补助费收支报告及1938年度半年事业计划令仰候呈部核示，为呈送本省五峰茶业改良场1937—1939年度补助费收支报告等件祈鉴核拨款
229	LS031-003-0803-0004	湖北省政府主席王东原令：派贺常前往接收羊楼洞茶业改良场由
230	LS031-003-0810-0008	湖北省农业改进所呈为据五峰茶业改良场呈以鹤峰茶农训练亟宜在茶季赶办请迅颁发训练计划及概算以便遵照等情转请核示由

续表

序号	档　号	题　　名
231	LS031–003–1038–0001	湖北省政府建设厅签呈：据农业改进所赍呈鄂西农场等四机关负责人调查表转呈鉴核由
232	LS031–003–1228–0008	湖北省政府建设厅签呈：据农业改进所呈赍代编五峰茶场1944年9—12月份调整公役待遇追加预算书转祈鉴核存转由
233	LS031–003–1345–0002	湖北省政府建设厅据卸任五峰茶场场长徐方干呈复1937年经济部补助费一案仰查明具报由
234	LS031–003–1619–0003	湖北省建设厅令仰迅依经济部补助各省农业改进经费办法规定编具事业计划补助费及全部预算呈厅核转
235	LS031–003–1640–0006	湖北省政府建设厅据请核示五峰茶场等经费开支办法仰遵照由
236	LS031–003–1696–0004	湖北省政府建设厅据请移用经济部补助五峰茶场1940年度经费作调查鄂西茶区及测绘五峰山茶场费用等情指令知照由
237	LS031–003–1696–0005	湖北省农业改进所为据情呈请转请省政府核发农林部补助五峰茶场1940年度下期之款1500元祈鉴核示遵由
238	LS031–003–1698（1）–0002	湖北省政府建设厅函送农业改进所附属五峰茶场等机关1942年度加给津贴临时费预算书祈查照办理由
239	LS031–003–1706–0013	湖北省政府建设厅据请拨发五峰茶场遣散人员遣散费不敷款一案指令遵照由
240	LS031–003–1718–0017	湖北省政府建设厅转发五峰茶场1937年度茶叶补助费计算书类审核通知仰遵照由
241	LS031–003–1718–0018	湖北省政府建设厅转发该所及附属五峰茶场1940年度事业收入计算书类核准通知仰知照由
242	LS031–003–1719–0014	湖北省政府建设厅准审计处函送五峰茶场1943年度职员冬季制服临时费计算书类核准通知
243	LS031–003–1740–0001	湖北省政府建设厅奉府令核定五峰茶场1943年1—10月职员平价米代金预算书册一案仰知照由
244	LS031–003–1740–0010	湖北省政府建设厅转呈农业改进所呈送五峰茶场1942年度生活补助费预算书祈查照办理由
245	LS031–003–1742–0037	湖北省政府建设厅指令农业改进所：据呈复前五峰茶场余镜湖办理移交情形指令遵照由
246	LS031–003–1747–0004	省政府建设厅指令农业改进所：转发五峰茶场补助费仰知照由

续表

序号	档　号	题　　名
247	LS031-003-1747-0012	湖北省政府建设厅函请将农林部汇发本省农业改进所及茶业改良场补助费转汇恩施中央银行以便提取
248	LS031-003-1747-0014	湖北省农业改进所遵令补呈五峰茶业改良场100元领据一纸祈鉴核换回省银行证明单以凭粘报由
249	LS031-003-1747-0017	省政府建设厅函请将农林部汇发农业改进所及茶业改良场补助费转汇恩施中行以便提取由
250	LS031-003-1747-0018	湖北省政府建设厅签呈赍农林部汇发湖北茶业改良场补助费汇款单三纸请饬加盖府印以便提取转发
251	LS031-003-1747-0019	中央银行恩施分行函农林部汇交五峰茶业改良场国币1487.31元收据一份希查照备函洽取
252	LS031-003-1749-0003	湖北省政府建设厅奉农林部核示五峰茶场1937年度茶叶补助费计算书类一案令仰转饬遵照由
253	LS031-003-1751-0008	湖北省政府建设厅据农业改进所呈赍五峰茶场1943年度公务员紧急支应费计算书表册请查照由
254	LS031-003-1751-0013	省政府建设厅准审计处函送五峰茶场1943年度公务员紧急支应费计算书类核准通知仰转饬知照由
255	LS031-003-1751-0020	湖北省农业改进所呈：赍转五峰茶场请领1944年度员役夏服清册祈转报核发由
256	LS031-003-1753-0007	湖北省建设厅为呈送五峰茶业改良场员工请领夏服清册祈核给领由
257	LS031-003-1753-0017	湖北省政府建设厅奉省政府令核准拨发五峰茶场1945年度职员冬服代金一案，仰转饬洽领由
258	LS031-003-1765-0017	湖北省政府建设厅据转呈五峰茶场改在石梁司墓坡修建办公室及工厂包工情形，指令遵照由
259	LS031-003-1765-0019	湖北省政府建设厅据转呈五峰茶业改良场遵编建筑办公室及试验工厂工料费估算表令准备查由
260	LS031-003-1768-0002	省政府建设厅据农业改进所转报五峰茶场电请派员验收办公室及试验工厂工程一案电达查照由
261	LS032-001-0713-0008	王堃关于五峰茶业改良场渔洋关工作站房屋倾塌的电
262	LS032-001-0714-0008	袁鹤关于场址接近战区请于必要时紧急处理办法的电

续表

序号	档　号	题　　名
263	LS032-001-0979-0002	湖北省农业改进所关于核示裁减公役工饷、办公费如何开支的训令
264	LS032-002-0072-0008	袁鹤关于请发备用金的签呈
265	LS032-002-0073-0003	袁鹤关于造具五峰茶业改良场1943年预算的签呈
266	LS032-002-0075-0004	袁鹤关于场址全毁待查的电
267	LS032-002-0077-0005	袁鹤关于恳准随带公役一名的签呈
268	LS032-002-0077-0006	袁鹤关于列报五峰来所旅费并请预支办理耕牛贷旅费的签呈
269	LS032-002-0816-0003	湖北省建设厅关于王堃履历表
270	LS032-002-0973-0010	湖北省农业改进所关于五峰茶业改良场袁鹤辞职，王堃接任的代电
271	LS032-002-1019-0001	湖北省农业改进所关于王堃代理五峰茶业改良场场长的训令
272	LS032-002-1019-0006	湖北省农业改进所关于转发王堃公务员手册的训令
273	LS032-002-1040-0002	湖北省农业改进所关于五峰茶业改良场程国藩、王悦赓、袁鹤调派、离职相关事宜的呈及相关材料
274	LS032-002-1051-0006	省农业改进所关于五峰茶场王堃请假一案的指令
275	LS032-002-1096-0007	湖北省农业改进所关于王堃离职的证明书
276	LS032-002-1302-0012	湖北省农业改进所关于核示彭匪窜扰如何处理的电
277	LS045-002-0737-0001	渔洋关茶业改良场：由渔关运施及寄老河口茶暨邮费
278	LS045-002-0737-0003	五峰茶业改良场为粗茶买主出价万元卖否急电复由
279	LS067-001-0548-0012	湖北省政府人事处奉交下建设厅签请核定五峰茶业改良场组织规程一案签拟意见乞核示由
280	LS085-002-0032-0012	湖北省五峰茶业改良场1944年2、9月份员役眷属请领自办食油亏耗证明册
281	LS085-002-0032-0013	湖北省五峰茶业改良场1944年9月份员工生活必需品亏耗预算书
282	LS085-002-0332-0001	湖北省五峰茶业改良场1944年6月份员工生活必需品亏耗预算书
283	LS090-004-0190-0022	湖北省政府建设厅为五峰茶场应领本年度经临费领款收据准借用农改所印信在恩施拨付函请查照由

五峰土家族自治县档案馆档案

序号	档　号	题　　名
1	2-W2-77	湖北省农业改进所有关政府机关员役眷属核报食用及生活物品购领、增加薪俸及补助费的代电、训令
2	2-W2-78	五峰茶业改良场关于职员及眷属购领物品清册及待遇支出表
3	2-W2-79	湖北省农业改进所、五峰县政府关于茶树更新、筹建茶场办公场所及试验场、人员调派、旅费支付、工作计划的代电、训令、指令
4	2-W2-80	湖北省农业改进所、五峰茶业改良场关于工作总结、模范茶园合约、员役眷属请领冬夏服装、食油物品及薪饷清册、代电
5	2-W2-81	湖北省农业改进所关于会计报告、员薪报酬、库款拨付、财务审核、茶叶加工、茶树培育的训令
6	2-W2-82	湖北农业改进所有关工作总结、简报、员役待遇及追减预算、采种育苗造林、茶树改良、经费会计报告的代电、训令
7	2-W2-83	湖北省财政厅、农业改进所有关员役待遇、茶叶产销调查、茶场决算、养廉费发放、因公医疗费核发、茶业改良场建筑费核查及竣工验收的训令
8	2-W2-84	省财政厅、农业改进所有关五峰茶业改良场员役待遇、人员核减、开支规定、食粮核准、农产品收入预算的代电、训令、领据
9	2-W2-85	湖北农业改进所、五峰县政府有关茶业改良场员役眷属食用物品购领、差旅费标准、生活补助及薪俸预算核准的指令、训令、凭据
10	2-W2-86	1945 年五峰茶业改良场经费报表
11	2-W2-87	1946 年五峰茶业改良场经费报告、核准通知、报表
12	2-W2-88	1945 年五峰茶业改良场经费出纳表、资力负担表、差旅支付表
13	2-W2-89	1944 年五峰茶业改良场经费报表
14	2-W2-90	1945 年五峰茶业改良场经费出纳表、资力负担表
15	2-W2-91	1946 年五峰茶业改良场资力负担平衡表、经费累计表
16	2-W2-92	1946 年五峰茶业改良场经费报表及 1947 年付款条据
17	2-W2-93	湖北省农业改进所关于公役调整、经费收支造具凭核、改善待遇及经费拨发、会计财务报告、技术员工调查的代电、训令、表
18	2-W2-94	湖北省农业改进所关于米代金标准、员役薪津清册、收支预算与结算、办公室及试验场竣工验收、差旅补助标准的代电、训令
19	2-W2-95	湖北省农业改进所关于事业经费及员役待遇经费报告与核实、林木茶种采购的代电、训令、办法、领款凭据
20	2-W2-96	省财政厅、农业改进所、五峰县政府有关生活补助、食米代金及薪津认领、犒赏费发放、公物财产移交等的清册、代电、训令
21	2-W2-97	湖北省农业改进所关于造林、遣散经费拨付、预算座谈会记录、经费及薪津核实、民生公司与五峰合组制茶所的代电、训令

（2）中国茶叶公司与宜红茶资料来源

湖北省档案馆档案

序号	档　号	题　　名
1	LS007-008-0260（1）-0052	国营中国茶叶公司恩施茶厂关于厂长于垸咸到厂视事日期的代电
2	LS031-003-0722-0002	湖北省建设厅关于徐方干请示可否代表省方出席茶叶评价会的电
3	LS031-003-0723-0017	徐方干关于报告赴渝时间的电
4	LS031-003-0723-0019	徐方干关于报告到渝鄂茶评价及收购情况的呈
5	LS031-003-0724-0017	徐方干关于报告在渝办理评价及收购茶叶情况的呈
6	LS031-003-0732-0007	湖北省建设厅关于湖北省茶叶管理处副处长徐方干报告鄂茶评价手续及茶商贷款息金的指令、训令
7	LS031-003-0732-0009	抄发调整茶叶贸易机关治本办法一份令仰知照
8	LS031-003-0732-0017	湖北省政府建设厅电请重庆贸易委员会汇拨渔关茶商头二批茶价及被炸赔款
9	LS031-003-0743-0002	湖北省建设厅关于派黄国光、王乃赓兼任中国茶叶公司湖北办事处主任、副主任的训令
10	LS031-003-0743-0003	湖北省建设厅关于中国茶叶公司报告湖北办事处归并恩施实验茶厂的代电
11	LS031-003-0743-0005	省建设厅关于中国茶叶公司湖北办事处主任杨一如就职日期的训令
12	LS031-003-0743-0006	中国茶叶公司湖北办事处关于主任黄国光调任，派杨一如接任的函
13	LS031-003-0743-0007	湖北省建设厅关于中国茶叶公司湖北办事处请转湖北省银行息借抢运箱茶的代电、公函
14	LS031-003-0743-0008	湖北省银行关于照数息借 5 万元于中国茶叶公司湖北办事处的代电
15	LS031-003-0743-0018	湖北省政府关于中国茶叶公司湖北办事处收运湖北箱茶并请协助保护的训令
16	LS031-003-0749-0017	湖北省建设厅关于指派代表组织 1940 年度鄂茶评价委员会的代电、电、签呈及中国茶叶公司恩施茶厂的代电
17	LS031-003-0761-0003	中国茶叶公司湖北办事处关于收运箱茶请协助保护的公函
18	LS031-003-0761-0017	湖北省建设厅关于财政部贸易委员会回复湖北省茶叶管理处箱茶再饬中国茶叶公司湖北办事处洽办收购事宜的训令

续表

序号	档　号	题　　名
19	LS031–003–0763–0004	湖北省建设厅关于高光道、彭绍茂报告 1940 年度鄂茶评价会议情形并送会议记录的训令、签呈
20	LS031–003–0795–0002	中国茶叶股份有限公司函复尽量承销五峰茶叶由
21	LS031–003–0811–0002	湖北省政府建设厅据转呈渔关镇各红茶厂呈述 1939 年度货运损失及责任情形恳转咨依约迅给扣款等情电仰知照由
22	LS031–003–0811–0008	湖北省政府关于提高茶叶中心价格的代电及高光道签复
23	LS031–003–0811–0011	中国茶叶公司恩施直属实验茶厂电复 1940 年鄂茶中心价格已由评价会议转呈经过及奉电再请核示由
24	LS031–003–0812–0015	中国茶叶公司五峰茶厂快邮代电：为请速将荣益茶厂茶款 46495.44 元暨本厂应扣源泰等茶厂垫发运费 3840 元一并径汇本厂结付，以清悬案
25	LS031–003–0812–0016	中国茶叶公司五峰茶厂快邮代电湖北省政府建设厅：随电奉发源泰等茶厂预支运费表一份，希在各该厂应结茶价内扣下径汇本厂以资归垫而清悬案由
26	LS031–003–0812–0017	中国茶叶公司五峰茶厂快邮代电湖北省建设厅：请将荣益茶厂茶价径汇渔洋关邮局交由本厂结付俾便扣回本厂贷款由
27	LS031–003–0812–0020	湖北省政府建设厅代电中国茶叶公司五峰茶厂：准寅篠代电请汇交荣益茶款一案电复查照由
28	LS031–003–0812–0026	中国茶叶公司恩施茶厂关于付给荣益茶厂 1940 年度应得茶价的代电及中国茶叶公司的代电
29	LS031–003–0812–0028	中国茶叶公司恩施茶厂关于请转发五峰厂荣益特约茶厂茶款的公函
30	LS031–003–0812–0029	中国茶叶公司恩施茶厂关于派员领中茶公司汇来 1940 年茶款运费的代电
31	LS031–003–0813–0003	湖北省建设厅关于五峰山、芭蕉、硃砂溪等处茶叶送售恩施实验茶厂的代电、便函及中国茶叶公司恩施茶厂的函
32	LS031–003–0813–0011	湖北省政府建设厅电渔洋关湖北茶管处：为据中茶公司核定宜红价格仰电复凭办由
33	LS039–003–0347–0015	中国茶叶公司湖北办事处关于技术专员黄国光兼任本处主任并开始办公等的公函
34	LS061–003–0535–0001	中国茶叶公司纪廷藻接任恩施茶厂厂长

五峰土家族自治县档案馆档案

序号	档　号	题　　名
1	2–1–45–11	国营中国茶叶公司五峰工作站公函：为本站于本年 5 月 1 日正式改组就绪函请查照由
2	2–1–45–23	国营中国茶叶公司五峰工作站公函：为日来时局紧急，本站拟迁移安全地带，向贵行暂借迁移费 5 万元由
3	2–2–112–71	中茶公司练习生名单
4	2–2–339–235	张立信自述
5	2–2–422–4	王楚石卡片
6	2–2–419–78	胡子安卡片

（3）湖北省茶叶管理处资料来源

湖北省档案馆档案

序号	档　号	题　　名
1	LS031–002–0051–0008	湖北省建设厅关于湖北省茶叶管理处南夔请辞职，以高光道代理的指令、签呈
2	LS031–003–0704–0006	湖北省五峰茶业改良场场长徐方干关于请萧鸿勋兼处长即日返省主持处务的呈
3	LS031–003–0704–0010	湖北省政府建设厅指令茶叶管理处据呈为渔关茶商本年制茶资金仅能筹集 5 万元请核示等情指令遵照
4	LS031–003–0721–0015	湖北省政府电财政部贸易委员会：电商拟就五峰渔关办理茶贷请按比例担任贷款并电复
5	LS031–003–0722–0017	湖北省政府建设厅据转呈豁免红茶制造税经准财政厅签复碍难豁免，仰转饬遵照
6	LS031–003–0723–0016	湖北省建设厅关于徐方干呈报箱茶交接经过及滞留未赴衡阳原因
7	LS031–003–0726–0013	五峰县政府关于茶叶管理处报告第二区拘扣茶场骡夫案的呈
8	LS031–003–0727–0002	湖北省政府建设厅代电宜都茶叶管理处：奉交中国茶叶公司蒸电以本年度贸委会与各省所订合约仍继续有效归该公司接办电仰知照，电复请速查照真电办理
9	LS031–003–0727–0006	湖北省茶叶管理处快邮代电：电陈本省茶叶收购事宜，业经商定自 7 月 16 日起由中国茶叶公司接办，所有原有负责人员概不更动由

续表

序号	档 号	题 名
10	LS031-003-0727-0007	湖北省政府建设厅准贸易委员会寒电中国茶叶公司改组各省茶管处，工作照常积极进行电仰知照
11	LS031-003-0728-0003	1939 年 6 月 7 日茶字第 10 号呈一件为呈赍本处与源泰等茶厂订立茶叶贷款合同祈鉴核备查由
12	LS031-003-0729-0008	湖北省政府建设厅据五峰茶业改良场呈为转据渔关茶厂经理宫葆初等呈请转呈豁免红茶制造税等情，业经由府令县停征，仰转饬知照
13	LS031-003-0729-0010	湖北省政府建设厅据五峰茶业改良场呈为转据渔关茶厂经理宫葆初等呈以豁免红茶制造税一案，县令照章完纳，请转呈省政府核示令遵等情录案电仰知照
14	LS031-003-0729-0012	湖北省政府代电五峰章县长：建设厅案呈据电请迅饬渔关厂商照章缴纳制造业营业税电仰仍遵前案办理
15	LS031-003-0731-0007	湖北省政府建设厅电茶叶管理处渔洋关省行办事处据呈请汇发茶贷款一案呈复查照
16	LS031-003-0732-0012	湖北省银行恩施分行会议录：检送修正合办鄂茶产销贷款及购运草约谈话会议记录由
17	LS031-003-0733-0001	湖北省政府建设厅指令湖北省茶叶管理处：据呈复五峰茶场附运箱茶二箱交会评购情形令准备查
18	LS031-003-0733-0009	湖北省政府建设厅据杨明哲呈报接洽茶叶贷款情形，并请令饬都长五鹤四县办事处着手进行等情指令知照
19	LS031-003-0743-0016	湖北省政府建设厅指令茶叶管理处：据高光道电请转呈省府令饬五峰长阳建始巴东等县政府协助中茶公司茶运等情；指令知照由
20	LS031-003-0743-0019	湖北省政府建设厅训令茶叶管理处：准中国茶叶公司电汇该处 1940 年 3—6 月经费一案情形，令仰遵照办理由
21	LS031-003-0749-0002	湖北省政府建设厅指令茶叶管理处：据请将宜红区所产白茶核转查案增列内销茶等情指令知照由
22	LS031-003-0749-0003	湖北省政府公函财政部：据建设厅案呈据本省茶叶管理处呈以宜红区所产白茶亦属内销茶之一种，请转查案增列等情，函请查照由
23	LS031-003-0752-0001	湖北省政府建设厅据本省茶叶管理处签请令饬五峰茶场协助办理茶叶贷款事宜，并令航务处予以运输上种种便利等情指令知照、分令遵照由；据本省茶叶管理处签请令饬五峰茶场协助办理茶叶贷款事宜，已予照准，令仰知照

续表

序号	档　号	题　　名
24	LS031–003–0752–0005	湖北省建设厅关于湖北省茶叶管理处委派南夔、徐方干为正、副处长并赐关防的呈
25	LS031–003–0752–0009	湖北省政府建设厅令茶叶管理处：奉省府电复已电阮兼指挥官转饬驻渔团队迁让各茶厂房屋令仰知照
26	LS031–003–0752–0010	湖北省政府建设厅令茶叶管理处：奉省府电复已电阮兼指挥官转饬驻渔团队迁让各茶厂房屋令仰知照
27	LS031–003–0753–0006	湖北省政府建设厅据转呈渔关镇本年茶务困难情形指令知照
28	LS031–003–0753–0012	湖北省建设厅关于茶商要求将贷款全部电汇宜都并认交箱茶的电及徐方干的电
29	LS031–003–0753–0013	湖北省政府建设厅电复茶商请该处迁渔，运输股留都准暂照办；茶箱各件已电会代购，贷款已催汇
30	LS031–003–0754–0003	南夔、徐方干关于决定湖北省茶叶管理处仍设在宜都的电
31	LS031–003–0754–0005	湖北省建设厅关于湖北省茶叶管理处委派南夔、徐方干为正、副处长的签呈
32	LS031–003–0754–0012	湖北省政府建设厅据茶叶管理处电呈调茶业改良场技佐姚光甲、王道蕴补充该处指导股股员准予备案，仰知照
33	LS031–003–0755–0002	湖北省政府建设厅据本省茶叶管理处转报湘匪滋扰渔关各茶厂分庄情形令仰候转函，函请查照
34	LS031–003–0755–0003	湖北省政府建设厅准财政部贸易委员会函复渔关茶厂分庄受匪滋扰，请函咨湘境军事当局严予保护，并饬茶商按期交茶等由除案呈分咨外，令仰转饬遵照
35	LS031–003–0755–0012	湖北省建设厅关于查复易开银等呈控徐方干与茶商操纵工价案的代电及湖北省茶叶管理处的呈
36	LS031–003–0756–0010	湖北省建设厅关于徐方干在贸易委员会借款作旅费的训令
37	LS031–003–0757–0010	湖北省政府建设厅指令茶叶管理处据呈拟移设渔关办公指令遵照
38	LS031–003–0758–0008	湖北省政府建设厅据呈复茶叶管理处迁设渔关日期暨宜都无庸派人常驻等情令准备查由
39	LS031–003–0759–0003	湖北省政府训令：建设厅案呈据茶叶管理处呈请转呈严令五鹤长宜各县府对本处呈请协助各事宜尽量予以便利等情，令仰恪遵迭令切实办理克速具报由

续表

序号	档 号	题 名
40	LS031-003-0759-0016	湖北省政府建设厅据本省茶叶管理处呈渔关茶厂宫葆初等以制茶困难请转函核示等情函请查核办理由，指令知照由
41	LS031-003-0760-0009	为据茶业公会转报源泰茶厂停工呈请鉴核由
42	LS031-003-0760-0019	湖北省政府建设厅指令茶叶管理处：据电呈已拦获白茶 300 余斤请电示处理办法等情，令仰遵照由
43	LS031-003-0760-0020	湖北省政府建设厅函贸委会，指令茶管处据本省茶叶管理处转呈渔关红茶厂恒慎慎信等厂因战争影响不能工作暂行停工等情函请查照由，指令知照由
44	LS031-003-0761-0013	湖北省政府建设厅据赍呈源泰等 8 厂茶叶贷款合同及保证书各八份等情指令知照由（茶叶管理处）
45	LS031-003-0762-0013	湖北省建设厅关于高光道请汇发 1940 年 3—6 月经费的指令
46	LS031-003-0763-0001	湖北省政府建设厅电复茶叶管理处高光达（道）：评价旅费仍照 1939 年例在该处经费内设法匀报，并将起程日期先行电告由
47	LS031-003-0763-0009	湖北省建设厅关于湖北省茶叶管理处结束并拟善后办法的指令及高光道的签呈
48	LS031-003-0764-0004	湖北省建设厅关于存茶销售事宜的指令、公函及高光道的签呈
49	LS031-003-0766-0003	湖北省建设厅关于湖北省茶叶管理处请五峰茶场协助雇夫，高光道起运鄂茶的指令、训令
50	LS031-003-0766-0013	南夔、高光道关于请速汇欠费的电
51	LS031-003-0766-0015	高光道关于请示如何解决缩减后所需款的电
52	LS031-003-0767-0011	湖北省建设厅关于湖北省茶叶管理处补领不敷经费书的指令、代电
53	LS031-003-0769-0005	南夔、高光道关于借垫经费情形的呈
54	LS031-003-0775-0019	湖北省建设厅关于湖北农业改进所检送五峰、鹤峰两县茶叶调查报告书的指令、训令
55	LS031-003-0794-0010	湖北省五峰茶业改良场呈报渔关茶商渴望贷款收茶及茶期逼近一切须及时筹备各情形恳予鉴核令遵由
56	LS031-003-0813-0012	湖北省政府建设厅电请中国茶叶公司提高宜红茶价尽量收购由
57	LS031-016-0974-0001	湖北省政府建设厅为与农本局商洽增进湖北茶叶生产制造合作事业合约祈示遵由
58	LS031-016-0974-0003	湖北省建设厅合作处电告希将五峰茶厂合约与会局各方洽商见复

（4）五峰制茶所资料来源

湖北省档案馆档案

序号	档　号	题　　名
1	LS031-003-0734-0001	湖北省政府建设厅签呈：为拟准省银行设立辅导鄂西茶叶产制运销处并饬拟具详细计划暨编制预算职员名册等件呈核签请鉴核由
2	LS031-003-0734-0002	湖北省政府建设厅据呈报成立辅导鄂西茶叶产制运销处经过检同办法大纲呈请鉴核示遵等情，令仰遵照由
3	LS031-003-0773-0003	湖北省政府建设厅函湖北省银行：据前茶管处呈为奉令移交前五峰茶业改良场茶具家具附赍清册请鉴核备查等情，函请查照，令仰遵照由
4	LS045-001-0098-0002	湖北省平价物品供应处茶叶部函送各地推销员工移交清册请继续办理运销业务并见复
5	LS045-001-0108-0018	湖北省平价物品供应处物资部电资丘省银行：五所茶希点收迅运并垫缴
6	LS045-001-0180-0008	湖北平价物品供应处制茶厂五峰制茶所签呈：蒋日富调巴蕉制茶所工作
7	LS045-001-0180-0013	湖北省平价物品供应处制茶厂拟调派卢锡良为事务课长，万纯心为工务课长仍兼五峰茶所主任，吴本哉代理鹤所主任，曹立谦代理黄所主任请鉴核准予分别加委由
8	LS045-001-0180-0014	湖北省平价物品供应处制茶厂拟调派卢锡良为事务课长，万纯心为工务课长仍兼五峰制茶所主任，吴本哉代理鹤所主任，曹立谦代理黄所主任请鉴核准予分别加委由照准
9	LS045-001-0180-0053	为准派曹立谦君来五协助事务呈请鉴核由未准
10	LS045-001-0180-0055	湖北省平价物品供应处制茶厂五峰制茶所为呈请拟录用书记一员按茶司级支薪祈鉴核祗遵由未准
11	LS045-001-0180-0056	湖北省平价物品供应制茶厂五峰制茶所万纯心致杨厂长电文为速派高级事务员事
12	LS045-001-0180-0059	杨一如致万纯心电盼仍任湖北省平价物品供应处制茶厂五峰制茶所现职
13	LS045-001-0180-0060	湖北省平价物品供应处制茶厂五峰制茶所万纯心请辞调未准
14	LS045-001-0180-0062	湖北省平价物品供应处制茶厂杨一如电万纯心打消辞意
15	LS045-001-0180-0063	湖北省平价物品供应处制茶厂五峰制茶所为技工黄清宽辞职号函

续表

序号	档　号	题　　名
16	LS045–001–0180–0065	湖北省平价物品供应处制茶厂五峰制茶所为据茶司蒋日富呈请调厂工作转呈鉴核由
17	LS045–001–0180–0066	湖北省平价物品供应处制茶厂五峰制茶所主任万纯心请辞调厂未准
18	LS045–001–0180–0067	湖北省平价物品供应处制茶厂五峰制茶所万纯心电赴恩施时间
19	LS045–001–0180–0072	湖北省平价物品供应处制茶厂五峰制茶所为呈赍晋用许征远、王兴业为茶司晋升张清美为技工祈鉴核示遵由
20	LS045–002–0352–0001	五峰制茶所 1943 年万纯心电文目录
21	LS045–002–0352–0010	湖北省平价物品供应处茶叶部为五峰制茶分所被军队驻扎，请鉴核转呈禁止由
22	LS045–002–0352–0013	湖北省平价物品供应处茶叶部电鹤所五所红绿茶收制
23	LS045–002–0352–0018	湖北省平价物品供应处制茶厂拟将存五所制成茶叶运三斗坪转渝函请查照办理并见复由
24	LS045–002–0352–0022	湖北省银行辅导鄂西茶叶产制运销处为送来毛红茶力资经由本厂付给 2156 元，装茶口袋留厂，油纸交原夫带转，以后装茶口袋是否向渔处领来，如不敷可自行购补希查照由
25	LS045–002–0359–0002	湖北省平价物品供应处茶叶部为指复各点希即遵照办理由
26	LS045–002–0359–0004	湖北省平价物品供应处制茶厂据函报绿茶副茶分别处理及红茶副茶成本价值祈核示等情指复遵照由
27	LS045–002–0359–0005	湖北省平价物品供应处制茶厂据东电请假照准希速返并复
28	LS045–002–0359–0006	湖北省平价物品供应处制茶厂据五所函送旬报表及代造成本表查照由
29	LS045–002–0359–0007	湖北省平价物品供应处制茶厂复派李修国为五所事务带工同来电
30	LS045–002–0359–0011	湖北省平价物品供应处制茶厂五峰制茶所万纯心电杨一如厂长二茶开制
31	LS045–002–0359–0012	省平价物品供应处制茶厂电五所白茶及鲜叶价请速电告并催栋速返鹤
32	LS045–002–0359–0015	湖北省平价物品供应处制茶厂五峰制茶所为已停收白茶呈请鉴核备查由
33	LS045–002–0359–0017	湖北省平价物品供应处制茶厂复希转请刘县长径电总处价购并洽订茶价报厂

续表

序号	档　号	题　　名
34	LS045-002-0359-0019	湖北省平价物品供应处制茶厂五峰制茶所万纯心电截至 1944.6.14 止完成玉露 50 担
35	LS045-002-0359-0020	湖北省平价物品供应处制茶厂五峰制茶所为代制湖北省银行长阳办事处及五峰合作金库员工平时饮用茶
36	LS045-002-0359-0021	湖北省平价物品供应处制茶厂五峰制茶所电报为二茶毕已成玉露 61 担
37	LS045-002-0359-0023	省平价物品供应处制茶厂五峰制茶所为呈赍头茶期成茶统计表祈鉴核由
38	LS045-002-0359-0024	湖北省平价物品供应处制茶厂五峰制茶所为赍呈收购白茶原因恳祈鉴核备查由
39	LS045-002-0359-0025	湖北省平价物品供应处制茶厂五峰制茶所茶期已完自制各种毛茶成本业经分别计定
40	LS045-002-0359-0026	省平价物品供应处制茶厂五峰制茶所造报毛茶制成精茶明细呈请鉴核
41	LS045-002-0359-0027	省平价物品供应处制茶厂五峰制茶所就函送各种表报并饬指示各点办理
42	LS045-002-0359-0028	湖北省平价物品供应处制茶厂指复五所玉露灶购置核销问题
43	LS045-002-0359-0029	湖北省平价物品供应处制茶厂五峰制茶所为中村特约制茶所头、二茶约制核实评收呈请鉴核
44	LS045-002-0359-0032	省平价物品供应处制茶厂五峰制茶所呈请修理玉露炉面估计单祈鉴核由
45	LS045-002-0359-0035	省平价物品供应处制茶厂五峰制茶所为呈送各项毛茶样祈鉴核祗遵由
46	LS045-002-0359-0038	湖北省平价物品供应处电复五峰制茶所三茶仍续制
47	LS045-002-0359-0039	湖北省平价物品供应处制茶厂五峰制茶所为呈赍本年玉露毛茶制成精茶表祈鉴核备查由
48	LS045-002-0363-0001	省平价物品供应处茶叶部制茶所呈送 1943 年度各所收制毛茶数量分配表
49	LS045-002-0363-0007	湖北省平价物品供应处茶叶部电五鹤所以收购优级红白头茶为限，希将鲜叶及红白毛茶山价按旬电报由

续表

序号	档 号	题 名
50	LS045-002-0367-0005	湖北省平价物品供应处茶叶部函送业务部茶叶统计表及生漆统计表由
51	LS045-002-0372-0001	湖北省银行辅导鄂西茶叶产制运销处指示完纳毛茶税办法由
52	LS045-002-0372-0006	湖北省平价物品供应处茶叶部申述茶类增税后之困难与危机以及应行减低之理由请按照产区批价多予核减以轻茶商茶农负担而维战后国茶复兴基础并盼见复由
53	LS045-002-0372-0009	省平价物品供应处茶叶部检附本部各制茶所一览表一份希查照办理由
54	LS045-002-0379-0002	湖北省平价物品供应处茶叶部制茶所五峰制茶分所为绿茶统税高订纳税等级祈鉴核祇遵由
55	LS045-002-0379-0004	湖北省平价物品供应处制茶厂据抄呈 1943 年下期毛茶统税额表祈鉴核等情指复遵照由
56	LS045-002-0379-0005	湖北省平价物品供应处制茶厂据报与查征所洽商减低茶级指复仍将洽办情形报核
57	LS045-002-0379-0008	湖北省平价物品供应处制茶厂杨一如电万纯心可于茶运了结后来施
58	LS045-002-0379-0011	湖北省平价物品供应处制茶厂据函报驻厂员面谈各节检同税额表请核示等情指复遵照由
59	LS045-002-0379-0012	湖北省平价物品供应处制茶厂五峰制茶所案准五峰查征所驻厂员交来财政部湖北税务管理局更订 1944 年上期茶叶统税价税额表
60	LS045-002-0381-0016	湖北省平价物品供应处制茶厂五峰制茶所为遵示造具茶工工资调整表呈请鉴核备查由
61	LS045-002-0382-0012	湖北省平价物品供应处制茶厂据函请调整蒋日富饷津提升黄清宽为技工指复遵照
62	LS045-002-0384-0003	省平供处制茶厂奉函限期移交万勿再误由
63	LS045-002-0576-0021	五峰制茶所签呈 1945 年上期耐用品工具损毁造册呈请核备由
64	LS045-002-0578-0006	工务课奉令结束工人移交册等
65	LS045-002-0579-0006	杨一如关于速将运沙茶叶运至汉的函
66	LS045-002-0732-0001	五峰制茶所茶叶运销电文
67	LS045-002-0732-0002	湖北省平价物品供应处制茶厂五峰制茶所为中行曾提扣职所运费 30 万元代结力尾，拟直接与该行结账呈请鉴核备查由

续表

序号	档　号	题　　名
68	LS045-002-0732-0004	湖北省平价物品供应处制茶厂五峰制茶所为呈寄总处运货证明书存根祈鉴核备查由
69	LS045-002-0737-0002	湖北省银行辅导鄂西茶叶产制运销处转请饬拨茶包邮费 36100 元由
70	LS045-002-0737-0004	省银行辅导鄂西茶叶产制运销处电巴处王主任请将存巴白茶速运河口由
71	LS045-002-0737-0007	湖北省平价物品供应处茶叶部为奉总行函前由渔关寄河口茶叶 250 件只到 8 件等因函请查照见复由
72	LS045-002-0738-0001	省平价物品供应处制茶厂五峰制茶所准鄂中分处电嘱嗣后运货应将成本额随货附送，以本所无从照办，仰祈迅示根本办法免贻误运销呈请鉴核
73	LS045-002-0738-0002	五峰制茶所万纯心电湖北省平价物品供应处制茶厂电汇 50 万元并转请中行接收及代结力尾
74	LS045-002-0739-0010	湖北省平价物品供应处制茶厂鹤峰制茶所电茶是否改运五峰
75	LS045-002-0744-0012	湖北省平价物品供应处茶叶部为缕陈五峰鹤峰宜有固定厂屋以奠鄂茶永久基础附具图样祈鉴核转报董事会迅赐核示由
76	LS045-002-0744-0013	湖北省平价物品供应处函知制茶厂购建厂房先办后提会追认
77	LS045-002-0744-0014	湖北省平价物品供应处制茶厂为前拟在水浕司建筑总厂一案奉总处函准予先行照办转达遵照速竣工报凭核转由
78	LS045-002-0744-0015	湖北省平价物品供应处制茶厂转呈五峰制茶所厂屋竣工各表及地约抄件请派员验收并示遵
79	LS045-002-0744-0016	湖北省平价物品供应处制茶厂奉总处指复派五峰合作金库杨经理明哲复验该所厂屋希遵办报核
80	LS045-002-0744-0017	湖北省平价物品供应处制茶厂据呈厂屋业由杨经理明哲复验竣事竣工图表无从补造等情函复遵照由
81	LS045-002-0744-0019	湖北省平价物品供应处制茶厂函复五峰制茶所拟建筑柴炭储存室及厕所希查照由
82	LS045-002-0744-0021	湖北省平价物品供应处制茶厂转呈五峰制茶所修建柴炭骡畜储容室及厕所各表乞核转示遵
83	LS045-002-0744-0022	湖北省平价物品供应处制茶厂函报派员验收五峰制茶所建筑厕所、牲畜室及柴炭室工程情形检同验收表暨原件据请核转由

续表

序号	档　号	题　名
84	LS045-002-0744-0024	湖北省平价物品供应处制茶厂派张立信验收五峰制茶所建筑厕所、牲畜室及柴炭室工程希查照由
85	LS045-002-0744-0026	湖北省平价物品供应处函为五峰制茶所修理茶房准予照办
86	LS045-002-0747-0014	湖北省平价物品供应处茶叶部据函请核示长期雇员津贴有否规定特复知照由
87	LS045-002-0748-0002	湖北省平价物品供应处制茶厂五峰制茶所为职员各月份发给之伙食额不敷颇巨呈请鉴核祇遵由
88	LS045-002-0748-0003	湖北省平价物品供应处制茶厂据五峰制茶所函以职员膳食费不敷请核示等情经指复办法函达查照依例办理用昭一律由
89	LS045-002-0748-0011	湖北省平价物品供应处茶叶部制茶所五峰分所为造报伙食费额计算表呈请鉴核由
90	LS045-002-0748-0019	湖北省平价物品供应处制茶厂据函报职员伙食费不敷开支等情指复遵照
91	LS045-002-0754-0009	湖北省平价物品供应处茶叶部为赍呈 1942 年度出品成茶统计表收购毛茶统计表 1943 年度概算书报请核备由
92	LS045-002-0755-0006	湖北省银行辅导鄂西茶叶产制运销处器具物品估计单
93	LS045-002-0755-0009	湖北省银行辅导鄂西茶叶产制运销处业务计划
94	LS045-002-0755-0010	湖北省银行辅导鄂西茶叶产制运销处 1942 年度精制厂及各制茶所开办费支付预算书
95	LS045-002-0755-0011	湖北省银行辅导鄂西茶叶产制运销处 1942 年度各厂所经费及制茶费用支付预算书
96	LS045-002-0755-0012	湖北省银行辅导鄂西茶叶产制运销处精制厂及各制茶所开办费明细表
97	LS045-002-0755-0024	湖北省银行辅导鄂西茶叶产制运销处拟具本处暨各厂所经常开办各费用支付预算书呈请鉴核转会核审示遵
98	LS045-002-0755-0026	湖北省银行辅导鄂西茶叶产制运销办法大纲
99	LS045-002-0755-0027	湖北省银行辅导鄂西茶叶产制运销处职员编制表
100	LS045-002-0755-0028	湖北省银行辅导鄂西茶叶产制运销处奉总行函知本处自本年 7 月 1 日起改称为湖北省平价物品供应处茶叶部，检发各项章则暨预算书函达查照

续表

序号	档　号	题　　名
101	LS045–002–0758–0009	湖北省银行辅导鄂西茶叶产制运销处电万纯心
102	LS045–002–0758–0010	万纯心给杨一如的信
103	LS045–002–0758–0011	湖北省银行辅导鄂西茶叶产制运销处五峰茶叶生产合作社制茶所建筑新屋设计书
104	LS045–002–0758–0013	湖北省银行辅导鄂西茶叶产制运销处为建筑厂房可照 7 月 13 日函呈图样估建报核由
105	LS045–002–0758–0014	湖北省银行辅导鄂西茶叶产制运销处电五所为汇房屋建筑费 20000 元由
106	LS045–002–0759–0003	湖北省平价物品供应处茶叶部为指示调整职员情形请查照由
107	LS045–002–0759–0006	湖北省平价物品供应处复函为李年硕、杜耀卿拟另叙级请补发万纯心派令祈核示由
108	LS045–002–0759–0008	湖北省平价物品供应处茶叶部呈请补发万纯心君为技术员派令并呈盼该员底薪为 150 元请鉴核由
109	LS045–002–0759–0023	湖北省平价物品供应处函为万纯心江忠信记大功一次函
110	LS085–002–0238–0001	湖北省平价物品供应处制茶厂转请函知五处查照原案发给五所主任万纯心君眷属一大口实物由
111	LS085–002–0266–0011	湖北省平价物品供应处为请转省政府请长官部颁发禁止军队驻扎条示并饬驻五峰部队遵照由
112	LS085–002–0266–0013	湖北省平价物品供应处为前据茶叶部转呈禁止军队驻扎五峰制茶分所房屋等情函达知照由
113	LS085–002–0359–0004	湖北省平价物品供应处茶叶部呈请补发万纯心君为技术员派令并呈明该员底薪为 150 元请鉴核由
114	LS085–002–0608–0002	湖北省平价物品供应处制茶厂转呈五峰制茶所主任万纯心已结婚请准予办理异动登记
115	LS085–002–0722–0002	湖北省银行董事会准周行长签为救济农村经济树立鄂茶外销基础，拟具办法大纲草案请鉴核一案，经会决议录案函复查照办理由
116	LS085–002–0739–0022	湖北省平价物品供应处制茶厂呈复五所指导员万纯心购骡一头因情形特殊未事先呈准缘由乞核备示遵
117	LS085–002–0739–0043	湖北省平价物品供应处制茶厂号函据五所指导员万纯心签请购骡运茶经准在施价购一头报请鉴核准予备查由

五峰土家族自治县档案馆档案

序　号	档　号	题　　名
1	2-2-176-1	五峰制茶所
2	2-2-311-2504	余福田卡片
3	2-2-407-21	王道蕴卡片
4	2-2-411-836	黄元沛卡片

（5）五鹤茶厂资料来源

湖北省档案馆档案

序号	档　号	题　　名
1	LS027-001-0061-0006	民生茶叶股份有限公司筹备处为奉令筹备成立函达查照
2	LS031-002-0187-0017	湖北省政府建设厅训令：令民生茶叶公司应向各产茶区展开营业
3	LS031-003-0705-0005	湖北省政府建设厅据农改所呈为奉交王堃呈请转饬民生茶叶公司迅即接管利用并负责解决前五峰茶场留场保管员工生活等情，函希查照办理（指令遵照）由
4	LS031-003-0705-0006	民生茶叶股份有限公司代电：为先将与农业改进所签约及派用王堃情形呈复，至接办情形俟饬五鹤茶厂具报再办由
5	LS031-003-0705-0008	湖北省政府据五峰县政府呈复五鹤茶厂对于购茶不付现款一案情形令仰遵照由，电请鉴核由
6	LS031-003-0705-0009	湖北省企业委员会呈为奉令彻查民生茶叶公司五峰茶厂对于茶农不付现款一案，呈请鉴核由
7	LS045-001-0115-0013	湖北民生茶叶公司五鹤茶厂遵将留用司工名册填列乞核备由
8	LS045-001-0115-0014	民生茶叶股份有限公司指复五鹤茶厂总技师王堃应俟茶期完毕再行调派仰即知照
9	LS045-001-0115-0015	湖北民生茶叶公司五鹤茶厂为王堃君到厂日期呈请备查由
10	LS045-001-0115-0016	五鹤茶厂王堃签呈：为呈报到职工作，薪津拟恳准自 4 月份起支给及留守前五峰茶场工作之工役两名亦恳自 4 月份照发至接收时止请核示由
11	LS045-001-0115-0017	民生茶叶股份有限公司指复五厂为调派萧襄国、李云五、杨定朴等三员到厂日期请核备由

续表

序号	档号	题名
12	LS045-001-0115-0018	湖北民生茶叶公司五鹤茶厂为呈赍拟提升余福田为办事员恳祈鉴核由
13	LS045-001-0115-0023	民生茶叶股份有限公司兹派王堃为本公司总技师
14	LS045-001-0115-0024	民生茶叶股份有限公司兹派陈树海为本公司五鹤茶厂雇员
15	LS045-001-0115-0026	民生茶叶股份有限公司五鹤茶厂 1946 年 1 月份茶司技工月报表
16	LS045-001-0115-0027	五鹤茶厂为呈送职员职务分配表祈鉴核备查由
17	LS045-001-0115-0028	民生茶叶股份有限公司核报五鹤茶厂晋用张良凤为雇员指复遵照
18	LS045-001-0115-0030	民生茶叶股份有限公司电五鹤茶厂万纯心可于茶叶精制完毕后押茶来汉
19	LS045-001-0115-0031	民生茶叶股份有限公司指复五鹤茶厂：据赍报费用已绝，拟散工停制并偕圣道来汉对账等情祈核指复遵照由
20	LS045-001-0115-0033	民生茶叶股份有限公司函：调五鹤茶厂万纯心厂长暂代业务处副主任兼汉口门市部主任由
21	LS045-001-0115-0034	民生茶叶股份有限公司五鹤茶厂函为本年 12 月 7 日在前五峰制茶所原址正式成立五鹤茶厂
22	LS045-001-0115-0035	民生茶叶股份有限公司为饬张圣道君赴五鹤茶厂工作希将该员到厂日期报备由
23	LS045-001-0115-0036	民生茶叶股份有限公司五鹤茶厂函复张圣道到厂日期
24	LS045-001-0115-0038	民生茶叶股份有限公司五鹤茶厂为疏散雇员陈树海拟自 11 月份起原资续用藉是熟手，理合呈请鉴核由
25	LS045-001-0115-0040	民生茶叶股份有限公司五鹤茶厂为呈请晋升张立信为办事员
26	LS045-001-0115-0041	民生茶叶股份有限公司指复五鹤茶厂据函转报鹤所主任曹立谦签请提升雇员陈树海为技术助理员等情指复遵照
27	LS045-001-0115-0042	民生茶叶股份有限公司指复五鹤茶厂据函呈请雇员张良凤薪津拟仍自 1 月份起支指复遵照由
28	LS045-001-0115-0044	民生茶叶股份有限公司五鹤茶厂 1946 年 2 月份茶司、技工、茶工月报表
29	LS045-001-0115-0045	民生茶叶股份有限公司五鹤茶厂茶司王兴业请长假
30	LS045-001-0115-0046	湖北民生茶叶公司五鹤茶厂茶司、技工、茶工具保证书
31	LS045-001-0115-0047	民生茶叶股份有限公司指复五鹤茶厂：为申复张良凤、萧襄国所报旅费请核销姑准知照由

续表

序号	档　号	题　　名
32	LS045–001–0115–0048	民生茶叶股份有限公司指令五鹤茶厂呈以余福田停职薪津发至11月底止遵照由
33	LS045–001–0115–0049	民生茶叶股份有限公司令五鹤茶厂补发王堃1947年薪资及遣散费差额
34	LS045–001–0115–0050	民生茶叶股份有限公司电五鹤茶厂：王堃薪遣费自10月份起补发
35	LS045–001–0115–0052	民生茶叶股份有限公司关于五鹤茶厂王堃等人疏散停职解雇训令
36	LS045–001–0115–0054	民生茶叶股份有限公司五鹤茶厂厂长万纯心电总公司请辞调汉
37	LS045–001–0115–0055	民生茶叶股份有限公司电五鹤茶厂：王堃、萧襄国着予疏散，余福田、张立信停职，新进雇员张良凤等一律解雇，薪津统发至11月半止，王萧两员加发疏散费1个月
38	LS045–001–0115–0056	湖北民生茶叶公司五鹤茶厂呈为核销人员调动旅费
39	LS045–001–0116–0001	湖北民生茶叶公司筹备处1946年3月份人事月报表
40	LS045–001–0116–0011	湖北民生茶叶公司筹备处职工一览表
41	LS045–001–0116–0044	谢栋臣给张博经的信
42	LS045–001–0117–0032	民生茶叶股份有限公司沙宜营业所谢栋臣呈：由五厂运沙转汉口钧处收鄂绿特63篓，计净重3150斤，绿片20袋，净重1401斤8两
43	LS045–001–0118–0002	湖北民生茶叶公司五鹤茶厂1946年8月茶司、技工、茶工月报表
44	LS045–001–0118–0003	湖北民生茶叶公司五鹤茶厂1946年3—7月茶司、技工、茶工月报
45	LS045–001–0119–0029	民生茶叶公司函：渝所暂行结束并调萧襄国、李云五赴五鹤茶厂服务，自4月份起薪津由该厂发给仰遵照由
46	LS045–001–0119–0031	万纯心为请解除协助办理总务信
47	LS045–001–0119–0050	民生茶叶股份公司派谢栋臣暂代五鹤茶厂厂务训令
48	LS045–001–0119–0051	民生茶叶股份有限公司派令：兹调派五鹤茶厂厂长万纯心为技师等，吴本哉调鄂南厂（因病未到职）
49	LS045–001–0120–0042	湖北民生茶叶公司五鹤茶厂呈李其亮因病请长假
50	LS045–001–0120–0043	民生茶叶股份有限公司指复五厂李其亮请长假照准
51	LS045–001–0120–0044	民生茶叶股份有限公司指复五鹤茶厂调用人员李其亮旅费入账
52	LS045–001–0120–0046	民生茶叶股份有限公司指复五鹤茶厂据呈李其亮于7月4日到厂并自6月份起薪准予备查由

续表

序号	档 号	题 名
53	LS045-001-0120-0047	民生茶叶股份有限公司通知五鹤茶厂：李其亮月支底薪 140 元，照调整湖北区待遇自 6 月 1 日起应由该厂发给
54	LS045-001-0120-0048	民生茶叶股份有限公司遵令派李其亮为办事员，月支底薪 140 元调五鹤茶厂服务呈请核备由
55	LS045-001-0180-0075	湖北民生茶叶公司奉令撤销改设制茶厂
56	LS045-001-0181-0022	湖北民生茶叶公司五鹤茶厂为拟调整司工工资电请核示
57	LS045-001-0181-0028	民生茶叶股份有限公司准杨定朴晋叙一级
58	LS045-001-0181-0029	湖北民生茶叶公司五鹤茶厂为助理员杨定朴君底薪应为 90 元究否有讹乞复示祇遵由
59	LS045-001-0182-0014	湖北民生茶叶公司 1946 年度业务报告书
60	LS045-002-0390-0002	湖北民生茶叶公司五鹤茶厂 1946 年 12 月决算表
61	LS045-002-0401-0001	湖北民生茶叶股份有限公司各地茶价表
62	LS045-002-0402-0010	湖北民生茶叶公司 1947 年度鄂茶产销计划纲要
63	LS045-002-0403-0002	民生茶叶股份有限公司据五厂呈办事困难各点指复遵照
64	LS045-002-0403-0003	民生茶叶股份有限公司五鹤茶厂为据报大西公司高价招工直接影响制茶业务祈鉴核示遵由
65	LS045-002-0403-0005	民生茶叶股份有限公司为五鹤茶厂添置工家具设备不得超 30 万元
66	LS045-002-0403-0006	民生茶叶股份有限公司五鹤茶厂为拟包制柳木囤箱 500 个呈请鉴核示遵由
67	LS045-002-0403-0010	民生茶叶股份有限公司五鹤茶厂为拟具员工合作社章程及社员大会记录呈请鉴核备查由
68	LS045-002-0403-0011	五鹤茶厂为磨马患急病身亡呈请恩准核销由
69	LS045-002-0403-0013	民生茶叶股份有限公司指复准五鹤茶厂启用新颁图记
70	LS045-002-0403-0014	湖北民生茶叶公司五鹤茶厂遵于 6 月 1 日启用新颁图记并截销旧印呈请核备由
71	LS045-002-0403-0015	湖北民生茶叶公司指复五鹤茶厂迁宜都莲花堰
72	LS045-002-0403-0016	湖北民生茶叶公司五鹤茶厂为呈赍五峰设厂困难情形并已迁移宜都及附呈租屋合约
73	LS045-002-0403-0021	五鹤茶厂为接收前鹤峰制茶所红绿毛茶业经精制成装检同茶样五种及精制表呈请鉴核备查由

续表

序号	档　号	题　　名
74	LS045–002–0403–0023	五峰分厂为报告红茶精制工作情形由
75	LS045–002–0403–0026	五鹤茶厂往来电文
76	LS045–002–0403–0027	湖北民生茶叶公司五鹤茶厂各项工家具损毁清册呈请鉴核
77	LS045–002–0403–0028	民生茶叶股份有限公司五鹤茶厂为呈赍绿梗头数量不符情形祈鉴核由
78	LS045–002–0403–0030	民生茶叶股份公司五鹤茶厂就地出售绿梗绿梗头呈请鉴核备查
79	LS045–002–0403–0031	民生茶叶股份有限公司五鹤茶厂为历年堆存副茶甚多拟就地销售呈请鉴核祈将售价并示遵办由
80	LS045–002–0403–0032	五鹤茶厂为添建茅草平屋的签呈
81	LS045–002–0404–0001	民生茶叶股份有限公司五鹤茶厂为呈送职员下期奖励金清册祈鉴核转账由
82	LS045–002–0404–0004	湖北民生茶叶公司五鹤茶厂为向宜昌农民银行申请茶贷
83	LS045–002–0404–0005	民生茶叶股份有限公司指复五鹤茶厂为请汇兑 3000 万元以应急需
84	LS045–002–0405–0001	湖北民生茶叶公司五鹤茶厂贷款厂务茶运往来电文
85	LS045–002–0405–0002	五鹤茶厂呈为总技师王堃离职待遇补发由
86	LS045–002–0405–0004	民生茶叶股份有限公司指签五鹤茶厂呈以温度计等件损坏造具清册报损由
87	LS045–002–0405–0005	民生茶叶股份有限公司指复五鹤茶厂呈以鹤峰分厂报称损失毛茶 17 斤 10 两检具证明及账单请转账由
88	LS045–002–0405–0007	民生茶叶股份有限公司指令五鹤茶厂呈以宜都总厂请俟茶运竣事再行撤销由
89	LS045–002–0405–0008	湖北民生茶叶公司五鹤茶厂呈以总技师王堃办事员萧襄国着即疏散莲花堰总厂即行撤销等呈请鉴核
90	LS045–002–0405–0009	民生茶叶股份有限公司电五鹤茶厂运花香
91	LS045–002–0405–0010	五鹤茶厂呈为运费不济片末及红绿茶未运到由
92	LS045–002–0405–0011	湖北民生茶叶公司五鹤茶厂呈为造具损毁清册祈准予核销由
93	LS045–002–0405–0012	湖北民生茶叶公司五鹤茶厂呈为领妥宜昌农民银行贷款
94	LS045–002–0405–0013	民生茶叶股份有限公司电复万纯心营业捐税早经奉令免征由
95	LS045–002–0405–0015	民生茶叶股份有限公司五鹤茶厂呈为宜红产区产制机构相继复生分陈概况呈请鉴备由

续表

序号	档　号	题　　名
96	LS045–002–0405–0017	民生茶叶股份有限公司指复五鹤茶厂为发给该厂员工证章检附清册一份请核备由
97	LS045–002–0410–0028	民生茶叶股份有限公司电五鹤恩施茶厂红茶奇缺饬设法收购民间所存 30（50）担赶制运汉济销并速复由
98	LS045–002–0821–0001	湖北民生茶叶公司业务概况
99	LS045–002–0841–0036	中国农民银行汉口分行函民生茶叶公司代还本行宜昌处五鹤茶厂贷款本息一部计国币 1900 万元
100	LS045–002–0844–0004	湖北民生茶叶公司函湖北民生贸易公司：五鹤茶厂农民银行贷款尾欠已径还汉口省农民银行
101	LS045–002–0845–0004	五鹤茶厂厂长万纯心电民生茶叶股份有限公司彭经理
102	LS045–002–0845–0005	民生茶叶股份有限公司据函呈申曹立谦差出实际情形指复遵照由
103	LS045–002–0845–0008	民生茶叶股份有限公司 1948 年电文
104	LS045–002–0872–0006	民生茶叶公司五鹤茶厂 1946 年度厂务费用预算书
105	LS045–002–0872–0008	五鹤茶厂物价月报表（1946 年 5—6 月）
106	LS045–002–0872–0010	五鹤茶厂物价月报表（1946 年 7 月）
107	LS045–002–0874–0007	民生茶叶股份公司通知萧善之渝省行五鹤茶厂本年 7 月 12 日称曼利园及蔡赓虞两处欠款系台端任内经手应负照数赔偿以便销账
108	LS045–002–0874–0025	民生茶叶股份有限公司指复重庆营业所五峰玉露处理办法由
109	LS045–002–0877–0010	民生茶叶股份有限公司函将五鹤茶厂所存各新陈红茶、花香、片茶悉数由该所派员押运至鄂南茶厂
110	LS045–002–0879–0003	五鹤茶厂函将截至 7 月底已制成装之各类茶叶花色数量列表呈请鉴核备查
111	LS045–002–0879–0004	五鹤茶厂函 1946 年收制茶类及数量
112	LS045–002–0879–0006	五鹤茶厂为成立鹤峰分厂采花土岭楠木成五河特约制茶所呈请鉴核备查由
113	LS045–002–0883–0007	五鹤茶厂万纯心为呈赍运汉沙茶叶途中失吉情形及损耗茶叶数检同证明文件呈请鉴核由
114	LS045–002–0884–0010	民生茶叶股份有限公司电谢栋臣五峰茶厂茶税免勿再报税
115	LS045–002–0885–0011	民生茶叶股份有限公司转呈营业税申报表祈鉴核等情指复五厂知照由

续表

序号	档　号	题　　名
116	LS045–002–0885–0012	民生茶叶股份有限公司指复五厂出厂货物完税转货物税局准予免税等由
117	LS045–002–0885–0013	民生茶叶股份有限公司指复五厂为已缴五峰县政府牌照税
118	LS045–002–0885–0014	民生茶叶股份有限公司训令五厂免征营业税一案经核税法凡在 5 月 1 日以后应减半纳税，如已纳出厂税或出产税则不再完营业税希查照转知由
119	LS045–002–0885–0015	民生茶叶股份有限公司函五峰县政府为茶叶出厂只报缴一次货物税不再完纳任何税捐
120	LS045–002–0885–0016	民生茶叶股份有限公司令五厂呈以运出红茶片末 27579 斤，经与直接税局宜都查征所交涉具保放行
121	LS045–002–0969–0013	湖北民生贸易公司函宜昌办事处准为五峰茶厂担保农行贷款
122	LS045–002–0976–0019	湖北民生贸易公司宜昌办事处函为五峰茶厂担保 3470 万元茶贷
123	LS045–002–0977–0028	湖北民生茶叶公司五鹤茶厂函民生贸易公司宜昌办事处担保承借放加工贷款之毛红 347 担业已精制完竣但运出困难
124	LS045–002–0977–0034	湖北民生茶叶公司五鹤茶厂函湖北民生贸易公司宜昌办事处担保贷款
125	LS045–002–0983–0072	宜昌中国农民银行函湖北民生贸易公司宜昌办事处履行担保责任
126	LS045–002–1014–0005	湖北民生贸易公司为据宜昌办事处函报贵五峰厂向农行茶贷逾期未偿一案函达查照见复由
127	LS045–002–1014–0018	湖北民生贸易公司电宜昌办事处茶贷尾款已径还汉口农行
128	LS045–002–1022–0003	五鹤茶厂 1946 年度上期决算表
129	LS045–002–1022–0004	湖北民生茶叶公司五鹤茶厂 1946 年 7、10、12 月决算表
130	LS051–001–0145–0018	民生茶叶公司（甲方）、湖北省合作社联合社（乙方）销茶合约
131	LS061–004–0710–0027	中国农民银行宜昌办事处便笺致五鹤茶厂茶贷事
132	LS061–004–0710–0028	中国农民银行鄂行电宜昌中国农民银行希依照茶贷方案核贷具报
133	LS061–004–0710–0035	中国农民银行宜昌办事处为拨五鹤茶厂请求贷款一案转陈核示由
134	LS061–004–0710–0037	郝友文电中国农民银行宜昌办事处为五厂确有毛红 347 担可放贷，源泰、成记、忠信福红茶运宜押汇
135	LS061–004–0710–0039	中国农民银行宜昌办事处函复五鹤茶厂请求贷款一案希查照由
136	LS061–004–0710–0042	中国农民银行宜昌办事处贷放五鹤茶厂毛红加工款 3470 万元

续表

序号	档　号	题　　名
137	LS061-004-0710-0047	中国农民银行宜昌办事处奉函以据转陈民生茶叶公司五鹤茶厂调查报告
138	LS061-004-0710-0049	中国农民银行宜昌办事处为奉总处代电饬查报五鹤茶厂毛茶担数并补具合约抄本二份陈祈核转示遵由
139	LS061-004-0710-0051	中国农民银行宜昌办事处函为湖北民生茶叶公司五鹤茶厂贷款请求暂缓转请核备
140	LS061-004-0710-0052	中国农民银行汉口分行据陈五峰茶厂借约函复查照由

（6）湖北省银行渔洋关办事处资料来源

湖北省档案馆档案

序号	档　号	题　　名
1	LS001-001-0526-0001	湖北省政府令：财政厅呈为函聘唐友仁为湖北省银行筹备委员会主任，於垸咸等六人为委员准予备案由
2	LS019-005-7230-0001	湖北省政府关于办理渔洋关办事处主任违法的指令及湖北省银行的呈
3	LS027-001-0021-0009	湖北省银行总行据渔洋关办事处函报成立日期分函知照由
4	LS027-001-0043-0019	湖北省银行鄂中分行电渔关办事处：五峰县彭煜善指导员与渔处主任陈诗基等发生争执一案请查照由
5	LS027-001-0044-0011	湖北省银行鄂中分行电渔洋关办事处：准渔总人午微代电特复查照由
6	LS027-001-0047-0021	湖北省银行渔洋关办事处代电：五库应副理子云来渔洽拨库款200万元济用
7	LS027-001-0054-0004	湖北省银行渔洋关办事处商情旬报
8	LS027-001-0231-0010	湖北省银行渔洋关办事处为渔关邮局月解一两百万元并不运现应解，纯利用本行机构套收汇水代为收解函请事前防止
9	LS027-001-0255-0007	五峰县合作金库借入湖北省银行渔洋关办事处5万元
10	LS027-002-0009-0003	湖北省银行渔洋关办事处与彭森记、吴宁记订立花绒包购合同
11	LS027-002-0013-0008	湖北省银行董事会第29次董事会准总行先后函报渔处于1940年9月20日正式开幕

续表

序号	档　号	题　　名
12	LS027-003-0017-0039	省银行渔洋关办事处快邮代电：渔处尚未奉明令成立供应支处
13	LS027-003-0038-0001	湖北省银行渔洋关办事处快邮代电：本市洋纱、土纱均无货，新花未上市，尚无市价
14	LS031-003-0785（1）-0003	湖北省农业改进所呈据五峰茶业改良场呈送 1941 年 1 月份工作报告及 2 月份工作预计书，转呈鉴核备查由
15	LS031-016-1129-0030	湖北省政府据省银行电复五峰贷款已饬渔洋关办事处及该县合作金库大量贷放一案，电希知照由
16	LS045-002-0337-0002	省银行渔洋关办事处为呈报购备棉花、土布收账情形乞鉴核备案
17	LS045-002-0337-0003	湖北省银行渔洋关办事处为电报汉到花布情形并询押运旅费有无增减乞电复以凭计算由
18	LS045-002-0337-0006	湖北省银行渔洋关办事处将截至 3 月底收到中行货物开列清单报请湖北省平价物品供应处花纱部备查
19	LS045-002-0337-0009	湖北省银行渔洋关办事处为报告非常处置情形由
20	LS045-002-0337-0010	湖北省银行渔洋关办事处为报告撤退至水浕司情形仰乞鉴核由
21	LS045-002-0337-0011	湖北省银行渔洋关办事处为续电报告渔关尚未恢复已派人四出寻觅中行留五峰县人员协力为助由
22	LS045-002-0337-0012	湖北省银行渔洋关办事处为电报渔处仍相机处理业务由
23	LS045-002-0337-0014	湖北省银行渔洋关办事处为续报渔处处置事变情况由
24	LS045-002-0337-0015	湖北省平价物品供应处花纱杂货部准函检留渔人员函件复请将损失货物数量查报由
25	LS045-002-0337-0016	湖北省银行渔洋关办事处为检呈在渔守人员函件报请鉴核备查
26	LS045-002-0337-0017	湖北省银行渔洋关办事处周炳山给卢云登报告战后财产损失情形的信
27	LS045-002-0337-0018	湖北省银行渔洋关办事处为呈报赴五峰城调查情形乞鉴核备查
28	LS045-002-0552-0002	湖北省银行渔洋关办事处为呈报代五峰初中制棉服现账已报供应处请示结账办法乞示遵由
29	LS045-002-0658-0002	湖北省平价物品供应处五峰支处代电
30	LS061-003-0509-0021	湖北省银行柿子坝办事处函恩施中国农民银行前托电汇渔洋关留交中茶公司五峰工作站 1 万元已急电渔处查明速解
31	LS085-001-0043-0032	胡子安关于鄂中段工役张朝玉等已先后解雇的报告

续表

序号	档　号	题　　名
32	LS085-001-0043-0034	胡子安关于证明江光坤确系鄂中段特事员的报告
33	LS085-002-0105-0001	湖北省银行渔洋关办事处为呈复代制五峰初中棉服情形乞鉴核
34	LS090-004-0111-0008	湖北省银行渔洋关办事处函中央银行恩施分行函送 1940 年 5 月至本年 7 月止所得税款汇票一张即希查照赐据
35	LS090-004-0227-0034	湖北省银行总行为据五峰库函称嗣后寄该库函件应加书渔洋关湖北省银行等字样希查照办理见复由
36	LS090-004-0228-0010	湖北省银行渔洋关办事处缴解本年下期拟缴行员及利息所得税款 18.17 元函请查收给据备查由

五峰土家族自治县档案馆档案

序号	档　号	题　　名
1	2-1-45—34	湖北省银行渔洋关办事处职员职务支配表
2	2-1-158-5	湖北省银行渔洋关办事处公函：函发敝处陈主任到差视事请查照由
3	2-1-212	湖北省银行渔洋关办事处公函：奉示转饬行役何斌朗前往鄂中段服务函请贵督导查照转知由
4	2-1-212	湖北省银行渔洋关办事处快邮代电：为渔处人事恳请予以调整由
5	2-1-212	省银行渔洋关办事处为转呈练习生孙敏入行履历表单、甲种保证金存折乞核备
6	2-1-212	湖北省银行渔洋关办事处为呈赍雇佣行役表两份乞鉴核批示工资数目由
7	2-1-212	湖北省银行渔洋关办事处为本行练习生孙敏在渔训练期逾一年恳请改委为助理员重新核定薪给由
8	2-1-212	湖北省银行渔洋关办事处号函：为赍陈请求雇佣行役表乞核示由
9	2-1-212	湖北省银行渔洋关办事处为呈赍雇佣行役表及领购生活必需品申请书等件乞鉴核由
10	2-2-45	渔处卫士丁役工资调整及 1942 年考绩工资呈报表
11	2-2-212-72	五峰县合作金库为准复仁乡公所函请履行招租手续一案电请查照敬希予以合理解决并惠复由
12	2-2-225-53	湖北省银行渔洋关办事处
13	2-2-265-18	五峰县银行说明
14	2-2-339-88	湖北省银行渔关办事处职员录

后　记

一本基于档案、旧报纸、期刊、海关贸易报告及数据等文献资料编著的《宜红简史》即将出版发行，回顾其中历程，其编撰大致有这样几个阶段：

田野调查。2016—2018 年，县委、县政府统筹安排，组建五峰古茶道申报世界文化遗产领导小组，由县政协牵头组织有关史料收集整理工作。开展的田野调查侧重于茶道遗存的广泛性。2019 年，为弄清茶道遗存的关联性，转入重点调查阶段。是年 4—7 月，由自治县政协副主席李奉君牵头，周启顺、叶厚全、李诗选、胡德生、陈绍忠等组成的田野调查小组，完成了渔洋关镇 15 个村居委会的走访调查工作。

早期茶商后代寻访。2020 年，赴广东珠海等地，成功寻访到南屏镇林志成的后人，并得到珠海市历史名人研究会会员郑少交先生的帮助，从其收藏的《容氏谱牒》中，发现林志成适容氏第五女的记载；在珠海唐家湾镇上栅村村史馆找到《卢氏族谱》关于卢次伦、卢清（月池）的记载。

资料收集。2020 年—2023 年 6 月，先后或一次或二次赴中国第一历史档案馆、第二历史档案馆、南京市图书馆、湖北省档案馆、湖北省图书馆、武汉市档案馆、武汉市图书馆、恩施州档案馆、恩施市档案馆、鹤峰县档案馆、五峰土家族自治县档案馆、自治县人民法院等单位收集档案 1500 余件。收集有关史料 300 余件，特别是从《申报》《大公报》《万国公报》《新闻报》《湖北商务报》《武汉日报》《上海商报》《商务官报》《汉口商业月刊》等旧报纸、期刊中挖掘出大量珍贵史料。在此过程中，得到许多同人、朋友的倾力支持和无私帮助。李明义先生提供了大量外文译文资料；湖北民族大学的郭峰博士在旧期刊资料收集上也给予了大力帮助；在档案收集过程中，得到省档案馆的倾力支持，得到中国第一、第二历史档案馆及武汉市档案馆、图书馆，恩施市州档案馆等单位的大力协助和支持，龙行铁、邬运辉等提供了手稿资料，尹杰提供了民国时期渔洋河木船行驶照片，鹤峰县博物馆文化遗产中心主任田学江提供了源泰红茶庄、忠信昌茶庄牌匾照片，在此一并表示由衷的感谢。

资料整理。周启顺、李诗选、王强、李章奎和廖从刚先后参加原始资料的辨识整理工作。2021—2023 年，共解读和整理近 200 万字文字资料。

编撰初稿。正文部分文稿截至新中国成立前，人物及有关证据则不受此限。其中，李诗选撰写第一、三、四、十三、十七、二十一章；廖从刚撰写第二、五、六、二十章，第三章第五节；周启顺撰写第七至十二章及第十四章；黄少甫撰写第十五章；第十六章由李章奎撰写一稿，廖从刚补充完稿；叶厚全撰写第十八章；第十九章由王强撰写一稿，周启顺补充完稿。

专家评审。2024 年 1 月 9 日，由武汉大学刘礼堂教授担任评审组长，孙冰、李永凤、李明义、吴华、李家宇、葛政委、陈华洲等 7 名同志任专家组成员，对《宜红简史》进行评审，一致通过评审，并提出了五条修改建议和意见。

修改定稿。根据评审会议提出的意见和建议，编撰组进行了认真修改完善，将原稿前六章合并为三章，即原第一、二章合并为第一章；原第三、四章合并为第二章，原第五、六章合并为第三章。其他章节只作局部调整，修改后保持 18 章正文的架构，并对其中的内容进行了部分删减或补充。特别是补充了专家组成员李明义先生提供的很多外文资料，比如《嘉托玛长乐之行》，1877、1878 年宜昌红茶海关出口资料等等。

值本书付梓之际，91 岁高龄的中国工程院院士陈宗懋先生欣然为本书撰写序言并题写《宜红简史》书名，在此表示特别感谢。

这里要向读者朋友说明的是，本史取事，原则上从清道光起，至 1949 年 12 月止。新中国成立后的历史，留待后来人续记。为保持史料的连续性和完整性，少数时段适当上溯。另外，因民国时期军阀混战，政权不稳固，将其主要政权变动略梳于下：

北洋政府：1912 年 1 月 1 日，中华民国临时政府成立，孙中山宣誓就任临时大总统。2 月 12 日，袁世凯借革命党人的声势，逼迫宣统退位。2 月

15 日，孙中山辞职。参议院选举袁世凯继任，但他以北京发生“兵变”为由，拒绝南下南京就职。北洋政府（1912.3.10—1928.6.3）应运而生，又称北京政府。

武汉国民政府：1926 年 11 月成立，当时国民党中央政治会议决定，将国民政府和国民党中央党部由广州迁到武汉，其前身是孙中山的海陆空大元帅府。1927 年 2 月 21 日，武汉国民政府正式开始运作，由汪精卫担任主席。

南京国民政府：1927 年 4 月 18 日，蒋介石在南京另立国民政府，造成宁汉分裂。7 月 15 日，汪精卫在武汉反共，宁汉合流。7 月 24 日，汪精卫同意迁都南京。8 月，武汉国民政府迁往南京。9 月，南京国民政府和军事委员会改组，并发表宁汉合作宣言，宣布国民党统一完成。1928 年 12 月 29 日，张学良宣布“东北易帜”，服从南京国民政府。至此，国民政府名义上一统中国。

编撰《宜红简史》，是一项全新的尝试，难免挂一漏万，恳请方家和各位读者朋友批评指正。

《宜红简史》编撰组

2024 年 4 月 22 日

图书在版编目（CIP）数据

宜红简史 / 五峰土家族自治县万里茶道申报世界文化遗产领导小组，政协五峰土家族自治县委员会编. —北京：中国文史出版社，2024.5
ISBN 978-7-5205-4689-8

Ⅰ. ①宜… Ⅱ. ①五… ②政… Ⅲ. ①红茶 – 文化史 – 宜昌 Ⅳ. ①TS971.21

中国国家版本馆 CIP 数据核字（2024）第 101978 号

责任编辑：赵姣娇

出版发行：中国文史出版社
社　　址：北京市海淀区西八里庄路 69 号　　邮编：100142
电　　话：010 – 81136606　81136602　81136603（发行部）
传　　真：010 – 81136655
印　　装：廊坊市海涛印刷有限公司
经　　销：全国新华书店
开　　本：787mm × 1092mm　1/16
印　　张：39.75　　插页：24
字　　数：652 千字
版　　次：2024 年 6 月北京第 1 版
印　　次：2024 年 6 月第 1 次印刷
定　　价：128.00 元